shunpower

辽阳赛伦的优质绝缘纸板，适用于制造各种发电、输电及配电变压器绝缘组件如纸筒、端部支撑、撑条、垫块、角环、出头保护成型件、瓦楞纸板、油道间隔、柔性皱纹纸管、静电环、屏蔽筒绝缘，以至全套变压器绝缘组件。

始于1956年，前身为辽阳工业纸板股份有限公司，2005年由顺兴电力及输变电设备有限公司（顺兴电力设备）收购，自此改名为辽阳赛伦工业纸板有限公司（辽阳赛伦）。辽阳赛伦重视采用先进的工艺及设备，以雄厚的技术力量，为全球变压器制造业供应高质量变压器绝缘纸板。

被顺兴电力设备收购后短短的一年内，辽阳赛伦的年产量从不足3000吨提高到接近5000吨。自此，辽阳赛伦成为国内最大及声誉最隆的绝缘纸板生产商之一。

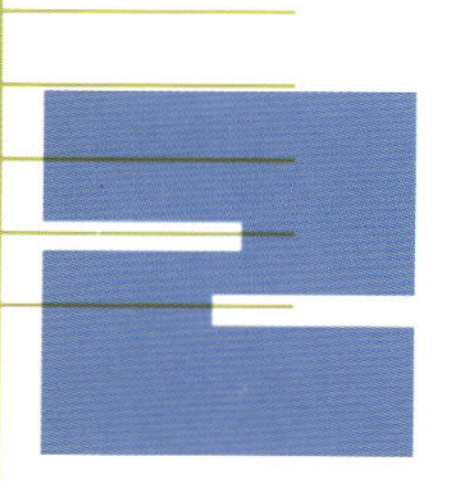

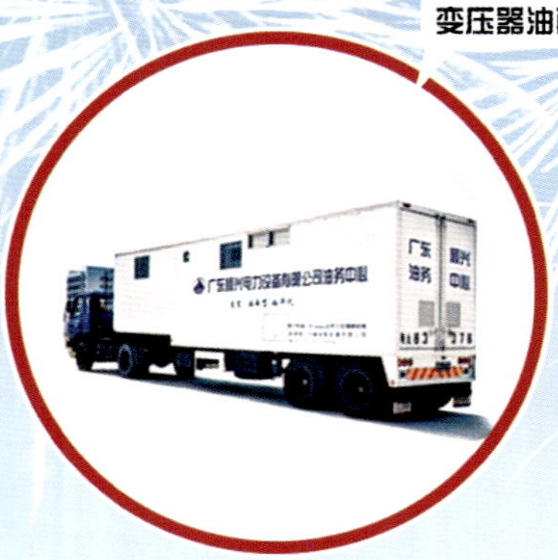

变压器35kV至1000kV
变压器绝缘组件
变压器绝缘纸板

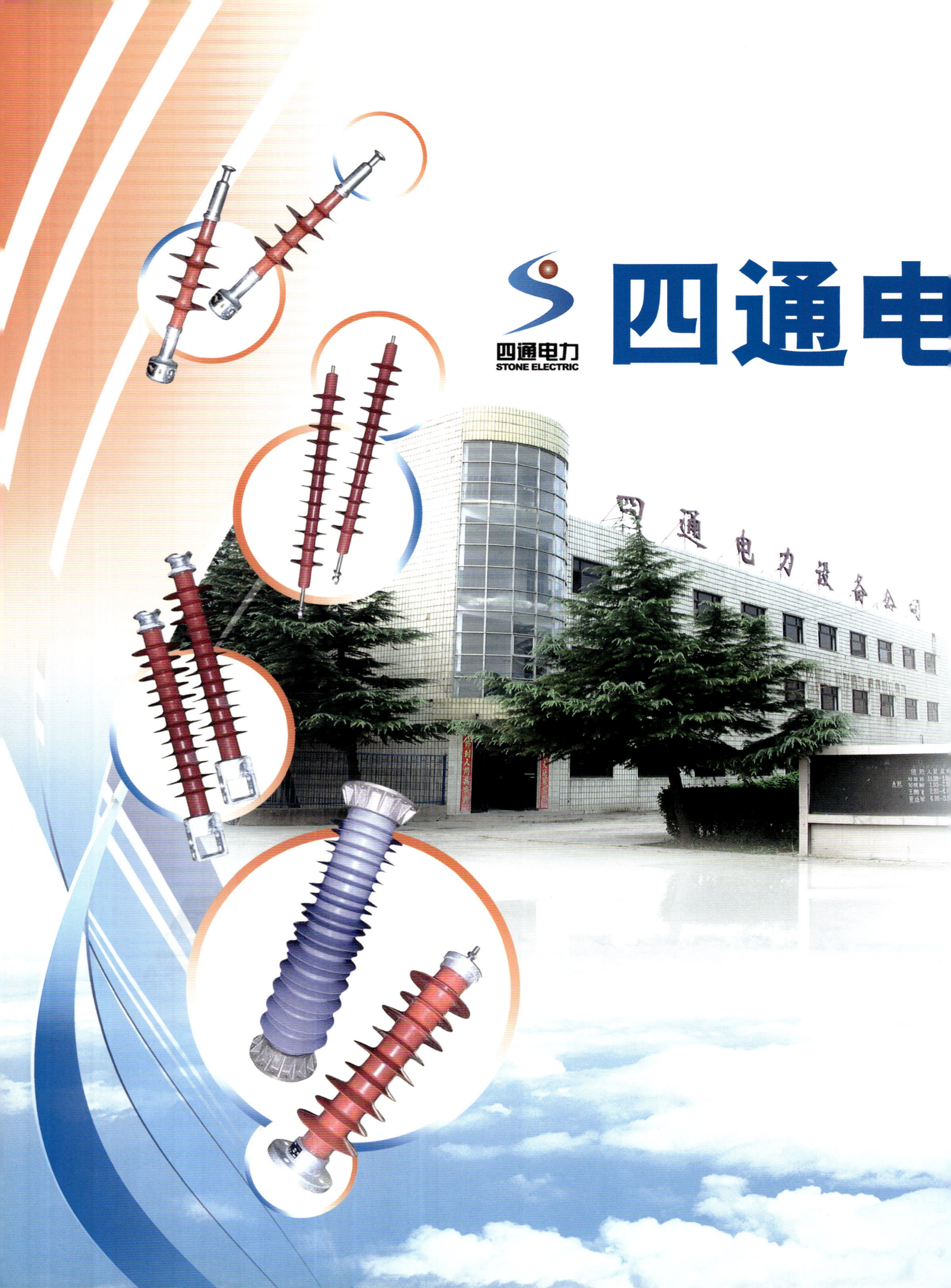
四通电力
STONE ELECTRIC
四通电

AUX
专业制造企业
变压器
制造专家
YBP27-12/0.4高压/低压
预装式变电站(美变)变压器
S11-M变压器
SG(B)9/10树脂
浇注干式变压器
SG(B)10非包封干式
变压器
YB11-12/0.4
高压/低压预装式
变电站(欧变)
YB20-12/0.4
高压/低压
预装式变电站
(紧凑变)

SANXING

全国免费服务电话
FREE INQUIRY LINE
800 8574 159

乘风破浪会有时

——顺兴电力及输变电设备有限公司总裁冼纬中先生访谈录

策划&执行/时亦飞　撰稿&摄影/肖措　版式设计/郝泽星

顺兴集团总裁冼纬中先生

顺兴电力及输变电设备有限公司——优秀的电力设备供应商，自1979年成立以来，致力于推广先进的输变电技术与设备，提高国内电源质量。

顺兴集团总裁冼纬中先生，中国人民政治协商会议辽宁省第十届委员，中国人民政治协商会议广州番禺区第十二届委员，港九机械电器仪器业商会会长，中国电工技术学会常务理事，中国电机工程学会理事，香港中华总商会董事，电力行业内颇具知名度的传奇人物，以电力报国为己任，参与了数个非洲和中东地区大型电力基建项目，协助中国电力装备行业开拓国际市场，被誉为“能源大使”。近日本刊记者有幸走近冼纬中先生，做了一次深入交流。整个交谈过程，冼纬中先生思维敏捷，风趣幽默，开朗自信。通过这次访问，笔者切实感受到冼先生不仅事业成功，而且平易近人，尤其被他言谈话语间情不自禁所流露的爱国情、赤子心所感动。谈到顺兴集团的未来，冼先生信心十足地表示，他的目标是要做中国电力绝缘材料及组件领域最好的供应商，把“顺兴”打造成电力行业的金字招牌。

本刊：三十年前的中国可谓是百废待兴，各个行业都充满了机会，请问冼总为何选择了电力行业作为一生的事业？

冼纬中先生：我选择电力行业有一定的偶然性，也可以说我和“电”有缘。我本身的专业是土木工程，家族的生意也是和建筑有关的房地产行业，父亲的希望是我继承家族的生意。上世纪70年代后期，一次偶然到深圳访亲戚的经历改变了一切。当时的深圳还只是一个小渔村，跟已经实现经济腾飞的香港比起来，是那样的落后和荒凉。坐了四个小时拖拉机到了亲戚家里，发现居然没有照明的电灯，联想到香港街头五颜六色的霓虹灯，我觉得正开始进行经济改革的中国大陆一定会大力发展电力工业。任何地区、任何行业的发展都离不开动力，离不开电力供应，所以我判断电力设备行业一定有非常好的发展前景。更重要的是我相信今天的香港就是明天的大陆，我对祖国的发展充满信心。顺兴公司应运而生，电力报国也成为我毕生的事业。

本刊：顺兴从开始做电力设备的贸易开始，到后来自己组织生产，一直到在内地收购工厂，请冼总谈一谈您的经营思路。

冼纬中先生：顺兴是从代理欧洲名厂进口电力设备开始的，最初做的产品是变压器的核心设备—有载开关，因为当时国内还没有这种设备的生产技术，因此生意比较好做。这种设备可以给用户带来极大的方便和巨大的效益，但是价格比较昂贵，需要耗费大量的外汇。因此我就想到引进产品不如引进技术，1996年开始和德国某知名公司合资开始有载分接开关的组装生产。2005年我们又收购了辽阳工业纸板厂，也就是现在的辽阳赛伦工业纸板有限公司，采用先进的工艺及设备，生产变压器绝缘纸板，目前我们已经是这个领域最大的供应商。

本刊：顺兴在2005年和2008年先后收购了辽阳工业纸板厂和长葛市四通电力设备有限公司，到目前运营都很成功，请问冼总是如何选择收购对象的，下一步是否还有收购的打算？

冼纬中先生：我做生意的思路和别人不太一样，拿输变电行业的主设备来说，比如变压器、开关、电线电缆，投资大，竞争激烈，风险相对也大。我从事的是细分领域的产品—电力绝缘材料及组件，给那些主设备企业提供配件，为他们做服务。这个领域看起来不起眼，技术含量却并不低，因此就避免了惨烈的价格竞争，这也可以说是顺兴开辟的一个“蓝海”，以后顺兴还会按照这个方向走下去，因此以后我们还会继续收购合适的工厂。

本刊：请谈一下未来10年，顺兴公司在中国大陆有哪些发展目标？

冼纬中先生：十年之内我有两个主要目标，一个是我们要成为电力绝缘材料和组件领域最大的供应商，再一个我们力争使顺兴成为电力行业具有较高知名度和美誉度的品牌。

本刊：顺兴公司非常注意自己的品牌建设，在中国电气制造业是较早进行品牌建设的企业之一，问冼总如何看待品牌对工业品行业尤其是电力设备行业的作用，“顺兴”在品牌建设方面还要做哪些工作，继续提高品牌效应？

冼纬中先生：我们之所以把品牌建设摆在发展的首要位置，是缘于对品牌的渴求和对品牌战略的思考。拿电力行业来说，一提到ABB、西门子，使人联想到的是先进的技术和过硬的品质。一个响亮的品牌，就是一把开锁的钥匙，一张通行无阻的名片。品牌的作用在于不仅能够为企业树立良好的商业信誉，更能创造出巨大的市场效益。我们的目标，就是要使“顺兴”成为中国的ABB、西门子。说到具体举措：就是狠抓产品质量和售后服务，质量第一，服务至上。

本刊：电力行业对设备可靠性要求非常高，在保证产品质量方面，顺兴公司有哪些举措？

冼纬中先生：从原材料的采购开始，每个环节都进行严格的检测。我们的工厂通过了ISO9001：2000国际质量体系认证，用最先进的质量管理制度来保证我们做出最优质的产品。拿我们的绝缘纸板产品来说，为了保证质量，我们做纸板用的木材全部从加拿大进口，这样做虽然成本比国内木材高了很多，但进口的木材含碳系数低，制造出的产品能够有比较好的绝缘性能。对于电气产品来说，质量不仅意味着经济效益，更关系着人们的生命安全，质量对于顺兴来说，始终是第一位的。

本刊：销售策略对一个产品一个企业来说很重要，顺兴的销售策略有什么特点？

冼纬中先生：顺兴的策略是用质量促进销售。电力行业的特殊性决定了用户对产品质量的关注，因此只有持续地提供具有高质量的产品才会在市场上立于不败之地。如果不重视产品质量，只是在销售技巧上下功夫，即使能够取得一时的销售成绩，终归不能持久。

我们的策略是先解决用户的问题，再解决自己的问题。

顺兴集团公益金百万行

本刊：请冼总谈一谈用人之道。

冼纬中先生：我培育和使用人才的一贯理念是"先做人，后做事"，只有具有优良人品的人，才能做出优质的产品。众所周知，企业的发展关键在于人才，要做到人尽其用，除了健全的奖惩机制之外，还要有和谐温暖的内部环境，让员工在公司有"家"的感觉。

本刊：中国正在全面构建资源节约型和环境友好型社会，很多的传统企业面临着技术升级和产品结构转型，针对这一情况，冼总有什么样的看法？

冼纬中先生：环境问题正越来越受到人们的重视，电力是一种清洁能源，但是目前我国的电源结构还不太合理，火电比重过大，发电过程中还是高污染高排放。在这方面顺兴也会承担起相应的社会责任，目前我们也正在和有关单位洽谈，在现有的产业布局基础上，以后会在风力发电、太阳能发电等新能源领域进行投资和合作，为建设资源节约型和环境友好型社会做出贡献。

本刊：现在全世界都面临经济危机的影响，冼总如何看待中国电力行业在金融危机背景下的发展前景，顺兴公司还将有些什么样的举措？

冼纬中先生：的确，目前的危机已经对实体经济产生了一定的消极影响，在广东有很多工厂已经被迫关闭。电力是一个典型的投资拉动型行业，今年我国经济工作的重心是"扩内需，保增长"，扩大电力投资是扩大内需的一个重要方面，因此电力设备制造行业反而会因此受益。虽然目前我国的电力装机容量已经排在世界第二位，但人均装机容量还只有0.61千瓦，不到世界平均水平的一半，只相当于发达国家的1/6，因此中国的电力事业还会有更大的发展，因此我看好中国的电力行业，更看好整个中国经济。顺兴会继续扩大在大陆的投资，我相信顺兴也一定会取得更好的发展。

本刊：我们注意到冼总不但是一个成功的企业家，而且关心祖国大陆的发展，热心公益事业，是爱国企业家的典范。请冼总谈一下经营企业和公益事业之间的关系。

冼纬中先生：顺兴能取得今天的成绩，离不开中国的崛起，离不开改革开放。我相信只有国家兴旺，顺兴的事业才会兴旺，我为国家的利益奔走，就是为顺兴的利益奔走。顺兴愿意成为承担社会责任的表率。

本刊：请冼总简单概括一下顺兴公司的价值观。

冼纬中先生：企业是社会公器，顺兴以服务电力、造福社会、产业报国为永恒的责任。

后记：一个小时的时间在不知不觉中过去，我们的谈话不时被冼纬中先生的一个个电话所打断，冼纬中先生在英语、粤语和普通话之间频繁地切换，思维之敏捷超乎我的想象。感谢冼纬中先生先生在百忙之中接受我们的访问，在访问结束的时候我们做了一个十年之约，十年之后再看那时的顺兴，看那时的中国。

本次专访特别感谢：顺兴公司张咏诗（Iris Cheung）小姐

刘积仁
——东软集团股份有限公司董事长兼CEO

刘积仁，东软集团创始人。计算机应用专业博士，东北大学教授，博士生导师。现任东软集团有限公司董事长兼CEO，兼任东北大学副校长。

刘积仁博士现还兼任中国软件行业协会副理事长，中国自动化协会常务理事，曾任全国政协委员，亚太经合组织APEC 工商顾问理事会（ABAC）成员，中国国家自然科学基金委员会计算机学科评审组成员，中国互联网协会副理事长等职。

刘积仁博士1955年8月生于中国辽宁省丹东市，1980年毕业于东北工学院计算机应用专业，1982年获得硕士学位，1986年赴美国国家标准局计算机研究院计算机系统国家实验室留学，1987年学成归国，成为中国自己培养的第一位计算机应用专业博士，1988年被破格提拔为教授，年仅33岁，是当时中国最年轻的教授之一。

为了实现“架设软件研究与应用的桥梁”的理想，1988年，刘积仁博士所领导的东北大学计算机系网络工程研究室从3个人、3台PC机、3万元科研经费开始，不断探索产、学、研一体化的发展模式，并于1991年创立了东软，1996年，东软成为中国第一个上市的软件公司。如今，东软集团已经成为中国领先的IT解决方案与服务提供商，中国最大的离岸软件外包提供商。

东软以软件技术为核心，面向软件与服务，医疗系统，IT教育与培训三个领域，建立了相互促进的三个业务群组。目前，公司拥有员工15000余名，在中国建立了8个区域总部，16个软件开发与技术支持中心，5个软件研发基地，在40多个城市建立营销与服务网络；在大连、南海、成都和沈阳建立3所东软信息学院和1所生物医学与信息工程学院；在美国、日本、欧洲设有子公司；在国际上拥有30多家服务外包客户，东软是中国最大的离岸软件外包提供商。与此同时，东软与日本、美国、荷兰、芬兰、德国等国家的30多家国际知名公司建立了战略合作伙伴关系。

刘积仁博士先后荣获“全国先进工作者”、“全国优秀科技工作者”、“全国五一劳动奖章”、“留学回国人员成就奖”、“国家863计划先进个人”、“中国软件杰出贡献奖”、“优秀中国特色社会主义事业建设者”等荣誉，并多次被多家媒体评选为“中国IT年度人物”、“中国信息产业20年封面人物”、“中国十大创业领袖”、“中国信息产业年度经济人物”及“2006年度最佳领导力奖”、“2007中国最佳商业领袖奖”、2007年度“何梁何利基金科学与技术创新奖”、“2007亚洲最佳商业领袖创新奖”及“2009年度10位全球外包杰出人物”等荣誉。

东软集团股份有限公司

公司发展概况

东软集团股份有限公司（以下简称东软集团）是中国领先的IT解决方案与服务供应商。

1991年，东软集团创立于中国东北大学。公司主营业务包括：行业解决方案、产品工程解决方案、软件产品与平台及服务等。目前，公司拥有员工15000余名，在中国建立了8个区域总部，16个软件开发与技术支持中心，6个软件研发基地，在40多个城市建立营销与服务网络，在大连、南海、成都和沈阳分别建立3所东软信息学院和1所生物医学与信息工程学院；在美国、日本及欧洲设有子公司。

东软集团是中国第一家上市（1995年）的软件企业，第一家通过CMM5和CMMI（V1.2）5级认证的软件企业，是中国最大的离岸软件外包提供商。

东软集团面向行业客户核心业务提供的IT解决方案是客户快速、低风险实现信息化管理的最佳实践。它能够有效提升客户的核心竞争能力和可持续发展。行业解决方案涵盖的领域包括：电信、电力、金融、政府（社会保障、财政、公检法、国土资源、税务、质检、环保等）、制造业与商贸流通业、医疗卫生、教育、交通等。

在产品工程解决方案领域，东软集团不仅拥有自主品牌的医疗产品和网络安全产品，同时，也与世界一流的跨国公司开展合作，提供车载信息产品、数字家电、移动终端和IT 产品的嵌入式软件开发和服务。东软集团的嵌入式软件系统在众多世界著名品牌的汽车、DVD、数字电视、数码相机、电子琴、手机、笔记本电脑、复印机等终端产品中运行。

在自有品牌的产品工程方面，在医疗领域，东软集团开发并提供包括CT、MRI、数字X线机、彩超、放射治疗设备、核医学成像设备、CAD软件、HIS、PACS以及远程医疗系统等11大系列50余种产品，其中CT、MRI获得欧洲CE认证和美国FDA认证，东软集团是中国唯一能提供CT设备和数字化医院全面解决方案的企业；在网络安全领域，东软集团提供SOC、NTARS、FW、IPS、IDS、VPN、审计系统等全线网络安全产品，广泛应用于金融、电信、电力、企业、教育、政府等行业。东软集团NetEye防火墙产品连续7年保持中国市场领先位置。

在服务领域，东软集团提供包括应用开发和维护、套装应用软件服务、专业测试与本地化服务、IT 基础设施服务、IT 教育与培训、业务流程外包（BPO）等服务业务。其中，在业务流程外包（BPO）方面，东软集团已为日本、韩国等多家跨国公司提供IT Help Desk、Product Support Services、HR Services、Back-office Services of E-Commerce等服务。

东软集团将“超越技术”作为公司的经营思想和品牌承诺。作为一家以软件技术为核心的公司，东软集团通过开放式创新、卓越运营管理、人力资源发展、以客户为中心的组织和服务网络的建设以及联盟与合作伙伴关系等战略的实施，全面构造公司的核心竞争能力，创造客户和社会的价值，从而实现技术的价值。

东软集团致力于成为最受社会、客户、投资者和员工尊敬的公司，并通过过程与方法的不断改进，领导力与员工竞争力的发展，持续和开放的创新，使公司成为全球优秀的IT解决方案和服务提供者。

电力事业部简介

1.1 概述

1995年，东软集团股份成立了电力开发部（电力事业部前身），并于1999年成立电力事业部，从事电力行业的信息化系统建设，负责面向电力行业的软件开发和市场营销工作。目前主要面向各级电网企业提供覆盖发电、输电、变电、配电、用电及调度等多个环节的信息化全面解决方案，具体包括应用软件设计、开发与实施以及信息化解决方案咨询服务等。东软集团致力于成为中国市场上最优秀的电力行业信息化专业解决方案供应商之一。目前解决方案覆盖国家电网公司总部、20余个省级电网公司，市场份额名列前茅。

电力事业部总部位于大连市，在沈阳、北京、西安、广州设有研发中心，共有咨询、业务及技术支持人员近900人，市场营销及分布于全国各地的产品销售数十人，东软各大区域专职为电力事业部的项目提供本地化实施、服务的工程师约200余人。

电力事业部的软件质量管理等均按照公司的统一管理，通过了ISO9001：2000版的质量控制体系认证，并吸取了国际通用的CMM/CMMI的多项核心思想和经验。在软件系统项目实施过程中，秉承“软件创造客户价值”的公司理念，为用户提供完善的售后技术支持与培训，使得我们的系统能真正为中国电力企业提高工作效率和管理水平而创造价值。

电力事业部的整体技术策略与公司保持一致，早在2001年已经完成了从传统设计模式向多层架构J2EE规范的成功过渡，并经过了几年来的十多个大型企业级实际应用案例的运行性能和稳定性验证，各方面指标都得到了大大提高。同时根据电网企业应用特点，基于IEC 61968/61970标准，构建参照CIM模型的电网资源组件集成框架，已经形成了以组件开发框架为核心的、包含图形化工作流平台、应用集成平台、多维分析和决策支持平台等一整套开发和应用框架体系，为快速、圆满地完成解决方案实施及二次开发奠定了良好的基础。

经过十几年的积累和发展，东软集团电力事业部将继续拓展电力客户市场，夯实解决方案的内涵和深度，力争成为中国领先的电力行业信息化解决方案提供商。

1.2 解决方案

东软集团电力事业部的主要业务应用解决方案包括：

● 面向电网企业的电力营销、客户服务及辅助决策解决方案

在国内市场技术上处于领先地位，凭借公司的整体实力和性能稳定抢得了先机，主要客户包括北京电力公司、黑龙江省电力公司、辽宁省电力公司、江西省电力公司、四川省电力公司、新疆电力公司、河南省电力公司、陕西省电力公司、贵州电网公司、上海市电力公司、重庆市电力公司、福建省电力公司及华北电网公司等。

● 面向电网企业的生产管理解决方案

从1995年开始进入这一领域，凭借多年的项目和业务经验积累，2004年最新研发的新一代生产管理解决方案获得了客户的充分认可，主要客户包括：福建省电力公司、上海市电力公司、贵州电网公司、广东电网公司江门供电局、及辽宁省大连市供电公司等。

● 电力企业数据中心解决方案

凭借在电力企业信息化领域多年来积累的丰富业务经验，电力企业数据中心解决方案在国内市场处于领先地位，主要客户包括国家电网公司总部、北京电力公司、重庆市电力公司、辽宁省电力公司、黑龙江省电力公司、青海省电力公司、江西省电力公司、山西省电力公司、山东省电力公司、安徽省电力公司、河南省电力公司、河北省电力公司等。

Neusoft

● 电力企业集成化高级应用

贯穿电网运行、资产运维、客户管理及企业资源等环节和业务的集成化高级应用，将是智能电网下对电网运行和企业经营的新要求。东软提出了“柔性适应变化”的新理念，通过设计开放的架构、建立松散的耦合、定义标准的服务、构建复用的组件、支持创的应用，以适应管理、业务及客户的变化，从而更好地支撑企业的发展。相关集成化高级应用已经在北京电力公司、青海电力公司等网省进行了成功的实践。

● 电力企业信息化咨询与规划

凭借东软在多个行业信息化建设的经验积累和对电力行业的深入理解，形成了一支优秀的咨询顾问队伍，目前已经完成了上海市电力公司“数字化供电系统研究”咨询、南方电网公司“十一五”信息化规划三年滚动修编、贵州电网公司信息化发展规划、北京电力昌平供电公司信息系统规划、福建省县级供电企业财务管理信息化总体规划咨询、上海电力数据中心备份系统研究咨询等项目，取得了良好效果。

1.3 典型客户

国家电网公司总部/华北电网公司/华东电网公司/东北电网公司

北京电力公司

上海市电力公司

重庆市电力公司

贵州电网公司

广东电网公司

黑龙江省电力公司

辽宁省电网公司

陕西省电力公司

江西省电力公司

四川省电力公司

河南省电力公司

福建省电力公司

山西省电力公司

浙江省电力公司

山东省电力公司

湖北省电力公司

安徽省电力公司

河北省电力公司

青海电力公司

新疆电力公司

宁夏电力公司 ……

贺卫东
——北京天融信公司董事长兼总裁

贺卫东，北京天融信公司董事长兼总裁，生于1964年9月7日。1987年毕业于华中理工大学，1987—1995年工作于中国黑色金属材料总公司。

1994年INTERNET刚刚进入中国之即，贺卫东先生敏锐的意识到信息安全技术将是一个应运而生的新兴行业，并于同年底在中国工程院何德全院士的指导下开始从事中国互联网信息安全技术和市场分析的软课题研究。为使研究成果更好的发挥其社会效益，贺先生率先于1995年创办了北京天融信网络安全技术有限公司，致力于研制开发网络安全产品如防火墙、信息审计系统等；同时，他还先后出任法定代表人、公司总经理、执行董事之职。现贺卫东先生任职为天融信网络安全技术有限公司董事长兼总裁。

贺卫东先生是中国第一套自主版权的防火墙的缔造者，许多网络黑客见到他都会退避三舍，被业界人士称为“网络警察”。由于贺卫东在公司成长的过程中，准确地把握市场契机，及时根据市场调整公司战略，使天融信公司一直保持着100%的年增长率，成为国内网络安全行业事实上的领导企业。

贺卫东先生具备着一个优秀企业家的品质和精神：他艰苦朴素、勤奋好学、平易近人、刻尽职守、严于律己；敢于打破条条框框，勇于创新。凭借这些优点，十年间，他带领着天融信为不计其数的用户提供了网络的“安全卫士”。

贺卫东先生多年来，曾先后获得：北京市高科技园区10佳优秀创业者、北京市 “科技之光”优秀企业家、中国IT业影响力TOP 100人物、首届中国信息安全产业届“十大领军人物”等荣誉称号。并且2004、2005、2006连续三年荣获“中国信息安全保障突出贡献奖”；目前还担任国家信息安全产品认证管理委员会委员、中国信息产业商会信息安全产业分会副理事长、北京信息安全产业基地专家委员会专家委员等多项社会职务。

感言：人要有志气，国家要有骨气！

北京天融信公司

公司概况

天融信公司1995年成立，总部设在北京。作为中国信息安全行业领导企业，十多年来天融信人凭借着高度民族使命感和责任感，秉承“融天下英才、筑可信网络”的人才理念，成功打造出中国信息安全产业领先品牌TOPSEC。

从1996年率先推出填补国内空白的自主知识产权防火墙产品，到自主研发的可编程ASIC安全芯片，再到全球首发新一代可信并行计算安全平台；天融信公司坚持自主创新完成了国内安全产品跟随、跟近甚至超越国际知名产品的过渡。2001年天融信率先推出“TOPSEC”联动协议标准，2005年提出“可信网络架构（TNA）”，2008年提出构建“可信网络世界（TNW）”。无论安全技术还是安全理念，天融信始终引领和见证着中国信息安全产业发展的每一个里程碑。

历经十余年的市场考验与技术积累，天融信目前拥有包括政府、军队、金融、能源、电信、教育等众多行业的数万家客户，同时积极尝试拓展海外市场。公司建立了以北京为中心覆盖全国三十多个省市的支撑服务平台，拥有由近千名信息安全专业研发、技术与服务人员构成的强大服务团队。据权威机构统计，天融信品牌连续多年位居中国信息安全产品市场占有率领先地位。时至今日，公司已经发展成为中国知名的信息安全技术研究、产品开发和安全服务的高科技企业，正在努力向世界级信息安全企业的目标迈进。

天融信将“可信网络 安全世界”作为品牌理念，以“可信安全管理(TSM)”为架构核心，携手客户和合作伙伴整合资源，共同创建一个可信的、安全的网络世界。

IDC《中国IT安全市场半年度分析（2008下半年）》报告数据显示：2008年中国防火墙/VPN硬件市场中，天融信防火墙产品以21%的市场份额遥遥领先，连续第十年位居市场占有率第一位。

数据来源：IDC中国IT安全市场半年度分析（2008下半年）

天融信业务体系

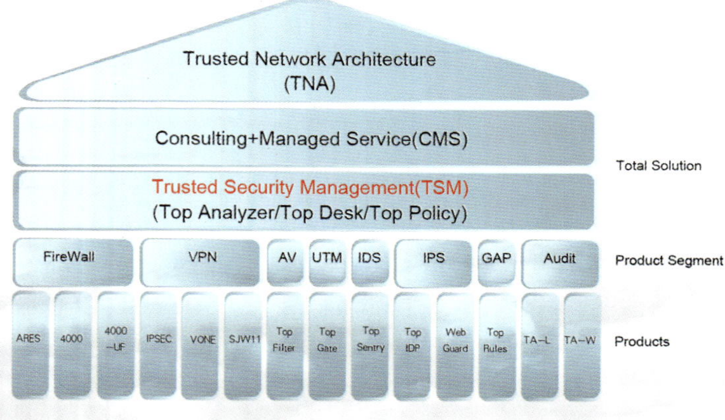

天融信安全产品列表

防火墙系统	TopGuard	
VPN系统	TopVPN	IPSEC VPN网关 VONE VPN网关
网络密码机系统	SJW11	
综合安全网关系统	TopGate	
入侵检测系统	TopSentry	
入侵防御系统	TopIDP	入侵防御网关 TopIDP WEB安全网关 TopIDP-Web
病毒过滤网关系统	TopFilter	
安全隔离与信息交换系统	TopRules	
安全审计系统	TopAudit	内容审计平台 TA-W 日志审计平台 TA-L
安全管理系统	TSM	终端安全管理平台 TopDesk 安全运营管理中心 TopAnalyzer 策略管理平台 TopPolicy

天融信资质与荣誉

资　　质	颁发单位
ISCC信息安全服务资质认证证书（一级应急处理服务）	中国信息安全认证中心
信息安全服务资质证书（安全工程类二级）	中国信息安全测评中心
北京市信息安全服务能力等级证书（一级）	北京信息安全测评中心
国家信息安全认证授权证书（二级）	中国信息安全测评中心
涉及国家秘密的计算机系统集成资质（甲级）	国家保密局
计算机信息系统集成资质（贰级）	国家工业和信息化部
商用密码产品生产定点单位	国家密码管理局
商用密码产品销售许可单位	国家密码管理局
软件企业认定证书	北京市科学技术委员会
国家规划布局内重点软件企业	发改委、信息产业部、商务部、税务局
CMMI 2级	Carnegie Mellon Software Engineering Institute
北京市政务信息安全2008年度应急处置协作单位	北京市政务信息安全应急处置中心
高新技术企业	北京市科学技术委员会
中关村高新技术企业	中关村科技园区管理委员会
海淀区创新企业	中关村科技园海淀园区管理委员会
质量管理体系(ISO9000)认证	中国船级社质量认证中心
国家级应急服务支撑单位	国家计算机网络应急技术处理协调中心
信息通报技术支持单位	国家网络与信息安全信息通报中心
北京自主创新产品目录	北京科学技术委员会、北京市发展和改革委员会、北京市建设委员会、北京市促进局、中关村科技园区管理委员会
第29届奥运会信息网络安全指挥部技术保障单位	第29届奥运会安全保卫工作协调小组
奥运网络与信息系统互联网网络安全应急保障专项工作支持单位	国家互联网应急中心（CNCERT/CC）

《中国电网装备年鉴》
承办：国家电网公司电网技术杂志社
编辑：北京瑞格雷森市场咨询有限公司
主编：肖峰
编辑部主任：张小辉　胡广杰
设计人员：郝泽星　杨琳　彭丹　时亦飞
统筹：张小辉

图书在版编目（CIP）数据
中国电网装备年鉴／国家电网公司电网技术杂志社 主编
－武汉：华中科技大学出版社，2009.12
ISBN　978-7-5609-5905-4
Ⅰ．中…Ⅱ．电…Ⅲ．装备－年鉴 Ⅳ．TU206984.12-64
中国版本图书馆 CIP 数据核字（2009）第 227245 号

《中国电网装备年鉴》

（以下简称《年鉴》）是一本记录了我国电网装备水平的大型资料性专业工具书，
旨在全面记载和总结了每年度电网装备企业的发展状况，
宣传了我国电网装备技术水平的深刻变化；
集中展示了我国电网建设与改造所取得的巨大成就、
电网工程建设装备成果；
介绍和展示国内外的电网装备新技术、新产品。
《年鉴》在编辑过程中，
得到了国家电网公司上下主管部门和众多设备厂商、
技术工程师的大力支持和帮助，
在此，谨向为《年鉴》提供帮助和支持的单位和个人表增衷心的感谢。
在编辑过程中出现的一些错误和不足之处敬请批评指下。

《中国电网装备年鉴》编委会

2009 年 12 月

>>> 协办单位

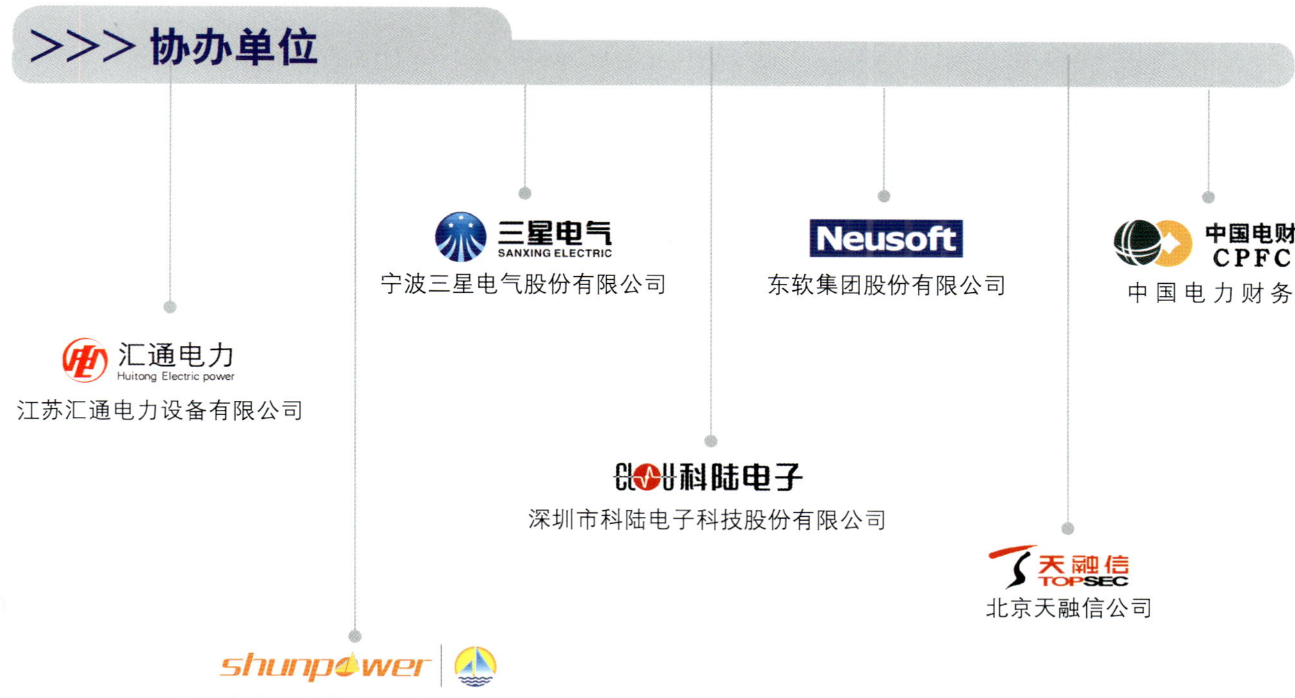

>>> 优秀企业推荐

湖南华菱线缆股份有限公司

帕尔普（PLP）公司

江门市新会三新电工器材有限公司

杭州电缆有限公司

中材高新材料股份有限公司

桂林电力电容器有限责任公司

华电云通电力技术有限公司

衡水广厦铁塔制造有限公司

上海海灵动力工程研究所

常州新区金利达电子有限公司

句容市金鑫联合铜材厂

大连零序科技有限公司

常州新兰陵电力辅助设备有限公司

湖北省输变电工程公司

2009

中国电网装备年鉴 China Electrical Network Equipment Annuals

》》》》》》

目　　录

第一篇　电力行业概述

目 录

第二篇 电网建设发展分析

目　录

第三篇　特高压发展分析

目　　录

第四篇　输变电设备产业发展

目　　录

目　录

目 录

第五篇 投资策略分析

目　录

目　录

目　　录

第六篇　主要企业分析

目　　录

目　录

目　录

目　　录

第七篇 技术论文

目　　录

第八篇 附　录

图表目录

图表目录

图表目录

图表目录

第一篇 电力行业概述

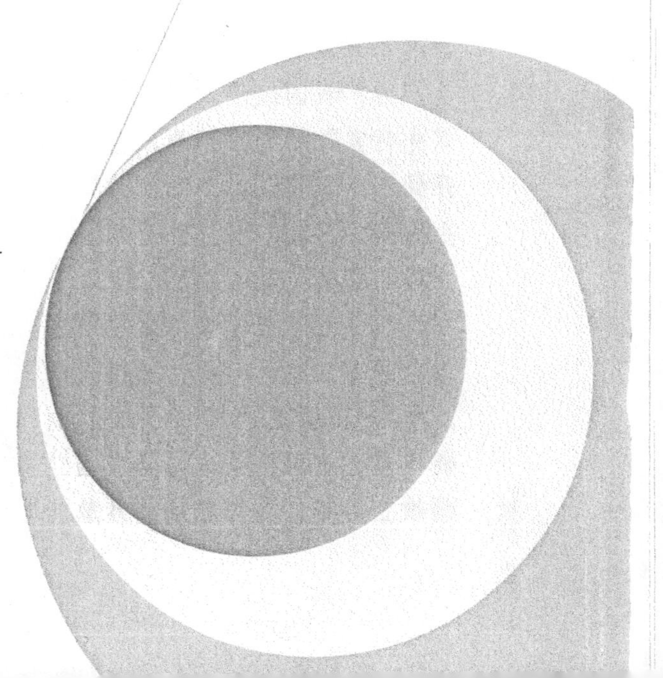

第一章　电力行业整体发展分析

第一节电力行业的总体概况

一、中国电力工业的历程回顾

伴随新中国的成长，我国电力工业从小变大、由弱变强。今天，我国发电装机容量已超过8亿千瓦、年发电量达3.5亿千瓦时，分别为1949年的450多倍和800多倍；220千伏及以上输电线路近38万千米，跃居世界第一。

建国的最初三十年，电力工业的发展，在计划经济的体制下，一直处于缓慢前进阶段，缺电现象严重存在，甚至在广大的农村地区煤油灯仍然是主要的照明工具。到了1978年，以真理标准大讨论为开端的思想解放运动，重新恢复了党的实事求是的思想路线，把党的工作重心从“以阶级斗争为纲”转移到以经济建设为中心上来，开始逐步摆脱意识形态的束缚，为解放生产力、发展生产力，打破计划经济的桎梏，走向有中国特色的市场经济道路扫清了思想上的障碍。

不管白猫黑猫，能抓住老鼠的就是好猫。邓小平的“猫论”，以一种务实的态度，开启了中国改革开放的新时代。市场体制的建立，释放了生产力，我国经济走上了快车道，作为经济发展“先行官”的电力工业，为了适应这种新形势，开始不断深化改革，调整结构，从集资办电到政企分开，再到厂网分开，每一次改革都是一次生产力的解放，都激发了行业的活力。尤其是2002年，国务院颁布电力体制改革方案，确立了电力体制改革的总体目标：打破垄断，引入竞争，提高效率，降低成本，健全电价机制，优化资源配置，促进电力发展，推进全国联网，构建政府监管下的政企分开、公平竞争、开放有序、健康发展的电力市场体系。正是这一轮的电力改革，电力市场体系的建立，促发了我们电力工业的高速发展，从2006年开始装机容量每年平均以一亿千瓦的速度增长，基本改变了长期以来一直困扰我们的缺电现状。

发展并不简单意味着数字上的增长，如何使我们的发展做到协调发展、可持续发展，在发展中实现速度与效益、数量与质量、资源与环境的有机结合，这才是电力工业发展的核心和重点。基于这样的考量，电源方面，火电由于能耗高，污染重，在电源结构中所占的比例正在不断下降，同时，我国大力部署推广新能源战略，提高太阳能、风力、水力、生物质能以及核能发电的比例。

二、中国电力行业的总体发展情况

全国电力装机从2002年底的3.57亿千瓦增加到2009年9月底的8.3亿千瓦，年均投产装机超过7200万千瓦。今年1至9月，全国新投产电力装机容量累计达4912万千瓦，其中水电1210万千瓦，占全部新增容量的24.6%；风电新投产407万千瓦，超过去年同期水平；火电结构不断优化，截至今年上半年，全国已累计淘汰小火电7467台，总容量超过5407万千瓦，提前一年半超额完成“十一五”关停小火电5000万千瓦的目标。

自《可再生能源法》实施以来，我国可再生能源发电装机容量和发电量逐年增长。截至2008年底，含水电、风电、核电等清洁能源与新能源发电装机达到1.8984亿千瓦，约占全国总装机容量的24%，其中水电装机1.726亿千瓦，核电装机908万千瓦，太阳能发电装机14万千瓦，生物质能发电装机超过300万千瓦。

三、电力工业发展为输变电设备行业带来商机

近年来，我国电力行业发展迅速，2002年底全国电力装机容量为3.57亿千瓦，2008年我国共新增发电装机容量9051万千瓦，全国发电装机容量达79253万千瓦，较上年同比增长10.34%。2009年9月底我国电力装机容量已经达到8.3亿千瓦。

2008年，全国电力基本建设投资规模继续增加，总投资额达5763.29亿元，同比增长1.52%，电力工业整体的快速发展带动输变电设备需求的大幅增加，为输变电设备行业带来了巨大的商机。

四、中国电力消费与经济增长的均衡关系浅析

随着我国经济的快速增长，能源出现了供不应求的现象，而对电力的需求尤为突出。保持电力消费与经济增长的协调发展受到了越来越多的关注，许多学者已经对此问题做了研究。以1978—2002年25个年份的年发电量和国内生产总值数据为统计样本，运用恩格尔—葛兰杰两步法，发现电力生产和经济增长之间存在协整关系。另有文献分析了影响中国电力需求的主要因素，发现电力能源与经济增长存在协整关系。还有文献论述了政府的短期措施对解决电力短缺的局限性，认为电力能源规划应该根据GDP与电力需求间的长期关系制订。其他有学者通过对1952—2002年电力消费与经济增长协整性和因果关系的研究，认为中国电力消费与经济增长之间存在双向因果关系，而且已经形成长期协整关系。

上述研究结果为深入研究我国电力消费与经济增长之间的关系提供了良好基础。然而，上述文献研究较少考虑到外部环境冲击对经济系统的影响。外部环境对经济系统的冲击会造成描述经济变量的时间序列数据结构发生变化，并导致变量之间原有关系的改变。最近20年来，世界经济的一体化进程愈发密切了各国经济系统之间的联系。外部环境对经济系统冲击的影响变得越来越显著。因此，忽略这种影响而研究经济变量之间的关系是不全面的。通过运用恩格尔—葛兰杰(E—G)方法，将外部环境冲击对经济系统的影响与经济变量之间的协整关系两方面相结合，深入揭示了电力消费与经济增长之间的互动关系。

研究结果表明，我国经济发展与电力消费之间已经形成了长期均衡（协整）关系，并且这种长期均衡关系在1993年因受到经济环境的影响而发生了变化。这一结果与我国电力市场发展的实际状况相符合。20世纪80年代，我国电力市场开始了改革进程，这一进程可大致分成2个主要阶段：1996年以前，政府鼓励所有投资者参与电力生产以解决电力短缺问题；1996年以后，政府积极地重组电力部门。协整关系的变化反应了电力市场的改革对经济增长的影响，模型真实刻画了经济变量之间的变动关系。

五、国内电力工业的能效问题浅析

2005年中国电力工业消耗煤炭约11亿t，耗煤比重占中国煤炭产量21.9亿t的50%以上。其发电厂自用电量和供电线损电量约3249亿kWh，占到电力生产量的13.13%，同时每年消耗燃油达1600万t以上。电力工业是名副其实的耗能大户。截止2005年底，中国电力装机总量50841万kW，其中火电装机38413万kW，所占比重达75.6%；水电和核电装机分别为11652万kW和685万kW，所占比重分别为22.9%和1.3%；其他发电装机为91万kW，所占比重仅为0.2%。2005年，中国电力生产总量24747亿kWh，其中火力发电20180亿kWh，所占比重达81.5%；水力发电和核电发电分别为3952亿kWh和523亿kWh，所占比重分别为16.0%和2.1%；其他装机发电92亿kWh，所占比重仅为0.4%。所以，燃煤发电在中国电力生产中占绝对主导地位，影响

中国电力工业能效问题的最主要因素是燃煤发电企业的能效问题和电网的线损问题，其主要指标是煤耗、厂用电率和线损率。

1. 中国电力工业能效现状

2005 年，中国电力工业全国平均供电煤耗为 374g/kWh，生产厂用电率为 5.95%，电网综合线损率为 7.18%，与国外先进水平相比差距甚大。如日本东京电力公司 1999 年的供电煤耗为 320g/kWh，厂用电率为 4%；法国电力公司 1999 年的供电煤耗为 331.6g/kWh，厂用电率为 4.47%；德国巴伐利亚电力公司 1999 年的供电煤耗为 332.1g/kWh，厂用电率为 5.42%（含脱硫装置用电）。美国、日本和德国 2000 年的电网综合线损率分别为 6.0%、3.89%、4.6%，意大利 EVEL 2004 年的综合线损率为 3.0%。

通过比较可以看到，中国电力工业的平均供电煤耗与世界先进水平（1999 年）相差约 50g/kWh，平均厂用电率与世界先进水平（1999 年）相差约 2%，电网综合线损率比世界先进水平（2004 年）高约 4%。

2. 影响中国电力工业能效的主要原因

煤电比重过大中国电力工业中热电联产、燃油、燃气以及水电机组比重小，煤电装机比重大，超过 70%，其发电量比重超过 80%。煤电比重过大不利于电力系统经济运行。在发达国家，一般采用水电站或燃油、燃气机组承担尖峰负荷，燃煤发电厂承担腰荷或基荷，使燃煤电厂在负荷平稳区段运行，启停少，热效率高。而在中国，水电、油电和气电不仅比重小，而且大多集中在局部地区，燃煤电厂不仅要承担调峰、调频任务，还要承担备用任务，使之处在负荷不平稳的区段运行，导致热效率低，煤耗高。中国以大比例煤电为主的电力结构如果不作改善，要使能源利用效率达到以油气为主的发达国家的水平，极其困难。

低效机组偏多中国大型发电机组与国外同类型机组的效率差距并不大，其整体发电机组能效较低的主要原因是由于有大量小火电机组的存在。截止 2004 年底，全国 6000kW 以上机组共 6911 台，合计容量为 3.93 亿 kW，平均单机容量仅为 5.69 万 kW。其中 30 万 kW 以上高效机组只有 333 台，仅占总容量的不足 40%。由于大量小机组的存在，致使煤耗普遍偏高。如按世界先进水平计算，仅此一项中国每年多耗标煤高达约 1 亿 t。

电煤质量不好国外燃煤电厂大都使用经过洗选的煤炭，而且煤炭质量与其锅炉设备基本相匹配，使锅炉燃烧稳定，减少无谓的调节和运行负担，热效率高，厂用电低，发电煤耗少。中国燃煤电厂绝大多数是使用原煤（动力煤入洗量约占动力原煤产量的 10%，发达国家原煤入洗率一般在 60% ~ 95%），而且煤质差且不稳定（2005 年直供电网综合燃料发热值同比降低 127kcal/kg），从而使电厂锅炉难以达到最佳效率，增加了煤耗和厂用电率。

发电运行技术和设备质量欠佳发电设备可用率和可靠性相对较低，非计划停机率较高（2005 年全国火电 600MW、300MW 级无烟煤机组非计划停机总平均值达 1.57 次／台·年，其他 300MW 级机组 1.51 次／台·年，600MW 级机组 1.96 次／台·年，超临界机组 2.5 次／台·年，从而抬高了厂用电率和煤耗。同时，电泵耗电量大（中国绝大多数电厂采用电动泵，比国外采用汽动泵的电厂，效率相差 15% ~ 20%），送引风机效率低（中国采用离心式送引风机较普遍，而国外采用效率较高的轴流式送引风机，效率相差 10% ~ 20%），循环水耗电量大（中国因水资源缺乏较少采用直流冷却方式，多采用自然通风塔、机力塔或间接空冷系统的方式），从而使发电厂自用电率增大。

电网建设和管理落后中国电力发展一直存在“重发、轻供”的情况，电网建设滞后于电源建设，“窝电”现象时有发生，影响整个系统经济运行。电网中超高压输电线路比重偏低，变电站布局不够合理，高能耗变压器使用量太大。部分电网容载比不足，同杆并架、串联电容补偿、紧凑型线路等先进技术应用不广。同时，电网运行管理落后，重安全运行，轻经济运行，粗放型管理方式和观念促成线损率居高不下。在输配电环节中，降低变压器（尤其是10kV以下的中小型变压器）的损耗成为当务之急。据测算，一些已获得节能认证的变压器可使其配电损耗降低约30%。这既说明其节能潜力巨大，也说明现在的浪费巨大。

有效的市场机制没有形成经过多年的改革，电力工业有序发展的市场机制仍然没有形成，电力营销体制和发展机制没有完全理顺，电力规划和产业政策执行乏力，电力法律法规建设滞后，市场奖优汰劣的机制尚未建立。电力上下游产业之间缺乏有效的价格传导机制，电力资源优化配置缺乏体制上的保障，从而使电力工业的发展仍然没有走出高投入、高消耗、高污染、低产出、低效率的模式。

部分企业决策者节能意愿不强目前，大多数企业决策者愿意用更多的投资建新电厂，对于节能工作比较忽视。例如，同样投入100亿元人民币，用它节能可以节出100万kW来，也可以用它建出一个100万kW的电厂来，此时他们更多的是愿意用这100亿元去建一个新电厂，而不是将这100亿元用来做节能工作。由于能源政策的导向性不够，致使部分决策者节能意愿不强。

3.提高中国电力工业能效的有关建议

坚决淘汰落后生产能力采取强制性退出机制和“以大代小”的方式，加快淘汰单机容量在10万kW以下的常规燃煤凝汽火电机组和单机容量在5万kW以下的常规小煤电机组和燃油发电机组。多年来虽然有关部门一直要求要关闭有关小机组，但效果不明显。其主要原因一是各主体间利益调整不到位，二是缺乏补偿机制，三是部分时间严重缺电。现在缺电情况已经好转，并在不远的将来会有电能富余，如果能够协调好有关利益，实施好有关补偿机制，加上燃料涨价等因素，关闭小火电的时机已经基本成熟。如果在未来15年内能够逐步淘汰10万～20万kW及以下燃煤、燃油机组，并以高效的超临界60万kW及以上机组作为替代，全国每年节省的标煤总量将接近1亿t。

努力改变能源利用方式在技术经济适宜的条件下，积极建设60万kW级以上的超超临界机组，即大容量、高效率、高调节性机组，优化火电机组能效结构。低效率的小火电机组发电煤耗一般为700g/kWh，而高效率的超临界机组发电煤耗一般为215g/kWh，即小火电发1kWh的煤可以让高效率机组发3kWh的电，如果到2020年，中国新增燃煤机组中有3亿kW容量能采用超临界发电技术，以年发电5000h计算，与2005年相比，每年可以节约原煤1.55亿t。

积极进行设备改造和技术创新积极发展和创新洁净煤燃烧技术，充分利用多种品质资源；大力发展热电联产，提高能源转换效率；加强现有电厂设备改造，积极推进技术创新工程。目前，中国电力工业年耗油量已达1600万t（其中电厂锅炉启停时耗油约占60%，低负荷稳燃耗油约占40%），节油工作日显重要。如果对火电机组进行等离子点火、少油点火、小油枪点火、低负荷稳燃等技术改造，可以大量减少燃油消耗。如果对低效的风机、水泵等电厂辅机进行新型技术改造，可以大量降低火电厂的厂用电率。

重视研究推行安全经济的机组运行方式供电煤耗是衡量燃煤发电机组经济性的主要指标，供电煤耗的大小取决于锅炉效率、汽机效率、管路效率和厂用电率等。在这些因素中，除管路效率外，其余指标均可以通过调整机组的运行工况得到改善。可以运用能损分析系统、节能评价系统等运行性能优化系统促进发电企业的能源利用不断由“粗放型”向“精细型”转变，从而实现机组经济性能的最大化。

大力发展特高压电网电网的输送电压越高，其线损率越低，如意大利EVEL在2004年的综合线损率为3%，其中低压为5%～6%，中压为2%，高压为1%。发展特高压电网，具有输电容量大、送电距离长、线路损耗低、工程投资省、走廊效率高和联网能力强的六大优势。它有利于构建较大地域电网网架，有利于发挥大电网时空错峰调剂效益，引导电源合理布局，促进电源集约化开发。根据国外经验，建设一条1000km长的交流1000kV高压输电线路的输送容量，相当于建设同距离5～6条交流500kV超高压输电线路的输送容量，既可节省土地资源，又可降低输电成本10%～15%。

不断完善电力市场机制要适应厂网分开和竞价上网的要求，加快推进电力体制的进一步改革。对政府和企业的职责进行准确定位，区分发电和电网的不同性质，实行不同的能效管理方式。对于竞争性的发电项目，要按照放松管制、鼓励竞争的要求，开放市场准入，通过竞争机制形成企业自我行为的约束，以不断降低成本，努力提高效率。目前要积极建立三大机制，即建立与发电环节竞价相适应的上网电价形成机制、促进电网健康发展的输配电价机制、能够反映资源稀缺和合理供求关系的销售电价机制。当企业通过节能提效带来的利益能够得到有效保障和长期获益时，中国电力工业的能效状况一定会出现新的变化和景象。

第二节 2006–2008年电力行业的发展

一、2006年中国电力行业的运行

在2005年全国电力工业快速平稳发展，电力供需形势总体有所缓和的基础上，2006年全国电力工业继续保持快速增长势头，节能降耗取得持续性进展，但是电力工业生产建设的结构性问题更加严峻。

2006年电力建设速度继续加快，新增电源机组容量创历史最高水平，电网建设取得长足进展。继2005年全国电力装机突破5亿千瓦，在不到一年的时间内，全国电力装机再上新台阶，突破了6亿千瓦。同时首批国产超超临界百万千瓦机组相继投运，标志着我国电力工业技术装备水平和制造能力进入新的发展阶段。电网建设方面，1000千伏交流特高压试验示范工程和云南至广东±800千伏特高压直流输电示范工程奠基仪式已分别举行，标志着交、直流特高压试验示范工程建设已拉开帷幕。

截止2006年底，全国发电装机容量达到62200万千瓦，同比增长20.3%。其中，水电达到12857万千瓦，约占总容量20.67%，同比增长9.5%；火电达到48405万千瓦，约占总容量77.82%，同比增长23.7%；水、火电占总容量的比例同比分别下降了2.03和上升了2.15个百分点。分地区看，发电装机同比增速超过30%的省份有：内蒙（45.4%）、云南（42.2%）、山东（33.6%）。全国220千伏及以上输电线路回路长度达到28.15万公里，同比增长10.4%，220千伏及以上变电设备容量达到98131万千伏安，同比增长15.7%。

从电力生产情况看，全国发电量达到28344亿千瓦时，同比增长13.5%。其中，水电发电量4167亿千瓦时，约占全部发电量14.70%，同比增长5.1%；火电发电量23573亿千瓦时，约占全部发电量83.17%，同比增长15.3%；核电发电量543亿千瓦时，约占全部发电量1.92%，同比增长2.4%。分地区看，发电量同比超过20%的省份依次为：内蒙（33%）、青海（25.6%）、贵州（23.6%）、云南（23.4%）、浙江（20.8%）、江苏（20.2%）。

随着大批电源项目的相继建成投产，电力供需形势进一步缓和，发电设备利用小时数较2005年大幅回落。2006年累计平均利用小时数为5221小时，同比降低203小时。其中，水电设备利用小时数为3434小时，同比降低230小时；火电设备利用小时数为5633小时，同比降低233小时；核电设备利用小时数为7774小时，同比增加19小时。

2006年，全国加快电源结构调整，优化节能环保经济调度，陆续关停凝汽式燃煤小机组和老小燃油机组，加大科学、精细和对标管理实施力度，电力行业节能降耗取得持续进展。

2006年全国供电煤耗为366克／千瓦时，比2005年降低4克／千瓦时；电网输电线路损

失率比去年减少0.13个百分点，降为7.08%。

2006年全社会用电量达到28248亿千瓦时，同比增长14.0%，增幅比2005年上升0.4个百分点。其中，第一产业用电量为832亿千瓦时，同比增长9.9%；第二产业用电量为21354亿千瓦时，同比增长14.3%，其中轻、重工业用电量分别为4133亿千瓦时和17021亿千瓦时，同比增长11.9%和15.4%，轻、重工业增幅比2005年分别上升1.87和下降0.14个百分点；第三产业用电量为2822亿千瓦时，同比增长11.8%；城乡居民生活用电量为3240亿千瓦时，同比增长14.7%。

电力基建方面，2006年全国基建新增投运的发电装机10117万千瓦，其中水电971万千瓦，火电9048万千瓦，风电92万千瓦；基建新增投运的220千伏及以上输电线路回路长度3.51万公里，基建新增投运的220千伏及以上变电设备容量15531万千伏安。

二、2007年中国电力行业的发展

2007年，全国电力工业继续保持持续快速健康增长势头，全国电力供需形势总体基本平衡，节能减排取得明显成效，关停小火电年度任务超额完成。

2007年电力建设继续保持较快速度，发电生产能力再创历史新高，电网建设快速发展。

继2006年底全国电力装机容量突破6亿千瓦，在短短一年的时间内，全国电力装机再上新台阶，突破了7亿千瓦。同时随着华能玉环电厂、华电邹县电厂、国电泰州电厂共七台百万千瓦超超临界机组的相继投运，标志着我国已经成功掌握世界先进的火力发电技术，电力工业已经开始进入“超超临界”时代。电网建设方面，四川－上海±800千伏特高压直流输电示范工程开工建设；三峡输变电工程全面建成通过国家验收；贵广二回直流输电工程正式投产，使西电东送南线输送能力新增150万千伏。

截止2007年底，全国发电装机容量达到71329万千瓦，同比增长14.36%。其中，水电达到14526万千瓦，约占总容量20.36%，同比增长11.49%；火电达到55442万千瓦，约占总容量77.73%，同比增长14.59%；水、火电占总容量的比例同比分别下降0.53和上升0.16个百分点。分地区看，发电装机同比增速超过30%的省份有：广西（48.6%）、安徽（39.8%）、内蒙古（38.9%）。全国220千伏及以上输电线路回路长度达到32.71万公里，同比增长14.20%，220千伏及以上变电设备容量达到114445万千伏安，同比增长18.71%。

从电力生产情况看，全国全口径发电量达到32559亿千瓦时，同比增长14.44%。其中，水电发电量4867亿千瓦时，约占全部发电量14.95%，同比增长17.61%；火电发电量26980亿千瓦时，约占全部发电量82.86%，同比增长13.82%；核电发电量626亿千瓦时，约占全部发电量1.92%，同比增长14.05%。分地区看，发电量同比超过20%的省份依次为：广西(29.4%)、内蒙古(28.6%)、福建(26.7%)、云南(22.2%)、重庆（21.0%）、湖南（20.3%）。

随着大批电源项目的相继建成投产，电力供需形势进一步缓和，全国供需总体基本平衡，发电设备利用小时数继续大幅回落。2007年，全国6000千瓦及以上电厂累计平均设备利用小时数为5011小时，同比降低187小时。其中，水电设备利用小时数为3532小时，同比增长139小时；火电设备利用小时数为5316小时，同比降低296小时；核电设备利用小时数为7737小时，同比降低69小时。

2007年，全国加大了电源结构调整力度，水电建设步伐加快，三峡电站已有21台机组投产，发电能力达1480万千瓦。龙滩、小湾、构皮滩、瀑布沟、锦屏、拉西瓦、向家坝、溪洛渡等一批大型水电站相继开工建设，其中一些项目的部分工程投产发电；金沙江水电开发全面启动，溪洛渡电站于11月8日实现截流；核电方面，随着田湾核电站两台核电机组投产，全国核电装机容量已达885万千瓦，红沿河核电项目已开始启动；风力发电取得突破性进展，中国国电集团公司、中国大唐集团公司风电装机容量相继超过百万千瓦，内蒙古自治区成为全国首个风电装机容量突破百万千瓦的省份。11月8日，我国第一个海上风电站在渤海油田顺利投产，拉开了我国有效利用海上风能的序幕；一批生物质发电厂建成投产，光伏发电和煤层气开发积极推进。

节能减排工作初见成效。全年共关停小火电1438万千瓦。2007年全国供电煤耗为357克/千瓦时，比2006年降低10克/千瓦时；电网输电线路损失率比去年减少0.19个百分点，降为6.85%。

2007年全社会用电量达到32458亿千瓦时，同比增长14.42%，增幅比2006年上升0.26个百分点。其中，第一产业用电量为860亿千瓦时，同比增长5.19%；第二产业用电量为24847亿千瓦时，同比增长15.66%，其中轻、重工业用电量分别为4502亿千瓦时和20064亿千瓦时，同比增长9.81%和17.34%，轻、重工业增幅比2006年分别下降0.78和上升1.72个百分点；第三产业用电量为3167亿千瓦时，同比增长12.08%；城乡居民生活用电量为3584亿千瓦时，同比增长10.55%。电力基本建设与投资方面，2007年全国共完成电力基本建设投资5492.9亿元，其中电源建设投资3041.5亿元，电网建设投资2451.4亿元。2007年全国基建新增的发电装机容量10009万千瓦，其中水电1306.5万千瓦，火电8158.35万千瓦，风电296.17万千瓦；新增220千伏及以上输电线路回路长度4.15万公里，新增220千伏及以上变电设备容量18848万千伏安。

三、2008年中国电力行业运行分析

2008年，全国发电量34047亿千瓦时，比上年增长5.5%，增幅同比回落9.4个百分点。其中，火电增长3%，回落11.6个百分点；水电增长17.5%，提高2.1个百分点。全国供电形势“前紧后松”。受南方部分地区低温雨雪冰冻灾害影响，1月、2月分别有19个和15个省级电网出现拉限电。由于电煤供应偏紧、电网建设滞后等因素，迎峰度夏期间全国仍有17个省级电网出现拉限电。9月份以后，用电需求快速回落，电力供应状况总体较为宽松，10月份以后月度发电量连续负增长。1—11月，电力行业累计实现利润280亿元，同比下降82.3%。其中，火电行业净亏损392亿元，去年同期净盈利604亿元。

据协会快报统计，2008年全社会用电量同比增长5.2%，增幅同比回落9.2个百分点。其中，工业用电量同比增长3.6%，回落12.3个百分点。全国发电设备平均利用小时数4677小时，同比下降337小时。其中，火电设备平均利用小时数4911小时，下降427小时。当年新增发电装机容量9051万千瓦。年末，全国发电装机容量7.9亿千瓦，同比增长10.3%。

四、2009年中国电力行业运行分析

2009年前三季度，全国发电量26511亿千瓦时，同比增长1.9%，增速同比减缓8个百分点。其中，9月份增长9.5%，同比加快6.1个百分点。火力发电量与去年同期持平，而去年同期为增长8.2%。水电增长9.4%，同比减缓7.6个百分点。

据行业统计快报，全社会用电量同比增长1.4%，增幅同比回落8.3个百分点。其中，第一产业用电量增长6.4%，提高3.8个百分点；第二产业用电量下降1.7%，去年同期为增长9.3%；第三产业用电量增长11.3%，提高0.5个百分点；居民生活用电量增长11.7%，回落1.2 个百分点。

工业用电量同比下降1.8%，降幅比前8个月缩小1.2个百分点，去年同期为增长9.3%。其中，建材行业用电量增长4.5%，增幅同比回落4.2 个百分点；钢铁、有色金属冶炼及加工、化工行业用电量分别下降2.7%、7.9%和6.3%，去年同期为增长11.8%、12.3%和10.9%。4个行业用电量合计占工业用电量的43.5%，比重同比下降0.8个百分点。

全国发电设备平均利用小时数3352小时，同比减少283小时；其中，火电设备为3515小时，减少284小时。

前8个月，电力行业实现利润518亿元，同比增长1.6倍，增幅比1—5月提高146.2个百分点，去年同期为下降78.5%。其中，发电行业利润562亿元，增长36.6倍；供电行业净亏损43.9亿元，比1—5月减亏16.6亿元，去年同期为净盈利185亿元。

第三节电力行业发展存在的问题及对策

一、国内电力工业发展存在的四个难题

1. 电力发展的统一规划存在问题。
2. 电网发展与可再生能源开发不协调。
3. 可再生能源开发与传统能源发展不协调。
4. 核心技术与核心原料两头在外的现象还较为突出。

二、电力工业发展亟需解决的八个问题

1. 电站无序建设。
2. 电源结构不合理。
3. 电网建设相对滞后。
4. 电力设备生产增长过快。
5. 电力建设质量安全存在隐患。
6. 自主创新能力不高。
7. 可再生能源的标准和体系亟待建立。
8. 部分领域出现盲目上马、产能过剩的情况。

三、电力行业信息化发展的困局有待突破

电力行业是我国应用信息技术较早的行业之一，它起始于六十年代初，经过几十年的发展已经取得了较大的成就，特别是在生产与安全方面基本上达到了国际先进水平。但是电力行业信息化发展仍然面临困局，有待突破。

目前，很多电力企业都投入了巨资进行企业信息化建设，信息基础建设已经初具规模；应用系统的推广也极大地提高了企业的反应速度和员工的工作效率，有效地支撑了企业业务的发展和壮大。然而随着电力行业近几年的高速发展，集团企业规模的扩展和管理级别的提升，集团企业的管理需求同软件功能之间的矛盾日益突出，现有的信息系统越来越突显出它的不足，主要体现在以下几点：

1. 缺乏分析功能

操作性的系统较多，没有真正意义上的商业智能系统，缺乏对大量业务数据的分析和知识挖掘。这样无法将操作和管理紧密结合，信息资源的增值作用不能在生产经营过程中充分发挥出来，以支持战略的有效制定和确保战略的真正执行。

2. 系统规模比较小，功能相对单一

现有系统规模普遍比较小，因为电力行业本身复杂的专业应用使得同一企业各职能部门只根据自身的需求单独立项开发，导致系统功能比较分散，使用的范围往往集中在一个或者比较少的部门中；系统功能都相对单一，几乎仅提供一到两个主要功能和一些相对比较零散的附加功能。因此多数为针对不同部门的专用软件。

3. 系统集成性比较差

由于这些系统几乎都是单独建设的，因此在系统购买和建设中存在着部分功能的重复；并且这些系统通常构筑在不同的平台之上，各个系统之间的连通性比较差；同时，这些不同的系统功能不同，开发工具不同，结构也存在很大差异，数据不能兼容，最终形成数量众多的“信息孤岛”。结果是企业虽然有许多系统和数据，但这些系统中的数据不能共享，因而不能使IT技术真正有效地支持业务的发展，也没有使企业对信息化的投资充分发挥作用。

四、电力行业发展要走与现实资源相协调的道路

随着经济持续稳定的发展，近年来我国能源消耗水平进一步提高。这本是一件正常的事，然而我国的能源消耗水平却高于世界平均水平，说

明能源产品利用率不高，浪费严重，我国节约能源工作任重道远。而电力工业作为全国基础能源行业，在发展中也同样存在能源产品利用率不高，浪费严重等诸多问题。在未来的发展中，电力行业必须走与现实资源相协调的道路，要在节能降耗方面，特别是在节电方面有所突破。

五、电力工业结构调整加速的五大措施

1.加大电网建设力度，重点支持城乡电网改造、骨干电网工程和大型电力基地送出等一批重大电网工程，促进电源电网协调发展。

2.大力推进核电、风电和具备条件的水电建设。

3.大力推进火电上大压小。

4.着力推进煤电基地和煤电一体化建设。

5.加快推进节能发电调度，促进节能减排工作。

第四节 电力行业的发展趋势

一、清洁环保高效低耗成电力行业发展方向

党的十六届六中全会提出，到2020年，构建社会主义和谐社会的目标和主要任务有九个方面。资源利用效率显著提高，生态环境明显好转就是其中之一。电力作为与自然环境关系密切的资源消耗型行业，要为实现这个目标付出努力。

清洁环保、高效低耗，就是要加强环境保护，注重资源节约，提高电力生产及运行效率，把电力工业建设成环境友好型、资源节约型产业。

长期以来，我国电源结构不尽合理。目前，火电在我国电源结构中的比重过大，水电比重有待提高，核电、风电、太阳能发电等非化石能源发电所占比重很小。这样的结构，使得电力发展与资源、环境的矛盾日趋突出。为此，电力行业必须积极担负起节约资源、保护环境的社会责任，促进电力行业与社会、自然的和谐发展。

对火电而言，要加强燃煤电厂二氧化硫治理。尤其是新(扩)建的燃煤电厂，除燃用特低硫煤的电厂外，必须同步建设脱硫设施或者采取其他降低二氧化硫排放量的措施；在大中城市及其近郊，严格控制新(扩)建除热电联产外的燃煤电厂。这是“规定动作”，有关企业要增强大局意识，不折不扣地落实。对水电而言，要有序开发，用好水资源。水电项目开发，要在有效保护生态环境的前提下进行，坚持以调节性强的大型水电站为主；做好流域规划，推进梯级综合开发；控制低水头、调节能力差的径流式小水电无序开发；搞好项目综合评估，防止一哄而上。对风能、生物质能、太阳能、地热能和海洋能等可再生能源，要大力发展；通过激励政策，鼓励各类投资主体进入；着力增强自主创新能力，降低成本，提高竞争力。

优化电力调度，对于节能和环保具有重要的现实意义。通过优化调度，可以形成一套鼓励先进、奖优罚劣的运行机制。可再生、节能、高效、低污染的机组将获得优先发电权，而能耗高、污染大、违反国家政策和有关规定的机组将戴上“紧箍咒”。

迄今为止，我国尚未实现基于成本最小化的优化调度。为此，要实施节能调度、环保调度、经济调度，改变各类机组平均分配利用小时数的旧调度模式。同时，应加强对调度机构执行节能调度、环保调度、经济调度的监管工作，建立一套涵盖信息发布、披露、监管、查询、纠正和处罚的机制。

建设环境友好型和资源节约型电力，要注意处理好两个方面的关系。

首先，处理好资源开发与环境保护的关系。党的十六届六中全会指出，社会要和谐，首先要发展。电力工业必须坚持用发展的办法解决前进中的问题，不断为和谐电力创造条件。资源的开发利用，一方面，应更加理性和科学，制止掠夺式的开发，防止对资源的盲目利用和对环境的肆意破坏；另一方面，也要反对只强调保护不考虑开发的倾向。总之，要坚持开发资源与保护环境并重，在开发中保护，在保护中开发；既要通过

开发创造“金山银山”，又要加强保护，留住“绿水青山”。对于火电、水电、风电等，都要注意这个问题，认真加以落实。

其次，处理好能源生产与能源消耗的关系。电力工业的特性是在能源消耗中完成生产过程，创造出二次能源。在电力建设、生产和运行过程中，必须坚持节约优先的原则，大力开展节煤、节水、节电、节油工作，实现开源节流，提高资源利用效率。节能是解决我国能源问题的根本途径，“十一五”规划纲要将单位GDP能耗降低20%作为约束性指标。电力行业必须履行承诺，采取综合措施，通过调整结构、技术进步、加强管理、深化改革，扎实推进节能工作。

形成低投入、高产出，低消耗、少排放，能循环、可持续的电力行业节约型增长方式，是建设和谐电力的内在要求，是电力工业持续发展的必然选择。全行业都要为这个目标而努力。

二、“十一五”时期电力工业要优化结构和布局

“十一五”时期，我国在积极发展电力工业的同时，将逐渐摆脱电力对煤炭的依赖，水电、核电和风电的发展力度将不同程度增加。据预测，到2020年，我国发电装机容量将达到9.5亿千瓦。届时，火电占总装机容量的比例将由2004年底的73.3%降至69.5%，水电的比例将由2004年的24.6%上升为26.3%。

国家对核电的重视程度进一步提高，“十一五”时期将重点建设百万千瓦级核电站。到2020年，核电装机容量规划要达到4000万千瓦，约占整个电力装机容量的4%。此外，可再生能源将获得长足发展。“十一五”时期，我国将建成30个10万千瓦级以上的大型风电项目；建设一批秸秆和林木质点站。并网风电装机、生物质能发电装机将分别达到500万千瓦和550万千瓦。太阳能、地热能和海洋能也会被积极开发利用。

“十五”期间出现的“能源消耗过大，环境污染加剧”等问题，主要是产业结构布局不合理造成的。为此建设资源节约型、环境友好型社会，优化结构、合理布局将成为“十一五”时期我国产业发展的另一条主线。增强自主创新能力是优化产业结构的中心环节。高技术产业将在结构升级中扮演领头羊的角色，其中的投资机会不可低估。

三、2020年中国电力发展前景展望

根据已有的一些研究成果和资料分析，预计到2020年全国需要的发电量为4.3万亿kWh，相应的装机容量为9.5亿kW左右。

根据已有的一些研究成果和资料分析，预计到2020年全国需要的发电量为4.3万亿kWh，相应的装机容量为9.5亿kW左右。这与今后20年GDP平均增长速度为7.2%基本上是相适应的。

电力增长速度与国民经济增长速度的关系，根据1980年到2000年的20年的统计，其电力弹性系数约为0.82，也是基本吻合的。而且这一预测值也基本上在以前各种预测值的范围内。

到2020年全国达到4.3万亿kWh的电量，相当于全国人均占有电量约为2900kWh(按预测2020年全国人口数为14.7亿人)，这只比2000年世界人均电量2500kWh略高，相当于美国50年代初，英国60年代初的水平，且比西班牙1982年人均占有电量(3100kWh)还低。而西班牙的用电水平是作为我国电力水平国际比较的参照量之一。

考虑到预测时期内许多不确定的因素，因此对2020年的发电量预计值，可取在3.8万亿、4.3万亿、4.7万亿kWh的高、中、低3个方案，相应发电装机容量将在8.5亿、9.5亿、10.5亿kW之间，而把4.3万亿kWh的发电量和9.5亿kW的装机容量，作为达到全面小康社会所需要和保证20年内GDP再翻两番的基本方案。

根据上述预测，今后20年内，中国电力发展的任务将是十分艰巨的。从2000年起到2020年的20年内需要增加装机容量将在6.3亿kW，平均每年要新增装机容量3000多万kW，如再考

虑期间还有大量寿命期已到需要更新改造的设备，其建设规模将更为巨大。如何保证中国电力的可持续发展将是一个非常重要与迫切问题，我们必须从现在开始对其能源供应、电源结构、电网结构技术进步、环境保护等进行全面研究。

实现电力可持续发展，目的在于扩大可靠的和能支付得起的电力供应，同时减少负面的健康与环境影响，重点在于优化电源结构、扩大供应范围、激励提高效率、加速再生能源的利用。推广先进技术的应用等方面。

我国的电力结构将包括电源结构、电网结构、电力的产业结构和电力技术结构。而电源结构则更大程度决定于能源结构，电网结构决定于电源布局与负荷分布，产业结构则决定于企业发展战略，技术结构则随科技进步、装备水平等而变动。

目前，从总体上说，我国平均的电力供应水平低，到1999年我国人均发电量979kWh，只为世界平均水平2479kWh的39%，为OECD发达国家8348kWh的12%；我国民用电比例更低，2000年我国人均生活用电为132kWh，只占总消费电量的13.7%，而发达国家达30%以上，按此推算，则相差近20倍；从电力占终端能源消费比例来看，1999年我国占10.9%，而OECD国家为19.2%，相差近1倍。从上述人均占有电量，人均生活电量和电力占终端能源消费比例3个指标，可以明显看出我国电气化处于较低水平。而电力是人类社会可持续发展的桥梁，电气化水平低也就意味着社会总体的能源转换效率低，也是造成森林砍伐、水土流失，生态破坏的重要原因之一。因此，为实现人类社会的可持续发展，加快电力的发展，提高电气化程度是一个重要的途径。

第二章 电网行业相关概述

第一节 电网行业定义及分类

一、行业定义

把由输电、变电、配电设备及相应的辅助系统组成的联系发电与用电的统一整体称为电力网。简称电网。

二、行业分类

我国电网按照电压等级划分为特高压、超高压、高压、中压、低压。

第二节电网行业发展历程与特征

一、行业发展历程

（一）历史

虽然说是历史，但实际上主要写两个阶段，因有些历史我也不清楚。

1、电力系统应分为火电、水电、核电三部分，原来是纯国有垄断部门（应该是国家事业单位，和邮电部等应该是一样，有政府职能）。

（1）最早有水利电力部、能源部、电力部等等名称，但是基本换汤不换药。1982年水电、火电合并成立水利电力部，后改名能源部；1995年分成水利部和电力部。

（2）核电主要是两种模式运作：一是中国核工业总公司（名字记不准了，隶属于核工业部）的自主研发，代表是秦山核电站一期；另一是中国广东核电集团的引进机组，代表是深圳的大亚湾核电站。因为核电在全国电力装机中只占千分之几，所以不详述。

八十年代末、九十年代初，正是电力行业发展的一个大好时机，实际上电力系统的混乱，应该是从这一时期开始的。国家经济发展，但是电力发展滞后（电力对经济发展的重要性我不再多说，2004、2005两年的电荒就足以说明很多问题），鼓励多方投资办电，出现了许多投资办电的企业。在此期间，成立了一家到现在也深有影响的电力企业——华能集团。

2、政企分开后，成立了国家电力公司，剥离了电力部的政府职能，电力系统失去了在政府中的强势地位，与国家发展改革委（原国家计委）之争终于落败。

2002年底，电力系统改革是电力行业一个划时代的象征。对于这次改革，大部分老百姓都叫好，但是改革的成败现在还没有定论，各领导层面有很大分歧。

电力系统改革后，电力行业现在分为三大部分：电网、电厂、电力建设单位，其他电力咨询单位、三峡水电集团等。

1、电网有国家电网公司、南方电网公司等；

2、电厂分为华能、国电、大唐、华电、中电投五大国有发电集团；加上国华（神华集团子公司）、国投、北方电力、粤电、深能源、京能源、浙能、鲁能、晋能、苏源、滇能、华润等小发电公司；

3、核电分为中国核工业总公司、中国广东核电集团；还有核设计院；

4、电力建设单位仍由电网公司代管。

5、其他还有电力规划总院（现在好象叫中国电力顾问集团公司）、电力设计院（六大电力设计院和各省电力设计院）、中试所、电力设备厂等单位。

二、行业发展特征

电网是电源和用户之间的纽带，其主要功能就是安全、优质、经济地把电能送到用户。

要实现这一目标，大电网具有不可取代的优越性，而要充分发挥这种优越性，就必须建设现代化的电网。

现代电网的特点主要包括：(1) 主网架由强大的超高压系统构成；(2) 各电网之间联系较强；(3) 电压等级简化和供电电压提高；(4) 具有足够的调峰、调频、调压容量，能实现自动发电控制(AGC)；(5) 具有较高的供电可靠性；(6) 具有相应的安全稳定控制系统；(7) 具有高度自动化的监控系统和电量自动计量系统；(8) 具有高度现代化的通信系统；(9) 具有适应电力市场运营的技术支持系统；(10) 有利于各种能源的合理利用；(11) 具有高素质的职工队伍。

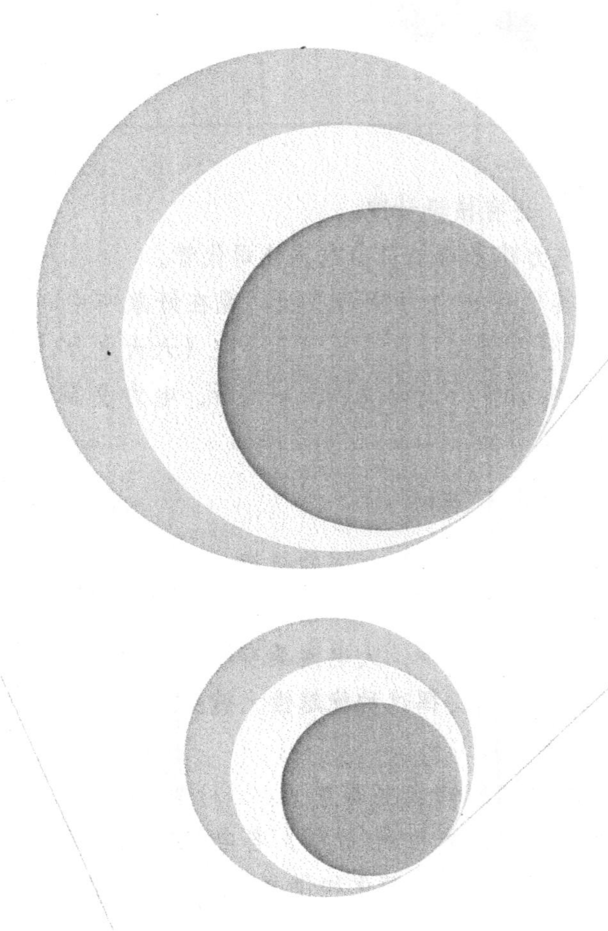

第二篇
电网建设发展分析

第一章　中国电网建设情况分析

第一节 中国电网建设总体概况分析

一、中国电网发展的历程

对普通人而言，60 岁已是花甲之年；而对于新中国，60 年只是复兴之路的启程。

新中国成立之初，变电容量有限、电压庞杂无序，“楼上楼下，电灯电话”曾是中国人的梦想。伴随着经济社会高速发展，电力引擎的转速也越来越快。中国电网事业在半个多世纪的追赶后，终于到达世界电网的新高度。

从网碎电少到联网供电——电网规模和传输水平不断升级

新中国成立之初，全国 35 千伏及以上输电线路仅 6475 公里，变电容量 346 万千伏安，部分城市和广大农村尚未通电，我国电力在一派“重整河山待后生”的状态中艰难起步。

由于经历长期的军阀割据和战争创伤，上世纪 50 年代我国仍没有统一的电压标准，一度出现 22 千伏到 154 千伏各个电压等级“混战”的局面。为改变电压庞杂无序的状况，1959 年国家颁布电力系统的统一标准《额定电压》，自此，我国电力系统终于有了自己的“标尺”。

1954 年 1 月 26 日，从天寒地冻的黑土地传来喜讯：新中国历史上首条 220 千伏高压输电线路——松东李线建成投运，将丰满水电站强大的电力输送到沈阳、鞍山、抚顺、本溪等工业基地，有力地促进了国家“一五”计划的全面完成。

即便是在“文革”动荡中，面对国内生产停顿和国际技术封锁，中国电力人也自力更生打造出超高压输变电工程。1972 年 6 月，我国第一条 330 千伏输电线路——刘天关线在西北高海拔地区诞生了，线路设计总负责人孙林山对当时的情景记忆犹新：“那时大家都来自五湖四海，心中只有一个目标，那就是建设好我国第一条超高压线路，为祖国争光，为人民争光。”

伴着改革开放的春风，我国电网迎来了快速发展时期。1981 年 12 月 22 日，全长 594.8 公里的平武工程投运，中国从此迈入由少数发达国家垄断的“500 千伏俱乐部”，此后数年，我国 500 千伏线路飞速发展，逐渐构成各省级和区域电网的骨干网架。截至 2008 年底，国家电网公司经营区域 500 千伏线路长达 85047 公里，变电容量 38604.1 万千伏安。

随着电压等级的升高和电网规模的扩大，东北、华北、华中、华东、西北和南方六大区域电网逐渐成型，为全国联网打下了坚实基础。1989 年投运的我国第一个超高压、大容量、远距离直流输电工程——±500 千伏葛沪直流工程全长 1045 公里，实现了华中与华东电网的互联，也揭开了跨区联网的序幕。如今，西北华北联网、西北主网与西藏、新疆联网等工程相继开工或审批，全国联网的基本框架已经成型。

进入 21 世纪，西北 330 千伏骨干网架面对大规模、远距离的电力外送形势显得“力不从心”，750 千伏兰州东－官亭输变电示范工程于 2005 年 9 月 27 日投运，建设 750 千伏骨干网架的宏伟蓝图从此铺展开来。目前，西北已建成 750 千伏线路 14 条，总长度 2080.19 公里，形成大规模“西电东送”的格局。

前进的脚步没有在成绩面前停止。2009 年 1 月 6 日，1000 千伏晋东南－南阳－荆门特高压交流试验示范工程投运，中国电网事业在半个多世纪的追赶后终于到达世界电网新高度。

从落后到先进——科技创新攻破世界难题，瞄准智能电网

我国自行设计施工的110千伏工程比世界第一个同级电压输变电工程晚47年；

我国第一条330千伏输电线路比世界第一个同级输电工程晚20年；

我国第一个500千伏输变电工程比世界第一个同级工程晚23年；……

今天，我国建成的特高压电网站在世界第一，在这场没有终点的比赛中，国家电网结束追赶的角色，第一次成为领跑者。

是什么让国家电网的角色风云逆转？答案只有四个字——自主创新。

1978年召开的全国科技大会使中国迎来了科技的春天。当时风华正茂、年轻有为的周孝信凭着电子计算机在电力系统的应用研究获得了科技大会奖。如今已是中国科学院院士的周孝信认为，多年来电力科技创新一路赶超有三点启示："一是充分学习世界先进科技成果，不闭门研究；二是不完全照搬，结合国情，有自己的特点；三是有信心形成国家电网技术的核心竞争力。"

在几代科技工作者的努力下，电网科技走出一条原始创新、集成创新和引进吸收再创新相结合的发展道路，结合中国国情，对电网规划、设计、建设、运行和控制等关键技术开展研究并取得一系列达到国际先进技术水平、广泛应用于电网各个领域的重要科技成果，先后100多项科技成果荣获国家科技进步奖和发明奖。

随着电网的快速发展，国家电网公司总经理刘振亚提出"世界性的电网科技难题在中国，创新的动力也在中国。"2004年底特高压输电项目启动以来，国家电网公司开展了321项特高压关键技术研究，在大电网运行控制等方面取得全面突破，特高压交流试验基地、直流试验基地、杆塔试验基地、西藏高海拔试验基地和国家电网仿真中心等形成目前世界上实验能力最强、技术水平最高的特高压研究体系，28项实验能力和指标创造世界第一。

如今，智能电网的新课题又提上了国家电网的创新日程，"统一坚强智能电网"被定位为"特高压之后电网发展方式的又一次重大变革与创新"。而"中国式智能电网"将有别于其他国家的智能电网，以统一规划、统一标准、统一建设为原则，以特高压电网为骨干网架、各级电网协调发展为基础，具有信息化、自动化、互动化特征。据国家电网公司智能电网部主任王益民介绍："国家电网公司已经编制出《智能电网关键技术研究框架》，重点开展新能源接入、特高压输电、电网运行控制、数字化变电站与数字化电网、灵活交直流输电及储能、电网环保节能等方面的研究。"不久的将来，当这些研究成果"入驻"电网，享受智能电网带来的智能生活将不再是遥不可及的梦想。

从不适应到排头兵——转变发展方式使企业快速发展

2002年底，在电力改革大潮中应运而生的国家电网公司，起步不久就遭遇全国性缺电的考验。当时，这个年轻的公司面临着两个"不适应"：一是电网发展严重滞后，与经济社会发展要求不适应；二是资产盈利能力不强，与企业资产规模和提高国有资产保值增值水平要求不适应。

国家电网公司由此开始了逆境中的奋斗，以发展为第一要务，推进公司和电网发展方式转变，由传统的国有企业向真正意义的现代企业集团转型，迅速驶入企业发展"快车道"。7年来，在电力需求快速增长、电网建设长期滞后、自然灾害频发等重大挑战之下，国家电网没有发生重大电网安全事故，满足了我国经济社会发展用电需求，担当起国有能源骨干企业的责任。公司实施户户通电工程，解决了364万无电人口的用电问题，累计建设新农村电气化村16505个，为新农村建设注入强大动力。作为首家发布社会责任报告的中央企业，公司掀起了国内企业社会责任风潮，在"企业社会责任50强"的榜单上名列榜首。在节能减排的主战场，公司开展节能调度，逐年

降低线损，支持可再生能源入网，成为节能减排的“排头兵”。

在2008年北京奥运会的盛大舞台上，国家电网公司作为奥运合作伙伴和奥运保电企业，创造了奥运史上“供电零事故”的奇迹，用实际行动展示出全球最大公用事业企业的品牌形象。2009年，公司又提出“人财物”集约管理理念，构建集中、统一、精益、高效的管理体系。在向世界一流电网、国际一流企业进军过程中，公司在世界企业500强的排名一路上升，从2004年的第46位跃升到2009年的第15位。

经历了从中压电网、高压电网到超高压电网，再到特高压电网的历程，经历了从分散到统一、从落后到先进、从薄弱到坚强的崛起，中国电网事业用一个甲子的时间缔造出一段光辉岁月，还将迎来一个新的巅峰。

二、中国特高压电网的建设能实现四个节约

目前我国首个特高压交流试验示范工程已进入工程实施阶段。我国建设特高压电网可以实现“四个节约”。

一是节约投资。从世界各国电网发展的经验看，高一级电压输电比低一级电压输电表现出明显的经济性。研究表明，1000千伏交流输电方案的单位输送容量综合造价约为500千伏输电方案的73%。

二是节约土地资源。比较1000千伏与500千伏的线路走廊宽度可知，一回1000千伏电压输电线路的走廊宽度约为五回500千伏线路走廊宽度的40%。因此特高压输电节省了输电线路走廊的土地占用、减少了植被破坏和水土流失，是一项体现环保和节约资源的工程。

三是节约运行费用。输电线路损耗方面，在总导线截面、输送容量均相同的情况下，1000千伏输电线路的电流是500千伏输电线路的一半，由于线路电阻损耗与线路电流的平方成正比，所以导线截面和输送容量均相同时，理论上1000千伏线路的单位长度电阻损耗是500千伏线路的25%。

四是减少煤电对环境污染的影响。采用特高压输电，直接把清洁的电力输送到人口稠密的负荷中心，可以减少人口密集区的污染源，减低人口密集区的环境容量饱和的压力，另外也可以减少因铁路和公路远距离运输发电用煤所排放的废气对大气环境的污染。

三、电网建设滞后的局面获得有效缓解

2007年，全国电力呈现供需两旺的局面。从电力供应能力来看，发电量增速较前两年明显加快。2007年1～8月份，全国规模以上电厂发电量20860.94亿千瓦时，同比增长16.3%，较2005、2006年同期分别加快2.9和3.5个百分点。从电力供给结构来看，火电一直在我国电力供给中居主导地位，1～8月份，火电发电量17638.58亿千瓦时，同比增长17.5%；水电2771亿千瓦时，同比增长9.1%；核电发电量扭转了2006年以来的负增长状况，1～8月累计发电量390.52亿千瓦时，同比增长9.3%，增速较上年同期加快9.6个百分点。在发电增速屡创近年新高的情况下，由于装机集中投产，全国发电设备利用小时数出现回落态势。1～8月份，全国发电设备累计平均利用小时数为3358小时，比上年同期降低136小时。其中，火电设备平均利用小时数比上年同期降低173小时，水电设备平均利用小时数比上年同期降低47小时。

从电力需求情况看，受工业增长加快尤其是重工业增速加快的影响，全社会用电需求增长较快。2007年1～8月，全国规模以上工业完成增加值同比增长17.5%，比上年同期加快0.2个百分点，其中重工业完成增加值同比增长18.8%，比上年同期加快0.5个百分点。由于工业、特别是耗电量比较大的重工业增速回升，电力需求增速有所加快。2007年以来全社会用电量累计增幅一直维持在15%～16%左右，为近三年来最高。由于上年用电增长呈逐月加快之势，2007年1～8月累计增幅达到15.2%，较上年又高出1.5个百分点，表明电力需求非常旺盛。其中，全

国工业用电量为15997.88亿千瓦时，同比增长16.7%，占全社会用电量的75.5%，工业用电仍然是全社会用电的主要部分；在工业用电中，重工业用电增幅为18.2%，高于轻工业7.8个百分点，用电结构重型化趋势明显。与此同时，受居民消费结构升级的推动，我国生活消费用电平稳增长，1～8月份城乡居民生活用电量2331.61亿千瓦时，同比增长10.3%。从各区域的用电量增长情况来看，用电量同比增长超过全国平均水平的省份共有16个，其中内蒙古、山西、海南、云南、宁夏等省份用电量同比增长超过20%。

随着新增机组的不断投产和发电增速的加快，我国电力供应紧张的局面明显缓解，全国仅个别地区、个别时段出现拉闸限电的现象，未出现大规模电力供应不足现象。2004年，全国城市用户由于缺电原因造成的停电时间平均达到9小时25分钟，2005年下降为6小时55分钟，2006年继续降为18分钟，2007年前三季度全国城市用户拉闸限电平均仅为七分半钟，表明全国性供电紧张形势得到了有效和明显的缓解。

四、国内已建成全球规模最大的农村电网

统计显示，自2006年3月底国家电网公司“户户通电”工程全面启动以来，全国农村已有16.1万个无电户通了电，中国已经建成世界最大的农村电网。而且目前这一“最大的农村电网”仍在边远乡村迅速地延伸……

据了解，建国后中国农村电网从无到有，从小到大，快速发展。特别是自1998年开展的农村电网建立与改造以来，累计投入资金达3800亿元，超过建国50年农网投入资金的总和。国家电网供电区域已实现了县县通电；乡、村、户通电率也分别达到99.9%、99.8%和99.4%，农村电力建立实现历史性跨越。{TodayHot}

“尽管中国农村电网建立取得了令人瞩目的造就，但国家电网公司供电区域覆盖26个省（市、区），占国土面积的88%以上，服务农村和农民用户超过2.2亿户。在一些偏远地区，特别是西部山区，目前还有一部分农民没有用上电。”国家电网公司办公厅主任、新闻发言人王敏告诉记者，今年3月底，国家电网公司“新农村、新电力、新服务”工作会议在北京召开，由此全面启动了“户户通电”工程。按照统一规划，“十一五”期间，除西藏、新疆、青海外，国家电网所辖其他各省（市、区）都将基本实现户户通电。

据了解，目前尚未通电的地区大多在偏远山区，且不说埋杆架线需要跋山涉水，耗资巨大，即使在实现通电后，因较长距离的输电线路所造成的线损也十分惊人。若单从投入资金与回报上来考虑，国家电网公司实施的“户户通电”工程肯定是一桩“亏本的买卖”。

“国家电网公司是关系国家能源安全和国民经济命脉的国有重点企业，其所推动的‘户户通电’工程，既是公司服务社会主义新农村建立的首要任务，也是履行电力普遍服务的社会责任的必然选择。”国家电网公司总经理刘振亚说，“户户通电”工程从本质上讲是一项民心工程，是一项凝聚着国家电网公司系统广大员工心血、汗水和爱心的世纪工程。

按照规划，要在“十一五”期间完成26个省（市、区）“户户通电”工程，总投入资金将达236亿元，国家电网公司采取了与地方政府签署协议的办法筹措资金。

在过去的半年时间里，国家电网公司总经理刘振亚率领公司领导班子四处奔走，先后与经营区域内的20个省（自治区、直辖市）政府签署了“户户通电”工程纪要，50%的工程资金由国家电网公司组织筹措，其余50%的资金由国家和各级政府解决。

根据不同地区电网布局、能源资源分布、农民居住地域的特点，按照“统筹安排、分步实施，因地制宜、经济实用”的原则，确定“户户通电”的供电办法、建立办法和时间进度。

对能够依靠电网延伸解决供电的地区，优先采取电网延伸解决；对不适宜通过电网延伸解决的地区，要充分运用当地资源，主要通过发展小

水电等办法解决；对一些特别偏僻、不适宜居住的无电地区，根据地方政府异地搬迁扶贫规划，做好移民后的通电工作；有条件的地区，要发展推进。

据了解，“户户通电”工程建立得到了各级政府的大力支持，纷纷为工程建立开辟绿色通道。山西省忻州市为解决4904户无电农户的用电问题，将支持“户户通电”工程列入了政府工作报告，并纳入社会主义新农村发展规划之中；湖北省恩施自治州副州长曾祥国在全州“户户通电”工程启动大会上明确提出：“全州各级政府要全力支持供电部门工作，配合其办理各项手续，以实际行动学习供电企业自觉履行社会责任的精神。”

在国家电网公司的努力下，在各级政府的支持下，“户户通电”工程顺利推进，“世界上最大的农村电网”正在偏远山区迅速延伸。

五、中国电网建设踏入新一轮景气周期

投资超万亿全国电网“改天换地”

自2006年开始，电网建设已成为电力建设的主要方向。

“十一五”期间，中国电网建设总投资将超过1万亿元，两大电网公司掀起电网建设新高潮，地方各省市自治区和主要城市改造电网也热情高涨。

从小修小补到大步跨越，全国电网网络将在这波电网改造高潮中“改天换地”。

两大公司投入巨资

电网安全直接关系经济和社会安全。美国加州“8·14”大停电的事故原因，就在于长期以来电网建设缺少投入，致使电网超负荷运转。

而在中国，电网建设相对滞后的局面将得到改变。据中国电力企业联合会秘书长王永干透露，“十一五”期间，我国电网建设总投资将超过1万亿元，重点是加大西电东送的力度。国网和南网两大电网公司都将有巨资投入。

国家电网公司供电范围包括华北、东北、华东、华中和西北五大区域。该公司在“十一五”电网发展规划中确定，今后五年，公司在电网建设上的总投资将达8500亿元左右；到2010年，在跨区域电网建设方面，交流特高压输电线路建设规模将达到4200千米，变电容量达到3900万千伏安，跨区送电能力达到7000万千瓦；在城乡电网建设方面，220千伏及以上交直流输电线路将超过34万千米，交流变电容量超过13亿千伏安。

而南方电网公司在“十一五”期间则计划投资2340亿元建设电网。围绕“西电”再向广东新增送电1150万至1350万千瓦的目标，建成投运500千伏交流输电线路1.56万千米、变电容量6175万千伏安，±500千伏直流输电线路1225千米、换流容量600万千瓦，±800千伏直流输电线路1438千米、换流容量1000万千瓦。

地方电网改造全面启动

不仅如此，包括北京、上海、天津、重庆、哈尔滨、南京、福州、武汉、长沙、西安和拉萨等在内的31个重点城市的电网建设与改造已在2005年开始全面启动，为“十一五”计划抢了个头彩。

各省级电网公司也雄心勃勃地绘制了“十一五”电网建设蓝图。今后五年，山东将投资616亿元，规划建成以500千伏电网为主网架、以220千伏电网为市域电网主网架的坚强电网，彻底改变鲁西南“窝电”状况；河北将在电网建设领域投资400多亿元，到2010年，该省南部500千伏电网将形成沿京广铁路纵贯南北的双回路，中东部形成环网，以石东为中心形成廉州—石东—沧西和衡水—石东—石北十字交叉路线，实现“三横两纵”布局；贵州将投入94亿元，进一步建设、改造、完善全省县级电网；河南也将加强电网建设，建成省内500千伏环网与华中主网相连的500千伏输电通道，提高电力输送和“水火调剂”的能力。

另外，安徽、海南、西藏“十一五”期间电网建设投资估算则分别为336亿元、80亿元和70亿元。

第二节 中国各地区电网建设的综述

一、汕头市电力建设以及电网发购供电的简况

2005年汕头市加快了电力建设的步伐，新建、续建110千伏及以上项目共28项，10千伏配网改造项目5批次共33项。同时，电力保持了较快的增长态势，汕头电网发购电量累计完成87.26亿千瓦时（四年翻了一番），同比增长12.18%，供电量85. 7亿千瓦时，同比增长12.82%，电网日最高供电负荷达158.7万千瓦，日最高发供电量达3132万千瓦时，均创下历史新高。但汕头市的电力供应也出现了全年电力、电量双缺的局面，是十年来最为紧张的一年。

图表1、2003—2008年汕头市工业和生活用电统计分析

单位：亿千瓦时

	2003年	2004年	2005年	2006年	2007年	2008年
电网发购电量	67.68	78.33	87.6	87.6	107.24	107.24
工业用电	41.28	48.25	54.4	58.12	65.07	67.54
生活用电	14.97	16.12	18.34	21.18	23	25.07

二、深圳供电大力发展电网建设保障电力供应的安全性和可靠性

随着深圳市社会经济的快速发展，电力供应日趋紧张。日前，深圳电力负荷已再创历史新高，并将不断刷新。近年来，深圳供电局大力发展电网建设，保障电力供应的安全性和可靠性。

然而，电力输送网络的建设却陷入了两难的困境：一方面，社会经济的快速发展，亟待加快电网建设；另一方面，部分公众对电力设施，尤其是对变电站心存疑虑，担心电磁辐射和变电站的安全会对身体健康和周边环境造成不良影响，阻挠变电站和相关设施的建设。

业内人士用了一个比喻，社区的居民多了，公交公司就会在附近设置公交站台，满足居民交通需要。同样，由于近年来宝安工商业高速发展，人口增多，用电量大幅持续增加，辖区内原有的变电站的供电能力渐渐不能满足片区负荷迅速增长的需要，这就要求变电站建设必须根据需要来增加数量，以满足正常用电需求（按供电要求，一个110kV变电站的供电范围只能覆盖1至2平方公里左右）。

电力系统为工频50Hz。工频电磁辐射是一种极低频率的电磁场，它与广播、电视等高频电磁辐射有着本质的区别。工频电磁辐射电磁波空间传输能力差，在一定距离外，其影响可忽略不计。

而且，目前供电部门在城市内建设的变电站都是全封闭室内变电站。辐射专家实测后指出，全封闭室内变电站，本身工频辐射能量已经非常小，加上周围建筑如开关楼（钢筋混凝土构筑物）、围墙等及树林屏蔽的作用，其辐射可以忽略不计，对周围的辐射量比晴朗天空满月对地面产生的辐射量还小。

为消除公众对变电站电磁辐射的误解和恐惧，深圳供电局在深圳市环保局的指导下，委托广东省环境辐射研究监测中心对深圳地区已投产运行的具有代表性的12座变电站进行了电磁环境影响评估工作，得出的结论与美国全国环境卫生研究所耗资4500万美元、历时6年完成的《电磁场研究与公众资料传播计划》所得出的结果“一般在变电站围墙外，电磁场已与变电站未修建时的环境值一致”相符。

110千伏户内变电站对周边的实际影响主要以电磁感应效应为主，而不是电磁辐射。实践证

明现场电磁感应数据比国际国内的相关环保标准值要低很多，完全符合国际国内相关的环保标准。供电部门完全按照国家行业规定和环保标准进行建设，对居民区是无害的。而且，事实上，供电部门本身的办公场所和部分职工楼等建筑都地处变电站旁边，多年来的办公生活，并未见有电磁辐射对人体造成的伤害情况出现。

三、广西农村电网建设发展成绩突出

中国南方电网广西电网公司积极、全面、扎实地加强农村电力基础设施的建设，使农网建设与改造工程真正成为惠及广大农民群众的民心工程，以实际行动助推社会主义新农村建设。至2005年底，广西电网公司负责的43个县农（市）村电网建设与改造工程基本竣工，乡、村、户通电率分别达到100%、99.64%、98.95%。

广西电网公司积极贯彻党的十六届五中全会有关精神，成立了建设社会主义新农村电网规划建设领导机构，按照分级管理原则，以县级供电企业为新农村建设实施主体，落实新农村电网建设的责任，建立健全检查督促和定期通报制度，以确保新农村电力建设工作落到实处。

至2005年底，广西电网公司负责的43个县农（市）村电网建设与改造工程基本竣工，共完成674个乡（镇）、7938个村、607.14万户的供电任务，城乡居民生活用电已全部实行同价，有效地降低了农村电价，农村到户平均电价由网改前的0.85元/千瓦时下降到平均0.522元/千瓦时，比“两改一同价”前降低0.328元/千瓦时，约2000万人口受益，每年减轻农民电费负担约1亿元。

2006年，广西电网公司将认真贯彻落实2006年中央一号文件《中共中央国务院关于推进社会主义新农村建设的若干意见》，按照广西自治区新农村建设的进度要求，将建立新农村电力建设项目库，制定具体实施计划，对新农村电力建设项目实行全面监督，实施工程项目设计、施工、设备采购招投标制，严格审查设计和施工单位的资质，确保工程质量。重点做好电网规划和优化设计方案，按照“小容量，密布点，短半径”的技术原则，编制新农村电力建设技术标准。

四、徐州市电网建设的分析

振兴徐州老工业基地将加大电力的需求，供电部门增加电网建设。预计2009年投资额为62.67亿元，同比增长44.7%，达到我市历史最高水平。

供电部门确立了以500千伏超高压双环网为骨干、220千伏电网为区域支撑、20千伏配网为主要发展方向的电网规划思路。此外，20千伏配网是今年重点建设工程，将在电网新、扩建及改造工程中全面推广。在70万平方米棚户区改造过程中，将突出做好20千伏电力配套设施建设。

五、河南省电网建设的总体盘点

《河南省“十一五”电网规划设计及2020年目标网架规划研究报告》近日已通过华中电网有限公司评审。

根据这份报告，2010年、2015年、2020年河南省全社会用电量将分别达到1900亿千瓦时、2400亿千瓦时、3000亿千瓦时；河南省全社会用电负荷将分别达到3200万千瓦、4200万千瓦、5300万千瓦；河南省电网装机容量将分别达到4584.2万千瓦、4943.7万千瓦、6140.7万千瓦。

六、江西电网建设的发展创新高

从2008年5月14日召开的江西省电力公司2008年基建工作会议上获悉，江西电网着力提高输变电工程建设新技术、新材料、新工艺和新标准的应用水平，今年将重点做好500千伏九江至昌北、乐平至景德镇等4条线路“两型三新”的设计、建设试点工作。

据了解，今年江西电网计划开工线路2051千米，变电容量达1318万千伏安，计划投产线路1957千米，变电容量807万千伏安，均创历史新高。针对今年初冰雪灾害给电网造成严重损毁的情况，国家电网公司出台了架空输电线路设计企业标准和差异化设计指导意见，并提出要以“五个体系”、“八个标准化”为核心推行电网建设全寿命周期管理。为做好典型输电铁塔防覆冰损坏设计研究等电网基建科技项目的研究并取得成果，江西电网在设计、建设上下功夫提高新技术、新材料、新工艺和新标准的应用水平，在大力推广应用“三通一标”和“两型一化”的同时，决定在500千伏九江至昌北等4条输电线路工程的设计、建设中开展“两型三新”的试点工作，并将创新环保型基础、施工工艺标准化应用等作为重点，进一步提高电网的科技含量。

第三节 中国各地区电网建设的发展

一、四川省电网建设大跨越的进展

在四川省现代化的交通、物流、产业加快发展的大背景下，电网建设也将驶入快车道。近期，为适应大规模电量远距离输送要求，四川省已上马±800千伏向家坝—上海特高压直流输电工程和锦屏—苏南工程，第三个特高压直流输电工程溪洛渡—浙西工程也将于今年底开工。特高压电网建设将成为电网现代化建设的又一个里程碑，它对四川经济社会发展会产生什么样的影响，成为人们关心的问题。

1、特高压电网建设有力推动水能资源向水电优势转化

四川水能资源丰富，理论蕴藏量达1.43亿千瓦，占全国的21.2%，仅次于西藏；技术可开发量1.03亿千瓦，占全国的27.2%，经济可开发量7611.2万千瓦，占全国的31.9%，均居全国首位。为加快水电这一优势特色产业的发展，全省近年来加大了开发力度，促进了水电的跨越发展，4年时间水电装机容量翻了一番左右。由于目前许多大型电站还处于建设期间，未来几年的装机容量增长会更快，规划到2010年，将再新增装机1000万千瓦以上；而到“十二五”期末，水电装机还要在2010年基础上再翻一番。随着水电的大规模开发和向家坝、溪洛渡、锦屏、官地、白鹤滩、乌东德等巨型水电站的建成，一个在全国具有举足轻重地位的水电基地将形成。

丰富的水电产品需要广阔的市场，“川电东送”就是我省电力产品拓展国内市场的重要途径。特高压电网的建设，正是根据我省电力外送需要推出的重大建设工程。该电网的建成，将有力支撑水电的开发，促进具有相当规模的发电和输电体系的建立，形成在全国具有明显竞争优势的特色产业和新的增长点。

2、特高压电网建设将对产业发展和布局产生很大影响

全国水电基地的建设和四川水电与全国火电的联网运行，将在四川形成丰富的电力产品供应，大大增强部分载能产业的发展。尤其是在丰水季节，水电富余的情况随时会出现，即使在枯水季节，也可能出现供应绝对富余或每天在某些时段上的相对富余，围绕富余电力的利用，将使我省能够利用矿产资源和农副产品资源丰富的优势，促进“电冶结合”的新材料、农产品快速冷冻脱水加工、储能产品等的发展，形成一些新的产业门类或产品品种。同时，一些产业围绕水电基地布局，通过直购电等方式加强对富余电力利用，还将形成新的产业聚集区，有力地促进水电开发区的经济发展，解决库区移民的就业。

3、特高压电网是我省实施开放合作的重要基础工程

特高压电网相当于电力高速公路和对外大通道，它的建成将使四川电网与华中、华东电网紧密相连，进而与全国电网紧密相连，由此进一步加强四川与外部的联系，扩大四川对外开放合作的渠道。

一是可以促进能源资源在更大范围内优化配置。四川水电开发任务基本完成后，水电占全省电力的比重将达到80%左右。由于水电在不同季节出力差异大，需要有其他电源来补充，才能充分发挥其最大效益。特高压电网建成后，首先是实现了与东部火电的互补，部分地满足了季节调

节需要和跨区域调节的需要。其次，随着我国电网“南北互济”格局的形成，四川水电还可以实现与西北地区突出的煤电优势互补，进而建立起既跨东西又联南北的电力通道，增加了区域合作的内容。

二是可以保障电力在丰水期输出和枯水期输入。四川建设全国最大的水电生产基地，主要功能是服务全国，电力输出必然是主要方向。然而，清洁和低价的水电，如果能够就地利用，转化成载能产品外输，附加值将大大提高。从未来区域发展格局看，沿海地区的一般加工制造业规模会缩小，用电量增长速度放缓，而四川的加工制造业规模会迅速扩大，用电量增长速度快速增长。相应地，现有的电力单向输出的格局，将向输出与输入双向互动转变。尽管在较长时期内输入量会小于输出量，但季节性的输入会明显增加。

4、特高压电网建设是促进投资持续快速增长的动力

特高压电网建设，将直接增加电力建设的投资规模，进一步扩大全省的投资总量。据有关专家估计，全省未来几年在特高压输电线路及配套设施方面的投资将达到上千亿元，它会与大规模的交通枢纽建设投资、城镇建设投资、产业投资、民生工程投资等，共同推动四川经济的快速增长。虽然我省在特高压设备、电缆及配套设备的制造方面目前并不具备优势，省内企业在这块蛋糕中能够分得的份额可能有限，电力投资对我省经济的拉动作用，或不如相同投资规模的公路建设作用大，但基建、劳动力和部分原材料将主要来自本地市场，其产生的需求应当不小。

特高压电网建设的另一个重要作用，体现在它主要投向经济发展落后的区域，至少在建设期间对当地经济具有明显拉动作用，进而扩大这些区域的需求。特高压线路及配套设施的建设，主要在经济发展水平较低的少数民族地区、山区等进行，仅作为向家坝至上海 ±800 千伏特高压直流线路工程的配套项目宜宾复龙至泸州 500 千伏线路工程，线路全长就有 190 多公里，共有铁塔 549 基。这些现代化设施的建设，在当地是少有的投资规模，对当地的投资和消费都将起到巨大的刺激作用。

二、江西省电网建设投资完成情况

新昌电厂外送线年底开工

获悉，今年江西省将加大对电力设施的投资力度，预计新增电网投资 4.5 亿元，以满足江西省的经济发展需要。

昌九城际配套变电工程明年投运

2008 年以来，江西省相继投运了南昌 500 千伏变电站扩建等一批电网工程，春节前还将陆续投运上饶、罗坊 500 千伏变电站扩建等 500 千伏输变电工程。

同时，昌九城际铁路电铁配套建设 4 个 220 千伏输变电工程，沙城、永修、桑海工程已开工建设，计划 2009 年 10 月投运。

为了满足全省经济社会发展用电需求，加快电网建设进度，近期省电力公司在原年投资计划 59.6 亿元的规模基础上，进一步加大电网投入，全年调增电网投资 4.5 亿元。

另外还获悉，新昌电厂和井冈山电厂二期送出工程目前正在抓紧开展前期工作，2008 年底前开工建设。

投资 27.5 亿元实施小火电关停配套建设

为确保电网安全稳定与电力供应可靠，省电力公司投资 27.5 亿元，实施小火电机组关停电网配套工程建设。

三、湖南电网建设发展良好

2009 年 10 月 13 日，湖南电网建设协调领导小组第二次会议召开，湖南省副省长陈肇雄在会议上强调，各级政府和相关部门要加大对电网建设的支持力度，进一步优化电网发展环境，加快电网建设步伐。

2009 年湖南电网建设计划投资 90 亿元，1 至 9 月已完成投资 60 亿元，达到年计划的 66%，投产变电容量 606 万千伏安，投产线路

1042千米，全年完成电网建设投资有望突破108亿元，同时，向家坝—上海±800千伏特高压直流输电示范工程等重点工程湖南段建设正按计划进行。陈肇雄对有关单位、部门、联络小组所做的工作给予充分肯定。

针对目前湖南电网建设存在的问题，会议要求有关部门和地方政府要做好向—上工程的房屋拆迁工作，确保线路按期竣工投产。同时，将电网建设任务目标分解到各地市政府，将其列为各地市政府年度经济工作目标，并将完成情况列入各地市政府的业绩考核范围，加大电网建设推进力度。关于湘潭地区电网建设受阻问题，省重点办已在督办，重点办将进一步加大力度，确保电网项目的建设和投产，确保省重点项目湘钢扩建工程的投产。

四、广东河源电网3年将投资46.5亿建设

从河源市电网建设工作会议上获悉，2008年以后的3年，广东电网将投入46.5亿元巨资，对河源电网工程建设和农村电网建设实施改造，以满足河源今后10年的用电需求，为河源“率先崛起”推波助澜。

与此同时，3年内，河源市财政将拿出3000万元，用于电网建设资金缺口补助及奖励，推动“1828”工程建设和农村电网改造，为推动河源率先崛起创造良好条件。

目前电网不能满足发展需要

据介绍，目前河源的供电能力只有70多万千瓦，离该市经济社会快速发展的电力需求还有较大的差距。预计到2011年，河源市工业总产值将达到1000亿元、GDP达到500亿元，河源的供电负荷将达到130多万千瓦。有关人士指出，如不及时解决我市目前的电源电网问题，河源经济社会快速发展将受到影响。

据了解，“十一五”期间，河源电网建设计划投入38亿元，重点规划建设了“1828”电网工程。到目前止，“1828”工程完成投资11亿元，仅占计划的28%；新增110千伏及以上容量92万千瓦，仅占规划的24%。同时，全市农网改造面也仅完成55%。电网建设进度明显滞后于规划安排和经济发展，电力供应能力将成为制约河源经济社会加快发展的瓶颈。而当前，河源市经济快速发展，电网结构和电力供应已明显不适应河源新型工业化、农业产业化、城镇化和旅游产业化快速发展的新形势需要。

此外，当前处在国际经济萧条时期，要营造有利于河源经济健康发展的小气候，加快基础设施建设拉动投资是主要手段之一，而电力电网建设则是基础设施建设的重要内容。

3年将投入465亿元

据河源供电局局长熊风汉介绍，今后3年，广东电网将投入465亿元，以加快河源电网建设与改造。加快电网建设主要有两大任务：一是全力推进“1828”工程，即要建设1个500千伏的输变电工程、8个220千伏的输变电工程、28个110千伏的输变电工程。二是推进农网改造工程的建设，将计划6年完成的农网改造工程缩短至3年完成。两项工程加起来，

需投入资金465亿元。

据悉，除高质量建设好电网，完善城乡电网网络外，该市还将高标准规划电网，构建“结构合理、技术先进、供电可靠、适度超前”的现代化大电网，不断提高河源电网的自动化、信息化水平，实现河源电网规划与河源经济社会总体规划的高度协调，不断满足用电需要。

此外，供电部门还将着力提高我市电网建设的管理水平。

出台考核制度强力推进

为推动河源市电网建设，该市委、市政府11月11日召开了市、县、镇三级干部大会，专题部署河源市电网建设任务。据悉，如此高规格的电网建设工作会议在广东省各地市尚属首次。

会议还印发了《河源市“十一五”电网建设“1828”重点工程及农网改造目标任务分别表》，将项目建设涉及的各项工作分解落实到了具体责任人。

此前，市委、市政府还出台了《河源市加快电网工程建设激励办法(试行)》等文件。该《办法》提出，市财政每年预算安排500万元，各县区每年预算安排100万元资金，三年共3000万元，用于电网建设资金缺口补助及奖励。

此外，市电网建设领导小组根据该《办法》，将对各县区政府在加强电网建设组织领导、工作措施落实情况及电网建设投资完成情况等进行考核；对河源供电局完成电网工程建设进度情况进行重点考核；对市有关部门履行相关职责及为电网建设提供优质服务进行考核。对工作扎实、成效显著的地方政府和部门，市委、市政府将及时给予表彰；未完成任务的，将追究相关人员责任。

第四节　中国电网建设存在的问题及对策

一、中国电网建设存在的五大问题

当前我国电力发展存在电站无序建设、电源结构不合理、电网建设相对滞后、电力设备生产增长过快、电力建设质量安全存在隐患五大问题，国家发展和改革委员会等部门已联合下发通知，要求加快电力工业结构调整。

发展改革委5月29日透露，目前有关部门已消化（核准）违规电站项目4283万千瓦，另有4600万千瓦暂按缓建处理，纳入今明两年建设规划，剩余3400万千瓦按停建处理。但部分地区违规项目未按要求缓建或停建。

由于电力供应紧张，各地燃煤机组大量建设，小机组关停步伐明显放缓，部分地区燃煤和燃油小机组比重增高。这恶化了电源结构，不利于提高能源利用效率和保护环境。

随着电力供需快速增长，加之违规电源项目盲目建设，电源电网建设不协调问题再次显现，部分地区出现了“窝电”和缺电并存现象。

二、提高电网输送能力装备水平亟需升级

目前，我国现有电网主网架以500kV为主。其中约四分之一线路由于受电网安全稳定约束，送电能力受限，电网规划建设滞后和输电能力不足的矛盾日益显现。为应对供电紧张形势，我国把建设特高压电网和对现有电网实施技术改造与升级，作为推动电网装备进步的两个轮子，相互协调、同时推进。通过电网的技术改造升级，可有效解决目前电网“送不出，落不下，交换能力不强”的问题。

在第一次提高送电能力工程后，针对目前电网存在的实际问题，有关部门正研究制定再次提高送电能力的技术措施，并将组织实施。

电网现状：1/4线路受到三类因素限制

自1981年我国第一条500kV平武输变电工程投入运行以来，目前500kV电网已经覆盖了全国除西北、西藏和海南以外的省份。据统计，我国已投产的500kV线路总长度38000公里，形成了东北、华北、华中、华东4个以500kV为骨干网架的区域电网，并且实现了东北－华北－华中的交流联网，是世界上规模最大的500kV交流电力系统之一。输电距离长、供电范围大是中国500kV电网的主要特点。随着区域电网结构的加强，目前500kV交流线路的平均输送能力已提高到约800～1000MW。

调查显示，目前国家电网公司系统中大部分500kV线路的潮流无控制要求，约四分之一线路受到限制，受限原因有线路热稳定、暂态稳定和动态稳定。虽然受限线路的数量不多，但由于受限线路多为跨区、跨省的联络线、大电源送出线路和负荷中心受入线路，因此制约作用明显。

调查结果表明，500kV电网整体结构是决定电网输送能力的关键因素。目前，华东、华北电网网架结构比较强，华东电网除福建联络线和苏北、安徽过江线外，受限线路多受限于热稳定容量。网架结构薄弱的东北和华中电网主要送电断面普遍受限，受跨区联网的影响也比较明显。

急需掌控五大适用技术仿真技术。随着电网的发展和联网规模的逐步扩大，电网的动态特性

问题日趋突出，仿真模型和参数的选择对于电网稳定计算分析的结论也愈加敏感。为保证电网安全稳定运行，提高电网输电能力，将开展仿真模型和参数对系统稳定水平和输电能力的研究，其重点是改进负荷模型，提高仿真计算精度；对全系统的发电机励磁系统模型进行参数测量，提高仿真计算的精度。

控制技术。其关节点是合理配置电力系统稳定器，提高跨大区联网系统阻尼；新增、优化安全自动装置提高输送能力。

输电技术。通过加装串补措施，以缩小电气距离，提高输电能力；在重要枢纽点加装静补以有效增强送电通道的电压支撑能力，提高系统稳定水平。

设备改造。通过设备改造提高输电能力，对电网中存在输电“瓶颈”的输变电设备及元件实施增容改造，解决输电受限问题；采用耐热导线、研究和制定提高输电线路允许温度的技术规定，提高热稳定水平受限线路输电能力；加大主网老旧高频、母差及失灵保护改造力度，实现500kV及重点220kV变电所配置双套母差保护；选用技术性能好的继电保护装置及开关，进一步缩短系统切除故障的时间。由于充分发挥了网络整体能力，避免因二次设备或附属设备造成主设备能力受限的不利局面，有效提高现有电网的输送能力。目前，东北电网、华北电网、华中电网、华东电网、西北电网均开展了线路增容改造，在确保系统安全可靠的前提下，提高了线路输送能力。

加强管理。通过大量计算分析和专题研究，提出合理的联网运行方式，通过励磁系统、调速系统的实测，对不符合标准的励磁系统和调速系统的整定值进行整改，对不能满足技术要求的老旧设备进行改造，促使并网机组励磁和调速系统性能全面达标，在保证电网安全稳定运行的基础上，提高电网的输电能力。

提升设备技术质量水平

提高电网输送能力的五项主要技术手段，全部采用经过充分研究的先进适用性技术。

在仿真技术方面，负荷模型马达参数的改变利用了国内外多年研究的成果，通过专题论证，发电机励磁、调速系统详细模型的使用，反映了目前实测、建模研究工作的进展。

在控制技术方面，加装必要的安全稳定控制装置和PSS等控制措施，安稳控制技术和PSS技术经过长期运行的考验。

在输电技术方面，在长线路和重要枢纽点安装串补、静补等国内外普遍采用的灵活交流输电设备，有效增强重要电通道的电压支撑能力。

在管理措施方面，通过优化调度，适当改变电网接线方式，提高电网输送能力。

在技术改造方面，对电网中“卡脖子”输变电设备实施改造，发挥网络整体能力，避免因二次设备或附属设备造成主设备能力受限；通过增大导线截面、增加单相导线分裂数目、更换耐热导线，增加变电容量等措施，提高热稳定水平受限线路的能力；对重要送电断面的老旧开关和继电保护进行改造，缩短故障切除时间。

由于电压等级不同，采取的措施也各有侧重。由于500kV、220kV系统结构相对薄弱，系统存在的暂态稳定、电压稳定、动态稳定和热稳定问题较突出，因此采用的仿真技术、控制技术和输电技术较多。目前，110kV及以下系统主要是设备老化，变压器、输电线路容量不足，因此设备改造项目居多，采取的措施主要集中在设备改造方面。

三、加快特高压电网建设

第一，我国已经建成了目前世界上输送能力最大、代表国际输变电技术最高水平的1000千伏晋东南—南阳—荆门输变电示范工程，于今年1月6日正式投入运营。

第二，四川向家坝到上海的800千伏高压直流示范工程已经全线开工，下月开始做工程调试，计划将于2010年6月建成。

第三，特高压设备研制取得重大突破，包括世界首台1000千伏、3000兆伏安特高压变压器，电压等级最高、容量最大的1000千伏的高压并联电抗器等。

第四，特高压标准化工作居于领先水平，我国提出的特高压交流1100千伏电压已被国际电工委员会和国际大电网组织推荐为国际标准电压；国家电网公司向国际电工委员会标准化管理局提出的高压直流输电新技术委员会已经成立。

第五，我国建成了世界上试验能力最强和技术水平最高的特高压实验研究体系。

在我国特高压电网的发展思路时，在交流输电方面，现在已经将华北和华中两大电网连接起来了，但是还不够，还要扩大延伸。山西要延伸到陕北，华中地区还要延伸到武汉、芜湖，要形成一个华北、华中特高压核心电网。然后是西南水电和北方煤电基地采用特高压交流和直流送到华北、华中、华东同步电网，形成连接各大电源基地和华北、华中、华东复合中心的特高压大电网。

在国家智能电网的建设目标时，特高压输电、大电网运行控制、高级调度中心、灵活交流输电技术、SG186信息系统建设、数字化变电站等。

我国统一坚强智能电网具有几大特点：一是以特高压电网为骨干网络，各级电网协调发展的坚强电网为基础；二是利用先进的通信、信息和控制技术；三是以信息化、自动化、互动化为特征。

总体建设的规划：第一阶段是从2009～2010年，为规划试点阶段，这些工作现在已经完成了。第二阶段是制定技术和管理标准，目前正在做。第三阶段是开展关键技术研发和设备研制。第四阶段是开展各个环节的试点。

四、提高现有电网的输送能力

国家电网公司通过对现有电网技术改造，今后几年，跨区、跨省联络线路和网内重要送电线路将增供电量五十至六十亿千瓦时，预计将减少因拉闸限电造成的经济损失约三百多亿元人民币。

据了解，由于社会经济的快速发展和居民生活水平的不断提高，社会用电需求高速增长，电力供需矛盾日益突出。2004年，在全国发电量在同比增长百分之十四点八的情况下，有二十四个省出现了不同程度的拉闸限电，最大电力缺口达到三千万千瓦，供电短缺已成为制约经济发展的“瓶颈”。

与2004年相比，2005年电力供需紧张形势有一定程度的缓解，但形势依然严峻。华东、华北等地区夏季高峰时期供需矛盾依然突出。

由于中国地域辽阔，时差、季节差十分明显，加上地区经济发展不平衡，使不同地区的电力负荷具有很强的互补性。但在全国电网互联初期，跨大区之间五百千伏交流弱联系带来的动态稳定、低频振荡等问题十分突出，一定程度上造成了“送不出，落不下，交换能力不强”的问题。

为此，国家电网公司启动了以解决跨区电网输送“瓶颈”为突破口的第一次提高电网输送能力工程。该工程的实施，使东北－华北－华中三大区域电网电力交换能力显著增强，供需紧张局面得到一定程度缓解。

有关人士表示，全国各电压等级总计提高输送能力一千九百七十万千瓦，其中跨区和部分区域五百千伏电网送出电力电量的输送能力提高了一百四十万千瓦，同比增长百分之十五。明年将再提高一百四十万千瓦以上，同比增长百分之十三，社会和经济效益十分可观。

五、加强重点城市的电网建设

为确保电网安全稳定运行和可靠供电，日前国家电网公司立即行动，研究进一步加强重点城市电网建设改造工作，加快城市电网发展。

城市电网是国家电网的重要组成部分。建设坚强的国家电网离不开坚强的城市电网。我国城市普遍具有重要用户集中、人口密度大、用电负荷密集的特点。确保城市电网安全运行，确保电力有序供应，做好优质服务工作，具有十分重要的意义。1998年至2002年，通过大规模的城乡电网建设与改造，有效提高了城市电网的供电能力和供电质量，电网装备和技术水平有了一定改善。近两年，各网省公司克服困难，加大投入力度，实施了一批急需的城网建设改造项目，取得了一定成效。但随着各地经济和用电负荷的快速增长，城市电网发展仍然面临突出问题：长期投入不足，发展滞后；电网结构薄弱，安全风险大；设备水平较低，供电可靠性差；城网建设和运行环境不宽松。

城市电网建设改造既要立足当前，又要着眼长远。一是要协调发展，要将城市电网规划纳入国家电网发展和城市发展的整体规划，做到网架结构合理；二是要超前发展，要服务于和服从于社会经济发展需求，提高规划设计标准，保证供电能力适度超前，合理考虑网架结构和变电站布点，为今后发展留有余地；三是要安全可靠，要积极采用运行可靠、技术先进、自动化程度高、占地少、维护少的设备和装置，保障电网安全；四是要标准统一，要全面采用标准化典型设计，既有利于建设、改造和管理，也有利于节约投资和成本。

特别强调四点要求：一是绝对不允许拼设备，严禁电网超稳定限额和设备超能力运行。二是发现问题要果断处理。三是完善应急处理机制。四是加强优质服务。

第二章 我国电网产业发展分析

第一节 中国电网生产发展分析

一、全国电网分布现状

图表 2、全国电网分布图

数据来源：国家电网

二、我国电网发展状况

1 电网发展基本情况

1.1 电网建设发展概况

2007年，国民经济和电力需求持续快速增长，电网发展加快，电网建设进展顺利。三峡输变电工程全面建成。晋东南—南阳—荆门1000kV特高压交流试验示范工程进入全面实施阶段。向家坝—上海±800kV直流特高压工程、中俄直流背靠背工程核准开工。跨区电网、区域电网和省级电网主网架进一步加强。

2007年，公司经营范围内新增110kV及以上输电线路5.45万km、变电容量2.12亿kVA，分别较上年增长约11%和17.2%，分别约为2003年新增规模的2.1倍和2.4倍。

至2007年底，公司经营范围内110kV及以上输电线路长度约55万km、变电容量14.43亿kVA。其中，500、330kV电网发展较快，线路长度、变电容量比重同比分别提高1.05、2.25个百分点。其原因，一是负荷的持续快速增长，客观要求扩大电网供电范围，加大500、330kV电网建设与投入，增强主网架结构。二是接入500、330kV电网机组容量比重不断加大，2007年新增接入500、330kV电网装机规模约为5797万kW，约占公司经营范围内新增装机规模的66%。

1.2 500、330kV电网建设基本情况

1.2.1 新增规模

2007年，公司经营范围内新增330kV及以上输电线路1.35万km、变电容量7626万kVA，较上年增长19.2%、29.6%。其中，新增500kV线路约1.14万km、变电容量6780万kVA；330kV线路2033km、变电容量846万kVA。

从分区域看，华中、华北、华东、东北、西北电网500、330kV新增线路规模依次减小。

从大容量变压器应用规模看，新增120万、100万kVA变压器分别为4台和21台，总容量2580万kVA，约占500kV新增变电规模的38.1%。全年共计建设500、330kV变电站91座，其中23座实现2台变压器同时投运，约占总量的25.3%。

新建、扩建500、330kV变电站规模之比约为2:1。其中，华中电网为配合西部电源外送，加快了通道变电站布点工作，新建变电站数量、规模远大于扩建水平。

1.2.2 累计规模

截至2007年底，公司经营范围内500、330kV输电线路约8.38万km、变电容量3.3亿kVA。其中，500kV线路长度约6.8万km、变电容量2.92亿kVA，330kV线路长度约1.57万km、变电容量约0.39亿kVA。500、330kV电网规模占公司经营范围内110kV及以上电网规模的比重平稳上升。

2 电网建设指标分析

本文采用线机比、变机比、线变比、输电线路平均长度、单座变电站平均容量和单组变压器平均容量等量化分析指标研究2007年公司经营范围内500、330kV电网建设发展特点。其中，线机比是指线路长度与装机容量的比，单位为km/万kW。指标的变化趋势代表同电压等级输电线路长度与发电装机容量增长的相对关系，反映电网结构变化。指标变小，说明电源的供电半径变短。变机比是指变电容量与装机容量的比，单位为kVA/kW。指标的变化趋势代表同电压等级变电容量与发电装机容量增长的相对关系，反映变压器利用率情况。指标越小，说明变压器负载率越高。线变比是指线路长度与变电站座数的比，单位为km/座。指标的变化趋势代表电网输、变电设备增长的相对关系，反映电网密度情况。指标变小，说明网络密度加大、变电站布点增加较快。

2.1 线机比

2007年，公司经营范围内500、330kV电网线机比呈继续下降趋势，分别为3.85和7.29km/万kW，同比分别减小0.75、0.6km/万kW，低于近5年平均水平。2003—2007年各年线机比变化情况见表。

其中，500kV电网线机比下降显著。接入

图表 3、2003—2007 年 500、330kV 电网线机比变化情况

年份		2003	2004	2005	2006	2007	平均增速 /%
线路长度 / 万 km	500kV	3.14	3.88	4.64	5.66	6.80	21.31
	300kV	1.04	1.08	1.31	1.37	1.57	10.85
装机容量 / 亿 kW	500kV	0.54	0.69	0.86	1.23	1.77	34.55
	300kV	0.12	0.12	0.15	0.17	0.22	16.36
线机比 /(km·(万 kW)$^{-1}$)	500kV	5.82	5.59	5.40	4.60	3.85	5.05*
	300kV	9.03	8.90	8.58	7.89	7.29	8.34*

注：* 为 5 年均值。

数据来源：国家电网

500kV 电网装机规模同比增长约 43.66%，高于近 5 年平均增速约 9 个百分点；500kV 电网线路规模同比增长 20.22%，低于近 5 年平均增速约 1.21 个百分点。330kV 电网线机比下降趋缓。接入 330kV 电网装机规模同比增长 24.34%，高于近 5 年平均增速约 8 个百分点；330kV 电网线路规模同比增长 14.8%，高于近 5 年平均增速约 3.8 个百分点。

500、330kV 电网线机比变化趋势分析表明：接入 500、330kV 电网装机容量继续保持较快增长势头，装机容量增长速度仍高于线路建设增长速度；单位装机容量的线路建设减少；同时，随着电网规模的扩大以及受端电源装机容量的不断增大，电源至电网接入点的平均距离变小。

分区域看，各区域 500kV 电网线机比均有所下降，东北、华中、华北、华东线机比分别为 7.12、4.08、3.51 和 3.03km/万 kW，下降幅度依次减小，分别约为 2.4、1.45、0.49 和 0.39km / 万 kW，与区域 500kV 电网线路规模增速、接入电网装机规模增速排序一致。

图表 4、2003–2007 年区域 500kV 电网线机比变化情况

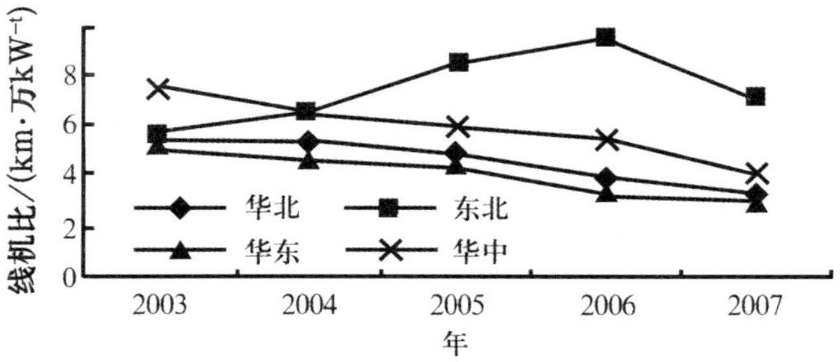

数据来源：国家电网

2.2 变机比

2007 年，公司经营范围内 500、330kV 电网变机比分别为 1.65、1.82kVA / kW。500kV 电网变机比继续下降，低于近 5 年平均水平。2003—2007 年各年变机比变化情况见表。

从 500kV 变机比变化情况可以看出，500kV 变电容量 5 年的平均增长速度低于接入电网装机容量增长速度；500kV 变压器负载率逐步提高。在 500kV 电网较为成熟的发展阶段，增加变压器容量的目的是满足更多的负荷需要，网络发展需求因素减小，变压器利用效率得到提升。2007 年，330kV 电网变机比略有提高，同比增长约 0.1。

分区域者，2007 年东北、华北、华东、华中 500kV 电网变机比分别为 2.63、1.69、1.75、1.22kVA、kW，同比分别下降 0.79、0.13、013 和 0.07kVA、kW，华中电网因变电规模快速增长，变机比降幅最小。

图表 5、2003–2007 年 500、330kV 电网变机比变化情况

年份		2003	2004	2005	2006	2007	平均增速 /%
变电容量 / 亿 kVA	500kV	1.18	1.52	1.81	2.24	2.91	25.31
	300kV	0.19	0.21	0.25	0.31	0.39	19.70
装机容量 / 亿 kW	500kV	0.54	0.69	0.86	1.23	1.77	34.55
	300kV	0.12	0.12	0.15	0.17	0.22	16.36
变机比 / ($kVA \cdot kW^{-1}$)	500kV	2.19	2.19	2.10	1.82	1.65	1.99*
	300kV	1.65	1.70	1.64	1.77	1.82	1.72*

注：* 为 5 年均值。

数据来源：国家电网

图表 6、2003–2007 年区域 500kV 电网变机比变化情况

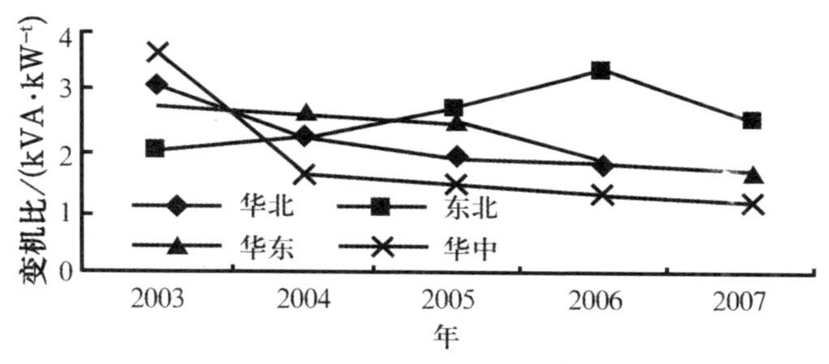

数据来源：国家电网

2.3 线变比

2007 年，公司经营范围内 500kV 变电站新建数量、规模远高于扩建水平，变电站座数快速增长，500kV 电网线变比同比下降约 8.5knd 座；330kV 线变比与上年基本相当。2007 年，公司经营范围内 500、330kV 电网线变比分别达到 322.41、201.85km / 座，各年线变比的变化情况见图。

线变比变化趋势分析表明，500、330kV 线

图表 7、2003–2007 年 500、330kV 电网线变比变化情况

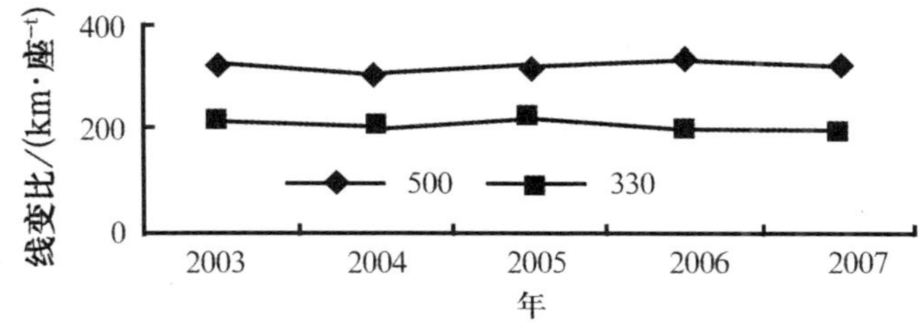

数据来源：国家电网

图表 8、2003—2007 年 500、330kV 输电线路平均长度变化情况

数据来源：国家电网

路和变电站建设基本保持协调发展趋势，变电站布点增加，电网结构增强，密度增大。

2.4 输电线路平均长度

随着 500、330kV 变电站布点增多，电网结构进一步加强，500kV 交流线路平均长度逐年减小。公司经营范围内 500kV 电网输电线路平均长度从 2003 年的 109.4km 变为 2007 年的 79.8km，减少 27.1%；330kV 电网输电线路平均长度从 2003 年的 88km 变为 2007 年的 68.3km，减少 22.4%。

从分区域看，华东电网负荷密度相对最高，电网结构紧密，500kV 线路平均输电长度最小，为 55.15km。东北电网负荷密度较小，电网结构相对较弱，500kV 线路平均输电长度最高。西北电网供电范围大，负荷密度小，但西北电网电压等级为 330kV，电压等级低于其他区域电网，线路平均长度小，负荷密度分区情况见图。

2.5 单座变电站平均容量

截至 2007 年底，公司经营范围内 500kV 单座变电站平均容量约 138 万 kVA，同比增长约 5.62%；330kV 变电站平均容量约 50 万 kVA，同比增长约 11.11%。

从逐年变化趋势看，500、330kV 电网变电站平均容量呈上升趋势，说明受负荷需求增长、站址资源日益紧张等因素的影响，变电站规模逐步加大。

分区域看，华东、华北电网变电站平均容量相对较高，约 150 万 kVA；华中电网变电站平均容量较小，其主要原因是华中电网仅有一台主变的变电站座数相对较多，如表 3 所示。

图表 9、2003—2007 年 500、330kV 单座变电站平均容量变化呀情况

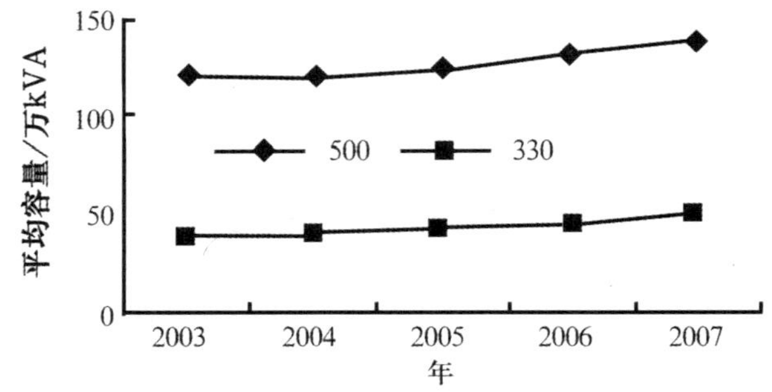

数据来源：国家电网

图表 10、2003—2007 年区域 500kV 单座变电站平均容量

地区	年份	2003	2004	2005	2006	2007
华北	容量／万 kVA	2 901	4 009	4 785	6 740	8 345
	座数／座	26	34	39	47	54
	平均／（万 kVA·座 $^{-1}$）	112	118	123	143	155
东北	容量／万 kVA	1 725	1 964	1 964	2 464	3 314
	座数／座	16	19	19	22	26
	平均／（万 kVA·座 $^{-1}$）	108	103	103	112	127
华东	容量／万 kVA	4 224	6 291	7 992	8 966	10 716
	座数／座	32	42	54	59	69
	平均／（万 kVA·座 $^{-1}$）	132	150	148	152	155
华中	容量／万 kVA	2 957	2 957	3 332	4 182	6 757
	座数／座	25	32	35	43	62
	平均／（万 kVA·座 $^{-1}$）	118	92	95	97	109

数据来源：国家电网

2.6 单组变压器平均容量

截至 2007 年底，公司经营范围内 500、330kV 单组变压器平均容量约为 78 万和 23 万 kVA，均略有提高。其中，华东地区 100 万 kVA 变压器应用较多，单组变压器平均容量最高，如表所示。

3 电网建设发展综合分析

图表 11、2006—2007 年 500、330kV 单组变压器平均容量

年份		500kV					300kV
		公司	华北	东北	华东	华中	西北
2006	容量／万 kVA	23 047	7 806	2 221	8 965	4 055	3 105
	组数／组	302	102	30	114	56	142
	平均／（万 kVA·组 $^{-1}$）	76.31	76.53	74.02	78.64	7241	21.86
2007	容量／万 kVA	29 977	9 411	3 071	10 715	6 630	3 950
	组数／组	383	121	40	134	88	171
	平均／（万 kVA·组 $^{-1}$）	77.88	77.78	76.77	79.96	75.34	23.1

数据来源：国家电网

综合上述电网发展情况和电网建设指标可看出，2007 年公司经营范围内 500、330kV 电网建设发展主要呈现以下特点：

(1) 线机比、变机比、输电线路平均长度逐年降低，电网结构进一步加强，电网效率提高。2007 年，500、330kV 电网线机比分别为 3.85、7.29km/ 万 kW，分别较上年减少 0.75、0.6km/ 万 kW，呈逐年下降趋势。500kV 变机比为 1.65kVA/kW，较上年减少 0.17kVA/kW，呈逐年下降趋势。500、330kV 电网输电线路平均长度分别为 79.8、68.3km，较上年分别减少 0.42、1.86km。以上分析指标表明，我国电网的网络密度进一步加大，结构加强。线机比减小，表明电源的供电半径变短；变机比减小，表明变压器负载率提高。其中，华东电网作为全国重要的负荷中心，电网结构坚强，供电半径小，500kV 电网线机比、输电线路平均长度最小，2007 年分别为 3.03km／万 kW、55.15km。

(2)500、330kV电网快速发展，但电网增速仍滞后于电源增速；输电与变电发展基本均衡。近年来，公司500、330kV电网快速发展，以500kV电网发展为例，线路长度、变电容量5年平均增速分别为21.31%和25.31%，电网规模不断加大。从发展速度上看，电网建设仍滞后于电源建设，5年间接入500kV电网的装机容量平均增速为34.55%，高于电网增速。线机比、变机比的逐年降低趋势也说明了电网发展速度仍滞后于电源发展速度。从线变比变化趋势看，5年来线变比变化不大，电网建设中输电与变电基本保持均衡发展。

(3)500、330kV电网变电站数量和规模加速扩展，变电站平均容量、单组变压器平均容量逐年加大。新建、扩建变电站规模之比约为2：1；大容量变压器得到更广泛应用，500kV电网新增大容量变压器规模占年投产变电总规模的比重达38.1%，同比提高约1.2个百分点；2台变压器同时投产情况显著增多，2台变压器同时投产变电站座数占年投产变电站总量比重达25.3%，同比增长7.6个百分点。随着负荷需求的快速增长，500、330kV电网变电规模加大，变电站平均容量、单组变压器平均容量均呈上升趋势。

2007年，500、330kV电网输变电均衡快速发展，增强了电网结构，提高了电网输电效率，但相对电源增长速度，电网发展仍略显滞后，从“十一五”电网发展规划看，500、330kV电网建设任务仍然艰巨；电网新技术应用水平仍有待提高。

4.1 进一步加快主网架建设，避免造成新的输电瓶颈

相对于接入500、330kV电网的装机规模，主网架的发展仍显落后，500、330kV电网线机比、变机比持续下降，一方面反映了电源本地化倾向和变压器利用率有所提高；另一方面也反映了500、330kV主网架电源大规模注入的压力增大，需要进一步加快主网架建设，并适度超前，避免形成新的输电瓶颈和安全隐患。

4.2 大力推广先进适用技术，促进电网可持续健康发展

目前我国电网发展迅速，但从发展水平看，电网输送能力仍偏低、经济性较差，如单座变电站平均容量、单组变压器平均容量远低于世界先进水平。随着经济的发展和社会的进步，线路走廊征地日益困难，在电网建设中，应大力推广应用少维护、显著提高线路输电能力、节约走廊和占地、节能降耗、环境友好等新技术，不断提高电网建设、生产、运行和管理水平，从而促进电网的可持续健康发展。

三、“十七大”对电网发展的要求

作为关系国计民生的重要基础产业和体现国家意志的央企，电网企业更需要学习、领会十七大会议报告，深刻把握精神实质，认真分析企业发展内外环境，准确把握企业在国家未来发展中的定位，努力落实会议精神，在高举中国特色社会主义伟大旗帜，全面建设小康社会的伟大实践中有所作为。

保持电网发展与经济社会发展同步

胡锦涛同志在十七大报告中提出：在优化结构、提高效益、降低消耗、保护环境的基础上，实现人均国内生产总值到2020年比2000年翻两番。从GDP总量翻两番变为GDP人均翻两番，是一个更高标准的小康。

国家统计局数据显示，2000年中国人均GDP为856美元。如果2020年实现翻两番，那么到时候人均GDP 应该达到3500美元左右。从2003年到2006年，中国经济已经连续源年保持了10豫以上的快速增长。到去年底，我国人均GDP已经超过2000美元。

因此，这一目标的提出是基于中国经济目前以及未来高速发展的预期。同时，报告也明确提出了统筹区域发展的思路，对加快西部发展提出了具体的指导原则。这些大的背景，带来了我们对电网企业继续保持高速发展的信心。

作为国民经济重要的基础产业之一，电力是经济发展的先行官和温度计。经济增长与电力需求，是分析一个国家经济运行状况的重要指标。

社会经济发展与电力发展之间的关系，是相辅相成的。因此，社会经济快速的发展必然对电力发展带来巨大推动力，所以目前云南电网乃至南方电网超常规的高速发展在未来还会持续下去。

因此，我们必须牢牢把握发展机遇，加强电网规划，保持电网建设适度超前，以保证地区国民经济发展。坚持科学发展观，遵循电网发展的客观规律，准确把握制约电网发展的关键环节，处理好加快发展与协调发展的关系，兼顾长远利益和近期利益、整体利益和局部利益，将企业发展目标与社会经济发展目标有机结合。对现有供电网络要加以认真分析，分析电网的供电能力，电源点的布置是否充足合理，网架是否可靠坚固，结合区域经济发展重点，供电的难点、热点，找出存在问题和主要制约环节，逐步改善，促进电网的可持续发展。在进行现有电网评估基础上，因地制宜，做好电网目标网架研究和规划调整工作曰特别对负荷增长较快的地区，进行细致的调查分析和负荷增长预测，并重点考虑电网薄弱环节，高起点做好电网发展规划，把电网建设作为企业发展的主攻方向，打造一张统一开放、结构合理、技术先进、安全可靠电网，为推进地方经济发展各项战略部署提供有力支撑。

保持电网与经济发展方式转变同步

十七大报告指出院要建设生态文明，基本形成节约能源资源和保护生态环境的产业结构、增长方式、消费模式。要加快转变经济发展方式，推动产业结构优化升级。这些思路，必将深刻影响地区产业结构的调整和产业布局及消费模式。这对电网发展带来了新的挑战，也对电网企业自身节能降耗和绿色发展提出了更高要求。

要认真分析地区社会经济发展的形势，改变只注重研究电网而忽略对地方经济发展研究的做法，深入研究所在地区经济发展的总量、速度以及质量、方式，深入研究地区社会发展的目标、发展思路，使电网规划与地区各项规划相互紧密配合、协调并同步实施。只有对地方经济社会发展有了准确的认识和把握，电网的规划建设才能有针对性，才能与地方经济发展协调发展。

要培育优质电力市场，把有限的电力配置到增长幅度快、经济效益好、市场前景好、符合国家产业政策的优势企业。全面执行差别电价政策，合理利用电价杠杆引导高耗能产业发展，配合政府产业结构调整，舍小利，保大局。通过计划用电和错峰避峰等，压缩高耗能企业用电，确保烟草、矿电等优势产业用电，降低单位 GDP 的电耗，促进有利于节能降耗的生产模式的形成，促进产业结构的优化，实现电量和 GDP 的绿色增长。

要合理规划，改善电网布局和结构，使供电能力与负荷发展相匹配，具有合理的容载比，能满足供电区域内各类用户负荷增长的需要。合理确定配电网的接线方式和点线配置方案，使配电网结构优化合理。解决城网改造、农网改造未彻底解决的部分线路供电半径过长、损耗大、负荷率过高的问题。

要提高设备技术水平。在电网新建和改造中采用新型节能设备，加快对陈旧、落后设备的改造、淘汰进程，依靠科技进步减少损耗，开展线损四分管理，逐步降低线损率要在电网规划建设中促进与环境的和谐发展。新建变电站选址既考虑位于负荷中心，还应考虑占用荒地，尽可能利于变电站进出线以及日常检修维护。对距离居民区较近变电站，选用新型高科技设备，减小噪音污染。在线路工程中，尽量使用同塔双回线路和高塔跨越方式，采用紧凑型线路新技术，有效减少线路通道的占用和森林砍伐等。

要开展节能服务，大力推广节能产品和技术，对客户节电提出合理化建议，引导、帮助客户节电。广泛宣传节约用电和科学用电，让群众更多地了解节约能源的重要性，了解节约能源的知识技巧，引导市民改善用电消费模式，全面推广和普及节能降耗技术，共同建设节约型社会。

保持电网发展与民生发展同步

十七大首次单列篇章阐述民生问题，强调必须在经济发展的基础上，更加注重社会建设，着力保障和改善民生，推进社会体制改革，扩大公共服务，完善社会管理，促进社会公平正义，推动建设和谐社会。

这对电网企业统筹发展，提供无差别普遍服务提出了更高要求。

一视同仁为社会各界和所有群体在任何地方任何时候提供同等质量、公平均价的服务，体现了企业的道德价值和服务层次，也是构建和谐社会的要求。我们要坚持人民电业为人民的宗旨，秉承普遍服务原则，为全社会广泛服务。

因此，必须更重视统筹城乡电网发展，服务社会主义新农村建设，加大县级电网的建设、改造力度，实施好农电固定资产的大修、技改工作，大力提高农村电气化水平，提高电压合格率、供电可靠性，提高装备水平和科技含量，促进农村经济社会的全面进步。实施好无电人口通电工程，使广大农民群众共同享受现代文明成果，促进和谐社会建设。

更要以始于客户需求，终于客户满意为主线，以优质、方便、规范、快捷为方针，以高要求、高期望为标准，不断创新服务理念，提高服务意识、服务手段、服务水平和服务质量，为社会提供优质服务。同时要把更多目光投向社会的弱势群体。对于孤寡、老弱、病残人群，建立特殊客户档案，定期为这些群体提供上门服务，排忧解难。要支持教育、公益事业、环境保护、城市建设等，以开放透明姿态向社会公开企业经营的有关信息，并接受监督。

党的十七大为我国各项事业发展指明了方向，也为电网企业的发展提供了巨大的机遇，我们要深入贯彻落实科学发展观，开拓创新，为促进企业科学发展，实现党的十七大确定的历史任务作出积极的贡献。

四、中国电力产业链调查分析

电煤涨价而电价未动之时，电厂承受了所有的涨价压力，并且亏损严重，电网则几乎毫发未损；电煤限价和上调电价之后，煤矿蒙受了损失，电厂还在持续亏损，电网却跟着分到了一杯羹。

在火电大省山东调研时，作为上中游的煤矿和电厂一致反映，鉴于电厂目前亏损严重，可以考虑重新分配电力利润，把电网的利润返还一部分给电厂，帮助电厂扭亏为盈。

而作为下游的电网则表示，电网虽然还是盈利的，但利润率低，负债率高，未来几年的投入也相当大，日子并不好过。

上中下游处境迥异

此次电价调整，部分解决了电网的困难，但总体来说对电网影响不大。山东电网营销部有关人士透露，尽管目前全省各地的情况并不平衡，且利润率也在下降，但电网总的来说还是盈利的。

7月1日起，山东省开始执行新的电价调整政策，上网电价提高1.75分／千瓦时，销售电价也平均提高2.6分／千瓦时。其中，居民生活照明用电、农业生产和化肥生产用电价格不做调整；非居民照明用电价格平均降低0.48分／千瓦时，大工业、非普工业用电价格平均提高4.72分／千瓦时。

电网公司的盈利空间来自于上网电价与销售电价之差。据模糊测算，经过此次调整后，目前山东的平均上网电价3毛9分，而平均销售电价则达到了4毛7分，仍有利可图。与之对应的是，电煤限价和电价上调后，煤矿遭受损失，电厂仍在亏损。

去年以来，电煤价格的大幅度上涨对电网的影响也不大。山东电网该人士透露。电价调整之前，煤矿因为煤炭涨价而效益翻番，而电厂则因为电煤大幅度上涨而承受巨额亏损。来自国家统计局的数据显示，今年1至5月电力行业的利润下降超过七成，达74%，而煤炭行业的利润则增长了将近一倍，达97.8%。

电网今年也遭遇了损失，但并不是因为电煤涨价，而是因为今年的两场自然灾害。以国家电网为例，由于受到今年雪灾和震灾的影响，今年前五个月国家电网实现的利润仅为29亿元，同比去年大幅下滑80.2%。

据初步统计，地震给国家电网带来的直接经

济损失超过120亿元，其中四川公司超过106亿元，而今年年初的冰雪灾害给国家电网带来了直接经济损失达104.5亿元。这样，两场自然灾害已经给国家电网带来经济损失总计达224.6亿元。

电网是暴利行业吗

每次电价调整，收益都在电网。电网的成本基本上是固定的，但是利润却相对丰厚，电网的利润完全可以返还一部分给电厂。而且，即便电网亏损了，国家也比较好给补贴，因为国内就两大电网公司，但补贴电厂就比较难，电厂过于分散而且很多都是地方上的。

就煤矿而言，我们认为，国家有些政策考虑的不够全面，对电煤进行限价并不合理。目前，上网电价与销售电价差价较大，电网的利润过高，应该把电力企业的利润重新分配，电网只要拿出5、6分钱补给电厂，电厂就不至于亏损了。

“我们是垄断行业，但不是暴利行业。”山东电网该人士表示，电网的成本主要包括四个方面：购电成本、基础设施建设、基础设施维护以及银行贷款造成的财务费用。虽然电网总的来说还是盈利的，但利润率很低，与其资产相比不成比例。

山东电网虽然不亏损，但资产负债率已经超过了60%，偿还贷款的压力非常大。据透露，05年以来，山东电网在基础设施建设方面已经投入了310多亿元，后面两三年还必须再投入513亿元，负担很重，而设施维护也需要大笔资金。

长期以来，受“重发轻供”的思想影响，电网主要是作为连接发电厂和用户的功能来认识，而优化资源配置的网络、市场功能则没有得到足够的重视。

建国以来，我国电网投资累计占电力投资的比例仅为30%，远低于发达国家50%的水平，这导致电网发展长期滞后，主网架薄弱，老旧设备多，设备水平低，抵御事故灾害和配置资源的能源严重不足。

逐步推进电价改革

电煤限价后，煤矿的供煤积极性不足，合同兑现率下降，煤质也比较差，这一点在小煤矿身上尤其突出。与此同时，电厂则由于此次上网电价调整幅度有限，仍处于亏损状态。

目前，合同煤的价格比市场煤的价格要低很多，煤矿如果可以高价卖煤，它为什么要低价卖给电厂呢？对于政府的电煤限价政策，它们总是有办法来对付。

以电厂目前亏损的程度来看，此次上网电价调整的幅度还是不够的，电厂作为国企的社会责任在于用最低的成本、最高的效率提供最优质的服务，但让它们亏损发电补贴社会不在此列，这已经超出了社会责任的范围。

电网的利润应不应该返还一部分给电厂呢？电网其实也挺困难的，本来电网应该加快发展，但目前却比较滞后，电网现在的负债率在60%以上，而净资产利润率则只在3%至4%，这在国外都是不合格的。

电厂和电网都是国家的，哪一家亏还不都是一样？而且电网如果垮了，影响可就比电厂大多了。08年1月中旬，华中、华东等地区出现罕见的低温雨雪冰冻极端天气，湖南、江西等电网受损严重，冰冻灾害再次警示：电网大面积停电的风险始终存在。

煤矿和电厂普遍反映，国家应该制订一个更加公平的政策，逐步放开电价，实行竞价上网。从根本上说，还是应该理顺能源定价机制，让能源价格能够反映和体现能源价值。

由于政府怕进一步刺激通货膨胀，所以电价的调整只能是一步一步来，不可能一步到位。

此外，电力价格改革应该与电力体制改革相辅相成，只有形成体制，才能形成价格。

事实上，稳步推进电力体制改革并非无章可循。国务院发布的《关于“十一五”深化电力体制改革的实施意见》明确提出，将继续深化电价改革，逐步理顺电价机制。

《意见》说，要按照相关规定，稳步推进各项电价改革。要结合区域电力市场建设，尽快建立与发电环节竞争相适应的上网电价形成机制，初步建立有利于促进电网健康发展的输、配电价格机制，销售电价要反映资源状况和电力供求关系，并逐步与上网电价实现联动。在实现发电企业竞价上网前，继续实行煤电价格联动。

五、2009 年我国电网负荷情况

2009 年 4 月，我国各大区域电网月度用电水平同比和环比均出现一定的下滑。分地区看，同比降幅依次为：华中 0.27%、华东 1.41%、南方 4.04%、西北 6.33%、华北 7.38% 和东北 8.53%。

与 3 月份相比，除西北外，各区域电网统调用电量同比降幅均有所增加，华中、华东从正增长变为负增长。

工业产品需求不足是 4 月份用电量下降的主要原因。经过了一季度的地方优惠电价刺激，用电量下降幅度再度扩大，意味着市场需求仍不足。因此，如果期望用电量在下半年恢复，宏观调控须加大对产业刺激的投入。不过，5 月份开始全国大部分省份逐渐步入夏季，空调等高耗电家电将开始运转，预计 5 月份的数据会比 4 月份数据好看一些。

发电企业已经开始进入迎峰度夏的准备期。然而，电煤消耗相比生产依旧为负数，截至 5 月 5 日，全国电煤平均库存达到 3035 万吨，可用 17 天，在一些传统的电煤紧张省份库存用量更是冲破 20 天。

留意到，进入 5 月以来，四川电网经营区域日均用电量与上年同期基本持平，约为 2.5 亿千瓦时，地震灾害对电网负荷和用电量的影响因素已基本消除。

第二节 我国电网技术发展分析

一、我国电力技术水平情况

近年来，国家加大了对装备国产化的支持力度。特别是在能源建设领域，确立了一批自主化示范工程和依托工程，通过打捆招标、集中市场资源等各种形式，引进国外先进技术，支持重点企业加强技术改造，结合重点工程建设，组织了重大装备技术攻关。这些政策措施，极大地促进了能源装备自主化工作，取得了突出的成绩。

在市场需求的强力拉动下，电力装备制造业迎来了前所未有的高速发展，行业技术水平有了明显提升，部分领域已经跨入了世界先进行列。

火电装备领域

我国已经实现了从 30 万千瓦、60 万千瓦亚临界向 60 万千瓦和 100 万千瓦的超临界、超超临临界机组的过渡，其中 60 万千瓦超临界装备已经批量生产。在 2006 年新投产机组中，60 万千瓦及以上机组已占到了 48.3%，并且能够批量出口，除了印度以外，目前，印度尼西亚也出现了缺电局面，要在 2009 年以前达到装机容量 1000 万千瓦，作为第一步，他们先招标了 240 万千瓦的机组，结果 2 台 60 万、4 台 30 万机组被中国获得。

目前我国电力装备出口势头很好。上海发电设备公司前十年累计出口 10 亿美元，但最近两年出口额就达到 20 亿美元；目前在谈、在跟踪的出口设备达到20亿美元，呈现加速增长的趋势。2006 年四季度，国内第一台国产百万千瓦超超临界火电机组——华能玉环电厂 1 号机组正式投入商业运行，随后华电山东邹县 7 号机组和华能玉环 2 号机组也相继投产。火电机组装备水平的提高，极大增强了国内企业的国际竞争力，我国产品因质优价廉，在国际市场表现不俗。30 万千瓦循环流化床锅炉，当时以四川白马电厂为依托，联合引进法国阿尔斯通技术，由三大锅炉厂共享，现在已经可以批量生产，目前 30 万千瓦循环流化床锅炉已有 30 台订单。不仅如此，在 30 万千瓦基础上，又开发出了国产 60 万千瓦的循环硫化床锅炉，进步很快。发电设备的有些性能指标已经超过了国外常规水平。

核电装备领域

我国自行研制了秦山一期 30 万千瓦和秦山二期 60 万千瓦压水堆核电设备，目前 60 万千瓦的核电国产化率已经可以达到 70% 以上。在原秦

山二期2x60万千瓦的基础上,我们又批准了两台,现在出力已经达到70万千瓦，等于建造了两台70万千瓦核电机组。另外，消化法国百万千瓦核电机组的国产化率可以达到50%，岭澳二期百万千瓦核电机组的国产化率将提高到70%。目前，核电装备的主要设备、主要辅机、仪控仪表等．已大部分拥有自主开发产品和关键技术，并且基本形成厂上海、东北和四川三大核电装备制造基地。近期我国将以广东岭澳核电站的二代加技术为重点，自主建设—批核电站。同时，依托近期成立的国家核电技术公司，正在组织第三代核电技术引进和谈判。国家近年来加大了对核电设备生产企业技术改造的支持力度．随着“一重”1.5万吨水压机的投入使用，我国在百万千瓦核电机组方面的制造能力也显著提高。

水电装备领域

国内企业用6年左右的时间，跨越了与国外30年的差距，具备了自主设计制造大型成套水电装备的能力，并已接近世界先进水平。通过三峡左岸与国外企业的合作，在右岸机组的招标中，国内企业完成了以外方为主向以我方为转变，哈电集团和东方集团各中标4台机组，不仅在价格上优于国外竞争对手。而且在主要指标上也明显左岸机组。右岸机组的模型完全是我们自已设计的，经过对法国的阿尔斯通、我国哈电集、东方集团3家公司开发的模型对比，专家评价认为，我们的机组性能优于国外。

抽水蓄能机组领域

国家组织了惠州等16套大型抽水蓄能电站的捆绑招标，通过引进技术制造，合作制造国内企业已经具备了30万千瓦抽水蓄能机组独立投标的资质和能力。

气电设备领域

为了提高我国大型燃气发电设备的制造能力，我们组织了统—对外谈判，采取多个项目打捆招标的方式．促使国外招标企业与中方设备制造企业组成投标联合体。第一期捆绑招标的哈电集团与美国GE合作制造的第一套9F级装备已经交付使用。如果不考虑联合循环，单机制造能力可以达到70万千瓦，如果考虑联合循环，可以达到40万千瓦。第：千三期捆绑招标项目也在实施中，第三期捆绑项目完成以后，国内企业燃气发电装备的自主化率可以达70%以上。

风力发电设备领域

大型风力发电机组今后发展的路线已经明确，国家发改委通过组织多个10万千瓦以上的大型风力发电项目的特许权招标，风电设备的国产化进程加快，国产风机已经能够批量投入运行，风机的国产化率已经达到85.7%集中招标和设备国产化降低了风电厂建成和运营成本，上网电价下降到每千瓦时0.4～0.5元以上，而过去都是1元以上。我国风电建设和风机制造已形成了产业化趋势，我们正在组织对尚未国产化的轴承变频器等设备的国产化工作，并且正在开发3兆瓦和5兆瓦的机组。我们规划在上海的浅海水域建设一个10万千瓦的海上风电厂，研制单机2兆瓦的机组，也在考虑3兆瓦的海上风力发电机。

关于风电，有人批评说，风电应该可以有多少搞多少，你们为什么不撒手？但是这两年，我宁可挨骂也要攥在手里，问题不在于风力发电本身，而在于一定要把这个产业培育起来，要搞国产化：前20年为什么风电搞不上去？为什么风电要卖1 块钱一度电？设备总是进口，成本怎么能降得下来？我们再坚持一下，通过两年左右的时间，把我国自己的风力发电设备制造能力搞上去。

上世纪80年代我国已经能生产60万千瓦的机组，当时大家放心吗？不放心。但是，如果当时没有把30万千瓦、60万千瓦机组消化掉，能有今天的大好形势吗？各位能放心地用国产设备吗：天津蓟县电厂现在有两台60万千瓦机组。当时的电力部不同意蓟县用国产机组，主要是第—台国产60万千瓦机组在哈三电厂出了200多次故障，老也调不好，听以电力部不敢再用国产60万千瓦机组。为此，国务院专门开了会，争论很激烈，最后只同意用国产30万机组。后来我们提出，能不能再给一次机会？让天津蓟县用一次，如果实在不行，再说进口。蓟县这两台国产60万机组，用了以后，大家才放心，以后逐渐推广开来。现在的60万千瓦装备，不仅国内用，国外也用。

所以，风力发电也必然走这样的过程，如果国家不引导，大家都引进国外的设备，不仅培育不出我们的风电制造能力，也培育不出风电，因为企业买的设备贵，就要要政策。于是发电公司就不愿意搞风电，形成恶性循环。风电特许权招标的目的，就是给国内制造企业一定的机会，让他们有机会发展，现在事实证明，这两年的效果是好的，在此以前，到2004年底，我们20年风力发电只搞了76万千瓦；2005年底达到126万千瓦，2006年达到了200多万千瓦，呈现出高速发展的局面。只要再坚持两年，我相信中国风力发电设备整体的制造和的发电能力会大大增强。

电站DCS控制系统领域

上世纪90年代中期，国内开始研制具有自主知识产权的火电厂DCS控制系统，目前，国产化市场占有率超过30%，其中30万千瓦煤电机组占有率50%，使用情况总体反映良好，特别是在产品价格上有明显优势。60万千瓦火电机组的国产化DCS也成功投入使用。目前，已有4家国内企业能够生产60万千瓦DCS，特别是近期上海自动化仪表股份有限公司承包的湖北襄樊电厂两台60万千瓦的超临界机组，DCS已经通过168小时试行运行，打破了国外公司对超临界DCS的垄断。秦山核电站国产设备配备DCS也是由国内提供的。刚开始搞西电东送的时候，在贵州几个电厂招标，30万千瓦单机DCS控制系统，ABB报价是1500万元人民币，国内报价600万元，企业宁可要1500万元的，不要600万元的。后来经过说服，总算用了一套，这一套意义很大，国外产品的价格一下子降下来了，现在每套大概是1000万元左右。

输变电领域

在交流输电设备中，我国500千伏超高压输变电设备的设计制造水平已经与国际水平接近，或者达到国际水平。通过西北电网750千伏交流输变电示范工程，与国外合作制造并引进技术，我国已经掌握了750千伏交流输电设备的制造技术。在近期国家电网公司举行的晋东南到荆门1000千伏特高压主设备的招标中，其中8台变压器、3套开关、15台电抗器分别由国内企业中标，更加印证了国内企业研制实力的提升。

在直流输电设备方面，国家有关部门组织国内企业引进消化国外技术，在直流系统仿真模拟设计、电力电子器件制造、大型换流阀和换流变压器制造、直流控制保护技术和交直流滤波技术方面，已经取得了突破性进展。我国已经成为直流输电发展最快、工程最多的国家。

二、我国当前电网输电技术的现状与发展

近十年来，随着国民经济的快速持续增长，我国的电力供需形势发生了显著变化，从“九五”末的“略有剩余”，到“总体平衡”，再到“总体偏紧”，而从2002年开始我国出现电力供需矛盾。为缓解电力紧张状况，国家加快了电力建设步伐，经过近几年的建设与改造，供需矛盾已基本得到缓解。据相关部门预测，2007年全国电力供需总体平衡，部门地区略有剩余。

1.电网规划

目前，我国输电线路以220kV、330kV、500kV交流输电和几条500kV直流输电线路为骨干网架。全国已形成5个区域电网和南方电网。其中，华东、华北、华中、东北4个区域电网和南方电网已经形成了500kV的主网架。西北电网在330kV网架的基础上，第一条750kV官亭——兰州东输变电示范工程已于2005年9月26日建成投运。西电东送也已形成了北中南三大送电通道，北通道已经形成由山西、蒙西向京津塘和河北南网送电的9回500kV线路，中通道有2条±500kV直流线路构成，南通道已形成“三交二直”5条送电通道。

全国各大区域电网之间目前联网线路达到“三交三直”6条联网线路。即连接华中、华

东的2条500kV直流线路，连接东北、华北的双回500kV交流线路，连接华北、华中电网的1条500kV交流线路，连接华中于南方电网的1条±500kV直流线路。全国联网规模达到4.3亿kw,交流同步网规模达到2亿kw。就此，西电东送、南北互供、全国联网的格局已经初步形成。

“十一五”期间，我国将实施7个跨省大区电网之间以及大区电网与5个独立省网之间的互联。到2010年前后，建成以三峡电网为中心连接华中、华东、川渝的中部电网；华北、东北、西北三个电网互联形成的北部电网以及云、贵、广西、广东4省区的南部联合电网。同时，北、中、南三大电网之间实现局部互联，初步形成全国统一的联合电网的格局。

国家电网公司拟计划在2020年前后要形成交流特高压“四横六纵”多受端的网架。所谓四横，是指形成西起四川、关中、陕北、蒙西4个水火电基地，东部落点到上海、江苏中部以及北部和山东的4条横向通道。六纵是指形成北起宁夏陕北、蒙西、北京、唐山、山东青岛，南到重庆、湖北、长沙、南昌、南京和福州的6条纵向通道。多受端是指交流特高压在华北、华中、华东和山西负荷中心地带形成坚强有力的环网结构。

2. 输电技术展望

高压交流输电在长距离线路的运行中存在的缺点：其一，在长距离的交流高压输电过程中，依然存在着相当的能量损耗；其次，由于交流电的固有特性，在一个电网中，要求所有的发电机保持同步运行并且有足够的稳定性，需要大量的辅助设施来保证电网系统的平衡；另外，传统的交流电网的参数（阻抗、电压、相位等）是不能大幅度连续调节的，而实际运行中的电力潮流分布又有电路定则决定。因此，电网内部线路及联络线在运行中的实际的潮流分布与这些线路却被迫在远低于线路额定输送容量下运行。对于一部分线路有电送不出，而另一部分线路却无电可送；还有，由于交流电固有的50Hz低频震荡，交流高压输电线路会产生电磁干扰，对邻近的通信线路和广播电视线路甚至对人体都会有不利影响，由此产生的环境和生态的问题也日益引起人们的严重关注。

因此，我们目前在远距离输电中采用了灵活交流输电（FACTS）、高压直流输电（HVDC）、紧凑型输电以及高温超导输电等。

(1) 灵活交流输电。该项技术是现代电力电子技术与电力系统相结合的产物，通过利用大功率电力电子器件的快速反应能力，实现对电压、有功潮流、无功潮流等的平滑控制，从而在不影响系统稳定性的前提下，提高系统传输功率能力。

(2) 高压直流输电。高压直流输电系统中，电能从三相交流电网的一点导出，经换流站转换成直流电，通过架空线或电缆传送到接收点；直流电在另一侧换流站转化成交流电后，再进入接收方的电流电网。由于直流输电只需1根（单极）或2根（双极）导线，其架空线路杆塔结构也较简单，因此，直流线路的造价会大幅度的降低。一般而言，在同等输送功率的情况下，直流输电线路的占地面积只是交流输电电路的一半，对于一个延续上千公里的输电线路来讲，节约下来的土地面积非常可观，这一点，对于中国日益紧张的土地资源来讲，更具有特殊的意义。另外，高压直流输电不存在系统稳定性问题，可实现电网的非同期互联；而且直流系统的“定电流控制”限制短路电流可快速地将短路电流限制在额定功率附近，短路容量不因互联而增大。直流输电还可以通过晶闸管换流器快速调整有功功率，实现潮流翻转，在事故情况下可实现健全系统对故障系统的紧急支援，也能实现振荡阻尼和次同步振荡的抑制。

为降低造价又研制成功了新一代的直流输电系统——轻型直流输电系统（Light HVDC），它采用GTL、IGBT等可关断的器件组成换流器，省去了换流变压器，整个换流站均可搬迁；而且对受端系统的容量也没有要求。这是中型的直流输电工程在较短的输送距离上也能与交流输电竞争，且可用于向孤立小系统（海上石油平台、海岛）

供电。今后，还可用于城市配电系统，并可接入燃料电池、光伏发电等分布式电源。

(3) 紧凑型输电。紧凑型输电技术突破了常规线路的导线结构及布置方式，使三相导线置于同一塔窗内，呈三角形布置，极大地压缩了导线的相间距离，从而降低了线路阻抗，在额定电压不变的条件下，提高额定自然功率。紧凑型输电线路的单位走廊宽度的自然传输功率可以达到高一级电压等级的常规性输电线路自然传输功率水平。这是一种比较经济的提高超高压交流输电能力的输电技术。目前，我国500kV、330kV、220kV电压等级都有紧凑型线路投运，其中500kV昌房线已投运六年多，220kV安屯线已投运11年，已投运的各条线路运行情况良好。紧凑型输电技术运行可靠、技术先进，目前已形成成熟的运行经验和完善的设计规程，设计制造完全国产化，已作为电网先进适用技术之一在国家电网公司系统推广应用。

(4) 高温超导输电。与常规电缆相比，高温超导电缆具有体积小、重量轻、损耗低和传输容量大的优点。利用它，可以大大降低电力系统的损耗，提高电力系统的总效率，实现大容量输电。我国第一组超导电缆系统于2004年4月19日在云南昆明市普吉变电站投入运行，这标志着继美国、丹麦之后，我国成为世界上第三个将超导电缆投入电网运行的国家。

除此之外，气体绝缘线路（GIL）在我国电网中也有少量采用。2004年6月18日，华东电网首条500kV GIL线路管道在浙江杭州市电力局瓶窑变顺利投入运行。有专家称，GIL线路管道的顺利投运为将来500kV母线分裂改造工程创造了有利条件。以上这些输电技术各有不同的侧重优势，它们将并存于我国电网中，为电网的稳定运行发挥作用。

在我国，特高压电网是指1000kV交流和±800kV直流电压等级的输电网络。中国政府高度重视并积极支持特高压工作，将特高压输电技术研究和设备研制纳入2006～2010年国民经济和社会发展规划、国家中长期科技发展规划以及国家振兴装备制造业的重点工作。

国家电网公司关于发展特高压电网和特高压输电技术研究已进入设计配合阶段，并满足了工程设计对科研的要求。2006年8月19日，我国第一条1000kV特高压交流试验示范工程（晋东南——荆门）正式奠基，计划2008年前后建成。该工程拉开了我国特高压电网建设的序幕，标志着我国电网发展进入了一个新阶段。预计2010年前后国家电网特高压骨干网架将初步形成，但国家电网特高压骨干网架建设是一个逐步完善的过程。

我国电网的发展，经历了从中压电网、高压电网到超高压电网，再到特高压电网的发展历程。随着电网电压等级的提高，网络规模不断扩大，已经形成了六个跨省的大型区域电网，即东北电网、华北电网、华中电网、华东电网、西北电网和南方电网。而即将开工建设的特高压电网，将推动我国电网形成百万伏特高电压交流输电网为骨干网架、超高压输电网和高压输电网以及特高压输电网、高压直流输电和配电网构成的分层、分区、结构清晰的现代化大电网，届时我们将真正迎来中国电网的新天地。

三、电网发展重要技术问题分析

建设坚强的电网，能够实现在更大范围内合理开发资源，提高电能的使用效率和供电的可靠性与经济性，改善电力系统的安全稳定性能，缓解环保及运输压力，取得良好的社会、经济效益。因此，我们要认真总结世界电网发展的历史经验，充分认识和把握电网发展的客观规律，实现高效和安全可靠的目标。

我国各区域电网全部采用直流相联的观点是与电网发展客观规律相违背的。

电力系统中的发电和用电均为交流，交流输电适用于不同距离和容量的电力输送，因此，采用交流输电技术形成同步电网是电网发展的内在规律，在技术、经济上有很大的优越性。

（1）同步电网可以形成坚强的网架结构，电力的传输、交换十分灵活。向输电通道中间地区供电或汇集电力方便，对电源结构、负荷分布和电力流的变化适应性强。我国正处于一个快速发展的阶段，负荷增长和地区间经济结构变化大，电网必须要有经济性和发展灵活性、适应性。全部采用直流输电对发展的适应性差、且将来还要建设大量电网实现二次再分配。

（2）当系统中出现扰动时，同步电网内所有机组、负荷共同响应扰动，具有受到扰动后维持系统同步运行的自然特点，从而减轻扰动对系统的影响；同步电网规模越大，扰动带来的波动越小，承受能力越强。

（3）我国地域辽阔，东西时差大，南北季节差别明显，不同地区负荷特性、电源结构差异较大，客观上决定了我国电网东西之间、南北之间存在错峰、调峰、水火互济、跨流域补偿调节、互为备用和调节余缺等联网效益。因此，在更大范围内形成交流强联系同步电网，解决大区间电力交换受限的瓶颈，可以充分获取上述联网效益。

（4）在一个地域广阔的大电力系统中，不同地域的重要受端系统可以有几个，这些受端系统之间已有或迟早会有较强的高一级电压的联络线，而且会随着系统的发展，日益加强各受端系统间的联系，逐渐把这些受端系统联系成为更大的受端系统。这些受端系统间的联络线路，将成为沟通各大受端系统所在区域的电力交通要道。这些强大交通要道的形成，使大电力系统的远方大电源能够得到更合理的开发和充分发挥它们的作用。通过这些强大的交通要道，可以交换由于各区域电力建设容量与负荷增长容量之间在时间上的不完全对应，因电源短时多余而需向其他区输出或因电源短时不足而需由其他区域供给的电力。

"电力系统技术导则"也指出："受端系统愈强，愈有能力接受外部远方大容量坑口电厂和大型水电基地送入的大量电力，也比较容易解决因电源建设和负荷发展的不定因素给电力系统的建设和运行带来的困难。"因此，建设坚强的大同步受端电网，是接受大容量电力输入的客观需要。

我国各区域电网全部采用直流相联的观点是与电网发展客观规律相违背的。实际上，我国目前已形成东北－华北－华中跨区同步电网，今后应根据我国国情，特别是西南水电和北方煤电采用特高压输电的需要，对同步电网的构建在发展中进行合理调整。华中电网水电比重大（约占40%），其东部四省能源匮乏；华北电网是纯火电系统（约占96%），该地区是我国重要的煤炭基地；华东地区以火电为主（约占86%），严重缺能，电力需求旺盛，市场空间大。这三大电网地理位置相互毗邻，互补性强，采用特高压交流形成坚强灵活的同步电网，将为促进能源资源的优化配置和高效利用奠定坚实的物质基础，可以获得错峰、水火互济、互为备用等联网效益，从而减少装机和弃水电量，降低电力成本，也有利于环境容量的合理分配。北方煤电基地和西南水电基地是我国未来主要的电力输出地区，远景北方煤电基地和西南水电基地各有约1亿千瓦电力外送，接受这样大规模的电力，需要更大规模的受端电网。按照这一送、受电格局，初步分析同步电网的规模在5亿～7亿千瓦，以适应接受北方煤电基地和西南水电基地大规模电力送入需要，也为未来进一步接受西藏水电、新疆火电和跨国输电创造必要条件。

以特高压交流形成华北－华中－华东同步电网，与东北、西北和南方三个电网采用直流方式实现互联，有利于提高互联电网的动态稳定性能，协调西北750千伏电网和1000千伏电网的连接，便于运行管理。按照此格局，全国形成华北－华中－华东、西北、东北、南方四个主要的同步电网，而不是形成一个大同步电网。

华北－华中－华东同步电网的安全稳定性能符合"电力系统安全稳定导则"的要求

从国外电网近年来发生的大面积停电事件的统计数据和机理看，无论大规模电网还是小规模电网，都可能发生大停电事故。电网崩溃往往是在电网安全充裕度下降的条件下，由发电、输电设备的连锁反应事故诱发的，都有一定的发展过程。这种事故通过采取正确的控制策略，提高电网的充裕度，切断恶性连锁反应链，将系统状态导向良性的恢复过程，是可以有效控制的。我国电网体制的特点是统一规划和统一调度。实践证明，这样的体制，有利于规划建设坚强的骨干网架，对于保障大电网的安全可靠、经济运行是十分有利的。

为了充分发挥我国电网“统一规划、统一调度”的优势，有效防止大停电事故的发生。在规划和调度运行中要坚持以下原则：

（1）按照分层分区原则规划电网结构。电网合理分区并不意味着要形成我国六个大区电网彻底独立的格局。而是要加强受端电网的建设，形成坚强的受端电网主网架；对大电源（群）向受端网送电要做到合理的分散接入；要增强输电通道的建设，合理兼顾向中间地区安全可靠供电的需要。

（2）在规划阶段，应该按照我国电网的相关技术标准进行规划设计，充分考虑电网在发生各种严重故障下的安全稳定水平，避免形成可能引发低频振荡的电网结构，形成灵活性和适应性均很强的合理的网架结构，为电网的安全稳定运行打下良好的基础。在同步电网构建及特高压电网规划论证工作中，对“十二五”期间和2020年前后我国同步电网规划方案进行了详细的潮流、暂态稳定、小干扰稳定和短路电流计算。计算结果表明，华北－华中－华东交流特高压同步电网方案结构坚强，动态稳定水平较高，不存在影响系统安全稳定运行的弱阻尼区域低频振荡模式。系统中发生单一交流故障，正常清除故障，可以保持稳定。受端系统中发生严重的多重故障或失去一个特高压交流通道，电网可以承受较大的功率转移，仍可以保持稳定；电源送端输电通道发生类似的严重故障时只需切除送端部分机组即可保持系统稳定。因此，该同步电网方案能够满足“电力系统安全稳定导则”的要求，具有较高的安全稳定水平。

（3）综合采取各种应对策略，提高特高压电网的安全性。为进一步提高特高压电网的安全性，避免可能出现连锁反应故障，经过深入细致的计算分析，提出如下的多种应对策略：加强统一调度，合理安排全网的运行方式。建设完善的安全稳定控制系统，防范故障扩大化。加强故障应对措施的预先研究，提高快速应对能力。优化同步电网的规模，与电网输电能力相适应。积极采用新技术提高特高压电网的安全稳定水平。总之，无论大规模还是小规模同步电网，都必须通过合理规划和采取必要的措施，来保障电网的安全和可靠运行。片面强调大同步电网发生大停电的高风险，从而认为只有六大区域电网独立运行才能保证安全稳定运行的观点是不科学的。

我国远距离大容量输电工程全部采用直流输电是不可行的

80年代初期以来，我国电力工作者在三峡电站及其输电系统规划、西电东送和全国联网研究中，对交、直流输电的特点和适用范围进行过大量全面深入的研究工作，为电网的规划、建设和运行提供了技术指导和依据。基本的共识可归纳为：交、直流输电方式各有所长，本身没有排他性，而是互相补充的；在电网规划和建设中要注意发挥各自的优势，使两种输电方式各尽所能，相得益彰。目前，随着远方水、火电基地的开发和外送，直流输电已成为主要的输电方式之一。但是由于直流输电的结构比交流输电要复杂，因此对于直流输电系统运行初期的故障率和可靠性问题、直流故障对送受端电网冲击引发的稳定问题、多回直流集中落点对受端系统安全存在的不利影响、直流输电换流站接地极址选择困难等问题，需要认真加以研究解决。

特别要注意的是：一个受端系统接受直流输电落点的数目是有限度的；并且大火电基地采用直流输电点对网直接送出，对火电机组的技术要求苛刻，在世界上尚没有先例，还需要进行深入的专题试验研究。因此，鉴于我国水、火电基地规模巨大，其远距离大容量输电工程全部采用直流输电是不可行的。如前所述，特高压交流与±800千伏级直流在电网中的应用是相辅相成和互为补充的。特高压交流输电系统具有交流电网的基本特征，可以形成坚强的网架结构，因此，特高压交流的发展除了可应用于大电源基地的外送外，主要将定位于高一级电压电网的建设。而±800千伏级直流输电将定位于我国西部大电源基地的远距离大容量外送，并将依托于坚强的交流输电网发挥作用。

目前，西电东送基本上都采用直流输电方案，现已有6回大容量直流输电线路投入运行，成为世界之最。在建设和规划中的大容量直流输电线路则更多。但是，西部大型电站送出清一色地采用直流输电会造成电网的结构性缺陷。因此，在西部电源基地外送中采用特高压交流与±800千伏级直流相互配合，形成“强交流和强直流”并联输电结构，可为西电东送提供多样化的选择，将有助于改善我国的电网结构，提高输电系统的安全稳定运行水平。

在大容量、远距离输电中，特高压交流输电工程的技术经济性能全面优于500千伏紧凑型同塔双回输电工程

交流1000千伏与500千伏同塔并架紧凑型输电技术有各自的适用场合。从安全性和经济性统筹考虑，500千伏同塔并架紧凑型输电技术仅适用于输电距离中等、输送容量适中的情况。在大容量、远距离输电中，特高压交流的技术经济性能全面优于500千伏紧凑型同塔双回线路。

(1) 随着特高压输电技术的发展，1回特高压线路的输电能力将提高到450～500万千瓦，输电距离可达1000公里以上。而500千伏交流输电距离超过500～700公里时，受系统暂态稳定影响，1回同塔双回紧凑型线路即使采用加装串补等措施，实际输电能力最多能达到250～300万千瓦，无法与1000千伏交流相提并论。

(2) 特高压交流输电比500千伏交流输电走廊占地少，可以大量节约土地资源。1000千伏同塔并架双回输电线路走廊宽度约90米，500千伏同塔并架双回紧凑型输电线路走廊宽度约44米，前者为后者的约2倍。1000千伏同塔并架双回输电线路输电能力为500千伏同塔并架紧凑型输电线路的3.5～3.8倍。在同样输送1000万千瓦功率的情况下，特高压输电仅需要1回同塔并架线路，而500千伏同塔并架紧凑型输电需要4回，特高压占用的输电走廊宽度仅为500千伏紧凑型的50%。经过研究，如特高压紧凑型和串补技术得到应用，特高压输电线路占用的输电走廊宽度可进一步压缩30%左右，与500千伏相比，节约走廊的效益更加明显。

(3) 特高压输电损耗低，符合建设节约型社会的要求。从输电损耗看，特高压输电提高了电压等级，减少了线路电流，线损较500千伏输电线路大大降低。经计算，当同塔双回特高压线路送电1000万千瓦、输电距离1000公里时，线损率仅为2.9%（8×630平方毫米截面导线）；如果采用4组同塔双回紧凑型500千伏输电线路（6×300平方毫米截面导线），则相应的线损率将达到8.3%。特高压输电比500千伏线损率降低约65%。随着燃料价格的上涨，特高压输电降低损耗的效益将更加突出。综上所述，在大容量、远距离输电方面，特高压交流输电工程的技术经济性能全面优于500千伏紧凑型同塔双回输电工程，500千伏同塔并架紧凑型输电技术是无法代替交流特高压输电技术的。来源：考试

四、我国电网防灾关键技术研究进展

国家电网公司防冰减灾关键技术研究取得阶段成果。9月3日，国家电网公司在湖南长沙召开科技防冰减灾关键技术研究工作协调会。

据了解，国家电网公司科技防冰减灾关键技术研究计划共安排课题52项，目前已完成7项，其他课题均按计划有序推进。

在冰灾预防技术方面，已提交的成果有电网差异化设计标准、中重冰区抗冰通用设计、输电线路抗冰标准技术经济分析等，防覆冰涂料已完成近30种配方的研制。在冰灾处置技术方面，

20套微气象自动监测站、光栅覆冰状态测量系统、多圆柱体测冰传感器、机械除冰装置设计、小型电网监测无人机3台初样机等均已完成；导、地线融冰，微波源激励除冰的仿真，电磁振动模拟等试验研究有序开展；固定式、移动式融冰装置已完成方案设计和硬件订货，预计年底前投入现场运行。在灾后恢复技术方面，电网除冰运行方式、冰灾后恢复原则及控制技术等成果已经提交。

防冰减灾科研课题研究时间紧、任务重、难度高、责任大，各部门、各单位要切实加强组织领导和协调，充分发挥集团化优势，充分调动国家电网公司内外科研力量，统一优化配置国家电网全公司科技资源，形成国家电网公司统一组织领导、各有关部门密切配合、全社会共同参与的电网科技防灾减灾科研攻关新格局。今年一定要研究出几项切实可行的技术措施和成果，并在实际工程中应用，做好防范冰灾的准备，实现快出成果、出大成果的攻关目标。

五、2008年我国特大电网驾驭能力技术发展

我国第一套电网安全可视化及节能发电调度辅助决策系统，通过包括中国科学院3位院士在内的14位知名电力专家组成的委员会的评审。评审委员会认为，该项目采用全新的设计理念和多项先进应用技术，设计合理、技术先进、使用灵活，达到国际领先水平，显著提高了大电网的安全水平和经济、环保、社会效益。

华北电网已成为负荷和装机双超亿的特大型电网，随着我国节能减排政策的提出和推进，必须在确保电网运行安全的基础上，达到节能减排、电网运行高效的目标。2008年奥运会即将举行，对电网安全稳定运行和节能环保发电调度提出了更高要求。在此背景下，华北电网公司与国家电网南瑞科技有限公司合作，组成强大的开发建设阵容，用一年半时间，在2007年6月建成了华北电网可视化安全节能发电调度辅助决策系统。

该系统将能量管理系统（EMS）可视化和电力市场支持系统纳入一体化设计，实现了大电网运行安全性和经济性的统一；将电网安全可视化及市场运营一体化（MOS）系统与能量管理系统高级应用紧密结合，能在统一的技术平台上支持特大电网的安全稳定运行、节能环保经济调度和电力市场运营。

华北电网安全可视化及节能发电调度辅助决策系统，提供了从电网监视、智能报警到决策自动生成和决策效果校验的完整支撑，实现了大电网安全预警与辅助决策。通过从海量信息中提取、运算，得出对电网实时运行最有价值的决策信息，使电网调度人员从计算、分析数据直接转入决策过程，减少反应时间，进一步提升对大电网的驾驭能力。

该系统试运行以来，调度人员共进行实时安全分析1万多次，应用离线安全分析结果进行事故预想超过500个。以安全约束机组组合（SCUC）为核心的市场运营一体化系统，支持电量计划、节能发电、市场竞价和成本调度等多种调度模式，为节能发电调度提供了年、月、日的优化解决方案，实现了电能量与调频、备用等辅助服务的联合优化。以京津唐电网1年发电量为1800亿千瓦时估算，通过华北电网安全经济调度辅助决策系统实施节能调度，1年可节约标准煤近45万吨。

该系统充分借鉴吸收国内外最优秀最先进的研究成果，同时使用了最新的可视化手段。系统投运以来的实践表明，有效实现了技术跨越和水平升级，促进了电力调度从经验型向分析型、智能型的转变，提高了运行人员驾驭大电网的能力。对保障华北电网、京津唐电网，特别是首都电网的安全运行，提高发电调度安全性、节能性、经济性等方面发挥了巨大作用，社会效益和经济效益显著。同时，通过该系统建设，为未来华北电力市场的发展奠定了基础，为华北电网公司实现“强大的区域输电资产运营商和区域市场管理者”的战略目标提供了强有力的技术支撑。

六、2008年我国电网标识体系及编码系

统研究情况

“电网标识体系及编码系统研究与应用”科技项目近日在福州通过省级鉴定。这是我国第一个电网标识体系及编码系统，该成果涵盖的自主研发的自动编码软件，速度快，准确率高，技术达到国际先进水平。

该成果由福建省电力公司、福建省电力设计院和福建英特莱信息技术咨询公司共同研发。项目通过对电网企业35千伏—500千伏变电站和输电线路的设备、零部件及其相关建筑物进行编码和标识，管理人员要了解某个设备零件所处位置和使用情况，只要在计算机上输入编码就可一目了然，极大地满足了电网企业数字化和信息化管理的需求。

第三节 我国电网企业融资分析

一、电网企业融资现状分析

一、融资存在的问题

健全电网企业融资体制，提高其可持续发展能力是电力体制改革重点之一。但在扩宽融资渠道、增加资金投入时还应注意解决以下问题。

(1) 财务机制改革

电网企业要按照现代财务管理体系要求构建严密、高效的财务控制机制，能有力调控电网成本，改善企业财务状况。财务改革主要内容是变分散型财务管理为集约式财务管理，变与其它业务分隔的孤岛型财务管理为集成式财务管理，变局限于账户反映的核算型、事后型财务管理为管理型、全过程财务管理同。

(2) 降低融资成本与风险

降低融资成本、规避融资风险是资本多元化的关键问题。根据资本结构理论，企业存在最佳资本结构，即资金成本最小、财务风险最小。电网企业资本多元化融资时必须合理安排资本结构，在融资风险和企业利益之间寻求均衡：①该套资金结构综合成本高低；②该套融资方案所带来的财务杠杆利益与融资风险的大小；③该套方案下投资收益与资金成本的比较。

(3) 清晰产权

现代企业制度的基础与前提是现代产权制度，而产权多元化是建立现代产权制度的关键。国有大型电网企业产权结构单一，制约着企业经营机制转换和治理结构改革。虽然，电网企业都进行了公司制改革，但依然都是国有投资，不是按现代企业制度运行的公司制企业。电网企业实现产权多元化的途径有：①减持国家股，吸收多元主体的投资；②设立“黄金股”，既广泛吸收资金，又让国家在电网企业出现危机时掌握大局；③对电网资产从增量和存量2方面实行重组，将电网资产与资本市场联系起来，建立电力资本市场，实行电网融资体制改革。

(4) 主辅分离

主辅分离，精干主业，突出核心，进而形成利润，吸引投资者。通过主辅分离，电网企业与关联企业可采用相互持股关系建立资本纽带，一方面实现电网企业投资主体多元化；另一方面实现电网企业投资的横向多元化，分散投资风险。实现主辅分离的途径包括：①将多种经营的企业进行公司制改造，使其进入市场，成为市场主体，自主经营，自负盈亏；②将设计、施工、科研单位改组，面向市场，进行股份制或民营化，与主业脱钩，可成立发电企业技术中心和电网企业技术中心等；③分离主业社会职能单位，学校、医院等按照相关文件交给地方政府管理，行业协会要改组成社会中介组织，其经费可来源于会费、赞助和有偿服务。

(5) 推进电价机制改革

低的资产回报率不能吸引社会资金。建立独立、规范的输配电价机制，保证电网企业收入稳定、回报合理，才能发挥资本收益对投资的引导作用，才能吸引各类资本。电力体制改革过渡阶段可采取提高输配电价占销售电价比例，使其占终端销售电价比例逐步接近合理水平，最终要建立发电、输配电和售电三段式电价体系。三段式电价应按合理确定收益、依法计税原则核定，使电力生产各环节电价比例适当、合理。电价体制改革可增强企业盈利能力，保证电网企业的持续发展。

实现电网企业资本多元化是一项系统工程，涉及国家投资、国有资产管理和垄断行业改革等诸多方面问题，其可行性尚需在实践中进一步验证，现实中许多政策法规障碍和不利因素也需要进一步明晰和克服，实现途径和对策还需要进一步地论证和完善。

二、2008年将推动电网企业主辅分离

2008年中国将在经济体制、投资体制、资源产品价格、社会事业领域等七个方面进一步深化改革。

国家发展和改革委员会主任马凯介绍说，2008年发展改革系统在推进深化改革方面，一是抓紧制定经济体制改革年度意见，做好综合配套改革试点工作，健全统筹协调推进改革的工作机制。

二是修订并实施新的《政府核准的投资项目目录》，规范实施备案制。建立投资项目后评价制度。出台代建制管理办法，扩大代建项目范围。建立重大项目公示制度和责任追究制度。

三是有控制、有步骤地推进资源型产品价格改革和环保收费改革。稳步推进成品油和天然气价格形成机制改革。加强输配电成本监审，完善标杆电价和可再生能源电价政策。改革矿产资源税费制度。合理调整水利工程和城市供水价格。完善排污费征收方式和垃圾处理收费制度。

四是抓紧处理电力行业厂网分开的遗留问题，推动电网企业主辅分离。研究制定铁路体制改革总体方案。继续落实邮政体制改革方案，抓紧研究电信企业全业务改革模式。

五是加快社会事业领域的改革。出台深化医药卫生体制改革总体方案并稳步推进试点工作。

六是实施中小企业成长工程，落实中小企业服务体系建设规划，鼓励有条件的地区建立中小企业信用担保基金和区域性再担保机构，引导产业集群健康发展，不断完善中小企业和非公有制经济的发展环境。

七是加大法制建设的工作力度，抓紧起草《企业投资项目核准和备案管理条例》，修改完善《政府投资条例》和《招标投标法实施条例》，尽快出台《企业债券管理条例》。建立健全行政执法评议考核机制。做好行政复议和应诉工作，深入推进“五五”普法。

二、电网企业融资障碍

电网是支撑社会经济发展的重要基础设施，关系到社会稳定和经济发展。由于受“重发、轻送”历史观念影响，电网薄弱一直是国内电力工业发展的瓶颈。近几年由于缺电造成电源建设加速更是加剧了这种失衡。电力发展规律是电网适度超前发展，因此，加大电网投入势在必行。

“厂网分开”后，失去电源项目收益的支持，电网企业盈利能力减弱，积累的资金难以满足还贷和建设投资需求。在国民经济高速发展、用电需求大幅持续增长的趋势下，电网建设投资需求不断增长。作为资金密集型行业，电力行业的发展需要积聚社会资金以扩大投入。现有的融资渠道无法满足日益膨胀的投资需求。积极寻求符合电网企业发展客观要求的融资方式，保证电网的可持续发展具有重要的现实意义。

一、自有资金的困难

根据项目资本金制度，新建项目时，企业需以自有资金方式投入项目总投资20%以上的资金，剩余资金差额可以债务方式筹集。在公司融资情况下，债务方是公司而不是项目，整个公司的现金流量、资产都可用于偿还债务、提供担保。从电网建设投融资实践看，只要企业的资产负债率在一个合理范围内，取得银行贷款并不难，关键是自有资金的增长要能跟上新建项目的资本金要求。但厂网分开后，过去来自电源的交叉补贴不复存在，电网企业自有资金严重不足，部分网、省公司已出现亏损。电网公司自有资金的匮缺是电网项目建设融资的重大障碍。

二、融资渠道与资金结构

加快电网建设需要大量的资金投入。当前，电网建设资金来源主要为企业负债、利润和折旧资金。随着电网投资规模加大，财务费用、运行维护费用等开支不断增加，企业经营压力增大，按现有资产回报率和折旧率产生的资金远不能满足电网建设需要；而债券等市场化的融资方式利用程度很低，银行贷款比例的提升提高了资产负债率，恶化了企业的财务状况。这种不合理的资金结构造成电网企业持续融资的困难。

三、电价与收益

首先，目前我国输配电价由销售电价和上网电价的价差形成，销售电价由发改委确定，上网电价和煤价联动，电网企业的合理利润不能保证。其次，现行输配电价占销售电价比例偏低，导致出现目前输配电资产的回报率低，2005 年国家电网公司净资产收益率为 2.23%，2004 年南方电网公司为 2%，不能吸引社会资金投资电网。再次，电网公司的建设投资不符合严格意义的商业自主原则，仍然是政策性投资的被动执行者。现有电价体制下，电网企业投资越多，还本付息的负担越大，盈利压力也越大，缺乏进一步投资的积极性。长期而言，建立独立、规范的输配电价机制，使输配电价能真正反映输配电成本，并予以合理回报是解决融资困难问题的关键。

四、政策限制

尽管国务院在投资体制改革中放松了投资准入，但在电网投资问题上存在着：①电网项目审批主要还控制在国家层面；②对于电网投资多元化还缺乏一定的政策引导。这种投资的政策限制以及电网投资回收期长，影响投资者的积极性。

三、电网企业融资方式

由于自然垄断的经济特性，现阶段电网企业主要按国有独资形式设置，因此电网企业权益资本的发展受到限制。面对如此大的资本需求，依靠国有资本的扩张是不现实的，必须把体制改革、融资创新和内部资金管理相结合起来，才能满足资金需求。

一、内源融资

针对电网企业资本金不足，可加强企业财务管理，挖掘内部潜力以减缓自身资金压力。

(1) 有效管理资金

首先，按企业组建的集团电网公司可通过电力财务公司，集中所属单位的分散资金，形成规模优势，实现内部资金调剂，将部分沉淀资金用于电网建设，减少对银行贷款的依赖。其次，电网集团企业可运用发放委托贷款、提前归还借款、用存量资金垫付工程款等多种运作手段，调整资金配置结构以降低存量、增加流转、提高资金收益。

(2) 加强银企合作

针对所属单位分散借贷的借款种类复杂、利率差别大的情况，电网企业集团可对所属企业的借款统一管理，由结算中心实行“一口对外”，发挥规模、信用优势，在借款条件、融资额度和金融服务等方面争取优惠。争取贷款利率按国家基准利率下浮 10% 执行，降低资金成本。

(3) 争取固定资产加速折旧

依据《企业所得税税前扣除办法》(国税发[2000]84 号)规定，争取实行固定资产加速折旧，增加所得税抵免额，减少税金支出，增加自有资金积累，缓解企业资金压力。

二、外源融资

电网企业自我积累形成的投资能力与其建设资金需求存在巨大缺口，只有着眼于外源融资，才能实现电网可持续发展。

(1) 银行贷款

银行贷款是电网企业传统且主要的融资方式。电网企业属于国民经济基础产业，具有经营发展稳定、自身信用高的特点，属于银行间争相投放贷款的优质客户，随着金融业竞争加剧和利率市场化改革的推进，有的企业开始引入银行竞标制度，加强金融机构之间的竞争，以争取获得最优惠贷款，降低融资成本。

(2) 发行电网建设债券

目前电网企业融资以银行贷款为主。这不利于债务结构稳定和资本结构优化，增加了财务风险。已发行的电网债券在发行频率与规模上未充分利用债券强大的融资功能。在发行债券上：一可将利率设定在国债和其他企业债券之间；二可利用电网债券具有用途明确、信用等级高、回报稳定的特点，树立电网债券品牌，使其成为民间投资组合的必要组成部分。其发行主体可以为国家电网公司、南方电网公司。电网企业可尝试建立滚动发债机制，逐步加大债券在企业资本中的比重。在人民币升值预期下，适时发行国外债券能减少未来还本付息的支出，且能提升企业的影响力。由于债券融资具有成本低、风险小、可调整财务结构的优势且不影响企业的控股权，并有减轻税费的好处，因此，发行债券应成为电网企业的重要融资方式。

(3) 电网资产证券化

由资产担保证券的过程就是资产证券化。具体指将某一单位流动性较差但有相对稳定的可预期现金流的资产，通过一定的资产结构安排，再通过中介机构使信用增级，进而转化为在金融市场上可流通的信用等级较高的债券型证券据以融资的过程。电网资产具备资产证券化的基本条件：基础资产信誉良好、现金流回报稳定、发行人资信高。尽管当前有关的法规尚未健全，并受到现行会计准则、税收制度以及资产证券化产品技术等因素的一定影响和制约，但其具有融资成本低，可解决电网企业巨额应收帐款问题，因而是一种值得研究和积极推行的融资方式。

(4) 租赁融资

租赁是指在约定的期间内，出租人将资产使用权让与承租人以获取租金的经营模式，主要有融资租赁和经营租赁。融资租赁是合同稳定的长期融资方式，适用于技术进步和设备更新，其成本比贷款高，财务上不能降低资产负债率，但具有扩大投资、盘活存量、推动技术改造、缓解债务负担、增加资产流动性和强化资产管理等功能。经营租赁是操作灵活的短期融资方式，对承租方而言，经营租赁取得的固定资产不反映在资产负债表上，不由自己提取折旧，不增加负债，租金以当期费用在税前列支，具有表外融资功能。租赁的节约初始资金、节约税费的特点适用于电网设备资金密集、回收期长的要求，是电网企业必要的融资方式。电网企业可采用直接租赁、出售回租等多种手段实现租赁，拓宽电网建设资金渠道，降低企业融资风险。

以上融资方式属于债务性质，不涉及企业产权，不会影响国家对电网企业的控制力。

(5) 资金信托

资金信托是由基金管理公司向投资者发行收益凭证，将大众手中的零散资金集中起来，委托投资专家进行管理和运作，并由信誉良好的金融机构充当所募集资金的信托人和保管人。其能将自然人、法人和其他组织的闲散资金集合起来，形成一定投资规模的资金组合。与企业债券或股票等传统融资方式相比，具有限制少、成本小、见效快等特点，电网企业可充分利用资金信托这一融资方式的 2 种形式为：①贷款信托，即信托投资公司根据电网企业的资金需求，通过向社会推介资金信托计划，集合社会闲散资金，为电网建设项目提供借贷资金。电网企业可以根据项目的建设期与回报期，通过与信托投资公司协商，设立各种组合计划，在利率、还款方式、期限等方面灵活掌握，最大幅度地降低融资成本，减少资金风险。②投资信托，是以信托投资公司作为受托人，将信托资金以资本金形式投入到电网企业中，并获取投资收益的方式。投资信托融资，可有效缓解企业资本金不足、资产负债率过高的状况，也为企业改制、实现投资主体多元化提供备选路径。

(6) 产业投资基金

产业投资基金是一种主要对未上市公司直接提供资本支持，并从事资本经营与监督的集合投资制度。它集中社会闲散资金对有较大发展潜力的新兴企业进行股权投资，并对受资企业提供增值服务，通过股权交易获得较高的投资收益。发起电网产业投资基金，可向公众发行基金股票或受益凭证，以期将社会闲置资金集中起来投入电网建设。电网产业投资基金因有明确的资金用途和稳定的投资回报，将具有较大吸引力。

随着我国投融资体制改革及证券市场发展，电网投资基金设立条件日渐成熟。电网融资主体作为基金主要发起人，可选择业绩良好的基金管理公司，发行基金券募集资金，投向电网建设项目。电网企业为未上市企业，产业投资基金的股权投入可降低融资成本，且有利于建立企业产权约束机制，促进企业改善治理机构。

(7) 股权多元化

债务性融资要承担还本付息和财务费用等资金压力，提高了资产负债率，恶化了企业财务状况；而且建设项目必须配置 20% 的资本金，但电网企业自有资金严重不足。针对电网企业存在资本结构简单、资产负债率高、资金需求量大、时间长的特点，利用资本市场进行直接融资，是优化资本结构、有效控制风险、降低资金成本的有效手段。

国务院颁布的《关于投资体制改革的决定》（国发 [2004]20 号）明确提出：允许社会资本进入法律法规未禁人的基础设施、公用事业及其它行业和领域；进一步拓宽企业投资项目的融资渠道，允许各类企业以股权方式融资。国务院《电力改革方案》（国发 [2002]5 号）明确提出：厂网分开后，允许发电和电网企业通过资本市场上市融资，进一步实施股份制改造。上述文件为电网企业实现投资主体多元化、发展股权融资提供了政策支持和法律保障。电网企业可通过市场化动作，开创股权融资途径。

电网企业股权多元化尚需解决的关键问题：①电网企业存在主辅分离、主多分离、输配分离等资产重组问题，是企业资产状况和发展的不确定因素；②在电网输配电价体系尚未理顺，电价机制尚未形成情况下电网收益不稳定；③电网企业低的资产回报率不能吸引社会资金；④电网企业股权多元化会涉及经济利益最大化与安全投资的矛盾。

鉴于电网建设资金具有需求数额大、持续时间长的特点，引入外部投资应以存量资产吸引增量资金为主，按照市场手段将电网企业改造成股份有限公司或有限责任公司，并以公募上市为目标。公募上市具体模式可为：①整体上市。先进行定向募集，将企业的主营业务整体改制为股份有限公司，条件成熟后进行公募。②部分资产上市，滚动开发。电网企业采取剥离部分优质资产组建股份有限公司上市，股份公司融资后再收购更多的母公司资产，母公司利用获得的资金实现滚动开发。③先分块再整体上市。先以部分效益优良的区域电网企业为平台组建股份公司，上市后利用募集的资金逐步收购其它区域电网企业，实现整体上市。模式①的优点是减少了操作环节，降低了改革成本；缺点是融资规模大，改制难度大，必须由国家组织推进。模式②、③融资规模灵活，具有适应资本市场的能力；缺点是实现整体上市时间跨度大，在深化电力体制改革过程中不确定因素多。

电网资产上市，并不影响电网安全：①电网公司仍掌握对资产的控制权，受法律保护；②电网公司掌握着电网运营的调度权。只要国家消除电网投资准入障碍，投资者信心就会建立起来，电网企业上市将可获得可持续的融资能力。

除上述融资方式之外，还有一些其它融资方式也在研究中。例如：设施使用协议为基础的项目融资模式、BOT 融资等。

四、融资租赁分析

融资租赁也称金融租赁，是承租人向出租人提交租人设备或技术的申请，由承租人通过金融机构筹集资金或用自筹资金向承租人指定的供货厂商直接购进设备或技术，并将其出租给承租人使用，由承租人支付租金，具有融资融物双重职能的租赁交易。

（1）其主要业务特征

①在业务运作过程中涉及的主要有出租人、承租人和供货商等三方当事人；

②由承租人选择其租赁标的物和供货厂商；

③必须签订租赁合同、购货合同及其他相关合同；

④租赁期可根据承租方的需求予以设定，一般为3至5年，长期的可达10年以上；

⑤租赁期内所租赁标的物的维修保养和保险责任应由承租人负责；

⑥承租人在租赁期满时可对所租赁的设备有留购、续租和退租三种选择。

融资租赁的主要形式有：直接租赁、经营性租赁、出售回租、转租赁、委托租赁、杠杆租赁公司、结构共享租赁和分成租赁等。

(2) 融资租赁具有以下优点

①在资金短缺的情况下，仍能使用先进设备；

②手续简便、方法灵活；

③租金固定，可避免通货膨胀的影响；

④承租企业获得税收优惠；

⑤可防止企业设备陈旧老化，增强市场竞争能力；

⑥租赁还款方式灵活；

⑦以租赁资产作为抵押而不需要额外的担保。

二、信托业与融资租赁业的产品组合有发展空间

信托业和融资租赁业在我国都经历了曲折的发展道路。目前，信托业与融资租赁业的业务环境正在不断完善中。从国外经验来看，不论是在金融业混业经营还是分业经营的体制下，信托业和融资租赁业一样都是金融机构与非金融机构之间建立传导机制的桥梁，是在不同金融产品之间进行合理创新组合的工具。它们可以成为促进企业发展，支持基础设施建设和拉动社会投资的新投融资渠道。

融资租赁的内涵与外延

融资租赁也称金融租赁，是承租人向出租人提交租入设备或技术的申请，由租赁公司通过金融机构筹集资金或用自筹资金向承租人指定的供货厂商直接购进设备或技术，并将其出租给承租人使用并支付租金，具有融资融物双重职能的租赁交易。

其业务特征表现为：(1) 业务运作中涉及的当事人有出租人、承租人和供货商；(2) 租赁标的物和供货厂商由承租人选定；(3) 需签订相关的两个或两个以上的合同；(4) 出租人可在一次租期内完全收回投资并获取一定盈利；(5) 租期内租赁标的物的维修保养和保险责任由承租人负担；(6) 租期届满时承租人一般对设备有留购、续租和退租三种选择；(7) 租期一般为3至5年，有的长达10年以上。

融资租赁的主要形式有：直接租赁、经营性租赁、出售回租、转租赁、委托租赁、杠杆租赁公司、结构共享租赁和分成租赁等。在我国从融资租赁业务的政策环境变迁来分析，融资租赁首先是从政府采购行为中孵化出来的。

融资租赁具有以下优点：(1) 在资金短缺的情况下，仍能使用先进设备；(2) 手续简便、方法灵活；(3) 租金固定，可避免通货膨胀的影响；(4) 承租企业获得税收优惠；(5) 可防止企业设备陈旧老化，增强市场竞争能力；(6) 租赁还款方式灵活。

信托业与融资租赁业有内在的紧密联系，产品组合创新有广阔空间

融资租赁业和信托业是保证经济可持续发展的一种不可或缺的经济运行链条。在不同经营主体中进行经营链条延伸，或通过战略合作实现优势互补时，融资租赁业和信托业可以在一定程度上促进当事人和合作方的生产经营成本、利润、资金、设备和税收资源上的合理配置。

我国信托业与融资租赁业在业务性质上存在共性，都有很强的金融服务的中介功能。融资租赁业具有向银行借款和负债经营的优势，但资金来源有限，除资本金以外，主要依赖于向银行借款或接受投资人的委托融资租赁资金。信托业有较宽的资产来源，但不能从事向银行借款等负债业务。在租赁资产的管理和处置方面，融资租赁公司具有较强的租赁专业市场定位、租赁专业技能以及专门人才。

信托公司在租赁的专业技能和专业化的市场

定位方面不如融资租赁公司。但信托公司比融资租赁公司更具有广泛的管理途径和灵活的处置方式。信托业务中，资金信托计划可以成为融资租赁公司的融资渠道和融资租赁资产的退出渠道。信托公司可以成为投资人和融资租赁公司的租赁项目纽带；同样，投资人也可以采用租赁方式融资，委托信托公司进行信托投资，租赁公司又可以成为投资人和信托公司的连接纽带。

从《合同法》中有关租赁合同的分类来看，明确区分为租赁合同和融资租赁合同。由此可见，出租或租赁合同和融资租赁是两个不同的概念。而且融资租赁业务在我国又有专门的法规加以规范，作为特殊的金融产品来对待，所以从谨慎性角度出发，如果信托公司直接操作融资租赁具有一定的法律主体瑕疵或缺陷障碍，可能会引发信托合同的有效性等问题。因此，在我国没有明确司法解释的情况下，信托公司依托信托制度优势与融资租赁公司进行合作，充分利用各自的平台资源优势，将是最佳的双赢途径。

对投资者而言，个人和机构可以通过信托投资租赁业，设备租赁和信托投资组合可以使投资人获得的收益比一般银行存款和债权投资收益要高，风险比股票投资要小。而这正是信托业与融资租赁业合作后，成为促进企业发展和拉动社会投资的、拉动固定资产投资的、新的有效投融资渠道的原因所在。

三、信托产品与融资租赁产品组合的模式选择

（一）以租赁资产为载体，信托公司发行融资租赁集合信托计划。自2002年起，融资租赁与信托之间的创新产品——融资租赁信托计划出现，其中外经贸信托公司推出了9期医疗设备融资租赁计划；北京国际信托投资公司推出了建筑设备融资租赁信托计划。融资租托计划为信托公司构创了一种新的盈利模式。显然，融资租赁信托计划对信托公司而言，从设计到运作都具备可行性，这个业务可以成为一个重要的新利润来源。而且随着近几年社会经济快速发展对于设备使用密集的公用事业、市政设施等项目，融资租赁会在未来带来巨大的融资机会。如上海的世博会建设，它会在建设中对费用较大的设备采用融资租赁方法，用未来收益降低目前的资金压力。

融资租赁信托计划集合了两类非银行金融企业的业务优势。具体地说，信托业有宽泛的资金来源，在集合资金的渠道上有一定专业优势，融资租赁信托计划对信托公司来说是多了一种融资标的，也多了一种盈利模式。而融资租赁公司在租赁资产的管理和处置方面具有较强的专业性及专门人才。对信托公司来讲，融资租赁业务由于拥有出租设备的所有权，通过租金回收投资，这种方式较普通的股权投资或债权投资更安全。

（二）所有权与收益权分离，信托公司发行设备融资租赁资产收益权信托计划。融资租赁业务的开展必须依靠雄厚的资金作后盾，融资租赁公司不可能完全依靠自有资金来开展融资租赁业务，向外融资成为必然。但是负债经营会增加风险，作为金融机构的融资租赁公司，风险控制方面的要求会比一般的企业更高。所以法律上往往对融资租赁公司资产负债比例加以明确限制，这使得其外部融资规模受到严格的控制。融资租赁公司可以借助财产信托的方式达到表外融资的目的。其具体的做法就是：由融资租赁公司将其某个或多个融资租赁项目的租金收入形成融资租赁资产收益权，信托公司发起信托计划受让该融资租赁资产收益权，并以设备融资租赁资产未回收租金的账面余值的折现值作为该次受让融资租赁资产收益权的标的。然后信托公司向信托投资者出售，信托投资者在信托期间享有融资租赁资产的受益权。信托公司将投资者的购买资金交付给融资租赁公司，融资租赁公司以此消除其资产负债表上相应项目的融资负债。至此，达到表外融资的目的。在整个环节中，第三方为承租人担保，设备供应商作出设备回购承诺，融资租赁公司以设备所有权作抵押为承租人进行担保。承租人、担保方、设备供应商和融资租赁公司共同承担租赁风险，使风险充分分散在有关各方之间。对融资租赁公司而言，信托公司被引入融资租赁公司

的表外业务，具有明显的优点：

(1) 利用从信托公司获得投资者购买租金收益权的资金来还贷，无疑利于增加公司的信用度，加速其银行贷款的周期，相当于增加了授信额度。(2) 由于通过将租金收取权信托给信托公司，从投资者处提前获得投资本金和收益，相当于加速了融资租赁公司的资金流动，减少了负债限额，从而使融资租赁公司进行新的融资租赁业务，并且可以不限量地开拓新业务。

总之，上述表外融资的作用加速了融资租赁公司的资金流动，在效果上等于扩大了融资租赁公司的租赁业务规模，解决了融资租赁公司发展融资租赁业务的根本困惑，为开拓新业务提供了无限发展的新机遇。同时信托公司也找到了与融资租赁公司合作的新载体，一方面有利于提高信托公司的租赁专业管理技能。另一方面融资租赁不涉及股权投资或债权投资，更容易被市场接受，而且在整个环节中，有第三方为承租人担保，有设备供应商作出设备回购承诺，融资租赁公司也以设备所有权作抵押为承租人进行担保。承租人、担保方、设备供应商和融资租赁公司共同承担租赁风险，多重风险控制措施使风险充分在有关各方之间分散，这使信托投资方式比较安全。

（三）、信托联手租赁，实现企业的应收账款的信托化管理。任何生产企业都离不开对设备的投资需求，传统的由分期付款销售形成的债权，设备销售厂商可以将应收债权委托信托公司管理，而信托公司如果得到出租人的支持，可以采取把设备销售的应收债权贴现或折让的策略，把对设备厂商的债务转为对租赁公司的租赁债务。这样一来设备厂商可以减少应收账款，及时收回资金。债务人可以在不增加债务负担的情况下获得延长还贷期、均衡税负等多种好处。而信托公司则联手租赁公司通过提供应收账款的信托化管理服务和受让价差获取收益。

在此模式下，信托公司主要体现的是利用租赁的平台实现信托的资产管理功能。在西方，企业的应收账款的信托化管理是企业外包账务的常见形式，也是实现企业快速发展的有效途径。

上述三种模式是信托从不同角度和不同切入点引入融资租赁功能。作为一个思路点来诠释信托与租赁的合作模式。现实中，随着信托业和融资租赁业在我国的发展以及金融业监管模式的不断更新，融资租赁与信托的合作组合在实际中还会有很多模式创新出现。

作为信托业的一员，我们应很好掌握信托和融资租赁业务的内在规律，充分发挥信托制度的优势，根据不同业务、不同客户、不同租赁标的，不同时期的不同需求设计出不同的业务组合，在符合自己的经营范围、符合相应的监管法规的大前题下做到在各当事人之间的资源合理配置，最大限度的实现各当事人的经营优势互补，依托信托制度优势，进行金融产品上的组合创新，为客户提供更好的信托服务。

第三篇

特高压发展分析

第一章 特高压输电的发展分析

第一节 我国发展特高压交流输电的必然性和必要性

一、发展特高压电网的必然性

1. 建设特高压电网是资源优化配置、提高社会综合效益的重要途径。

首先，特高压电网战略是与国家整体能源战略相配套，适应国家经济发展的战略，促进西部大开发，促进区域经济协调发展，实现“西电东送”“变输煤为输电”和“大西南水电开发”，是满足未来我国电力需求持续增长的基本保证。这将极大地优化了资源配置，减轻铁路煤炭运输和中、东部地区环保压力。

我国能源资源以煤炭、水电、石油和天然气为主，但我国能源产地和需求地极不均衡，煤炭资源大部分集中在西北地区，而需要大量能源的用户集中在我国沿海、京津唐河中部地区。

从煤炭资源看，昆仑山－秦岭－大别山以北的煤炭资源保有储量占全国的90.3%，大兴安岭－太行山－雪峰山以西的保有储量占85.98%。而主要中心负荷区京津冀、华东六省一市和广东省的煤炭保有储量仅占7.0%。未来随着东部老矿区煤炭资源的逐步枯竭，东部地区煤炭靠外部供应的比例还将进一步扩大。

国务院发展研究中心在我国《能源输送方式研究》中，对特高压输电和输煤的成本进行了综合分析。根据现阶段的电煤运输成本，以及煤炭基地与负荷中心的距离。提出了输电与输煤并举的方针。形成以特高压电网输电、铁路运输大通道为支撑、相互补充，分工合理的能源运输方式。

从水力资源看，全国水能资源理论蕴藏量为6.94亿千瓦，年发电量6.08万亿千瓦时，其中技术可开发量5.42亿千瓦，年发电量2.47万亿千瓦时，经济可开发容量为4亿千瓦左右，年发电量1.753万亿千瓦时。水能资源分布极不均衡，90%以上集中在京广铁路以西，西部12个省区占有全国的79.3%，特别是四川、西藏和云南就占57%，而东部沿海12个省市只占8.9%。而且我国地区间开发程度的差别很大，东部水电开发程度高达68%，西部开发程度很低，仅有12.5%。计划新增的1.8亿千瓦水电中，大约有1.6亿千瓦在西部。

随着我国经济的发展，上述电力需求与能源资源地区分布的不均衡矛盾日趋尖锐，因此，大容量、远距离的水电和煤电的输送工程将成为我国能源资源优化配置的必然要求和重要保障。

2. 建设特高压电网有利于优化我国电网和电源布局，促进电力工业整体协调发展。

长期以来“重发（电）轻供（电）”，造成电网建设投入不足，电网发展严重滞后。近年来，随着电源建设步伐的加快，电网规划建设滞后和输电能力不足的问题日益突出，加剧了电网与电源发展不协调的矛盾。为了尽快扭转这种状况，必须加快建设坚强的国家电网，从根本上解决我国电网建设滞后问题，引导电源合理布局，促进电源集约化建设和规模化经营，减少投资和运营成本，促进电网与电源协调发展。

建设特高压电网还可以提高电力和社会综合效益。随着电网规模的不断扩大，目前负荷密集地区电网出现诸多问题。负荷中心的大规模电厂建设使地区电网短路电流水平控制困难，例如华东、华北电网已经出现部分500kV母线的短路水平超过断路器的最大遮断电流能力。江苏作为中国经济大省和电力大省，负荷和电源非常密集，短路电流超标问题日益突出，严重影响了电网安全，特高压电网建设将根本性地解决此问题，并提高电网运行稳定性。

建设特高压电网可以减少输电线路走廊回路数，节约大量土地资源。一般来说，1 回 1150kV 输电线路可代替 6 回 500kV 线路，采用特高压输电提高了走廊利用率。

建设特高压电网是建设坚强的国家电网，培育和发展国家级电力市场的重要条件。市场化是我国电力工业发展的基本取向。建立电力市场的根本目的，在于发挥市场对资源配置的基础性作用，有效调节电力供求关系，引导电力投资，优化能源资源配置，提高效率和效益。电网是电力市场的基础和载体，只有建设以特高压电网为核心的坚强国家电网，才能够充分发挥大电网的优势，实现跨大区、远距离、大范围的电能输送和交易，更好地调节电力平衡，促进全国范围的资源优化配置，奠定发展国家级电力市场的基础。

建设特高压电网是带动电工制造业技术升级的重要机遇。可以全面提升国内输变电设备制造企业的制造水平，使国内超高压设备制造技术更加成熟，实现我国交、直流设备制造技术升级，显著提高国际竞争能力。

二、我国发展特高压交流输电的各种必要性

改革开放以来我国电力工业发展迅速，2003 年全国大陆地区发电量 1905.3TWh，发电装机容量 391GW，2004 年发电量又增长了 15% 左右，2005 年继续快速增长，预计将达到 2410TWh，发电装机容量将达到 490 ～ 500GW，该发电量相当于 1984 年美国的发电量，而装机容量则较当时美国 (672GW) 少得多，可见，发电装机容量过少是缺电的主要原因。预测 2010 年发电量将达到 3240 ～ 3350TWh(如年均增长保持在 6% ～ 6.75%)，发电装机容量将达到 710 ～ 740GW，2020 年发电量将达到 5000 ～ 5400TWh(如年均增长保持在 4.5% ～ 5%)，发电装机容量将达到 1100 ～ 1200GW。与美国预测的 2020 年发电量 (5500TWh)、发电装机容量 (1250GW) 大体相近。2020 年后在总量上将超过美国，而人均用电水平则低得多。电力工业的快速增长、电厂电网容量的增大对发电输电技术提出了许多新的要求，特高压交流输电技术已成为迫切需要研究解决的问题，其原因如下：

(1) 发展“西电东送”的需要

我国水力资源及煤炭资源丰富，油气资源不多，因此电源结构以燃煤火电 (60% ～ 70%) 及水电 (25% 左右) 为主，今后还要加快发展核电，天然气发电由于受资源限制占电源的比重不大。开发水电必须与“西电东送”相结合，发展长距离大容量输电。我国的煤炭资源分布也不均衡，在已探明的 1 万亿吨储量中 73%集中在晋、陕、蒙、宁、贵五省 (区)，在这些矿区将建设一部分大容量火电厂向东部沿海地区送电，这也需要建设一批中长距离大容量送电工程。目前我国已初步形成北、中、南三大输电通道，规划今后将有更大的发展。

北部通道将山西、蒙西、陕北、宁夏的大型火电及黄河上游部分的水电向京津冀及山东电网送电，送电距离为 400 ～ 1500km，规划 2005 年送电 5.5GW，2010 年送电 20GW，2020 年送电 44GW。中部通道将三峡及金沙江梯级、四川水电向华东、华中电网送电，送电距离为 300 ～ 2000km，规划 2005 年送电 7GW，2010 年送电 16.7GW，2020 年送电 40GW。南部通道将云南水电及贵州水火电送到广东、广西，送电距离为 400。1600km，规划 2005 年送电 8GW，2010 年送电 18GW，2020 年送电 30 ～ 40GW。

由于缺少特高压输变电技术方面的经济资料，且国外还没有成熟的经验，我国在规划中选择了近距离输电采用多回 500kV 交流输电，远距离输电采用超高压直流的组合输电方案。在特高压送电的可行性方面，除对溪洛渡和向家坝水电站采用 1150kV 交流输电方案进行了初步研究以

外，对其他电压等级的输电方案都没有进行研究比较。因此有必要对直流或多回500kV交流输电方案与特高压交流输电方案作进一步研究比较，择优选定输电方案。

北部通道的山西及内蒙已有8回500kV线路向京津唐电网供电，规划今后还要建设10余回，500kV线路，考虑到输电走廊的布置日益困难、短路容量增大及输电的经济合理性，需研究将其中一部分500kV交流改为特高压交流输电的可行性。

中部通道的溪洛渡向家坝水电站的总装机容量为18.6GW，初步确定建设5回±620～650kV直流输电工程向华东(3回)及华中(2回)送电，其中向华中送电没有进行过直流与特高压交流输电方案的比较，如考虑到华中与川渝已形成一个电网，溪洛渡、向家坝水电站离重庆较近，将来用电增大后有就近落点向重庆、万县等地区供电的可能，以及加强华中电网结构的需要，采用1000kV交流向华中送电可能更为合适。

目前南部通道的送电容量为7～8GW，采用交直流混合送电方式。以后规划将澜沧江、金沙江下游及怒江新开发的水电送到广东，目前规划采用直流输电方式，沿线途经云南、广西负荷中心地区，将来也有降压受电的需要，因此也应研究采用1000kV交流替代部分直流输电工程的可行性、经济性及合理性。

国内外的实践表明，大型水电站在建设初期主要向远处负荷中心地区供电，随着附近及输电线路经过的中间地区的用电增加，远距离送电量日益减少，向附近及中间地区的供电量逐渐增加，在电网规划和建设输变电工程的过程中，需考虑适应这种变化的灵活性，特高压交流输电方式比超高压直流输电方式有明显的优越性。 信息来自：输配电设备网

(2)500kV电网送电容量增大及改善电网结构的需要

我国用电比较集中的华东长江三角洲地区、广东珠江三角洲地区的500kV电网已开始出现输电走廊布置困难、开关断开容量不够等问题，这说明500kV电网已不能适应发展需要，需研究更高电压等级输电的问题。日本东京电网在20世纪80年代已确定采用1000kV电压输电方式，建设特高压交流输电工程来解决距离约为300km的大容量核电站向东京送电的问题，并改善电网结构。华东电网长江三角洲地区的用电除少部分依靠“西电东送”。

以外，主要依靠浙江沿海、江苏沿江沿海地区的大型燃煤火电和核电站。大型火电站的装机容量一般约为4.5GW，核电站的装机容量约为5～8GW，输电距离约为200～500km，有的已形成电站群，如在宁波附近建设的三个大型火电站总装机容量约为15GW，输电容量和距离均已超过500kV电压等级输电的经济合理性范围，迫切需要研究采用特高压交流输电的经济合理性。广东电网也有类似情况。

(3)加强全国联网的需要

实现电源的优化配置，发挥电网的互相调剂及因时差气候不同的高峰负荷错峰作用，在发展“西电东送”的同时，还要加强建设北、中、南三大联合电网间的大容量联网送电工程，更好地发挥全国联网的作用。现有的500kV输电线送电容量太少，不能满足南北联网加强后的需要，特高压联网送电的送电容量大，有利于提高送电的稳定性和整个电网的安全运行水平，可以更好地发挥南北联网作用，也有利于电网的分层分级管理。

(4)提高电网安全稳定运行水平的需要

直流输电的可靠性不如交流输电高。当有多条直流输电线同时向电网内的一个地区送电时，一回直流线路发生故障对其他直流输电线的影响尚无资料及经验可供借鉴。目前我国规划了7回直流线路向长江三角洲地区送电，6～7回直流线路向广东珠江三角洲地区送电。这些直流线路的可靠性比特高压交流输电的差。采用特高压交流输电还可以逐步形成特高压电网，成为电网的主网架，进一步提高电网的安全稳定运行水平。

(5)提高我国电力科技及设备制造水平的需要

20世纪70～80年代国外对特高压交流输电技术已作了大量的科学研究工作，并制造或试制了输电设备。80～90年代我国也开展了大量的科学研究工作，有研究试制特高压交流输电设备的能力，因此特高压交流输电在技术上难度不大，有可能在近期内组织实施。特高压交流输电技术及其设备的科学研究成果，也可用于750kV，500kV及以下电压等级设备的制造技术，提高设备质量和技术水平。

三、特高压输电的经济效益和社会效益分析

在电力建设和发展过程中，电源分布和电力传输的协调规划，是一个需要进行综合考虑的问题，既涉及资源在较大范围内的优化配置和有效利用，又涉及节约土地资源，节约投资，节省运行费用以及减少煤电对环境污染的影响等方面的问题。实践表明，随着用电需求的快速增长，不断发展更高电压等级的输电技术，对实现远距离、大容量输电，优化资源配置，降低环境影响具有重要意义。根据我国能源储备和电力负荷分布极不均衡的状况，发展特高压输电势在必行。

特高压输电有利于节省线路走廊。输电线路走廊是指线路路径的通道，线路走廊宽度一般由地面电场强度满足有关要求来确定。我们知道，输电线路输送自然功率与电压的平方成正比，与线路的波阻抗成反比。用自然输送功率作为比较，采用1000千伏特高压输电，一回1000千伏的线路相当于五回500千伏线路。按照我国环保标准规定的线路走廊宽度，一回1000千伏电压输电线路的走廊宽度约为五回500千伏线路走廊宽度的40%。也就是说，输送同样的功率，采用1000千伏线路输电与采用500千伏的线路相比，可节省60%的土地资源。

特高压输电有利于节约投资和节省运行费用。从世界各国电网发展的经验看，高一级电压输电比低一级电压输电具有明显的经济性。研究表明，在同等条件下，一条1000千伏的特高压线路和500千伏超高压线路相比，前者的输送容量是后者的5倍，单位输送电量投资，前者是后者的73%左右。以金沙江水电向华东送电为例，经过初步技术经济比较认为，输送容量在1000万～1500万千瓦，输送距离2000公里以上，用特高压输电比超高压输电要经济。当我们需要输送容量1000万千瓦时，采用500千瓦电压需约10回线路，每回中间需约7个开关站，投资估计370亿元。而采用1000千伏特高压输电时，仅需2回线路、中间4个开关站，投资估计240亿元。因此，用特高压输电比用500千伏输电可节省投资130亿元左右。另外，在导线总截面和输送容量相同的情况下，1000千伏线路的电阻损耗约是500千伏线路的1/4。因此，采用特高压输电可以明显减少线路损耗，降低电网运行成本。

特高压输电有利于减少煤电对人口稠密区环境的污染。随着工业的发展，人们赖以生存的环境受到的污染日趋严重。为了解决火电厂对环境的污染问题，我国投入很大的财力、物力对现有火电厂除尘、脱硫、清除灰渣等设备进行改造，对新建电厂则采用清洁燃煤技术。这些措施减轻了对环境的污染程度。但是，由于人口密集区的环境容量已趋于饱和，如果新建火电厂，加上运煤中产生的污染，那么将会使人口稠密地区的环境不堪重负。采用特高压输电，把电力送到华东、华北、广东等人口稠密的负荷中心，可以减小对人口密集区的污染，减轻人口密集区环境容量的压力。另外也可以减少因铁路和公路运输远距离发电用煤所排放的废气对大气环境的污染。换言之，输电比输煤污染要小得多。

特高压输电可以满足环保要求。通过合理的设计，并采用一系列环保技术措施，特高压输电完全符合环保标准。如沿用500千伏输电线路环保技术，增加铁塔高度、杆塔基础采用全方位高低腿设计、同塔双回采用逆相序排列、采用紧凑型线路、采用新型耐热和扩径导线、采用大截面导线、线路路径选择采用海拉瓦技术等措施。对1000千伏输电电磁环境影响的研究表明，采用这

些措施以后，在输电线路下方、跨越公路和邻近民房处的水平与500千伏线路完全相同，工频磁场远低于现行环保标准规定的最大值，无线电干扰和可听噪声符合相应的国家标准。

特高压输电有利于实现能源资源的优化配置。我国能源产地和需求地分布极不均衡，煤炭资源大部分集中在西北地区，水力资源主要集中在西部地区，而需要大量能源的用户则集中在我国沿海、京津唐及东部和中部地区。

发展特高压输电网，把送端和受端之间大容量输电的主要任务转到特高压输电上来，以减少输电网损，提高电网的安全性，使整个电力系统能继续扩大覆盖范围，有效地利用整个电网内各种可以利用的发电资源。另外，通过交流特高压同步联网，可以大幅度缩短电网间的电气距离，提高稳定水平，发挥大同步电网的各项综合效益，包括错峰、调峰、水火互济、互为备用和减少弃水电量等，增强网络功率交换能力，减少负荷中心地区的发电装机容量，实现全国范围内的能源资源优化配置。通过特高压电网，实现分层分区布局，还可以优化包括超高压在内的系统结构，从根本上解决短路电流超标的问题。

第二节 我国特高压输电发展现状和趋势

一、我国特高压输电发展现状

“中国同其他许多国家一样，随着经济的发展、市场需求的增加，需要采用远距离、大容量、低损耗的输电方式，特高压是实现有效电能传输的重要方式之一。”IEC主席里吉斯认为，特高压输电技术已经成熟，但是，就世界而言，目前尚未形成统一的特高压标准。为了安全、有效地运用这种技术，需要编制特高压国际标准。

2007年特高压国际标准研讨会于7月18～21日在京举行，来自世界各地的300多名输变电技术专家学者，围绕特高压交直流输电技术的需求和系统规划、变电站（换流站）、输电线路、设备研制和试验以及标准化等议题展开全方位的研讨。

共识：制定标准推进发展

特高压输电作为当今最前沿的技术广受全球业界专家学者的关注。

据介绍，CIGRE每年都要召开技术研讨会，研讨当前最热门的技术问题，而今年的研讨主题确定为特高压输电技术，旨在交流世界各国特高压输电工程的应用情况，研讨特高压交直流输电技术的关键问题。此次研讨将为国际电工委员会（IEC）管理机构决策开展特高压输电技术国际标准化工作提供重要的依据。

中外业内人士对此次会议抱有很大热情，称其为“特高压交直流输电技术新一轮的全球性研讨。”

“此次盛会是迈向国际标准过程中的一次非常重要的会议，对推进中国特高压发展具有非常重要的意义”，一位电网设备企业的技术高管对此次会议高度评价。

与会专家充分探讨了特高压标准的重要性和必要性，普遍认为，IEC从事标准化工作已有100余年，在此期间取得的一条重要经验是在一项新技术推出初期就赶快行动，制定并完善相应的标准。目前，世界各国正处于发展特高压的初始阶段，应该尽快行动起来，更迅速、更高效地投入工作。“这种技术所需的标准制定得越快，大家受益就越多。”里吉斯的观点得到与会代表的赞同。

关注：向国际标准化迈进

可持续发展的中国电力吸引了国际专家学者的重点关注。“在特高压领域，中国正引领电力行业和技术的发展。”CIGRE主席菲利翁如是说。会议期间，各国专家学者围绕标准化问题从环境、安全、效率、变电站、电磁场、特高压设备等方面进行了广泛而深入的研讨，并达成相关共识。比较一致的观点是：特高压交直流技术应该更加成熟，以满足市场的需求，从而向国际标准化迈进。

随着中国、印度、巴西、日本、南非等国特高压交直流技术的发展，建立国际标准非常必要。当前首要的任务是解决1000kV交流系统和±800kV直流系统的标准化问题。

IEC需要建立一个新的特别技术委员会或工作小组，专门负责特高压交直流技术的标准化制定工作。

中国电力科学研究院高压研究所副所长范建斌针对中国特高压交直流技术自身的发展情况，结合目前IEC已经建立的标准进行了分析，提出了特高压交直流标准体系，包括通用标准、设计标准、设备规范、建设调试标准、运行和维护标准以及设备试验标准等六方面的内容。

表态：中国将积极推进实施

随着晋东南—南阳—荆门交流特高压试验示范工程山西隆重奠基，云广特高压直流输电工程正式开工，作为特高压输电的先行者，中国发展特高压备受世人瞩目，被认为是“在世界电力工程史上一个重大突破”。在技术标准的制定上，中国也将走在前列。

“随着特高压输电工程建设的开展，我国在特高压技术研究和标准制定方面已开展了大量的工作，取得了丰硕的成果。”国家标准化管理委员会副主任、IEC中国国家委员会秘书长石保权在出席此次会议时明确表态，“我国将积极参与特高压国际标准化活动，并愿意在其中承担相应的工作。”

国家电网公司副总经理舒印彪在题为《中国特高压技术的发展》发言中，介绍了中国特高压输电技术的发展、特高压工程及试验基地建设进展情况以及中国特高压骨干网架的规划构想。他表示，发展特高压输电是中国电网发展的必然选择，目前首批特高压交直流工程已开工建设。面对高技术的挑战，要更加高度重视系统规划、工程设计、设备研发等关键环节，同时“有必要开展广泛深入的国际交流与合作。”事实上，近年来，中国广泛开展特高压输电技术研究和工程建设，在国际上产生了深远影响。IEC亚太委员会SB1和主管电压等级等事务的技术委员会TC8积极倡议开展1000千伏特高压交流输电技术国际标准化工作。

我国在发展特高压的规划中明确提出，发展特高压，设备是关键。制定特高压标准，将推进我国设备研制的科技创新，加速与国际水平接轨，进一步提升国内装备制造业的能力和水平。这将是推进我国特高压快速健康发展的良好机遇，同时赋予电网设备制造业难得的发展契机。

二、2008年我国特高压输电发展新情况

我国首条特高压交流试验示范工程基本完工，通电前的准备工作正在同步进行。据悉，这条特高压输电线路将在12月初通电试运行。

从湖北省输变电工程公司获悉，这条2006年8月开工建设的晋东南－南阳－荆门的1000千伏特高压线路是我国首条特高压输电线路，线路全长654公里，静态投资约57亿元。

特高压输电技术和相应的设备制造技术是世界电力科技领域和电工设备制造领域的前沿技术。试验示范工程所用1000千伏电抗器、1000千伏高压交流变压器等关键设备绝大部分由国内重点制造企业承担研制，土建施工和设备安装也饱含一系列技术创新的成果，证明了我国特高压输变电工程自主设计、设备研发和施工建设的能力。

这条特高压线路将成为世界上第一条投入商业化运行的1000千伏输电线路，可实现华北电网和华中电网的水火调剂、优势互补。与500千伏超高压电网相比，特高压电网可以解决我国现有电网输送能力不足的问题，提高输电效率，降低线路损耗，减少投资成本，节约土地资源。

三、我国特高压电网发展前景和展望

能源资源和能源消费逆向分布选择特高压

我国2/3以上的水能资源在西南，2/3以上的煤炭资源在西北，而能源消费中心却在能源资源匮乏的东部，西部能源基地与东部负荷中心距离在500～2000公里左右。能源资源和生产力发展逆向分布的现实，使长距离、大容量输电成为

必然选择，而其现实的物质载体就是特高压输电系统。

随着能源形势的日益严峻，煤电一体化开发被摆在了重要位置。我国拟建神东、陕北、晋北、宁东等13个大型煤电基地，规划到2010年这些煤炭产量达到17亿吨。多年来，人们一直有“近送电，远运煤”的说法，但近期的研究成果正在改变这一说法。褐煤和洗中煤产量在我国煤炭资源中占相当大比重，但这类煤种输煤不经济，更适于建设坑口电站就地发电、通过电网输送。前不久，国务院发展研究中心在《我国能源输送方式研究》的专题报告中，对特高压输电和输煤的成本进行综合比较分析，根据现阶段电煤运输成本以及煤炭基地与负荷中心的距离，提出了输电与输煤并举的方针。该报告建议采用以特高压电网输电、铁路运输大通道为支撑，相互补充、分开合理的能源运输方式。“近运煤、远送电”，可能会成为今后的发展方向。

水电方面，金沙江一期工程溪洛渡、向家坝梯级水电站的总装机容量1860万千瓦，被称为第二个三峡工程，首批机组将于2012年投产，其电量将被送往华东和华中地区。云南小湾水电站装机420万千瓦、金安桥水电站装机240万千瓦，将于2009年开始投产，届时云南电力送广东规模将大幅增加。对这些大型水电基地的外送，国家电网公司和南方电网公司都提出了特高压输电的规划设想。

发展特高压的几个主要动因：一是现有500千伏输电线路输送能力有限，不能满足未来发展的要求，因此大容量长距离输电势在必行。二是现有基于500千伏网架的联网系统存在区域交换能力不足、不能满足资源优化配置要求等问题。三是土地资源有限，输电走廊越来越紧缺，急需提高单位输电走廊的送电能力。四是现有500千伏电网短路电流超标现象越来越严重，对系统安全可靠运行不利。

远距离输电将是我国下一阶段电力建设的一项非常重要的任务，要解决输电通道、输电走廊紧张及远距离输电损耗问题，必须重新研究、重新审视，不断提高输电技术水平。

两大电网公司也都将特高压视作企业战略的重中之重

国家电网公司明确提出“建设以特高压为核心的坚强国家电网”。从我国国情来看，发展特高压电网是落实科学发展观、贯彻国家能源政策，确保电力工业全面协调、可持续发展的重大举措，有利于实现更大范围的资源优化配置，满足未来我国经济社会发展的用电需求，具有重大的政治经济及技术创新意义。

采用特高压交直流输电技术，是加大西电东送规模、节约大量输电走廊资源的需要，能够有效地解决负荷中心广东电网短路电流超标问题，有效地增强多直流馈入系统的抗干扰能力，提高电网安全稳定水平，同时也为国家高压输电技术和设备制造技术升级做出贡献。

第三节 我国特高压输电技术发展分析

一、特高压输电技术的发展与历程

二十世纪六七十年代，随着世界各国用电负荷的快速增长，发电技术和输电技术日新月异，大型和特大型发电机组不断投入运行。随着高压、超高压输电线和变电站的不断增多，环境问题日益突出，特别是输变电用地问题，限制了超高压输电的发展。上世纪六十年代末至七十年代初，美国、苏联等国经过调查认为，未来几十年内用电量将保持每年6%以上的增长势头，大型和特大型高效率机组和大容量规模发电厂将会大量投运。特高压大容量输电将实现规模经济，减少网损，节省线路走廊和工程投资，确保电力系统的可靠性，使输电线路对环境的影响降至最小。

基于上述原因，美国、日本、苏联、意大利和巴西等国开始进行特高压电网可行性研究。在广泛、深入调查和研究的基础上，先后提出了特高压输电的发展规划以及特高压输变电工程的预期目标和进度。

在我国，特高压技术研究起步于上世纪 80 年代，电力科研人员电力科研人员进行了特高压的系统特性和经济性研究、特高压外绝缘特性和电磁环境等基础研究，为我国特高压电网的发展奠定了坚实的基础。

二、特高压交流输电技术的主要特点

(1) 特高压交流输电中间可以有落点，具有网络功能，可以根据电源分布、负荷布点、输送电力、电力交换等实际需要构成国家特高压骨干网架。特高压交流电网的突出优点是：输电能力大、覆盖范围广、网损小、输电走廊明显减少，能灵活适合电力市场运营的要求。

(2) 采用特高压实现联网，坚强的特高压交流同步电网中线路两端的功角差一般可控制在 20o 及以下。因此，交流同步电网越坚强，同步能力越大、电网的功角稳定性越好。

(3) 特高压交流线路产生的充电无功功率约为 500kV 的 5 倍，为了抑制工频过电压，线路须装设并联电抗器。当线路输送功率变化，送、受端无功将发生大的变化。假如受端电网的无功功率分层分区平衡不合适，非凡是动态无功备用容量不足，在严重工况和严重故障条件下，电压稳定可能成为主要的稳定问题。

(4) 适时引入 1000kV 特高压输电，可为直流多馈入的受端电网提供坚强的电压和无功支撑，有利于从根本上解决 500kV 短路电流超标和输电能力低的问题。

三、我国发展特高压输电技术突出点

国家电网公司发布的特高压规划，发展前景已十分明朗。到 2020 年前后，特高压电网将形成以华北、华中、华东为核心，形成我国各大区域电网、大煤电基地、大水电基地和主要负荷中心的坚强电网结构。我国发展特高压输电技术的原则是在确保安全可靠的基础上，突出自主创新，加快技术论证和设备研制，以特高压试验示范工程为依托，积极稳妥推进特高压输电技术的发展。

尽管我国目前开展的特高压工程均为试验示范项目，但这丝毫不能掩盖其光明前景，建设坚强电网的过程，对国内电网设备制造商是一次难得的练兵机会，也将促进产品结构调整和升级。

市场需求量不断加大，使输配电设备制造业长期看好。“十一五”电网建设投资 12000 亿元，比“十五”增长 84.62%，这对促进输配电设备制造业平稳快速发展是一大利好，但高端技术市场将把一大批制造商拒之门外。从技术指标上看，“十一五”期间，220kV 及以上级别变电容量将新增 9.9 亿 kVA，据此分析，今后一个时期，在输变电市场，高端设备值得期待。

根据规划，到 2010 年我国 220kV 及以上电压等级变电容量达到 17.9 亿 kVA，2007 ~ 2010 年将完成 8.4　亿 kVA，年均完成 2.1 亿 kVA。未来几年，220kV 及以上变电容量将远高于 2006 年完成的 1.5 亿 kVA 水平，因此更加看好 220kV 以上高端输配电设备的发展。

目前，我国输配电设备市场本土变压器制造商拥有较大的市场份额，而在技术水平更高的高压开关市场中，本土厂商中标率较低。本土输配电设备制造商在电网采购中的弱势，不仅仅是因为在技术、外观上与国外巨头有差距，更加重要的原因是国内设备制造商没有一个过硬品牌，而出于对电网安全性严格要求的考虑，导致用户对品牌不够强大的国产设备不够信任，在采购中形成愿意采购国外设备的思维惯性。

近年来我国输配电行业中电压等级越高增长率越快，而高电压等级增长速度与低电压等级增长速度差距有变大的趋势。在产品结构方面，高端产品的发展速度高于低端产品增长速度，不仅表现在电压等级上面，同样表现在同一个电压等级产品中高端设备的占比，即产品结构升级。

特高压交流试验基地建成后其综合试验能力将创 12 项世界第一：特高压试验线段几何尺寸可调，杆塔优化设计试验功能世界第一；单回试验线段和同塔双回试验线段同时进行电磁环境测量的试验条件世界第一；模拟海拔高达5500m环境进行外绝缘特性试验的条件世界第一；特高压交流绝缘子串全尺寸污秽试验能力世界第一；特高压长串绝缘子覆冰或融冰闪络试验能力世界第一；特高压GIS、HGIS、AIS设备全电压、全电流带电考核规模和考核能力世界第一；1000kV/8kA感应式升流装置世界第一；1000kV标准电压互感器的电压等级和测量不确定度世界第一；工频谐振试验装置电压等级和容量世界第一；试验线段雷电、污秽、覆冰等综合参数在线监测功能世界第一；全天候电磁环境监测系统世界第一；特高压运行、检修、带电作业综合培训功能及条件世界第一。

挑战世界最前沿技术，需要高水平的研究开发队伍。目前在特高压工程中标的本土企业可谓是行业中的极少数精英团队，而示范工程技术成熟后，大批特高压项目将接踵而至，也将需要大批研发队伍。从这个意义上说，输变电产品结构调整和优化升级已成为行业当务之急。

四、2008年我国特高压输电技术发展新情况

在特高压输电技术研究中，国家电网组织中国电力科学院、武汉高压研究所和中国电力顾问集团公司，完成了交流特高压输电工程的电磁环境及其对生态环境影响等重要课题。

在备受关注的特高压电磁环境影响方面，国家电网公司提出了符合国家标准的电磁环境控制指标，已通过了国家环境保护总局组织的专家审查。

同时，在特高压系统论证、特高压输电技术经济性、特高压输变电设计技术、特高压设备国产化、直流特高压输电技术等方面的研究工作也取得重要进展。

国家电网对交流输电方案从自然功率、造价、输电走廊等经济指标进行了综合比较，结论是：1000千伏交流输电方案的单位输送容量投资约为500千伏交流输电方案的73%。对直流特高压比较的结论是：正负800千伏直流输电方案的单位输送容量投资约为正负500千伏直流输电方案的72%。

研究结果表明，输电线路越长，输送容量越大，使用特高压输电就越经济。

五、特高压输电技术的发展前景

综合考虑特高压输电技术的优越性，可以看出，发展特高压电网有着巨大的经济效益和社会效益。特高压电网的出现和发展，主要取决于用电负荷的增长情况。国际上特高压输电技术成熟可用，发达国家搁置或规划延迟特高压输电工程，根本原因是没有大容量、远距离的输电需求。

我国经济飞速发展，发展特高压输电势在必行。根据特高压输电的作用，以及我国发电资源和负荷中心的地理分布特点，初步预计，我国特高压输电将从特高压、远距离、大容量输电工程或跨省区电网的互联工程开始。随着用电负荷的持续增长，将新建更多的大容量电厂和发电基地，跨区输电容量也将持续增加，特高压输电技术有着广阔的应用前景。发展特高压输电，对建设环境友好型、资源节约型社会具有强大的推动作用。

第四节 我国特高压输电投资建设探讨

一、国家电网首条特高压直流输电工程建设规划

尽管一度受到部分专家的质疑，但国家电网公司强力推进的特高压输电试验示范工程依旧在按计划向前推进。国家电网首条特高压直流输电项目——四川－上海±800千伏特高压直流输电示范工程开工，这是该公司开工建设晋东南－河南南阳－湖北荆门1000千伏特高压交流试验工程以来，在特高压电网建设上迈出的又一关键步伐。

四川－上海特高压直流输电示范工程是目前开工建设的世界上电压等级最高、输送距离最远、容量最大的直流输电工程。该工程西起四川复龙换流站，东至上海奉贤换流站，途经四川、重庆、

湖南、湖北、上海等八省市，全长约2000公里。工程估算静态投资约174亿元，动态投资约180亿元，预计于2010年建成投运。

四川－上海±800千伏特高压直流输电示范工程承担着金沙江下游向家坝、溪洛渡水电站西电东送任务。建成后每年输送电量约305亿千瓦时，节省原煤约1500万吨，减排二氧化碳超过2500万吨。

特高压电网被称为“电力高速公路”，指由1000千伏交流和±800千伏直流系统构成的高压电网。包括我国在内，目前世界各国目前普遍采用500千伏和220千伏电网进行输电。与现有电网相比，特高压电网具有容量大、距离长、损耗低等优势，但其技术尚不完全成熟，耗资巨大，在电网安全、设备制造、环境保护等方面存有一定风险。

从2004年起，我国两大电网公司——国家电网和南方电网启动了特高压输电工程的研制和建设步伐。2006年8月，国家电网全长653.8公里、静态投资约56.88亿元的晋东南－河南南阳－湖北荆门1000千伏特高压交流试验工程开工建设。2006年12月，南方电网总投资约132亿元的云南－广东±800千伏直流输电工程开工。此次四川－上海±800千伏特高压直流输电示范工程开工后，两大电网公司规模宏大的特高压电网建设规划进入到实践检验、加快推进的新阶段。

国家电网规划到2020年，特高压网架形成以华北、华东、华中为核心，联结各大区域电网、大煤电基地、大水电基地和主要负荷中心的坚强电网结构，特高压电网输送能力将达到2.6亿千瓦时，实现能源资源在更大范围内的优化配置。南方电网规划到2030年，建成“五交二直”的特高压电网。据初步估算，到2020年，两大电网公司在特高压电网上的投入约4060亿元，其中交流为2560亿元，直流为1500亿元。

特高压电网的建设为国产输电设备提供了广阔的市场空间。为提高我国输变电设备的自主创新和制造能力，国家有关部门明确要求，国家电网特高压输电试验示范工程在设备采购过程中要坚持以我为主、自主创新的国产化路线，主要依托国内企业研制和生产设备。据了解，特高压交流试验示范工程的主设备全部面向内资控股企业采购，综合国产化率超过75%；特高压直流示范工程主设备除直流场和部分高端换流变外，全部由国内厂家供货。

二、2008年我国云广特高压直流输电线路工程建设情况

云南至广东±800千伏直流输电工程是世界上第一个特高压直流输电工程，也是我国特高压直流输电示范工程。该工程是南方电网“十一五”西电东送的主要输电通道，汇集云南小湾、金安桥等水电站的电力输送广东。额定输电电压±800千伏，额定输电容量500万千瓦，输电距离1417千米。送端换流站选定在云南楚雄州禄丰县，受端换流站选定在广州市增城市，直流线路途经云南、广西至广东。该工程的建设，对促进西部地区能源资源的开发、扩大区域能源资源优化配置、实现东西部地区的资源经济优势互补、促进经济社会发展、节约线路走廊资源、带动我国电力科技水平发展、增强我国电力工业自主创新能力具有重要的意义。

据南方电网超高压公司广州现场管理部介绍，云广直流工程广东段线路主要包括31至39标段线路，长度300多公里，铁塔500多基。线路经过广东省封开县、怀集县、广宁县、四会市、清新县、清城区、佛冈县、从化市及增城市等地，山地、丘陵占70%以上，地形地质条件复杂，跨越重要河流、铁路、公路、500千伏输电线路等10多处，协调任务重、施工难度大。

广东段线路35标段由广东省输变电工程公司负责建设。南方电网超高压公司广州现场管理部组织所有承建广东段线路单位的项目经理观摩了35标段所浇制的基础工程样板，将于近日提出广东段线路基础工程样板标准，并在广

东段线路上实施，努力使基础工程质量达到较高的标准，为争创国家优质工程“金奖”打下坚实的基础。

云广特高压直流输电工程规模大、工期紧、技术难度高，该工程于2006年12月正式开工，已经完成主要设备采购。楚雄换流站于2007年4月开始三通一平，目前三通一平完成92%，土建施工完成10%；穗东换流站2007年12月开始三通一平，目前三通一平完成80%，土建施工完成5%。即将来临的雨水季节将对土建施工造成巨大影响，工期相当紧张。对此，南网超高压公司要求土建施工单位加大人员和机具投入，精心安排计划，全力组织施工，确保楚雄站7月、穗东站8月完成大部分土建施工工作交付电气安装，计划至年底前完成电气安装和线路施工80%的工作量。线路工程和接地极工程已基本完成施工准备，要求各单位4月份全线开工，明年5月完工。配合小湾、金安桥等水电站的建设进度，云广特高压直流输电工程计划2009年上半年单极投产，2010年双极投产。

三、2008年我国锦屏－苏南特高压直流输电工程发展进程

目前世界上输送容量最大、送电距离最远的特高压直流输电工程——锦屏—苏南±800千伏特高压直流输电工程年内即将开工。今天上午，国家电网公司在苏州组织召开了工程换流站预初步设计暨功能规范书审查会，要求坚持“安全可靠、自主创新、经济合理、环境友好、国际一流”的优质精品工程建设目标，加快推进锦屏—苏南特高压工程的设计和设备工作，确保按期投运。

在国家电网公司的大力支持下，江苏电网超前发展，坚强可靠。尤其是在前段时间发生特大暴雪和冰冻灾害期间，江苏电网安全稳定，保障有力，全省未发生1起110千伏及以上主力输电线路故障，没有一个企业、单位和居民因为雪灾停电而影响生产、生活正常秩序，同时还竭力帮助其他省市电网恢复重建，出色完成了相关任务。何权表示，将全力支持锦屏—苏南±800千伏特高压直流输电工程开发建设，为工程建设创造良好的环境，有效解决工程建设中遇到的困难，确保工程顺利进行。

江苏是全国经济发展较快的省份之一。根据预测，到2010年，全省用电最高负荷将突破6400万千瓦。2006年以来，江苏电网建设投资水平始终位居国家电网系统第一，目前已形成了四纵四横的500千伏主网架格局，坚强电网有力支撑了全省经济和社会发展。根据江苏一次能源匮乏的现实情况，国家电网公司深入贯彻落实国家“西电东送”战略部署，大范围地实施电力资源优化配置。锦屏—苏南特高压输电工程是国网公司规划建设“十一五”特高压交直流输电通道的重要组成部分，工程静态投资193亿元，动态投资200亿元，采用1回±800千伏特高压直流输电，输送容量720万千瓦。工程起点为四川省西昌，落点在江苏省苏州同里，线路总长约2095公里，计划年内开工，预计2011年建成投运。

四、未来福建电网特高压输电工程建设规划探讨

由省电力勘测设计院编制完成的《福建电网2015年主网架论证及2025年远景目标展望》报告，日前通过国家电网公司发展策划部、中国电力工程顾问集团公司等单位的评审。按照规划，2015年，我省将建设1000千伏超高压输电工程。

该报告是国家电网公司系统内开展评审的首个省级电网“十二五”主网架规划设计报告。报告详细分析福建电网中长期的负荷发展、电源规划、500千伏变电站布局、分区电力流以及南北主干通道的容量需求，重点围绕加强沿海电网的建设。在分析福建电网发展趋势的基础上，明确福建主干电网发展目标。

按照规划，2015年进行1000千伏特高压输电工程建设，形成国家电网公司规划中的丽水—

福州—泉州双回特高压通道。2013年之前，将优先抓紧建设福建沿海500千伏第二通道(双回路)，同时为适应福建电网西部负荷增长的需要，须加强宁德、福州－南平、三明的输电通道以及漳州－漳北－卓然(龙岩)输电通道建设。

建设特高压输电工程，可输送更多的电力，以满足海峡西岸经济区又好又快发展对电力的需求。

五、2008年特高压输电线路湖北段建设情况

国内首条特高压输电线路湖北段开始架线施工，8根约6公里长的导线，成功跃上巍巍铁塔，横亘在宜城市板桥镇上湾村的上空。

从山西长治市至我省荆门市的1000千伏输电线路，是我国首个特高压交流试验示范工程，具有大容量、低损耗的特点，可实现跨区域调剂南方水电、北方煤电。该线路全长644.6公里，在我省境内约180 公里。

湖北省输变电工程公司承担了第16标段（约34 公里）的施工任务。该公司项目经理谯勇介绍，设计、施工人员采用新材料、新技术和新工艺，攻克了多项难题，可抵御百年一遇的冰雪恶劣天气。

该工程湖北段线路架设，将在8月底完成，具备通电条件，将为我省经济发展提供强大的电力支持。

第四篇 输变电设备产业发展

第一章 输变电设备发展现状分析

第一节 输变电设备行业的发展概况

一、国内外输变电行业发展比较分析

国外发电、输变电装备制造业发展现状及发展趋势

目前世界电力总装机容量已超过30亿千瓦，大部份集中在欧美及日本等工业发达国家，目前世界年新增装机容量仍在7000～7500万千瓦左右。50年代以后世界电力工业的发展十分迅速。新技术、新工艺、新装备的创新与应用相当迅速。经过建设改造、竞争、并购重组，在企业规模与生产能力方面已向集团化、规模化和国际化方向快速发展。例如：

——大型汽轮机行业国外年生产能力在1000万KW以上的企业有5家，即美国GE公司，年生产能力2500万KW；原美国西屋电气公司，年生产能力1400万KW(现已由德国西门子公司收购)；俄罗斯列宁格勒金属工厂、法国阿尔斯通公司、瑞士ABB 公司年生产能力都是1000万KW。

——电力变压器行业已在世界上形成了几大集团。原苏联建有世界上最大的变压器公司—乌克兰扎布罗斯变压器厂，年生产能力已达1亿千伏安；俄罗斯陶里亚第变压器厂，年生产能力为4000万千伏安；ABB公司下属29个变压器厂总生产能力为8000～10000万千伏安；英法GEC-Alshtom 公司生产能力4000万千伏安；日本四厂(三菱、东芝、日立、富士)总能力为6500万千伏安；德国TU集团生产能力为4000万千伏安。

——高压开关行业国外大集团主要有ABB公司、西门子公司（Siemens）日本三菱、东芝和日立公司等。

——电线电缆行业形成了五强集团，他们是日本的住友电工和古河电工、意大利比瑞利公司，法国内克森公司（前身为阿尔卡特公司）及美国通用电缆公司。

——瓷绝缘子和玻璃绝缘子产品领域有：日本NGK 公司、法国SEDIVER公司、意大利迪艾夫公司占据优势地位；而复合绝缘子则以美国可靠公司、德国HONSTOR公司和瑞典CELLPACK公司为主要制造商。

随着世界经济的全球化和产业结构的调整与重组。美国已逐步放弃某些电力装备制造，技术已转移到其它国家，特别是那些技术含量低、环保条件差、劳动密集型的产品更是如此。西欧与日本的输变电设备制造业发展很快，实力强大。原苏联解体后，俄罗斯的电力装备制造业虽有明显削弱，但在某些产品的制造水平和生产能力上仍具有较强优势（如大发电机、变压器和某些开关电器），特别是在特高压的研究与应用方面仍处于先进水平。

国外电力装备制造技术发展较快，主要围绕高效、节能、环保、安全和高可靠性的主题，相继研究开发了许多先进技术，诸如超超临界发电技术、重型燃气轮机联合循环技术、组合化输变电设备技术等，并广泛采用新材料、新工艺和信息技术。

1、水电设备向大容量、新材料、新技术、新结构、高效率发展

随着水电开发的进程，国外水电设备向大容量、新材料、新技术、新结构、高效率发展。混流式水轮机最高使用水头已到734m，最大单机容量700MW，最大转轮直径达9.3m。大型贯流

式机组最大单机容量已达65.8MW，转轮最大直径7.7m。冲击式机组最大单机容量达420MW(最高水头1883m)。抽水蓄能机组在国外发展很快，并多采用混流式水泵水轮机，其单机容量、使用水头和机组尺寸已接近常规混流式机组；1984年82.4万千伏安机组在伊泰普水电站投运，是迄今为止，投运单机容量最大的水轮发电机。1991年建成的巴西、巴拉圭边界的伊泰普水电站为最大，装机1260万千瓦，其次为1986年投运的委内瑞拉古里电站，装机容量1030万千瓦。据统计，世界上现有10项工程的单机容量超过70万千瓦，4项工程的单机容量为50万千瓦～70万千瓦；29项工程的单机容量为30万千瓦～50万千瓦。目前投运的抽水蓄能机组中美国的巴司康坦6×45.7万千瓦抽水蓄能电站（最高水头728m）规模位居世界第一，广州抽水蓄能电站8×30万千瓦的规模居世界第二，天荒坪抽水蓄能电站6×30万千瓦规模与美路丁汤抽水蓄能电站并列世界第三。

未来世界水电发展的趋势是积极开发水电；重视对现有工程的更新改造，从而提高效率；抽水蓄能电站将倍受重视；加深对水电环境影响评价的研究；对水电效率做出客观全面的评价；依靠科技进步推动水电建设。2. 高效、清洁发电技术已成为火电发电技术的主要方向。

超临界机组供电煤耗300克/度，热效率达到40%，要比亚临界机组高出2%～3%，超超临界火电机组（300Mpa，600℃/600℃）较超临界火电机组（250Mpa，566℃/566℃）效率能再提高，可达到43～45%，且可靠性好，环保指标先进，可复合变压运行，调峰性能好，已得到广泛应用。目前世界上投入最大单机容量的机组，美国是130万KW，原苏联120万KW，日本100万KW，这些国家已有数百台高性能、高参数机组投入运行，占火电装机容量的50%左右，已有一套完整的设计制造技术和运行业绩。

洁净煤发电技术发展较快，诸如循环流化床、增压流化床、煤气化联合循环等技术均得到了推广。

以美国GE公司9E、9F系列为代表的当代大型燃气轮机联合循环发电装置，我国设计制造尚属空白，设计制造差距十分明显。燃气轮机联合循环机组具有能源利用率高、建设速度快、低污染、低成本、少用水、调峰性能好等突出优点，联合循环效率可达55～60%，大大高于其他类型的火力发电装置，因而国外发展十分迅速。美国1991～2000年新增发电设备容量1.13亿KW中，燃机发电占44%，联合循环发电将成为21世纪世界发电市场的主导机组。

1. 核电技术正在向第四代技术发展

核电是一种安全、可靠、经济、清洁的电力能源之一。它能量高、燃料消耗少、一次补足核能棒料可长时间运行，减轻各种运输储藏的压力与负担。发达国家都将核能作为本国发展的支柱能源之一。国外核电技术已经过了第二代加（第二代改进型），已经研究开发了采用非能动安全的第三代技术，预计2010年前后建设商用电站。第三代核电机组，其运行寿命由现在的40年提高到60年，换料周期由现在的12个月增加到18～24个月，堆芯熔化概率由10—4/堆.年降到10—5/堆.年，核电厂外放射性应急概率由10—5/堆.年降到10—6/堆.年，反应堆的热工余量大于15%。到2002年底，全世界在运行中的438台核电机组的总装机容量已达到3.6亿KW，其发电量占全球总发电量的16.1%，还有32台核电机组正在建设，有33台已列入发展计划，世界上已有17个国家的核电在本国总发电量中比重超过25%，其中法国达到了77%。国际上核电主力机组容量80%以上都在60万千瓦至百万千瓦级以上。采用压水堆技术的核电站占总数的约70%左右。从世界各国发展核电的成功经验来看，法国、日本、西班牙、韩国等都重视设备研制和国产化，现在都最大程度地实现了设备国产化。韩国从1980年开始引进技术，至今已建成核电站11座，容量为1000万千瓦，正在建设的还有7座。目前，韩国的核电设备国产化率已达到85%以上，并开始向国外输出核电技术。现在国际上已投运的半速核电机组单机容量已达到150万千瓦。目前美、英、德、瑞士、日、法等十国，共同合作研究第四代技术，具有固有安全性、满足可持续发展、又防止核扩散和核材料丢失的原则，比投资更加经济。

4.新能源发电技术是今后的重要发展方向

由于世界范围内的能源紧张和对环境保护的重视，各国都重视新能源发电技术的研究与发展，诸如太阳能发电、风能发电等，主要围绕大功率、高效率、低成本开发了许多新技术并已应用。

5.输变电设备向紧凑型、高可靠性方向发展

国外输变电设备产品注重可靠性和系统配合，电网设备向超高压、大容量方向发展，城网设备向紧凑型、无污染、高可靠性、智能化、组合化方向发展。国内外输变电设备类产品总的发展方向是：大容量、超电压、组合化、无油化、智能化、抗短路、高可靠性、免维护。

国内发电、输变电制造业发展现状及发展趋势

我国电力装备制造业经历了半个多世纪的发展，现已形成以哈尔滨、四川东方、上海三大发电设备制造集团与西北、东北两大输变电设备制造集团和一些大型骨干企业，构成具有相当规模、水平和实力的技术开发与制造基地，已具备较强的自主设计和制造大型电力装备的能力，一些产品和一些企业的装备已接近和进入世界先进行列。

我国电力装备制造业取得了巨大的成绩，已使我国成为世界上为数不多的电力装备制造大国之一，基本满足了我国电力工业的需求。目前，我国电力工业装备的80%是由我国电力装备制造业提供的。但是，同国外技术先进的大型跨国公司相比，在新产品研究开发能力、产品性能以及资金实力、质量管理上还有差距，综合竞争能力较弱。

由于技术、装备等方面的原因，现有大型电力装备的品种还不能完全满足国内电力工业发展的需要，如大型抽水蓄能机组、大容量燃气蒸汽联合循环机组、大型循环流化床锅炉等清洁煤燃烧技术、超临界及超超临界机组、大容量核电机组；500kV直流输电系统、750kV输变电系统等，还有待于研制开发。大型混流式水电机组还有一些问题需要深入研究。

1.发电装备制造业

在大型火电机组制造方面，结合引进技术的消化吸收，经过“七五”～“九五”工厂的技术改造，装备了大型、重型数控加工设备，扩建重型厂房等一系列措施，已经具备了批量生产亚临界参数的30万KW、60万KW火电机组的制造条件。形成了以哈尔滨、上海、四川东方三个动力（集团）公司为龙头企业、布局基本合理的发电设备制造体系，已形成30万KW及60万KW大型火电年生产1500万KW的能力。至今已累计生产30万KW机组240余台（套）、60万KW机组10余台（套），正在研制60万KW超临界高效发电机组。目前国内火电设备的年产量已超过1500万KW，而且高技术参数、大容量机组占80%以上；至2002年底全国火电装机26550万KW，全国常规水电总装机容量8458万KW。其中80%以上是国产设备。火电设备最高年产量是2002年，全国共生产火电1767万KW(60万×2,30万×21,20万×6,125万×29,10万×4，......)。其中中小机组居多，而30万KW、60万KW大型机组产量仅为750万KW，只占大型火电机组生产能力的一半，生产能力没有发挥。

30万、60万KW亚临界参数火电机组参数性能已达到国际先进水平，技术与生产均进入成熟期。引进型机组经消化吸收对设计方法和部分结构改进优化，已全部国产化。优化后的30万,60万火电机组性能优于从美国进口机组水平,60万KW 机组最大连续出力达65.4万KW，锅炉效率由92.8%提高利93%，发电机效率从98.75%提高到98.78%，汽轮机热耗30万KW机组由原8081KJ/kwh 降到7912KJ/kwh,60万KW机组由原8005KJ/kwh 降到7829.3 KJ/kwh，机组的可靠性及可用率都有明显提高。据电力部门2002年统计，投运的185套国产30万KW燃煤机组中，可靠性指标达到95%和90%以上以及90%以下各占三分之一，已达到同类型进口机组水平，30万KW机组至2002年累计共生产240套，已成为装备

我国发电站的主力机组。亚临界参数的60万KW火电机组也进入成熟期，将成为“十一五”期间大批量生产的主力机组。

水电设备从1951年哈尔滨电机厂生产出第一台机组容量800KW开始，至2002年全国累计共生产6300万KW。经过几十年的生产建设，我国相继独立设计制造出刘家峡、李家峡、龙羊峡、岩滩等一大批中高水头大型混流式水电机组和三门峡、葛洲坝等大型低水头轴流式机组，形成了以哈尔滨电机责任有限公司，四川东方电机股份有限公司为龙头的一批水电设备制造企业，年生产能力500万KW，最高年产量是1998年达到了385万KW。目前正积极与外商合作制造三峡电站单机容量为70万KW的巨型混流式机组。从水轮机转轮直径看我国已步入世界先进行列，单机容量为17万KW的葛洲坝低水头轴流式机组水轮机转轮直径达到11.3米，单机容量为70万KW的三峡中高水头混流机组，水轮机转轮名义直径达到9.5米，除大型抽水蓄能机组我国内尚未有制造业绩外，其他形式的各类水电设备的设计制造水平均已步入世界先进行列。

我国从七十年代中期开始研制核电设备，由国内设计的秦山一期一台30万KW压水堆和二期2台60万KW压水堆，绝大部分设备是国内制造的，国产化率已达到70%以上，岭澳100万KW压水堆机组2台由外商总负责，中方分包了部分设备的制造，国产化率30%左右，此外我国出口巴基斯坦恰希玛核电站1台30万KW压水堆电站主要设备均由国内制造，国产化率占到90%，核电关键设备已形成一批具有基本生产条件并有一定制造经验的骨干企业：压力壳有一重、二重、上锅、东锅、哈锅；蒸发器、稳压器有上锅、哈锅、东锅；堆内构件有上海第一机床厂、武汉锅炉股份有限公司；核主泵有沈阳水泵厂；控制棒驱动机构有上海先锋电机厂；环形吊车有上起、大起；主管道有四川化工机械厂、上海大隆机器厂；常规岛主设备有哈尔滨、上海、四川东方三大发电设备集团。在“九五”核电设备制造技术的攻关中，除主循环泵、安全阀等个别设备外，其余均可实现国产化。

在燃气轮机联合循环发电装置制造方面，六十年代，上海汽轮机厂相继设计制造0.3万、0.6万KW燃气轮机发电机组组装成列车电站，南京汽轮电机厂设计制造0.1万、0.15万KW燃气轮机发电装备海军舰艇。哈尔滨汽轮机厂发电用0.3万KW2台，机车发电3500马力三台，4500马力三台。改革开放后南京汽轮电机厂采取与美国GE 公司合作方式制造MS6001系列燃气轮机，已累计生产约50万KW。应该说，燃气轮机在我国曾有一个良好的发展势头，已建起重型燃气轮机较好硬件软件基础，储备了相当一部分技术力量和研究成果，目前只有南京汽轮电机厂一家继续进行以GE公司6系列为代表品种的燃气轮机联合循环发电设备生产，联合循环发电机组装机容量已达5万KW以上。

2. 超高压输变电装备制造业

220kV及以下电压等级输变电设备无论从生产能力和产品品种上看，除个别品种如C-GIS和气体绝缘变压器外都能满足国内市场的需求，且有相当数量的产品进入国际市场。所有设备从技术参数看同国外同类产品相当，但外观、工艺水平仍有差距，需开发小型化、智能化、环保型产品，满足今后市场的需求。

自1980年到2000年间，我国变压器行业相继引进了法国阿尔斯通公司的500kV单相油浸式变压器、电流互感器、并联电抗器等制造技术；1990年引进日本日立公司220～500kV系列油浸式变压器的制造技术、设计程序以及工艺等；结合葛上线±500kV直流工程以技贸结合方式引进了ABB和西门子的±500kV换流变、平波电抗器、直流阀的组装技术，与其相应西安电力电子技术研究所引进了美国GE公司晶闸管制造技术；80年代中期引进了日本日立公司的氧化锌避雷器制造技术及全部工艺装备；80年代中期西安高压开关厂通过合作生产的方式引进了日本三菱公司的110～500kV SF6断路器的制造技术，同时沈阳高压开关厂引进了日本日立公司的725～500kV

SF6断路器的制造技术，平顶山高压开关厂于1980年以技贸结合方式引进了法国MG公司的SF6断路器的制造技术，此后于2001年该厂又与日本东芝公司合资建厂生产110～500kV的GIS，其技术来源由日本东芝公司提供；80年代中期，上海互感器厂为满足GIS配套所需的电磁式电压互感器需求，引进了德国MWB公司的SF6电磁式电压互感器制造技术，此后该厂又与MWB公司合资组建上海MWB公司，生产以硅橡胶为外绝缘倒置式SF6互感器，电压等级为110～550kV，现改名为上海传奇公司，除生产互感器外，还生产干式电容套管等产品，技术来源均由传奇公司提供；80年代初，遵义长征一厂从法国MR公司引进了有载调压开关的制造技术，其中包括V型与M型两种结构；与此同时，西安电瓷厂引进了瑞典ASEA公司的短尾电容套管的制造技术，其后抚顺电瓷厂又引进了英国雷诺公司的干式套管制造技术，现该厂又与上海传奇公司合资，由上海控股生产；20世纪末，结合三峡左岸工程又相继引进了ABB公司与西门子公司的±500kV直流换流变、平波电抗器、直流阀的组装技术，同时引进了ABB公司的大功率晶闸管制造技术与相关设备；结合三峡工程500kV交流输电工程，引进ABB公司的SF6断路器(GIS)制造技术与相应设计计算程序、西门子公司的交流500kV 840MVA变压器制造技术。

此外，在1980年至2000年间，还以不同方式引进国外的牵引变压器制造技术和整流变压器制造技术；西门子公司的中压12～35kV真空开关制造技术；ABB公司的中压12～35kVSF6断路器及其成套装置的制造技术；法国M+C等公司的中压干式变压器制造技术(其中包括厚绝缘、薄绝缘环氧浇注和浸渍式干式变压器)。

近年来，随着市场经济的发展，在输变电设备制造行业中合资建厂生产输变电设备的厂家逐渐增多，诸如：重庆ABB生产大型变压器，合肥ABB生产110kV及以下变压器，上海ABB生产干式变压器和中小型油浸变压器等。世界上知名度较高的企业都在我国组建合资企业从事输变电设备的生产、销售。在高压开关行业中，特别是中小企业中，三资企业更多，约有44家之多，都是从事生产中压等级的高压开关元件及成套装置。

3. 配用电设备制造业

配用电设备通常指35kV～10kV电网配电设备或装置和电压1140V以下用电设备或装置。应用范围涉及国民经济各个领域，此类产品国内已有2000余家企业具有生产资质，2002年年产值约124亿元，其中35～10kV电网配电设备约为27.86亿元。2002年出口21.39亿美元，其中35～10kV设备约为7500万美元。由于我国电力工业的快速发展，配用电设备市场需求量增长十分迅猛。

根据以往发电与配电同步发展的比例计算：每新增1万KW装机容量需增加100面35～10kV各类配电装置和400面各类1140V以下用电装置(不含照明箱、计量箱和插座箱)。据预测“十一五”期间年新增装机约为3000万KW，考虑到器件小型化和装置内部的回路增加，上述比例应作调整，需要的配用电设备或装置每年至少在70～80万面，这将是一个庞大的市场需求量。

目前我国上述产品的国内市场占有率约为80%。主要产品品种和技术水平基本可以满足国内市场需求。面向东南亚、中东等发展中国家的出口也呈现稳步增长趋势。配电产品已完成了由多油、少油断路器向真空与SF6断路器的过渡。1140V以下用电装置中的主要器件正在向具有小型化、模块化、组合化、智能化的方向快速发展。由于国内企业小而分散，创新能力薄弱，市场广阔，因而国外一批知名企业以独资、合资等方式大举进入我国该类产品中高档市场。一批有相当实力的民营企业发展迅速。国有企业改革、改制、改组步伐加快，竞争力增强。目前已形成三资、民营和国有控股企业三足鼎立的发展局面。这种格局不仅有利于配用电设备行业的发展与创新，也有利于产品出口和产品的升级换代。

配用电领域中，新技术、新产品、新材料、新工艺、新装置的开发虽有少量引进技术，但全行业的技术进步与产品更新采取了一种对全国且有成效的联合攻关的发展模式。以计划经济时代的行业归口研究所和部分骨干企业为主，针对市场需求和产品发展趋势，分工协作、联合开发、资源共享、有偿转让，近二十多年为行业的共同发展与技术进步做出了不小的贡献。这种促进行业发展的方式在当前市场竞争十分激烈的环境下仍有必要给以肯定、引导和鼓励。

为保证我国国民经济持续、健康、快速的发展，实现全面建设小康社会，国内生产总值到2020年再翻两番的宏伟目标。电力装备制造业必须满足电力工业新增装机容量以7%的速度增长的需要。根据我国一次能源构成，电力与电力装备结构调整将重点加强电网建设、优化火电结构、积极发展水电、适当发展核电、因地制宜发展天然气发电和新能源发电、提高能源利用率、保护生态环境，实现可持续发展。以煤为能源的火电仍是我国今后电力工业主要的发电手段。因此高效、高参数、低排放、低煤耗机型将得到快速发展。

水电将以大型高水头混流式机组和调峰能力强的大型抽水蓄能机组为发展重点，水电比重到2020年将达到27.1%。

核电作为一种清洁能源，核电发展将以百万千瓦压水堆电站为主，通过技术引进和自主开发，实现设计制造技术的自主知识产权和设备国产化。在自主开发与技术引进推动下我国制造百万千瓦压水堆核电站的能力和条件已有一定基础。

大力发展燃气轮机联合循环发电将是电力装备制造业产品结构调整的重要内容，经过15年的努力，实现自主知识产权的设计制造技术。

大力开发±500～800kV直流和百万伏交流输变电成套关键设备，满足西电东送、南北互送和全国联网要求。

为实现上述目标，结合重大电力装备的不同特点，通过多种方式的技术引进和自主开发，实现成套设计、监控监测技术、信息智能技术、材料制造与加工技术的自主产权，形成具有国际竞争力的电力装备制造业工作体系，满足国内外两个市场的需求，满足电力工业发展的需要。

二、中国输变电设备可靠性接近国际水平

尽管未来15年火电占中国电力供应的比例将下降4个百分点，但仍有60%以上的份额，加上对已有老机组更换，年均新增需求3300万kW。

发电产业主要是为电能生产提供发电主机、辅机的相关产业，包括锅炉、汽机和发电机制造行业。电力装备产业市场，主要依托于电力工业的发展，随着我国经济的发展，电力工业一直呈现持续增长的态势。

未来15年，中国火电装备市场将形成年均3300万kW左右的需求量。包括3部分：除了每年新增的装机容量外，还有现有老机组（火电）淘汰的市场需求以及热电。

世界火电机组产品在质量追求上经历过4个阶段：第一阶段，上世纪40～60年代：提高机组效率阶段，以提高机组参数和容量大型化的方法达到提高效率。第二阶段在上世纪60～70年代：提高机组可靠性。第三阶段在上世纪70年代中期～90年代：环境保护。第四阶段在上世纪90年代至今：提高电站效率，以发展新循环方式提高效率，发展高效、节能、环保机组。如热电联产的大型化、超临界、超超临界、联合循环、整体煤气化联合循环等。

我国火电机组发展从上世纪80年代初开始引进30万kW和60万kW亚临界大机组，单套机组效率接近或达到世界水平；90年代以30万kW为主机组，2002年底全国已安装228套，占火电机组装机的1/3。上世纪90年代中国就30万kW及以上机组的可靠性做了大量工作，可靠性和世界水平已经很接近（约1%～2%）。

我国输变电行业众多、门类众多，但量大、面广，集中度不高的状况依然存在。2003年统计，全国销售收入500万元以上企业共3620家。其中开关企业908家；变压器、整流器企业713家；电线、电缆企业1999家。

当前国际输变电产品向大容量、高电压、大

电流、组合化、无油化、智能化、少免维护方向发展。

我国输变电产品质量经过近20年的改革开放，产品在新技术应用方面与国际先进水平的差距在明显缩小。

随着电力工业进入大机组、大电厂、大电网、超高压、自动化、信息化，在电力结构方面，调整了发电、输电、配电之间的关系。在发展电源的同时，高度重视电网建设，使输电网、城网、农网均得到极大发展，极大地促进了输变电产业整体质量的提升。

当前我国输变电行业产品的质量追求正向大容量、高电压、小型化、组合化、无油化、少污染方向发展，同时信息化、智能化等高新技术开始应用到输变电行业。

三、输变电设备行业整体经济指标分析

输变电行业正处于景气周期快速上升阶段，收入与利润保持同步快速增长。07年以来，以变压器为代表的输变电产品继续保持快速增长，变压器前10月产量达73658万kVA，同比增长24.8%；各输变电子行业收入、利润均保持在30%～50%的同步增速，其中变压器类产品1～8月利润增速高出收入增速约17%。

由于未来预期的从紧调控政策将会引起高耗能制造行业的投资速度放缓，为保证整体国民经济不受到较大冲击，包括电网建设在内的公用基础事业的投资速度必然长期保持增长态势，输变电设备行业景气周期仍将持续上升。展望未来10～20年，持续加大输配电领域投资、提高电网资产占比，将是我国电力工业长期发展的必然趋势。我们认为，经过过去2～3年的原料涨价，高端设备已具备了一定的成本转嫁能力，规模扩张效应逐步显现，而低端设备毛利低，继续下降几乎已没有空间，未来5年输变电行业需求仍可保持20%～30%左右的年均增速，利润增速将超过收入增速有望达到30%～40%。

电网投资加速支撑行业景气

长期以来，国内电力建设中一直存在着“重发轻送不管供”的现象，尤其是开放发电领域的投资后，发电和输配电的结构更加严重失衡。根据有关资料，发达国家中输配电和发电资产的比例约是6:4，而05年前我国两者的比例是4:6，06～07年新增投资更达到了3:7，近年来输变电的投资远远落后于发电资产的投资，短期内仍难以扭转输配电资产比例严重偏低的问题，未来持续加大输配电领域投资是我国电力工业长期发展的必然趋势。而“十一五”是中国电网建设跨越式的发展阶段，无疑将是投资输配电设备行业的大好时机。

2007年最新的“十一五”电网规划调整报告中，国网公司计划“十一五”期间电网投资11300亿元，比2005年原规划调高31.6%。考虑加上南方电网投资，预计全国“十一五”电网建设和改造投资的总额将在1.43万亿元左右，规模是“十五”期间电网投资的2倍多。国网公司07年上半年电网项目开工投产规模创历史最高水平，共完成电网建设与改造投资743亿元，同比增长20.3%。根据投资规划，2007年电网投资增速为25%左右，预测“十一五”后三年仍能保持16%的年均复合增长率。

高端设备最为看好

输配电设备的总发展趋势是在向大容量、高电压、智能化、组合化、小型化、无油化、免维护和远程故障诊断技术等方向发展，同时信息技术将全面渗透到输配电技术和设备之中。从投资比重来看，未来电网投资的重点是骨干电网、大城市电网改造，而输变电高低端设备行业均将处于行业景气期，但高端设备行业壁垒相对较高，竞争较为垄断，因此更为看好高端输变电设备。另外，从长期来看，2009年后特高压大规模的启动可以保证高端设备未来长期的需求增长，预计特高压总投资规模将超过4000亿元，能够参与到特高压设备市场的公司景气周期更长。

目前特高压带动电网设备制造技术水平的提高正在抢占世界制高点。特高压设备国产化实施方案中，要求坚持走自主化研制和供货的道路，

共同推进特高压输电设备的研制和特高压电网的建设，推动我国电工装备制造业走向世界的最前沿。在电网公司集中招标后，输变电设备国产化率得到了大幅提升。国网及南方电网均已在2005年收缴了各下级单位对220千伏及以上电网招标权，改为集中招标。集中招标后，国产设备的成本优势将凸现，市场份额也将快速上升，而国内龙头企业在高端市场亦会显现一定的垄断优势。

输变电设备出口也在逐渐增多。“十一五”期间，输变电设备行业技术提升水平较快，尤其是在“三峡”、“西电东送”、“特高压”、“直流输电”领域得到了锻炼，目前国内制造水平已基本接近世界先进水平，09年后特高压工程有望大规模启动。目前来看，09年之前，要启动武高所的特高压试验基地和建设特高压线4条，其中，国网公司旗下有“晋东南－南阳－荆门的1000kV特高压试验示范工程”和“溪洛渡、向家坝和锦屏水电站±800kV特高压直流送出工程”，南方电网旗下有“云南－广东±800kV直流工程”和“云南昭通－广西桂林－广东惠东的1000kV交流”，预计到2020年特高压及跨区电网的输送容量将为2.1亿千瓦，其中±800千伏直流约5600万千瓦，另外约1.5亿千瓦由交流网架构成。

直流输电将驶入快车道

未来5年，直流输电即将驶入快车道。根据规划，2010年前需开工及在建的项目包括国网范围的灵宝扩建、东北－华北背靠背联网、西北－华北联网、华中－西北联网、东北300万kW的直流输电以及葛沪线升级改造；而南方电网包括贵广二回直流、云广特高压直流。预计未来5年年均有1～2条直流输电工程开工，在国家极力倡导提高国产化率的前提下，云广特高压直流线路国产化率要求达到60%以上，该项目的招标基本决定了未来直流市场竞争格局。

此外，中俄特高压直流输电建设也已提上了日程，为加快中俄跨国输电和黑龙江“北电南送”的步伐，中国东北地区的电网建设规划已提速。中俄之间具体的电力合作方案如下：第一阶段，继续增大边境输电规模，到2008年建设±220千伏边境直流背靠背工程，从俄罗斯远东电网向中国东北黑龙江省电网送电，输电功率为600～720MW，年供电量36～43亿千瓦时；第二阶段，到2010年，建设±500千伏直流输电线路，从俄罗斯远东电网向中国辽宁省电网送电，输电功率为3000MW，年供电量165～180亿千瓦时；第三阶段，到2015年，建设±800千伏直流输电线路，从俄罗斯远东电网或东西伯利亚电网向中国东北或华北送电，输电功率为6400MW，年供电量380亿千瓦时。

四、中国输变电工业发展门类齐全

输配电设备包括变压器、整流器和电感器，电容器及其配套设备，配电开关控制设备，电力电子元器件及其他输配电及控制设备，不同子行业在我国的发展差别也较大。变压器行业作为输配电设备制造业的重要子行业，90年代以来由于干式变压器的推广，进口了一批环氧浇注设备和箔式绕线机及绝缘件加工中心，目前行业主要向特大型超高压及节能化、小型化、低噪音、高阻抗、防爆型两个方面发展；电力电容器行业的工业总产值、产量连年来都有大幅度增长，每年都有十多种产品通过国家级鉴定，主要产品的生产技术已达到国际水平，从未来需求趋势看，我国HVDC工程主要集中于7种电容器产品，对此我们进行了详细分析；输配电设备行业通过引进国外的先进技术，使产品品种、质量水平都有了较大的提高，随着新材料、新工艺的不断应用，各制造厂也不断研制和开发了各种结构形式的输配电设备，目前的技术发展方向包括高频率技术、软开关技术、PFC技术、模块化技术以及地输出电压技术等五方面。

根据国民经济行业分类代码表（GB/T 4754—2002）标准定义，输配电设备制造是电气机械及器材制造业的子行业，包括变压器、整流器和电感器制造（3921），电容器及其配套设备制造（3922），配电开关控制设备制造（3923），

图表 12、输配电设备制造业分类表

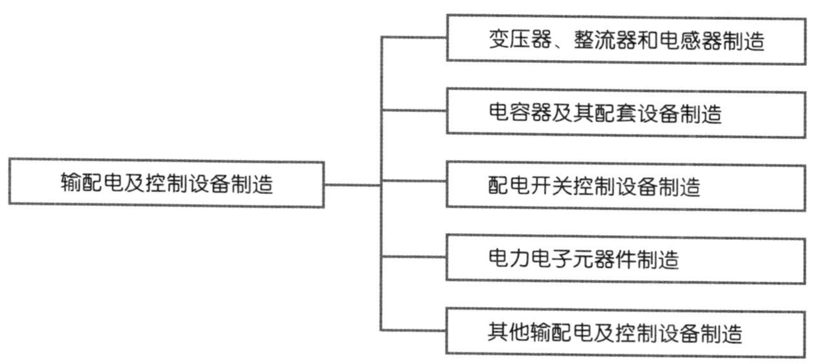

电力电子元器件制造（3924），其他输配电设备制造（3929），电线电缆制造（3931），绝缘制品制造（3933）等 7 个行业。

五、中国输变电行业全面整合帷幕拉开

有人士认为我国输变电行业目前仍呈现“有规模、缺实力”、“有数量、缺巨人”、“有速度、缺效益”、“有体系、缺原创”、“有单机、缺成套”及“有出口、缺档次”的“六有六缺”状态。您如何看待中国目前的输变电现状呢?

在过去几十年的发展过程中，我国输变电产业伴随着经济发展和改革开放的深入，应该讲取得了长足的进步和发展，规模大体排世界前列，不少产品的总产量已居世界领先地位，为我国经济建设发挥了重要作用。但真正体现行业竞争力的高精尖产品和重大技术装备仍然比较薄弱。

输变电产品制造业属国家基础工业，是国民经济各部门发展的基础，是国家综合国力的集中体现，从这一方面来看，没有先进的变压器装备制造技术，特别是重大装备制造技术，就意味着没有掌握国民经济的主动权和长久发展动力，就无法把握国民经济的命脉。

从当前来看，我国超高压超大容量输电、直流输电成套设备、超临界火力机组成套设备、大型空冷火电机组成套设备及百万千瓦级核电站成套设备等先进技术装备的水平明显低于发达国家，核心技术和产品基本依赖进口，我认为“六有六缺”状态在输变电行业是普遍存在的。

造成这一现象的原因，一方面是我国基础研究薄弱，新产品、新工艺研发的投入不足，输变电产品制造业的原创性技术创新成果很少，忙于应付消化和吸收引进的技术，缺乏二次开发能力，陷入重复引进的被动局面。另一方面是我们无法从发达国家引进最新、尖端的成果，也就是说像我们中国这么大的发展中国家，“花钱是根本买不来现代化的”。

未来五年内将是输变电业整合加剧，市场集中度快速提升的关键时期从全国来看，电力、冶金、石化等国民经济支柱性产业的高速发展，为我国输变电产品制造业迎来了千载难逢的大发展时期，带动了整个输变电产品制造企业的繁荣，输变电产品市场进入了供求两旺的高速发展新时期。但遗憾的是，这种高速发展带来的只是企业数量的剧增。以变压器行业为例，1995 年前全国的变压器企业只有 100 多家，而到 2003 年底已经发展到 1000 多家。而这上千家企业当中，具备与世界变压器行业巨头 ABB、西门子、阿尔斯通、伊林、东芝等跨国企业产品，特别是在高端变压器产品市场竞争的，也不过只有特变电工的沈变、衡变公司、西变和保变等不足五家企业，其余众多企业集中在技术含量、附加值较低的常规产品制造领域，这一领域的生产能力相对过剩，主要以价格战为手段进行市场竞争，致使国内绝大多数变压器制造企业微利，甚至出现了亏损。

从目前来看，国家实施振兴东北战略对特变电工来说是一个大好时机，作为输变电行业最大的企业，特变电工将充分整合变压器、新能源、新材料三大产业集团。

六、输变电设备呈现产量增、电压级提高的态势

随着我国经济持续健康高速发展，电力需求和投入持续快速增长，从中电联统计信息部获悉，三季度电力供应同比增长14.12%。三季度，我国发电量完成5731亿千瓦时．同比增长14.12%，发电量～L一季度增加了616亿千瓦时．但增速较前两季度下降了1.77个百分点。

据国家电网公司预测．2005年全国用电量将增长10．5%左右．需求量达到23910亿千瓦时，比2004年净增2600亿千瓦时。根据国民经济发展和电力发展规划，“十五”后两年新装机8000万kW，“十一五”新装机19000万kW左右，因此按年装机3800万kW发电设备计算，输变电产品的年生产能力要达到5亿kVA左右，其中500kV以上超高压和特高压输变电设备不少于5000万kVA，市场很大。

从以上数据可以看出，高压输变电设备、电力装备等制造业形势较好。从长远上看，能源建设将始终是今后相当长时期内我国经济建设的重中之重。预计到2020年，新增装机规模将达到每年3000万千瓦左右。按照电力建设的规律．大规模电厂建设必然要求输变电工程高速发展．更何况从我国电力工业的现状看，电网建设滞后于电源建设，有不少”欠账”，很多地方需要补课。因此，输变电设备不但将随着发电设备的增长而增长，而且增长幅度理应更大、更持久。这种增长不仅是产量的增长而且是电压等级的提高、产品品种的更新和水平的提升。我国输变电制造行业正面临着千载难逢的发展机遇。目前．我国已连续四年进口高压输变电设备超过60亿美元，2003年仅1～7月进口就超过50亿美元．成为机械装备中进口额最大的一类产品。

与国际先进水平和我国电力工业不断发展的要求相比，产品技术、品种、质量、成套能力等方面尚存在较大的差距。突出表现为：国产500kV GIS国内市场占有率不高，进口比例仍在90%以上；在500kV巨型电力变压器方面，国内制造企业与外企相比还有一定差距：在紧凑型、智能化的开关设备（类似国外PASS．MITS、HIS 等产品）方面．国内尚未研制出适用的产品；大吨位绝缘子(50t以上）的生产条件不够完善．高压有机绝缘子的可靠性不稳定：超高压干式电缆技术尚不过关：直流输电在未来20年有很大的市场．但国内在系统设计、设备成套和换流阀、换流变压器的核心技术方面仍受制于国外公司；此外，在大功率可控无功补偿装置等超高压电网发展需要的新技术、新设备方面，国内前期研究不足。

华通机电集团于2002年开始加大技改投入和产品结构调整的步伐．低压电器向智能化、小型化、模块化方向发展，产业结构从低压电器向高压、成套、输变电产品领域调整．最近又与上海电科所达成长期技术开发合作协议。华通在2003年投资2200万元．开发了自主知识产权的CF系列低压电器产品，投资2300万元完成了电力变压器的技术改造．在上海投资8000万元改建成套电气设备和输变电产品生产基地。华通下一步工作的重点是与“产、学、研”携手合作加强技术开发．采用兼并重组、合资合作等方式整合我国电气行业资源，做大做强．积极应对经济全球化的竞争。

第二节输变电设备市场分析

一、中国输变电设备的国际市场浅析

今后10～15年，全世界电力装机容量年均增长率为2.5%左右。按1995年全世界电力装机约30.58亿千瓦计，年均增长电力装机7644万千瓦。其中，火电装机约为5000万千瓦。

预测亚洲对发电设备的需求量较大，已占全

世界需求量的50%以上。

水电设备

目前，我国出口以中小水电机组为主，主要出口国家为尼泊尔、越南、缅甸、泰国、伊朗、土耳其等。我国中小水电机组在东南亚有着传统市场，产品性能可靠，价格较低。近年来，国内大型水电设备制造企业通过与国外企业合作生产、联合设计、分包制造等多种形式的技术引进、技术改造，也具备了打入国际市场的条件。

有关资料表明，国际市场特别是亚洲水电市场具有较大潜力，在水力资源丰富的24个国家和地区(不包括日本)，目前计划修建的水电站总装机容量约6400万千瓦。

变压器

近年来，我国变压器出口每年约4亿～6亿元人民币左右，传统出口市场主要是东南亚地区。随着产品技术水平和质量的提高，加上合理的价格，我国变压器正在努力进入西亚、非洲和拉美地区。

高压开关

我国高压开关出口产品范围相当广，电压等级从12～252千伏各个等级都有，产品种类从负荷开关发展到220千伏SF6断路器，从高压开关柜发展到252千伏GIS，种类繁多。

出口的主要国家是东南亚和西亚各国。如印度尼西亚、马来西亚、巴基斯坦、印度、越南、老挝、泰国、缅甸、尼泊尔、叙利亚等。

保护继电器及装置

此类产品出口市场是东南亚、中东和非洲的苏丹、埃塞俄比亚等。出口产品中，随电站主机配套出口的继电保护装置类产品占60%以上。地铁系统控制保护类产品将在我国香港地区和伊朗打开新市场。引进国外技术生产的载波通讯装置类产品，在东南亚市场很走俏。

我国在孟加拉国14个城市电网改造项目招标中的中标，为我国配网自动化及电站综合自动化类产品走向国际市场打开了通道。

高压电瓷及避雷器

1995年以前，出口的此类产品基本上是档次较低的针式绝缘子、线路柱式绝缘子和悬式绝缘子，1995年以后陆续出口了500千伏及以下悬式绝缘子、220千伏及以下的棒形支柱绝缘子和各类瓷套以及500千伏及以下ZnO避雷器。

电力电容器

此类产品主要出口国为巴基斯坦和东南亚各国。预计“十五”期间，我国电力电容器的出口量将有较大幅度的增长。

二、中国输配电设备首次进入世界民用核电市场

随着川开电器有限公司正式中标巴基斯坦恰希玛核电站二期项目核岛内的核级中压成套开关设备，中国制造的成套输配电设备在世界民用核电领域中首次打破原来一直由国外同类产品垄断的局面。

巴基斯坦恰希玛核电站二期项目由中国中原对外工程公司总承包，其核岛内核级中压成套开关设备由川开电器中标。当天川开电器和中原对外工程公司在蓉签约，确定由川开电器提供总金额为1898万元人民币的核级中压成套开关设备。据悉，这也是中国制造的核电站成套输配电设备首次出口国外。

谈到中标恰希玛核电站二期项目的意义时，中国在核电成套输配电设备领域打破国外垄断，不但标志着中国造核电成套输配电设备出现质的飞跃，同时也意味着国产核电成套输配电设备首次走出国门，更彰显出四川今后在核电领域将出现大的发展。”

2009年10月底世界民用核电领域排名第一的法国阿海珐公司曾经和川开电器签署合作协议，双方约定在技术转让与开发，工程设计，工程管理与服务和对中方人员培训四大类进行全方位战略合作。目前双方合作进展顺利，下一步双方有望转入组建合资企业等形式的资本对接领域。

阿海珐公司承诺通过技术转让等形式，全力提升川开电器产品在核电和地铁领域的应用。而且随着了解和磨合的深入，双方将在合适时候进

行资本对接。从川开电器来说，寻求世界民用核电领域排名第一企业的技术和管理支持，是更好地站在了巨人的肩膀上。而对阿海珐公司来说，寻求西部乃至中国最好的合作伙伴是进入中国市场的必然选择。因此，双方的合作符合两个公司最高战略需求。在摊派初期，双方均已明确表达了资本对接的强烈意愿。相信随着双方磨合与合作的深入，资本对接将是水到渠成的事情。

三、电网建设拉动输变电设备新市场

为落实国务院进一步扩大内需的措施，全国新增电网投资6900亿元，这将有力的拉动输变电设备行业的发展。在新一轮的大规模城网和农村电网建设中，节能电力设备在新增设备中的占比将大大增加，对原有落后设备的替代也将加快。电力设备行业作为一个与产业政策高度相关的行业，将成为2009年的投资热点。

电网建设面临空前的快速增长。“十一五”期间我国电网建设计划投资达1.45万亿，重点建设500kV超高压线路，加强远距离输电能力，实现全国联网。

2008年11月，为促进经济平稳增长，全国共新增电网投资6900亿元，未来两年电网总投资为13847亿元。输变电设备行业将面临4400亿元的设备采购投资。

发电设备行业进入缓慢增长阶段。随着用电量增速的快速回落，我国新增发电装机容量的增长将受到抑制。由于电源建设的周期较长，发改委专家强调电源建设应摆脱经济周期波动的影响，保持稳定增长，以防止经济恢复增长后可能带来的电力供应不足的情况。我们预计2010年我国总装机容量将达到9.8亿千瓦，2008年至2010年平均每年新增装机容量为9000万千瓦左右。

“节能减排”投资力度加大，带动行业技术升级：在“节能减排”的政策压力下，全国各电力生产企业、电网公司和用电单位都积极采用先进的节能电力设备和技术措施。在新一轮的大规模城网和农村电网建设中，节能电力设备在新增设备中的占比将大大增加，对原有落后设备的替代也将加快。

发电领域：

在发电环节，国家鼓励采用大容量、高参数清洁高效发电设备，大力发展60万千瓦及以上超(超)临界机组、大型联合循环机组。同时实施“上大压小”和小机组淘汰退役。

要求电厂安装脱硫设备。大力发展风能、生物质能和太阳能等可再生能源发电。

大容量、高参数发电设备：大容量高参数火电机组的广泛采用是降低供电煤耗的主要措施。我国目前新建电厂基本采用60万千瓦以上超临界、超超临界机组。东方电气(27.38,-0.29,-1.05%,吧)、上海电气和哈动力集团都具备了60万千瓦机组、100万千瓦超临界、超超临界机组的生产能力。到2007年底，国内火电设备制造企业共持有60万千瓦超临界火电机组订单203台，完成生产交货104台。60万千瓦超超临界火电机组订单30多套，100万千瓦超超临界火电机组70多套。已经投入运行的超超临界火电机组有：华能玉环电厂一期4×100万千瓦机组，华电邹县电厂四期2×100万千瓦机组，国电泰州电厂100万千瓦机组，国电上海外高桥(7.53,-0.21,-2.71%,吧)电厂100万千瓦机组，发电效率稳定在45%左右，供电煤耗约285克/每千瓦时。上述机组的国产化率约为60%。

目前阻碍我国超超临界机组发展的主要问题是所需材料和部分配套设施完全依赖进口。

例如超超临界压力锅炉的过热器及再热器所使用的Supper 304H、HR3C、SA213等材料几乎全为进口钢材。60万千瓦超超临界压力锅炉每台需进口材料720吨，单台锅炉进口材料费约2.16亿元。100万千瓦超超临界压力锅炉每台需进口材料1000吨，单台锅炉进口材料费约3亿元。除此之外，配套管件、阀门、辅机、仪表等设备的进口比例更大。例如，60万千瓦超超临界压力锅炉本体阀门总数为270套，其中进口阀门为243套，单台锅炉本体的阀门进口费用就达5000万元左右。

脱硫设备：国家发改委联合环保总局印发的《现有燃煤电厂二氧化硫治理“十一五”规划》要求新建电厂安装脱硫设备。截至2007年底，全国火电厂烟气脱硫装置投运容量超过2.7亿千瓦，占全国火电机组容量的一半左右，与“十五”末相比火电厂烟气脱硫机组容量增加了53倍以上。由于大力推进烟气脱硫设备国产化，脱硫工程造价及运行成本大幅降低，新建大型燃煤机组的烟气脱硫千瓦造价约为发达国家的1/5。但是脱硫设备市场仍然处于无序竞争状态，降格竞争导致设备生产商无利可图。

电站空冷设备：空冷电站采用空气冷却，水的消耗量只相当于水冷电站的20%—35%，节水性能显著。在我国，电站空冷技术在2004年才开始大规模应用于燃煤发电厂。2006年之前，我国空冷系统市场大多被德国GEA公司和美国SPX公司垄断，2006年之后，国内企业特别是哈尔滨空调股份有限公司逐步占据了市场的主导地位。其他生产企业如北京龙源冷却技术有限公司、江苏双良空调设备股份有限公司等一批优秀企业都已具备制造高质量空冷设备的能力。我国现有空冷机组装机容量2100万千瓦。由于国家鼓励在华北、西北等主要煤炭产区建立坑口电站，而这些地区都严重缺水，必须采用空冷机组，因此预计到2015年空冷机组装机容量将达到1亿千瓦，成为世界上空冷装机容量最大的国家。

输变电领域：

在输变电领域，国家将逐步加快特高压、超高压线路建设；采用低损耗变压器、非晶合金配电变压器，以及在电网中采用动态无功补偿装置(SVC)等节能设备。

特高压线路：特高压电网具有输送距离远，输电容量大和线损率低的优点。以1000kV特高压交流输电线路为例，其输送功率约为500kV线路的4～5倍；在输送相同功率的情况下，可将最远送电距离延长3倍，损耗只有500kV线路的25%～40%，输电走廊可节省60%的土地资源。高压项目的大规模启动将带动特高压设备市场的长期增长。

非晶合金变压器：非晶合金变压器是具有明显节电效果的配电变压器。一台容量500kVA的SBH16型非晶合金变压器运行一年比S9硅钢变压器节约能耗9373度，按每度电0.6元计算，可节约电费5,624元。因此虽然非晶合金变压器比硅钢变压器的价格高30%，但只要接网运行四年后节电费用即可抵消多投入的成本。国家电网公司强调，为降低线路损耗，提高电网经济运行水平，要重点推广电力电子技术、非晶合金变压器等一批节能技术产品。置信电气是我国非晶合金变压器的垄断制造商。

高压动态无功补偿装置(SVC)：高压动态无功补偿装置是以晶闸管技术为基础自动进行无功补偿，提高用电系统的功率因数，降低无功损耗的电力节能产品。同时SVC可以有效抑制大用电负荷设备在启停时对电网产生的无功冲击和谐波污染，保持电网电压的稳定，节约电能并降低设备损耗。国内主要生产商有荣信股份(31.61,−0.42,−1.31%，吧)、西安西整电力电子设备有限责任公司和中国电力科学研究院电力电子公司，国外厂商为西门子、ABB、东芝。

用电领域：

用电领域，国家积极推广用电自动化管理系统、智能建筑节能设备，高压变频器以及节能用电设备等。

用电自动化管理系统：用电自动化管理系统可以实时收集电力终端用户的用电信息，掌握计量设备的工作状态，实现有序用电、自动抄表和用电监控，同时为电网企业线损率管理、用电分析、负荷预测、电价评估和营销决策提供有力的技术支持。

国家电网公司于2005年发布了《关于加快营销现代化建设的指导意见》的通知，要求2007年完成315千伏安以上大用户电能量采集平台的建设，2010年完成电力需求侧管理模块的建设，另外还要对50千伏安的公变和专变进行监测和数据采集。因此从2005年开始，各省电力局逐步开始启动用电管理系统。

2008年底，国网公司计划3年内投资近800亿元用于在系统下27个省网公司建立用电信息采集系统，其中用于采购专变、公用配变和用户数据采集设备的资金预计将超过600亿元。这意味着公司生产的用电自动化管理终端和载波表市场将面临一个爆发式增长的市场。

高压变频器：高压变频器广泛应用于煤炭、冶金、电力、建材、石油、化工等行业，实现高压电机的调速运行及优化控制，并达到大规模节能降耗的作用。我国的高压变频市场还处于起步阶段，主导品牌是西门子、ABB和三菱，国内产品占35%左右的市场份额。在节能减排政策压力下，采用高压变频装置成为大型用电企业节能工作的重要举措。

近两年高压变频装置市场经历了年均50%以上的增长，市场容量已超过16亿元。国内生产厂家在高压变频装置市场中竞争激烈，价格有所下降。

四、输变电设备的市场竞争情况

今年以来，国内输配电及控制设备整体销售收入同比增长约30%。据预测，全年行业收入增长将在25%以上，变压器、高压开关等电网主设备继续保持旺销势头。但行业整合力度加大、速度加快引起业界广泛关注。

随着我国电力工业进入大机组、大电厂、大电网、超高压、自动化、信息化，在电力结构方面调整了发电、输电、配电之间的关系。在发展电源的同时，高度重视电网建设，使输电网、城网、农网均得到极大发展，极大地促进了输变电产业整体质量的提升。

2006年1～12月，我国输配电及控制设备制造行业实现累计工业总产值398921043千元，比上年同期增长28.03%；全年实现累计产品销售收入383616162千元，比上年同期增长28.36%；全年实现累计利润总额27887164千元，比上年同期增长26.58%；全年累计亏损企业亏损总额为1300923千元，与上年同期相比，下降了9.35个百分点。

就目前来看，我国输配电设备行业面对巨大的市场需求，相对于那些中低端产品来说，由于行业进入门槛较低，企业众多，竞争激烈，利润率普遍较低。

作为在输配电及控制设备成本中占有较大比例的铜铝等有色金属的价格却仍然维持在高位。从而使得电线电缆、电机、变压器、高压开关等设备成本压力增大。2003年以来，铜、铝有色金属价格持续走高。变压器、开关等行业承受了较大的成本压力，普遍毛利率仍然较低。电力设备特别是低电压等级的输变电设备盈利能力将受很大影响，如果不能把来自材料的成本压力转嫁，未来一个时期仍将面临增收不增利的尴尬局面。

因此，部分企业纷纷通过收购兼并或者重组方式力图发展壮大。就目前来看，企业普遍采用的重组方式有三种：

一是在政府主导下的企业主动寻求做强做大，以行政手段为主的重组和遵循市场原则的重组。例如组建中的云南电力装备集团。云南国资委形成的方案是——昆明电缆、昆明电机和力神重工共同组建电力装备集团，组建集团后的云南电力装备业将增加协同作战的能力，在未来一个时期，通过资本市场融资，力争有良好的表现。

二是输变电设备行业圈外的企业力图通过收购业内企业强势进入输变电装备业。例如，中国兵器装备集团公司重组天威集团共建“中国电谷”。

三是外资通过并购本企业，获取加工能力和国内的销售渠道。

显然，对于我国输变电设备行业未来的发展趋势，那些具有高端产品和技术，而且具有资金和规模的企业将承受住成本的增加及行业并购浪潮的冲击。

五、国内输变电设备企业在特高压的市场份额

受特高压电网项目的拉动，以西电集团、天

威集团、特变电工为代表的国内输变电制造企业，依靠自主创新获得的国际先进技术，目前在全球经济危机中正迎来了难得的发展机遇，有望大力崛起，向世界最顶尖的输变电制造企业发起强有力的挑战。

当前我国输变电制造企业在全球市场上处于“第二集团”的位置，与ABB、西门子这样的世界顶尖类企业相比，无论是在国内市场还是国际市场上都有很大的差距。在国内的输配电设备市场上，占据市场份额第一的是ABB公司，约达20%，而国内最大的输变电制造企业——中国西电集团在我国占的份额还不到5%。2009年2月19日，ABB(中国)有限公司公布了2008年的业绩，年销售收入再创新高，超过41亿美元，比2007年增长21%。近5年来，该公司在中国的销售额保持了20%的年均增长速度。

然而随着我国特高压电网项目的出现，对国内输变电制造企业提升技术水平起到了强有力的拉动作用。在北京刚刚结束的2009特高压输电技术国际会议上，国家电网公司宣布，我国已全面掌握了特高压输电核心技术，预计到2020年我国对特高压的总投资将超过6000亿元。特高压电网项目将为国内输配电企业的崛起提供难得的机遇。

事实上，以西电集团、天威集团、特变电工为代表的国内输变电制造企业，目前已从国内首个特高压交流试验示范工程晋东南—南阳—荆门特高压项目，及750千伏电网项目中获得了大量的具有自主知识产权的国际先进技术。我国企业已自主研制成功了世界上首套1000千伏、300万千伏安分相单体式特高压变压器和电压等级最高、容量最大的1000千伏、96万千乏并联电抗器等关键设备，实现了我国输变电设备制造技术的全面升级。

国家电网公司陕西电力科学研究院高压所副所长杨韧对记者说，在我国刚开始建设750千伏电网工程时，由于国内还没有掌握关键技术，ABB、东芝等国际输配电设备巨头都向中国提出了代价高昂的合作方案，对其垄断的关键元器件更是漫天要价。如750千伏电网开关中的复合材料套管，报价竟达80万元，而国内研发出来后市场价只有30多万元。特高压的研发大大增加了我国输变电制造企业的信心，“中国企业再也不必对国际输变电制造巨头充满迷信和畏惧”。

同时，由于全球经济危机的出现，又给世界输变电制造行业带来了一次重新“洗牌”的机会。全球金融危机发生后，除中国以外的新兴市场，由于受新的大型电力基础设施项目减少和新产能投资减少的影响，输变电设备的订单量正大幅萎缩，能否得到中国市场已成为全球输变电制造企业兴衰的关键。这给了国内输变电制造行业一个前所未有的能迅速崛起的机遇。

第三节 2006—2009 年输变电设备的发展

一、2006年输变电设备行业的总体分析

2006年，全国新投机组总量为101170MW（兆瓦），超过市场普遍预期的90000MW，年底总装机达622000MW，同比增长20.3%，年度增速创历史新高。从电源构成来看，火电占77.8%，上升2.1个百分点；水电占20.7%，下降了2.0个百分点，这是缺电情况下追求短、平、快提高供给能力的结果。可喜的是，作为清洁和可再生能源的风电总装机虽然累计总量仅为1870MW，但是当年增速高达76.7%，归功于国家环保政策的推动。

2006年的电力设备行业是波澜壮阔的一年，无论是发电还是输配电行业，都处于上升通道。2006年1～11月，我国发电与输变电行业销售收入和利润总额同比增长34.14%和34.32%，行业持续保持高增长态势，但毛利率水平却持续下滑，整个行业承受较大的成本压力。据统计，2006年输配电行业投资接近2000亿元，比2005年的输配电投资增长了40%，全国新增220kV及以上线路30000千米，变电容量15000万kVA，

行业内各公司业绩普遍呈现爆发式增长。

二、2007年输变电设备行业总体分析

“十一五”期间全国电网投资加速“十一五”期间国家电网公司规划投资11200亿元，南方电网公司规划投资2341亿元，合计13541亿元，年复合增长率达20%。2006年，国家电网公司完成投资1482亿元，南方电网公司完成投资373亿元，全国电网投资2105.75亿元。2007年国家电网公司计划完成投资2025亿元，南方电网公司计划完成投资413亿元。

从2007年一季度数据看，电源设备子行业盈利能力继续下滑，但输变电一次设备仍然表现出较强的盈利能力和较好的增长势头。2007年1～6月，国家电网公司完成电网建设和改造投资743亿元，同比增长20.3%，为全年计划的36.7%；南方电网公司完成电网建设和改造投资190亿元，同比增长20%，占全年计划的46.0%。

07年电力设备行业继续保持快速增长，但子行业各有不同。前8个月，行业收入、利润总额分别同比增长32.17%、33.62%，实现快速稳定增长。细分子行业来看，发电设备07年前10个月产量同比增长10.4%，增速明显放缓。发电设备增速放缓主要是受火电设备需求下降影响，但可再生能源如风电、水电以及核电的需求则快速增长。而受电网投资拉动，输配电设备制造子行业需求旺盛，前8个月的收入和利润总额分别同比增长34.75%、31.81%。由于受原材料涨价的影响，输配电子行业毛利率有所下降。

三、2008年输变电设备行业总体分析

1．电网建设方兴未艾推动输变电设备需求扩张

我国电力建设一直存在着“重发、轻供、不管用”的问题，电网建设投资比例偏低。我国自2004年至2007年底，电源建设投资额度占到电力工业固定资产投资的近60%以上，电网建设投资额度不足35%，电网建设已远远落后于电源建设。08年1～11月全国电源基本建设完成投资2736.53亿元，占07年投资的90.0%，全国电网基本建设完成投资2343.66亿元，占07年投资的95.6%，电源和电网投资额度占比分别为54%、46%，预计今年全年的电网电源投资比例基本能实现五五开。

这一比例与前几年相比提高幅度较大，表明我国电力系统建设重心正在调整，电网建设投资在加速，不过这一投资比例依然低于国际上发电设备与输变电设备投资比例4：6的基本规律，因此我国电网建设仍具有广阔的空间。

近期为落实国务院扩大投资举措，两网公司上调了投资规划：南方电网公司决定09、10两年将进一步加大城网改造和农网完善的投资力度，初步计划每年新增投资约300亿元用于城网改造和农网完善，全网建设投资规模达到900亿元；而按照国家电网公司新的投资计划，未来2～3年内其电网投资规模将达到1.16万亿元。

国家电网公司2006年、2007年的投资额分别为1893亿元和2254亿元，2008年预计完成2520亿元，三年共完成投资6667亿元。根据原规划“十一五”后两年投资计划为5500亿元，而此次国家电网公司调整后的“十一五”后两年电网投资计划预计约为7600亿元，相比原计划上调幅度超过35%；南方电网公司原规划“十一五”后两年投资额度为1100亿元，此次调整后每年新增投资约300亿元，上调幅度约55%；总体来看，预计两大电网公司在09、10两年全国范围内电网投资额度将达到9300亿元，比原规划的6600亿元上调了41%，预计09、10年全国范围内电网投资同比增速分别为38.7%、16.3%。

电网投资一般可以分为四个部分：土地、基建及其他，变压器、高压开关，电线电缆，电网控制及保护设备（二次设备），这四个部分大约按照6：2：1：1的投资比例进行投资，因此设备制造则分享近40%的市场份额，测算下来09、10年约有3700亿元的市场提供给输变电设备制造行业，未来两年电网建设将带来输变电设

备需求迅速扩张。

2. 超（特）高压电网仍是主要投资方向

输变电不同电压等级设备面临的市场需求增量有所不同，从此次两网公司公布的具体投资方向看，电网建设格局仍是以超（特）高压电网为主，因此我们认为超（特）高压设备是未来两年的需求重点。国网公司公布的计划中，用于大型电站送出工程和跨国、跨地区联网以及750千伏、550千伏主网架工程总计5500亿元基本上是超（特）高压网，在城市电网改造中，220千伏电压等级的设备需求量也较大，粗略计算，未来两三年新计划中超（特）高压电网投资占总投资的一半以上。

从长期看，国家电网提出发展特高压的战略，根据规划，到2020年，我国特高压电网基本建成，输送电量将达到2亿千瓦以上，占全国装机总容量的25%，两大电网公司在特高压电网上的投入约4060亿元，其中交流为2560亿元，直流为1500亿元。在“十一五”期间，国家电网公司将建成晋东南－荆门特高压交流试验示范工程，建成晋东南－陕北、晋东南－北京、荆门－武汉以及淮南－上海特高压工程；开工建设溪洛渡、向家坝和锦屏水电站外送的±800千伏直流输电工程。南方电网公司计划建设“一交一直”两条特高压线路，分别是云南－广东±800千伏直流输电工程和云南昭通－广东惠东1000千伏交流输变电工程。

超（特）高压建设将给超（特）高压设备制造商带来发展机遇。我国超（特）高压技术主要集中在几大龙头企业手中，特高压设备领域为寡头竞争格局，主要产品包括变压器、换流阀、开关、控制保护、成套设计等等，主要参与上市公司包括特变电工、天威保变、许继电气、平高电气、国电南瑞。

3. 节能降耗政策推动输变电设备行业发展

目前我国非常重视节能降耗，“十一五”期间我国的节能降耗目标是：“2010年人均GDP比2000年翻一番，GDP能耗要比‘十五’末期降低20%左右”。随着电力投资创历史新高，电力工业规模也不断扩大，但其自身的能源消耗和污染排放问题也日益突出。

电力工业是能源消耗的“大户”，因此电力工业及其上游是节能减排的重要对象之一。在其中输变电设备在节能减排中发挥重要作用，广泛采用非晶合金变压器、变频器、无功补偿等节能设备以降低电网损耗。

3.1 非晶合金变压器

在电网中，电能从发电厂发出要经过多级变压器变压以及不同的电压网络传输才能到达用户，供用户使用。由于“涡流”使变压器的铁芯发热，造成损耗，即“铁损”，这是变压器能量损耗的重要部分。目前普遍使用的变压器为硅钢做的铁芯，如果使用非晶合金做成铁芯，则能够将空载损耗率降低60～80%。由于非晶合金变压器具有空载损耗小而经济运行负荷率相对较低的特点，特别适用农村乡镇、城市居民生活用电，城市农村配网的建设对于非晶合金变压器需求巨大。目前置信电气在非晶合金变压器领域具有先发优势。

3.2 节能大功率电力电子设备

变频器、无功补偿等节能大功率电力电子设备属于电力设备大行业，是一个新兴行业。电能有95%以上需通过电力电子设备调节后才能为终端使用，因此该行业产品使用范围广泛，目前有几十种产品，更重要的是行业涉及重大节能技术，受国家多项政策支持，代表了节电设备未来的发展方向，预计将在今后二、三十年内快速成长。国内的市场容量巨大，未来几年节能大功率电力电子设备年需求将达到200亿元左右。目前在此子行业中主要上市公司有荣信股份及智光电气。

4. 原材料成本大幅回落提升行业盈利能力

输变电行业主要产品所用原材料主要是钢、铜、铝，占成本比重在70%以上。其中变压器的主要原材料是硅钢片、钢材和铜，硅钢片占比30%，钢材10%，铜占比30%，绝缘材料5%；开关的主要原材料是铝、铜、钢材，其中铝占比25%，铜占比20%，钢材占25%；电线电缆的主要原材料是铜，占比70%。

输变电企业前几年承受了原材料价格的大幅上涨，近期钢材、铜、铝价格下跌幅度较大，硅钢价格前期也出现了一定幅度的回落，从09年看，全球经济放缓将导致原材料需求下降，钢材、有色金属产能不断释放使得的市场中的供应偏多，原材料价格仍将延续下行态势。

四、2009年输变电设备行业总体分析

2010年电网投资超预期是个大概率事件。09年电网投资低于预期的根本原因在于，电网公司正在通过“压投资”的方式跟发改委进行博弈，希望能够提高销售电价，进而将压力转移到下游。

销售电价上调2.8分钱对电网2010年的投资至关重要。电网公司有望将近两年积攒的投资在未来一段时间内一次性释放出来。也就是说，09年电网投资是畸形的，我们预计2010年电网投资增速将恢复到07、08年的水平，同比增长20%～25%。

目前，电网建设仍然是在弥补历史欠账。经过测算，当我国220kV及以上输电线路累计容载比（变电容量／装机容量）达到3的时候，电网弥补历史欠账的局面将会结束。按照未来3年30%的复合增长率计算，2014年电网高速建设时期结束，未来我国电网投资仍将维持高速增长。

2010年国网将重新占据主要地位，由于国网地域广阔，所以对超高压、特高压电网的建设更有热情。所以我们判断，2010年输电网的投资的增长将会超过行业的平均水平，750kV及特高压电网建设更是重中之重。

国网获得菲律宾电网25年特许经营权，以及俄罗斯电网改造等事件都预示着行业的目光已经延伸到海外，这也令行业的景气周期得到了有效的延长。我们预计，俄罗斯电网改造项目在2010年将有实质性的进展。

哥本哈根会议在即，在节能减排的大背景下，我国产业将出现结构性的调整。节能减排可以用“开源节流”来形容，随着节能标准的不断提高，我们更应将注意力集中在“节流”领域，中下游产业节能需求将更加旺盛。高压变频、SVC、非晶合金变压器都面临爆发式增长。

第四节 输变电设备行业面临的挑战

一、输变电设备产品质量尚须提高

我国输变电设备制造业发展还是不平衡。我国输变电设备制造企业注重主设备的研制，而对配套设备却重视不够，这致使配套设备制约了我国输变电设备制造业的发展。此外，我国输变电设备制造业部分所需关键材料仍不能制造。比如变压器用高导磁硅钢片、复杂成型绝缘件等仍依赖进口。我国输变电设备制造业成套综合集成度低，无法与ABB、西门子这样的跨国公司抗衡。

如火如荼的智能电网研发和建设，将成为未来电网投资的一个重要方向。智能电网和数字化变电站是未来电网的发展方向。这就需要一次设备、二次设备和电力电子这三大专业技术的融合。我国目前在三大专业技术上均有进展的企业非常少，由于这些具有不同技术优势的企业各自为阵，这给不同技术的融合带来了很大的困难。如果能将这些各自在不同技术上具有优势的企业进行整合，将能进一步提升我国的输变电设备业及电气设备制造业水平。

二、输变电设备行业技术提升不能停

电源投资形成对发电设备的需求，电网投资形成对输变电设备的需求。在国家大力推进西电东送、三峡送电、全国联网的政策背景下，长距离输送电力的趋势越来越明显，同时电力供应安全也提到前所未有的高度，输变电及控制设备制造企业面临很好的发展机遇。虽然市场形势一片大好，但输变电设备制造企业仍然不可避免残酷竞争的局面，尤其是要在技术和质量上不断提升，以抵御来自跨国公司的强大压力。

把握智能化的技术趋势

随着电力工业持续高速发展，高压开关、中

低压开关行业将面临大好机遇，会有一个大的发展。在超高压方面，如果具备智能化电气功能的元器件能渗透到高压开关中去，对保证输电线路的可靠性将有重大意义。今后变电站自动化的运行模式将从无人值班、有人值守逐步向无人值守过渡。因此，遥控警戒技术、防火、防盗、防水、防汽、防泄漏等远方监视技术将会得迅速发展，中低压开关需求也会相应增加。如目前12kV真空断路器在国内已占绝对优势，一般可以满足输配电要求，还应发展专用型断路器；目前中低压开关柜多为空气绝缘，今后应大力研发SF6绝缘开关柜，目前有些工厂已在研发生产，少量投放市场。拉近与国际标准的距离输配电及控制设备制造业属于传统产业，采用国际标准是提高行业整体水平的重要途径。因此，要从实施国家采标政策入手，通过采取调整采标体系、对采标工作综合管理、建立国际标准数据库并运用计算机进行动态统计分析、及时跟踪IEC标准动态等有效措施，加快推进我国输配电及控制设备制造业的采标工作。贯彻实施国际标准，能够有效地推动行业技术进步与发展。通过采用国际标准，输配电及控制设备制造业标准水平将大大提高。增强产品的国际竞争力，扩大出口。以变压器行业为例，沈阳变压器厂、西安变压器厂、保定天威集团等企业出口增长，年创汇额都在千万美元以上。由于我国标准与国际接轨，使厂商在许多国际国内招标投标项目中获益。比如在德黑兰地铁工程中，我国生产的继电保护直流电源中标，合同金额达4000万元人民币。

走出国门先走三步棋

在世界各国产品大量进入中国市场的同时，中国产品也必须加快进入国际市场的步伐。但与国外产品相比，中国输变电产品在外观和产品的特性等方面均存在着不少的差距，既影响了国内销售，也阻碍了产品走向世界。提高产品电压等级。就国际市场而言，20kV级的产品是输配电网重要的电压等级产品，但是20kV级至今在中国仅有少量使用。由于中国没有20kV产品，常常只能用35kV产品代替，影响了我国电力成套输变电设备走向国际市场。凡是国外电力用户要求提供20kV级成套输变电设备的招标中，由于我们的产品不配套，投标都很难成功。增强产品可靠性。电力装备的水平、可靠性对电力工业的发展至关重要。

而继电保护设备的水平、质量、可靠性将直接影响电力设备的正常运行。尽管国内的继电保护行业已经进入微机数字式保护，且有一定量的出口，但在世界范围内人们更认可采用ABB、阿尔斯通、西门子、GE公司的产品，或认同七国集团的产品。提高继电保护主机和元件的水平、质量和可靠性，是电力装备工业的重大课题。细分市场。由于各国的国情不同，气候环境不同，世界市场必然是多种多样的，我国应该扩展更多的产品品种，适应多变的市场要求。如全封闭组合电器，由于各国国情不同，经济条件不同，安全标准不同，因此，不是所有的国家和所有的场合都要提供全封闭组合电器。

三、内外资竞争激烈变压器行业格局堪忧

在1995年之前全国的变压器企业只有100多家，而到2003年底全行业已经发展到1000多家。由于进入门槛过低，竞争日趋白热化，厂家争相降价，变压器生产能力已经过剩，多数企业微利甚至亏损，整个行业面临着“势力再组合、市场再划分、利益再分配”的局面。

从世界电子变压器技术发展趋势来看，众多的小型内资企业现有的产品和技术已面临瓶颈，低档的产品，落后的技术，缺少资金，今后将无法在剧烈的市场竞争中立足。目前国内虽然是世界上中低档电子变压器的主要生产基地之一，但绝大多数内资企业拿不到国外用户定制产品订单，出口有限；加之经济效益差，更无资金投入生产中高档产品的技术改造。因而内资企业在国内已逐步失去主导地位，行业排头兵企业的高速发展，加速了企业的两极分化，众多的小型企业处境将更加艰难。

从国内一些企业与国外集团开展合作、合资等情况看，变压器行业的整合已经拉开了帷幕。原材料价格不断暴涨，造成了行业盈利普遍下降，有些企业已经没有利润。而企业不得不面对两难的境地：一方面是国家宏观调控，另一方面是企业不断扩大规模的欲望明显，在这样矛盾的情行之下，市场整合越发显得势在必行。随着各厂家之间的竞争不断加剧，将来必将只有为数不多的企业占据大部分变压器市常这种市场的再划分趋势已越来越明显，利益的再分配也将随之而来。

由于国内变压器市场蛋糕巨大，同时鉴于今后中国重大工程的招投标都要求有合作生产和国产化比例的控制性条款，外加中国有优惠的税收政策、廉价劳动力等因素，外资企业纷纷投身中国市常世界六大跨国公司 ABB、西门子、三菱、日立、东芝和 GE 都已在我国建立了数家企业。而国内的小型企业生产规模孝抗风险能力差，所以整个市场主要的竞争集中在内资企业排头兵和外资企业之间。

据中国国际招标网统计数据显示，2006 年上半年我国共有 11 个变压器设备国际招标项目，其中有 6 个被东芝、三菱、ABB、西门子等国外巨头收入囊中，剩下 5 个由国内企业取得，而其中有 3 个项目的制造商是特变电工或西变这样的“中国西门子”。

另一方面，绝大多数小型内资企业难以同外资相抗衡，在这种情况下，为了能够生存，要么联合起来，组成更强大的市场主体；要么依附于外资，依靠低廉的劳动成本沦为外资的血汗工厂，由此可以推动行业的整合。

我国输配电损耗占电力产量的比重高达 7%，这种状况使我国电力利用率降低，造成巨大的电力浪费。作为输变电行业中的耗能大户，降低变压器损耗已是我国节能工作的当务之急。

今年 7 月 1 日起实施的《配电变压器的能效限定值及节能评价值》的强制性国家标准把能耗高的变压器生产厂家清除出局。如果变压器的损耗高于能效限定值就被认为是高耗能产品，这种变压器是不能生产或销售的。

这次实行的是配电变压器能效限定值中的现行能效标准，目前变压器行业的大多数企业生产的产品都在这个标准之上，但要求更高的目标能效值标准将于 2010 年 7 月 1 日开始实施，各厂商应该抓紧这 4 年时间提高用能产品的节能技术，改进产品结构和生产工艺，从而使产品更适应市场需求。

于 2010 年实施的新的节能标准，对于众多低端变压器生产企业是大限，要想满足新的标准，原有的生产设备和生产工艺必须作出调整甚至更换，这就要具备两个条件，资金实力和市场规模，所以小型变压器生产企业肯定会走合并重组的道路，这也推动了整个行业的整合。

四、输配电设备业的快速增长下财务指标显示存在隐忧

在输变电领域，目前，我国已经成功掌握了 750 千伏交流特高压、±500 千伏超高压直流输变电设计技术，以及部分关键设备制造技术。1000 千伏交流、±800 千伏直流特高压输变电设计制造技术取得突破，世界首条 1000 千伏交流特高压线路已经投入运行。

据统计，去年，电工行业高压开关板的增速相对平缓，最低增速为 6%，最高达 13% 左右。除个别月份外，变压器、钢芯铝绞线等基本保持了 20% 以上的增速。电线电缆 1 ～ 7 月增速达 51.87%，截至 12 月份增幅仍保持在 40%。

此外，用电设备和基础电工产品发展平稳。交流电动机除 1 ～ 11 月同比增长 8.66% 外，其余都达两位数 (约 11% ～ 16%) 的增速。铅酸蓄电池增速保持在 14.4% ～ 23.2% 之间。尤其是电焊机行业，始终保持了自去年中期以来的超高速增长态势。3、4 月份时，电焊机产量的增长幅度只有 7% ～ 8%(1 ～ 3 月为 7.22%，1 ～ 4 月为 7.59%)，到 6 月份，由于当月的同比增幅高达 112.62%，使 1 ～ 6 月的累计增长幅度达到 103.32%。7 月当月增长 65.86%，累计增长

幅度达到96.21%，8月当月同比增长83.62%，累计增长幅度达到94.23%，9月份，当月的同比增长幅度更高达134.63%，累计同比增长达到99.12%，至11月份达到最高，当月同比增长112.82%，累计同比增长则高达115.94%。

原材料价格大幅波动，给电工行业发展带来很大的影响。未来对此应重点关注。

统计资料显示，2008年上半年，铜、铝等有色金属及硅钢片等特殊钢材处于高价位运行状态。以铜价为例，去年2月、3月份每吨价格为65750～66200元，到10月份已跌至32400元，12月份则跌破了“3万元”关口，降到了25000元以下。再以铝价为例，3月份每吨价格为19650元，10月份跌破了14000元，11月份降至13130元，12月份时只有10550元，最大跌幅达46%之多。

原材料价格大幅波动，给企业的影响显而易见。由于电线电缆生产企业在原材料处于高价位期间承接了大量订单，并在考虑了产品生产周期的前提下购入原材料。遇到原材料价格短时间大幅度下跌，企业铜材库存大幅贬值，致使很多企业陷入了极其被动的境地。尤其是部分电缆行业的龙头企业损失巨大。

原材料、燃料价格暴涨暴跌对燃气轮机行业的健康发展也极为不利。例如，去年初国际原油价格大幅度上涨，曾一度接近150美元／桶的“天价”，造成燃油燃气发电设备生产企业严重亏损，经营困难，这种局面使燃气轮机装备制造企业订单大幅度减少。

此外，国际金融危机造成的全球经济增长放缓甚至下行的趋势，将对电工行业发展形成不利影响，因此电工产品出口形势不容乐观。与此同时，由于出口退税政策因素的影响，也将大大减少电器产品的国际竞争力。

种种因素表明，2009年电工行业实现生产、销售和利润等主要经济指标增长20%的目标，将面临很大困难。可以肯定的是，行业平稳发展中存在隐忧，有机遇，更有压力和挑战。

第五节 输变电设备的发展对策

一、输变电设备企业的成长之路

国家“十一五”规划不是“毛毛雨”，对于不同的产业是有“保”有“压”。很明显的，电网建设被划到国家支持的行列，于是，输变电设备行业有了乐观的理由。不过，在乐观者的队伍里，与特高压电网“挂钩”的变压器、继电器及自动保护装置、开关、电线电缆等重点企业未来的道路似乎更为广阔。

变压器按电压等级来划分，可以分为高压变压器和低压变压器，随着国家电网公司在“十一五”期间对特高压项目的上马，未来几年高电压、大容量变压器的需求量将大幅增加。高压电力变压器产品的技术要求高，进入壁垒也相对较高，能够生产高压、大容量电力变压器的企业其竞争优势较大，天威保变就在去年10月份成功地开发研制了我国首台50万MVA/750kV特高压电力变压器并安装于青海省官亭变电站。

与此同时，随着成本的上升，一批竞争优势小的中小企业将面临破产，这将给天威保变、特变电工、西安西变等大型变压器生产企业扩大规模提供了非常好的契机。另外一些企业则通过与国外优势企业合作，来提高自己的产品市场竞争力，如上电股份与阿海珐集团的合作，就是强强联合的例子。目前合资公司的市场竞争力相当之强，国内企业的销售渠道加上国外企业技术优势使得它们在市场中占据了较大的优势，未来成长性较好。

目前，上市的继电器生产企业只有许继电器和阿继电器两家。相对而言，许继电器率先基本完成了产品的技术升级，阿继电器的产品技术含量则相对较低，主要产品仍停留在传统的继电器上，产品竞争力较差。但许继电器的管理能力一般，行业的景气令主营业务收入大幅增长，在无其他大的利空情况影响下，净利润却出现大幅下滑，令业内人士对企业的管理能力颇感担忧。

目前国内生产继电器的新秀南瑞继保，在短短的几年内扶摇直上，已抢占了国内大量的市场份额，许继电器如果不加快步伐进一步地提升自身的竞争力，其在国内继电器行业的龙头位置有可能很快被取代。电力自动化保护设备具有较高的行业壁垒，所涉及的技术领域非常广阔，是集现代信息技术、电子技术、计算机技术、通信技术、控制技术和制造技术等诸多高新技术于一体的综合性技术。

国电系的两个上市企业，国电南瑞、国电南自就是业内的优势企业，特别是国电南瑞公司在电网调度自动化方面的技术居国内领先地位。在高压等级的变电站自动化及保护方面，也占有较高且稳定的市场占有率。另外，南瑞的OPEN—2000D配电自动化系统也已获得市场的广泛认同。

高压开关是电力系统中重要的输配电设备，目前国内三大高压开关生产企业为西安西开、平高电气、沈阳高开，其中，只有平高电气在交易所上市。经过多年的发展，我国自产的高压开关基本可以满足我国电力工业发展和城乡电网建设与改造的要求，很多产品已经达到国际先进水平。如平高电气的主要产品敞开式SF6断路器、隔离及接地开关、GIS等产品，都在高压、超高压市场中有较高的占有率。公司作为最早备战特高压的国内开关厂家，在特高压项目中将取得相当的份额，有利于公司未来业绩的持续增长。

二、输变电装备业持续发展任重道远

随着1000kV特高压交流输变电设备在我国首次实现商业运营，电网企业为我国的特高压网架描绘了一幅诱人的蓝图。在特高压发展过程中，输变电装备制造业迎来了自己发展的契机，在短短3年之内，实现了巨大的跨越式发展。从原来追踪国外大型电气设备制造业的先进技术到如今站在了特高压技术的最前沿，以沈变、西电和平高为代表的高压设备制造商均以此为契机，发展了自己的核心技术，提高了企业在国际上的竞争力。应该说，我国特高压电网战略形成的巨大辐射力带动了整个产业链的技术进步，推动了我国特高压输变电设备的研发和制造达到国际领先水平。

但是这种跨越式的发展在带给我们喜悦的同时，也存在着一定的隐患，如果不能正确面对，可能我们的辉煌就是昙花一现式的。

国际电气设备制造巨头如GE、ABB等能够取得成功的主要原因之一是他们拥有大量的自主研发的核心技术，这些核心技术贯穿输变电设备开发所必须的基础理论、计算分析、工程设计、材料工艺和制造加工技术。为了提高自己的竞争力，我国的输变电装备制造业必须要自主研发原创核心技术，只有如此，才能使自己立足于设备制造的上游。前些年有的真空断路器制造商只是利用部件拼凑断路器，没有系统掌握真空断路器的核心技术，从而缺乏造血能力，不能实现自我发展和持续发展。

国际电气设备制造巨头能取得成功的另外一个原因是他们保持了强大的持续性技术研发能力，因此能够成为本行业的常青树，产生巨大的影响力。从经验来看，几项技术或者专利就能够使得一个企业在短时间内获得快速发展，但是只有保持强大的持续开发能力，不断取得创新成果才能长久地占领高端市场。应该说，在特高压领域我国的输变电设备制造业先拔头筹，取得了辉煌的成就。但是如果要保持在这个领域的持续竞争力，就必须不断投入研发资源，研究特高压设备设计的基础理论和方法，优化产品结构，系统提高特高压设备的创新技术水平，形成持续的原创核心技术。

国际电气设备制造巨头给我们的另一个经验就是要主动进行前瞻性研发，管理人员和研发队伍要利用前瞻性的技术储备引领行业的发展。我国现在赢得了特高压设备制造和运行方面的领先业绩，应充分利用这方面的优势引领国际电力行业的发展，使自己立于不败之地。例如可以通过制定特高压领域的一系列标准以及未来统一坚强智能电网的相关标准来引导国际标准的制定，从而增加我们的发言权，引领国际电力行业发展的方向。主动研发能力需要有前瞻性的思想做指引，有雄厚的科研实力做保障，目光不能仅盯着国内市场，还要调研国外甚至发达国家的需求。

国际电气设备制造业巨头毫无例外都是超级航母，科研、分析、设计和制造部门齐全，其精锐的科研队伍为设备研发制造提供了强大的保障。相比之下，我们的设备制造厂家产品种类比较单一，科研力量相对薄弱，只能在某些领域开展工作，不能系统地进行研究和开发，而现在的技术开发需要多种专业人才团队的协同攻关。当前我国提出的统一坚强智能电网概念就需要多方面的专业知识作为研发基础，显然产品和技术单一化的企业不能胜任系统的研发工作。为此，输变电设备制造企业需要整合科研资源，通过兼并重组、产学研结合等各种方式实现研究开发资源的优化整合。

我国输变电设备制造业实现跨越式和持续性的发展还需要提高企业的管理水平。国际电气设备制造巨头的管理理念都非常先进，形成了优秀的企业文化氛围，实现了无形的企业价值的增值，推动了企业的创新和发展，形成了持久的生命力。我国的输变电设备制造业的管理水平还相对比较落后，大多数企业没有形成具有强大影响力的企业文化。因此，提升现代管理理念和企业价值观必然对企业的可持续发展形成深远影响。

三、中国输变电企业的发展战略选择

（一）加强产业规划指导。加强对输变电制造行业的指导和协调工作，包括对发展方向、发展规模、发展政策、发展重点进行调研、规划、协调，促进业内企业交流协作，实现资源信息共享，帮助解决产业发展中的重大问题和困难，避免企业恶性竞争，实现行业和谐有序发展。

（二）整合产业优势资源。抓住输变电制造产业已被省政府确定为“十一五”重点扶植产业这一契机，争取政策倾斜，新上一批产业链缺失项目，为输变电制造企业获得项目（如电力）创造条件。鼓励龙头企业和骨干企业通过收购、兼并、重组等方式，整合有效资源，打造变压器、互感器、电线电缆知名品牌企业，实施集团化战略，促进链内龙头企业和骨干企业做大做强。

（三）促进产业集聚发展。依托“国家火炬计划衡阳输变电制造产业基地”，启动开行贷款，加快白沙洲工业园区基础设施建设，为输变电制造产业集聚发展提供平台。充分利用各种资源，落实政府扶持政策，促进输变电制造生产企业向园区聚集。

（四）完善技术创新投入机制。加大科技引导资金、新产品研发资金的投入力度，争取产业技改投入资金达到工业企业技改投入资金的30%；鼓励企业找准市场需求空档，大力引进新技术、开发新产品，创造自主知识产权，提升现有成熟产品的质量档次和技术档次，提高产品的技术含量与竞争力；加强银企合作，为企业加大技改投入创造融资环境。

（五）积极开拓国际国内市场。积极引导链内企业建立现代企业制度，以市场为导向，转变经营观念，完善市场营销机制，巩固和扩大国内市场份额和市场占有率；鼓励链内企业尤其是龙头企业和骨干企业，加快技术创新、优化技术服务，提高产品质量，大力开拓国外市场，增强出口创汇能力。

（六）加强质量检测中心建设。通过这两个国家级产品质量检测中心参与相关产品质量技术检测系列规则的制定，为输变电制造产业的发展保驾护航。

四、输变电行业产品有向国外发展的建议

中国加入WTO后，世界各国输变电产品将更多地着眼进入中国市场，中国产品也将加快进入国际市场的步伐。但与国外产品相比，中国的产品在外观和产品性能等方面均存在不少差距，这

些差距阻碍了中国产品走向世界。加速我国输变电行业的发展应着力解决以下问题：

20kV 级产品要加大产量

就世界而言，20kV 级的产品是输配电网重要的电压等级产品，但是 20kV 级产品至今在中国仅有少量使用。由于中国没有 20kV 级产品，常常只能用其他产品代替，因此阻碍了我国电力成套输变电设备走向世界市场。也因此，凡是在国外电力用户 20kV 级成套输变电设备的招标中，由于国内生产厂家的产品不配套，投标就很难成功。现在有少数国内厂家已开始生产 20kV 级的断路器，但是其他产品，如 20kV 级的 CT、PT 等生产厂家甚少。此外还短缺 20kV 级的户外柱上重合器、分断器、跌落式熔断器、限流熔断器和户外隔离开关，特别是 20kV 级专用中压开关柜。我国成套输变电设备要尽快打入国际市场，积极研制、开发上述产品是当务之急。

继电保护装备技术水平、质量和可靠性需提高

电力装备的水平、可靠性对电力工业的发展至关重要。而继电保护设备的技术水平、质量、可靠性将直接影响电力设备的正常运行。尽管国内的继电保护产品已经进入微机数字式保护时代，且已经有一定数量的出口，但是继电保护产品的技术水平、质量、可靠性还不高，得不到国外用户的认可。尤其是不发达国家，他们只认定 ABB、Alstom、Siemens、GEC 公司的产品，或认同七国集团的产品。为此，提高继电保护产品主机和元件的技术水平、质量和可靠性，是提高电力装备工业水平的重大课题。

要关注新型防腐技术的应用

目前，对于户外用品，用户不断提出新的防腐要求，要求改善镀层或采用不锈钢材料，并要求经常拆卸的零部件、螺钉等采用不锈钢材料，有的用户要求提供不锈钢外壳的电容器油箱等。因此，采用新型的防腐技术，采用防锈的金属材料，已经成为提高电工电器产品防腐的重要课题。

丰富产品的品种规格，适应市场需求由于各国的国情不同，气候环境不同，世界市场必然是多种多样的，国内生产厂家应该扩展更多的产品品种，适应多变的市场需求。

如环境条件要求提供最高气温 55℃，风速 55m/s，海拔 2500m 以上，泄漏比距为 3mm/kV 以上的产品（由于制造技术上的难度，电瓷产品的废品率很高，因而造价很高），如果国内生产厂家短缺这些产品，就会丢失一大片市场。

各变电所的结构布局及接线方式是多种多样的，要求提供单柱剪刀式、双柱单断口水平转动式、三柱双断口水平转动式等电压等级的 20 ～ 500kV 隔离开关，但目前国内生产厂家的品种规格不全，特别是较低电压的品种规格和额定电流较小的产品品种短缺。

关于全封闭组合电器，由于各国国情不同经济条件不同，安全标准不同，因此不是所有的国家和所有的场合都需要提供全封闭的组合电器。

从目前许多国家发布的标书中对设备的要求可以看出，要求高压断路器采用纯弹簧操动机构是很多的，且要求开断电流高达 40kA 以上，而国内此类产品的生产却不多。

发展中国家变电所中变压器的容量一般为 63000kVA，大多为 20000 ～ 31500kVA，因此应提高这些配套产品的质量，提高 11(12)、22(24)、33(40.5)kV 开关柜的技术水平，缩小开关柜的宽度，更进一步扩大产品出口量。

目前，越来越多的发展中国家开始注重使用电容器补偿装置，电容器组容量一般为 3000 ～ 10000kvar，单元容量应在 500kvar 以上，因此要求提供能开断空载线路、电缆线路的电容电流，并要求提供开断电感电流的断路器技术数据，但目前我国企业所提供的这些数据不完整。此外，很多国家还要求提供性能良好的为控制保护电容器专用的继电保护设备，否则就难以推向市场。

由于合成绝缘子的广泛应用、全封闭组合电器的应用、断路器结构的改进，使电瓷产品需求量不断减少，必须加快调整电瓷行业产品结构。

加强计算机应用技术的交流

随着计算机技术的发展和广泛应用，电力、电工电器等行业都将计算机技术用于生产管理，有关这会、行业协会应该设立专门的专业委员会，创造条件，开展各种类型的活动，扩大计算机技术的应用交流。

大力普及网络技术

目前，国内外的网络技术及其应用均发展很快，在我国的南方和东南沿海地区已有越来越多的企业重视网络技术的应用。企业的经济信息、技术进展情况已经上网并不断更新，已成为企业重要的快速传播信息的阵地，建议有关学会、协会成立专门的网络信息专业委员会，广泛交流网络信息技术，普及和扩大网络的应用。

第二章 输变电设备主要产品的发展

第一节 变压器

一、铜价下跌对变压器行业的影响简析

变压器合同一般提前半年至一年的时间签订，大的工程项目需提前 1 ～ 2 年的时间签订，且大部分采用闭口合同。

变压器企业在进行成本测算时，一般参照即期的现货及期货价格。也就是说，变压器企业 2007 年的合同执行价，是参照 2006 年铜现货价格及期货价格而制定的。因此，经历了 2005、2006 年原材料价格上涨所带来的压力后，特别在 2006 年铜现货及期货价格持续上涨的刺激下，变压器企业在进行成本测算时，对铜价有可能持续上涨预期非常强烈。这样，2006 年变压器的合同价格是建立在高铜价的预期之上。

2007 年的铜价下跌，变压器企业将找回 2005、2006 年的损失，迎来丰收的一年。

二、中国电子变压器行业的发展回顾

随着消费类电子产品的需求日趋平稳，电子变压器的生产发展速度放慢，但由于音频和视频、办公自动化和通信等高频电子产品使用的普及和需求增长，高频款式电子变压器的需求量不断增长。高频、低损耗、小尺寸和低价位的电子变压器是目前市场上最畅销的产品。

世界电子变压器的市场基本维持在 50 ～ 60 亿美元，约占世界电子元件市场总量的 6.5%。其中日本生产和消费分别约占世界市场的 43% 和 40%，美国分别约占 17% 和 22%。而亚洲其他国家和地区的占有率急速上升，分别在 13% 和 8% 左右。

国内具备良好的市场发展机遇

由于电子变压器是劳动密集型和以用户定制为主的产品，标准款式产品很少，要达到规模经济生产较为困难，加之市场竞争日益激烈，价格不断下降，生产已转向低劳动成本地区，为国内发展电子变压器生产带来了机遇。

港商纷纷在国内设厂生产电子变压器，在香港市场上销售的产品大都是在内地生产的。由于在台湾生产电子变压器的劳务成本是内地的许多倍，因此许多台商到内地办厂，大大提高其产品在国际市场上的竞争力。日本、新加坡等外商也在我国开设了不少三资企业，加之国内原有生产企业的发展，我国已成为世界电子变压器的主要生产基地之一。

由此可见，国内电子变压器与世界市场的关联度越来越高，其发展在很大程度是由出口促成的。但由于其技术、设备的引进主要来源于日本和我国港台地区，集中性较强、普遍性不够；产品主要是中低档、通用性的，用户定制的少，附加值低，出口价格也低；加之产品出口主要是通过外贸公司中介或合资方外商，这些情况使国内

电子变压器在国际市场的竞争力不强，影响了电子变压器的发展与市场开拓。即使如此，产品出口仍是国内电子变压器生产企业赖以生存和发展的大市场，1994～1998年间，电子变压器出口创汇翻了一番。

1999年1～6月份，电子变压器进口3.56亿只，用汇2.3亿美元，同比增长20%。其中P<1kV的进口3.31亿只，用汇1.13亿美元，同比增长16.4%，零件用汇1.15亿美元，同比增长24.85。

关键在于生产手段和产品技术含量

近几年，国内电子变压器的市场规模呈稳定增长趋势，生产规模的大小主要取决于国际市场的需求和国内产品的出口，进口的增长速度大于生产和出口的增长速度。1998年国内电子变压器的生产和出口规模分别达到8.73亿美元和6.20亿美元，市场规模为4.66亿美元，年均发展速度为11.4%，加其零件的市场规模已达7.33亿美元。预计在2000年，国内电子变压器的市场规模将达8亿美元，生产规模将超过10亿美元，出口将大于8亿美元，进口将近5亿美元。

进口产品占国内电子变压器市场总容量的45.7%，加上零件进口已占57.5%，国内市场和生产已完全与国际市场接轨。出口对多数内资企业来说，并没有从中受益，1998年前，电子系统内电子变压器行业连年全行业亏损，其主要原因是90%以上的内资企业为小型企业，其生产手段落后，产品技术含量低，缺乏竞争能力。

轻量、高效、高密度是发展目标

世界电子变压器技术发展目标是轻量、高效、高密度；片式化产品将进一步发展，但市场占有率不会太高。高清晰度电视和高频显示器用回扫变压器是生产企业关注的主要领域之一，其中无环回扫变压器的需求量将有较大的增长。高频、低损耗、小尺寸、低价位的电源变压器将是市场的宠儿，高压电源变压器市场前景令人鼓舞，生产自动化也是电子变压器生产企业关注的主要焦点之一。

从世界电子变压器技术发展趋势来看，众多小型内资企业现有的产品和技术已面临瓶颈，大中型企业还可引进生产技术，但80年代以来先后的生产技术、设备，随着时间的推移其技术水平已经落后。总的来说，内资企业的产品为中低档水平；三资企业的生产技术、设备主要是引进的，其产品高中低档都有，但仍以中低档为主。

强强联营，资产重组，开辟一片新天地

目前我国虽是世界上中低电子变压器的主要生产基地之一，但是绝大多数内资企业拿不到国外用户定制产品的订单，出口有限，加之经济效益差，更无资金投入生产中高档产品技术改造。因而内资企业在国内已逐步失去主导地位，行业排头兵企业的高速发展，加速了企业的两极分化，众多小型企业处境将更加艰难。

由于国内特定的条件，电子变压器行业的发展前景仍是良好的。今后的竞争主要是内资行业排头兵与外资企业之间的竞争，众多内资小型企业已无能为力了。企业之间强强联合和资产重组将时有发生，排头兵企业加速技术改造，调整产品结构，发展规模经济，提高经济管理水平和市场占有率将是其发展主要策略，中高档电子变压器将有极好的投资发展机会。

三、电力变压器经济运行的总体分析

电力变压器作为电力系统电压变换的主要设备，被广泛应用于输电和配电领域，变压器容量的选择直接影响到电网的运行和投资。对供电部门的公用变压器而言，会使低压网络变大造成过多地消耗有色金属；选择容量过大的变压器会很快满载，甚至过载，将会限制负荷的发展。变压器经济运行与否，是由所带负荷大小、本身能耗的功率以及变压器在磁化过程中引起的空载无功损耗、绕组电抗中的短路无功损耗等因素决定的。

变压器在变换电压及传递功率的过程中，自身将会产生有功功率损耗和无功功率损耗。变压器的有功功率和无功功率损耗又与变压器的技术特性有关，同时又随着负载的变化而产生非线性的变化。因此，必须根据变压器的有关技术参数，通过合理地选择运行方式，加强变压器的运行管理，充分利用现有的设备条件，以达到节约电能的目的。

电力变压器的有功功率损耗包含变压器空载损耗和变压器负载损耗两部分，在一定的负载下，变压器的有功功率损耗可用下式表示：

P=Pn+Pl 2-1

P——总的有功功率损耗；Pn——空载有功功率损耗；Pl——在一定负载下的负载有功功率损耗

Pn=Pt+KQt= Pt+K(I0%Se/100) 2-2

Pl=Pf+KQf= Pf+ K(Ud%Se/100) 2-3

Pt为变压器额定空载有功损耗即变压器铁耗。

Qt 为变压器变压器额定励磁功率

I0% 为变压器空载电流

Pf 为变压器额定负载有功损耗即变压器铜损

Ud% 为变压器阻抗电压

K 为无功经济当量，按变压器在电网中的位置取值，一般可取 k=0.1kW/kvar

Se 变压器额定容量

空载损耗 Pt 是只与变压器铁芯相关的常数，它不随变压器负载的变化而变化。而负载损耗 Pf 则为变压器绕组中的铜线圈电流损耗，根据 P=I2R 故 Pf 与负载电流的平方成正比。I0%、Ud% 为变压器一个固定参数，它们由变压器铭牌或变压器技术参数说明书提供，故变压器损耗主要受负荷变化影响的铜耗决定。

由此根据公式 2-2、2-3 可以计算出一台 30kVA 和一台 100kVA 变压器的有功功率损耗如下：

由表 2-1、表 2-2 的数据可以得出，当三台 30kVA(合计容量为 90kVA) 的变压器在利用率为 50% ~ 70% 情况下并列运行，三台变压器的总损耗 P1 大于一台 100kVA 在相同利用率情况下的总损耗 P2。因此两台及以上容量变压器较相应容量的一台的损失大，同时三台变压器的价格比一台相同容量的更高。同时变压器越大也并不一定就越经济，单从变压器损耗看那是可能的，但负荷越大外端输出电流也越大，外线线路线径就需

图表 13、30kVA 变压器在 cos=0.8 时不同负荷下的损失率

负荷电流(%)	铁损(KW)	铜损(KW)	总损失(KW)	损失率(%)	负荷电流(%)	铁损(KW)	铜损(KW)	总损失(KW)	损失率(%)
10	0.3	0.0085	0.3085	12.85	60	0.3	0.3060	0.6060	4.2
20	0.3	0.034	0.3340	6.96	70	0.3	0.4165	0.7165	4.26
30	0.3	0.0765	0.3765	5.23	80	0.3	0.5440	0.8440	4.40
40	0.3	0.1360	0.4360	4.54	90	0.3	0.6885	0.9885	4.58
50	0.3	0.2125	0.5125	4.27	100	0.3	0.8500	1.1500	4.79

图表 14、100kVA 变压器在 cos=0.8 时不同负荷下的损失率

负荷电流(%)	铁损(KW)	铜损(KW)	总损失(KW)	损失率(%)	负荷电流(%)	铁损(KW)	铜损(KW)	总损失(KW)	损失率(%)
10	0.66	0.0225	0.6825	8.35	60	0.66	0.8100	1.4700	3.06
20	0.66	0.0900	0.7500	4.69	70	0.66	1.0250	1.7625	3.15
30	0.66	0.2025	0.8625	3.59	80	0.66	1.4400	2.1000	3.28
40	0.66	0.3600	1.0400	3.25	90	0.66	1.8225	2.4825	3.45
50	0.66	0.5625	1.2225	3.06	100	0.66	2.2500	2.9100	3.64

要越大，初期造价也相应增加。

所以在相同负荷情况下变压器选择需要考虑一下几点：

（1）在综合了解用户负荷前提下，尽量根据变压器工作在50%～70%利用率情况下选择变压器容量。

（2）变压器长期固定运行情况下可以考虑损耗较小的新型变压器。虽然新型变压器初期价格高，但是新型变压器和高能耗变压器价格差一般能在变压器2～3年的运行中得到弥补。

（3）根据现场供电情况，变压器安装应选择在供电负荷重心区域。同时尽量保证三相变压器负荷平衡，减少负序电压损耗。

（4）变压器的选择应根据变压器损耗和外接线路的投资来充分比较考虑，尽量达到线路初期投资小和变压器损耗低的优化方案。

对于变压器的经济运行应根据变压器现有的技术参数结合实际负荷情况及现场情况，选择合理的变压器运行方式及变压器容量，以便能够实现变压器的经济运行，减少变压器的有功功率损耗。

四、2007—2009年9月中国变压器产量数据分析

图表15、2007—2009年1—9月年中国变压器产量

单位：千伏安

	2007	2008	2009年1—9月
产量	910207719.2	1160784835	933743733.7
同比增长		27.53%	9.70%

数据来源：国家统计局

五、变压器制造业挫折中前进

按照国家对电力部门的“十五规划”，我国2004至2005年新增装机容量将达2500万千瓦，年均电力建设投资将会在2400亿元左右，投资增幅会达40%左右。其中电站设备的投资比重约为50～60%，电网设备的投资比重约为30～40%，加上国务院批准的投资总额为512亿元的13个新电站电厂建设项目，预计变压器行业的年需求量将达3.6亿元。

伴随着新一轮电力投资热潮，包括西电东送、南北互供、全国联网等大型计划的实施，输变电设备制造企业在未来几年都将处于满负荷状态，作为输配电行业重要分支的变压器制造业，也将会在今后几年保持需求平稳增长的积极态势。

2003年是变压器行业近十年来形势最好的一年。最近的统计数据也显示，由于市场需求更加强劲，2004年前10个月，全行业收入与去年同比增长了29.29%，实现利润同比增长43.09%。

旺盛的市场需求进而带动原材料的上涨，这是很自然的。但谁也没有料到，涨势竟然这般生猛。

变协最新的调研数据显示，去年以来，核心原材料硅钢片价格上涨超过100%，其它原材料如铜箔、电磁线、变压器油、绝缘材料也分别以100%、50%、20%和10%的比例大幅上涨。材料价格与年初相比平均上涨了62.4%。

这些数字的分量在于，硅钢片、电磁线等变压器的主要材料，占据了变压器材料成本的四分之三，而整个材料成本又占总成本的逾七成。

保守估计，变压器产品成本急剧上升逾50%！

据了解，在变压器行业，长期以来，原材料大多采用现款现货采购，而合同付款期过长。

这意味着，这段时间，对相当一部分生产厂家而言，按几个月前签的供货合同的价格供货，

将无力承担原材料上涨的巨大压力。

从目前的情况看，今年的供给量还将维持在去年的同一水平，而需求的景气将不可避免地使之显得更为捉襟见肘。

目前国内变压器企业所需取向冷轧硅钢片的生产厂家还只有武钢一家。中商网的统计数据显示，2004年全年，武钢冷轧硅钢产量总计为12.6万吨。该公司在建的二硅钢项目中，8万吨取向硅钢生产线明年才能建成投产，今年产量应该不会有大的提高。

巨大的需求缺口只能依靠从国外进口来弥补。然而，统计显示，2004年头10个月，我国累计从国外进口取向硅钢24.26万吨，比上年同期的25.21万吨略有下降。业内专家提醒说，现阶段，期待依靠加大从国外进口来缓解原材料的紧张局势亦不现实。从国际形势来看，2003年以来，美洲、欧洲等国家拉闸限电现象不断发生，引发这些国家的电网改造和建设增多，需求量亦大增，这种情况下，能保证现有的进口量已实属不易。同时，还不能排除进口量减少的可能。

由于资源紧张，下游需求激增，国外资源到货量不大，而国内硅钢资源的总和又无法满足下游的需求，使得国内硅钢市场形成典型的卖方市场。

去年，武钢多次上调钢材价格。11月1日出台的12月份价格政策中，取向硅钢出厂含税价格上调2950元／吨。价格上调后，平均出厂价格将达到17600元／吨以上。

市场行情更是一路狂奔。据悉，最近在各地钢材交易市场上，取向硅钢硅钢一天一个价，甚至是有价无市，这正在考验着人们日趋脆弱的神经。从目前的每周挂牌价来看，无取向硅钢幅度多为100、200、300元／吨的阶梯上涨，而变压器制造所需的取向硅钢则多以500、1000元／吨的大阶梯上涨。目前已达到29000元／吨的市价。商家手中资源大幅度增值。

新年伊始，武钢发布了今年一季度取向硅钢价格政策。出厂含税价格与一个月前相比，再次上调1995元／吨，这样，部分牌号取向硅钢出厂价已经逼近2万元／吨。而目前市场上，商业炒作氛围日益浓厚。武钢今年的产量是10万吨左右，今年从武钢买走近1/5（2万吨左右）硅钢片的变压器大鳄中电电气集团还是忧心忡忡："价格肯定还会放大，攀升到4万、5万也不是不可能的"。

由于对后市普遍看好，国内硅钢市场价格继续上涨可能还会持续相当一段时间。至于到底会涨到何时，目前能听到的最乐观声音，也是05年的十月。

除了硅钢，其他一系列原材料的上涨，更是火上浇油，让企业心急如焚。现在市面上的变压器已经上涨了30%以上，明年预计变压器价格会涨一倍以上。

痛的，不止是原材料价格不停地涨，更是变压器成品本身提价的艰难。

作为买方的下游，变压器生产企业对硅钢价格的上涨只能被动接受，然而对自己产品价格进行相应的调整，绝大多数企业也同样显得那么无能为力。

变压器市场低价竞争的格局已经好几年。资料显示，1995年之前，全国的变压器企业只有100多家，平均利润率在20%以上，吸引大量生产企业涌入，由于进入门槛过低，厂家数量几年内急剧膨胀至千余家。就目前而言，高端变压器市场基本被国内有实力的企业或外资企业所垄断，而中低端市场基本由其余所有变压器厂家去抢夺，竞争也就日趋白热化。

最近一两年，尽管市场容量在不断扩大，行业利润总额增幅屡创新高，但由于参与市场的厂家太多，变压器整体产能已经过剩。这种情况在中低端产品市场尤为明显。因此，对没有竞争优势的大多数中小企业而言，提供最低的价格几乎等同于拿到订单。

长时间的残酷价格战下，行业整体利润已经摊得很薄。相关统计数据显示，2003年，变压器行业产品销售收入418.99亿元，比上年增长22.28%；行业利润总额21.83亿元，比上年增长47.11%。但是，行业平均利润率只有5.21%。更何况今年再来一场成本大劫！

于是，12月初，在部分业内企业的强烈要求下，由变协方面出面，向各客户单位发出一封致各客户单位的“公开信”，恳请给予变压器企业最大的理解与支持，调整已签定变压器产品的价格，以扶持变压器企业渡过难关。言辞间颇有些无奈的意味。

不过，面对一个强势的买方市场，此举的效果尚不得而之。

向上看，变压器行业面对着一个卖方市场，向下看，又是一个买方市场，处在产业链中间环节的变压器企业被压得喘不过气来。

业内企业虽然数量庞大，但是，具备与ABB、西门子等跨国企业竞争，特别是在高端变压器产品市场竞争的，也只有中电电气、广东顺特、特变电工等几家。其余众多企业集中在技术含量、附加值较低的常规产品制造领域，这一领域的生产能力相对过剩。要降低竞争成本，优化各项资源配置，必须充分整合行业资源，使产业布局进一步趋于合理。

首先就要求行业内部的整合。行业全面整合的帷幕徐徐拉开。北方原国内最大变压器厂“沈变”被新疆特变电工重组并购。南方，生产基地位于江苏的中电电气集团联合美国杜邦，打出“变压器行业领跑者”的旗号大肆扩张，今年的销售已经迅速达到10亿元人民币。形成了其遍布中国遥相呼应的产业格局。业内专家认为，这种以资本、技术为纽带进行联合、兼并、重组会越来越普遍。

上下游的整合也被提上日程。纵观杜邦、ABB、西门子等业内巨头，无一不是以强大输变电核心产品制造能力为基础，与国际工程贸易相结合，走品牌化，成套项目、系统集成、国际工程总承包的发展之路。

国内变压器行业要在加快整合的同时，积极加快上下游产业链的整合，以资本为纽带，提高行业的集中度和系统集成能力。专家强调，这一层次的整合，正是在行业重组和整合基础之上才能实现。

历经这次成本大劫，行业整合的呼声更加迫切。未来几年，将是行业整合加剧，市场集中度快速提升的一个关键时期。

六、建设规模扩大组合式变压器市场趋好

随着城市建设规模的扩大以及现代经济的发展对环境因素的考虑，过去那种集中降压、长距离配电以及像蜘蛛网式的架空电网已经越来越阻碍着现代城市的供电发展。

现在，城网设改造要求高压直接进入市区，变电设备深入负荷中心，电能通过地下电缆传输，配电设备与周围环境协调一致。同时要求变配电设备安全可靠，高性能(即低损耗、低噪声、高抗短路强度)，体积趋向小型化，安装使用简便，免维护或少维护。组合式变压器便是这样一种新型配电设备。

组合式变压器是将变压器器身、开关设备、熔断器、分接开关及相应辅助设备进行组合的变压器。20世纪90年代初，组合式变压器从美国引入我国(在我国俗称“美式箱变”)。由于其结构紧凑、安装快捷、运行灵活、安全可靠、维护简单、环保绿色等优势，迅速为广大供电部门和用户所接受。迄今，大约有2000多台美式箱变在我国数十个城市电网中运行，其运行状况良好。然而，由于美国的供电体制及变压器技术标准与我国有较大的差别，再加上价格方面的影响，在美式箱变刚引入我国的几年中，进展比较缓慢。20世纪90年代末期，沈阳变压器研究所、西安高压电器研究所以及国内少数几个变压器厂家开始自行研制组合式变压器，国内其他几个著名企业更是直接从美国CE引进技术来制造组合式变压器。到目前，我国组合式变压器才有了一个突飞猛进的发展局面。国内组合式变压器可小批量生产的厂家已有近百家，相关零部件配套厂也有数十家。

一、组合式变压器的分类

目前在我国生产的组合式变压器主要有以下几类：按油箱结构分为共箱式（负荷开关、熔断器和器身共用一个油箱）、分箱式（负荷开关、熔断器和器身放置在两个不同的油箱中）两种。按安装场所分为户外、户内两种。按高压接线方式分为终端、环网（含双电源接线）两种。按铁芯材料分为普通电工钢片、非晶合金两种。按相数分为三相、单相两种。

二、组合式变压器的特点

（1）性能优良

采用9、10、11系列或非晶合金系列变压器器身，损耗低、噪声小、抗短路能力强。功能齐全、简单可靠。能切断负荷电流；能进行全范围的电流保护；有环网（包括双电源）和终端两种供电方式可供选择；可实现断相（欠电压）保护、无功自动补偿、有功和无功计量、远程抄表、通信等功能；具有变电站的基本功能。投入少、占地小、安装简便、见效快；省钱，比组合式变电站或酉己电变＋配电房两者的资金投入要少；省地，体积小，约为同容量组合式变电站的1/3，比配电变＋配电房占地更少；省时，安装简便，现场只需拧紧四个螺栓及接好进出线电缆即可；省力，所需功能在产品出厂时即已组装完成，客户只需在订货时提出一般要求即可。

（2）安全性好

全封闭，外表面无任何导电部件，因此无需绝缘距离，能可靠保证人身安全；采用全绝缘的肘形电缆插头配合固定在支座上的高压套管接头，插拔方便；借助于绝缘操纵杆操作，可确保人身的安全；防盗结构可防止无意和恶意的拆卸。

（3）耐候性好

油箱及高低压室采用特殊的防腐喷涂处理，并加喷抗紫外线涂层，耐候性较好。从试验证实，加喷抗紫外线涂层后，产品外观可保持15年以上。维护少。全密封式变压器，油与空气完全隔绝，变压器油的氧化安定性好。其他优点诸如采用自动焊接的片式散热器结构或波纹油箱，密封件少，泄漏率很低；采用难燃油更可安装在防火、防爆要求高的重要场所，无需维护。

三、应用及市场趋势

鉴于组合式变压器具有上述优良性能，目前，组合式变压器在城网农网改造、城市居民小区的建设、街道及高速公路的路灯照明等区域供电应用比较广泛。在某些有防火、防爆要求的重要场所，如风力发电、高层建筑、商业中心及重要市政设施等也有应用。不久的将来，在机场、码头、交通枢纽，在火电厂、水电厂、核电厂等厂用变以及军队装备、戈壁沙漠供电、石油钻井等国家重要设施及领域中必将展现出美好的前景。随着组合式变压器的功能更趋齐全、性能更趋可靠、价格更趋合理，它的市场份额也必将明显扩大。

第二节 高压开关

一、高压开关发展的透析

1、高压开关设备向无油化方向发展，到2003年底，各电压等级的无油化产品市场比重高达97%以上，同时，各电压等级的油开关产品市场份额不断萎缩；

2、高可靠性、免（少）维护型产品市场需求旺盛；

3、产品向信息化、小型化、智能化方向发展进程加快。

4、六氟化硫气体由于其优良的绝缘和灭弧性能，目前在高压电器中得到了广泛的应用，全球生产的SF6气体约50%用于电力行业，其中80%用于高压开关设备。环保是国家乃至全球的大趋势，高压开关设备的发展必将顺应这一需求。

二、中国高压开关行业进展综述

1、高压SF6发展势头良好，且增长稳定，而GIS产品则以倍速增长，尤其是252kV GIS发展明显。

2、特高压开关设备需加大自主研发力度

近期以来，交、直流特高压项目陆续开工，“市场倒逼技术”的紧迫形势，进一步催生高压开关行业诸多新技术。高压交流隔离开关设备的研制明显加速，并实现从超高压向特高压的跨越。行业发展总体形势趋好，但进一步提高研发能力，降低产品成本，仍值得业界重点关注。

3、混合技术开关设备在升温

高压开关设备一般为空气绝缘开关设备（AIS）、气体绝缘金属封闭开关设备（GIS）。

20世纪末世界上出现了另一种开关设备，即混合绝缘技术开关设备（MIS）。包括ABB的PASS型、三菱的MITS型、东芝的GID型、西门子的HIS型、Alstom的GIM型等。它们是空气绝缘或/和气体绝缘组合的紧凑型开关设备。其优势是，它比AIS大大节省了占地面积，又比GIS却大大节省了费用。在20世纪、50年代和60年代，欧洲就是用此设备对老电站进行改造，节约了费用，也减少了占地面积。

在这三种解决方案中，AIS以优化投资成本为特征，GIS以最小的空间需求为特征，MTS则以可靠性极高的单线布置为特征。

4、高压隔离开关的完善改进有成效

高压隔离开关技术有了很大进步，主要表现在两个方面：

（1）自主研发出800kV隔离开关；

（2）现有产品进行了完善改型，更好地满足运行要求。

5、真空断路器更加辉煌

真空断路器是指触头在真空中关合、开断的断路器。真空断路器在我国中压领域居于主导地位，特别是12kV真空断路器市场呈快速增长趋势。

真空断路器最初由英、美研究，随后发展到日本、德国和原苏联等其他国家。近年来，真空灭弧室、操动机构、绝缘水平等制造技术的不断创新和改进，使我国真空断路器的发展极为迅速。目前国内真空灭弧室的品种不比国外差，有采用纵向、横向的磁场技术、采用中央引燃触头技术的真空灭弧室，Cu—Cr合金材料制成触头已成功地开断50KA、63KA。中国的真空灭弧室已达到较高的水平，真空断路器完全可以选用国产的真空灭弧室。

德国汉诺威博览会为世界上最大的工业展览会，素有新产品橱窗之美，从该博览会上可以看出真空断路器趋向于专用化、小型化、智能化、低过电压几大方向发展。

6、真空灭弧室制造技术取得巨大进步

随着真空开关在中低压领域越来越普遍地应用，真空灭弧室的真空度成为用户关心的重点。

真空灭弧室是真空断路器的关键部件，它是采用玻璃或陶瓷作支撑及密封，内部有动、静触头和屏蔽罩，室内有负压，真空度为1.33×10—2～1.33×10—5Pa，保证其开断时的灭弧性能和绝缘水平。只有在一定的真空度下，真空断路器的可靠性才能得到保证。

近年来，真空灭弧室的质量有了很大提高，得益于采用新技术、新工艺、新材料，走技术创新之路。这主要表现在采用大型真空炉、用一次封排工艺、采用低碳量的不锈钢制造波纹管、用铜陶瓷封接取代可伐一陶瓷封接，尽量少用或不用可伐等。

7、金属封闭开关设备（开关柜）有新亮点

8、负荷开关与环网柜发展空间大

三、2007—2009年中国高压开关产量数据分析

四、中国开关设备制造业发展面临的难点

图表16、2007—2009年1—9月年中国高压开关产量

单位：面

	2007	2008	2009年1—9月
产量	427331	469765	505743
同比增长		9.93%	22.13%

数据来源：国家统计局

首先，我国输配电设备特别是高低压开关设备产品存在结构性矛盾。这表现在高低压开关设备制造业虽有总量的优势，但在产品品种、档次和性能方面还存在许多问题。低压产品过度竞争，110kV及以上产品处于弱势，智能化产品数量较少。

其次，我国企业普遍存在的产品质量体系问题成为制约电力发展的“瓶颈”。目前，在我国的电力企业中，完善质量和标准体系已经迫在眉睫。比如“3C”认证，能使企业及时获知国际技术法规、技术性贸易措施等信息，有利于加速产品质量标准与国际接轨。

第三，我国输配电产品还面临国际市场的竞争。随着我国加入世贸组织，跨国公司进一步在中国投资，实施“本土化”战略，国外先进的高低压开关设备将大量进入国内市场，面对实力强大的国外竞争对手，国内企业原有的产品价格优势会受到猛烈冲击。随着“西气东输”、“南水北调”以及直流输电、直流联网等工程相继启动，长江三峡特大型水电站开始发电，“西电东送”等大型工程建设进入攻坚阶段，一大批电气化铁路、高速公路、城市轻轨、地铁等工程建设的进展，高低压开关设备制造业迎来了难得的市场机遇。

五、高压开关行业的发展应强调结构调整

新世纪开始的“十五”计划以发展为主题，以调整结构为主线，以改革为动力，我们应紧紧围绕这三个关键题目做好开关行业发展的文章。

近几年来，全国工业保持稳定增长的态势，今年1～3季度工业增加值增长10.3%。机械工业1～3季度实现销售收入增长15.77%，增幅有所回落（较1～6月回落0.58个百分点，1～8月为16.35%）。电工行业1～3季度销售收入增长13.78%，虽低于机械工业增长幅度，但利润增幅产大，利润总额达到102.5亿，比去年同期的67.9亿增加了34.6亿。产品市场也得到了进一步的扩大，这是值得肯定的方面。但另一方面，亏损企业的亏损额同比也增加了1.08%，亏损企业在统计的29081家企业中占了8275家，亏损面为28.46%，较去年同期增加1.33个百分点。电工行业在统计的6900家企业中亏损面为26.22%（1809家）。这是谁也不能轻视的问题，如果处理不当，势必牵动整个行业发展的全局。

从上述数据可以看到，机械行业的生产、销售在增长，但企业脱困的问题并未根本解决，形势好的企业掩盖了困难企业的问题。国家统计局的统计数据也说明了这个问题的严重性。

数据是1～8月份的：国有大中型企业全国共有29000家，机械行业有8215家，电工行业有6900家，其中亏损企业1800多家，企业的脱困并没有完全解决。2000年末，已脱困的企业又有582户重新亏损。

三年来，国务院推出了许多帮助企业脱困的措施，但从实际情况看，政策措施所起到的作用是短期的、有限的。改革的进程还没有、或者还不够有力地触动深层次、根本性的矛盾。

国家采取积极的财政政策，拉动内需，对国民经济的进一步增长起到了很大的促进作用，特别是发行国债、推动城乡电网改造，对电工行业的发展起了关键性作用。

城乡电网改造总投资为3100亿元人民币（其中国电公司投入2500亿），目前已完成85%，农村电网改造已完成1366亿，占计划的88%。现在正蕴酿的第二期工程的投资规模约1000亿，我们的电工行业企业要抓住这次机会。

全国500kV的联网建设工程，福建与华东的联网已实现，山东和河北联网等工程也在开展，输变电行业前景还是很好的，西北地区330kV升级为750kV的输变电工程已经立项，这些都是开关行业的未来市场。可以说，高压开关行业将面临的机会是非常可观的，但若想把握这次难得的机会，必须摒除影响企业进一步提高的障碍，解决行业深层的、实质的问题，其中根本性矛盾就是“产业结构”不合理，与现实需要和发展的巨大冲突：首先，这种结构导致企业竞争力不强，特别是国有企业生产效率低、人均指标低。第二，产品开发能力不强，致使一些高技术的产品仍需

进口，包括三峡等一批国家重大工程使用的如500kV级的产品。

第三，企业的规模不够大，年销售量超过5亿的只有5家，其作200家都是中小企业。中小企业区域分散、产品趋同，大的也不够强。第四，产业结构、企业内部结构不尽合理。

现代市场的国际化要求分工明确、细化，产供销的全球一体化，要求每个企业产品的性价比达到最大程度的优化，中国各地企业只有充分发挥自已独特的优势，才能顺应这一潮流，这就要求我们的企业进行专业化生产。过去那种大而全、小而全的企业结构，导致了整个行业的结构趋同、产品单一、技术落后，加之企业办社会的包袱，使行业积重难返、创新乏力。

这便与国家经济高速发展的要求、人民改善生活的迫切要求形成鲜的矛盾。同时，在中国的国际化进程中，这种状况必然受到严竣挑战，必须加以及时改变。在新的形势下，我们开关行业出现了一批配套企业，这是企业适应形势作出的正确回应。但要避免上项目一窝蜂、重复建设，导致新的不良竞争，要提高集中度。

针对结构调整，行业应引导企业加快改革、改组、改造的步伐。首先要解决一个重复建设、结构趋同的问题，进行差异竞争、优胜劣汰。

1、改革体制与机制，实现资本结构多元化

开关行业中，工业增加值、销售收入、税收、利润等主要经济指标排前20名的情况分析，民营与合资企业已占主导地位，国企仅有6家。如果按人均指标看，全员劳动生产率、人均利税，排前20名的全是民营与合资企业。这直接说明了改制和改变企业内部机制的重要性。

2、优化产业组织结构，发展“中场产业”。

中场产业是指最终产品装配工业和基础材料工业之间的零部件、元器件、中间材料的制造业。它将是制造业今后的核心和带动性产业，通常以中小企业为主，技术革新十分活跃。大力发展中场产业是解决我国日益严重的就业问题的一条重要途径，如操作机构的集中生产。GIS绝缘子、真空断路器的真空管已专业化化生产，铝铸件等也将是专业生产的好选择。另外，发达国家的产业升级政策引起了部分产业的国际转移，而加入WTO后中国市场将成为首选目标，当前应是积极接纳国外中场产业转移的大好时机。

3、建立企业内部创新机制。加快技术革新、技术改造，以信息技术提升产业的技术结构。

(1) 推动企业业务流程的优化重组和管理的合理化。

(2) 实现产品“机电信息一体化”，提高智能化、数字化的程度。

(3) 提升生产过程柔性化、自动化水平。

(4) 企业内外信息的集成与共享资源优化配置。

(5) 企业内外物流的建立，成为利润的第三源泉，企业要同时控制生产成本、销售成本和物流成本。

(6) 借助CAD、CAM快速回应市场，满足用户个性化要求，进一步扩大市场占有率。

要注意解决发展高技术与劳动力密集企业关系，要重视投入产出比，不要盲目追求高技术。

4、借国外著名企业重组产业转移的机会，积极参与合作，与之进行联合、重组，使企业逐步走向大而强，进而建立强强联合的世界制造工厂。

经济全球化使世界正面临第一次大规模的重新分工。从不同产业的全球分工，到产业内全球分工，跨国公司将成为这一重大变化的重要载体。“国家经济利益”不仅体现在本国资本的“民族工业”，而且体现为有境外资本参与的“本土企业”。

在国际分工体系中，国家发展战略的重大调整，目的是在全球范围内充分发挥和利用比较优势，补上比较劣势。目前外国著名的跨国公司进入中国，与我们合作，补足了比较劣势。同时，更重要的是要比较优势变成竞争优势，也要利用全球化的机遇，“世界的制造工厂”就是基于这种观点而提出来的。我们中国的电工制造行业是具备这种条件的，我们有广阔的市场、丰富的人力资源、安定的社会环境、稳妥的政策措施。所以外资积极进入，美国“9·11”事件后更鲜。我们要敏感一点，抓住时机，入世已经为我们制造业提供了公平发展的条件。要强调一点，利用外资不仅是融资、改变机制，更重要的是得到技术支持。开关行业有一部分合资企业，其中真正得到发展的则是与国外同行合资的企业，如厦门ABB、镇江长江集团等。通过结构调整，预期能解决三个问题：1、提高产品市场占有率，2、安排多余人员，3、多方面、多渠道融资。通俗地说就是解决产品卖给谁、人往哪里去、钱从哪里来的问题。这也是提高企业竞争力的主要方面：产品要满足顾客需要；减员增效，建立激励机制；不断投入开发新产品，进行技术改造。结构调整必须处理好存量调整与增量投入的关系，二者必须同时进行。

当前经营中应该重视的一些问题是：

1、经营战略问题。不要只看到眼前利益，要明确企业经营战略，要看得长远，要重视信息的不对称性，即制造方与买方之间的信息是不对称的。如电力系统的发展览会我们都不知道，这样是很不利的，卖方应该知道，需要调整。

2、产品质量问题。“西电东送”配套产品存在着严重质量问题。这对电工行业的声誉和未来发展非常有害的，必须予以坚决改正。产品的质量要从形成质量的过程中，加强控制，强调工艺出精品。

3、重视企业信誉。1）要重视型号问题，型号不在保护之类，商标是受保护的。驰名商标保护范围相当宽，企业要加强商标保护，尤其是驰名商标、中国名牌商标的保护；2）要注重银企关系、企业在银行的信誉。良好的信誉是企业的金字招牌，要密切银行与企业的业务合作，确保企业良好的信用等级。

第三节　电力电缆

一、全球电线电缆市场竞争异常激烈

近年全球电缆市场日趋成熟，电线电缆制造业发展趋缓，增长幅度不大。随着外部生态环境的变化和内部竞争的结果，世界电线电缆行业已经进入几大巨头之间垄断竞争的格局。

外部竞争环境主要包括市场需求不足，供大于求；原材料价格上涨，直接提高成本，影响利润；市场主动权在买方手中等三个方面。

市场需求方面，近年欧洲市场年均需求下降5%，致使竞争加剧；原料价格的涨幅高达40%～85%，尤其是铜、铝及塑料等的价格上涨，直接影响行业生产的成本结构，间接影响利润，欧洲电缆行业的生产能力过剩率达到30%。在上述不利条件下，市场价格就自然会有下调趋势，杀价竞争在所难免，卖方缺少主动性，形成买方市场。

竞争导致中小型企业或非专业性的电缆厂商纷纷以不同方式退出市场，逐渐形成巨头垄断的竞争格局。法国电缆制造商专业协会（Sycabel）资料显示，现在法国市场90%的营业额由五大公司所包揽，而欧洲市场主要由意大利Pirelli Cable公司和法国Nexanas公司所垄断，非专业性的著名大厂德国西门子、法国ALCATEL等都退出电缆市场或被并购。

从全球电缆业情况看，意大利Pirelli Cable公司以每年35亿欧元的年营业额位居世界之冠，其次是日本公司SUMITOMO DIVISION CABLES，年营业额30亿欧元，法国Nexanas公司以22亿欧元的年营业额名列第三，这三大电缆制造商在全球370亿欧元的总营业额中占据约25%的市场份额。

面对激烈的市场竞争，电缆行业主要厂家通过各种方式降低成本，控制固定支出，缩小生产规模，加强新技术开发，以求在竞争中占据优势。如Pirelli Cable公司，虽然已经在本领域位居全球首位，主要客户包括西门子等公司，在奥地利、荷兰和芬兰等市场占有极为有利的地位，但仍然采取“瘦身”方法，从1995年起将其在法国的19家工厂减到10家，在2年内对位于英国、法国的工厂削减20%的固定资产费用，于2000年11月总部从巴黎迁至法国南部Sens厂（其产量

占总公司在法国产量的60%）附近，以便在成本上进行更加有效的控制。法国Nexanas公司也不敢掉以轻心，已经关掉了在德国的大部分工厂，专心经营在法国的业务，同时还减少在整个欧洲的生产能力，将市场扩大到亚洲和拉美。

在产品技术开发上，除了继续提高现有产品质量，使其能在各种恶劣环境中发挥应有的功能以外，Nexanas还向两个方向努力：一是针对汽车工业电子化这种既有发展潜力、又有竞争空间的市场需求，研制最适用的产品；二是向开发高附加值的线缆附件及整套产品的方向努力。

二、电力电缆行业的发展及产业政策概述

在通信产业繁荣的背后，提供基础光通信支持的光纤生产厂商，竞争更加激烈，只是没有像终端设备厂商等那样走向前台而已。日前，韩国LS集团（原LG电缆集团）正式大举进军中国，给已经竞争激烈的市场带来了更多的变数。

随着宽带数据业务逐渐成为国内电信市场的新亮点和运营商眼中的新“摇钱树”，宽带城域网的建设也顺理成章地成为运营商网络建设的热点，2005年国内光城域网的建设依然保持较高的速度和规模。同时西部大开发和2008年北京奥运会等国家级工程基础设施建设的全面铺开，以及六大电信运营商全面竞争格局的深化和3G移动牌照有可能在今年内发放等利好因素，都将在一定程度上刺激国内光通信产业市场的持续增长。据预计，2005年中国光通信市场规模将稳中有升。正是看到了这样的市场机遇和空间，LS集团旗下的重点企业—LS电缆把中国看成其重要的海外市场。早在2003年11月，LS电缆就投资800万美元在江苏省无锡市设立了电缆生产工厂，发出了进军中国市场的首枚信号弹。

早在2003年，LS集团就由LG集团旗下独立出来，到2005年1月其正式更名为“LS”并举行了隆重的CI仪式，宣告LS集团步入新的品牌经营发展阶段。LS电缆相关负责人告诉记者，LS电缆自创立以来，销售额突破20亿美元。2005年，公司计划集中核心力量，在稳固发展去年收购的JINRO产业、KOSPACE、CARBONIX等企业的同时，通过拓展新的事业领域、开发新技术来壮大公司实力。此外，还将扩大对中国无锡工厂的投资规模、并将采取积极推进工厂本地化等措施，来加快其在海外市场的发展步伐。该电缆生产工厂计划在2005年的销售额超过800万美元，2006年该工厂将依靠稳定的生产和灵活的行销战略，实现2000万美元以上的销售目标。为此，LS电缆计划把无锡作为经营本部，同时以华北、华南重点地区为中心扩大经营点和代理网，到2010年，将目前中国地区的8个营业点增加至20个以上，并构筑100个以上的代理网。

国际和国内的光通信产品库存在经过2002年和2003年的低价清仓后，已经基本告罄，市场价格压力大大降低；同时，随着国内四大电信运营商全方位竞争的全面展开，国内通信产业获得了更大程度的复苏动力，光通信行业得益于大规模骨干网络建设的铺开，同时光城域网建设的全面提速也在一定程度上刺激了市场的复苏。

毋庸置疑，2005年中外光纤厂商的竞争将更趋激烈。市场这只“看不见的手”已经开始发挥作用，对整个产业进行整合。与之相呼应的是，韩国LS集团也正进军中国，欲大展拳脚。这势必将给已经竞争激烈的市场带来更多变数。

三、2007—2009年中国电力电缆产量数据分析

四、电线电缆行业发展兴起绿色浪潮

图表17、2007—2009年1—9月年中国电力电缆产量

单位：千米

	2007	2008	2009年1–9月
产量	13730183.22	20937948.55	15474337
同比增长		52.50%	10.12%

数据来源：国家统计局

2006年7月1日将实施的欧盟罗斯指令，期限已日益逼近。电线宝鸡电缆产品出口欧盟遭遇技术壁垒，已在业界预料之中。然而所受影响不仅是出口工作，由此引发的争夺国内绿色环保型电线宝鸡电缆市场的竞争也被推到前沿。企业拼杀的火药味日渐浓烈，随之而来的将是电线电缆行业的新一轮“洗牌”，行业格局或许会发生巨变。

一、欧盟——不是“绿色”拒收

目前，欧洲、美国、日本已严禁使用或进口非环保型电缆。欧盟罗斯指令中规定：投放市场的电气设备产品中不能含有铅、汞、镉、六价铬、聚溴二笨醚、聚溴联苯六种有害物质，欧盟相关指令既是对绿色环保工作的重视，也是对电线电缆产品出口到欧盟形成的技术壁垒。这表明，不是“绿色”的电缆产品，欧盟拒不接收。

目前，我国企业生产的电线电缆产品大量的是传统产品，多年来，国内市场上使用的电缆电线，其绝缘材料主要是聚氯乙烯和聚乙烯材料。这种采用传统的聚氯乙烯、聚乙烯工艺生产的电线电缆短路时易发生火灾，燃烧时烟气密度大，并可产生大量有害卤素气体，直接危害用户的身心健康和财产安全。很显然，今后这些产品都无缘再登陆欧盟、美国、日本等发达国家市场。

不久前，有关部门的市场调查报告表明，目前，欧洲、美国、日本等国对所使用电缆的要求越来越高。明确规定须符合无卤、低毒、阻燃、燃烧时发烟量低、不产生或少产生腐蚀性气体和有害卤素气体、不含铅等重金属、不污染土壤、耐热温度高、废旧电线材料可回收使用等标准和特点。尤其是对产品的安全性、无毒性、难燃性等指标格外重视。

随着环保要求的提高，环境保护越来越引起世界各国的关注。同时，电线电缆在生产和使用过程中，对环境的影响也越来越受到业界的重视。

目前，瑞士、德国、瑞典、美国、日本等国家，对生产电缆产品的要求越来越高，要求不含有卤素，不产生有害气体及腐蚀性气体，并已制定了严格的法律，限制并将最终取消PVC的工业应用。

多年前，欧共体就对铅、镍等重金属实行了严格的限制，并建立了生态管理和审核体系，要求制造商必须全面遵守当地及欧共体的环保法规。因此，欧共体近年颁布的无卤阻燃电缆标准，是具有环保要求的无铅、无镍型电缆产品的标准。

二、奥运场馆——须“绿色”装点

电线电缆产品国外市场遭遇壁垒，国内也难满足市场所需。最新行业统计数据显示，目前，我国已具备生产环保电缆的能力，但这些产品只是用于电力电缆方面，而用于设备方面的环保型程控电缆数量很少。

2008年奥运村将全部采用环保型建筑材料，非环保型电缆不可能获得任何机会”北京市政府向国际奥委会的这一承诺，使传统电缆产品无用武之地。显然，开发绿色环保型电线电缆，取代传统电线电缆已成为当务之急。

近年来，在国际电线电缆行业的信息交流中，多次传递了“绿色环保电缆已成为当今世界电缆制造业的发展方向”这一信息。为此，我国近年来逐步颁布了若干行业标准。由此也透视出我国对环保工作的重视。

在这些标准中，与环保有关的指标并不低于国外的同类标准。国标GB16487.9—1996《进口废物环境保护控制标准——废电线电缆》中，规定了在进口废电线电缆、铅及其化合物的废物，不得超过进口废电线电缆重量的万分之一。

1998年，北京市供电局颁文规定，在所辖系统禁用PVC电缆。2001年，有关部门颁布了光缆用低烟无卤材料相关标准。同年，公安部颁布了阻燃及耐火电缆分级和有关要求。2002年，北京市政府向国际奥委会承诺奥运村将全部采用环保型建筑材料。并做出决定，从2002年年底开始，在上海、北京等城市大型公共活动场所，禁止使用PVC等非环保型电缆产品。

2008年的北京奥运村、2010年的上海世博会都宣布了将全部使用环保型电缆产品的相关政策规定信息。

随着国家相关政策的出台，不久的将来，我国建筑、交通、通讯等领域部门和所有大中型城市的供电部门对应用环保型电缆也将有所偏重。

三、企业——谁更“绿色”谁受益

欧盟指令执行期限已指日可待，对电线电缆产品出口产生不利影响、形成技术壁垒已成为非常现实的问题。但从另一方面看，这一指令的实施，也将促进我国电线电缆行业的技术进步，改进电线电缆产品的技术构成，从而促进行业大力调整产品结构。

基于国内外的严峻形势，迫使我国电线电缆行业设备和材料供应商必须不断致力于技术创新，不断提升产品档次。以“绿色”为生命，制造环保型产品，以更高水平参与国际市场的竞争。

在新一轮日益激烈的市场竞争中，及时了解和掌握国外市场动向，对我国企业提早制定发展战略是十分有利和重要的，同时要重视收集研究其他国家新技术的研制情况。

从目前看，全球电线电缆制造业竞争日益激烈，美国、日本、欧洲在环保型电缆的研发和制造方面处于世界领先地位，他们很多技术和经验值得中国企业学习。特别是要学习日本的制造技术，他们在环保型电缆的开发工作目前居世界领先地位，早在1998年，日本电线工业协会就制定了环保型电线电缆的产品标准，其特征是采用无卤、无铅的生态材料，制定有关环保电缆的JCS标准有十多项，涉及民用住宅、办公楼常用的各种电线和通讯电缆等众多品种。

面对国内外环保型电缆市场的争夺，必将引发新一轮的企业间的竞争。为促进我国电线电缆行业的健康发展，生产企业应紧急启动战略研究，制定发展规划和新产品研制计划，组织重点攻关。

在这一关键时刻，谁提早做出准备迎接挑战，谁就将获得最大利益。这须引起业界的广泛关注。电线电缆生产企业应尽快采取措施，积极应对新的市场挑战。

五、电线电缆的竞争现况以及特征

电线电缆产业的发展必定会带动子线缆设备市场，同时也会带动钢材及金属材料市场，形成一个“产业链”，因此了解电缆市场现状对其上下游产业显得尤为重要。

我国电线电缆市场现状

在新世纪的第一个五年计划“十五”期间，我国电力工业的发展方针是：重点加强电网建设，积极发展水电，优化火电结构，适当发展核电，因地制宜发展新能源发电。而电力工业发展将带动架空线、电力电缆、光纤复合架空地线(OPGW)销售量增加。预测数据表明，国内2003年至少有1350亿的市场。在21世纪前10年将按10%～15%的速度增长。然而电缆行业并非朝阳产业，当今的电缆制造业竞争十分激烈，据不完全统计，我国有各种电线电缆厂家6000多家，其中发展中的电缆市场也有大约2000家大中型电缆厂。

20世纪90年代以来，我国电线电缆业获得高速发展，成为世界第三电线电缆生产大国。然而由于当时光电缆行业利润高、见效快，加上减免税政策，以及地方政府和部属厂、所从各方面的支持，使电缆企业如雨后春笋般地发展起来。由于由于行业规模膨胀、技术落后、市场管理不善等原因导致近几年我国电缆产业电缆业久陷泥潭，发展趋缓。

智能PTC自控温加热电缆架空绝缘电缆

1、原材料价格

在电线电缆行业，欧洲一直保持着其全球领先的地位。作为全球第三大电缆制造商的日本住友电工，虽然已经成立了105年，但是与欧洲的耐克森、比瑞利公司相比，仍有一定差距。欧洲电缆公司击败亚洲竞争对手的关键在于：生产电线电缆成本的70%取决于原材料，其中大多数为铜，这种材料在世界各地都是均价，劳动力仅占电缆全部成本的10%。因此，亚洲制造商的最大优势——廉价劳动力，在竞争中无法体现，欧洲的电缆制造商因技高一筹而取胜。

我国企业工艺技术落后，管理更落后，材料投入产出率低，生产周期长，造成总成本居高不下。尤其是铜、铝及塑料等原材料的价格上涨，直接影响行业生产的成本结构，间接影响利润，在这种不利条件下，市场价格就自然会有下调趋势，杀价竞争在所难免，卖方缺少主动性，形成买方市场。针对原材料大幅上涨的实际，企业应该以优化成本为手段，大力实施及改工程，加大创收力度，广泛开展节支降耗活动，深入内部挖掘潜力，以取得经济效益，促进企业的持续发展。

2、电缆市场亟待规范

面对激烈而残酷的市场竞争，电缆行业主要厂家通过采用质次价低的原材料等方式降低成本，控制固定支出，不顾一切以价取胜的低价倾销行为随之而出，致使电缆质量下降，这就直接影响到工程工期和质量，总之后患无穷。业内专家认为，电缆行业生产厂家多、集中度低，最大的企业所占的份额也不过在1%～2%。由于技术含量不高，价格竞争成为竞争的单一手段。加之许多用户偏爱低价产品的非理性心理，小企业便有了可乘之机，价格下降很容易导致小企业做假。线缆市场的假冒伪劣之严重，无疑也是低价竞争派生的恶果。但是现实是由于目前国内电缆市场需求量相当大，知名度较高的企业订单大都饱满。

从地方市场管理部门讲，其目的往往只注重于招商，只要有租金收入就行，至于你卖什么产品，很少过问。再加上相关执法部门的管理力度弱，打击力度不够，也是造成电线电缆市场混乱的一个原因。

1、西部市场不可小视

西部大开发吸引了一大批国内外投资商，众多的建设项目正在培育出一个不小的电线电缆市场。

目前，西部正在进行大规模的基本建设，交通、能源和电力的建设已经拉开了序幕，随之而来的，将是其他各行各业建设工程的开工。与东部地区相比，西部的大型电缆厂为数不多，并且产品品种也不全，这正好为东部地区的电线电缆厂家制造了一个极好的商机。

2、特种电缆可另辟新径

随着我国传统电缆市场日趋白热化，船用电缆、安全防火电缆、机车车辆电缆以及核电站用电缆等其他特殊应用的特种电缆为久在传统电缆混战的国内电缆企业提供了一条脱身之路。就船用电缆而言，我国从造船大国走向世界造船强国，无疑为船用电缆制造业提供了广阔的市场。2003年，中国船用电缆的生产总值达到3000万美元，其中，2000万美元的产品用以出口，其余产品在国内市场销售。研究表明，中国的船用电缆出口市场在未来10年将以5%的年增长率递增。

3、独具慧眼因需而动

随着人们环保和安全意识的增强，具有重量轻、体积小、低烟、无卤、防火等特性的电缆无疑备受欢迎，独具慧眼的某些厂商已经得益于此类产品的技术研发和生产。电线电缆行业又是配套行业，产品必须满足各主行业的性能要求。一是向既有发展潜力、又有竞争空间的市场需求，研制最适用的产品；二是向开发高附加值的线缆附件及整套产品的方向努力。

未来国内、国际电缆市场的竞争还将进一步加强，创新是生存和发展的必要条件。工业革命的最大特色就是成功采纳新理念，民营企业只有在技术创新上有独到之处，国有大型企业从根本上改变体制上的束缚及资金难题，才能有效增强竞争力，在市场上占有一席之地。

六、电线电缆遭遇瓶颈促行业整合刻不容缓

我国电线电缆行业在国民经济中占有非常重要的地位，近年来产销量不断增长。在国际上仅次于美国，是全球第二大电线电缆生产国，年产值近2000亿元。

由于产能过剩，原材料价格猛涨，目前企业发展良莠不齐，行业整合迹象已见端倪。

线缆巨头雏形显现

我国经济的持续快速增长，为电线电缆行业提供了巨大的市场空间。这一强烈的诱惑力，使得世界各国的目光聚焦于中国市场。激烈的竞争中，火药味愈加浓烈。谁将成为竟胜者，中国光电线缆制造业的命运如何，越来越引起业届的广泛关注。

相关资料显示，电线电缆是国民经济各部门不可缺少的重要配套产品，是传递信息、输送电能和制造各种电机、电器、仪表不可缺少的基础器材。几乎从超高压输电线路到各种微电机的各个环节都离不开电线电缆。

经济的持续高速发展，为光电线缆行业在资本、技术、人才等生产要素的积累创造了良好的条件。通过多年大量的设备及技术引进、消化吸收以及自主研发，光电线缆制造业初步形成了品种齐全的制造体系。在中低端产品领域已形成巨大的生产能力。与之配套的光电线缆材料、设备制造业也初步形成了较完整的配套体系。近几年来，光电线缆行业通过不断的投资改造，生产效率快速提高，加速了产品的升级换代，产品结构也日趋合理。行业资本结构日趋多元化，市场化进程明显加快。通过企业间合并、收购等重组运作，盘活了存量资产。随着新的线缆巨头雏形的显现，在一定程度上改善了产业集中度低下的状况。

面临诸多压力

由于电力、通信等行业的旺盛需求，拉动了电线电缆行业主要经济指标的持续增长，但同时电线电缆行业面临着前所未有的困难和压力。

一是随着外部环境的变化和受市场竞争的影响，世界电线电缆行业已经形成几大巨头垄断的格局；二是主要原材料铜价大幅上涨，导致电线电缆企业银根吃紧，资金周转缓慢。尤其是国外特种电缆产品进入中国市场，更加剧了竞争的惨烈，部分企业已面临生存危机。

目前，我国中小型电线电缆企业已达7000多家。这些企业由于缺乏研发能力，大部分企业在低端产品上做文章。因此，产品价格就成为众多中小企业的竞争法宝。由于电线电缆是典型的料重、工轻的行业，原材料的价格占总成本的70%～80%。因此，原材料的优劣在很大程度上影响电线电缆产品的质量。小企业之所以能提供超低价的产品，无非是在原材料上做文章，产品的质量可想而知，在近一个时期铜价持续高位盘整态势下，有些企业已经出现以次充好的现象。

虽然原材料大幅涨价使许多企业举步维艰，但这也为电线电缆行业洗牌提供了一次绝好的机会。目前，电缆行业的格局已发生明显变化，众多小企业被迫纷纷下马，国有企业由于体制的弊端和过重的历史包袱，逐步退居二线，民营企业已成为电线电缆行业的主角。

市场看好整合在即

近年来，我国新建数以千万公里的国家电力和通信网络，从中心大都市延伸至偏远的小山村，因此，对电缆的需求是巨大的。

近几年来的快速发展，使我国电线电缆行业的生产能力远高于需求，设备利用率仅为30%～40%，今后一个时期，电线电缆行业的主要任务是兼并与重组。

目前，电线电缆行业重复投资、盲目跟风现象十分严重，如城乡电网改造时，不少企业生产架空导线、交联电缆；重视发展高新技术产品时，又有不少企业大力生产高压交联电力电缆和光缆；目前许多企业又涌向汽车电缆。这些不顾条件，一哄而上的现象，造成了部分产品供过于求、市场竞争日益激烈的后果。

与中国市场供大于求的状况相似，全世界的线缆行业同样面临困境。特别是IT泡沫破灭之后，一些欧洲大集团开始把电线电缆业务甩出去，因而对世界各国，包括中国企业而言，一是要通过兼并整合来顺应环境变化，二是要通过技术开发，努力研制适应未来需求的产品，才能变挑战为机遇。

未来几年，新网建设和旧网改造还会有良好的市场需求，但好的市场并不意味着企业的日子都会好过。只有那些与时俱进，始终能保持创新能力的企业才能赢得市场，获得快速发展。

第四节 绝缘材料

一、中国成为世界绝缘材料生产第一大国

2003年我国绝缘材料产量已达23万吨左右，比2000年增长35%以上，成为世界绝缘材料生产第一大国。

目前全国共有绝缘材料生产企业和科研单位300多家，已成为具有相当生产规模和科研开发能力的全国性行业。近年随着电力、电器、电子、通讯和家电等行业的快速发展，绝缘材料产品的产销持续增长。2002年绝缘材料产品的外贸出口保持了强劲的增长势头，全国出口绝缘材料产品的企业达40多家，出口产品包括7大类60多个品种，出口份额已占总产量的30%以上。前除产量继续增长外，在品种需求结构方面也发生了较大变化。国内市场上，随着大型高压发电机组和中型高压电机绝缘结构优化，特别是减薄绝缘厚度、提高工作强要求的强化，F级多胶粉云母带的需求量有较大增加，VPI用少胶粉云母带及浸渍漆的需求量也不断增加。在超高压输变电设备发展的带动下，高压开关和变压器用浇注胶、无气隙制品、引拔制品和变压器纸板的需求量上升很快，粗化聚丙烯薄膜和全膜电容器用浸渍剂出现较大增长需求。随着Y1、YB2、YZ2等新系列电机的发展和新型绝缘工艺的采用，F.H级绝缘材料的需求量也大幅度增长，少溶剂型、无溶剂型和连续浸渍型浸渍漆需求明显扩长。而低压电器升级换代和汽车电器的发展，则使SMC、DMC、干式不饱和聚酯、增强PBT、增强尼龙等新型塑料继续保持利好。各种电子绝缘材料，高性能无烟、无卤阻燃电缆料，交联聚乙烯电缆料、防火电缆用云母带等也有大幅增量。

向国际市场出口的品种越来越多，并由中低档向中高档发展。其中覆铜箔板等层压制品仍是出口主导产品，云母制品和复合制品等品种出口情况也看好。

绝缘材料是环氧树脂的重要消费方向，这一行业的兴盛对拉动环氧树脂发展起着重要作用。据悉，2003年我国环氧树脂产量达到48万吨，2006年达到52万吨，居世界之首。

二、绝缘材料行业的发展概况

经过50多年发展我国绝缘材料已颇具规模，成为了世界绝缘材料生产第一大国，近年来全面显现市场巨大商机已，专家预测中国将成为世界最重要的绝缘材料市场。为应对欧盟环保指令，行业的发展面临新的考验与压力。统计数据显示，我国绝缘材料经过50年的发展，已经形成门类、品种、规格基本齐全的产品系列，可生产8大类、48个系列、500多个品种，基本满足国内经济建设需求。部分产品已经达到较高水平，在国际市场上具有较强的竞争能力，多年来绝缘材料向日本、美国、欧盟、东南亚等20多个国家和地区出口。专家介绍说，由于绝缘材料是国民经济发展的基础材料，城市和乡村发展都离不开绝缘材料，目前在水轮发电机、汽轮发电机等发电设备，变压器、电容器、电线电缆等输变电设备中都有大量应用，近年随着国民经济的快速增长，发电、输变电等行业迅猛发展，国内绝缘材料市场需求旺盛。

我国绝缘材料发展的一个重要特点是产量增长势头强劲。去年全国绝缘材料产量达30万吨，比上年增长近40%；工业总产值达570280万元，比上年增长12.1%。在竞争日益激烈的形势下，许多企业通过提高管理水平和转变经营机制，不

断加大技改投入、加快了新产品开发与推广工作，一大批新产品和高附加值产品逐步占领市场，获得良好发展。全行业积极促进科技成果转化，研制开发出一批科技含量高、具有国际先进水平的新产品，并已取得较好的经济效益。据专家介绍，东材企业集团公司承担的国家“十五”科技攻关项目交流变频电机专用屏蔽漆包线漆，突破了耐电晕漆包线漆制备的关键技术，已达到国际同类产品水平，节能效果显著，具有良好的市场前景；其研制开发的电机专用聚酯薄膜，主要性能达到或接近美国杜邦公司MO型聚酯薄膜水平。桂林电器科学研究所承担的家电控制器件用阻燃塑料的研究已通过验收，并建成生产能力为1500吨/年的生产线；其成功研制的家电控制器件用阻燃塑料PT—310，已通过美国UL实验室的安全认证，填补了国内空白。招远金宝电子有限公司攻克高纯度电解液制备技术、高品质毛箔制造技术等技术难题，形成了一整套高档电解铜箔生产技术，被评为国家重点新产品。广东生益科技股份有限公司独立开发的拥有自主知识产权的高CTI玻璃纤维基覆铜箔层压板，填补了国内空白，达到国外同类产品先进水平。深圳长园新材料股份有限公司研制开发的全缩型电力电缆附件，居全国领先水平，已取得良好的经济效益。

发展势头看好，环保重任在肩。电器工业是为国家经济发展提供能源装备的重要领域，电器工业的发展不仅自身要消耗大量的能源和资源，同时也肩负着提高能源资源使用效率、保护环境、减少污染的重任。在发电、输变电及配用电设备及装置中，绝缘材料的技术水平、质量、可靠性都起着至关重要的作用。虽然绝缘材料行业的产量、质量逐年有所提高，环保型、改进型绝缘材料产品层出不穷但也存在不少问题，如层压板市场无序、低价竞争等，但目前最重要的工作是要全力以赴应对欧盟指令，担起环保的重任。欧盟指令实施期限已进入“倒计时”，绝缘材料行业任重道远。多年来多溴联苯和多溴二苯醚作为添加剂在绝缘材料领域得到广泛应用，铅化物约有20多种，汞、镉、六价铬也大量存在于绝缘材料产品中。欧盟将于今年7月1日实施的《在电子电气设备中限制使用某些有害物质的指令》，明确禁止铅、汞、镉、六价铬、多溴联苯和多溴二苯醚等6种物质在电子电气设备中使用。为此，绝缘材料行业开发避开6种或更多的有毒有害物质的环保型原材料已成当务之急。据近年出口统计数据分析，我国绝缘材料出口所含有害物质，约占出口总量的25～45%，目前一些企业已陆续接到欧美和日本等国客户发来的限制通知单，显然这预示着新型环保材料研发的时间表必须提前。目前骨干企业对无卤阻燃型覆铜板、无卤阻燃型电工塑料、无卤阻燃型绝缘漆等类型的研究，以及取代6种物质以后绝缘材料制造工艺的研究正不断加速。

三、中国绝缘材料行业发展的经济周期

一、绝缘材料行业的经济周期

绝缘材料行业的经济周期与国民经济的发展水平以及电力行业的相关指标具有较强的关联度。

我国用电量以及发电量均呈现了快速稳定的增长态势，上述统计年份的年均增长率达到9.7%，同时值得注意的是近年来我国发电量与用电量的增速均大于这一年均增长率。我们对GDP发展态势的乐观预期，预计未来五年内我国绝缘材料行业的外部环境非常乐观。

我国绝缘材料总产量从2000年的18万吨增长到2005年的45万吨，增长了150%。由此可以看出，我国绝缘材料行业在外部发展环境的拉动下，呈现了快速的增长。因此，我们认为，绝缘材料行业出于快速发展期。

二、绝缘材料行业的增长性与波动性

从绝缘材料的近年的产量、销量可以看出，我国绝缘材料的增长态势良好，增长性乐观。加上国内电网建设力度的加大，以及未来国民经济发展态势的传导机制，对电子电器等产品需求的拉动，必然刺激国内绝缘材料需求市场的持续稳定发展。就行业发展的波动性而言，考虑到欧盟

双绿指令对我国绝缘材料出口的影响，因此，短期2～3年内行业的波动性会有一定程度的增加，但不会很剧烈。

三、绝缘材料行业的成熟度

绝缘材料行业的成熟度需要具体到绝缘材料行业结构进行分析：一方面我国绝缘材料产量已经较为可观，在低端的绝缘材料相关产品中非常成熟；另一方面我国高附加值的绝缘材料与国际市场需求尚有较大的差距，尤其是在欧盟等国执行双绿指令对我国绝缘材料行业的短期产生巨大的影响，凸现国内在绝缘材料高端产品领域的不成熟。

因此，我国绝缘材料企业未来发展的重点必将是绝缘材料行业的技术创新与突破，在高附加值、高技术含量的产品领域逐步达到国际先进水平。

四、绝缘材料行业环保步伐加速应对欧盟环保指令

将要实施的欧盟指令对我国绝缘材料出口已形成贸易壁垒，但从长远看将对全球环境和人类健康带来良好利益，可以肯定欧盟指令引领了全球环保浪潮。今后一个时期绝缘材料行业应紧跟世界环保的新潮流，走可持续发展的道路、大力调整产品结构，生产无污染或污染少的绝缘材料产品，停止生产或限制生产有毒有害物质的绝缘材料产品，同时积极开拓新的出口市场，加强美、日、韩、澳等市场的出口量。欧盟关于禁用6种有毒有害物质的指令对我国的影响将是长远的，有积极作用，也有不利因素。我国要用2～3年的时间开发替代品、研究新的工艺技术，解决大部分产品的替代以及替代后的工艺技术问题，而要完全熟悉应用技术并将其完善化还要更长的时间。技术方面的问题有望在2～3年内基本解决，但由此引起的成本提高、市场竞争力下降的问题将要到2010年左右才能全部解决。专家表示，这是因为开发替代品所引起的成本费用要在逐年的成本中分摊回收，过快的分摊回收必定引起客户方面带来的阻力，形成竞争力下降的恶性循环。可以肯定的是，不管欧盟或其他国家是否想到另外的(6种物质以外的)禁用物质作为国家指令，基于环保的要求，我国绝缘材料行业今后一个时期，将进行卤素、钴、钡、锡、砷、硒等化合物及有毒有害物质替代品的研究，以期在电气电子产品供应配套绝缘材料或在对世界各国出口时占据主动地位，并在国内外市场立于不败之地。

第五节　电力电容器

一、电力电子器件的最新发展

现代电力电子器件仍然在向大功率、易驱动和高频化方向发展。电力电子模块化是其向高功率密度发展的重要一步。当前电力电子器件的主要发展成果如下：

（一）IGBT：绝缘栅双极晶体管

IGBT(Insulated Gate Bipolar Transistor)是一种N沟道增强型场控（电压）复合器件，它属于少子器件类，兼有功率MOSFET和双极性器件的优点：输入阻抗高、开关速度快、安全工作区宽、饱和压降低（甚至接近GTR的饱和压降）、耐压高、电流大。IGBT有望用于直流电压为1500V的高压变流系统中。

目前，已研制出的高功率沟槽栅结构IGBT(Trench IGBT)是高耐压大电流IGBT器件通常采用的结构，它避免了模块内部大量的电极引线，减小了引线电感，提高了可靠性。其缺点是芯片面积利用率下降。这种平板压接结构的高压大电流IGBT模块将在高压、大功率变流器中获得广泛应用。

正式商用的高压大电流IGBT器件至今尚未出现，其电压和电流容量还很有限，远远不能满足电力电子应用技术发展的需求，特别是在高压领域的许多应用中，要求器件的电压等级达到10kV以上。目前只能通过IGBT高压串联等技术来实现高压应用。国外的一些厂家如瑞士ABB公司采用软穿通原则研制出了8kV的IGBT器件，德国的

图表 18、N 沟道 IGBT 示意图

发射极 E
栅极 G
沟道
P 基区
P 基区
电子流
N 基区
沟道体区
集电极 C

EUPEC 生产的 6500V/600A 高压大功率 IGBT 器件已经获得实际应用，日本东芝也已涉足该领域。

（二）MCT：MOS 控制晶闸管

MCT(MOS—Controlled Thyristor) 是一种新型 MOS 与双极复合型器件。它采用集成电路工艺，在普通晶闸管结构中制作大量 MOS 器件，通过 MOS 器件的通断来控制晶闸管的导通与关断。MCT 既具有晶闸管良好的关断和导通特性，又具备 MOS 场效应管输入阻抗高、驱动功率低和开关速度快的优点，克服了晶闸管速度慢、不能自关断和高压 MOS 场效应管导通压降大的不足。所以 MCT 被认为是很有发展前途的新型功率器件。MCT 器件的最大可关断电流已达到 300A，最高阻断电压为 3kV，可关断电流密度为 325A/cm2，且已试制出由 12 个 MCT 并联组成的模块。

在应用方面，美国西屋公司采用 MCT 开发

图表 19、MCT 的等效电路图

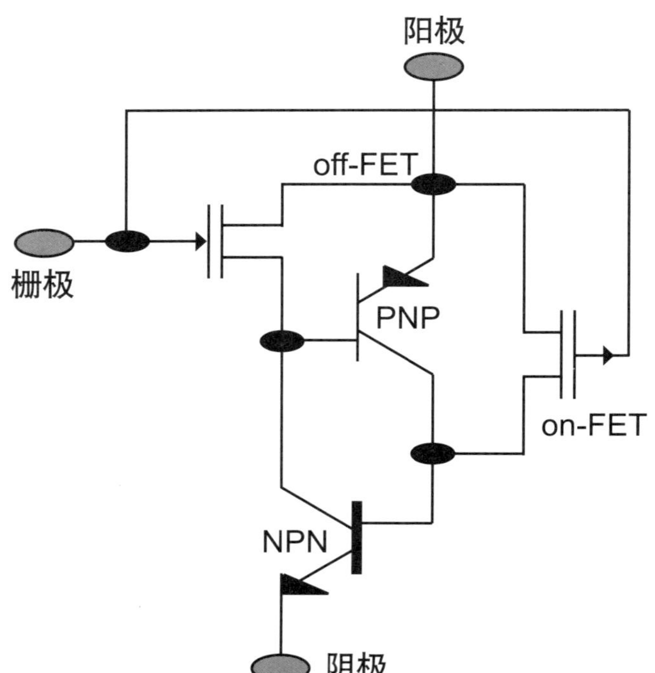

的 10kW 高频串并联谐振 DC—DC 变流器，功率密度已达到 6.1W/cm3。美国正计划采用 MCT 组成功率变流设备，建设高达 500kV 的高压直流输电 HVDC 设备。国内的东南大学采用 SDB 键合特殊工艺在实验室制成了 100mA/100V MCT 样品；西安电力电子技术研究所利用国外进口厚外延硅片也试制出了 9A/300V MCT 样品。

（三）IGCT：集成门极换流晶闸管

IGCT(Intergrated Gate Commutated Thyristors) 是一种用于巨型电力电子成套装置中的新型电力半导体器件。IGCT 使变流装置在功率、可靠性、开关速度、效率、成本、重量和体积等方面都取得了巨大进展，给电力电子成套装置带来了新的飞跃。IGCT 是将 GTO 芯片与反并联二极管和门极驱动电路集成在一起，再与其门极驱动器在外围以低电感方式连接，结合了晶体管的稳定关断能力和晶闸管低通态损耗的优点，在导通阶段发挥晶闸管的性能，关断阶段呈现晶体管的特性。IGCT 具有电流大、电压高、开关频率高、可靠性高、结构紧凑、损耗低等特点，而且造成本低，成品率高，有很好的应用前景。

采用晶闸管技术的 GTO 是常用的大功率开关器件，它相对于采用晶体管技术的 IGBT 在截止电压上有更高的性能，但广泛应用的标准 GTO 驱动技术造成不均匀的开通和关断过程，需要高成本的 dv/dt 和 di/dt 吸收电路和较大功率的门极驱动单元，因而造成可靠性下降，价格较高，也不利于串联。但是，在大功率 MCT 技术尚未成熟以前，IGCT 已经成为高压大功率低频交流器的优选方案。

在国外，瑞典的 ABB 公司已经推出比较成熟的高压大容量 IGCT 产品。在国内，由于价格等因素，目前只有包括清华大学在内的少数几家科研机构在自己开发的电力电子装置中应用了 IGCT。

（四）IEGT：电子注入增强栅晶体管

IEGT(Injection Enhanced Gate Transistor) 是耐压达 4kV 以上的 IGBT 系列电力电子器件，通过采取增强注入的结构实现了低通态电压，使大容量电力电子器件取得了飞跃性的发展。

IEGT 具有作为 MOS 系列电力电子器件的潜在发展前景，具有低损耗、高速动作、高耐压、有源栅驱动智能化等特点，以及采用沟槽结构和多芯片并联而自均流的特性，使其在进一步扩大电流容量方面颇具潜力。另外，通过模块封装方式还可提供众多派生产品，在大、中容量变换器应用中被寄予厚望。

日本东芝开发的 IECT 利用了“电子注入增强效应”，使之兼有 IGBT 和 GTO 两者的优点：低饱和压降，宽安全工作区（吸收回路容量仅为 GTO 的 1/10 左右），低栅极驱动功率（比 GTO 低两个数量级）和较高的工作频率。器件采用平板压接式电极引出结构，可靠性高，性能已经达到

图表 20、MCT 的等效电路图

4.5kV/1500A 的水平。

（五）IPEM：集成电力电子模块

IPEM(Intergrated Power Elactronics Modules) 是将电力电子装置的诸多器件集成在一起的模块。它首先将半导体器件 MOSFET、IGBT 或 MCT 与二极管的芯片封装在一起组成一个积木单元，然后将这些积木单元迭装到开孔的高电导率的绝缘陶瓷衬底上，在它的下面依次是铜基板、氧化铍瓷片和散热片。在积木单元的上部，则通过表面贴装将控制电路、门极驱动、电流和温度传感器以及保护电路集成在一个薄绝缘层上。IPEM 实现了电力电子技术的智能化和模块化，大大降低了电路接线电感、系统噪声和寄生振荡，提高了系统效率及可靠性。

图表 21、采用栅阵列构成的集成电力电子模块

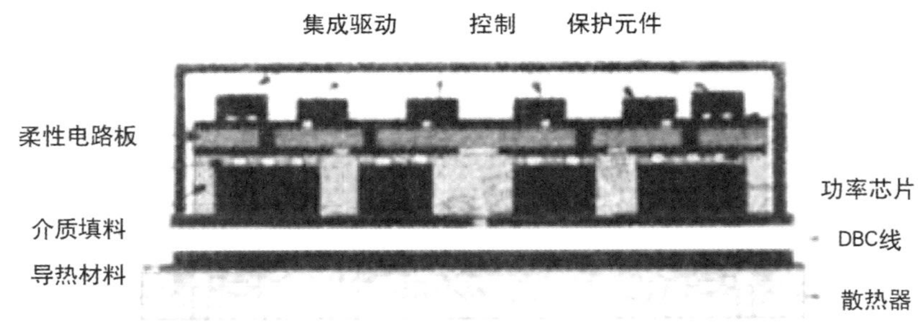

（六）PEBB：电力电子积木

PEBB(Power Electric Building Block) 是在 IPEM 的基础上发展起来的可处理电能集成的器件或模块。PEBB 并不是一种特定的半导体器件，它是依照最优的电路结构和系统结构设计的不同器件和技术的集成。典型的 PEBB。虽然它看起来很像功率半导体模块，但 PEBB 除了包括功率半导体器件外，还包括门极驱动电路、电平转换、传感器、保护电路、电源和无源器件。

PEBB 有能量接口和通讯接口。通过这两种接口，几个 PEBB 可以组成电力电子系统，这些系统可以像小型的 DC—DC 转换器一样简单，也可以像大型的分布式电力系统那样复杂。一个系统中 PEBB 的数量可以从一个到任何多个。多个 PEBB 模块一起工作可以完成电压转换、能量的储存和转换、阴抗匹配等系统级功能。PEBB 最重要的特点就是其通用性。

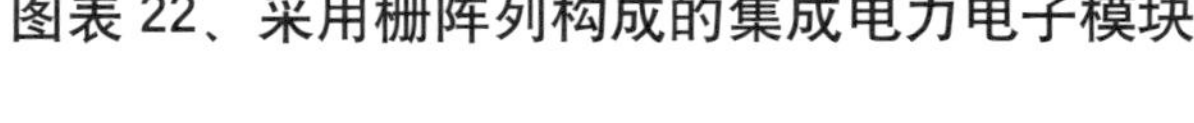
图表 22、采用栅阵列构成的集成电力电子模块

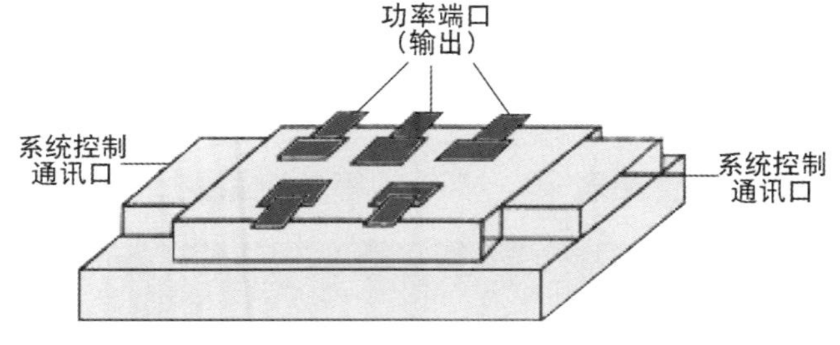

（七）基于新型材料的电力电子器件

SiC（碳化硅）是目前发展最成熟的宽禁带半导体材料，可制作出性能更加优异的高温(300℃～500℃)、高频、高功率、高速度、抗辐射器件。SiC 高功率、高压器件对于公电输运和

电动汽车等设备的节能具有重要意义。Silicon（硅）基器件在今后的发展空间已经相对窄小，目前研究的方向是 SiC 等下一代半导体材料。采用 SiC 的新器件将在今后 5 ～ 10 年内出现，并将对半导体材料产生革命性的影响。用这种材料制成的功率器件，性能指标比砷化镓器件还要高一个数量级。碳化硅与其他半导体材料相比，具有下列优异的物理特点：高禁带宽度、高饱和电子漂移速度、高击穿强度、低介电常数和高热导率。上述这些优异的物理特性，决定了碳化硅在高温、高频率、高功率的应用场合是极为理想的材料。在同样的耐压和电流条件下，SiC 器件的漂移区电阻要比硅低 200 倍，即使高耐压的 SiC 场效应管的导通压降，也比单极型、双极型硅器件低得多。而且，SiC 器件的开关时间可达 10ns 级。

SiC 可以用来制造射频和微波功率器件、高频整流器、MESFET、MOSFET 和 JFET 等。SiC 高频功率器件已在 Motorola 公司研发成功，并应用于微波和射频装置；美国通用电气公司正在开发 SiC 功率器件和高温器件；西屋公司已经制造出了在 26GHz 频率下工作的甚高频 MESFET；ABB 公司正在研制用于工业和电力系统的高压、大功率 SiC 整流器和其他 SiC 低频功率器件。理论分析表明，SiC 功率器件非常接近于理想的功率器件。SiC 器件的研发将成为未来的一个主要趋势。但在 SiC 材料和功率器件的机理、理论和制造工艺等方面，还有大量问题有待解决，SiC 要真正引领电力电子技术领域的又一次革命，估计至少还要十几年的时间。

二、中国电力电容器行业的六种主打产品

1、高原全膜并联电容器是电力电容器行业最基本、应用最普遍、市场份额最大的产品，国产全膜电容器的质量不断提高，受到用户欢迎，基本上占领了国内市场，但与国外产品比较，产品的工作场强（45MV/m ～ 55MV/m）与国外生产的全膜容器相比（60MV/m ～ 75MV/m）还有较大差距，今后必须在产品工艺、原材料质量上加大投入，发展具有国际水平的并联电容器。

2、自愈式并联电容器，它以其具有无油、难燃、防爆等特点，占据一定的市场，由于国产金属化膜的质量不够稳定，产品与国际先进水平有一定差距，加多近年来国内还发展了高压自愈式并联电容器，所以应从提高金属化膜质量和发展金属化安全膜着手提高产品水平并发展干式自愈式产品。

3、集合式并联电容器，该产品占地面积小，运行维护工作量小，安全可靠，深受用户欢迎，该产品是我国独有的，与日本坦克式大容量电容器是不同结构的，目前国内单台容量已发展到 10000 千乏／台，电压等级最高有 66kV 在电网上运行，今后将在提高可靠性基础上发展 110kV 等级的和充气式集合式高压并联电容器。这应该是国家重点支持的产品。

4、静止无功补偿装置（SVC），SVC 可以根据负荷需求提供动态无功补偿，特别适用电弧炉、大型轧钢机，电力机车，大功率换流设备等冶金、化工、电气化铁道等方面，国家所重点支持发展。

5、柱上投切电容器装置，低压动态无功补偿装置，特别适用于农网、城网改造和配电线上分散补偿，通过它来改善电网电压和提高运行功率因数，是一种节能的有效措施。国家应重点支持，提高该装置电子化，实现遥测、遥控的技术水平，大力推广应用。

6、电容式电压互感器（CVT），既要发展母线型高精度的产品，又要发展线路型产品；要发展抽压装置，又要发展 CIS 用 CVA；要发展硅橡合成套管的，使 CVA 能适应不同用户的不同需求，还要发展为电网电压升级用 750kV 的 CVA 和光电互感器。

三、电力电容器行业面临五大问题

近年来，随着城乡电网改造和“西电东送”等工程的实施，我国电力电容器行业有了和长足发展，全行业工业总产值、产量连年来都有大幅度增长，每年都有十多种产品通过国家级鉴定。

目前国外有的产品品种，国内企业基本都可生产，并且有一部分产品已达到国际先进水平。

我国加入WTO以来，国外一些企业纷纷以各种形式（合资、代理等）进入我国市场，市场竞争将会越来越激烈，为此，全行业必须清醒地看到我国电力电容器企业与国际先进企业之间的差距以及存在的问题，努力解决问题，缩短差距。

目前，国内产品与国际先进产品水平的差距，主要是产品外观差；主要技术经济指标——比特性(kg/kvar)差；产品成套性差。

行业主要存在五方面问题：

1、市场秩序混乱。有些企业以低价和一些不正当的方式获得订单，造成各制造厂利润越来越低，这在很大程度上影响了产品开发和科研的投入。特别是自愈式低电压并联电容器市场竞争尤为激烈，伪劣产品充斥市场。我认为，必须要发挥行业协会作用，定期组织行业产品质量抽查，进一步加大力度打击伪劣产品，保护先进、优质的产品。

2、质量尚存问题。近几年不少企业加大技改力度，积极引进国际先进设备，如美国的全自动绕机、德国油处理真空浸渍系统等，使产品质量有明显提高。但仍然存在产品渗漏油、外观差、成套产品配套性差、配套件质量不过关等问题，使产品缺乏市场竞争力。

3、科研投入不足。许多企业只顾短、平、快的市场竞争，投入科研的力量很少，乡镇企业及私有企业科研人员更为缺乏，甚至无力搞科研工作。所以近几年来，企业只是积极开发满足市场需要的产品，而缺乏中长期和基础理论技术的研究，如电容器元件的内熔丝研究、元件耐压值的研究、介质结构的研究和真空浸渍工艺的研究等，影响了产品水平的进一步提高。

4、产品标准化程度差。电和电容器产品型号、规格多，同一种规格产品在同一企业又有几种尺寸，由于产品标准化程度差，既增加了工时，提高了生产成本，也影响了产品质量，这也是与国外同行业企业间的主要差距之一。

5、原材料质量不过关。目前国内电力电容器生产企业所用的国产原材料（主要是双轴定向聚丙烯薄膜、铝箔等）质量较差，瓷套粗笨、外观差，由此严重影响了电力电容器的产品质量和企业的经济技术指标。

四、国产电力电容器产品存在的缺陷

（一）产品渗漏油问题

电力电容器渗漏油是电力电容器行业的一个老大难问题。在国产电容器的总故障中，渗漏油约占到一半。由于国产电容器箱壳标准化程度较低，使先进的焊接设备和工艺难以充分发挥作用，加之电容器成套装置的成套率低，难以避免在现场安装过程中发生提、拉电容器的出线套管，给电容器渗漏油留下后患。

今后应加大力度做好电力电容器箱壳的标准化工作，开发并生产在工厂内组装成电容器成套单元的产品，使电容器在运输、组装的过程中套管不受外力的作用。开发电力电容器在运行中发生渗漏油的机理研究，从根本上解决电容器的渗漏油问题。

（二）标准化、系列化程度低

目前，我国生产的电力电容器箱壳尺寸缺乏统一的标准，既不利于生产，又不利于使用，相同规格的电容器产品间不能互换。由于电容器箱壳大小各异使电容器箱壳的制造、整型、焊接等难以实现高质量的批量生产，难以形成自动生产线，在很大程度上制约了电容器渗漏油老大难问题的解决和电力电容器企业劳动生产率的提高。由于电容器箱壳大小不一，其中的元件、芯子、零部件、膜、纸的规格和大小也就随之不同，其结果必然造成生产管理困难、生产周期长、手工操作多、成本高、产品质量低、生产效率低。

（三）成套率低

由于历史的原因，国内电容器制造厂提供给用户的大多数电力电容器产品为电容器组，然后由用户自行选购电抗器、开关等元器件，常常由于各元器件的性能不协调而发生故障，从而影响到无功补偿的正常运行。而国际上大多数国家通常是用户直接向企业购置电容器成套装置，这样既可以为用户省去一笔电容器装置的设计费，又可以缩短安装周期，减少电容器的故障率。目前我国生产的电容器成套装置仅占电容器总产量的10%左右，今后应逐步提高到70%～80%。

（四）科技含量低

我国生产的电容器产品大部分是科技含量低的材料密集型、劳动密集型的单台电容器，因而工厂的利润甚微，有的甚至亏损。而那些高科技含量的电容器产品，如：动态静止无功补偿装置(SVC)、有源滤波装置，低电感、高储能密度的脉冲成套装置，全封闭组合式高压无功补偿装置等则又感到能力不足而需要从国外进口。

第三章 电力行业发展环境分析

第一节 国际宏观经济环境分析

一、国际宏观经济运行情况分析

随着金融危机的影响不断加深，世界经济在刚刚开始的2009年面临着更为严峻的考验。09年全球经济增长率将降至0.5%，比该组织去年11月份的预测低1.7个百分点，为二战以来的最低增速。

发达经济体成为世界经济增长的最大“反作用力”。今年发达经济体经济将出现二战以来首次全年负增长，降幅将达2%，远大于该组织去年11月份预测的0.3%的降幅。

新兴和发展中经济体的情况较之以往危机时略好，但由于受金融危机和发达经济体衰退的冲击，其增速将从去年的6.3%猛降至3.3%，远低于该组织去年11月份预测的5%的增速。

世界经济在过去几个月中陷入困境，其原因是多方面的。IMF首席经济学家布兰查德认为，就发达经济体来说，主要源于内部需求萎缩，即金融危机重创了消费信心，导致财富缩水并加剧了信贷困境，从而拖累经济陷入负增长；就新兴和发展中经济体来说，主要是外部条件显著恶化，即外部需求减少导致出口急剧下滑，信贷紧缩导致外来投资剧减，一些资源出口大国因石油等大宗商品价格暴跌而收入锐减。

随着危机继续向纵深发展，几乎没有一个国家能够幸免。在发达经济体，需求和物价的双重下降已显现出通货紧缩的迹象；在一些新兴和发展中经济体，企业破产增加，失业急剧上升，贫困状况加剧。IMF报告指出，经济下行风险仍占主导地位，当前金融危机正从广度和深度上将世界经济带至“未知水域”。

挑战虽然空前严峻，但并非没有应对的机遇。在当前经济环境下，最为紧迫的无疑是各国出台可行、强有力的经济刺激方案。IMF报告指出，各国立即推行财政刺激政策将为促进世界经济增长提供“关键支持”，而迟疑可能会使世界经济前景更加恶化。

在所有计划中，稳定金融市场仍将是重中之重。IMF报告指出，在金融市场机能得到恢复、信贷市场障碍被扫清之前，持续的经济复苏是不可能实现的。而要实现这一点，各国必须创新救助措施，通过注资、剥离不良资产和重组等一系列手段使金融机构重新运转。此外，加大财政开支势必加剧一些国家的财政赤字，这就需要各国出台长远规划，审慎应对；同时，鉴于这是一场全球性的危机，在政策出台和实施过程中，加强国际合作也“至关重要”。

鉴于此次危机的广度和深度，2009年世界经济仍存在很大的不确定性，不排除在某个阶段形势再次急剧恶化的可能性。在当前情况下，如何采取有效措施并克服当前的“信心危机”，是摆在各国决策者面前的严峻考验。但从较积极的角度看，IMF 指出，如果各种措施发挥效用，世界经济将在2010年逐步复苏；而随着信心的恢复，经济复苏将可能呈现加速态势。

二、国际宏观经济未来发展预测

自 1998 年以来，东亚经济持续增长；近两年的增长率更达到世界平均水平的 2 倍左右，

成为拉动世界经济的重要力量。但受次货危机蔓延的影响，2008 年东亚经济增速放缓，2009 年也将出现明显的减速。但相比较而言，此次金融危机对东亚经济体的影响较小。IMF 的最新报告预测，今明两年亚洲地区发展中国家的经济增长率仍有望达到 8.3% 和 7.1%；东盟各国经济增长率则将由 2008 年的 4.7% 降至 2009 年的 3.3%。

目前，拉动东亚经济增长的有利因素：一是东亚经济体拥有大量的外汇储备，金融状况相对稳健，对外部的冲击能起到缓冲作用；二是东亚各国政府及时联手干预，金融危机引发商业银行大面积危机的传导机制已被明显阻隔，金融危机经由银行渠道对实体经济进一步冲击的程度进一步降低；三是能源、金属和粮食等初级产品价格的全面回落，减轻了企业的成本压力，化解了通胀风险；四是东亚贸易模式已从原来依赖美国和欧洲、日本市场，转向欧美、日本和中国“三足鼎立”的格局，贸易多元化成为东盟国家规避风险的选择。

日本经济形势。国际金融动荡对日本的最大影响是：日元急剧升值使出口企业的成本上升，出口减少又对日本整体经济产生不利影响。2008 年 11 月底日元对美元的汇率已升至 13 年来最高点。日本大公司营业利润大幅减少，设备投资下降；中小企业举步维艰，9 月企业破产数量同比大幅增长 34.4%。

2008 年 1—2 季度日本经济按年率计算仅增长了 1.2% 和 0.7%，分别比上年同期回落 2.0 和 1.1 个百分点，从而结束了自 2002 年 2 月开始的经济增长周期。根据日本央行、内阁府、总务省、经济产业省和财务省相关数据的综合预测，日本 2008 年 GDP 实际增长率约为 –0.3%，2009 年将为 –0.5% 左右。2009 年日本物价上涨的压力将明显减轻，相比较 2008 年约 1.5% 的物价涨幅，2009 年将稳定在 0% 左右。

韩国经济形势。韩国是受全球金融危机冲击最大的亚洲经济体之一。2008 年上半年韩国经济增长率为 5.3%，但至第三季度已降为 0.6%，为过去 4 年来的最低增幅。从年初到 11 月初，韩国股市下跌 38%，韩元兑美元的汇价下跌超过 30%。外债总额已达 3990 亿美元，总外债与外汇储备的比例为 190%，已接近 1997 年最糟糕的情况。外部的金融危机已对韩国的银行系统产生了越来越严重的影响。

虽然韩国的金融系统面临着巨大压力，但还不太可能重陷 1997 年的金融危机。近年韩国一直谨慎执行财政政策，拥有相对稳定的政府财政收支。韩国 GDP 居世界第 11 位，外债对 GDP 比例是 40%；韩国主要银行的韩元仍是净流入；韩元的疲软有助于促进该国的出口，近期大宗商品价格走低也使第四季度经常性账户可能转为盈余。

2009 年韩国的外部经济环境较 2008 年将进一步恶化，内需也很难迅速恢复。出口增长将放慢，有可能接近零增长；但经常项目收支有望转亏为盈，物价上涨压力会逐渐消失，韩元兑美元汇率有望稳定在1040 韩元兑换 1 美元的水平上。

2009 年东盟经济走势

1997 年的金融危机已使东盟国家开始调整自身的经济结构，进行金融和企业部门的综合改革。2008 年上半年，印尼和马来西亚继续保持高增长，而菲律宾因实际所得减少导致个人消费增长减速。越南在 2008 年中一度通货膨胀高企，并陷于金融恐慌，但此后形势好转，1—10 月引进外资已同比增长了近 5 倍。泰国则因政局不稳导致内需疲软，经济低迷。

目前的金融危机对东盟各国金融部门的影响相对有限，但随着欧美市场购买力收缩，出口拉动型的东盟经济体仍将受到一定影响。2009年东盟经济增长率可能降至3%左右。

全球贸易、FDI和金融形势分析

2001年以来，世界贸易与国际直接投资都得到了迅速发展。但受世界经济增长率大幅走低及其他因素变动的综合影响，2009年全球贸易增速将大幅下降，FDI（编者注：指外商直接投资）将出现负增长的局面，国际金融市场在前半年仍将延续当前颓势、后半年则有望进入一个平稳期或开始逐步复苏。

2009年全球贸易和FDI展望

20世纪50年代以来，世界贸易增速远高于世界经济增速，发展中经济体在世界贸易中的地位逐步提升，贸易平衡格局发生着有利于发展中国家和地区的变化。2004年以来，全球FDI也发展迅速，但增长格局发生一些新的变化，美国、亚太和欧洲成为三大国际投资热点区域，

发展中国家引进外资快速增长，FDI资金流向集中于能源、金融等产业领域，全球企业并购再掀高潮。2009年，以下因素将对全球贸易和FDI产生重要影响：

世界经济增长率大幅下降。受美国金融危机影响，2009年世界经济增长率将大幅走低，世界贸易将受到拖累；美欧日大企业财务状况的恶化，也会严重制约FDI的发展。

资源品价格回落并在低谷徘徊。2008年9月后，世界主要资源品价格都出现了大幅下降，这将拉低世界贸易增长速度。这种状况可能延续至2009年上半年，该年三季后世界资源品价格可能见底回升，从而拉动世界贸易的回升。同时，资源品价格的见底回升，也将为FDI提供很好的投资机会。

经济贸易政策的调整。受金融危机与经济衰退的影响，不少国家会对进口贸易采取更为严格的限制。但多数将采取非关税贸易壁垒的方式，如绿色壁垒、社会壁垒、反倾销、反补贴等。这对世界贸易的发展会造成负面影响。相反，金融危机与经济衰退，将促使更多的国家采取积极的经济政策，来吸收更多的外来投资。

汇率变动加剧。金融危机造成汇率的频繁波动，将对世界贸易的稳定发展带来冲击。欧元、英镑对美元、日元、人民币的大幅贬值，将制约欧盟对外直接投资发展，而有利于美国厂商的对外投资。同样，人民币升值趋势难改以及中国外汇储备的积累，将有利于中国对外投资的较快发展，而制约FDI的流入。

国际金融市场投机再度活跃。美国、欧盟及多数国家房地产的不景气和股市的低迷，将持续一段时期，从而制约金融市场的投机。但美国房地产市场可能在2009年底止跌回升，具有经济预报功能的股市则可能更早复苏，这将为世界资本提供“抄底”机会。2009年下半年，国际金融市场的投资投机热潮将再度兴起，并制约资本向实业FDI的转移。

综上所述，世界贸易的增长速度将由2007年的6.3%下降到2008年的4.5%左右，2009年将进一步下降至2–2.5%。2009年国际贸易的增速，发达国家将降至–0.1%，发展中国家将降至5–5.5%，其中新兴市场也将降至7%左右。全球FDI，2008年下半年出现了急剧下降，2009年可能降至1.2亿美元之内，FDI流动会面临更多的风险。

2009年国际金融市场展望

受美国次贷危机冲击，2008年国际金融市场形势剧变：外汇市场波动剧烈，银行同业拆借利率阶段性大起大落，中长期国债收益率差额扩大，全球股指集体大幅下跌，国际金价攀高后回落，国际商品期货价格先升后降；但全年基本走势，大致可分为2个阶段：年初至7月的暴涨阶段和7月以来的暴跌阶段。2009年，以下因素将对国际金融市场产生重要影响：

美元实际汇率将保持升值趋势。在全球金融危机的背景下，世界需求下降，资源品价格下跌，都将凸显美国作为全球资金避风港的特点，从而

促进美元升值。这印证了“美元微笑假说”（Dollar Smile Hypothesis），即美国经济若硬着陆，美元将升值；美国经济增长若快于其它地区，美元亦将升值；但美国经济若“软着陆”，则美元将贬值。预计2009年美元实际汇率将保持升值趋势并逼近乃至超过2000年的基准水平。

全球股市可能在“熊市”徘徊。由于各国政府都出台了积极的救市政策，预计2009年全球股市集体跳水的现象将不复再现。但受风险偏好降低、流动性紧缩、市场信心不足等因素的影响，股市低位徘徊的概率较大。

国际黄金市场价格走高。受美元走强和流动性紧缩的影响，2009年黄金作为“避险货币”的作用将进一步显现，金价可能重回每盎司1000美元。

国际商品期货价格将下滑后趋稳。未来几个月石油等大宗商品期货价格继续下滑的可能性，仍然很大。但到2009年底，供给减少的影响将逐渐显现，期货价格将进入平台期，而石油则可能步入缓慢的上升期，不过2009年底之前恐难突破70美元／桶。

总之，2009年全球实体经济下滑，商品需求的黯淡，流动性紧缺，金融市场的投资和投机受到抑制，这些都将直接打压全球金融和主要商品价格。预计2009年国际金融市场在前半年仍将延续当前的颓势，而后半年则有望进入一个平稳期或开始逐步复苏。

第二节 中国宏观经济环境分析

一、中国宏观经济运行情况分析

图表23、2001—2008年我国GDP变动轨迹 单位：亿元

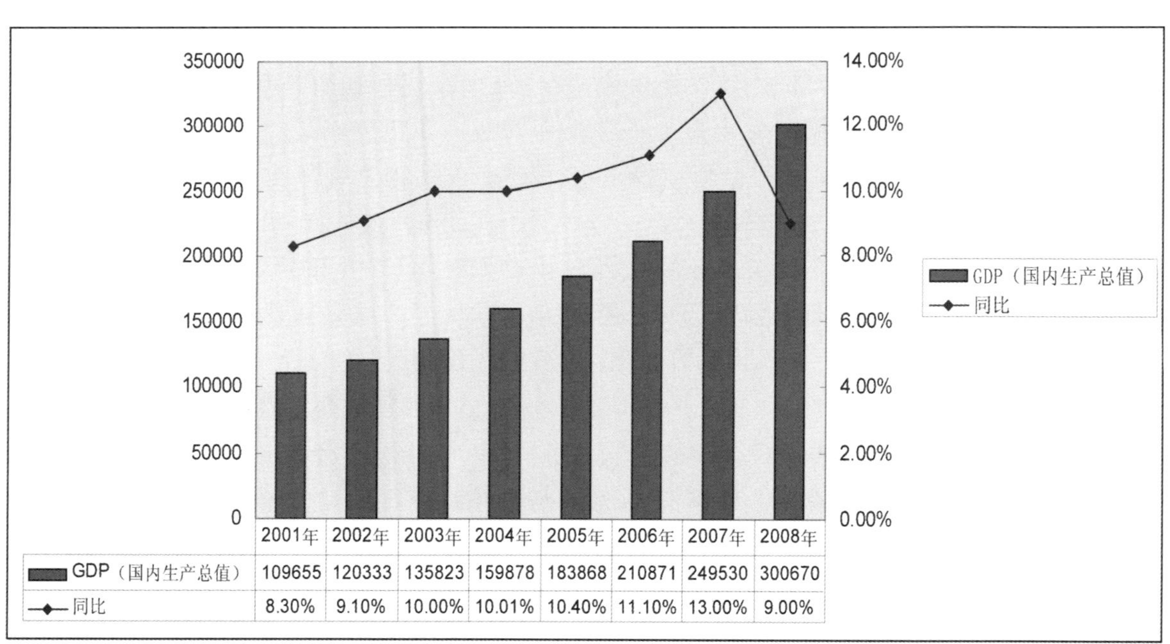

资料来源：国家统计局

图表 24、2003–2008 年我国固定资产投资历史变动轨迹 单位：亿元

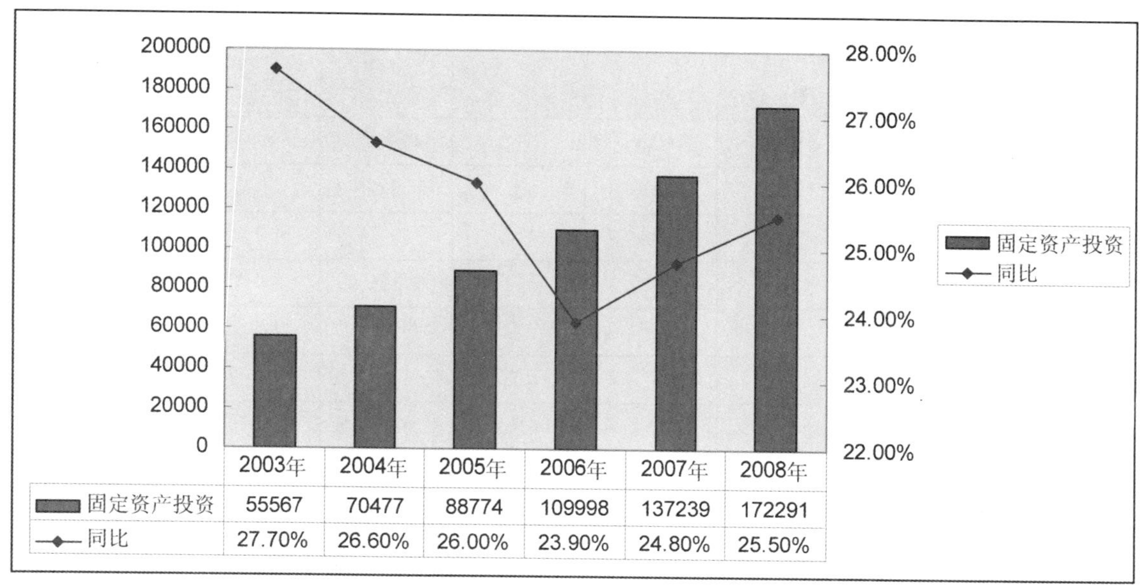

	2003年	2004年	2005年	2006年	2007年	2008年
固定资产投资	55567	70477	88774	109998	137239	172291
同比	27.70%	26.60%	26.00%	23.90%	24.80%	25.50%

资料来源：国家统计局

图表 25、2001–2008 年我国进出口贸易历史变动轨迹 单位：亿美元

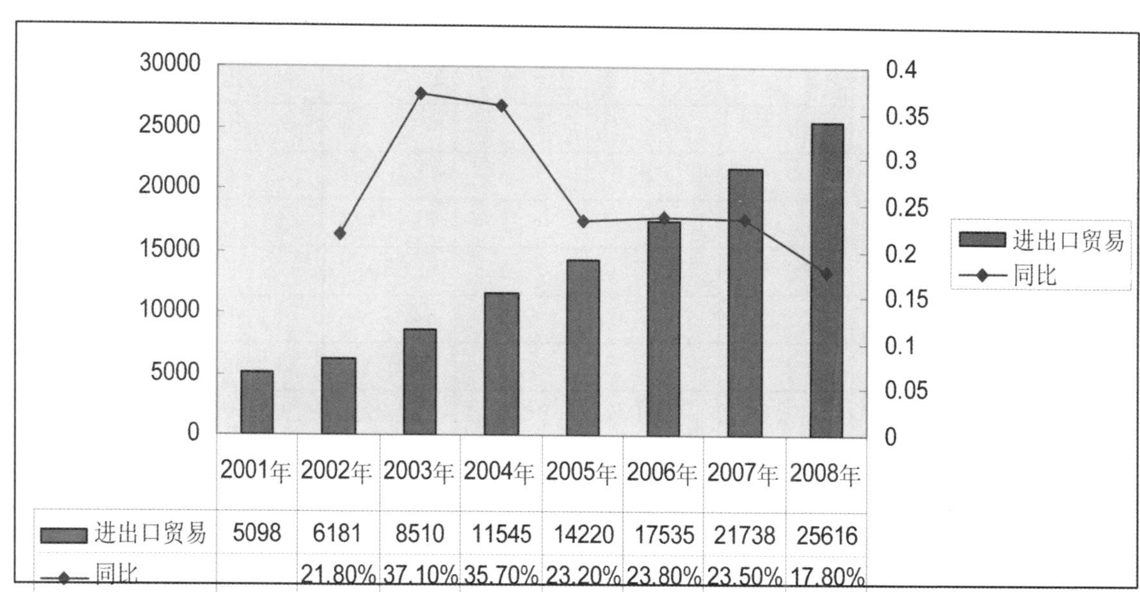

	2001年	2002年	2003年	2004年	2005年	2006年	2007年	2008年
进出口贸易	5098	6181	8510	11545	14220	17535	21738	25616
同比		21.80%	37.10%	35.70%	23.20%	23.80%	23.50%	17.80%

资料来源：国家统计局

图表 26、1998 年 –2009 年国内生产总值季度累计同比增长率（%）

日　期	国内生产总值（亿元）	国内生产总值同比增长（%）	第一产业增加值（亿元）	第一产业增加值同比增长（%）	第二产业增加值（亿元）	第二产业增加值同比增长（%）	第三产业增加值（亿元）	第三产业增加值同比增长（%）
2009年1季度	64745.0	6.1	4700.0	3.5	31968.0	5.3	29077.0	7.4
2008年4季度	300670.0	9.0	34000.0	5.5	146183.0	9.3	120487.0	9.5
2008年3季度	208025.0	9.9	22062.0	4.5	103974.0	10.6	81989.0	10.5
2008年2季度	134726.0	10.4	11800.0	3.5	69330.0	11.3	53596.0	10.7
2008年1季度	63475.0	10.6	4720.0	2.8	31658.0	11.5	27097.0	10.9
2007年4季度	257306.0	13.0	28627.0	3.7	124799.0	14.7	103880.0	13.8
2007年3季度	174428.0	13.4	17937.0	4.3	86405.0	14.8	70086.0	14.0
2007年2季度	112458.0	13.4	9283.0	4.0	57614.0	15.0	45561.0	13.5
2007年1季度	53058.0	13.0	3654.0	4.4	26465.0	14.6	22940.0	12.7
2006年4季度	211923.0	11.6	24040.0	5.5	103162.0	13.0	84721.0	12.1
2006年3季度	144569.6	11.8	15058.6	4.9	72008.2	13.3	57502.8	11.8
2006年2季度	93611.6	12.0	7973.6	5.1	47909.4	13.6	37728.5	11.7
2006年1季度	44419.8	11.4	3093.0	4.5	22076.1	12.6	19250.7	11.3
2005年4季度	183217.4	10.4	22420.0	5.2	87364.6	11.7	73432.9	10.5
2005年3季度	125577.5	10.4	14043.8	5.0	61542.4	11.2	49991.3	10.9
2005年2季度	81206.8	10.5	7436.3	5.0	40902.6	11.3	32867.9	10.8
2005年1季度	38763.6	10.5	2928.6	4.6	18968.4	11.2	16866.6	10.6
2004年4季度	159878.6	10.1	21412.7	6.3	73904.3	11.1	64561.3	10.1
2004年3季度	109967.6	10.5	13385.0	6.0	52869.6	11.1	43713.0	10.9
2004年2季度	70405.9	10.9	7027.5	4.4	34674.5	11.5	28703.9	11.6
2004年1季度	33420.6	10.4	2663.5	4.6	16077.3	11.6	14679.8	10.0
2003年4季度	135822.8	10.0	17381.7	2.5	62436.3	12.4	56004.7	9.5
2003年3季度	93329.3	10.1	10866.4	3.1	44853.1	12.5	37609.8	9.3
2003年2季度	59868.9	9.7	5779.4	2.1	29478.0	11.8	24611.5	9.1
2003年1季度	28861.8	10.8	2258.1	3.6	13776.4	12.5	12827.3	10.3
2002年4季度	105172.3	9.1	16117.3	2.9	52980.2	9.8	36074.8	10.4
2002年3季度	72366.9	8.3	9702.34	3.0	38165.25	9.8	24499.31	8.0
2002年2季度	45998.8	8.2	5017.4	2.6	25084.4	9.5	15897.0	7.9
2002年1季度	21192.6	8.0	1723.4	3.3	11554.7	9.1	7914.5	7.5
2001年4季度	97314.8	8.3	15411.8	2.8	48750.0	8.4	33153.0	10.2
2001年3季度	67226.9	7.6	8698.5	2.5	35537.1	9.3	22991.3	7.0
2001年2季度	42872.8	8.2	4763.7	2.4	23401.2	9.5	14707.9	8.1

2001 年 1 季度	19828.9	8.4	1641.6	3.0	10905.1	9.2	7282.2	8.4
2000 年 4 季度	89468.1	8.4	14628.2	2.4	44935.3	9.4	29904.6	9.7
2000 年 3 季度	61161.1	8.2	8708.9	2.2	32183.0	9.6	20269.2	8.5
2000 年 2 季度	38929.2	8.2	4631.8	1.5	21102.1	9.5	13195.4	8.5
2000 年 1 季度	17882.0	8.1	1586.8	3.0	9805.5	9.1	6489.7	7.9
1999 年 4 季度	82067.5	7.6	14472.0	2.8	40557.8	8.1	27037.7	9.3
1999 年 3 季度	56000.6	7.5	8633.5	3.3	29092.5	8.7	18274.6	7.2
1999 年 2 季度	34756.4	7.7	4624.7	3.0	19223.3	9.0	11908.5	7.0
1999 年 1 季度	16784.4	8.3	1575.6	4.0	9034.1	9.7	6174.07	7.0
1998 年 4 季度	78345.2	7.8	14552.4	3.5	38619.3	8.9	25173.5	8.3
1998 年 3 季度	83205.5	7.2	8381.2	2.5	27729.7	8.1	17094.6	8.1
1998 年 2 季度	34112.0	7.0	4502.9	2.2	18472.5	7.7	11133.6	7.8
1998 年 1 季度	15674.3	7.2	1521.3	4.0	8639.8	7.6	5513.2	7.7

资料来源：国家统计局

中国目前的 GDP 统计核算中并没有建立季度 GDP 环比这一项指标，仅有季度累计同比增长率这一指标，单季度的同比增长率指标虽然有，但是也不常用。

一般来说，中国统计体系指标中都是偏重同比增长率的比较，缺少环比的比较。同比发展速度主要是为了消除季节变动的影响，用以说明本期发展水平与去年同期发展水平对比而达到的相对发展速度。

因为中国各个季度 GDP 总量的差额比西方国家要大的多，比如第四季度单季 GDP 总量占全年的比重就达 31% 以上，而一季度 GDP 总量占全年的比重仅有 20% 左右，二季度和三季度占全年的比重也都不超过 25%。

如果季度环比比较，那么每一年的第一季度都是负增长 20% 以上，而第四季度都是正增长 26% 以上，甚至 30% 以上，比前三季度高出太多，因而，季度同比数据比较符合中国实际情况，更能反映中国的经济发展状况。

工业生产的触底反弹在一定程度上受益于中央投资。从国家发改委得到的消息，截至去年 12 月 18 日，新增的 1000 亿元中央投资计划已全部下达。这有助于未来工业品需求增加预期的形成，并有助于恢复工业生产的信心。

从发电量和 PMI 数据推算，2008 年 12 月工业增加值增速可能触底反弹至 6%。中电联此前发布的数据显示，去年 12 月规模以上电厂发电量同比下降 7.8%，发电量降幅较 11 月份的 -9.6% 略有收窄。从发电量和工业增加值的关系看，2008 年 12 月工业增加值增速也将高于 11 月 5.4% 的增速。

在图中我们可以清晰的看到发电量增速与工业增加值的增速有非常一致的协同关系，同高或同低，趋势表现一致。从途中看到发电量增速在 12 月份有一个拐点出现，所以预计工业增加值增速也将有轻微上扬。

图表 27、2003 年 -2008 年国内生产总值季度累计同比增长率（%）

季度	同比	环比	季度	同比	环比
2003 年			2006 年		
一季度	10.8	...	一季度	11.4	23.0
二季度	8.6	...	二季度	12.6	10.6
三季度	10.9	...	三季度	11.4	3.5
四季度	9.7	...	四季度	11.0	29.7
2004 年			2007 年		
一季度	10.4	...	一季度	13.0	21.7
二季度	11.4	8.2	二季度	13.8	11.4
三季度	9.7	6.4	三季度	13.4	3.1
四季度	8.9	26.1	四季度	11.8	30.7
2005 年			2008 年		
一季度	10.5	19.2	一季度	10.6	21.2(24.2)
二季度	10.5	10.7	二季度	10.2	11.5(11.9)
三季度	10.2	6.8	三季度	8.9	3.3(4.0)
四季度	10.4	26.8	四季度	6.3	30.3(33.8)

资料来源：国家统计局

图表 28、2008 年工业增加值与发电量对比趋势图

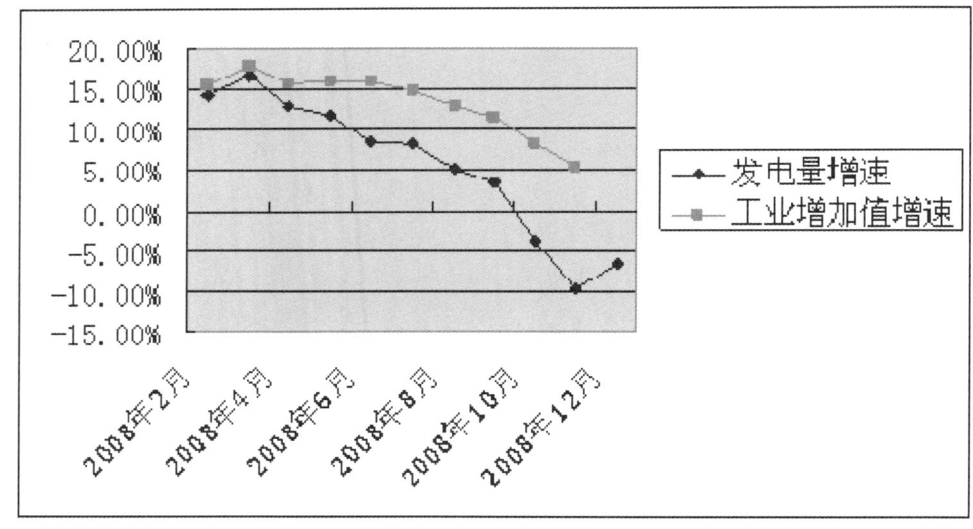

资料来源：国家统计局

图表 29、1999 年 –2009 年固定资产投资完成额月度累计同比增长率（%）

日　期	固定资产投资完成额（亿元）	固定资产投资完成额同比增长（%）	新增固定资产投资同比增长（%）
2009—3	23562.00	28.60	
2009—2	10257.79	26.50	59.00
2008—12	148167.25	26.10	9.40
2008—11	127614.14	26.80	31.40
2008—10	113189.07	27.20	28.90
2008—9	99870.71	27.60	29.30
2008—8	84919.69	27.40	29.30
2008—7	72160.08	27.30	29.60
2008—6	58435.98	26.80	27.90
2008—5	40264.20	25.60	32.40
2008—4	28410.07	25.70	30.10
2008—3	18316.94	25.90	17.00
2008—2	8121.29	24.30	27.20
2007—12	117413.91	25.80	9.50
2007—11	100604.60	26.80	20.70
2007—10	88953.32	26.90	25.00
2007—9	78246.78	26.40	25.60
2007—8	66659.00	26.70	27.70
2007—7	56697.83	26.60	28.40
2007—6	46077.82	26.70	28.20
2007—5	32044.78	25.90	25.40
2007—4	22594.41	25.50	20.40
2007—3	14543.61	25.30	28.40
2007—2	6535.01	23.40	2.40
2007—1	6535.01	23.40	—2.40
2006—12	93472.36	24.50	11.30
2006—11	79312.10	26.60	34.50
2006—10	70070.52	26.80	30.20
2006—9	61880.12	28.20	28.90
2006—8	52593.66	29.10	31.80
2006—7	44771.01	30.50	35.10
2006—6	36368.35	31.30	36.60
2006—5	25443.47	30.30	46.30
2006—4	18005.66	26.60	52.10

2006—3	11608.40	29.80	65.10
2006—2	5294.10	26.60	97.70
2005—12	75096.48	27.20	17.70
2005—11	63259.85	27.80	36.20
2005—10	55792.12	27.60	34.30
2005—9	48741.49	27.70	35.20
2005—8	41150.90	27.40	33.80
2005—7	34637.16	27.20	29.40
2005—6	27967.00	27.10	28.90
2005—5	19719.32	26.40	22.20
2005—4	14025.00	25.70	23.70
2005—3	9036.68	25.30	13.80
2005—2	4221.78	24.50	14.10
2004—12	70072.71	25.80	8.60
2004—11	49274.32	28.90	30.40
2004—10	43556.28	29.50	30.90
2004—9	38028.34	29.90	30.00
2204—8	32185.95	30.30	31.60
2004—7	27115.80	31.10	35.50
2004—6	21843.97	31.00	38.30
2004—5	15437.20	34.80	42.60
2004—4	11047.00	42.80	50.90
2004—3	7058.48	47.80	53.50
2004—2	3287.03	53.00	53.90
2003—12	42643.42	28.40	
2003—11	34618.03	29.60	
2003—10	30466.52	30.20	
2003—9	26512.58	31.40	
2003—8	22364.60	32.40	
2003—7	18753.33	32.70	
2003—6	15072.64	32.80	
2003—5	10577.80	31.70	
2003—4	7264.89	30.50	
2003—3	4478.58	31.60	
2003—2	1936.44	32.80	
2002—12	32941.76	17.40	

2002—11	26118.54	23.40	
2005—10	22869.16	24.10	
2002—9	19788.13	24.30	
2002—8	16535.09	24.20	
2002—7	13793.67	24.10	
2002—6	11103.52	24.40	
2002—5	7827.64	25.80	
2002—4	5416.42	27.10	
2002—3	3263.69	26.10	
2002—2	1407.99	27.50	
2001—12	27826.62	13.70	
2001—11	21163.72	16.30	
2001—10	18423.79	17.40	
2001—9	21221.10	15.80	
2001—8	13311.23	18.90	
2001—7	11111.13	18.40	
2001—6	11898.71	15.10	
2001—5	6199.14	17.60	
2001—4	4235.73	16.50	
2001—3	2560.19	15.10	
2001—2	1130.73	16.70	
2000—12	24242.82	9.70	
2000—11	18191.01	11.70	
2000—10	15687.13	12.60	
2000—9	13470.48	12.90	
2000—8	11194.68	12.70	
2000—7	9382.52	12.60	
2000—6	7537.61	12.10	
2000—5	5232.62	9.50	
2000—4	3611.19	9.30	
2000—3	2235.36	8.50	
2000—2	954.87	8.60	
1999—12	23732.00		
1999—9	11764.17	8.10	
1999—8	9908.15	10.40	
1999—7	8297.64	12.70	

1999-6	6686.57	15.10	
1999-5	4750.25	17.60	
1999-4	3269.99	18.10	
1999-3	2020.83	22.70	
1999-2	845.19	28.30	

资料来源：国家统计局

一季度，社会消费品零售总额29398亿元，同比增长15.0%。

分地域看，城市消费品零售额19834亿元，同比增长14.1%；县及县以下零售额9564亿元，增长17.0%。

分行业看，批发和零售业零售额24627亿元，同比增长14.6%；住宿和餐饮业零售额4383亿元，增长18.9%；其他行业零售额388亿元，增长2.8%。

分商品类别看，限额以上批发和零售业吃、穿、用类商品零售额同比分别增长12.4%、14.3%和7.3%。其中：汽车类增长11.1%，日用品类增长10.9%，家用电器和音像器材类增长1.4%，化妆品类增长14.8%，金银珠宝类增长11.8%，文化办公用品类增长6.5%，体育、娱乐用品类增长8.4%，服装类增长15.6%，粮油食品类增长11.8%，其中粮油类增长9.6%，肉禽蛋类增长9.6%；石油及制品类同比下降0.8%，通讯器材类下降7.5%。

图表30、2008-2009年3月PPI增速趋势图

时间	居民消费价格指数（CPI）（%）	工业品出厂价格指数（PPI）（%）	原材料、燃料、动力购进价格指数（%）
2008-1	7.1	6.1	8.9
2008-2	8.7	6.6	9.7
2008-3	8.3	8.0	11.0
2008-4	8.5	8.1	11.8
2008-5	7.7	8.2	11.9
2008-6	7.1	8.8	13.5
2008-7	6.3	10.0	15.4
2008-8	4.9	10.1	15.3
2008-9	4.6	9.1	14.0
2008-10	4.0	6.6	11.0
2008-11	2.4	2.0	4.7
2008-12	1.2	1.1	1.2
2009-1	1.0	3.3	5.3
2009-2	-1.6	-4.5	-7.1
2009-3	-1.2	-6.0	-8.9

资料来源：国家统计局

图表 31、1999 年 –2009 年居民消费价格指数（上年同月 =100）

时间	全国居民消费价格指数	城市居民消费价格指数	农村居民消费价格指数
2009–3	98.80	98.60	99.30
2009–2	98.40	98.10	99.20
2009–1	101.00	100.70	101.50
2008–12	101.20	100.90	101.90
2008–11	102.40	102.20	102.90
2008–10	104.00	103.70	104.60
2008–9	104.60	104.40	105.30
2008–8	104.90	104.70	105.40
2008–7	106.30	106.10	106.80
2008–6	107.10	106.80	107.80
2008–5	107.70	107.30	108.50
2008–4	108.50	108.10	109.30
2008–3	108.30	108.00	109.00
2008–2	108.70	108.50	109.20
2008–1	107.10	106.80	107.70
2007–12	106.50	106.20	107.20
2007–11	106.90	106.60	107.60
2007–10	106.50	106.10	107.20
2007–9	106.20	105.80	107.10
2007–8	106.50	106.20	107.20
2007–7	105.60	105.30	106.30
2007–6	104.40	104.10	105.00
2007–5	103.40	103.10	103.90
2007–4	103.00	102.90	103.40
2007–3	103.30	103.10	103.60
2007–2	102.70	102.50	103.20
2007–1	102.20	102.00	102.60
2006–12	102.80	102.70	103.10
2006–11	101.90	101.80	102.10
2006–10	101.40	101.40	101.30
2006–9	101.50	101.60	101.40

2006—8	101.30	101.30	101.40
2006—7	101.00	101.00	101.10
2006—6	101.50	101.60	101.30
2006—5	101.40	101.40	101.20
2006—4	101.20	101.20	101.10
2006—3	100.80	100.80	100.70
2006—2	100.90	100.90	100.80
2006—1	101.90	102.00	101.70
2005—12	101.60	101.60	101.50
2005—11	101.30	101.30	101.40
2005—10	101.20	101.20	101.30
2005—9	100.90	100.80	101.00
2005—8	101.30	101.20	101.50
2005—7	101.80	101.60	102.20
2005—6	101.60	101.30	102.20
2005—5	101.80	101.40	102.40
2005—4	101.80	101.50	102.40
2005—3	102.70	102.30	103.40
2005—2	103.90	103.60	104.50
2005—1	101.90	101.40	102.80
2004—12	102.40	102.00	103.30
2004—11	102.80	102.40	103.60
2004—10	104.30	103.70	105.40
2004—9	105.20	104.50	106.40
2004—8	105.30	104.80	106.10
2004—7	105.30	104.90	105.90
2004—6	105.00	104.60	105.60
2004—5	104.40	103.90	105.20
2004—4	103.80	103.20	104.90
2004—3	103.00	102.40	104.20
2004—2	102.10	101.40	103.30
2004—1	103.20	102.50	104.40
2003—12	103.20	102.70	104.10
2003—11	103.00	102.40	103.90
2003—10	101.80	101.50	102.40
2003—9	101.10	100.90	101.60

2003—8	100.90	100.60	101.40
2003—7	100.50	100.20	101.10
2003—6	100.30	100.00	100.90
2003—5	100.70	100.50	100.90
2003—4	101.00	101.00	101.00
2003—3	100.90	101.00	100.80
2003—2	100.20	100.20	100.30
2003—1	100.40	100.40	100.30
2002—12	99.60	99.40	99.90
2002—11	99.30	99.20	99.60
2002—10	99.20	99.10	99.60
2002—10	99.30	99.20	99.50
2002—9	99.30	99.20	99.40
2002—8	99.10	99.00	99.30
2002—7	99.20	99.10	99.50
2002—6	99.20	99.10	99.50
2002—5	98.90	98.60	99.60
2002—4	98.70	98.30	99.50
2002—3	99.20	98.90	99.80
2002—2	100.00	99.80	100.40
2002—1	99.00	98.70	99.60
2001—12	99.40	99.40	100.10
2001—11	99.70	99.40	100.20
2001—10	100.20	100.10	100.50
2001—9	99.90	99.80	100.10
2001—8	101.00	100.80	101.10
2001—7	101.50	101.50	101.30
2001—6	101.40	101.50	101.30
2001—5	101.70	101.90	101.40
2001—4	101.60	101.80	101.40
2001—3	100.80	100.70	100.90
2001—2	100.00	99.80	100.30
2001—1	101.20	101.30	101.00
2000—12	101.50	101.90	101.10
2000—11	101.30	101.70	100.70
2000—10	100.00	100.40	99.50

2000—9	100.00	100.40	99.50
2000—8	100.30	100.70	99.80
2000—7	100.50	101.00	99.90
2000—6	100.50	100.90	100.10
2000—5	100.10	100.50	99.70
2000—4	99.70	100.10	99.30
2000—3	99.80	100.10	99.50
2000—2	100.70	101.10	100.20
2000—1	99.80	100.20	99.30
1999—12	99.00	99.10	98.90
1999—11	99.10	99.30	98.90
1999—10	99.40	99.50	99.30
1999—9	99.20	99.30	99.00
1999—8	98.70	98.80	98.60
1999—7	98.60	98.60	98.50
1999—6	97.90	97.90	97.80
1999—5	97.80	97.80	97.90
1999—4	97.80	97.80	97.80
1999—3	98.20	98.20	98.10
1999—2	98.70	98.80	98.60
1999—1	98.80	98.80	98.70

资料来源：国家统计局

图表 32、2000 年 —2008 年工业品出厂价格指数（上年同月 =100）

时　间	地　区	指　标	数　值
2000 年	中国	全部工业品出厂价格指数	102.8
2001 年	中国	全部工业品出厂价格指数	98.7
2002 年	中国	全部工业品出厂价格指数	97.8
2003 年	中国	全部工业品出厂价格指数	102.3
2004 年	中国	全部工业品出厂价格指数	106.1
2005 年	中国	全部工业品出厂价格指数	104.9
2006 年	中国	全部工业品出厂价格指数	103.0
2007 年	中国	全部工业品出厂价格指数	103.1
2008 年	中国	全部工业品出厂价格指数	105.4

资料来源：国家统计局

图表 33、1999 年 –2009 年出口总额月度同比增长率与进口总额月度同比增长率（%）

时　间	进出口商品总额（亿美元）	出口商品总额（亿美元）	进口商口总额（亿美元）	一般贸易出口额（亿美元）	一般贸易进口额（亿美元）
2008	25616.30	14285.50	11330.90	6625.80	5726.80
2007	21738.30	12180.10	9558.20	5385.80	4286.50
2006	17606.90	9690.70	7916.10	4163.20	3331.80
2005	14221.20	7620.00	6601.20	3150.90	2797.20
2004	11545.50	5933.30	5612.30	2436.40	2482.30
2003	8509.90	4382.30	4127.60	1820.30	1877.00
2002	6207.70	3256.00	2951.70	1362.00	1291.20
2001	5096.50	2661.00	2435.50	1119.20	1134.70
2000	4743.00	2492.00	2250.90	1051.81	1000.79
1999	3606.30	1949.30	1657.00	791.35	670.40

资料来源：国家统计局

图表 34、1999 年 –2009 年货币供应量月度同比增长率（%）

日期	广义货币（M2）（亿元）	广义货币（M2）同比增长（%）	狭义货币（M1）（亿元）	狭义货币（M1）同比增长（%）	流通中现金（M0）（亿元）	流通中现金（M0）同比增长（%）
2009–3	530626.71	25.51	176541.13	17.04	33746.42	10.88
2009–2	506708.07	20.48	166149.60	10.87	35141.64	8.28
2009–1	496135.31	18.079	165214.34	6.68	41082.37	12.02
2008–12	475166.60	17.82	166217.13	9.06	34218.96	12.65
2008–11	758644.636	14.80	157826.63	6.80	31607.36	9.04
2008–10	453133.32	15.02	157194.36	8.85	31317.84	10.59
2008–9	452898.71	15.26	155748.97	9.43	31724.88	9.28
2008–8	448846.68	16.00	156889.92	11.48	30851.62	10.89
2008–7	446362.17	16.35	154992.44	13.96	30687.19	12.30
2008–6	443141.02	17.37	154820.15	14.19	30181.32	12.28
2008–5	436221.60	18.07	153344.75	17.93	30193.30	12.88
2008–4	429313.72	16.94	151694.91	19.05	30789.61	10.70
2008–3	423054.53	16.19	150867.47	17.97	30433.07	11.12
2008–2	421037.84	17.39	150177.88	18.95	32454.47	5.96
2008–1	417846.17	18.88	154872.56	20.54	36673.15	31.21
2007–12	403401.30	16.73	152519.20	21.02	30334.32	12.05

2007—11	399757.91	18.45	148009.82	21.67	28987.92	13.56
2007—10	394207.17	18.47	144649333	22.21	28317.78	13.43
2007—9	393098.91	18.45	142591.57	22.07	29030.58	13.01
2007—8	387200.00	18.09	141000.00	22.77	27800.00	14.95
2007—7	383884.88	18.48	136237.43	20.94	27326.26	15.05
2007—6	377832.15	17.06	135847.40	20.92	26881.09	14.54
2007—5	3697183.15	16.74	130275.80	19.28	26727.97	13.90
2007—4	367326.45	17.09	127678.33	20.01	27813.88	15.14
2007—3	364104.70	17.27	127881.30	19.81	27388.00	16.678
2007—2	358629.30	17.78	126258.10	020.69	30627.90	25.10
2007—1	351498.77	15.79	128484.06	19.80	27949.13	—4.64
2006—12	345577.91	16.94	126028.05	17.48	27072.62	12.65
2006—11	337504.15	16.80	121644.95	16.83	25527.25	13.91
2006—10	332747.17	17.08	118359.96	16.33	24964.16	14.03
2006—9	331865.36	16.83	116814.10	15.70	25687.38	15.33
2006—8	327885.67	17.94	114845.67	15.57	24185.36	13.27
2006—7	324010.76	18.40	112653.04	15.34	23752.59	12.19
2006—6	322756.35	18.43	112342.36	13.94	23469.08	12.57
2006—5	316709.81	19.05	109219.22	14.01	23465.32	12.75
2006—4	313701.82	18.92	106389.11	12.48	24155.73	11.49
2006—3	310490.65	18.76	106737.08	12.64	23472.03	10.51
2006—2	304516.57	18.82	104357.08	12.44	24482.02	8.00
2006—1	303538.60	19.21	107389.82	10.63	29310.71	22.05
2005—12	298755.67	17.57	107278.76	11.78	24031.67	11.94
2005—11	292350.39	18.30	104125.78	12.71	22409.39	10.89
2005—10	287591.61	17.99	101751.98	12.08	21892.98	9.49
2005—9	287438.27	17.92	100964.00	11.64	22272.92	8.52
2005—8	281288.22	17.34	99377.70	11.50	21351.56	9.39
2005—7	276966.28	16.30	97674.10	11.00	21171.20	9.08
2005—6	275785.53	15.67	98601.25	11.25	20848.76	9.63
2005—5	269240.49	14.64	95802.01	10.40	20811.59	9.26
2005—4	266992.66	14.18	94593.72	10.50	21666.56	9.00
2005—3	264588.94	14.22	94743.19	10.40	21238.95	10.06
2005—2	259357.29	14.23	92814.95	11.08	22667.97	13.95
2005—1	257708.47	14.50	97079.03	15.84	24015.41	7.75
2004—12	253207.70	14.67	95970.82	13.58	21468.30	8.72

2004—11	247135.58	14.23	92387.13	14.32	20209.25	9.60
2004—10	243740.32	13.65	90782.48	13.10	20078.25	10.01
2004—9	243756.88	14.14	90439.05	14.24	20524.17	12.11
2004—8	239729.19	13.84	89125.33	15.70	19517.94	10.85
2004—7	238126.97	15.49	87982.23	15.53	19409.10	11.79
2004—6	238427.49	16.36	88627.14	16.73	19017.58	12.15
2004—5	234842.40	17.71	86780.37	19.24	19048.43	11.30
2004—4	233627.86	19.12	85603.64	20.06	19878.40	13.97
2004—3	231654.60	19.11	85815.57	20.12	19297.43	12.81
2004—2	227050.72	19.43	83556.43	19.78	19893.44	10.91
2004—1	225101.93	18.14	83805.90	15.74	22287.43	4.91
2003—12	221222.82	19.58	84118.57	18.67	19745.99	14.28
2003—11	216351.73	20.40	80814.93	18.90	18439.56	12.80
2003—10	214469.36	21.00	80267.10	19.60	18250.67	14.00
2003—9	213567.13	20.70	79163.88	18.50	18305.36	12.80
2003—8	210591.90	21.60	77032.98	18.80	17606.76	12.10
2003—7	206193.07	20.70	76152.77	20.00	17362.13	13.10
2003—6	204907.42	20.80	72923.23	20.20	16956.89	12.30
2003—5	199505.19	20.20	72777.84	18.80	17115.03	12.30
2003—4	196130.13	19.20	71321.24	18.00	17441.14	9.90
2003—3	194487.30	18.50	71438.82	20.10	17106.50	10.10
2003—2	190108.41		69756.64		17937.17	
2003—1	190545.05		72405.66		21244.73	
2002—12	185006.97	16.80	70881.79	16.82	17278.03	10.13
2002—11	179736.26		67992.78		16346.39	
2002—10	177294.15		67100.25		16014.66	
2002—9	176985.21		66799.76		16233.58	
2002—8	173250.92		64868.83		15712.61	
2002—7	170852.14		63487.78		15357.66	
2002—6	169601.24		63144.00		15097.35	
2002—5	166023.00		61246.86		15243.27	
2002—4	164570.56		60461.31		15864.18	
2002—3	164064.57		59474.83		15544.63	
2002—2	160935.59		58702.87		16641.55	
2002—1	159639.27		60576.06		16725.89	
2001—12	158301.92	17.60	59871.59	12.65	15688.820	7.07

2001—11	154088.30	17.63	56579.60	11.40	14780.00	6.50
2001—10	151497.25		56114.90		14484.61	
2001—9	151822.60	16.36	56824.00	12.26	15064.60	8.42
2001—8	149941.76		55808.92		14370.13	
2001—7	149228.73		53502.80		14071.62	
2001—6	147809.67		55187.36		13943.44	
2001—5	139015.84		52542.99		13942.28	
2001—4	139949.85		53261.32		14622.98	
2001—3	138744.46		53033.36		14362.12	
2001—2	136210.17		51997.68		14910.39	
2001—1	137543.63		54406.23		17018.98	
2000—12	134610.26	12.30	53147.15	16.00	14652.65	8.90
2000—11	130994.07		50787.49		13877.70	
2000—10	129522.44		49952.84		13589.45	
2000—9	130473.84		50616.89		13894.69	
2000—8	127790.30		48885.38		13378.68	
2000—7	126323.92		47803.09		13156.47	
2000—6	126605.33		48024.40		13006.04	
2000—5	124053.25		46490.23		13075.45	
2000—4	124121.87		46319.03		13575.50	
2000—3	122606.82		45158.45		13235.40	
2000—2	121583.40		44679.20		13983.00	
2000—1	121220.40		46570.10		16093.90	
1999—12	119897.90	14.70	45837.30	17.70	13455.50	20.10
1999—11	116559.00	14.02	43370.00	15.92	12483.00	16.98
1999—10	115390.00	14.39	42265.00	14.89	12154.00	15.74
1999—9	115079.00	15.32	41914.00	14.83	12255.00	16.40
1999—8	112827.00	15.96	40095.00	14.39	11395.00	12.50
1999—7	111414.00	15.68	38991.00	13.49	11199.00	11.57
1999—6	111363.00	17.65	38822.00	14.94	10881.00	11.94
1999—5	110061.00	17.17	38004.00	13.27	10889.00	9.06
1999—4	109218.00	17.87	38053.00	14.07	11225.00	10.34
1999—3	108438.00	17.85	38054.00	14.93	11342.00	11.18
1999—2	107778.00	17.12	38749.00	16.03	12784.00	17.43
1999—1	105500.00	14.41	39011.00	9.63	11997.00	8.48

资料来源：国家统计局

图表 35、国内生产总值（2008 年 1—4 季度）

	绝对额（亿元）
国内生产总值	300670
第一产业	34000
第二产业	146183
第三产业	120487

注 1：绝对额按现价计算，增长速度按不变价计算。

注 2：该表为初步核算数据。

资料来源：国家统计局

图表 36、各地区工业增加值增长速度（2008 年 12 月）

地　区	比去年同期增长 %	
	本月	累计
全国总计	5.7	12.9
北　京	−6.9	2.0
天　津	23.0	21.0
河　北	9.2	13.5
山　西	−19.2	6.5
内蒙古	3.6	24.5
辽　宁	9.0	17.5
吉　林	9.0	18.6
黑龙江	8.9	13.1
上　海	11.8	8.3
江　苏	9.2	14.2
浙　江	1.1	10.1
安　徽	13.9	22.0
福　建	8.1	16.7
江　西	13.5	21.9
山　东	7.0	13.8
河　南	5.3	19.8
湖　北	10.0	21.6
湖　南	18.5	18.4
广　东	11.3	12.8
广　西	22.9	22.6
海　南	−0.4	6.0

重　庆	12.1	21.6
四　川	11.3	17.9
贵　州	5.1	10.1
云　南	13.2	12.6
西　藏	1.9	8.9
陕　西	13.2	21.0
甘　肃	4.6	9.5
青　海	5.6	21.5
宁　夏	11.3	15.1
新　疆	13.8	15.5

资料来源：国家统计局

图表 37、工业主要产品产量及增长速度（2008 年 12 月）

指标名称	单位	本月	累计	比去年同期增长%	
				本月	累计
原煤	万吨	21994.04	262183.23	−1.3	12.8
天然原油	万吨	1570.64	18972.82	0.4	2.3
铁矿石原矿量	万吨	6105.85	82401.11	8.0	20.7
磷矿石	万吨	390.41	5074.06	−19.2	8.9
原盐	万吨	312.21	5952.78	30.9	7.8
成品糖	万吨	242.24	1449.89	−9.8	14.0
软饮料	万吨	546.41	6415.10	28.2	19.1
纱	万吨	186.01	2148.93	2.6	8.1
布	亿米	45.74	527.72	−0.7	5.3
丝织品	万米	107531.66	1275018.54	−5.4	−4.1
机制纸及纸板	万吨	722.46	8390.94	−4.0	8.7
新闻纸	万吨	31.35	461.44	−10.8	9.5
汽油	万吨	574.86	6347.54	7.5	5.8
煤油	万吨	90.09	1165.37	−1.9	0.5
柴油	万吨	1015.09	13323.60	−9.5	8.0
焦炭	万吨	2217.14	32359.26	−25.0	−0.4
硫酸	万吨	429.14	5110.12	−4.2	−4.3
氢氧化钠（烧碱）	万吨	132.14	1852.14	−22.2	1.4
碳酸钠（纯碱）	万吨	137.60	1881.33	−20.1	6.4
农用氮磷钾化肥（折纯）	万吨	467.17	5867.55	−8.4	1.4
化学农药原药	万吨	16.07	190.24	−14.5	12.0

乙烯	万吨	72.11	1025.64	−19.0	−2.1
初级形态的塑料	万吨	238.07	3129.59	−14.1	1.5
合成洗涤剂	万吨	43.09	597.89	−26.1	−3.2
化学纤维	万吨	222.33	2404.60	1.9	2.3
塑料制品	万吨	325.66	3713.82	−0.6	10.1
水泥	万吨	12527.17	138838.30	3.5	5.2
平板玻璃	万重量箱	4102.69	55184.63	−15.4	6.5
生铁	万吨	3622.90	47067.41	−9.4	−0.2
粗钢	万吨	3779.16	50048.80	−10.5	1.1
钢材	万吨	4881.62	58177.30	−1.7	3.6
十种有色金属	万吨	206.39	2520.28	−2.3	8.2
氧化铝	万吨	176.22	2278.81	3.5	17.7
铜材	万吨	69.02	784.91	11.2	17.2
铝材	万吨	121.73	1477.31	−4.4	21.3
工业锅炉	蒸发量吨	21950.84	222781.46	15.9	7.6
内燃机	万千瓦	2637.25	54977.06	−50.4	−1.1
金属切削机床	万台	3.81	61.72	−28.8	−2.4
电动手提式工具	万台	1549.39	23730.70	−43.4	−1.7
金属冶炼设备	吨	45722.60	702971.09	1.9	31.1
水泥专用设备	吨	52371.39	570512.01	3.4	22.8
饲料加工机械	台	41029.00	340472.00	67.5	34.3
包装专用设备	台	9887.61	100184.67	20.5	17.4
大中型拖拉机	台	13449.00	217133.00	−22.6	12.8
小型拖拉机	万台	10.84	188.02	−52.2	−11.1
大气污染防治设备	台（套）	3022.40	60429.65	−28.7	42.6
机车	辆	86.00	1059.00	−30.6	6.1
汽车	万辆	68.57	961.54	−18.9	6.5
民用钢质船舶	万总吨	407.23	2444.07	71.7	44.2
发电设备	万千瓦	1520.13	13343.31	18.5	2.1
交流电动机	万千瓦	1525.85	19825.51	−21.9	5.5
家用洗衣机	万台	491.73	4231.16	5.1	11.1
家用电冰箱	万台	358.54	4756.90	28.6	8.0
冷柜	万台	104.73	1177.56	−1.5	−1.4
房间空气调节器	万台	505.59	8307.19	−31.4	−4.9
载波通信设备	台	5525.00	10782.00	312.3	47.3
光通信设备	台	67608.00	493795.00	35.7	7.0

程控交换机	万线	505.25	4583.95	8.7	−14.1
传真机	万台	47.97	769.91	−33.6	−12.9
移动通信基站设备	万信道	194.20	1492.00	63.7	−7.2
电子计算机	台	8809.00	82665.00	38.1	35.0
微型电子计算机	万台	1104.96	14703.12	−17.3	14.0
集成电路	亿块	28.44	417.14	−19.5	2.4
大规模集成电路	亿块	12.72	163.31	10.3	23.3
大规模集成电路	万台	885.52	9033.08	−2.9	6.0
电工仪器仪表	万台	533.83	5963.99	0.3	2.7
复印机械	万台	41.12	584.19	19.1	38.7
发电量	亿千瓦小时	2739.61	34046.96	−7.9	5.5
火电	亿千瓦小时	2294.25	27857.37	−12.4	3.0
水电	亿千瓦小时	2294.25	5276.88	27.9	17.5

资料来源：国家统计局

图表 38、工业分大类行业增加值增长速度（2008 年 12 月）

大类行业	本月	累计
总计	5.7	12.9
煤炭开采和洗选业	4.5	19.1
石油和天然气开采业	10.7	6.1
黑色金属矿采选业	15.6	21.9
有色金属矿采选业	12.2	14.3
非金属矿采选业	22.9	22.3
其他采矿业	83.1	31.5
农副食品加工业	14.7	15.0
食品制造业	13.5	16.4
饮料制造业	10.0	16.1
烟草制品业	1.4	12.6
纺织业	5.5	10.5
纺织服装、鞋、帽制造业	7.4	12.5
皮革、毛皮、羽毛（绒）及其制品业	4.2	12.4
木材加工及木、竹、藤、棕、草制品业	11.1	21.5
家具制造业	9.3	13.5
造纸及纸制品业	4.5	12.4
印刷业和记录媒介的复制	12.9	12.4
文教体育用品制造业	17.1	18.2

石油加工、炼焦及核燃料加工业	−15.1	4.3
化学原料及化学制品制造业	5.6	10.0
医药制造业	13.1	17.1
化学纤维制造业	0.7	2.2
橡胶制品业	−2.0	11.2
塑料制品业	9.0	13.8
非金属矿物制品业	9.0	16.9
黑色金属冶炼及压延加工业	0.1	8.2
有色金属冶炼及压延加工业	8.8	12.3
金属制品业	7.1	15.0
通用设备制造业	4.1	16.9
专用设备制造业	12.0	20.5
交通运输设备制造业	2.8	15.2
电气机械及器材制造业	12.8	18.1
通信设备、计算机及其他电子设备制造业	−2.4	12.0
仪器仪表及文化、办公用机械制造业	6.8	12.7
工艺品及其他制造业	9.5	10.1
废弃资源和废旧材料回收加工业	9.1	26.2
电力、热力的生产和供应业	0.8	8.6
燃气生产和供应业	9.9	26.8
水的生产和供应业	9.1	4.9

资料来源：国家统计局

二、中国宏观经济未来发展预测

年度GDP坐七望八

首先，中国经济的自然增长率大概在5%～6%的水平，这基本是2009年经济增长的底线。

其次，每年2万亿投资能够推动经济增长率提高2.1个百分点。两者相加，2009年中国经济增长率在7%～8%之间。

季度GDP增速V型反弹

从季度经济增长率看，我们认为中国经济调整底部已经探明，最晚从2009年二季度起，中国经济将会出现明显的触底回升势头。预计2009年下半年经济增长8.3%，增长率将比上半年提高1.3个百分点。

重回通货紧缩

2009年我国将面临通货紧缩，原因主要是三个方面：一是国际大宗商品价格下跌国内输入型通胀压力减轻；二是流动性从泛滥转向收缩；三是需求增速放慢，越来越多的产品转向过剩，导致价格下跌。

外贸顺差仍有望正增长

2009年顺差将超过3000亿美元，仍有望保持正增长。进口更大幅度下降是顺差正增长的主要原因：一是出口下降导致进口下降，二是国内需求下降导致进口下降，三是国际大宗商品价格下跌。

企业利润大幅度下降

尽管大宗商品价格涨幅回落降低了企业成本压力，但是需求增速回落、销售价格回落对利润增速的负面冲击更大，使得整体利润增速仍会有大幅度回落，预计2009年工业企业利润将比2008年下降21%。

失业率明显提高

伴随经济全面调整，预计越来越多的企业将受到冲击，也将有更多的人失业，预计2009年无论是城镇登记失业率还是实际失业率都将有明显提高。在失业压力加大背景下，政府将全方位促进就业增长。

第三节 政治环境分析

一、宏观政策环境分析

一、关停小火电机组对“十一五”规划电网的影响分析

随着中央政府“上大压小”的电力工业产业政策的推出，小火电关停工作正加快推进。

作为在发输配送这一电力产业链上共生共存的电网企业而言，除了通过电力调度贯彻中央政府的决策，更面临着“小火电退市之后如何保电网安全”的重任，由此也引发了新一轮的电网规划调整。

小火电关停导致局部电网薄弱，影响供电灵活性和可靠性，电网企业已快速作出反应

在华中电网的火电基地——河南电网，最初定下的“十一五”小火电关停容量为240万千瓦。随着政府对这一工作推进力度的加强，今年4月20日，河南省政府出台文件，将这一目标调整到350万千瓦，并将233万千瓦的关停指标压在了今年。今年6月，河南省政府节能减排的决心进一步加大，将关停目标追加到了510万千瓦。对于承担着河南境内安全可靠供电重任的河南省电力公司来说，无疑已经感受到了“上大压小”的快速实施给电网安全及电网建设带来的冲击。

从电网安全方面来看，据河南省电力公司有关专家介绍，按照河南省电力公司的电网安全校核，关停省内350万千瓦的小火电容量，河南电网基本可满足安全供电的需要。但是，关停510万千瓦的容量，电网安全将受到考验：供电可靠性会降低。河南省电力公司有关专家表示，在关停了70多万千瓦的小火电容量之后，在河南的局部电网，衡量220千伏以下电网规模是否合适的重要指标———容载比便出现了下降趋势，由1.8～2.0之间降至1.1～1.3之间。而容载比数值越大，电网的安全裕度则越大。提高容载比的方法便是增加变电容量。

为应对510万千瓦的关停目标，在河南省政府6月提出这一目标的同时，河南省电力公司便抓紧工作，在已有计划外再追加推出了63台总计1千万千伏安容量的变压器的招标书。据该公司计划发展部有关人士介绍，这63台变压器将于今年年底前到货，在完成施工安装工作后，电网安全稳定运行的压力会有所缓解。

另外，为确保完成河南省政府对中央政府的承诺，在安排小火电关停顺序方面，河南省电力公司也与省政府进行了积极沟通，达成了共识。河南省电力公司把关停的小火电分为三类：一类是不影响电网安全，立即可以关的；一类是具备关停条件，电网供电设施没问题后再关的；一类是待电网的建设上来后再关的。此外，河南省电力公司还根据电网的情况，在年度中统筹关停工作。如在夏季用电高峰时期，便不安排关停工作，待电网顺利度夏后再进行。

从电网建设方面来看，由于中央政府出台的“上大压小”政策中还明确提出了将新建电源项目替代的关停机组容量作为衡量其可否纳入规划的重要指标这一观点，对河南电网发展而言，极大可能引起新一轮电源建设高潮。而电源投资方在建设电源点时并不会考虑并网工程代价，不会考虑电网的承载能力。若河南省“十一五”期间关停小火电政策实施顺利，这

一关停容量再加上河南“十一五”后三年新增装机空间，将很可能超过1000万千瓦，这将对电网发展提出严峻考验。一方面，小火电关停需要及时补充电网项目来弥补供电容量的不足，而电网建设需要周期；另一方面，1000万千瓦新增装机的不确定性，电网断面如何适应电力送出要求，短路电流水平如何控制等，这些问题都将对河南电网“十一五”后三年的主网架建设带来极大的影响和压力。

河南电网所面临的这些问题，并非孤例

据了解，在华中电网，湖北、湖南、江西、四川电网都不同程度地面临这些问题。而解决问题的最终出路则在于“十一五”电网规划的再次调整。

在华中电网公司规划专家詹智民看来，以前的五年电网规划从未像“十一五”时期的电网规划这样如此多次调整。光他手里的华中电网“十一五”规划报告正式版本已达三本。这还不包括正在作的小火电关停的电网滚动调整。

按照以往编制中期规划的规律，电网规划都是在五年的中期根据用电负荷发展速度加以调整。如“九五”时期的中调便是压缩电网规模，“十五”时期的中调则是扩大规模。而“十一五”电网的多次调整大多是出于思路上的调整，负荷变化只是很小的调整因素。

据詹智民介绍，华中电网“十一五”规划的三次调整，分别是基于国家电网公司推出的特高压战略、“户户通电”的农电发展战略，以及加快省会及重点城市电网建设的城网发展战略而进行的。这次，华中电网的“十一五”规划将面临第四次调整，并滚动至2012年，在小火电关停这一政府目标的基础上进而把节能减排因素一并考虑。

截至2007年12月27日，我国关停小火电机组1438万千瓦，共计553台，超额完成去年初关停1000万千瓦的目标。关停机组平均单机容量2.6万千瓦。

关停机组中，五大发电公司（全资和控股）、地方投资公司和地方国有企业关停小火电机组256台，关停容量1052万千瓦，占关停总量的73.1%；民营及其他企业关停小火电机组297台，关停容量386万千瓦，占关停总量的26.9%。

山东、河南、广东、江苏、山西等省份关停容量位居前5位，分别关停了171.7万千瓦、154.3万千瓦、129.4万千瓦、113.9万千瓦、100.7万千瓦。

二、贯彻国家“十一五”规划把握电网发展技术重点

2006年出台的《国民经济和社会发展第十一个五年规划纲要》（以下简称为国家“十一五”规划）和《国家中长期科学和技术发展规划纲要》（以下简称为国家中长期科技规划），是指导今后一个时期我国国民经济和社会发展以及科技进步的纲领性文件。贯彻落实国民经济和科技发展规划，一是要研究分析国家“十一五”规划和能源、科技规划对国家电网发展的积极影响，调整国家电网技术发展的重点和方向；二是要以加快发展特高压电网、转变电网发展方式的积极实践，影响和促进国家能源战略和电力规划的制定。

国家电网发展规划是国家能源和科技发展规划的重要组成部分

国家电网公司作为国有特大型企业，制定的发展战略必须符合国家的发展规划和相关政策，成为国家发展规划的——部分。国家“十一五”规划明确要求优化发展火电，鼓励发展坑口电站，建设大型煤电基地；在保护生态基础上有序开发水电，建设金沙江、雅砻江、澜沧江、黄河上游等水电基地和溪洛渡、向家坝等大型水电站；积极推进核电建设。同时将“开发1000千伏特高压交流和±800千伏直流输变电成套设备”列为装备制造业振兴的重点之一。国家中长期科技规划明确了“提高能源区域优化配置的技术能力，重点开发安全可靠的先进电力输配技术，实现大容量、远距离、高效率的电力配套”的发展思路，并将“重点

研究开发±800千伏大容量远距离直流输电技术和1000千伏级特高压交流输电技术与装备”作为能源领域研究的五个优先主题之一。

国家电网公司根据我国能源资源分布和生产力发展不平衡的基本国情，提出必须转变电网发展方式，加快建设以特高压电网为重点、各级电网协调发展的坚强国家电网。通过加快建设由1000千伏级交流和±800千伏级直流系统构成的特高压电网，引导大煤电、大水电、大核电基地集约化开发；通过大型电源基地的集约化开发进一步推动特高压电网发展，促进跨大区、跨流域、远距离、大规模资源优化配置，缓解能源供需矛盾，保障我国能源安全。

这一战略思想阐述了煤电、水电、核电与特高压电网建设相互促进、依存发展的紧密联系，强调了发展特高压电网是全国范围内能源资源优化配置、实现能源安全供给和可持续发展的必然要求。公司电网发展规划体现了国家“十一五”规划对电力发展的要求，成为国家“十一五”规划的重要组成部分。

国家发改委已经组织起草了国家能源发展战略和能源中长期发展规划，面对当前能源安全形势和节能环保等艰巨任务，国家正在调整能源发展战略，抓紧制订“十一五”能源发展规划》。国家电网公司在积极实施电网发展规划的同时，加大宣传力度，积极参与国家能源发展战略和规划的制定，使公司的电网发展规划成为国家发展规划和能源发展规划的重要组成部分。

按照国家“十一五”规划和能源、科技规划的要求，调整公司和电网发展规划，推进国家电网的可持续发展

国家“十一五”规划提出了建设社会主义新农村的重大任务。公司提出了“新农村、新电力、新服务”的农电发展战略，认真做好农电发展规划的调整和完善工作。一方面在农村边远地区实施“户户通电”工程，落实国家“十一五”规划中提出的建设新农村重点工程(送电到村和绿色能源县工程，利用电网延伸、风力发电、太阳能光伏发电等，解决350万户无电人口用电问题)。另一方面进一步关注发达地区的农村经济发展，这些地区在“十一五”期间是经济快速发展的重点地区，要预计到这些地区农村经济发展对用电需求的增长，及时作好负荷预测，合理安排农网改造，避免这些地区农村电网的重复规划、重复建设。

国家“十一五”规划提出，要推进经济结构调整和经济增长方式转变，“十一五”期末单位国内生产总值能源消耗比“十五”期末降低20%左右。对此，电网企业作为重要的能源企业，一是关注国家限制和压缩高耗能产业和其他行业节能措施的实施，及时作好负荷预测，研究分解出能源消耗降低20%的目标中电能降低的份额，调整和完善电网建设规划。二是充分认识电能输送环节的节能降耗对实现节能降耗目标所起的重要作用，切实做好电网无功规划，努力完成降低线损的指标。三是通过推广应用先进适用技术，提高电网输送能力；优化电网调度运行，实现电网的低损耗传输；加强需求侧管理，推广先进节电技术，引导电力用户节能，提高能源利用效率。

国家“十一五”规划提出，要加快发展高技术产业，加快发展服务业。我们要特别关注电子、航天、信息、通信、金融等产业的快速发展，了解和研究这些行业对电能质量的特殊需求，制定相应的提高电能质量的规划和措施，加快研究“定制电力”等提高电能质量的先进技术和实施政策。

国家“十一五”规划提出，要促进区域协调发展，“实施西部大开发，振兴东北地区等老工业基地，促进中部地区崛起，鼓励东部地区率先发展，形成东中西互动、优势互补、相互促进、共同发展的格局”。我们要切实贯彻落实好这些要求，发挥区域间的能源资源优势，加快区域间的输电工程建设。在申请核准、征用线路站址用地、筹集建设资金等工作中，大力宣传区域间输电对促进区域协调发展的重要作用，用好国家政

策，充分发挥地方政府的积极性，推进东北伊冯线工程、宁东天津直流工程、阳城送出加强工程以及西北750千伏等电网建设工程。

国家“十一五”规划还提出，“根据各个区域人口、资源、环境承载能力和发展潜力，划分优化开发、重点开发、限制开发和禁止开发区域”。国家这一规划和政策有利于开发建设西部和中部大水电、大煤电基地，有利于限制向东南部经济发达地区输煤发电，有利于特高压工程和国家电网的建设，带动西部和中部地区经济发展，减轻东南部经济发达地区的环保压力。我们要抓住机遇，加快建设交流特高压试验示范工程，推进电网发展战略的实施，促进能源可持续发展和区域经济的协调发展。

根据国家能源战略和国家中长期科技规划，研究和把握国家电网发展技术重点贯彻落实国家“十一五”规划和国家中长期科技规划，要在公司科技发展规划中突出研究重点，补充完善国家“十一五”规划已经明确而公司规划中不够突出的研究内容，进一步明确电网发展的技术走势。

一是积极开展特高压关键技术的研究，加快特高压试验基地的建设，确保为特高压工程建设提供技术支撑。发展特高压，设备是关键。要积极争取国家重大装备研制项目和科技攻关项目，支持特高压设备的研制，支持关键技术研究和试验基地建设。同时与国内的规划设计部门和设备制造企业开展密切合作，用国家重大装备研制项目和科技攻关项目引导和协调国内规划设计部门、设备制造企业，为公司制定的电网发展目标协同攻关，推进特高压工程建设进程。

二是在农村电网建设中注重科学规划和技术创新。优化完善农网的发展规划，提出适应社会主义新农村建设所需要的农村电网供电模式，坚持协调发展、因地制宜、安全可靠、标准统一、经济环保，以科学规划为指导，有序开展农网建设，把农村电网规划纳入国家电网的整体规划；加快农网线路和变电站的典型设计，积极采用新型低损耗的输变电设备在农村偏远地区“户户通电”工程中探索合理、经济的输电方式，因地制宜地应用风力发电、太阳能光伏发电等新能源技术；针对农村电网特点，研究和应用输电线通信技术。

三是加强可再生能源低成本规模化开发利用，重点研究应用大型风力发电技术、生物质能发电技术。开展新能源和间歇式电源接入与并网关键技术的研究，开展生物质能发电厂设计、建设、运行、检修、燃料采保等方面标准、规范的研究，完成生物质能发电锅炉技术的国产化，能源植物在生物发电领域大规模应用，2006年建设25个生物发电机组，2007年建设以生物质压缩颗粒为燃料的示范电厂，2008年生物发电锅炉设备实现国产化，2010年生物发电各方面技术成熟，建设投运的生物质能发电装机容量力争达到500万千瓦。

二、行业内主要政策及影响分析

（一）电监会：政府将长期扶持可再生能源电价

电监会表示，政府将长期扶持可再生能源电价，因为可再生能源短期内与传统能源比，不具有市场竞争力。同时，2009年一季度将公布2008年下半年的可再生能源电价补贴和配额交易方案。

此前，政府已经发布过三次可再生能源电价补贴和配额交易方案，补贴金额增长迅速。

2006年，总共有38个项目，补贴金额达2.5亿元；2007年，有75个项目，补贴金额达7亿多元；2007年10月到2008年6月，有项目148个，补贴金额近20亿元。

根据政府发布的多项可再生能源法律法规，我国目前有四项可再生能源核心政策：总量目标，即对可再生能源发展规模进行规划；全额收购，即电网企业原则上要对可再生能源发电全额收购；分类定价，即风能、生物质能、太阳能等与传统电力能源分别定价；费用分摊，即全民买单，从全国销售电价中提取一定额度来补贴发电企业和电网企业。

目前，火电企业上网电价平均在 0.35 元／千瓦时左右；风电上网电价目前基本核定在 0.51 至 0.61 元／千瓦时之间；生物质能电价是在各省火电脱硫电价上加 0.25 元／千瓦时，不过不少地区反映该价格仍然低于成本；太阳能电价在 4 元／千瓦时，但是仍然存在亏损。

（二）国家发展改革委核准一批电力工程

1、福建福清核电一期工程通过核准

2008 年 10 月，国务院核准福建福清核电一期工程。福清核电厂址位于福建省福州市所辖福清市三山镇前薛村岐尾山前沿，采用广东岭澳核电站“翻版加改进”技术建设 2 台百万千瓦级核电机组。

2、四川锦屏（西昌）至江苏苏南（吴江）±800 千伏直流两端换流站及除四川、云南境内之外的输电工程通过核准

2008 年 11 月，国家发展改革委核准四川锦屏（西昌）至江苏苏南（吴江）±800 千伏直流两端换流站及除四川、云南境内之外的输电工程。本工程共计新建 ±800 千伏直流换流站 2 座，新增 ±800 千伏换流容量 1440 万千瓦，安装总容量为 710 万千乏的无功补偿装置，新建 ±800 千伏直流线路约 1607 公里。

3、河北唐山新区热电厂“上大压小”工程通过核准

2008 年 10 月，国家发展改革委核准河北唐山新区热电厂“上大压小”工程。本工程位于河北省唐山市丰润区西南部的工业区内，建设 2 台 30 万千瓦国产亚临界燃煤热电机组，同步建设烟气脱硫装置，预留脱硝位置，相应关停大唐国际唐山热电有限责任公司 25 万千瓦小机组。工程投产后，形成 1300 万平米的供暖能力，并拆除供热区域内 127 台小锅炉。

（三）新增中央投资用于节能环保的投资计划已下达完毕

按照党中央、国务院关于进一步扩大内需促进经济增长的重大战略部署和国家发展改革委、财政部《紧急落实新增 1000 亿元中央投资工作方案》要求，国家发展改革委组织编制了“十大重点节能工程、循环经济和重点流域工业污染治理工程”2008 年新增中央预算内投资计划，并于 11 月 25 日正式印发。

今年新增 1000 亿元中央投资中，“十大重点节能工程、循环经济和重点流域工业污染治理工程”共安排 25 亿元中央预算内投资，涉及 468 个项目，主要包括以下三个方面：

一是支持十大重点节能工程，包括：燃煤锅炉改造、余热余压利用、节约和替代石油、电机系统节能、能量系统优化、高效照明系统改造等项目共 229 个，总投资 228.2 亿元，安排中央预算内投资 11.6 亿元。项目实施后可形成约 1100 万吨标准煤的节能能力。

二是支持资源节约循环利用重点项目，包括：节水、资源综合利用、再制造、“零”排放和国家循环经济试点单位重点项目共 143 个，总投资 151.9 亿元，安排中央预算内投资 8.3 亿元。项目实施后，可形成 21500 万吨节水能力，废物循环利用量可达 480 万吨。

三是支持重点流域工业污染治理项目，包括：淮河流域、松花江流域、丹江口库区及其上游、三峡库区及其上游水污染防治规划内的重点工业污染治理项目和铬渣污染综合整治方案中的铬渣污染治理项目共 96 个，总投资 25.5 亿元，安排中央预算内投资 5.1 亿元。项目实施后，可削减 COD 排放量 5 万多吨，处理铬渣 45.6 万吨。

上述项目均为企业投资项目，国家只给予一定的引导资金。通过实施上述节能减排重点工程，对实现“十一五”节能减排目标具有重要的推动作用，并可带动企业和社会投资约 370 亿元，有利于扩大内需，培育新的经济增长点，带动节能环保产业的发展。

投资计划下达后，国家发展改革委要求各地发展改革委、经贸委（经委）以及项目实施

单位要采取有效措施，加快项目前期工作进度，所有项目必须在今年四季度开工建设或进行设备、材料采购，形成有效工作量。要严格执行项目法人责任制、招投标制、工程监理制、合同管理制以及中央预算内投资项目管理的有关规定，切实加强资金和项目实施管理。要严格按照批准的项目名称、内容和规模进行建设，严禁未经批准擅自变更建设内容、更改建设规模，如确需调整，必须按程序报批。要加强跟踪调度，及时协调解决问题，提高工程质量，确保项目顺利建成并达产达效。

第四节 金融危机对电网行业影响分析

一万亿投资打造新电网

当前，由美国次贷危机引发的全球金融危机迅速蔓延开来，全球经济增长明显放缓，对我国经济运行产生重大影响。金融危机何时见底，谁也说不准。面对新一轮保增长、扩内需、调结构的政策生态，突破能源瓶颈能否在新一轮宏观调控政策的脉络上受益？

对于来势凶猛的金融危机，国家电网公司快速反应，就加快电网发展、拉动内需进行认真研究，并及时向国务院和有关部委提出了国家电网公司今后2至3年内可完成的投资规模、建设重点及相关建议。

电力工业是国家重要的基础产业，属于资金密集型行业，具有投资大、产业链长的特点。加大电网投资和建设力度，可以直接促进投资、消费和出口，对冶金、建材、电气和机械制造等行业具有明显的拉动作用。此外，在当前冶金、建材等主要生产资料价格出现大幅回落的情况下，加快电网建设步伐，能够降低企业发展成本，提高全社会投资效益，节约国家建设成本。

按照加快基础设施建设、拉动内需的要求，结合2008～2012年电网滚动规划，今后2至3年，国家电网公司投资规模将超过1万亿元。建设规模为110（66）千伏及以上线路26万公里、变电容量13.5亿千伏安。将增加城市中心区和农村变电站布点，着力解决供电瓶颈问题，提高供电可靠性；推广应用节能技术，逐步淘汰高耗能和陈旧设备，提高电网安全经济运行水平；贯彻国家“上大压小、节能减排”总体部署，加快小火电机组关停地区配套电网建设；加大农村排灌供电设施改造力度，服务现代农业发展。

经过建设与改造，城农网供电能力和供电可靠性大大提高，电能质量明显改善，以满足城市经济社会发展和新农村建设的需要。到2010年，城网供电可靠率达到99.9%，重点城市中心区域达到99.95%；综合供电电压合格率达到99%，城网线损率下降15%。农网综合供电电压合格率达到97.3%，农网线损率下降10%。公司供电区域基本实现户户通电，20%的县、15%的乡（镇）和15%的村达到新农村电气化标准要求。

“节能高速路”从梦想到现实

面对经济发展的巨大能源需求，国家电网公司作为国内大型的能源企业，肩负着确保能源安全，实施国家可持续发展能源战略的重大使命。国家电网从转变电网发展方式，着力提升电力传输效能入手，运用市场机制协调发电企业实施环境友好型发展，积极为“绿色电力”的市场发育创造条件。

立足电网企业实际，着眼经济、社会和环境协调发展的全局，主动实施国家能源战略，保障更安全、更经济、更清洁、可持续的能源供应，是国家电网的根本职责。

新时期，面对有形资源的约束，转变发展方式、建设特高压电网这种“节能高速公路”，是提高中国能源开发和利用效率的基本途径。刘振亚强调，要满足不断增长的用电需求，必须建设坚强的电网，实施跨大区、跨流域、长距离、大规模输电，在全国范围优化能源资源配置。

特高压输电具有容量大、距离远、能耗低、

占地少、经济性好等优势。随着我国能源开发西移和北移的速度加快，能源产地和消费地之间的输送距离越来越远，输送的规模越来越大。要从根本上解决电网发展滞后、煤电运紧张等问题，促进大型能源基地集约化开发以及全国范围的资源优化配置，必须加快实施"一特四大"发展战略，即以大型能源基地为依托，建设由1000千伏交流和±800千伏直流构成的特高压电网，形成电力"宽带网络"，实施电力的大规模、远距离、高效率输送，促进大煤电、大水电、大核电、大型可再生能源基地的集约化开发，在全国范围优化配置电力资源，保证能源的长期稳定供应。

根据规划，到2020年国家电网公司特高压电网输送容量将超过2.6亿千瓦，将减少发电装机约2500万千瓦，每年减少东部地区煤炭和铁路运输量4.8亿吨标准煤，减排二氧化碳约13.7亿吨、二氧化硫约1075万吨、氮氧化物约140万吨。

第四章 2008–2009年中国输配电及控制设备制造业经济运行数据分析

第一节 2008–2009年全国输配电及控制设备制造业主要经济指标

一、2008年全国输配电及控制设备制造业主要经济指标

图表39、2008年1–11月输配电及控制设备制造业主要经济指标全国统计数据

指标名	指标量
本年本月止累计企业单位数	6213
本年本月止累计亏损企业单位数	1003
本年本月止累计亏损企业亏损总额	1769384
本年本月止累计亏损企业亏损总额比去年同期增长	23.02
本年本月止累计应收帐款净额	143434556
本年本月止累计应收帐款净额比去年同期增长	16.98
本年本月止累计产成品	43677921
本年本月止累计产成品比去年同期增长	19.92
本年本月止累计流动资产平均余额	346710968
本年本月止累计流动资产平均余额比去年同期增长	21.17
本年本月止累计固定资产净值平均余额	0
本年本月止累计固定资产净值平均余额比去年同期增长	0
本年本月止累计资产总计	534302131
本年本月止累计资产总计比去年同期增长	20.17

本年本月止累计负债合计	319741244
本年本月止累计负债合计比去年同期增长	20.83
本年本月止累计产品销售收入	567069827
本年本月止累计产品销售收入比去年同期增长	24.94
本年本月止累计产品销售成本	468274386
本年本月止累计产品销售成本比去年同期增长	26.13
本年本月止累计产品销售费用	21179980
本年本月止累计产品销售费用比去年同期增长	17.09
本年本月止累计产品销售税金及附加	2105169
本年本月止累计产品销售税金及附加比去年同期增长	30.96
本年本月止累计管理费用	28970765
本年本月止累计管理费用比去年同期增长	19.01
本年本月止累计财务费用	5989188
本年本月止累计财务费用比去年同期增长	47.26
本年本月止累计利润总额	41109737
去年本月止累计利润总额	33195460
本年本月止累计全部从业人员平均人数	1235140
本年本月止累计全部从业人员平均人数比去年同期增长	5.83
本年本月止累计工业总产值（当年价格）	597418387
本年本月止累计工业总产值（当年价格）比上年同期增长	25.5
本年本月止累计工业总产值（不变价格）	0
本年本月止累计工业总产值（不变价格）比上年同期增长	0
本年本月止累计工业销售产值（当年价格）	577250031
本年本月止累计工业销售产值（当年价格）比上年同期增长	25.37
本年本月止累计出口交货值	83929898
本年本月止累计出口交货值比上年同期增长	12.49
本年本月止累计税金总额	17286478
本年本月止累计税金总额比去年同期增长	24.67
资本保值增值率	119.19
资本保值增值率最好水平	1640500
资产负债率	59.84
资产负债率最好水平	14478.65
产值利税率	9.76
产值利税率最好水平	1700
资金利税率	18.34
资金利税率最好水平	67853.29

流动资产周转次数	1.78
流动资产周转次数最好水平	2030.4
成本费用利润率	7.84
成本费用利润率最好水平	341.52
人均销售率	500851.43
人均销售率最好水平	20265709.1
产成品资金占用率	12.6
产成品资金占用率最好水平	4071.23

数据来源：国家统计局

二、2009年全国输配电及控制设备制造业主要经济指标

图表40、2009年1-8月输配电及控制设备制造业主要经济指标全国统计数据

指标名	指标量
（本年本月）新产品产值（千元）【数据起始于2009年2月】	8898166
（本年本月）新产品产值比上年同期增长（%）【数据起始于2009年2月】	15.25
（本年本月止累计）新产品产值（千元）【数据起始于2008年5月】	66309357
（本年本月止累计）新产品产值比上年同期增长（%）【数据起始于2008年5月】	20.76
（本年本月）工业销售产值（当年价格）（千元）【数据起始于2009年2月】	65416713
（本年本月）工业销售产值（当年价格）比上年同期增长（%）【数据起始于2009年2月】	14.07
（本年本月止累计）工业销售产值（当年价格）（千元）	462541395
（本年本月止累计）工业销售产值（当年价格）比上年同期增长（%）	12.23
（本年本月）出口交货值（千元）【数据起始于2009年2月】	7376779
（本年本月）出口交货值比上年同期增长（%）【数据起始于2009年2月】	–11.79
（本年本月止累计）出口交货值（千元）【数据起始于2003年6月】	50430102
（本年本月止累计）出口交货值比上年同期增长（%）【数据起始于2003年6月】	–15.45
（本年本月）企业单位数（个）	8003
（本年本月止累计）亏损企业单位数（个）	1695
（本年本月止累计）亏损企业单位数比上年同期增长（%）	28.9
（本年本月止累计）亏损企业亏损总额（千元）	2188226
（本年本月止累计）亏损企业亏损总额比上年同期增长（%）	32.38
（本年本月止累计）应收帐款净额（千元）	154060062
（本年本月止累计）应收帐款净额比上年同期增长（%）	10
（本年本月止累计）产成品（千元）	47466301
（本年本月止累计）产成品比上年同期增长（%）	8.37
（本年本月止累计）流动资产平均余额（千元）	390406752

(本年本月止累计) 流动资产平均余额比上年同期增长 (%)	11.7
(本年本月止累计) 固定资产净值平均余额 (千元)	0
(本年本月止累计) 固定资产净值平均余额比上年同期增长 (%)	0
(本年本月止累计) 资产总计 (千元)	603748591
(本年本月止累计) 资产总计比上年同期增长 (%)	12.21
(本年本月止累计) 负债合计 (千元)	344538599
(本年本月止累计) 负债合计比上年同期增长 (%)	9.23
(本年本月止累计) 主营业务收入 (千元)	445077539
(本年本月止累计) 主营业务收入比上年同期增长 (%)	8.95
(本年本月止累计) 主营业务成本 (千元)	365426590
(本年本月止累计) 主营业务成本比上年同期增长 (%)	9.21
(本年本月止累计) 营业费用 (千元)	16442102
(本年本月止累计) 营业费用比上年同期增长 (%)	9.48
(本年本月止累计) 主营业务税金及附加 (千元)	1619767
(本年本月止累计) 主营业务税金及附加比上年同期增长 (%)	14.1
(本年本月止累计) 管理费用 (千元)	24609353
(本年本月止累计) 管理费用比上年同期增长 (%)	14.63
(本年本月止累计) 财务费用 (千元)	4302492
(本年本月止累计) 财务费用比上年同期增长 (%)	0.4
(本年本月止累计) 利息支出 (千元) 【数据起始于 2008 年 5 月】	3499571
(本年本月止累计) 利息支出比上年同期增长 (%) 【数据起始于 2008 年 5 月】	−0.76
(本年本月止累计) 利润总额 (千元)	31652344
(本年本月止累计) 利润总额比上年同期增长 (%)	9.64
(本年本月止累计) 税金总额 (千元)	0
(本年本月止累计) 税金总额比上年同期增长 (%)	0
(本年本月止累计) 应交增值税 (千元) 【数据起始于 2008 年 5 月】	12816487
(本年本月止累计) 应交增值税比上年同期增长 (%) 【数据起始于 2008 年 5 月】	21.93
(本年本月止累计) 工业中间投入 (千元) 【数据起始于 2009 年 2 月】	0
(本年本月止累计) 工业中间投入比上年同期增长 (%) 【数据起始于 2009 年 2 月】	0
(本年本月止累计) 全部从业人员平均人数 (个)	1279992
(本年本月止累计) 全部从业人员平均人数比上年同期增长 (%)	−3.76

数据来源：国家统计局

第二节 2008–2009 年全国及各省市输配电及控制设备制造业产销数据分析

一、2008 年全国及各省市输配电及控制设备制造业产销数据分析

图表 41、2008 年 1–11 月全国及各省市输配电及控制设备制造业累计产成品

单位：千元

分组名称	本年本月止累计产成品
全国	43677921
北京市	2173919
天津市	436261
河北省	1791015
山西省	184407
内蒙	102609
辽宁省	2242663
吉林省	498505
黑龙江省	333867
上海市	2731045
江苏省	4881938
浙江省	6256233
安徽省	1154009
福建省	605052
江西省	222433
山东省	3516851
河南省	1267548
湖北省	752666
湖南省	576890
广东省	7483569
广西	467779
海南省	86470
重庆市	495082
四川省	797767
贵州省	140275
云南省	489520
陕西省	3346155
甘肃省	247517
青海省	9279
宁夏	114219
新疆	272378

数据来源：国家统计局

图表 42、2008 年 1-11 月全国及各省市输配电及控制设备制造业累计产成品比去年同期增长

单位：%

分组名称	本年本月止累计产成品比去年同期增长
全国	19.92
北京市	15
天津市	2.86
河北省	21.69
山西省	9.15
内蒙	12.43
辽宁省	40.83
吉林省	49.43
黑龙江省	67.44
上海市	68.72
江苏省	8.71
浙江省	14.49
安徽省	16.52
福建省	48.46
江西省	26.7
山东省	20.06
河南省	26.08
湖北省	25.85
湖南省	21.03
广东省	8.33
广西	-11.15
海南省	27.65
重庆市	8.54
四川省	5.3
贵州省	-7.01
云南省	26.9
陕西省	62.9
甘肃省	-13.2
青海省	86.85
宁夏	37.17
新疆	-34.12

数据来源：国家统计局

图表 43、2008 年 1–11 月全国及各省市输配电及控制设备制造业累计产品销售收入

单位：千元

分组名称	本年本月止累计产品销售收入
全国	567069827
北京市	19914233
天津市	9390838
河北省	17412955
山西省	684563
内蒙	583521
辽宁省	32668104
吉林省	2565792
黑龙江省	1618957
上海市	38365604
江苏省	102594595
浙江省	66587083
安徽省	9000985
福建省	13061993
江西省	5597866
山东省	70091032
河南省	19255881
湖北省	7057093
湖南省	8380615
广东省	93963006
广西	4425453
海南省	1304837
重庆市	5941660
四川省	10696992
贵州省	545048
云南省	2589530
陕西省	15353051
甘肃省	1644538
青海省	368796
宁夏	509709
新疆	4895497

数据来源：国家统计局

图表 44、2008 年 1–11 月全国及各省市输配电及控制设备制造业累计产品销售收入比去年同期增长

单位：%

分组名称	本年本月止累计产品销售收入比去年同期增长
全国	24.94
北京市	16.4
天津市	19.57
河北省	47.47
山西省	34.95
内蒙	47.78
辽宁省	40.4
吉林省	36.6
黑龙江省	8.62
上海市	17.26
江苏省	31.37
浙江省	11.84
安徽省	48.54
福建省	25.37
江西省	58.46
山东省	30.96
河南省	27.45
湖北省	36.39
湖南省	36.53
广东省	12.81
广西	26.58
海南省	56.75
重庆市	28.08
四川省	38.39
贵州省	19.78
云南省	23.1
陕西省	26.47
甘肃省	4.59
青海省	170.09
宁夏	30.29
新疆	96.37

数据来源：国家统计局

图表 45、2008 年 1—11 月全国及各省市输配电及控制设备制造业累计工业总产值（当年价格）

单位：千元

分组名称	本年本月止累计工业总产值（当年价格）
全国	597418387
北京市	19073548
天津市	9511540
河北省	15892796
山西省	751060
内蒙	618235
辽宁省	33757391
吉林省	2899456
黑龙江省	1671889
上海市	40071980
江苏省	105717975
浙江省	69118359
安徽省	10081805
福建省	13132257
江西省	5752079
山东省	74921427
河南省	20598537
湖北省	20598537
湖南省	9923114
广东省	100660415
广西	5736908
海南省	1198290
重庆市	6131470
四川省	11665142
贵州省	848380
云南省	2293517
陕西省	19266666
甘肃省	1676177
青海省	377153
宁夏	476775
新疆	3226614

数据来源：国家统计局

图表 46、2008 年 1–11 月全国及各省市输配电及控制设备制造业累计工业总产值比去年同期增长（当年价格）

单位：%

分组名称	本年本月止累计工业总产值（当年价格）比上年同期增长
全国	25.5
北京市	12.45
天津市	24.06
河北省	49.66
山西省	25.04
内蒙	37.4
辽宁省	34.3
吉林省	24.67
黑龙江省	10.79
上海市	22.23
江苏省	31.93
浙江省	12.28
安徽省	48.54
福建省	20.91
江西省	60.73
山东省	29.7
河南省	29.89
湖北省	39.77
湖南省	43.11
广东省	15.36
广西	35.85
海南省	27.67
重庆市	35.46
四川省	35.03
贵州省	38.8
云南省	21.06
陕西省	34.14
甘肃省	12.15
青海省	19.57
宁夏	19.61
新疆	32.64

数据来源：国家统计局

二、2009年全国及各省市输配电及控制设备制造业产销数据分析

图表47、2009年1—8月全国及各省市输配电及控制设备制造业累计产成品

分组名称	（本年本月止累计）产成品（千元）
全国	47466301
北京市	2108901
天津市	361921
河北省	2368628
山西省	297986
内蒙	115045
辽宁省	2275975
吉林省	508376
黑龙江省	277857
上海市	4058818
江苏省	5742181
浙江省	6041366
安徽省	1377388
福建省	588932
江西省	289560
山东省	3451044
河南省	1320766
湖北省	933437
湖南省	542393
广东省	6518146
广西	741021
海南省	55385
重庆市	562588
四川省	753655
贵州省	153104
云南省	391281
陕西省	4943291
甘肃省	164302
青海省	38206
宁夏	155996
新疆	328752

数据来源：国家统计局

图表 48、2009 年 1–8 月全国及各省市输配电及控制设备制造业累计产成品比去年同期增长

分组名称	（本年本月止累计）产成品比上年同期增长（%）
全国	8.37
北京市	–1.29
天津市	8.85
河北省	19.66
山西省	–3.02
内蒙	–48.45
辽宁省	–8.46
吉林省	11.17
黑龙江省	–14.89
上海市	41.18
江苏省	17.99
浙江省	–5.12
安徽省	17.49
福建省	–2.71
江西省	31.01
山东省	3.58
河南省	17.12
湖北省	8.37
湖南省	14.29
广东省	–10.79
广西	–10.79
海南省	–32.71
重庆市	32.92
四川省	–6.34
贵州省	3.6
云南省	–5.34
陕西省	59.03
甘肃省	6.68
青海省	315.46
宁夏	57.7
新疆	–19.3

数据来源：国家统计局

图表 49、2009 年 1–8 月全国及各省市输配电及控制设备制造业累计产品销售收入

分组名称	（本年本月止累计）主营业务收入（千元）
全国	4.45E+08
北京市	14671092
天津市	5742839
河北省	15565316
山西省	634622
内蒙	643842
辽宁省	33470826
吉林省	2518534
黑龙江省	1567171
上海市	28460524
江苏省	87128644
浙江省	50410720
安徽省	7109927
福建省	9052654
江西省	4163254
山东省	58287254
河南省	15487316
湖北省	6454561
湖南省	6943680
广东省	60137184
广西	3964914
海南省	1023917
重庆市	4208668
四川省	8453581
贵州省	368948
云南省	1753101
陕西省	11762107
甘肃省	1010867
青海省	257548
宁夏	539991
新疆	3283937

数据来源：国家统计局　凯博信咨询整理

图表 50、2009 年 1–8 月全国及各省市输配电及控制设备制造业累计产品销售收入比去年同期增长

分组名称	(本年本月止累计) 主营业务收入比上年同期增长 (%)
全国	8.95
北京市	–0.97
天津市	–2.71
河北省	30.93
山西省	4.47
内蒙	36.83
辽宁省	29.14
吉林省	32.57
黑龙江省	30.85
上海市	–5.85
江苏省	19.66
浙江省	–4.01
安徽省	11.83
福建省	1.57
江西省	24.13
山东省	22.94
河南省	18.11
湖北省	8.3
湖南省	24.45
广东省	–9.15
广西	53.65
海南省	15.49
重庆市	2.5
四川省	8.17
贵州省	–13.63
云南省	15.94
陕西省	5.37
甘肃省	–5.9
青海省	5.1
宁夏	54.48
新疆	1.89

数据来源：国家统计局　凯博信咨询整理

第三节 2008–2009 年全国及各省市输配电及控制设备制造业资产负债分析

一、2008 年全国及各省市输配电及控制设备制造业资产负债分析

图表 51、2008 年 1–11 月全国及各省市输配电及控制设备制造业累计资产总计

单位：千元

分组名称	本年本月止累计资产总计
全国	534302131
北京市	20661631
天津市	9382547
河北省	22018534
山西省	1039541
内蒙	492298
辽宁省	28810130
吉林省	2528288
黑龙江省	2496109
上海市	43738605
江苏省	92997498
浙江省	70849095
安徽省	8622157
福建省	10838298
江西省	3316549
山东省	39568103
河南省	26724682
湖北省	7289252
湖南省	6974314
广东省	70292631
广西	7063605
海南省	1222510
重庆市	6367043
四川省	7891032
贵州省	1394631
云南省	3286240
陕西省	26075394
甘肃省	2608279
青海省	243803
宁夏	609379
新疆	8899953

数据来源：国家统计局

图表52、2008年1–11月全国及各省市输配电及控制设备制造业累计资产总计比去年同期增长

单位：%

分组名称	本年本月止累计资产总计比去年同期增长
全国	20.17
北京市	11.57
天津市	34.45
河北省	71.37
山西省	26.41
内蒙	10.57
辽宁省	35.1
吉林省	18.02
黑龙江省	11.5
上海市	12.23
江苏省	23.27
浙江省	18.19
安徽省	19.04
福建省	29.71
江西省	31.78
山东省	22.01
河南省	16.23
湖北省	−15.82
湖南省	26.17
广东省	5.96
广西	9.48
海南省	40.28
重庆市	35.9
四川省	31.56
贵州省	7.1
云南省	17.03
陕西省	30.55
甘肃省	9.83
青海省	146.03
宁夏	9.77
新疆	54.34

数据来源：国家统计局

图表 53、2008 年 1—11 月全国及各省市输配电及控制设备制造业累计流动资产平均余额

单位：千元

分组名称	本年本月止累计流动资产平均余额
全国	346710968
北京市	15783593
天津市	6292375
河北省	11955735
山西省	686716
内蒙	338595
辽宁省	16750494
吉林省	1579501
黑龙江省	1636197
上海市	29710704
江苏省	62251519
浙江省	45095299
安徽省	6031115
福建省	7715822
江西省	2046859
山东省	24604247
河南省	17918349
湖北省	4228559
湖南省	3532005
广东省	49032329
广西	3664419
海南省	980694
重庆市	3430597
四川省	4488326
贵州省	939873
云南省	2297613
陕西省	17415454
甘肃省	1838505
青海省	50519
宁夏	337244
新疆	4077711

数据来源：国家统计局

图表54、2008年1—11月全国及各省市输配电及控制设备制造业累计流动资产平均余额比去年同期增长

单位：%

分组名称	本年本月止累计流动资产平均余额比去年同期增长
全国	21.17
北京市	15.77
天津市	32.36
河北省	32.36
山西省	30.74
内蒙	30.74
辽宁省	28.05
吉林省	11.48
黑龙江省	18.93
上海市	14.69
江苏省	24.09
浙江省	20.83
安徽省	26.5
福建省	26.66
江西省	16.44
山东省	31.31
河南省	23.17
湖北省	11.38
湖南省	16.59
广东省	7.59
广西	−3.81
海南省	31.72
重庆市	6.93
四川省	22.93
贵州省	14.72
云南省	41.04
陕西省	31.35
甘肃省	8.42
青海省	18.7
宁夏	11.4
新疆	34.07

数据来源：国家统计局

图表 55、2008 年 1–11 月全国及各省市输配电及控制设备制造业累计负债合计

单位：千元

分组名称	本年本月止累计负债合计
全国	319741244
北京市	12245433
天津市	4925678
河北省	14128918
山西省	677601
内蒙	330668
辽宁省	16371536
吉林省	1615527
黑龙江省	1586701
上海市	23130486
江苏省	53784888
浙江省	38339404
安徽省	5363254
福建省	5725255
江西省	2038590
山东省	23113792
河南省	17102900
湖北省	9673512
湖南省	3765003
广东省	41456579
广西	4526221
海南省	579853
重庆市	3992760
四川省	4786858
贵州省	1128808
云南省	2268642
陕西省	19846068
甘肃省	1918677
青海省	136786
宁夏	312682
新疆	4868164

数据来源：国家统计局

图表 56、2008 年 1–11 月全国及各省市输配电及控制设备制造业累计负债合计比去年同期增长

单位：%

分组名称	本年本月止累计负债合计比去年同期增长
全国	20.83
北京市	10.61
天津市	45.09
河北省	81.48
山西省	22.89
内蒙	17.29
辽宁省	35.68
吉林省	1.47
黑龙江省	6.48
上海市	6.99
江苏省	24.65
浙江省	18.46
安徽省	15.17
福建省	28.06
江西省	26.85
山东省	16.93
河南省	16.01
湖北省	76.1
湖南省	13.67
广东省	3.57
广西	15.93
海南省	6.99
重庆市	13.38
四川省	36.35
贵州省	10.13
云南省	19.53
陕西省	30.9
甘肃省	30.9
青海省	358.55
宁夏	12.13
新疆	38.98

数据来源：国家统计局

图表 57、2008 年 1—11 月全国及各省市输配电及控制设备制造业资本负债率

单位：%

分组名称	资产负债率
全国	59.84
北京市	59.27
天津市	52.5
河北省	64.17
山西省	65.18
内蒙	67.17
辽宁省	56.83
吉林省	63.9
黑龙江省	63.57
上海市	52.88
江苏省	57.83
浙江省	54.11
安徽省	62.2
福建省	52.82
江西省	61.47
山东省	58.42
河南省	64
湖北省	132.71
湖南省	53.98
广东省	58.98
广西	64.08
海南省	47.43
重庆市	62.71
四川省	60.66
贵州省	80.94
云南省	69.03
陕西省	76.11
甘肃省	73.56
青海省	56.11
宁夏	51.31
新疆	54.7

数据来源：国家统计局

二、2009年全国及各省市输配电及控制设备制造业资产负债分析

图表58、2009年1–8月全国及各省市输配电及控制设备制造业累计资产总计

分组名称	（本年本月止累计）资产总计（千元）
全国	603748591
北京市	22244778
天津市	8018271
河北省	30498657
山西省	1339198
内蒙	667028
辽宁省	39920629
吉林省	2808294
黑龙江省	2486688
上海市	49477013
江苏省	99568282
浙江省	85417624
安徽省	11090197
福建省	10686871
江西省	3747028
山东省	44281388
河南省	28333468
湖北省	13063050
湖南省	8017367
广东省	71099093
广西	7156815
海南省	1310441
重庆市	6278876
四川省	8394876
贵州省	1171399
云南省	3495263
陕西省	29829002
甘肃省	2382184
青海省	230638
宁夏	779641
新疆	9954532

数据来源：国家统计局

图表59、2009年1–8月全国及各省市输配电及控制设备制造业累计资产总计比去年同期增长

分组名称	（本年本月止累计）资产总计比上年同期增长（%）
全国	12.21
北京市	5.33
天津市	11.35
河北省	56.71
山西省	10.45
内蒙	14.04
辽宁省	10.01
吉林省	15.98
黑龙江省	–8.02
上海市	7.08
江苏省	14.84
浙江省	10.18
安徽省	31.58
福建省	8.14
江西省	20.02
山东省	18.57
河南省	7.08
湖北省	10.13
湖南省	13.3
广东省	1.21
广西	9.36
海南省	6.95
重庆市	5.58
四川省	5.59
贵州省	–16.27
云南省	18.99
陕西省	14.47
甘肃省	19.22
青海省	–2.92
宁夏	30.71
新疆	35.9

数据来源：国家统计局　凯博信咨询整理

图表 60、2009 年 1—8 月全国及各省市输配电及控制设备制造业累计流动资产平均余额

分组名称	（本年本月止累计）流动资产平均余额（千元）
全国	390406752
北京市	17240256
天津市	5084256
河北省	17407925
山西省	934168
内蒙	489162
辽宁省	26141485
吉林省	1629763
黑龙江省	1688918
上海市	32062486
江苏省	67958188
浙江省	52159322
安徽省	7305283
福建省	7763070
江西省	2203993
山东省	28150993
河南省	18003685
湖北省	5302912
湖南省	4735599
广东省	48876841
广西	4531381
海南省	1067728
重庆市	4321933
四川省	5199771
贵州省	708633
云南省	2491942
陕西省	20140780
甘肃省	1625058
青海省	131641
宁夏	490075
新疆	4559505

数据来源：国家统计局　凯博信咨询整理

图表 61、2009 年 1–8 月全国及各省市输配电及控制设备制造业累计流动资产平均余额比去年同期增长

	（本年本月止累计）流动资产平均余额比上年同期增长（%）
全国	11.7
北京市	8.85
天津市	10.5
河北省	55.04
山西省	7.54
内蒙	13.3
辽宁省	23.08
吉林省	–0.43
黑龙江省	–7.3
上海市	5.23
江苏省	13.53
浙江省	7.87
安徽省	24.03
福建省	5.75
江西省	16.55
山东省	18.3
河南省	4.63
湖北省	16.42
湖南省	22.47
广东省	0.12
广西	15.5
海南省	8.48
重庆市	17.34
四川省	6.31
贵州省	–20.82
云南省	22.26
陕西省	12.97
甘肃省	12.7
青海省	174.71
宁夏	174.71
新疆	22.92

数据来源：国家统计局

图表 62、2009 年 1–8 月全国及各省市输配电及控制设备制造业累计负债合计

分组名称	（本年本月止累计）负债合计（千元）
全国	344538599
北京市	13160573
天津市	4044195
河北省	21325547
山西省	848964
内蒙	425339
辽宁省	22172033
吉林省	1423391
黑龙江省	1563181
上海市	25071949
江苏省	54785219
浙江省	45482035
安徽省	6432998
福建省	5496710
江西省	2290814
山东省	25985076
河南省	18021776
湖北省	7761500
湖南省	4114644
广东省	40775322
广西	4635625
海南省	576517
重庆市	3990205
四川省	5007931
贵州省	577892
云南省	2379794
陕西省	18870121
甘肃省	1374222
青海省	127456
宁夏	341218
新疆	5476352

数据来源：国家统计局

图表 63、2009 年 1–8 月全国及各省市输配电及控制设备制造业累计负债合计比去年同期增长

	(本年本月止累计)负债合计比上年同期增长(%)
全国	9.23
北京市	2.26
天津市	25.94
河北省	79.3
山西省	8.57
内蒙	–10.54
辽宁省	3.24
吉林省	0.73
黑龙江省	–8.17
上海市	3.92
江苏省	9.11
浙江省	9.42
安徽省	21.45
福建省	–2.13
江西省	9.59
山东省	15.21
河南省	5.45
湖北省	7.52
湖南省	1.11
广东省	–2.32
广西	9.69
海南省	–8.81
重庆市	2.56
四川省	11.98
贵州省	–48.67
云南省	18.81
陕西省	10.22
甘肃省	15.85
青海省	–6.88
宁夏	12.91
新疆	11.41

数据来源：国家统计局

图表 64、2009 年 1–8 月全国及各省市输配电及控制设备制造业资本负债率

分组名称	资产负债率（%）
全国	57.07
北京市	59.16
天津市	50.44
河北省	69.92
山西省	63.39
内蒙	63.77
辽宁省	55.54
吉林省	50.69
黑龙江省	62.86
上海市	50.67
江苏省	55.02
浙江省	53.25
安徽省	58.01
福建省	51.43
江西省	61.14
山东省	58.68
河南省	63.61
湖北省	59.42
湖南省	51.32
广东省	57.35
广西	64.77
海南省	43.99
重庆市	63.55
四川省	59.65
贵州省	49.33
云南省	68.09
陕西省	63.26
甘肃省	57.69
青海省	55.26
宁夏	43.77
新疆	55.01

数据来源：国家统计局

第四节 2008—2009 年全国及中国各省市输配电及控制设备制造业行业规模分析

一、2008 年全国及各省市输配电及控制设备制造业行业规模分析

图表 65、2008 年 1—11 月全国及各省市输配电及控制设备制造业累计全部从业人员平均人数

单位：个

	本年本月止累计全部从业人员平均人数
全国	1235140
北京市	24806
天津市	13718
河北省	24204
山西省	3048
内蒙	1473
辽宁省	53938
吉林省	9200
黑龙江省	8635
上海市	76035
江苏省	183654
浙江省	167801
安徽省	17994
福建省	23830
江西省	19283
山东省	93727
河南省	28763
湖北省	14433
湖南省	13713
广东省	364850
广西	9332
海南省	1173
重庆市	9396
四川省	18877
贵州省	2958
云南省	4194
陕西省	31469
甘肃省	9703
青海省	323
宁夏	1115
新疆	3495

数据来源：国家统计局

图表 66、2008 年 1—11 月全国及各省市输配电及控制设备制造业累计全部从业人员平均人数比去年同期增长

单位：%

分组名称	本年本月止累计全部从业人员平均人数比去年同期增长
全国	5.83
北京市	4.35
天津市	11.07
河北省	33.27
山西省	1.63
内蒙	6.58
辽宁省	13.13
吉林省	−1.29
黑龙江省	−8.13
上海市	7.81
江苏省	10.15
浙江省	0.91
安徽省	19.33
福建省	17.84
江西省	61.99
山东省	4.7
河南省	1.51
湖北省	18.13
湖南省	5.5
广东省	0.3
广西	8.37
海南省	43.75
重庆市	7.42
四川省	9.24
贵州省	−13.33
云南省	2.74
陕西省	15.4
甘肃省	−0.31
青海省	48.85
宁夏	13.08
新疆	7.7

数据来源：国家统计局

图表 67、2008 年 1–12 月全国及各省市输配电及控制设备制造业累计企业单位数

单位：个

	本年本月止累计企业单位数
全国	6213
北京市	232
天津市	113
河北省	126
山西省	23
内蒙	20
辽宁省	418
吉林省	47
黑龙江省	60
上海市	473
江苏省	939
浙江省	1148
安徽省	148
福建省	146
江西省	70
山东省	506
河南省	134
湖北省	116
湖南省	124
广东省	938
广西	57
海南省	2
重庆市	58
四川省	159
贵州省	11
云南省	20
陕西省	76
甘肃省	25
青海省	3
宁夏	8
新疆	13

数据来源：国家统计局

二、2009 年全国及各省市输配电及控制设备制造业行业规模分析

图表 68、2009 年 1-8 月全国及各省市输配电及控制设备制造业累计全部从业人员平均人数

	（本年本月止累计）全部从业人员平均人数（个）
全国	1279992
北京市	26783
天津市	17190
河北省	26814
山西省	3149
内蒙	2214
辽宁省	65648
吉林省	10442
黑龙江省	7582
上海市	83331
江苏省	184493
浙江省	189725
安徽省	22557
福建省	25192
江西省	17128
山东省	103178
河南省	31899
湖北省	18698
湖南省	16083
广东省	332078
广西	9958
海南省	1230
重庆市	9721
四川省	20262
贵州省	2944
云南省	4533
陕西省	34221
甘肃省	7021
青海省	303
宁夏	1434
新疆	4181

数据来源：国家统计局

图表 69、2009 年 1–8 月全国及各省市输配电及控制设备制造业累计全部从业人员平均人数比去年同期增长

	（本年本月止累计）全部从业人员平均人数比上年同期增长（%）
全国	–3.76
北京市	–1.79
天津市	6.6
河北省	6.63
山西省	0.35
内蒙	4.73
辽宁省	2.1
吉林省	3.82
黑龙江省	–3.14
上海市	–8.17
江苏省	1.06
浙江省	–5.94
安徽省	19.14
福建省	–0.72
江西省	22.4
山东省	3.72
河南省	7.68
湖北省	11.48
湖南省	11.59
广东省	–14.56
广西	17.8
海南省	36.67
重庆市	5.27
四川省	1.44
贵州省	–10.08
云南省	0.07
陕西省	2.98
甘肃省	1.08
青海省	–6.19
宁夏	29.66
新疆	11.11

数据来源：国家统计局

图表 70、2009 年 1–8 月全国及各省市输配电及控制设备制造业累计企业单位数

	（本年本月）企业单位数（个）
全国	8003
北京市	304
天津市	184
河北省	152
山西省	26
内蒙	24
辽宁省	570
吉林省	68
黑龙江省	66
上海市	605
江苏省	1286
浙江省	1545
安徽省	198
福建省	154
江西省	83
山东省	610
河南省	151
湖北省	160
湖南省	122
广东省	1203
广西	62
海南省	2
重庆市	65
四川省	171
贵州省	17
云南省	25
陕西省	94
甘肃省	24
青海省	3
宁夏	9
新疆	20

数据来源：国家统计局

第五节 2008–2009 年全国及各省市输配电及控制设备制造业盈利能力分析

一、2008 年全国及各省市输配电及控制设备制造业盈利能力分析

图表 71、2008 年 1–11 月全国及各省市输配电及控制设备制造业累计利润总额

单位：千元

分组名称	本年本月止累计利润总额
全国	41109737
北京市	2515010
天津市	1072838
河北省	1438687
山西省	23239
内蒙	28106
辽宁省	1588823
吉林省	105764
黑龙江省	9350
上海市	3490415
江苏省	8386877
浙江省	4858438
安徽省	896332
福建省	1626437
江西省	210073
山东省	4141033
河南省	1522437
湖北省	610001
湖南省	670840
广东省	4025050
广西	345133
海南省	156423
重庆市	792071
四川省	709265
贵州省	17698
云南省	121920
陕西省	1174101
甘肃省	53028
青海省	16257
宁夏	39606
新疆	464485

数据来源：国家统计局

图表 72、2008 年 1–11 月全国及各省市输配电及控制设备制造业成本费用利润率

单位：%

分组名称	成本费用利润率
全国	7.84
北京市	14.56
天津市	12.87
河北省	8.9
山西省	3.49
内蒙	5.03
辽宁省	5.27
吉林省	4.55
黑龙江省	0.62
上海市	9.91
江苏省	8.82
浙江省	7.83
安徽省	11.13
福建省	14.31
江西省	4.06
山东省	6.4
河南省	8.49
湖北省	9.44
湖南省	9.14
广东省	4.48
广西	8.42
海南省	13.6
重庆市	15.46
四川省	7.25
贵州省	3.44
云南省	5.11
陕西省	8.32
甘肃省	3.25
青海省	4.87
宁夏	8.17
新疆	10.26

数据来源：国家统计局

图表 73、2008 年 1–11 月全国及各省市输配电及控制设备制造业累计亏损企业单位数

单位：个

分组名称	本年本月止累计亏损企业单位数
全国	1003
北京市	61
天津市	33
河北省	17
山西省	4
内蒙	5
辽宁省	59
吉林省	13
黑龙江省	27
上海市	87
江苏省	111
浙江省	104
安徽省	20
福建省	29
江西省	10
山东省	43
河南省	9
湖北省	16
湖南省	16
广东省	255
广西	17
海南省	0
重庆市	12
四川省	18
贵州省	3
云南省	6
陕西省	17
甘肃省	10
青海省	0
宁夏	1
新疆	0

数据来源：国家统计局

图表 74、2008 年 1–11 月全国及各省市输配电及控制设备制造业累计亏损企业亏损总额

单位：千元

分组名称	本年本月止累计亏损企业亏损总额
全国	1769384
北京市	77118
天津市	46092
河北省	10030
山西省	10943
内蒙	1601
辽宁省	48832
吉林省	25944
黑龙江省	64661
上海市	278301
江苏省	217470
浙江省	86959
安徽省	20405
福建省	22833
江西省	11452
山东省	84395
河南省	2124
湖北省	6256
湖南省	24017
广东省	651248
广西	9344
海南省	0
重庆市	11909
四川省	4096
贵州省	9031
云南省	7339
陕西省	22013
甘肃省	14387
青海省	0
宁夏	584
新疆	0

数据来源：国家统计局

图表 75、2008 年 1—11 月全国及各省市输配电及控制设备制造业累计亏损企业亏损总额比去年同期增长

单位：%

分组名称	本年本月止累计亏损企业亏损总额比去年同期增长
全国	23.02
北京市	4.31
天津市	−57.56
河北省	−39.94
山西省	120.8
内蒙	−50.99
辽宁省	−31.59
吉林省	177.09
黑龙江省	9.01
上海市	48.33
江苏省	−8.43
浙江省	147.99
安徽省	59.49
福建省	35.86
江西省	64.47
山东省	60.08
河南省	−34.42
湖北省	−25.68
湖南省	14.32
广东省	52.61
广西	198.72
海南省	0
重庆市	16.89
四川省	−63.81
贵州省	−31.25
云南省	324.96
陕西省	−7.01
甘肃省	−21.94
青海省	0
宁夏	85.4
新疆	0

数据来源：国家统计局

图表 76、2008 年 1—11 月全国及各省市输配电及控制设备制造业资本保值增值率

单位：%

分组名称	资本保值增值率
全国	119.19
北京市	113
天津市	124.37
河北省	155.84
山西省	133.58
内蒙	98.97
辽宁省	134.33
吉林省	165.95
黑龙江省	121.51
上海市	118.77
江苏省	121.43
浙江省	117.87
安徽省	126
福建省	131.6
江西省	140.51
山东省	129.95
河南省	116.64
湖北省	−75.3
湖南省	144.85
广东省	109.61
广西	99.59
海南省	195.05
重庆市	204.05
四川省	124.8
贵州省	95.92
云南省	111.82
陕西省	129.47
甘肃省	118.35
青海省	154.5
宁夏	107.38
新疆	178.12

数据来源：国家统计局

二、2009年全国及各省市输配电及控制设备制造业盈利能力分析

图表77、2009年1-8月全国及各省市输配电及控制设备制造业累计利润总额

	（本年本月止累计）利润总额（千元）
全国	31652344
北京市	2118496
天津市	623107
河北省	1057163
山西省	-4805
内蒙	20187
辽宁省	1714890
吉林省	135121
黑龙江省	30078
上海市	2698375
江苏省	5978860
浙江省	4009007
安徽省	611661
福建省	1443393
江西省	150781
山东省	3686660
河南省	1076598
湖北省	353490
湖南省	634975
广东省	2396375
广西	269026
海南省	104376
重庆市	369031
四川省	451663
贵州省	23043
云南省	196566
陕西省	1014968
甘肃省	38378
青海省	-9184
宁夏	71092
新疆	388973

数据来源：国家统计局

图表 78、2009 年 1–8 月全国及各省市输配电及控制设备制造业累计亏损企业单位数

	（本年本月止累计）亏损企业单位数（个）
全国	1695
北京市	117
天津市	49
河北省	30
山西省	8
内蒙	11
辽宁省	121
吉林省	16
黑龙江省	28
上海市	156
江苏省	216
浙江省	204
安徽省	28
福建省	30
江西省	5
山东省	60
河南省	15
湖北省	28
湖南省	14
广东省	444
广西	20
海南省	0
重庆市	17
四川省	20
贵州省	7
云南省	5
陕西省	28
甘肃省	6
青海省	1
宁夏	3
新疆	8

数据来源：国家统计局

图表 79、2009 年 1–8 月全国及各省市输配电及控制设备制造业累计亏损企业亏损总额

	（本年本月止累计）亏损企业亏损总额（千元）
全国	2188226
北京市	131034
天津市	58205
河北省	26046
山西省	22406
内蒙	7688
辽宁省	101992
吉林省	11267
黑龙江省	37899
上海市	325942
江苏省	382934
浙江省	127148
安徽省	9728
福建省	24523
江西省	24200
山东省	71214
河南省	17075
湖北省	9875
湖南省	31948
广东省	653907
广西	19117
海南省	0
重庆市	13142
四川省	4986
贵州省	4033
云南省	1978
陕西省	42647
甘肃省	5422
青海省	12155
宁夏	1546
新疆	8169

数据来源：国家统计局

图表 80、2009 年 1—8 月全国及各省市输配电及控制设备制造业累计亏损企业亏损总额比去年同期增长

	（本年本月止累计）亏损企业亏损总额比上年同期增长（%）
全国	32.38
北京市	25.56
天津市	87.64
河北省	186.44
山西省	120.36
内蒙	31.71
辽宁省	19.27
吉林省	5.98
黑龙江省	−19.19
上海市	47.44
江苏省	61.89
浙江省	59.58
安徽省	−51.54
福建省	23.9
江西省	342.49
山东省	−6.99
河南省	184.35
湖北省	6.39
湖南省	67.81
广东省	11.56
广西	242.97
海南省	0
重庆市	71.77
四川省	−32.6
贵州省	−41.47
云南省	−49.42
陕西省	104.04
甘肃省	430.01
青海省	0
宁夏	9.03
新疆	−45.72

数据来源：国家统计局

第五篇
投资策略分析

第一章 中国电力设备发展分析

第一节中国电力设备行业的概况

一、电力设备行业的总体回顾

近年来，电力供需矛盾不断加剧，为缓解电力紧张状况，国家加快了电力投资步伐，在电源建设上的投资约6000亿元，电网建设上的投资约3600亿元，年均投资额较“九五”期间增长约53%。电力投资速度的加快和规模的扩大极大刺激了对电力设备的需求，2003年全国发电设备产量高达3700万千瓦，较2002年增长74.8%，2004年前9月份生产发电设备4627.19万千瓦，同比增长101.8%。由于电力缺口太大，这一轮爆发性的电力投资主要是弥补以前建设的不足，因此宏观调控在一定程度上会抑制电力需求，但是对电力投资的影响是间接的，不构成直接影响。由于电力投资的周期很长，在目前的形势下，电力投资规模不断加大，这也会使电力设备行业保持一个较长的景气周期。

二、电力设备业受益于电网投资的带动

1、电站设备

2006年1～5月份，全国新投产机组2544.6万千瓦。其中，火电2318.88万千瓦，水电216.73万千瓦。2005年，全国发电装机容量达到50841万千瓦，同比增长了14.9%。为保持合理的电源结构，国家将加大对水电、核电、风电和太阳能发电的投资力度。预计到2010年水电装机容量将达到1.6亿千瓦，占电力总装机容量的27%，核电装机容量将达到1200万千瓦，占电力总装机容量的2%，提高可替代能源的比重。我们认为大型电力设备制造企业具有资金充足、装备先进、技术水平较高、行业壁垒高以及管理较好的优势，值得重点关注。

2、输配电设备

全国不同区域、不同季节、不同时段电力供需矛盾依然突出，因此对电网输送调节能力提出了更高要求。面对越来越紧张的电网输送能力，国家终于对电网建设采取了新一轮的大幅投资。“十一五”期间电网建设项目投资总额约12000亿元，年平均2400亿左右，年复合增长率将达到18%。从2006年开始，输变电行业将进入新一轮的繁荣周期，对输变电一次设备业和输变电二次设备业而言无疑是场盛宴。

3、可替代能源

由于发达国家对太阳能电池需求旺盛，加之国际大硅料生产厂商的产能扩张要到07年底才能完成，多晶硅的短缺成为制约光伏产业发展的瓶颈。全球光伏行业景气度和我国可再生能源法的出台，给国内光伏企业带来了前所未有的发展机会。但是，由于国内企业多晶硅几乎依赖进口，在太阳能电池组件价格上涨缓慢的情况下，未来两年中下游企业的利润空间将受到挤压。如何保障稳定、价格相对较低的硅料来源，成为目前国内光伏企业竞争的核心要素；未来的竞争将主要集中在技术和市场上。国内风电设备制造业在国家相关政策的引导下，有望出现一些投资机会。

三、电力设备业在资本支持下的繁荣

现代企业的发展离不开融资，向外融入资本能帮助企业更好地扩大生产规模，而生产规模的扩大必将降低产品的边际成本，提升企业的利润。随着证券市场的发展，上市融资正逐渐成为电力设备企业持续发展的有效途径。

电力设备业包括四个子行业，分别为发电设备行业、一次设备行业、二次设备行业和环保设备行业。笔者发现，电力设备企业从股权融资上市后的第一年开始，企业的盈利能力就出现了很大幅度的增长，这个增长趋势是长期的，增长速度是递增的。特别是主营收入的增长，其幅度更是惊人。当然，其中不可避免的存在一定的行业周期性特点，但是

规模效应的作用还是非常突出的。

下面从各子行业入手，分析股权融资对各子行业的影响力度。

发电设备行业发电设备中包括发电机、汽轮机、锅炉等设备。在我国发电设备产业中，大型发电设备生产市场由于其较高的技术、资金门槛而被东方电气集团、上海电气集团、哈尔滨电站集团三大发电设备生产寡头所垄断；在中小型发电设备生产市场上，较有竞争优势的主要是环保发电设备生产企业，华光股份作为生产垃圾焚烧锅炉的代表性企业，在股权融资后表现出了强劲的发展态势。

从东方锅炉、东方电机、华光股份等发电设备代表性企业的数据中可以看出，融资后企业的盈利状况得到了很大的改善。不过由于发电设备行业的周期性特点较强，并容易受到国家宏观调控的影响，其盈利能力总在波动。但大型发电设备制造业的技术壁垒十分高，具有高毛利及垄断的特质，笔者认为，这些企业一旦进入行业景气周期，其业绩增长的态势可用“爆增”两个字来形容。

一次设备行业一次设备中包括变压器、开关、电线电缆等设备。变压器产业中的特变电工、天威保变都是业内技术领先的企业，特别是在500千伏以上的高端产品市场上，这两个企业占居了超过60%的市场份额。开关产业中的平高电气是国内高压开关生产企业中处于技术领先的上市企业，其与日本东芝公司合资的平高东芝公司具有目前国内最先进的高压开关制造技术。而电线电缆产业的龙头则是宝胜股份。

一次设备企业是股权融资效果最好的一个子行业，融资后，企业主营收入及利润增长都长期呈现出大幅上升趋势。其原因有四：一是一次设备生产企业中，高端产品生产的进入壁垒较高，使得产品的毛利率水平较高；二是一次设备生产企业的规模较发电设备生产企业小，融资后的规模效应增加明显；三是作为产品生产企业，上市无疑对公司具有较好的广告作用；四是我国的产业政策支持。

目前，我国电源紧张的局面已经得到了根本缓解，但许多偏远地区的清洁发电如西南的水电、西北的风电等电能由于电网落后无法有效运出，这就造成了西部经济不发达地区的电力供应富余，但经济发达的东部地区却电力供应紧张的局面。笔者认为，要从根本上解决我国电力供需矛盾突出的问题，就要大力发展高压、特高压电网，以满足远距离输电的需要。另外，“十一五”规划中也明确指出，未来五年内将大力发展我国的城乡电网，特别是发展特高压电网。因此，一次设备中的高端产品生产企业面临着巨大的发展空间，预计未来几年产品需求将使企业的盈利能力保持高速增长的态势。

二次设备行业二次设备中包括继电器、电力自动化系统等设备。继电器产业中的许继电气是我国目前继电器生产技术水平最高的公司之一，而且是业内整套装配能力最强的公司之一。电力自动化系统产业中的龙头企业包括国电南瑞和国电南自。

二次设备融资后的盈利增长速度没有一次设备那么快，主要是由于保护设备在电力安全生产中处于非常重要的位置的原因。在电力体制改革以前，电力系统高度垄断，在此情况下，国内的电力保护设备基本上是由国家电力公司定点生产，因此，电力保护设备业也具有垄断性，其产量与国家的电力建设息息相关，因此，股权融资并没有增加其产量。不过，笔者认为，随着电力体制改革的进一步深入以及电力建设步伐的加快，二次设备业必将迎来一个高速增长期，因此，近年来企业如果能进一步实施股权融资，无疑将有利于其扩大生产规模，从而赚取更多的利润。

环保设备行业环保设备中包括脱硫、脱硝及电除尘等设备。凯迪电力是脱硫、脱硝业的龙头企业，其在脱硫领域的市场份额超过了30%。而菲达环保则是电除尘行业的龙头老大，技术优势明显。

从环保设备数据中可以看出，环保设备也是

电力设备行业中股权融资后盈利增长迅速的子行业。随着国家加大环境污染的整治力度，政策法规对新建的火电机组都要求安装环保设备，原先的老机组也应逐渐安装环保设备，这样环保设备的市场需求将会继续增加，而股权融资就能帮助企业扩大生产规模，同时，降低资金使用成本，从而降低生产成本以提高竞争力，和一次设备业一样，公司上市无疑具有非常好的广告作用。

根据以往经验来看，工业企业的融资一般包括两个用途，一是用于扩大生产规模，增加产品产量，减少产品的边际成本以达到增加盈利的目的；二是用于研发新产品或进行产品的技术改良，以提高产品的核心竞争力，进入毛利率水平较高的高端产品市场。

通过对电力设备企业股权融资前后的情况进行分析后发现，发电设备业及二次设备业由于垄断程度较高，资本支持对其收入的影响并不大，而一次设备业及电力环保业由于其垄断程度及技术壁垒并不高，因此，股权融资对企业的发展主要集中在规模扩大、广告作用及后续的债权融资上。

随着国家电力体制改革的逐渐深入，依附电力系统的垄断而拥有垄断地位的发电设备业及二次设备业其垄断程度将降低，竞争会日趋激烈，股权融资也将会对这些企业的发展产生更大的影响。因此，这些企业也有望获得资本支持下的繁荣。

第二节 电力设备行业政策分析

一、2008 年 4 季度电力及设备行业政策综述

光伏产业：行业关键词——补贴政策、多晶硅、完整光伏产业链、薄膜电池光伏产业的发展主要受各国政策的扶持，行业增速在近几年得以明显体现。但是多晶硅价格的下降是光伏发电成本下降的关键。我们判断 2010 年以前多晶硅的供应依然不足，因此短期内最先产出并能够尽快达到规模化的生产厂商必将获取超额收益。而多晶硅价格下降后，产业链完善的光伏企业可能受到的冲击较小。另外，近几年薄膜电池的发展逐步加速，未来将成为晶体硅电池的有力补充。推荐天威保变。

风电行业：行业关键词 —— 整机技术提升、零部件国产化率、配套电网建设未来国内风电设备生产能力不断提升，将会逐步取代外国企业在国内的市场份额。而国内零部件厂商的崛起则是风电设备国产化率提升的条件，主要体现在对于整机厂商的配套供应量以及国产化率对于成本下降的明显作用。另外，考虑到我国风电资源绝大部分处于电网末梢，配套电网的建设是风电并网的关键。推荐金风科技。

传统电力设备：上游成本、下游客户，压力下的投资选择。我们根据具备成本转嫁能力（议价能力）以及政策导向的高端产品两条主线进行行业选择，建议关注高端输变电设备和节能设备。

输配电设备高端化趋势明确，特高压直流工程建设是 08 年的工作重点。输配电设备未来对高端产品的投入力度相对较大，行业龙头凭借其较强的研发能力在高端产品市场通过进口替代，市场份额提升。国家电网明确了“十一五”后三年都将大力推进特高压电网建设，而直流工程将是建设重点，相关技术实力强的厂商受益匪浅。推荐国电南瑞、思源电气、许继电气。

电力行业节能降耗是实现“十一五”期间降耗目标的关键，电力节能产品市场需求增大。国家各级部门不断加大对节能减排工作的推动和支持力度，电网作为节能重点领域，以非晶合金变压器、无功功率补偿装置为代表的新型节能产品的下游发生急剧膨胀。推荐荣信股份、置信电气

二、电源结构调整对行业影响分析

中国电力企业联合会日前发布了 2009 年度全国电力供需与经济运行形势分析预测报告，该报告预测，今年我国电力生产能力将继续提高，预计全国基建新增发电设备容量 8000 万千瓦左右，除去全年全国预计将关停的小火电机组容量

1300万千瓦，到2009年底，我国发电装机容量将达到8.6亿千瓦左右，相对于电力需求，电力供应能力充足。

报告指出，国家出台拉动投资各项措施后，电力企业也已经积极行动起来，确保国家促进经济平稳发展各项措施在电力行业落实到位。预计全年电源投资仍然在3000亿元左右，其中水电、核电、风电等可再生能源投资比例特别是核电投资比例将继续提高。电网投资规模继续扩大，全年电网投资（包括各类技改投资）预计在3500亿元左右。

此外，2009年，电源结构调整力度将加大，水电建设规模仍然较大，火电向大容量、高参数方向发展，核电、风电等可再生能源及电网建设加速。2009年，在解决好移民、环保问题的前提下，金沙江中下游、雅砻江、大渡河等水电建设步伐将加快；2009年仍将是水电投产高峰期，全年将有一批大中型水电机组（包括抽水蓄能）集中投产。将在控制总建设规模的前提下，适度控制一般火电项目建设，主要支持热电联产、大型煤电基地等项目建设；新投产火电机组中，80%以上为30万千瓦以上机组。2009年，将积极推进甘肃、内蒙古等大型风电基地建设；生物质发电将继续适度发展；浙江三门、山东海阳和广东台山等一批核电项目将尽快开工。

电网建设方面，2009年，国家将继续支持增强电网抗灾能力，还将重点支持青藏联网和中西部地区县级以上城市电网改造；继续推进皖电东送、川电东送、葛沪直流改造、西南水电送出、宁东和呼伦贝尔、锡盟煤电外送等工程。适时启动新疆联网工程，配套建设大型风电基地送出输变电工程。在海南联网一期工程预计2009年投产基础上，将积极推进该工程的二期建设。

对于电力需求及供需形势，报告做了并不乐观的预测。预计2009年一季度甚至二季度将是电力增长最困难的时期，上半年仍有可能持续出现负增长。预计自二季度末期，在部分地区（例如华北、华东）相对上年同期有可能出现一定恢复，进入三季度各地区特别是华北、华东和华南沿海地区电力需求量可能会陆续出现正增长，并逐步带动或影响中部、西部地区进入四季度后有一定的用电增长。全年呈现明显的“前低后高”态势。预计2009年全社会用电量增速在5%左右。全年发电设备利用小时在4500小时左右，其中，火电在4700小时左右。

2009年，全国电力供需形势将继续延续2008年下半年供大于求态势。其中，华东、南方电网供需平衡，华北、华中、东北、西北电网电力富裕。受煤电矛盾、来水、气候等不确定性因素影响，以及个别发达地区存在的电网“卡脖子”问题依然存在，个别省份在电力负荷高峰时段仍可能存在少量电力供需缺口，需要进一步加强需求侧管理加以调节。

报告对电煤供需形势也做了分析，认为电煤深层次矛盾仍然比较突出，极有可能影响电力供需。目前，因电煤产量和价格引起的“市场煤、计划电”这个深层次矛盾更加突出。2009年煤炭产运需衔接会，煤、电企业分歧较大，以没有签订电煤合同而结束。从去年12月份起，部分煤炭企业开始限产保价并出现停止供煤的情况，电力企业在巨额亏损面前也受制于价格因素无力购煤，导致电厂存煤持续下降。如果煤、电双方因为价格的巨大分歧不能得到有效的解决，加上国家保增长措施效果显现后工业生产逐步恢复引起的电力需求上升，极有可能再次出现较大面积缺煤停机的情况，极大影响处于恢复期的经济运行。预计2009年全国电厂发电、供热生产电煤消耗在15.5亿～16亿吨。

三、电价调整对行业影响分析

电价调整的具体方案

总体上，全国销售电价平均每度电提高2.8分钱，但对各地区、各行业用电价格水平的调整有一定差异。

一是对上网电价做了有升有降的调整。陕西等10个省（区、市）燃煤机组，也就是通过烧煤发出来的电，上网电价每度电上调0.2分～1.5分；浙江等7个省（区、市）下调0.3分～0.9分。

二是统筹解决去年8月20日火电企业上网电价上调对电网企业的影响，去年8月20日，上网电价（就是发电厂卖给电网的价格）提高2分钱，但是为了维持市场物价稳定，克服金融危机对经济的冲击，销售电价也就是电网卖出去的电的价格没调，使电网企业购电成本骤增，经营出现亏损。今年1～8月，中国两大电网公司国家电网和南方电网亏损161亿元，同比减少利润238亿元，直接影响了电网正常发展。

三是提高可再生能源电价附加标准，弥补可再生能源电价补贴资金缺口。现在可再生能源发电比如风电、太阳能发电的成本要比火电高，但从长远来看，可再生能源发电是发展趋势，对环保、可持续发展利远大于弊，所以在这方面也是此次电价调整的内容。

四是解决现有电厂烟气脱硫资金来源，并根据各地煤炭含硫率的不同，适当调整部分地区脱硫电价加价标准。现在为促进节能减排，保护环境，减少二氧化硫的排放，电力企业的燃煤机组已经普及脱硫设施，需要支付的脱硫加价资金增加，另外不同地方出产的煤炭中含硫率不同所需成本也不一样，所以，这次电价改革也将这点纳入改革内容。

电价调整时机：稳定通胀的基础已较雄厚

今年3月5日，国务院总理温家宝在十一届全国人大二次会议上作政府工作报告时指出，要推进资源性产品价格改革。继续深化电价改革，逐步完善上网电价、输配电价和销售电价形成机制，适时理顺煤电价格关系。这是政府工作报告首次明确将电价改革列入其中。而目前如果单纯实行煤电联动政策，等于鼓励了煤炭企业对过高利润的预期。长期低电价政策，也不利于控制需求、节约能源，反而会鼓励高耗能产业的过度发展。所以有关部门一直在等待一个理顺电价的时机。近期，有些行业已经呈现出产能过剩的态势，今年又逢粮食丰收，猪肉价格走低，CPI负增长，我国稳定通胀的基础比较雄厚，所以选择这个时候调整非居民用电比较合适。

电价调整对制造业、加工业影响较小对高能耗行业的影响较大

去年上网电价每千瓦时上调了2分钱，销售电价没有调整，使得电网企业经营出现亏损。那么这次调价对电网企业来讲是利好的，虽然今年的亏损数额巨大已成事实，但明年预期可以恢复到一个正常的盈利水平，电网投资的资金来源也有了一定保障。

发改委表示，本次电价调整对制造业、加工业的影响较小，对高能耗行业的影响较大，从生产成本来看，采矿业和制造业增加了0.5%和0.3%，而化工业则增加了2.8%，建材业增加了3.7%，有色金属冶炼业增加最多，达到7.6%。通过这组数字可以明显看出来这次调价对理顺电价关系、促进资源节约型、环境友好型社会建设的政策倾向，同时，也为进一步深化电价改革创造了条件。

拟议居民电价改革会不会增加居民基本生活负担

为最大限度地保障城乡居民的利益，国家暂不调整居民电价。目前国家发改委正在研究对居民用电推行阶梯式电价改革方案，将居民用电分档定价，对基本电量，保持较低的电价水平；用电越多，电价越高，以促进节约用电。

未来的居民用电价格改革将充分考虑广大百姓的利益。凡是每月用电量低于当地平均水平的家庭将享受较低电价，改革后广大百姓的负担不会增加。至于居民用电实行阶梯式电价具体何时实施，如何实施，将由各地结合当地实际情况，充分论证后，提出可操作的方案，并严格履行听证程序后实施。

四、四万亿投资对行业影响分析

受益4万亿的投资总规模以及10项具体措施，申银万国预计，2008年至2009年电网行业投资额将在原先规划的7600亿元的基础上再新

增486亿元至508亿元。

10项措施中涉及电网投资内容的有：加快农村基础设施建设中涉及完善农村电网的内容；加快重大基础设施建设中，完善高速公路网、加快城市电网改造以及加快地震灾区灾后重建工作中电网建设的措施。

按之前的规划，2008年至2009年电网投资额为7600亿元，其中农村电网在5%至8%左右，城市电网（指220kV及以下城市受端电网）在50%左右，合计投资额在4180亿元至4408亿元。

此项措施出台将利于由国家或地方出资投资农村电网建设，因此这或将改变各省农电公司因亏损而难以有效加大农网投资的现状，投资者可静待两大电网公司关于农电投资方面的具体政策出台。

而城市电网改造方面，该措施出台将有利于220kV及以下电压等级电力设备投资，但投资的幅度和程度仍需要观察。此项政策为刺激经济政策，不会挤出500kV及以上电网投资。500kV及以上高电压等级变压器、开关以及继电保护市场受此次政策影响较小。

至于具体受益上市公司，申银万国认为，依次是置信电气、思源电气、国电南瑞、奥特迅、平高电气、国电南自和许继电气。

国电南瑞是上市公司中惟一规模化进入农电自动化领域的公司，不仅明显受益农网投资加大，还将在低电压等级城市配网继电保护产品方面受益。置信电气的非晶合金变压器在江苏、福建、山东和山西的合作省份城市配网改造中将获一席之地。

而思源电气和平高电气252kV、126kV及以下高压开关市场扩大将有利于产能进一步释放。奥特迅的交直流一体化电源产品则将同时受益于农村变电站改造和城市配网改造。

五、增值税转型对行业影响分析

（一）降低企业生产成本，减轻电企税收负担

增值税转型改革后，电力企业可以抵扣购进生产设备所含的增值税，这对于资金、技术密集型的发电企业来说，无疑是一项重大的减税政策，构成实实在在的利好。2009年广东沿海某火力发电厂，扩建二期工程2台100万千瓦的超超临界发电机组，总概算为68.8亿元，折算造价为3440元／千瓦时，其中仅汽机、锅炉、电机三大主机招标价合计为23.67亿元（含税），根据2009年开始实施的增值税改革，其购进设备的进项税额3.439[23.67÷(1+17%)×17%]亿元可以抵扣，这样使得发电企业的折旧费相应降低，从而降低了企业的生产成本。

由此可见，增值税转型改革中国家以降低财政收入的方式，向企业直接让利。而转型改革消除了原生产型增值税制存在的重复征税因素，降低了发电企业设备投资的税收负担，提高了企业的盈利水平，有利于鼓励电力集团公司加大投资规模，对应对煤价大幅上涨的不利影响，提高企业抗风险的能力，从而提升电力行业的竞争力将起到积极的作用。

按照新条例规定，由于火电企业购进的三大主要设备等生产用固定资产所含的增值税可以抵扣，而固定资产的计税基础相应减少，使企业无论以何种折旧方法计提的折旧费也将减少，从而大幅降低了作为电企主要固定成本之一的折旧，使得发电企业提高了盈利能力，增强了发展后劲。

另外值得一提的是，1. 在火电资产中占比较小的房屋、建筑物等不动产，虽然在新会计准则下仍作为固定资产核算，但按照新条例规定不得纳入增值税的抵扣范围，不得抵扣进项税额。2. 新条例规定购进的应征消费税的游艇、小汽车和摩托车不允许抵扣进项税额。其主要原因是：小汽车、摩托车等主要由企业管理使用，不直接用于生产，实际操作上难以界定其用途哪些属于生产用，哪些属于消费用。3. 主要用于生产经营的载货汽车则允许抵扣进项税额，因载货汽车的用途明确，实际操作上较好界定。

（二）减轻了火力发电企业的税负

转型改革前，作为非金属矿产品的煤炭，一

直执行13%的增值税税率，转型改革后，金属矿、非金属矿采选产品的增值税税率从13%恢复到17%，而火力发电厂的生产以煤炭作为主要燃料，进项税额相比原条例可增加4%的可抵扣金额，从而使火力发电企业的应交增值税相应减少，并进一步影响了以应交增值税计缴的两个附加税——城建税及教育费附加的明显降低。

（三）取消进口设备免征增值税政策和外商投资企业采购国产

设备增值税退税政策，这是避免与增值税转型改革在制度上打架的配套政策

转型改革后，企业购买设备不管是进口的还是国产的，其进项税额均可以抵扣，对进口设备实施免税的必要性已不复存在；而外商投资企业采购国产设备增值税退税政策是在生产型增值税和对进口设备免征增值税的背景下出台的，转型改革后，这部分设备一样能得到抵扣，因此，进口设备免征增值税政策及外商投资企业采购国产设备增值税退税政策均相应取消，从制度上进行配套改革。由于政策层面的衔接已经考虑了配套，故对发电企业而言，不论是否外商投资，其税负不会产生变化。

（四）适当延长纳税期限，有利于发电企业节约财务费用

根据新增值税条例第二十三条的规定，一般纳税人的纳税申报期限从10日延长至15日，申报时限的延长不仅方便了纳税人的纳税申报、提高了纳税人的申报质量，而且缓解了企业的资金压力、节省了财务费用。

（五）小规模纳税人的税负也得到降低

原条例规定，小规模纳税人按工业和商业两类分别适用6%和4%的征收率。本次改革鉴于现实经济活动中小规模纳税人普遍混业经营，难以准确区分工业和商业小规模纳税人，转型改革后，对小规模纳税人不再按工业和商业分别设置两档征收率，将小规模纳税人的征收率统一降至3%。这样小规模纳税人税负也得到降低，尤其是原来的工业小规模纳税人税负大幅降低了50%，得到实实在在的税收大优惠。

六、2009年装备制造业调整和振兴规划对行业影响分析

装备制造业是为国民经济各行业提供技术装备的战略性产业，产业关联度高、吸纳就业能力强、技术资金密集，是各行业产业升级、技术进步的重要保障和国家综合实力的集中体现。

为应对国际金融危机的影响，落实党中央、国务院关于保增长、扩内需、调结构的总体要求，确保装备制造业平稳发展，加快结构调整，增强自主创新能力，提高自主化水平，推动产业升级，特编制本规划，作为装备制造业综合性应对措施的行动方案。规划期为2009～2011年。

（一）装备制造业现状及面临的形势

经过多年发展，我国装备制造业已经形成门类齐全、规模较大、具有一定技术水平的产业体系，成为国民经济的重要支柱产业。特别是《国务院关于加快振兴装备制造业的若干意见》（国发〔2006〕8号）实施以来，装备制造业发展明显加快，重大技术装备自主化水平显著提高，国际竞争力进一步提升，部分产品技术水平和市场占有率跃居世界前列。我国已经成为装备制造业大国，但产业大而不强、自主创新能力薄弱、基础制造水平落后、低水平重复建设、自主创新产品推广应用困难等问题依然突出。同时，受国际金融危机影响，2008年下半年以来，国内外市场装备需求急剧萎缩，我国装备制造业持续多年的高速增长势头明显趋缓，企业生产经营困难、经济效益下滑，可持续发展面临挑战。

应该看到，我国目前正处于扩大内需、加快基础设施建设和产业转型升级的关键时期，对先进装备有着巨大的市场需求；金融危机加快了世界产业格局的调整，为我国提供了参与产业再分工的机遇，装备制造业发展的基本面没有改变。必须采取有效措施，抓住机遇，加快产业结构调整，推动产业优化升级，加强技术创新，促进装备制造业持续稳定发展，为经济平稳较快发展做

出贡献。

（二）指导思想、基本原则和目标

1、指导思想

全面贯彻落实党的十七大精神，以邓小平理论和“三个代表”重要思想为指导，深入贯彻落实科学发展观，依托国家重点建设工程，大规模开展重大技术装备自主化工作；通过加大技术改造投入，增强企业自主创新能力，大幅度提高基础配套件和基础工艺水平；通过加快企业兼并重组和产品更新换代，促进产业结构优化升级，全面提升产业竞争力，努力推进装备制造业由大到强的转变。

2、基本原则

坚持装备自主化与重点建设工程相结合。加强政策支持和市场引导，充分利用实施重点建设工程和调整振兴重点产业形成的市场需求，加快推进装备自主化，保障工程需要，带动产业发展。

坚持自主开发与引进消化吸收相结合。支持企业自主开发新产品，鼓励开展引进消化吸收再创新，引导企业逐步由依赖引进技术向自主创新转变，大力推进技术产业化。

坚持发展整机与提高基础配套水平相结合。努力实现重大技术装备自主化，带动基础配套产品发展。提高基础件技术水平，开发特种原材料，扭转基础配套产品主要依赖进口的局面。

坚持发展企业集团与扶持专业化企业相结合。支持装备制造骨干企业通过兼并重组发展大型综合性企业集团，鼓励主机生产企业由单机制造为主向系统集成为主转变，引导专业化零部件生产企业向“专、精、特”方向发展，形成优势互补、协调发展的产业格局。

3、规划目标

(1) 产业实现平稳增长。保持装备制造业生产经营稳定，增加值占全国工业增加值的比重逐步上升，为扩大内需、转变发展方式、确保国民经济稳定增长提供保障。

(2) 市场份额逐步扩大。提高国产装备质量水平，扩大国内市场，国产装备国内市场满足率稳定在70%左右，巩固出口产品竞争优势，稳定出口市场。

(3) 重大装备研制取得突破。全面提高重大装备技术水平，满足国家重大工程建设和重点产业调整振兴需要，百万千瓦级核电设备、新能源发电设备、高速动车组、高档数控机床与基础制造装备等一批重大装备实现自主化。

(4) 基础配套水平提高。基础件制造水平得到提高，通用零部件基本满足国内市场需求，关键自动化测控部件填补国内空白，特种原材料实现重点突破。

(5) 组织结构优化升级。形成若干家具有国际竞争力的科工贸一体化大型企业集团，形成一批参与国际分工的“专、精、特”专业化零部件生产企业。

(6) 增长方式明显转变。生产组织方式和重要生产工艺得到改进，现代制造服务业得到发展，单位工业增加值能耗、物耗和污染物排放显著降低，劳动生产率显著提高，大型企业集团的现代制造服务收入占销售收入比重达到20%以上。

（三）产业调整和振兴的主要任务

1、依托十大领域重点工程，振兴装备制造业。

高效清洁发电。以辽宁红沿河、福建宁德和福清、广东阳江、浙江方家山和三门、山东海阳以及后续核电站建设工程为依托，推进二代改进型、AP1000核电设备自主化，重点实现压力容器、蒸汽发生器、控制棒驱动机构、核级泵阀、应急柴油机等主要设备的国内制造。

以东北、西北、华北北部和沿海地区大型风电场工程为依托，推进风电设备自主化，重点实现变频控制系统、风电轴承、碳纤维叶片等产品的国内制造。进一步提高70万千瓦以上水电设备、大型抽水蓄能机组、百万千瓦级超临界／超超临界火电设备、大型燃气机组、垃圾焚烧发电设备等技术装备的性能质量。开发太阳能发电设备。发展大型火电、核电站辅机。

特高压输变电。以特高压交直流输电示范工程为依托，以交流变压器、直流换流变压器、电抗器、电流互感器、电压互感器、全封闭组合电器等为重点，推进750千伏、1000千伏交流和±800千伏直流输变电设备自主化。

煤矿与金属矿采掘。以平朔东、胜利东二号、白音华、朝阳等十个千万吨级大型露天煤矿，酸刺沟等十个深井煤矿，以及大型金属矿建设为依托，大力发展新型采掘、提升、洗选设备，重点实现电牵引采煤机、液压支架、大型矿用电动轮自卸车、大型露天矿用挖掘机等设备的国内制造。

天然气管道输送和液化储运。以西气东输二线、陕京三线等天然气管道输送工程为依托，发展长距离输送管道燃压机组、大型管线球阀和控制系统等装备；以浙江、江苏、珠海、青岛等液化天然气接收站工程为依托，发展大型液化天然气运输船及接收站等设备。

高速铁路。以在建的京沪、京广、京沈、沪昆等约1万公里高速铁路客运专线，以及西部干线铁路、煤运通道建设项目为依托，组织实施铁路交通设备自主化，实现高速动车组、大功率交流传动电力／内燃机车、重载货车、大型养护机械等装备的国内制造。

城市轨道交通。以北京、上海、广州、深圳等17个城市近70条线路工程项目为依托，重点实施城市轨道交通车辆、信号系统、列车网络控制系统、制动系统、主辅逆变器等机电设备自主化。

农业和农村。以国家新增千亿斤粮食工程为依托，大力发展大功率拖拉机及配套农机具、节能环保中型拖拉机等耕作机械，通用型谷物联合收割机、新型半喂入式水稻联合收割机、高效玉米联合收割机、自走式采棉机等收获机械，免耕播种机，节水型喷灌设备等。适应新农村建设、农业现代化的需要，重点发展农产品精深加工成套设备、灌溉和排涝设备、沼气除料设备、农村安全饮水净化设备等。

基础设施。适应交通、能源、水利、房地产等行业发展需要，以大型隧道全断面掘进机、大型履带吊和全路面起重机、架桥机、沥青混凝土搅拌和再生成套设备等为重点，发展大型、新型施工机械；以空管设备和空管自动化系统、行李和货物高速分拣系统、安检设备与智能化监测系统、航显综合系统及设备、机场信息集成系统及设备等为重点，发展机场专用装备；以大型斗轮堆取料机、翻车机、装卸船机等为重点，发展港口机械。

生态环境和民生。适应环境保护和社会民生需要，大力发展污水污泥处理设备、脱硝脱硫设备、余热余气循环再利用设备、环境在线监测仪器仪表，食品、药品、煤矿瓦斯等安全检测设备，重大事故应急救援设备，数字化医疗设备等。

科技重大专项。加快实施高档数控机床与基础制造装备科技重大专项，重点研发高速精密复合数控金切机床、重型数控金切机床、数控特种加工机床、大型数控成形冲压设备、重型锻压设备、清洁高效铸造设备、新型焊接设备与自动化生产设备、大型清洁热处理与表面处理设备等八类主机产品，基本掌握高档数控装置、电机及驱动装置、数控机床功能部件、关键部件等的核心技术。

2、抓住九大产业重点项目，实施装备自主化。

(1)钢铁产业。以钢铁产业调整和振兴规划确定的工程为依托，以冷热连轧宽带钢成套设备、大型板坯连铸机、彩色涂层钢板生产设备、大型制氧机、大型高炉风机、余热回收装置等为重点，推进大型冶金成套设备自主化。

(2)汽车产业。结合实施汽车产业调整和振兴规划，重点提高汽车冲压、装焊、涂装、总装四大工艺装备水平，实现发动机、变速器、新能源汽车动力模块等关键零部件制造所需装备的自主化。

(3)石化产业。以石化产业调整和振兴规划确定的工程为依托，以千万吨级炼油、百万吨级大型乙烯、对苯二甲酸（PTA）、大化肥、大型煤化工和天然气输送液化储运等成套设备，大型离心压缩机组、大型容积式压缩机组、关键泵阀、反应热交换器、挤压造粒机、大型空分设备、低温泵等为重点，推进石化装备自主化。

(4) 船舶工业。结合实施船舶工业调整和振兴规划，重点提高焊接、涂装工艺装备水平，实现船用柴油机、曲轴、推进器、舱室设备、甲板机械等关键零部件制造所需装备的自主化。

(5) 轻工业。结合实施轻工业调整和振兴规划，以食品机械、制浆造纸机械、塑料成型机械、制革制鞋机械、光机电一体化缝制机械、包装设备以及食品安全检测设备等为重点，推进轻工机械自主化。

(6) 纺织工业。结合实施纺织工业调整和振兴规划，以粗细联、细络联、高速织造设备，非织造成套设备、专用织造成套设备，高效、连续、短流程染整设备等为重点，推进纺织机械自主化。

(7) 有色金属产业。结合实施有色金属产业调整和振兴规划，以高精度轧机、大断面及复杂截面挤压机等为重点，推进有色冶金设备自主化。

(8) 电子信息产业。结合实施电子信息产业调整和振兴规划，以集成电路关键设备、平板显示器件生产设备、新型元器件生产设备、表面贴装及无铅工艺整机装联设备、电子专用设备仪器及工模具等为重点，推进电子信息装备自主化。

(9) 国防军工。结合国防军工发展需要，以航空、航天、舰船、兵器、核工业等需要的关键技术装备，以及试验、检测设备为重点，推进国防军工装备自主化。发挥军工技术优势，促进军民结合。

3、提升四大配套产品制造水平，夯实产业发展基础。

(1) 大型铸锻件。重点发展大型核电设备铸锻件，百万千瓦级超临界／超超临界火电机组铸锻件，70 万千瓦以上等级大型混流式水轮机组铸锻件，石化、煤化工重型容器锻件，冷热连轧机铸锻件，大型船用曲轴、螺旋桨轴锻件，大型轴承圈锻件等。

(2) 基础部件。重点发展大功率电力电子元件、功能模块，大型、精密轴承，高精度齿轮传动装置，高强度紧固件，高压柱塞泵／电动机、液压阀、液压电子控制器、液力变速箱，气动元件，轴承密封系统、橡塑密封件等。加快发展工业自动化控制系统及仪器仪表、中高档传感器等。

(3) 加工辅具。重点发展大型精密型腔模具、精密冲压模具、高档模具标准件，高效、高性能、精密复杂刀具，高精度、智能化、数字化量仪，高档精密磨料磨具等。

(4) 特种原材料。重点发展耐高温、耐高压、耐腐蚀电站用钢（钢管），大型变压器用高磁感取向硅钢，高压、特高压输变电设备用绝缘材料，高速列车转向架、轮对用特种钢，飞机用高档铝型材，轴承、齿轮、模具、量具、刃具、高强度紧固件用特种钢，机床滚珠丝杠和直线导轨专用钢材，高耐磨钢，高强度、耐高温、低磨损、长寿命复合密封材料等。

4、推进七项重点工作，转变产业发展方式。

(1) 加快产业组织结构调整。重点支持装备制造骨干企业跨行业、跨地区、跨所有制重组，逐步形成具有工程总承包、系统集成、国际贸易和融资能力的大型企业集团。加大对重点基础配套企业的投入力度，引导民营资本和外资投向基础零部件、加工辅具等领域，发展一批高起点、大规模、专业化企业，健全产业配套体系。

(2) 增强自主创新能力。加大科研投入力度，集中攻克一批长期困扰产业发展的共性技术。加快建设一批带动性强的国家级工程研究中心、工程技术研究中心、工程实验室等，提升企业产品开发、制造、试验、检测能力。推进以企业为主体的产学研结合，鼓励科研院所走进企业，支持企业培养壮大研发队伍。

(3) 提高专业化生产水平。改进企业生产组织方式，合理配置资源，整合区域内铸造、锻造、热处理、表面处理四大基础工艺能力，建设专业化生产中心。加大技术改造投入力度，推广先进制造技术和清洁生产方式，提高材料利用率和生产效率，降低能耗，减少污染物排放。

(4) 加快完善产品标准体系。加快制（修）订装备产品技术标准，提高标准水平，促进新技术、新工艺、新设备、新材料的推广应用，淘汰落后产品。跟踪国际先进技术发展趋势，注重与国际标准接轨，积极参与国际标准制(修)订工作，促进自主创新产品进入国际市场。

(5) 利用境外资源和市场。充分吸收借鉴境外先进管理经验，有选择地引进先进技术，为海外专业技术人才回国工作创造良好条件，提高我国装备制造业技术水平。支持有条件的企业兼并重组境外企业和研发机构。稳定和扩大装备产品出口，提高出口产品技术含量、附加值和成套水平。

(6) 发展现代制造服务业。围绕产业转型升级，支持装备制造骨干企业在工程承包、系统集成、设备租赁、提供解决方案、再制造等方面开展增值服务，逐步实现由生产型制造向服务型制造转变。鼓励有条件的企业，延伸扩展研发、设计、信息化服务等业务，为其他企业提供社会化服务。

(7) 加强企业管理和人才队伍建设。引导装备制造企业加快改革步伐，优化产权结构，转换经营机制，建立现代企业制度，加强企业管理，全面提高科学决策和生产、经营水平，增强参与国际竞争和防范市场风险的能力。改进企业生产组织方式，加强产品质量管理，落实各项安全生产措施，提高生产效率和产品质量。加强人才队伍建设，重点引进和培养创新型研发设计人才、开拓型经营管理人才、高级技能人才等专业人才，强化职工培训，提高职工队伍素质，满足企业可持续发展需要。

(四) 政策措施

(1) 发挥增值税转型政策的作用。

充分发挥增值税转型政策对企业技术进步的促进作用，鼓励企业加大技术改造力度，加快装备更新，调整产品结构，推动企业技术进步。

(2) 加强投资项目的设备采购管理。

中央预算内投资项目要支持自主创新的技术装备。项目申报文件中须附有设备采购清单，项目咨询评估阶段需对设备采购方案进行评估，项目实施阶段要加强对设备招投标的监督和指导，确保自主创新设备采购方案的落实。

(3) 鼓励使用国产首台（套）装备。

建立使用国产首台（套）装备的风险补偿机制。鼓励保险公司开展国产首台（套）重大技术装备保险业务。

(4) 加大技术进步和技术改造投资力度。

制定《装备制造业技术进步和技术改造项目及产品目录》，支持使用国产首台（套）重大技术装备，支持目录内装备的自主化、节能节材减排改造、企业兼并重组后内部资源整合、区域性四大基础工艺中心建设、发展现代制造服务业等。

(5) 支持装备产品出口。

完善出口退税政策，适当提高部分高技术、高附加值装备产品的出口退税率。鼓励金融机构增加出口信贷资金投放，支持国内企业承揽国外重大工程，带动成套设备和施工机械出口。

(6) 调整税收优惠政策。

鼓励开展引进消化吸收再创新，对生产国家支持发展的重大技术装备和产品，确有必要进口的关键部件及原材料，免征关税和进口环节增值税。在对铸件、锻件、模具、数控机床产品增值税实行先征后返的政策到期后，研究制定新的税收扶持政策，调整政策适用范围，引导发展高技术、高附加值产品。

(7) 推进企业兼并重组。

制定鼓励境内企业跨地区、跨行业、跨所有制重组的政策措施，妥善解决富余人员安置、债务核定与处置、财税利益分配等问题；对重组企业发行股票、企业债券、公司债券、中长期票据、短期融资券以及申请贷款等予以支持；对境内企业并购境外制造企业和研发机构，可给予相关项目贷款贴息支持。鼓励金融机构在风险可控的条件下开展境内外并购贷款业务。

(8) 落实节能产品补贴和农机具购置补贴政策。

用好节能产品补贴资金，对购买高效节能装备产品的终端用户给予补贴，2009 年先行开展对高效电机推广应用的补贴。抓紧落实好农机具购置补贴政策，及早兑现到户。

(9) 建立产业信息披露制度。

适时向社会发布产业政策导向、项目核准、企业重组、产能利用、进出口、生产销售库存等信息，为企业投资决策、银行贷款、土地预审等提供信息指导。

(10) 支持产品检验检测和认证机构建设

加强产品质量检验检测能力建设，提高质量检测水平。建设高速铁路、城市轨道交通等新型装备产品检验检测和认证机构，完善国家强制性产品认证体系。

(五) 规划实施

国务院有关部门要根据《规划》分工，尽快制定完善相关政策措施，密切配合，形成合力，确保《规划》顺利实施。要适时开展《规划》的后评价工作，及时提出评价意见。

各地区要按照《规划》确定的目标、任务和政策措施，结合当地实际抓紧制定具体落实方案，确保取得实效。具体工作方案和实施过程中出现的新情况、新问题要及时报送发展改革委、工业和信息化部等有关部门。

第三节 2009年电力设备行业的发展

一、中国电力设备行业发展景气分析

四季度电力设备行业仍面临较高景气度，一是用电需求持续向好，电力结构继续调整；二是新能源快速发展，电网投资将提速；三是节能环保政策预期加强，带来设备需求。企业业绩步入上行通道，上半年营收增幅放缓，但毛利率提升；下半年收入增速好于上半年，2010年将重回高增长。

新能源发展由“量”转“质”从中电联对风电发展过程中出现质量问题的担忧，国务院对多晶硅等行业低水平重复建设的警告，表明新能源发展更关注质的提升，未来国家发展新能源的态度不会发生改变，但资金和政策的支持将从对项目转向研究，技术实力将决定市场份额；短期看，核电依然是新能源的核心，核电设备商将获得很大发展机会。

电网投资将加快，智能电网建设特高压先行。1～8月电网投资低于预期，但第6次国网招标环比有较大提升，同比增长17%智能电网建设，特高压将先行。智能电网“坚强”侧被特变电工、天威保变、平高电气等瓜分；国网将许继电气和平高电气收归旗下之后，“国网系”成为智能电网“智能侧”最大赢家。分析师强烈看好由于技术和市场垄断带来的业绩增长预期。

节能环保有待继续发掘。节能环保行业是弱周期行业，市场规模比较确定，业绩的超预期增长主要来自三个方面：一、政策所引导的订单超预期增长；二、成本下降或需求恢复带来收入超预期增长；三、技术垄断优势保持订单稳定增长。

二、中国电力设备行业市场情况分析

(1) 发电设备呈现负增长。

09年1～5月发电总量下滑3.99%，发电设备1～5月合计产量3835万千瓦，同比下滑了23.06%。由于“重发轻送”的局面得到逐步改观，火力发电设备的销售呈现负增长的局面，而以水电、风电、核电为代表的发电设备仍呈现大幅增长的态势。

A、火电下降最为显著。我国装机比重以火电为主，2008年占比76.1%。火电设备装机量负增长的趋势比较明显，随着电源投资的下降，未来火电设备销售仍面临较大的下滑压力。

B、水电建设持续增长。在国家节能调度政策影响下，水电发电量维持较快增长，根据中电联2009年报告预测，预计09年水电新增装机容量达到2500万KW，同比增长24.38%。

C、风电投资及装机保持高速增长。2008年全国新增风电装机614万kW，与2007年相比，年增长率102%。风电整机产能的扩大缓解了近两年中国风电机组供不应求的局面，也预示风电整机制造业的白热化竞争即将来临。

D、核电的进入高速发展期。目前我国在建核电机组11台，已核准22台，同意开展前期工

作10台，总数超过40台。核电未来年均增速19.29%，已进入高速发展期。

（2）输变电设备行业高景气度依旧。

输变电设备制造业35%的年增长率是可以期待的。特高压输电的投资将是未来一段时间国内输变电设备制造业的主要机会所在，而“坚强智能电网”的实施可能将有所滞后。由于电网投资规模不断扩大（09年1季度全国电网投资接近500亿元，同比增长30%以上，09年国家电网公司于南方电网公司投资总规模预计在4000亿元左右），下游需求仍十分旺盛，尤其是输变电设备类上市公司受益于电网建设步伐加快的影响（未来2～3年国家电网与南方电网计划投资规模达13400亿元左右，其中新增投资约5600亿元），在经历了由“市场换技术”到“自主创新”的转变过程后，输变电设备类企业竞争力逐渐增强，国内市场份额逐渐提升，预计在未来相当长的一段时间内行业仍将保持较高的景气度。但是，智能电网在2011～2015年方进入全面建设阶段，届时将加快特高压电网和城乡配电网建设，形成智能电网运行控制和互动服务体系，输变电设备制造企业获得实际收益预计也将主要出现该时间段。

三、电力设备行业的概况

2008年底，我国装机容量达到7.925亿千瓦，同比2007年新增7924万千瓦，而基建新增的装机容量为9051万千瓦，这其中的1127万千瓦来自于“上大压小”淘汰落后产能以及设备退役更新的结果。主要发电集团诸如华能、华电等公司资产负债率普遍高达80%左右，而且由于行业亏损所造成的经营性现金流的下降必然影响其规模的扩张速度，进而影响到设备采购，预测未来新增的装机容量每年大约平均为5500万千瓦左右，火电大约为3500万千瓦，这比2008年的装机容量下跌约40%左右。

我国经济重工业化过程中，高耗能行业的快速发展导致对电力的需求急速上升，发电设备行业经历了“爆发式”的增长。发电设备行业产量的绝对值不断超出预期，市场对于景气周期高点的判断也是一延再延，但从发电设备产量的增长速度来看，2004年就已经达到顶峰，从2005年开始不断下降。2008年发电设备产量为1.33亿千瓦，同比增长2.06%，增速比07年回落9.16个百分点，但发电设备产量继续创历史新高。从发电设备分类看，在水电产量同比增速大幅下降的同时，火电设备增长速度明显减慢，水轮发电机组同比下降15.96%，汽轮发电机同比增长3.73%。而从2009年一季度的数字来看，趋势更为明显，发电设备中，无论是汽轮发电机还是水轮发电机，同比均下滑超过20%。

从输变电设备行业来看，我们先前存在的“重发轻输不管送”的局面已经得到缓解。2008年我国变压器产量为11.61亿kVA，同比增长27.78%，而高压开关产量达到46.98万面，同比增长5.89%，低压开关产量达到413.07万面，累计同比增长达到11.07%，电力电缆2093.79万千米，同比增长38.92万千米，2009年一季度数据延续了增长态势，输变电行业的投资力度正在加大，两个电网公司的投资稳步增加，输变电设备行业正步入景气周期的成熟阶段。

我国电网建设薄弱，长期以来一直滞后于电源建设，电网建设一直在补历史欠账。2008年我国电网投资规模达到2884.6亿元，首次超过电源投资规模，电网电源投资比例已经由4：6 上升到5：5的水平了。

我国电力行业2008年机组利用小时数为4720小时，同比下降5.98%，而2008年全社会用电量达到34268亿千瓦时，同比增长率为5.23%，为近年来最低水平。宏观经济的走弱加剧了我国电力供需矛盾由紧张转向过剩，2008年电力消费弹性系数仅为0.54，比近年来1.2以上的平均水平下降一半以上。

2008年11月，为响应4万亿的投资规划，两个电网公司分别加大了对于电网投资的规划力度，从两个电网公司的规划来看，未来两年两家电网公司新的投资规划合计达到9440亿元，但现实并没有完全按照预期般发展，根据最新的两个电网公司高管的预测，2009年国家电网的投资规模将达到2600亿元，南方电网为971亿元，两者合计3571亿元，虽然比先前预期低很多，但却仍然有23.8%的增长，这本身就为输变电设备行业的增长奠定了基调。

风电、核电增长最为确定

近日，国家能源局分别在内蒙古、甘肃、新疆、河北和江苏等风能资源丰富地区，开展了6个千瓦级风电基地的规划和建设工作，确保我国实现2020年1亿千瓦风电基地生产的电能输出和销纳，实现国家可再生能源中长期发展规划中的目标，非水电可再生能源电量达到3%。

风电的大力发展是毫无疑问的，目前最为关键的问题是风电厂上网难以及轴承和控制系统等关键零部件的供应，至于发展的目标，2020年1亿千瓦应该问题不大，核算下来每年的装机容量也就是大约700万KW左右，风电行业那种动辄100%的超高增长阶段已经过去，接下来应该是步入稳定增长的阶段，从公司角度来看，上下游产业链条布局比较完整和已经具备规模优势和深厚研发能力的企业才是受益最大的。

2007年，我国核电发电量和装机容量的比重才分别达到1.92%和1.24%，在拥有核电的国家中是最低的。我国是继美、英、法、前苏联、加拿大和瑞典之后，世界上第七个能自主设计和建造核电站的国家，核电的发展状况与我国核大国的地位极不相称。目前2020年我国核电装机容量的比重达到5%，按照此目标，2020年我国核电的装机容量至少达到7000万千瓦，这意味着未来12年平均每年将有596台百万千瓦核电机组投产。以1400美元／千瓦的单位造价来计算， 2020年核电站项目投资高达856亿美元，以设备费用占项目总投资44%和设备国产化程度76.2%（核岛设备国产化程度70%，常规岛设备国产化程度80%，核电站辅助设备国产化程度90%）计算，国内核电设备生产企业在2020年前有望分享高达287亿美元（1951亿人民币）的市场份额。其中核岛设备生产企业有望分享的市场份额为145亿美元（986亿人民币），常规岛设备生产企业有望分享的市场份额为84亿美元(574亿人民币），核电站辅助设备生产企业有望分享的市场份额为57亿美元（391亿人民币）。

相关核电设备制造企业迎来了千载难逢的发展机遇。当然，由于关键零部件的进口以及目前尚没有规模化效应，我国核电设备制造企业盈利能力还很低，这种状况的改善有待于我们以用市场换技术后对技术的消化吸收以及零部件的逐渐国产化。

四、中国电力设备发展的特征

第一，电力设备子行业分化明显

2006年，电力装配业发展呈现向下拐点，而输配电行业在2006年呈现向上拐点。在输配电行业内，输电设备行业增长速度超过配电设备增长速度，一次设备增长速度超过二次设备增长速度，行业增长差异主要是行业内的驱动因素差别所导致，主要的驱动因素有：电站设备装配业发展增速是经济发展对电力需求驱动；脱硫行业是上游电力装机与“十一五”电力环保压力驱动；输电是国家电力资源分配（电力装机发展）及国家电力安全驱动；配电领域则是区域经济发展所驱动。从宏观角度来讲，输电及风电行业增长速度明显加快。而其他经济内在因素驱动的行业增长速度则相对较慢。2007年这种驱动因素所体现的收入增长差异更加明显，这些差异总体表现为电力装配业增速下降明显，输电行业增速会在2007年基础上进一步提升，而输电设备中一次设备增速仍会高于二次设备增速。

第二，通过特高压建设培育自主品牌。

目前，我国的输配电设备市场中国内的变压器制造商还拥有较大的市场份额，而在技术水平更高的开关市场中，本土厂商中标率就很低。本土输配电设备制造商在电网采购中的弱势，不仅仅是因为本土输变电设备在技术、外观上跟国外巨头的差距，更加重要的原因是国内设备制造商没有一个过硬品牌，而电网安全性要求导致电网公司对品牌不够强大的国产设备的不信任，在采购中形成采购国外设备的思维惯性。“十一五”期间，我国将建设若干条特高压线路，国家发改委对本土设备制造商提出了自主制造特高压设备的要求。特高压电网代表当今电网技术的最高水平，特高压电网建设完全用国产设备这一个硬指标给中国的输配电制造业带来了众多的技术难题，而通过合作开发等手段可以使我国输配电制造企业掌握世界领先的技术，并使中国的输配电制造企业树立国际品牌。品牌树立后会渐进改变电力公司、电网公司采购国外设备的思维惯性，这种思维惯性的改变会使我国设备制造商占领更加广阔的高端市场。

五、电力设备上市企业经营情况分析

上市公司业绩表现要好于行业整体表现，环比有显著增长上半年，电力设备上市公司共实现收入825.75亿元，同比增长7.70%；归属母公司所有者的净利润57.38亿元，同比增长19.67%，上市公司的盈利增长明显好于整个电力设备行业。

风电、光伏：高速增长，但需注意国家开始控制产能过剩09年上半年又新增装机450万千瓦，全国风电装机容量达到1600万千瓦以上，预计全年风电装机将达到2000万千万。

我们建议重点关注目前已具备批量生产兆瓦级机组、具有完整光伏产业链的优势企业，国家控制过剩产能，抑制风电、光伏市场无序竞争，可进一步巩固优势企业的地位。

核电：开工建设速度明显加快。

08 年底以来，核电开工建设速度明显加快。同时，内陆核电站的规划与选址也正在展开。按照新的规划目标值，到2020年，核电建设总投资将达到7000亿元左右。其中，设备制造是核电国产化的核心，垄断程度高，技术壁垒高，盈利能力强。

电网：投资稳步增长，智能电网锦上添花截至09年7月份，全国电源基本建设投资完成额1496亿元，电网基本建设投资完成额1583亿元，电网投资速度仍然快于电源投资。特高压和智能电网将是未来投资的重点领域。

重点上市公司：特变电工、湘电股份、金风科技、天威保变、东方电气、许继电气、平高电气、思源电气、国电南瑞等。

第四节 电力产业对电力设备的影响

一、电价上调刺激电力设备需求增长

首先，电价上调提升电网公司盈利能力。2008年8月20日国家单向上调火电机组上网电价2分钱，造成电网企业购电成本增加，以致今年1～8月份国家电网和南方电网公司亏损161亿元，同比减少利润238亿元。此次提高销售电价2.8分钱，若仅按国网公司08年2.12万亿度售电量算，将提高销售收入近600亿元，即使考虑上网电价的区域调整仍将大幅缓解现金流压力。国网公司2010年投资计划为3210亿元，我们认为此次调价将对2010年电网投资有较强保障。

其次，用电量数据连续提升，电网公司投资动力增强。从用电量和利用小时数看，电力需求呈加速趋势。10月份，全国全社会用电量3134.23亿千瓦时，同比增长15.87%，增幅比9月份上升5.63个百分点，继续保持回暖态势。1～10月全国发电设备累计平均利用小时为3735小时，比去年同期下降240小时，其中10月份火电设备利用小时数408小时，同比增长12%。

第三，我们认为2010年投资增速要保持，在公共投资部分，电网是不可或缺的一部分，2009年低于国网自己的规划，2010年连续低迷的可能性很小。

电价结构调整向节能减排倾斜，推动新能源发展此次电价调整加大节能减排倾斜力度。提出提高可再生能源电价附加标准，弥补可再生能源电价补贴资金缺口。同时，解决现有电厂烟气脱硫资金来源，并根据各地煤炭含硫率的不同，适当调整部分地区脱硫电价加价标准。

电网投资确保行业景气延续，结构调整利于新能源发展，维持行业“增持”评级建议继续关注“低碳概念”的华光股份、金风科技、东方电气、泰豪科技、天威保变和受益特高压及智能电网建设的特变电工、国电南瑞、平高电气、置信电气、荣信股份、科陆电子。

二、电力供需矛盾电力设备行业得利

近年来，电力供需矛盾不断加剧，为缓解电力紧张状况，国家加快了电力投资步伐，在电源建设上的投资约6000亿元，电网建设上的投资约3600亿元，年均投资额较“九五”期间增长约53%。电力投资速度的加快和规模的扩大极大刺激了对电力设备的需求，2003年全国发电设备产量高达3700万千瓦，较2002年增长74.8%，2004前9月份生产发电设备4627.19万千瓦，同比增长101.8%。由于电力缺口太大，这一轮爆发性的电力投资主要是弥补以前建设的不足，因此宏观调控在一定程度上会抑制电力需求，但是对电力投资的影响是间接的，不构成直接影响。由于电力投资的周期很长，在目前的形势下，电力投资规模不断加大，这也会使电力设备行业保持一个较长的景气周期。

前景展望

电力设备主要分为电站主机设备（发电机组，电站锅炉等）、输变电一次设备（变压器、开关、电线电缆等）、二次设备（电力保护和自动化设备）及电力环保设备。其中电源投资主要形成对电站设备及电力环保的需求，输变电一次设备和二次设备的需求一方面来自电网投资，另一方面来自固定资产投资。

受国家电力投资政策的影响，电力紧缺引发的电力投资高潮主要向电源倾斜，所以发电设备行业出现爆发性增长。现在，电站设备生产企业手中拥有巨额订单，生产计划已经安排到了2007年。三大电站设备的生产企业2004年的生产计划都超过10000MW，与2003年同比增长50%左右。2003年的大笔订单将在2004年至2007年体现，因此，电站设备行业最近三年高速增长应该没有问题，2007年以后的增长趋势将逐步放缓。而输变电一次设备、二次设备及电力环保设备生产企业，则受电力建设周期和国家有关加强环保建设的产业政策的影响，其增长周期比电站生产企业更长。因此，未来三年电力设备行业应可保持高增长。电力设备行业的主要原材料是钢铁，国家的电力投资政策、钢铁行业的发展及价格的波动对电力设备行业将会产生深远的影响。

综合以上影响因素，在未来5年，预计新增装机容量约2.15亿至2.45亿千瓦，年均4300～4900万千瓦，仅发电方面的投资就需要1万亿元人民币。由此判断，未来三年发电设备行业将保持较高的景气度，年增长率可望达到40～50%的水平。巨大的市场需求势必会促使电力设备行业进入较长时期的高速增长期。

不久前，国家新出台了《国务院关于投资体制改革的决定》，它的出台简化了电力投资的审批手续，《国务院关于投资体制改革的决定》总的指导思路是适时淘汰小火电、积极发展水电、适当发展核电、因地制宜发展新能源发电，因此，未来电力投资主体呈现多元化趋势，电力设备企业面临一个新的市场环境，但是其中也潜伏一些风险。全国新电源点建设的快速发展，引发了电力设备价格的大幅攀升。在国内电力设备市场上，30万千瓦机组的价格上升了30%，60万千瓦机组的价格上升了40%以上。由于利益趋动，电力设备、电力商品在交易过程中的不规范行为也逐步增多，进一步加大了电力投资和经营的风险性。电力设备企业需要在发展过程中保持冷静，化解经营风险，这样电力设备行业高速增长的步伐才不会停下。

三、电力设备企业受益于电网扩容

电网投资大幅增加

国家电网06、07年分别完成投资1893、

2254亿元。08年国家电网计划完成电网投资2520亿元，06～08年，总计完成电网投资6667亿元。09、10年国家电网的投资额度为5500亿元，平均每年为2750万元。此次国家电网计划将未来2～3年的电网投资额度调整为1.1万亿元。联合证券表示，如果将未来2—3年理解成为08—10年，扣掉08年2520亿元的投资额，09、10年，国家电网需完成的投资额度为8480亿元，比原计划增加约3000亿元，平均每年为4240亿元，年均增加约1500亿元。由于投资启动需要时间，预计国网09年的投资额为4000亿元、10年的投资额为4480亿元。加上南方电网调整后的年均900亿元的投资，国家电网、南方电网09、10年的投资额合计为4900亿元、5380亿元，分别同比增长65%、10%，平滑后09、10 电网投资的复合增长率为37%。

输变电行业景气得到维持

平安证券指出，国家电网的最新投资规划使行业景气能否得到延续的市场分歧得到了消除。在国家电网加大投资力度的背景下，输变电行业的景气度将得到维持。另外，国家电网的规划尚需要国家发改委进行审批，这是一项不确定因素。相对而言，计划投资5500亿元用于城网、农网建设与改造的部分获得通过的可能性较大。其中，城网投资3000亿元，农网投资2500亿元。中投证券也表示，当近2～3年投资力度加大，对于整个电网的改造以及农网建设的提前，势必会影响到原来对“十二五”的行业需求的判断。随着城市化进程的加大，输变电行业“十二五”的需求依然存在。

未来超高压电网的投资力度惊人

根据国网公司上述的计划，未来2～3年总额一万亿元的投资中，有5500亿用于城农网建设与改造。其中城网投资3000亿元，农网投资2500亿元。以此计算，超高压和特高压的输电网投资达到4500亿元。考虑到3000亿元的城网中，其中一部分是用于500kV和220kV的城市主网架，国信证券估计实际投资在220kV以上的超高压电网投资将很有可能超过5500亿元，平均每年约1830亿元。考虑到2008年总的电网投资只有2520亿元，未来超高压电网的投资力度是非常惊人的。

新增投资拉动效应对今年业绩影响不大

年内将新增电网投资160亿元，相当于08年投资计划新增5～6%。国信证券认为，此次追加投资对输变电上市公司08年的业绩影响不大，拉动效应最快在09年1季度开始体现。

但短期而言，能刺激股价应利好上升。

券商机构认为电力设备业直接受益于新增投资：

如果电网投资扩容计划顺利获通过，有两类公司受益较多：细分行业龙头及已经及时扩充产能的公司，能及时释放产能的龙头公司将是最大赢家。特变电工、荣信股份、思源电气、平高电气由于在行业内处于较为领先的地位，且增加产能恰当其时，将会充分受益。

国家电网公司加大投资力度的举措将延长输变电行业景气周期，也将迎来电力设备的投资机会。从行业层面看，无论是主干网，还是配网及农网的相关上市公司都将直接受益。建议投资者以行业地位和经营管理两条主线作为投资原则，其一，关注行业龙头。特变电工、平高电气、天威保变、国电南瑞、许继电气等值得重点关注。其二，关注经营管理能力强的企业。思源电气、置信电气、东源电气都是比较好的投资品种。

考虑到新增投资，判断“十一五”后两年的建设高峰已经相当明确，而考虑到后续还将持续的特高压规划、城市电网建设、农村电网改造，“十二五”行业需求依然存在，因此依然看好输配电行业，尤其是行业内设备龙头，在成本转嫁以及市场方面优势明显，成长性相对确定。

此次两个电网公司追加投资，增加幅度达到43%，超出预期，相关电网设备行业上市公司均将受益，在超预期的确定性增长下，电网设备行业给予2009年15倍甚至更高PE是完全合理的，建议投资者重点关注特变电工、平高电气、置信电气、思源电器。

第五节 电力设备发展存在的问题及对策

一、电力设备业呈现四个问题

首先，受“上大压小”政策影响，发电设备行业生产小机组的企业订单明显减少。

自2007年年初国家针对电力工业提出“上大压小”的政策措施，尤其是在国务院转批国家发改委、能源办《关于加快关停小火电机组的若干意见》之后，各地区、各部门都展开了紧锣密鼓的“上大压小”工作。受此影响，发电设备行业中生产小机组的企业（包括生产小型电站锅炉、小型电站汽轮机和发电机的企业）已出现了订单明显减少的现象。国内一家为6万千瓦以下火电机组配套生产汽轮机的公司，其2007年第一季度报表反映出本年累计订货量同比减少了15.4%。

其次，大型铸锻件受制于国外，或将长期困扰发电设备企业。

由于国内加工能力不足、成品率低，产品质量方面也存在一定问题，国内企业生产的60万千瓦以上发电设备所使用的大型铸锻件（如汽轮机缸体、转子，发电机护环、转子、大轴以及水轮机净板、转轮大轴等），绝大部分都一直委托国外加工制造，或者直接从国外购买。近年来，铸锻件不但加工费用越来越高、价格越来越贵，其供货数量和交货期也日益受制于国外，成为国内发电设备企业短时期内不易解决的难题。

此外，主要原材料价格高位震荡，致使电工行业成本上升但利润率下降。

2007年以来，电工行业大量使用的主要原材料铜、铝等有色金属以及硅钢片等的价格一直处于高位震荡状态。以铜为例。尽管从国际上看，2007年其供应量及国内供应商的进口数量均有所增加，但由于需求的同步增加，市场价格始终未能摆脱60000～70000元／吨的高位。主要原材料价格居高不下，造成电工行业成本上升，利润空间受到挤压。

中国电器工业协会对发电机、汽轮机、水轮机和电站辅机行业25家骨干企业的调查结果显示，2007年第一季度，这25家企业的成本费用利润率（利润总额与成本费用总额的比率）比2006年同期下降了4.76个百分点。

最后，扩大进口及进出口关税调整给电工行业带来的影响和冲击也不容忽视。

在2007年国家出台的一系列扩大进口的政策措施中，2006年刚被列入《国内投资项目不予免税的进口商品目录（2006年修订版）》中的很大一部分电工产品，如火力发电设备、水力发电设备等，被列入了扩大进口的范围。这将对电工行业带来不小的冲击。

近年来，通过引进、消化、吸收及自主创新，国内发电、输变电设备生产企业的技术水平和生产能力有了很大提高，国内产能已经能够满足国内的需求，并在一定程度上出现了“过剩”。目前国内电力建设发展很快，供需基本平衡，2008年后发电设备制造企业可能出现任务不足、能力过剩，产能闲置的情况。扩大发电设备进口，无疑会使这种情况更加严重。

因此，从目前发电设备行业的实际情况看，扩大进口的重点应放在国内尚不掌握的先进技术、尚不能生产的大型关键件以及国内不能满足需求的有色金属原材料上。

二、行业标准成为电力设备发展的瓶颈

在电力系统工作久了，发现频繁使用着的电力设备没有一个统一的标准，这给实际工作带来了不少的麻烦。

有这样几个例子：某110千伏变电站筹建之初，按照上级要求在全国范围内招标，结果是几大厂家相继中标，价值数千万元的电力设备很快就运到了施工现场。谁知，施工人员刚开始安装，问题就接踵而至，广东厂家和内地厂家的设备不

配套，江苏的设备和湖北的总是差那么一点点，不好安装。怎么办？还是安装师傅有本事，长的截断，高的锯矮，凑凑合合总算装好了，一切正常，可耽误了工期。施工的埋怨物资部门不会搞采购，搞物资的说，我们如果只采购一家的话，有人就会说我们吃回扣。这就是各个厂家标准不统一问题的具体表现。

湖北襄樊某商场，10千伏配电室钻进去一只大老鼠，造成该商场配电室高压熔断器烧毁停电，要想立即恢复供电，急需三只高压熔断器。本来是区区一件小事，却让电工跑遍了市内大大小小的电气商家，硬是找不到三只长短、粗细、大小和配电柜相匹配的产品。后经过多方打听，才知道只有西安卖这种规格的产品。电工急急忙忙连夜赶到西安，末了该商场老总还不忘交待一句，多买几只回来备用，不然下次再停电，我们又要跑一趟西安。

其实，像这样的例子还有很多，湖北产的高压计量箱就比广东中山产的体积大很多，如果用“正泰”的配电柜，湖北的高压计量箱就要长得多，是无论如何也装不进去的。电流互感器有圆形也有方形的，有中间实心也有中间空心的，如果实心的坏了，用空心的替代就会很费劲。再如，街道上大大小小、形状各异的低压配电计量设备，随着时间的推移，新旧不断更替，他们自己也在不停“变脸”，新设备不能够维护旧设备，那怕是一点点问题，也很难解决，最终还造成了不小的浪费。

在技术上，标准并不是一个难度很大的问题，为什么在我们这样一个电力大国却成了个大问题呢？

经过调查，不难发现产生问题的原因。在全国的电力企业里，几乎没有几家称得上巨无

霸的电气设备厂家，但小型的厂子却是遍地开花，大的一二百人，小的十几个人。这些小企业的共同特点是依附于供电企业，没有什么主导产品，电网需要什么，就生产组装什么；技术能力薄弱，仅仅限于粗加工；没有技术研发能力，关键的部件到外地采购；每个厂子都独霸一方，敲敲打打，埋头苦干，一千个地方加工的东西有一千个面孔。如果把这些产品放在一块儿，可能会拼出个“怪胎”。在这种分散、无序的状况下，要谈一个共同的标准，无异于痴人说梦话。没有统一标准的小作坊式的生产厂家，只能靠天吃饭。像现在，城乡电网改造之时，每家都有事做。网改一结束，这些小作坊也该就地休息了，因为他们生产的东西别人不能用。

对行业标准的不重视，可能是这些生产电力设备的厂家既做不大，也做不强的原因之一。

中国有着世界最大的电网，有着众多的电气设备厂家，即没有一家成为著名跨国企业，这和企业没有强烈的标准意识应该有着很大的关系。制定统一的行业标准，才是电气制造厂家做大做强的真正出路。

三、发电设备生产企业存在的共性问题

1、2005年(7500万千瓦)、2006年(10600万千瓦)任务量过于集中，各企业生产能力不足；

2、物质资源紧张。原材料、铸锻件价格大幅度上涨，订货周期长，交货期无法保证；

3、社会资源有限，扩散较困难，制造成本提高；

4、产量猛增，交通运输(特别是超大件)困难；

5、经济效益的增长与生产任务的增长比例不协调。

四、中国电力设备行业发展面临的两大问题

国内三大发电设备集团在手订单充裕，2007年之前的业绩较有保证。2006年，我国电力供需总体平衡成为市场共识，未来三年大规模投产机组必然造成发电能力的阶段性过剩。

因此，2007年后水电、核电设备需求仍将稳步增长，火电设备需求下滑幅度较大，国际订单可部分弥补国内需求的下降。

业内人士认为，根据我国目前的电力格局，发电设备需求总量在2007年后大幅下滑之势已

成定局。参与水电、核电设备生产的企业抗风险性相对要好些，但企业争夺新增订单与当初用户围着发电设备制造企业转的局面已大不相同，未来存在竞争加剧导致行业利润下滑的可能。

业内人士指出，水电、核电设备厂商较为集中，可部分抵抗电站设备需求见顶的周期性风险，另外海外市场扩张有助于平抑国内需求周期波动。

虽然“十一五”期间我国水电、核电年投资总规模预计为550亿元，与火电年投资规模相比还是很低，但由于生产水电和核电设备的企业较为集中，而且随着国产化率的逐步提高，相关设备的生产厂商将从中获益。根据规划，我国还将进一步加大水电和核电投资规模，“十二五”期末我国水电和核电装机容量将分别达到2.3亿kW和3600万kW，分别占到总装机容量的25%和4%，期间年均投资额将分别达到750亿元和350亿元。

经过三年的快速发展与技术进步，国内发电设备制造巨头已经迈入国际先进制造技术行列。在核电等高难度技术领域市场份额不断增大，并逐步参与到国际市场竞争当中，预计伴随未来国内、国际市场份额持续增大，可部分抵消国内需求总量大幅下降的负面影响。

五、电力设备企业发展需要努力打造品牌

推进自主品牌建设须下大力气

“在看到成绩的同时我们还要看到差距。”王琴华意味深长地指出。目前，我国电力装机产量和年发电量均居世界第二位，水电设备装机产量已超过美国居世界首位，是世界公认的电站设备制造大国。但是我国电力设备产业的国际竞争力较低，尚面临诸多压力和挑战。

我国是世界最大的电站设备制造国，但远非设备出口强国。我国的设备研发能力，如集成技术、新材料的研制等方面与国外相比还有较大差距。同国外先进企业相比，国内企业在资金实力、规模、管理及产品性能、质量上均有差距，尤其在满足节能降耗标准的高新技术产品研发方面差距较为明显。同时，国内电力设备企业出口规模普遍较小，产品竞争力不强。

面对国内外市场的多样化产品需求和激烈的竞争形势，王琴华强调说，我国发电制造业要实现跨越式发展，必须下大力气推进自主品牌建设，研究和掌握核心技术，着力提高整个产业的国际竞争力。

中国电器工业协会副会长杨启明也表达了同样的观点。他说，我国电力装备制造业基本上能够满足我国电力工业的发展要求。但在抽水蓄能水电机组、超临界和超超临界煤电机组、大型循环流化床锅炉等洁净煤燃烧技术、大型燃气轮机联合循环发电技术、大型空冷电站技术以及核电技术领域，我国尚处于初级阶段，而国外的技术水平已经相当成熟，并形成了一套完整的设计、制造、运营体系。因此，提高500千伏交直流成套输变电设备国产化水平，750千伏及以上特高压输变电关键设备的制造技术仍是我国电力制造业面临的严峻挑战。

外资垂涎中国发电设备市场

杨启明介绍说，随着全社会用电需求的增加，我国电力装备制造业迎来了难得的发展契机，预计中国电力行业未来几年有望保持7%左右的年均增速，远远超过了世界3%的平均水平。2010～2020年，全国电力装机容量将分别达到7.5亿千瓦和10亿千瓦左右，同时电网容量及电压等级将进一步提高，电力行业投资也会相应增加。未来30年，中国电力产业预计投资需求总量将超过2万亿美元，主要用于电力设备投入，中国发电设备采购量将占到全球总采购量的32%。

巨大的用电需求推动了电力行业投资的水涨船高。记者了解到，国投电力在建和拟建的电厂共6个、粤电力为9个、国电电力为10个、内蒙古华电为11个……毫无疑问，大规模兴建电厂将会使发电设备市场出现供不应求的局面。

然而，在如火如荼的投资热潮中，我国的电力设备生产能力却显得心有余而力不足。目前，

部分电力设备企业已出现无法按时交货的情况。据哈尔滨电站设备集团一位知情人士透露，虽然该公司能接到大量设备订单，但由于自身生产能力不足，电力设备的主要铸造件都是在韩国进行生产。

如此丰盛的电力设备盛宴让阿尔斯通（Alstom）、韩国斗山集团（Doosan）、ABB、西门子等跨国巨头热血沸腾，并迫不及待地向中国抛来橄榄枝，言称要把其市场重心转移到中国。

专家透露，在去年之前，曾一度热衷抢摊中国发电设备市场的外企因不堪煤炭涨价导致发电成本飚升而纷纷中途“倒戈”。事实上，今年下半年以来，国内煤价曾一度呈现回落迹象，这无疑将有效缓解电力企业的成本压力。但从长远来看，外资进军国内电力设备市场的态势无疑将会加大本土电力设备制造企业的竞争压力。

自主创新能力是可持续发展的关键

杨启明告诫企业：在未来的电力建设中，电网容量、电压等级将进一步提高，对高效、高参数、大容量、低排放（污染）发电设备的需求相应增加，技术含量随之加大。为此，电力装备制造企业必须苦练内功，强身健体。

据悉，国家“十一五”规划已经为国内电力设备企业制定了提高自主创新能力的战略目标：以提高电力装备的设计制造能力、不断增强电力装备国内外市场竞争力为主攻方向，建立以企业为主体、市场为导向、产学研相结合的技术创新体系，加强科研和生产、技术与产品、经济与环境的紧密结合，以实施引进消化吸收再创新的战略为重点，加速引进技术的消化吸收，增强技术储备，加快科技成果商品化、产业化；依托重点工程，在重大技术装备国产化的过程中，实现一批核心技术的突破，形成一批拥有自主知识产权的技术、产品和标准；加强电力装备基础共性技术、关键材料研究，增强原始创新能力，使电力装备技术水平尽快达到或接近世界同期产品先进水平。

电力设备企业结构调整的中心环节是提高自主创新能力。与会专家认为，国家战略目标的实现并不是一蹴而就的。对于重大技术装备而言，大量的配套设备可以在全球范围内采购，关键是要掌握核心技术。原始创新是基础，集成创新是目的，而消化吸收再创新则是一种手段和方式。电力装备制造业要以实施引进、消化、吸收、再创新的战略为重点，但绝不能忽视原始创新。如今依靠引进技术来获取核心技术变得越来越艰难。只有具有了原始创新的能力，才能取得企业发展的主动权。

有专家进一步分析说，目前，我国电力装备制造业的科技投入不足，研发力量分散，缺少真正能够紧盯世界先进技术的国家级科研机构。

第二章 输变电设备行业投资策略分析

第一节投资背景

一、外部环境支持输变电设备业发展

（一）国经济快速发展为电力装备工业提供了巨大的市场空间。截至2008年底，我国电力

总装机容量79253万千瓦，发电量34334亿千瓦时，220千伏及以上输电线路36.5万公里，变电容量13.9亿千伏安，是全球第二大电力生产和消费国。目前，我国已进入工业化、城市化加速推进时期，在消费结构和产业结构升级的拉动下，电力先行策略仍将长期实行，电力弹性系数中长期水平将维持在1.0以上。据有关部门预测，未来30年，中国电力产业投资需求总量将超过2万亿美元，主要用于电力设备投入。

（二）全球新一轮电力投资为我国电力装备制造业带来新的发展机遇。目前，全球电力总装

机容量约为30多亿千瓦，欧美日等主要发达国家由于经济增速逐步减缓，电力消费增长也相应平稳。但为保障电网平稳运行，新一轮更新改造已经成为发达国家电网投资的重点。同时，随着东南亚、非洲和中东地区等国家经济规模的不断扩大，全球将迎来新一轮电力投资周期。据有关机构预测，2020年世界电力总装机容量将达到60亿千瓦，2010～2030年间，全球电力投资将达到9.8万亿美元，其中发电4.5万亿美元，输电1.6万亿美元，配电3.7万亿美元。从产品制造技术看，我国电力装备制造业在完成与国际厂商“市场换技术”的合作后，逐步掌握了一些关键设备的核心技术，并实现了高端产品国产化，部分产品性能甚至超过欧美日等发达国家水平。目前，我国电力装备已出口到世界30多个国家和地区，在东南亚、非洲和中东地区的电站设备市场份额逐步扩大，将带动输变电设备的出口。随着中国电力装备制造业技术实力和成本优势的进一步显现，我国将成为全球重要的电力装备输出国。

（三）资源环境约束对电力装备产品提出了更高的要求。当前，资源环境约束加剧已成为世界经济发展的重大问题，高效、高参数发电设备已成为主流，单机容量30万千瓦以上火电机组比重达70%以上，核电、风电等清洁能源快速发展，电网建设的重点已经转向500kV级以上交直流系统，高可靠、节能型配用电设备市场需求快速增加。

（四）电力装备工业发展面临良好的策环境。国经济“十一五”规划纲要明确提出，加快发展先进制造业，提高重大技术装备国产化水平，特别是高效清洁发电和输变电装备；《国家中长期科学和技术发展规划纲要》中，明确提出重点开发安全可靠的先进电力输配技术，实现大容量、远距离、高效率的电力输配；《关于加快振兴装备制造业的若干意见》，将特高压输电关键设备研究作为重点扶持的16个重大专项之一。出台的《关于促进中部地区崛起的若干意见》，明确提出把中部地区建成全国重要的能源原材料、现代装备制造业基地，为电力装备制造业发展提供了强有力的策保障。

二、内部环境改善促进输变电设备业发展

我国煤电的供电煤耗比世界先进水平约高35～45g/(kW·h)，火电厂平均整机耗水率比国际先进水平高40%～50%。电网中火电大机组比重过小，总体技术参数不高；发电能源结构不合理，中小机组容量机组比重偏大，清洁、高效率的超临界、超超临界机组只占装机总容量的10%(国外最多可占50%左右)；燃气蒸汽联合循环机组的比例过低，仅占火电总装机容量的2.3%；供热机组比例偏小。洁净煤技术、新能源发电技术、可再生能源发电技术均处于发展初期。

目前，已经提前完成“十一·五”关停小火电的计划任务。据报道，截至2009年6月30日，全国已累计关停小火电机组7467台，总容量达到5.407×107kW，累计节约原煤1.6×108t。火电装机容量结构得到优化，大容量机组比例升高，小机组特别是能耗高、污染重的小机组下降。到2009年6月底，我国单机300MW以上的火电机组比重达到64%，比“十一·五”初期提高了20%；单机100MW及以下小火电机组比重降至14%，比“十一·五”初期降低了16%。大机组增多，火电机组效率大幅度提高，发电机组平均供电标准煤耗已下降到340g/(kW·h)左右，比“十一·五”初期降低了30g/(kW·h)左右，累计节约原煤1.6×108t。污染物和温室气体排放也明显减少，节能减耗工作取得明显成效。目前全国还有200MW及以下能耗高、污染重的纯凝火电机组约8.0×107kW。

三、政策环境倾向有利于输变电设备行业

国务院出台十大产业振兴规划，已投入运行的特高压工程出现在装备制造业调整振兴规划中。装备制造业将依托特高压输变电等重点工程，推进装备自主化，并引领我国输变电设备制造进入一个崭新阶段，也必将提升“中国创造”的核

心竞争力。

年初国家电网从山西到湖北之间搭建起一条特高压线路“晋荆特高压线”，并开始商业运行。该特高压线采用1000kV、3×1000MVA特大容量变压器，最高运行电压可达1100kV，工程静态投资56.88亿元。满负荷运行每年可就地转化原煤1800万吨。国网希望以此实现华中电网的水电与华北电网的火电“互济”，从而节省运力，充分利用水能。

据悉，国网未来将继续在该领域投入其资金总量的15%。据估算，到2020年，在特高压电网上的投入可能达到约4060亿元，这相当于两个三峡工程的投资。

在特高压交流试验示范工程的建设过程中，国内100多家电工装备企业参与了特高压设备的研制和供货，所有设备都在中国制造，没有一台整机从国外进口，设备国产率达到了90%以上。这为实现装备自主化发挥了巨大作用，让国内企业掌握了一批具有自主知识产权的装备制造核心技术，形成了全套特高压输变电设备的国内批量生产能力，实现了中国输变电装备制造业的技术升级。

2009年，特高压建设将为技术实力雄厚的企业带来成长机会。我们继续看好平高电气等龙头企业。平高电气预计09年特高压GIS的收入为7亿元。特高压产品的占比预计也将从08年的9.3%上升到22.4%。国网集中招标数据显示，09年本部及平高东芝在252kv、550kvGIS的增长率分别为40%、80%。

四、电力供需紧张使输变电设备的行情看好

考虑“金融危机”的环境影响，预计近几年发电设备市场将趋于平稳。根据10年中GDP年均增长率接近7.8%，电力弹性系数仍按0.81预测，发电量年均增长应在6.00%～6.75%，年均增加装机(5.0～6.0)×107kW，到2020年发电装机总量将达到1.6×109kW。

根据国家绿色能源发展规划，水电设备的市场发展空间要大于火电设备。2008年水电装机容量1.7152×108kW，占总装机容量的21.64%；2008年火电装机容量6.0132×108kW，占总装机容量的75.87%。虽然燃煤机组在目前和今后相当长的时期内仍是我国电力装备的主导机组，但应适当减少比重，加快发展水电、核电。估计“十二·五”期间，还将进一步加大水电和核电投资规模，到“十二·五”末，我国水电和核电装机容量将分别达到2.8×108kW和3.7×107kW，分别占到总装机容量的23%和3%。同时发展天然气发电、风电、生物质发电和太阳能发电等新兴环保电力项目也是明智之举。

预测我国2010年发电量3.95×1012kW·h，发电装机容量9.2×108kW；“十二·五”发电量年均增长6.4%，2015年发电量达到5.4×1012kW·h，5年增加1.45×1012kW·h，人均发电量增加982kW·h，发电装机容量1.22×109kW，5年新增3.0×108kW，年平均增加6.0×107kW；2020年发电量达到7.0×1012kW·h，发电装机容量1.6×109kW。2010年、2015年、2020年的人均发电量分别为2943kW·h、3925kW·h、4965kW·h。

2020年全社会用电量将达到7.0×1012kW·h，人均用电量4965 kW·h；2020年总装机容量将达到1.6×109kW。随着电源结构的调整，预测“十二·五”期间直到2020年，核电、风电将有比较高的速度发展，2015年核电的装机容量将会达到3.7×107kW，5年增加2.65×107kW，平均每年增加5.3×106kW，也就是每年需生产、安装、调试、投运5台百万千瓦级核电机组，三大制造集团每家年产2台，是完全可以达到的。2020年核电将达到8.2×107kW，5年增加4.5×107kW，平均每年增加9.0×106kW，即每年需生产、安装、调试、投运9台百万千瓦级核电机组，三大制造集团每年每家生产3台。2015年风电装机容量达到6.0×107kW，2020年达到1.0×108kW。

第二节投资机会

一、输变电设备行业具有长期投资的价值机会

电站设备：看淡火电；看好水电、核电、可再生能源发电。维持05～06年电站设备行业到达周期性高点判断，但类别发电设备前景不同，看好水电、核电和新能源发电。预计07年后火电设备需求下滑50%，前景堪忧。水电、核电装机比重明显上升，风电发展最快。

输变电设备：长期上升预期不改，高低端设备均有机会。“十一五”电网投资翻倍，预计未来5年的电网投资年均增速将高达20%左右。特高压提升国内装备行业制造水平；配网投资加大，约占总投资的50%，中低端配电设备行业也有机会。

电力环保设备：订单爆满，成本压力减弱，行业趋势向好。行业监管趋严，无序低价竞争有望改观；原材料价格回落，行业谨慎看好。

上游原料价格走势分化，子行业感受不同。钢材类原料价格大幅回落，电站、电力环保设备子行业毛利率有望回升；有色金属价格持续飙升，电线电缆行业苦不堪言。

风力发电大有作为，装备行业积极关注。风力发电是当今新能源开发中技术最成熟、最具有商业化发展前景的发电方式，未来的3～5年仍然是我国风电快速发展期，预计年增速将高达30～40%。风电大发展的根本出路在于机组的国产化，风电机组本地化率的要求从50%提高到70%，国内风电设备制造业面临巨大发展契机。

电力市场化势不可挡。国内的六大区域电网电力市场均已提上日程，全国范围的省级电力市场将全面展开，国电南瑞竞争优势明显。

二、中国输变电设备制造业存在着巨大市场需求

到2020年，我国装机容量将达到10亿千瓦，我国输变电设备制造业面临着巨大的市场需求。

近年来，在电力工业的需求强力拉动下，我国电力装备制造业摆脱了上世纪末任务不足的困境，进入了超高速增长期。上世纪90年代，我国发电设备制造业年产量只有1500万千瓦，2003年跃升到3700万千瓦，比上一年增长了75%；今年上半年已生产2868万千瓦，比去年同期增长了99.93%，比2002年全年的产量还多1/3强。据统计，现在国内各主要发电设备制造企业的订货均处于高位，近几年的任务都基本接满。可以说，目前国家针对经济局部过热采取的宏观调控对电力设备制造业基本没有影响。

电力装备制造业好形势有着内在原因。从长远上看，能源问题始终是我国经济建设中的中心问题，能源建设将始终是今后相当长时期内我国经济建设的重中之重。预计到2020年，我国电力建设虽然不会保持近两年超高速的增长速度，但新增装机规模仍将达到每年3000万千瓦左右。而发电设备是电力装备中的龙头产品，发电设备制造业的持续看好也为整个电力设备包括高压输变电设备制造带来无限商机。按照电力建设的规律，大规模电厂建设必然要求输变电工程高速发展，更何况从我国电力工业的现状看，电网建设滞后于电源建设，有不少“欠账”，很多地方需要补课。此外，随着电网电压等级的提高，输变电设备对发电设备的配套定额也呈增加之势。因此，输变电设备不但将随着发电设备的增长而增长，而且增长幅度理应更大、更持久。这种增长不仅是产量的增长而且是电压等级的提高、产品品种的更新和水平的提升。我国输变电制造行业正面临着千载难逢的发展机遇。

三、输变电设备必将成为未来市场中的新兴热点

“十一五”期间内，我国电网总投资将达到1.2万亿元，未来输变电行业将处于持续繁荣的黄金时期。在国家电网改造的巨大商机背景下，

电力设备行业已被众多主力机构认为是06年最具成长性的行业。

万亿商机打造新牛市行情

根据国家电网公司透露，我国“十一五”期间内的电网总投资将达到1.2万亿元，较“十五”期间投资增长140%，而国家将在“十一五”期间对31个直辖市、省会城市和计划单列市的电网进行建设和改造，总投资为2200亿元。此外，为了加强西电东送、全国联网，特高压电网建设也开始启动。根据国家电网公司的规划，两年内要建成两条1000千伏特高压交流输变电工程，第一条预计2007年下半年完成。南方电网公司则规划有一条1000千伏和一条±800千伏线路，第一条预计2008年完成。预计到2020年全国特高压及跨区电网的输送容量为2.1亿千瓦，其中800kV直流线路输送容量约5600万千瓦，另外约1.5亿千瓦容量由交流线路构成。从投资看，到2020年特高压交流加直流输电线路的市场共是4060亿元人民币，其中交流输电线路2560亿，直流输电线路约1500亿。国家对全国电网改造及特高压电网的规划如此宏大，足以使我们对输变电行业的持续增长保持足够的信心。与此同时，输配电公司在经历了行业低谷后已于05年进入盈利能力回升期。随着万亿商机的到来，输变电行业将是未来几年之内成长性最高的行业，输变电力板块有望与大盘携手步入“新牛市”行情。

四、电网建设带动输变电设备企业的景气上升

眼下，新接订单明显减少让国内发电设备制造行业的不安情绪悄悄蔓延，许多企业已经嗅到行业景气见顶的气息。与此时反，一直在发电设备行业光环笼罩之下的输变电设备企业却渐渐露出节节上升的气势。股市也许是不错的试金石，刚刚披露的企业三季度季报可谓泥沙俱下，上市公司整体净利润增长势头下降。然而，以平高电气、天威保变、国电南瑞为代表的输变电设备行业上市公司却成为少有的亮点，国家电网建设的加快所孕育的广阔市场前景给了这些企业坚固的支撑点。

特高压直流当先锋

10月27日，成都。国家电网公司主持召开了特高压直流工程可研设计评审会议，评审的对象就是金沙江一期溪洛渡、向家坝电站送电华中、华东和锦屏一、二级电站送电华东特高压直流输电工程。

国家电网公司的方案是采用±800千伏、4000安培直流外送，该项目一期输出线路三回，分别落点湖南株洲、上海和武义，工程总投资555亿元。其中，由金沙江溪洛渡右岸至武义直流工程总投资172亿元。经换流，与十回500伏交流电相连输出，主供浙江、福建。线路全长1751公里，其中武义境内9公里，主变变电容量为640万千瓦。可研报告显示，工程于2015 年实行单极投运，2016年完成双极投运。其中，为配合向家坝水电站首批机组2012年投产，向家坝———上海直流送出工程将在2011年投运单极。此次评审会对特高压直流工程系统方案、选站选线、设备选型、工程方案规划设计等进行了深入讨论，形成了总的评审意见，国家电网公司将尽快编制和上报项目核准申请报告。

湖南株洲县正式收到国家电网公司的通知，株洲换流站成功落户该县，该工程投资总额达60亿元，计划于2007年动工，预计2012年竣工。

此前，对特高压电网建设正反两方的激烈争论使其成为一个敏感的话题，业内人士表示，争论的焦点其实是在特高压交流领域，而对于特高压直流线路建设双方并无太大的分歧。有着浓厚特高压电网情结的国家电网公司，在不绝于耳的反对声中将重心转移到对特高压直流工作的推进，特高压直流建设呈现出快马加鞭的态势。

与国家电网公司相比，素日不显山露水的南方电网公司特高压直流工程建设仿佛走得更快一些。日前，在南方电网公司的一次科技工作会议上传出消息，2010年前，南方电网将建世界上第一条特高压直流输电工程——云南至广东的正负

800千伏特高压直流输电线路，目前项目技术方案已通过有关部门审查，计划于2006年开工建设，2009年单极投产。

两大电网公司对特高压直流项目的积极推进以期实现特高压电网建设局面的整体破冰，势必要在“十一五”期间形成以电网升级为主声浪的电网建设热潮。

1.2万亿的诱惑

国家电网公司目前正在加紧编报“十一五”电网规划及2020年远景目标报告。据悉，“十一五”期间，国家电网建设的主要任务是：建立稳固的电网三道防线；继续加强城乡配电网的建设改造，不断提高供电可靠性；全面建成三峡输变电工程；抓紧新建一批跨区输电工程，大幅提高跨区配置资源的能力；及早建成交流1000千伏试验示范工程，在成熟基础上加快推广；开工建设溪洛渡、向家坝水电站和锦屏水电站外送的±800千伏直流输电工程；西北75 千伏网架将初具规模；继续加强和拓展500千伏和330千伏网架；促进电网与电源、输电网与配电网、一次系统与二次系统、有功与无功协调发展，全面提高我国的电网效率。

南方电网在“十一五”期间的主要任务是：主网架要重点建设贵广第二回直流工程、交流工程、龙滩水电站送出工程、海南联网工程，将建成世界第一条±800千伏级直流输电工程，将投产电源装机6700万千瓦。从2007年1月开始，南方电网还将通过220千伏线路向越南北部六省供电，与老挝、缅甸、泰国以及港澳地区的电力合作也在积极推进。

如开展上述工程，预计国家电网公司“十一五”期间电网投资总额约为9000亿元左右，

南方电网公司的投资总额也在3000亿元左右，合计总投资额将在1.2万亿元左右，这样预计年均投资额2500亿元左右。而2004年总的电网投资规模仅为1380亿元，预计2005年将达到1500亿元，那么未来5年的电网投资年均增速将高达20%。电网建设的潮声又起，使近两年已经深受惠泽的国内输变电企业再遇水涨船高的好运。

谁领潮头

电网建设涉及到的输变电设备主要有变压器、高压开关、继电器、电力自动化保护系统、电线电缆等，行业内企业众多，水平参差不齐，既有“巨轮”也有“小舢板”，面对“十一五”电网建设大潮，虽然都有机会，但无疑技术领先、资本雄厚、运营理念先进的大型企业将是最大赢家。

在电力变压器领域，由天威保变、西变、特变电工沈变所形成第一舰队，其多年积累的优势近期国内其他企业还难以超越。近期被股市所追捧的天威保变刚刚披露的三季度报告显示，每股收益为0.15元，净利润为4942万元。公司自行开发研制的我国首台750kV特高压电力变压器已在去年试制成功，证明了其技术实力。据悉，该公司2005年变压器产量有望达到4000万千瓦，2006年变压器生产容量要翻一番；特变电工前三季度每股收益为0.225元，净利润为8742.7万元，其变压器、电线电缆产品力图走国际市场的路子，借以抵消成本上升使公司产品毛利率降低的影响，其旗下的沈变多年积累的技术实力还有待于发掘；与天威保变、特变相比，西变公司借助三峡输变电工程引进、消化、吸收国外先进技术，在直流变压器、平波电抗器方面筑就了自己的优势地位，特高压直流工程在“十一五”期间高歌猛进的势头对该公司不啻为一大利好。另外，西变公司的母公司西安电力机械制造公司（西电公司）科研与生产对应设置，具备产品成套能力，为西变公司提供了实力支撑。然而，西变公司至今没有上市公司的背景，虽然避开了资本运作的风险，但是这种自我积累方式由于融资渠道不宽势必对公司的未来发展速度形成一定的限制。

国内高压开关领域局面一直处于不明朗的状态。平高电气目前处于上升通道，公司主要产品敞开式SF6断路器、隔离及接地开关、GIS在高压、超高压的市场占有份额较高，产品毛利率有不同程度提升。据公司高层表示，将未用完的募集资金转投至特高压电网项目，公司作为最早备战特

高压的国内开关厂家，在特高压项目中取得相当份额对公司保持2007年以后业绩的继续增长非常有利。与平高电气的春风得意不同，新东北电气一直处于ST的泥淖之中，据称，该公司今年的经营管理有所好转，但恢复元气尚需时日。西电公司旗下的西开高压电气股份有限公司是国内高压开关领域的重要一极，西电公司的高层表示有意推动西开公司上市，果能成行，国内高压开关市场格局又将产生变动。

许继电器一直在继电器领域中保持龙头的地位，高压直流输电控制与保护装置是公司最具潜力的利润增长点，此业务进入壁垒极高，过去由国外厂商包揽，现在在国产化政策的影响下，将逐步由国内厂商供货，目前国内只有许继电气和国电南瑞掌握了核心技术。预计此项业务从2006年开始每年将会增加公司主营业务收入1亿多元，且产品毛利率较其他电力保护自动化产品高。国电南瑞的表现令人注目，在国内在电力控制系统的生产领域领导地位，公司电网调度自动化产品OPEN—2000E，2005年处于大卖期，市场销售势头良好，2005年新增订单已经达到1.7亿元。公司控股股东南瑞集团拟在年底前向公司注入南瑞农电配电资产。南瑞农电配电2004年的收入约为1.5亿元，净利润1500万元，此后每年应能保持20%左右的增长速度。

第三节 投资风险

一、电网经营企业发展面临的风险

主要风险类型及其成因：

1、电力欠费风险。当前电网经营企业遇到的最大问题是电费回收困难，以河南省电力公司为例，截止2004年底，新欠和历欠电费达7.95亿元，约占全年应收三项电费162.26亿元的4.9%。巨额电力欠费造成电网经营企业虚赢实亏、资金周转困难．形成了很大的财务风险。巨额电力欠费的形成，有用电企业经营困难、社会法制不完善等外部原因，特别是近年来，国有企业以破产、改制方式“金蝉脱壳”、偷逃电费的情况日益严重，此外，农电体制改革期间，被解聘的农村电工大量拖欠电费甚至携款外逃也时有发生。从内因看，长期以来实行以资金结零“硬指标”考核电费回收，忽视对电费回收过程的规范管理，瞒报欠费、垫交电费、挪用电费等违规行为屡禁不止，也是造成电力欠费居高不下的重要原因。

2、窃电及线损风险。窃电已经成为电网经营企业效益流失的主要原因之一。据国内有关媒体报道，东北电网每年被窃电量约20亿千瓦时，其中辽宁省达10亿千瓦时，折合损失3亿元。业内人士指出，省级电网经营企业因窃电受到的全部损失，可达到总供电量的1%左右。窃电之所以成为电网经营企业的顽疾，主要是窃电具有“高收益”，同时由于对窃电分子的打击不够有力和不够一贯，窃电又具有“低风险”。一般来说，窃电损失可以归于管理线损的范畴，相对于窃电形成的损失，线损管理的粗放和对企业造成的潜在损失没有得到得到足够和充分的认识。以河南省电力公司为例，2004年售电量为386.99亿千瓦时，线损率为8.83%，如按上年线损率10.73%计算，相当于少损电量8.07亿千瓦时，按2001年售电均价395.12元计算，相当于少损电费3.19亿元。这一方面说明河南省电力公司2004年线损管理工作取得了重大成果，另一方面也确实反映了线损管理中的巨大潜力。当前电网经营企业的线损风险，突出表现在基层单位线损指标不真实上，主要原因有基层单位线损考核点计量装置误差超标，供、售电量统计和抄表时间上的不对应，线损率“四分”考核不落实，为完成上级线损考核指标而人为造假等。

3、市场风险。电网经营企业面临的市场风险主要来自电价和售电量两方面。当前对电网经营企业电价产生推高效应的主要因素有：独立发电企业投入巨资进行环保改造等引起上网电价上涨，国家电价体系中新增输、配电价，贴费取消后输配电网络建设资金缺口，多年来累积下来的巨额欠费风险尚未释放，城乡电网改造的巨额投资贷款还本付息，城乡居民“一户一表”后运行维护、劳动定员和人工成本、商业投保等费用的增加，以及国家要求逐年增加利润和调高电力税收等政策的影响等。相应的电价降低因素不足。电价是由国家管制的，降低电价是电力市场化改革的既定目标，如果电价水平低于电网经营企业正常运营的成本，企业风险会特别巨大而深远。由于电能的需求弹性较小，现阶段可能导致企业售电量下滑的主要影响因素有：地方经济不景气、营业区划转或大用电客户转向独立发电企业直接购电等。

4、“两改一同价”的相关风险。主要有产权移交后增加的安全风险和两网改造的资金还贷风险等。随着农村电力资产的移交和城市居民“一户一表”的推行，供电企业的安全责任也随着产权延伸，因触电人身伤亡等电力事故对电网经营企业的索赔会越来越多，一次赔偿少则几万元，多则十几万甚至几十万、上百万元。从荆州局几个农村县市局的情况看，尽管当前农村居民实行的过渡期电价比城镇居民生活用电电价高出 0.3 元左右，但由于线损较大、运行维护费用偏高，如支付贷款本息就形成亏损。此外，农用电力设施被盗也时有发生，如荆州局所属公安县电力局 2003 年 10 月以来 2 年多时间，被盗低压线路价值达 100 多万元。

5、电力职工的人身安全风险。近几年来，基层电力职工因抄表收费、查处窃电以及停电催费等工作原因，受到谩骂、围攻、殴打等人身威胁和伤害事件呈现上升趋势。基层营销职工普遍呼吁加强电力执法工作，在对“你最希望解决的实际困难”进行问卷调查时，近一半的职工选择了“强化电力执法”。从本质上说，电力市场营销风险的形成可以归纳为两大方面的原因：从内部看，是由于企业管理体制的不适应和经营管理的粗放，如欠费风险、窃电及线损风险等，这是下一步电网经营企业自身努力的主要方向；从外部看，宏观经济、法制环境和国家电力改革相关政策的影响，也给电网经营企业带来潜在的市场风险和“两改一同价”相关风险、电力职工人身伤害风险等，需要社会各界的共同努力。

二、电网的盈利能力较弱影响电网建设

人无远虑，必有近忧。在这些喜人的经营指标背后，我们不难看到，2003 年，国家电网公司的资产回报率和销售利润率分别为 0.49% 和 1%，远远低于发电公司的 7.1% 和 18.9%，也低于全国工业的平均水平（2001 年分别为 3.5% 和 5.1%）。

据国家电网公司 2004 年工作会议透露的数据，国家电网公司 2003 年的净资产收益率也仅为 0.7%。在国务院发展研究中心和摩根大通银行人士共同组织的课题组（以下简称课题组）刚刚发布的《中国电价和电力发展报告》中预测，若维持当前电价结构和水平，国网公司的财务状况将不断恶化，资产回报率将由 2002 年的 0.4% 下降到 2010 年的 −1.7%，同期的负债／股本比率则由 56% 上升到 192%%，并将在 2005 年出现全面亏损。

专家指出，去年的缺电固然有电源建设不足的原因，但在一定程度上也是电网“瓶颈”造成的。一些电网主网架相对薄弱，电网结构不合理，限制了电网对供电资源的调配能力。

去年，国家决定加大电源建设投资，据估计，发电能力不足有望从 2006 年起得到缓解。但是，如果输配电能力没有相应增长，就有可能形成更大程度的“卡脖子”和窝电现象。电网建设不足不仅会导致电力资源严重浪费，而且会影响电力系统的稳定运行。

据测算，在未来若干年中，我国电网与电源合理的投资比例宜保持 1 比 1 左右。根据国家“十五”和“十一五”期间的电源建设投资规划，电网配套投资将分别高达 5800 亿元和 9000 亿元左右。其中，国家电网公司的投资分别为 4700 亿元和 7200 亿元，相应的资本金需要 940 亿元

和1440亿元。

仅靠电网公司自身积累，显然不能满足巨大的电网投资需求。以国家电网公司为例，取消电力建设基金和供电贴费后，用于发展的资本性资金来源锐减，“十五”期间，电网建设资本金缺口预计在550亿至600亿元之间；“十一五”期间，电网建设资本金缺口在800亿元至900亿元之间。如果通过举债来建设电网，无疑又使电网企业背上了沉重包袱。

面对巨大的资金缺口，电网公司不得不另谋出路，股权融资也提上了议事日程。国家电网公司体改办近期公开表示：“电网建设资金需求巨大，仅靠债务融资不能解决全部需求。

电网公司必须充分利用资本市场的巨大融资能力，实现融资手段的多元化。”

三、输电配电面临着拆分欲独立运营

这几年的煤电矛盾让企业和政府都苦不堪言，煤炭那边嚷着煤价还不到位，计划电强占了煤炭的利润，实际上，电力的上游———发电部分已经市场化了，不透明的只有下游的电网这块。国务院近期将公布电力体制改革具体的实施意见，其中动作最大的将是输配分开和拆分电网。这意味着电力系统最后一个壁垒将被打破，而电网经营成本的透明化是整个电力体系市场化的必经之路。

输配电成本不透明

目前我国共有供电企业2989家，分别归属国家电网公司、南方电网公司、水利部以及地方。根据2002年国务院下发的《电力体制改革方案》中规定，作为电网公司的辅业资产，多元化经营公司（以下简称多经公司）应该被剥离出去，实施自主经营。据了解，目前多经公司多数依附于供电企业，垄断受电工程及相关业务，同时，这些三产、多经公司的成本都计算到电网成本中，造成国家电网等集团公司主辅业未分离的背景下，电网企业成本不透明。

在发输配售四个环节中，发电因市场化成本已经逐渐透明，但因为输配环节的成本不透明，导致定价部门国家发改委很难弄清楚电价成本，这也意味着因为输配环节的垄断，导致目前的电价并非是合理的。

河南省煤炭运销公司煤电专家李朝林认为，煤炭企业一直在为电力输配垄断埋单，因为由政府制定的电价难以按照市场成本计算，已经市场化运作了的煤炭企业在电煤供过于求时，不得不在竞争中纷纷压价卖煤给电力企业，而到了电煤供不应求时，还必须按照政府要求低价给电厂供煤。在李朝林看来，煤电就像一座金字塔，最底层是煤炭，中间是电厂，顶端是电网。现在煤炭和电厂都市场化了，电网才是真正的“电老虎”，它的成本，一头可以转嫁给社会，一头还能压到电厂。

输电配电分拆运行

显然政府也已经意识到了这个问题，在11月1日审议并原则通过的《关于“十一五”深化电力体制改革的实施意见》中指出，重点解决电源结构不合理、电网建设相对滞后、市场在电力资源配置中的基础性作用发挥不够等突出问题。第一项主要任务是抓紧处理厂网分开遗留问题，逐步推进电网企业主辅分离改革。

国务院近期将公布电力体制改革具体的实施意见，其中动作最大的将是输配分开和拆分电网。

输配分开，意味着国家电网公司和南方电网公司的输电网和配电网要进行拆分，最终可能会拆分两大电网公司分别成立输电公司和配电公司。

输配分开在2005年已被明确为电力体制改革下一步的突破口。2005年底召开的中国电力体制改革领导小组的第八次会议上，讨论了输配分开的具体方案，即在“十一五”期间，把输电和配电环节“从资产、财务和人事上打开”；在售电环节，将把现在的供电局改组为多个独立的法人实体，把配电网的建设运行下放地方。在输配分开之后，电网才能变成一张纯粹的输送网络，公开、透明的定价机制才能形成。

国家电监会政策法规部主任王强指出，输配

不分的体制已经成为各项电力改革向前推进的障碍，各有关部门正在开展输配分开的研究，今年将开展输配电试点与输配业务核算。

厂网分开后，改革要有延续性，现在发输配售四环节中，中间环节集中在电网一家，成本不清楚，导致竞价上网的条件并不成熟、不到位，输配电分开放开中间环节市场、再实现电价市场化——实行两部制电价，最终才能真正具有竞价上网的市场条件。在这其中，输配分开是必需的一步。

四、输配电及控制行业的原材料成本不断提升

受电网投资的拉动，输配电及控制设备整体实现较快增长，呈现良好的预期。

最新数据表明，今年以来，国内输配电及控制设备整体销售收入同比增长约30%。据预测，全年行业收入增长在25%以上，变压器、高压开关等电网主设备继续保持旺销势头。

但行业整合力度加大、速度加快引起业界广泛关注。

高端产品前景乐观

分析认为，巨大的市场需求给电网设备行业带来良好的预期，但从行业整体结构来看，受益不均。其中高压、超高压和特高压产品在电网投资中受益最大，并且行业技术、资金门槛较高，因此，市场竞争显然不是特别激烈。

凡是入围其中的企业订单、收入和利润增长都比较理想，但中低压产品由于门槛不高，致使竞争日益激烈，导致盈利前景并不乐观。

从整体来看，电容器和电力电子元器件行业增长缓慢，甚至利润总额较去年还有所回落。值得关注的是，由于有色金属、硅钢片等原材料价格维持高位，因此变压器、开关等行业承受了较大的成本压力，普遍毛利率仍然较低。

与此同时，由于成本加大和竞争激烈，线缆业的利润水平也不够理想。数据显示，上半年，电线电缆、光缆及电工器材整体销售收入同比增长超过40%。由于铜铝等有色金属材料占据了线缆业成本的很大比例，材料价格的上涨带来销售价格的上涨，因此上半年电线电缆行业的收入增长很快。预计随着铜铝价格的稳定，未来电线电缆收入增长将趋于平稳。由于电缆行业门槛不高，企业数量众多，集中度不高，日益激烈的市场竞争将限制行业利润率的提高。

成本所累增收不增利

目前，电力设备成本普遍加大，特别是低电压等级的输变电设备，材料占成本的比例较大，给企业带来很大压力，今年以来，这种状况仍未改观。

家认为，电力设备特别是低电压等级的输变电设备盈利能力将受很大影响，如果不能把来自材料的成本压力转嫁到下游企业，未来一个时期仍将面临增收不增利的尴尬局面。

可喜的是，规模以上企业的亏损企业数量在逐步减少。据统计，自2006年以来，行业亏损面继续缩小，盈利状况向好。数据表明，变压器、开关、电容器和电力电子元件等行业的亏损面均呈现逐步缩小的趋势。

行业加速整合

事实上，输变电设备行业在面临良好发展机遇的同时，也遭遇了激烈的竞争，部分企业纷纷通过收购兼并或者重组方式力图发展壮大。

第四节 投资建议

一、中国电力设备行业投资的策略

扩大内需策的出台使得2009年电力设备行业的投资几无悬念，机会必将集中在输配电设备行业，这也是我们一直以来的重点推荐，继续维持“增持”评级。本报告将主要讨论输配电设备行业。

新增电网投资推升输配电设备行业景气度，预计2010年中国电网投资将达4500亿，平均年增幅21.4%。我们分别采用总量法、增量法和电

源计划法计算 2009 ～ 2020 年中国电网年均投资的期望值，不同方法的测算结果显示年均期望值区间在 3927 ～ 4516 亿元。这意味着，2010 年后的电网投资的总额仍然是可持续的，但是复合增长率会回落。

不同方法的电网投资测算结果的差异说明电力建设与宏观经济环境的密切关系，但是当前电网投资反而相对加快，这是因为，电网投资是由扩大内需策主导的，这一特殊性决定了，在远期预期收益可接受的情况下，考虑未来成本上升，电网建设即可适当提前投资。在这样的投资倾向下，通过对比重点城市电网建设投资构成、跨地区联网与大型电站送出工程的计划、农网投资在电网投资中的占比、配电网与输电网的变电容量与线路长度比例等，我们认为，国家电网计划投资中，跨地区联网和大型电站送出工程是重中之重，因而，220kV 及其以上电压等级的设备企业的受益程度会更大一些。

从国家电网集中规模招标采购的情况来看，2008 年 220kV 变压器招标，无论数量上还是容量上，相对增幅都是明显的，这符合我们在 2007 年度策略中的预测。根据容载比指标，220kV 等级变电容量应该高于 500kV 等级，2008 年是较为正常的情况，而 2007 年的情况是因为 500kV 变电站布点较快形成的。我们认为，这意味着短期内 220kV 设备的需求增速较高，后期增幅将回落至与其他设备近似。

下需求稳定，原材料价格处于低位，设备企业普遍受益，在手订单量大的设备企业受益相对较大。通过对从取向硅钢的价格走势和供求关系来看，我们认为，取向硅钢在 2009 年仍然是国产替代进口的过程，在当前价位上价格下跌空间并不大；普通取向硅钢的不同型号间的价格联动性会维持，而 HIB 取向硅钢的价格联动性会略有减弱。

输配电设备企业的股票经历了前期上涨，后期纯粹依靠估值提升较有难度，我们更看重业绩增长确定性高，存在超预期可能的企业。我们选择的组合与去年一样：特变电工、思源电气、置信电气、平高电气、荣信股份。同时，我们建议关注天威保变、科陆电子、东源电器等。

1. 扩大内需推升输配电设备行业景气度

大规模新增电网投资，其实是在透支未来，但是完成了“扩大内需，促进就业”的重要任务。电网投资的特殊性决定电网建设可以适当提前。从投资比例来看，在未来电网投资中，长距离输电仍然是发展重点。短期内 220kV 设备的需求增速较高，后期增幅将回落至与其他设备近似。上市公司在集中招标中的市场占有率。

2. 取向硅钢价格在 2009 年下跌空间不大

由于下需求旺盛，取向硅钢在 2009 年仍然是国产替代进口的过程，价格下跌空间并不大；普通取向硅钢的不同型号间的价格联动性会维持，而 HIB 硅钢的价格联动性会略有减弱

3. 持续重点推荐输配电设备行业

本报告集中于输配电设备行业的讨论，已经表明我们的倾向，持续重点推荐输配电设备行业。与去年的策略报告一样，我们还是选择下述五家企业作为组合：特变电工、思源电气、置信电气、平高电气、荣信股份。同时，我们也建议关注天威保变、科陆电子、东源电器等。

对于其他细分行业，我们的观点如下：

常规发电设备：行业整体需求继续下滑，但设备企业在手订单饱满，交货期可能拖延。

可适当关注常规水电与抽水蓄能的发展，给予“中性”评级。

新能源： 替代能源产业发展长期趋势早已确立，我们坚持认为在国内需求带动下的替代能源产业升级才是最重要的。短期内国内设备厂商的技术、制造、盈利能力难有突破性改善。考虑估值、盈利和技术竞争力等因素，我们依然保持谨慎。

电池：下需求存在不确定性，盈利能力偏低，估值偏高，建议“回避”。

二、输变电要在三方面把握行业投资机会

“十一五”规划将建设以特高压为核心的坚强的国家电网，推进西电东输、南北互供和全国联网，实现更大范围的资源优化配置；同时新农村建设也将带来电网设备的更新改造；此外，新建大容量输电线路和城市电网改造也将继续进行。在此背景下，输变电设备的需求量将急剧增加。建议从以下几个角度把握输变电行业的投资机会。

特高压技术国产化

特高压电网的主要设备包括变压器、可控电抗器、开关设备、套管、输电线路、晶匣管、换流变等，其投资约占电网总投资的 60% 左右。以此估算，在我国未来 15 年总计 4060 亿元的特高压电网建设投资中，设备投入约为 2500 亿元。为了扶持国内企业，国家发改委表示，特高压设备要全面实现自主研发、国内生产。具有自主创新能力、在高压领域具有明显技术优势的国有龙头企业，将会因此分享到较多市场份额。受益企业包括 G 天威、G 平高、南自等。

直流输电即将高速发展

直流输电最核心的技术集中于换流站设备，包括换流阀、换流变压器、平滑电抗器、高压开关设备以及控制保护系统。“十一五”期间，平均每年有 1—2 条线路开工，总投资将在 1000—1500 亿元左右，对应的设备投入约为 500 亿元。高端技术、国产化率的要求，使得掌握直流关键设备核心技术的国有企业面临发展机会，关注 G 特变、G 许继等个股。

农村配网建设机会较多

“十一五”期间，配网建设合计将投入资金 6000 亿元，接近电网总投资规模的 50%。

配网建设以中低压为主，因此行业技术水平较为成熟，竞争激烈。市场占有率高的公司具备一定优势；此外，降低电网损耗的节能型电力设备也将被广泛推广。

三、输变电设备行业投资建议分析

针对我国输变电行业的发展前景，中国机械工业联合会副会长蔡惟慈建议，输变电制造企业要从三个方面入手抓住机遇。

1、抢占技术制高点。国内各主要输变电企业目前任务虽然饱满，但不如发电设备企业火爆，这与输变电企业相对分散有关。在与外商的竞争中，内资输变电企业还不具备强大的竞争力，尤其在高端产品上，很多用户对内资输变电企业不放心。在这种情况下，企业要千方百计突破“首台”、“首套”等业绩关，积极参与高端产品竞争，抢占制高点。

2、不要盲目进行外延式扩张。输变电企业要做到越是任务饱满，越要做好服务。长远看，中国电力装备制造业前景光明，但局部的、暂时的市场起伏波动也是难以避免。近年来，发电设备需求爆炸性增长有其一定的特殊原因。原因之一就是“九五”期间对未来的电力需求发展估计不足，放慢了电力建设速度，形成了历史欠账；第二是电力体制改革激发了各大电力公司电源建设热情。从而现在不仅要还旧账，而且可能因建设热情过高而有点提前消耗未来的需求。作为设备制造业，既要抓住机遇，也要多一点危机意识，不要在市场降温时措手不及。在当前尤其是产能的扩张上有必要冷静一些，在对产品质量和企业信誉要更珍惜一些。

3、增强自主创新能力，努力掌握发展主动权。改革开放以来，中国机械工业的产业格局发生了巨大变化，以输变电设备制造业为例，以前电缆行业的沈阳、上海两大巨头早已经光辉不再，开关行业的五大开关多数也失去风光，变压器行业的沈（阳）、保（定）、西（安）三大国有企业唱主角的局面也为多个外资、民营企业共同参与的格局所取代。这种巨大变化的原因在于体制、机制和技术的创新。在目前市场需求正旺的时刻，产品不管好坏、企业不管强弱，大家日子都过得去，一些矛盾被掩盖住了；当需求紧缩时，缺乏技术创新能力的企业和落后产品肯定要首先遭到淘汰。因此，千方百计培育科技创新能力，努力掌握发展主导权已成为当务之急。

第三章 电网安全状况发展分析

第一节 我国发展特高压交流输电的必然性和必要性

第一节 中国电网安全现状分析

一、电力工业安全的特点

众所周知，电力是一种特殊的商品，其生产、输送、销售和使用是瞬间同步完成的。因此，电力行业具有一些与其他行业不同的特点，电力工业的安全也与其他工业的安全有着不同的内容和特点。具体有：1、电力工业的安全主要分为：电力市场安全、电网安全两大类。电力市场安全关系到国家经济安全。电力市场安全具体表现在供求关系方面，一旦出现问题，恢复起来的时间较长，在一定程度上会影响国民经济的发展速度。2、电网安全是突发性的。电网一旦发生事故对全社会的政治经济方面的影响也是突发的，电网事故的发生往往在数秒钟之内，而事故恢复的时间一般在几个小时，最长的要几十个小时。 3、电力工业是关系到国计民生的重要基础产业。电力既是工农业生产重要的生产资料，也是人民生活的重要生活资料。电力工业的发展水平，将直接影响国民经济和社会的发展水平，影响人民的生活质量，电力安全也直接影响社会的政治安全和经济安全。 4、电网安全出现问题对国民经济和社会造成的损失和影响，远大于电力企业本身的损失和影响。因此，电网安全不仅是电力企业本身的问题，也是全社会共同的问题。 5、电网安全生产的关联性强，联系着社会的每一个角落，影响电网安全的因素多而复杂。从一次能源，到发、输、配、用的任何一个环节出了问题，都有可能引发电网事故，造成灾难性后果。自然灾害也是诱发电网事故的主要原因，洪水、山体滑坡、地质变迁、地震、台风等都会危及电网安全。这些因素相互之间的关联性决定了安全控制的复杂性，电网安全生产是一个复杂的系统工程。 6、电力产、供、销同时完成的特性，决定了电网事故的瞬时性和难以预测性。一个电网发生稳定破坏是几秒钟、几分钟内的事情，并且在稳定事故的发展过程中，靠人是不能完全控制的。控制手段主要依靠设备的自动技术，电网规模越大，设备的技术水平要求就越高。

二、中国电网安全存在的大问题

三大问题主要表现为：

——部分电网结构薄弱，安全稳定问题仍较突出。一些输变电设备长时间重负荷运行、部分老旧设备仍在使用，部分地区单变、单线较多，输电断面瓶颈、无功补偿不足、短路电流过大、电磁环网等安全稳定问题突出。

——驾驭大电网的能力有待进一步提高。中国电力发展已经进入大电网、大机组、高电压、高自动化的阶段，电力系统的复杂性明显增加，需要提高对大电网运行规律的认识和把握以及对大电网故障产生和发展机理的研究和分析。

——应急管理工作有待进一步加强。开展与社会联动的应急联合演习工作应当制度化。重要用户、重要场所等应急电源的规划、建设和管理问题仍需进一步规范和加强。

针对存在问题，国家电监会要求有关单位，一要加强电网建设和改造，增强电网抵御事故的能力。加强老旧设备的更新和改造力度，提高设备的安全可靠性，提高电网安全稳定水平。二要采取科学合理的手段和措施，提高电网安全运行水平，增强电网抵御突发事件的能力。三要进一步完善电网大面积停电的应急管理。开展处置电网大面积停电事件《预案》的社会演练，提高《预案》的针对性、有效性和可操作性。重要用户和重要场所应当配置应急电源，防止在电网大面积停电情况下发生次生事故。

三、从小火电退市分析电网安全

随着中央政府“上大压小”的电力工业产业政策的推出，小火电关停工作正加快推进。作为在发输配送这一电力产业链上共生共存的电网企业而言，除了通过电力调度贯彻中央政府的决策，更面临着“小火电退市之后如何保电网安全”的重任，由此也引发了新一轮的电网规划调整。

小火电关停导致局部电网薄弱，影响供电灵活性和可靠性，电网企业已快速作出反应在华中电网的火电基地——河南电网，最初定下的“十一五”小火电关停容量为240万千瓦。随着政府对这一工作推进力度的加强，今年4月20日，河南省政府出台文件，将这一目标调整到350万千瓦，并将233万千瓦的关停指标压在了今年。今年6月，河南省政府节能减排的决心进一步加大，将关停目标追加到了510万千瓦。对于承担着河南境内安全可靠供电重任的河南省电力公司来说，无疑已经感受到了“上大压小”的快速实施给电网安全及电网建设带来的冲击。

从电网安全方面来看，据河南省电力公司有关专家介绍，按照河南省电力公司的电网安全校核，关停省内350万千瓦的小火电容量，河南电网基本可满足安全供电的需要。但是，关停510万千瓦的容量，电网安全将受到考验：供电可靠性会降低。河南省电力公司有关专家表示，在关停了70多万千瓦的小火电容量之后，在河南的局部电网，衡量220千伏以下电网规模是否合适的重要指标——容载比便出现了下降趋势，由1.8～2.0之间降至1.1～1.3之间。而容载比数值越大，电网的安全裕度则越大。提高容载比的方法便是增加变电容量。

为应对510万千瓦的关停目标，在河南省政府6月提出这一目标的同时，河南省电力公司便抓紧工作，在已有计划外再追加推出了63台总计1千万千伏安容量的变压器的招标书。据该公司计划发展部有关人士介绍，这63台变压器将于今年年底前到货，在完成施工安装工作后，电网安全稳定运行的压力会有所缓解。

另外，为确保完成河南省政府对中央政府的承诺，在安排小火电关停顺序方面，河南省电力公司也与省政府进行了积极沟通，达成了共识。河南省电力公司把关停的小火电分为三类：一类是不影响电网安全，立即可以关的；一类是具备关停条件，电网供电设施没问题后再关的；一类是待电网的建设上来后再关的。此外，河南省电力公司还根据电网的情况，在年度中统筹关停工作。如在夏季用电高峰时期，便不安排关停工作，待电网顺利度夏后再进行。

从电网建设方面来看，由于中央政府出台的“上大压小”政策中还明确提出了将新建电源项目替代的关停机组容量作为衡量其可否纳入规划的重要指标这一观点，对河南电网发展而言，极大可能引起新一轮电源建设高潮。而电源投资方在建设电源点时并不会考虑并网工程代价，不会考虑电网的承载能力。若河南省“十一五”期间关停小火电政策实施顺利，这一关停容量再加上河南“十一五”后三年新增装机空间，将很可能超过1000万千瓦，这将对电网发展提出严峻考验。一方面，小火电关停需要及时补充电网项目来弥补供电容量的不足，而电网建设需要周期；另一方面，1000万千瓦新增装机的不确定性，电网断面如何适应电力送出要求，短路电流水平如何控制等，这些问题都将对河南电网“十一五”后三年的主网架建设带来极大的影响和压力。

河南电网所面临的这些问题，并非孤例

在华中电网，湖北、湖南、江西、四川电网都不同程度地面临这些问题。而解决问题的最终出路则在于“十一五”电网规划的再次调整。

在华中电网公司规划专家詹智民看来，以

前的五年电网规划从未像“十一五”时期的电网规划这样如此多次调整。光他手里的华中电网“十一五”规划报告正式版本已达三本。这还不包括正在作的小火电关停的电网滚动调整。

按照以往编制中期规划的规律，电网规划都是在五年的中期根据用电负荷发展速度加以调整。如“九五”时期的中调便是压缩电网规模，“十五”时期的中调则是扩大规模。而“十一五”电网的多次调整大多是出于思路上的调整，负荷变化只是很小的调整因素。

华中电网“十一五”规划的三次调整，分别是基于国家电网公司推出的特高压战略、“户户通电”的农电发展战略，以及加快省会及重点城市电网建设的城网发展战略而进行的。这次，华中电网的“十一五”规划将面临第四次调整，并滚动至2012年，在小火电关停这一政府目标的基础上进而把节能减排因素一并考虑。

第二节 保证电网安全的支柱和措施

一、保证电网安全的支柱

一、在政府指导下进行科学合理的行业规划

电力行业规划需要政府引导

科学合理的电力行业规划（包括电网规划和电源规划）是规避电网运行风险、规避电源投资风险的有效技术手段，理应引起政府部门和电力生产、经营企业的重视。电源与电网企业已经划分为各自相对独立的经济实体，各自的生产经营活动目的除了实现应尽的社会责任外，主要是实现经济效益的最大化。政府部门则应在协调和引导电力生产、电网经营企业关系，以及规范企业行为方面发挥积极的作用。

规避运行和投资风险应做好电力行业规划

(1) 美国的加洲能源危机以及2003—08—14的美加大停电事件，从某种角度反映出北美地区在电网规划、建设、调度、管理等方面的一些问题，尤其是电网缺乏科学统一的行业规划和严格的调度管理，致使电源、电网发展不平衡，网架结构存在结构复杂、电磁环网交错等问题。我国政府和电力监管部门必须及时出台政策导向，制定指导性的行业规划，并采取相关措施，避免盲目投资。

(2) 实行厂网分开以后，电源规划的不确定性对电网运行的安全性和经济性形成了威胁。新形势下电网规划需要相应增加电源接入系统规划，从技术上保证电源发展的合理性，实现厂、网双赢的结果。

(3) 电力发展必须首先搞好发展战略和发展规划研究，立足当前，着眼长远，在发展中以市场需求为导向，坚持电源、电网同步协调发展原则，努力做到电源和电网建设平衡发展。

(4) 建议电源企业投资方及时与电网企业进行全方位沟通，了解市场的需求并找到最佳满足需求的途经，从而保证投资产生最大的收益。要用历史资料和国民经济发展的弹性系数作为尺度，来衡量规划方案，避免头脑过热或过凉。注重规划的科学性、合理性和经济性。从而实现电网规划的统一性、前瞻性、协调性和滚动性的有机结合。

(5) 有专家指出，缺电的根本原因是电力基础投资长期不足，但盲目的投资和扩大装机容量也是不可取的。要建立科学的市场化投资体制，根据市场需求和电网发展规划，适时、适地增加电力供应、满足市场需求，避免投资浪费，避免危及电网网架安全。

(6) 为避免一拥而上的盲目投资，投资方应以市场需求为准绳，不顾市场承受能力的过度集中投资电力生产不可取。从目前的无序建设状况来看，不远的将来电力供应又很有可能出现过剩局面。由于机网不能有序地协调发展，有些电力项目即使投产也可能面临送不出去的局面。在将电力生产纳入市场经济轨道的初期，诸侯争雄的战国时代是不可避免的，但关键在于如何引导和规范有序的竞争。只有在有序的竞争中才有可能逐步达成电力市场的供需平衡。电网企业应在加强市场预测基础上做好电网规划的同时，协助政府主管部门做好整个电力行业的规划，按电力监管部门的要求做好涉网设备的监测，与发电企业制定严格的保障电网安全的涉网协议。

二、树立“以人为本”的先进管理理念

改革开放以来，无数成功企业的范例表明，企业竞争力的决定因素是人才的竞争。人才是生产要素中最活跃的因素，也是创造的源泉。当今世界人才已经作为一种最大的无形资本在流动，人才的流动正潜在地影响着企业文化氛围，成就着企业的兴衰。

制度创新吸引更多人才加盟电力事业

企业要实现自身的长期可持续发展，人力资源管理还必须从过去的强调人才使用，转变到建立有利于人才长期发展的体制上来，逐步建立充满生机和活力的人才工作体制和机制。

(1) 要建立与时代发展相适应的人才培养机制，有针对性地提高员工素质。

(2) 要建立合理的人才评价机制，鼓励、引导员工具有积极向上的精神。

(3) 要建立科学的人才选拔任用机制，量才使用，帮助员工树立与企业共同成长的信心。

(4) 要建立健全促进人才合理流动的机制，搭建沟通和交流的平台，最大限度地调动、发挥员工潜能。

(5) 建立适应市场经济模式的、鼓励人才创新的分配制度和激励机制，使员工与企业建立同呼吸、共命运的纽带关系。

(6) 要有完备的人才保障机制，做好人才储备，使企业具有更大的发展后劲。

企业人才的管理和使用，是企业文化的集中体现。只有通过人才管理体制创新，企业才能更好地调动员工的工作积极性，才能广纳贤才，为企业注入优质的新鲜血液，使企业充满生机和活力。

树立“以人为本”的理念，激发人的潜力

引发电网事故的主要原因有3个方面：一是网架结构不合理造成的电网先天不足，经不起各种扰动的影响；二是人为误操作所引发的电网正常运行方式或检修方式的破坏；三是设备本身质量或设计不合理引起的设备损坏。如何充分调动员工的积极性，从人为因素的角度保证电网的安全稳定运行，归根结底还是如何做到“以人为本”。

目前员工实现自身价值的主要途径仍然是行政职务的提升。行政职务提升直接带来的物质待遇的提高，无形中引导很多专业人员为了使自己的工作得到认可，早早把发展目标定在了行政岗位上，将更多的精力花费在迎合某些人的口味或者维系前后左右的关系上，削弱了专业岗位的发展后劲和吸引力。因此，真正实现双轨制成材，双通道晋升，保证专业人员与行政管理人员在精神与物质待遇上的相对平衡，是激发员工踏实工作、精于技术、忠于企业、不断创造的好方法。

现在我们所倡导的“以人为本”的管理理念，要求企业管理者对人才有一个更深层次的理解，对人才的管理与企业的发展之间的关系有一个正确的认识，通过人性化管理，激发员工潜能，努力提高员工的专业技术和安全工作水平，增强对突发事件的应急处理能力。只有这样，才能从根本上降低误操作率，电网的安全才能真正得以保障。

人员素质是保证电网安全的重要因素

随着科技的进步，电网运行和管理技术的发展也是日新月异。例如，微机保护取代电磁型保护，自动控制装置的普遍应用，变电站无人值班的出现，全封闭GIS设备的投运，管理MIS、ERP系统的闭环运行……所有这一切都表明，新技术和新设备在电网运行管理中的应用越来越广泛，在提高电网安全、经济运行方面所起的作用越来越重要，同时也对电网从业人员提出了更高的要求。一方面，企业必须加强员工素质培训的力度，让员工与企业共同成长，才能保证员工适应企业的发展和社会的进步，在企业发展过程中不断找到适合自己的方向和位置；另一方面，员工只有通过不断的学习，提高自己的技术创新水平和整体素质，努力跟上企业发展和科技发展的脚步，才能用好、管好这些高科技的设备和系统，为电网的安全提供技术支持，直接有效地提高电网安全运行水平。

三、健全的法律法规是电网安全运行的重要

保证

健全的法律法规是电网安全运行的重要保证

继承传统，寻求发展

随着我国电力工业的迅猛发展，结构调整、资源利用、环境保护、能源效率、安全保障等诸多问题也凸现出来，需要在今后的电力改革与发展进程中逐步加以解决。要结合我国实际情况，借鉴国外电力改革过程中出现的经验和教训，避免走大的弯路，坚持不断完善和充实我国自己通过几十年工作总结出来的、经过时间证明是正确的一整套规程、规范、规定和好的做法。这样才能有效地保证我国电力工业在改革中实现平稳过渡，保证我国电力工业健康、有序、可持续发展。

坚持法律法规是解决我国电力快速发展与稳定运行衔接问题的关键

我国电力工业在过去几十年发展进程中所形成的一整套行之有效的安全生产法律法规，在目前电网建设投入严重不足、网架十分薄弱、电力需求高速增长的情况下，对保证电网的安全起到了决定性的作用。改革开放提供了与国外同行更多的交流机会，国外虽然有许多先进的科学技术和管理方法值得学习和借鉴，但必须根据我国的国情和电力工业的发展现状，有所分析，有所取舍，切不可生搬硬套，更不可削足适履。笔者认为，当前迫切需要汲取国外电力体制改革中的经验教训，避免重演别人的错误，同时在电力体制改革的过程中，坚定不移地执行相关的法律法规，才能实现我国电力工业快速发展与安全稳定运行的有机衔接。

强化调度纪律，严把入网关

在电力体制改革中实行厂网分开，意在为电力工业引入竞争机制，打破垄断，解决“效率”和发展的双重问题。如今的电力紧缺局面，使电力市场化进程面临新的问题，同时也给政府和电力监管部门提出了新的题目，尽快规范和完善电力市场的各项法律法规，迫在眉睫。

(1) 厂网分离的结果，使得原有的电厂、电网之间的资产关系以及行政隶属关系都不复存在，代之以市场交易为主的经济利益关系。在新形式下要做好厂、网之间的沟通和协调，实现电网安全稳定运行的最终目标，就必须做到坚持管理创新与坚持优良传统相结合。

(2) 电网的安全稳定运行关乎国计民生，电网从业人员不仅要把它当成工作任务，而且要当成政治任务来完成。而要达到这个目的，必须依法管制电力市场，更要依法对电网、电厂的安全生产目标实施监督和管理，逐级落实安全生产责任制。过去电力系统内部的安全生产问题是“大一统”的电力企业内部自己的事情，其手段主要是贯彻法律法规和行政制约相结合。今天电力系统的安全问题变成了分而治之的各家电力生产企业共同参与的事情，电网安全管理体制和管理方式都发生了很大的变化，电网的安全问题已不是电网公司一家能解决得了的问题，相关涉网企业设备的运行状况和安全管理状况，都将同电网的安全稳定运行息息相关。为了保证新形势下电网的安全稳定运行，无论今后电力行业如何发展，竞争如何激烈，坚持电网统一调度不能变，这也是我国电力工业保证安全生产的根本经验。电力产品的瞬时性和电力事故的不可预知性，都要求电网在危机情况下，所有与之相关的生产企业和消费用户迅速作出反应，密切协作。高度统一的电网调度是保证危机状态下指挥电网事故处理、防止事故扩大的主要组织措施。

(3) 电网公司应以调度关系为纽带，在政府部门和电力监管部门支持下，以公开、公正、公平为原则，协调各发电企业的关系，严肃调度纪律，提前介入电源项目的接入系统设计，项目的施工监理，运行设备状况评价、监督检查，避免不符合目标网架规划的项目、不合格的设备入网、涉网运行，严把入网关。

二、保证电网安全的措施

一、加强继电保护的运行管理

继电保护既是电网运行的安全屏障，同时又可能是电网事故扩大的根源。搞好继电保护装置的运行管理，使继电保护装置处于良好的运行状态，才能确保其正确动作。

运行管理的关键是坚持做到“三个管好”和“三个检查”。

（一）“三个管好”

1. 管好控制保护设备：控制保护设备不同单元用明显标志分开，控制保护屏前后有标示牌和编号，端子排、信号刀闸有双编号，继电器有双编号且出口继电器标注清楚。便于运行中检查。

2. 管好直流系统及各个分支保险：定期检查直流系统及储能元件工作状态，所有保险制订双编号，定期核对保险编号及定值表，检查保险后的直流电压。

3. 管好压板：编制压板投切表或压板图，每班检查核对，做好投切记录，站（所）长抽查，压板的投切操作写入操作票。同时在保护校验后或因异常情况保护退出后需重新投入前，应测量压板两端是否有电压，以防止投入压板时保护误动。

（二）“三个检查”

1. 送电后的检查：送电后除检查电流表有指示，断路器确已合上外，还需检查保护、位置灯为红灯，正常送电瞬时动作的信号延时复归。

2. 停电后的检查：除判明断路器断开的项目外，还需要检查位置灯为绿灯，正常停电瞬时动作的信号延时复归。

3. 事故跳闸后的检查：除检查断路器的状态、性能外，还需要检查保护动作的信号、信号继电器的掉牌情况、出口继电器的接点、保险是否完好，必要时检查辅助接点的切断情况。

二、加强运行方式的管理

加强电网运行方式的管理应做好四项主要工作：

（一）把运行方式管理制度化，从制度上规范电网运行方式的管理工作，年运行方式的编制应依据上一年电网运行中存在的问题，进行防范，即将反事故措施落实到运行方式中。

（二）技术上加强电网运行方式分析的深度，在运行方式的分析计算上，对于母线和同杆并架双回路故障下的稳定性必须进行校核计算分析；对重要输电断面同时失去2条线路，或联络线跳闸导致电网解例也应进行分析。

（三）对最不利的运行方式，有组织、有重点、有针对性地开展事故预想和反事故演习，细化防范措施，防止电网事故于未然。

（四）使用计算机软件建立健全数据库系统，提高运行方式的现代化管理水平。

三、实时安全告警系统的应用

随着城、农网改造的结束，大部分地区、县级电网所辖变电站基本实现无人值班或少人职守，电网的运行管理变成操作队加集控中心方式，计算机实时监控系统是电网管理的重要手段，在实际运行管理中，由于人的精力有限，不可能一直监视所有的电网设备，在事故情况下处理的事件很多，往往手忙脚乱，所以建立和完善实时监控系统的安全预警、在线提供实时操作预案功能，将不安全和灾变问题解决在孕育阶段，对电网的安全运行管理有着指导性的重要作用。

第三节　我国电网中防灾的问题和措施研究

覆冰是美丽的自然现象，对输电线路而言则是不可抗拒的严重自然灾害，应认真分析、冷静对待。

高压输电线路一诞生，覆冰就一直在危害电网的安全运行。美国1932年首次了出现输电线路冰灾事故，我国1954就发生了大面积冰灾事故。国内外长期以来一直在探讨输电线路覆冰的形成机理、防止覆冰的技术措施，以及覆冰后如何采取措施除去电力设备上的覆冰，几十年来，虽然提出了上百种防冰、除冰的技术措施，并在一定程度上减少了冰灾事故的发生几率，但总的来看，目前没有切实可行的方法和措施应对电网设备发生严重冰灾事故。

2008年1～2月的冰灾在全国人民心目中留下了永恒的记忆，既给了人们机遇，也是对我们没有充分认识冰灾的一个严重教训。有志于挑战冰灾的人们不仅踊跃参与抗冰抢险，还为将来如何应对类似的灾害献计献策。但是，输电线路防冰和除冰的措施和方法是目前国内外没有解决的技术难题，即使有些方法和技术措施可行，也存在经济性的问题。因此，在研究和预防类似冰灾事故的措施中，应避免盲目和浮躁，要认真分析、冷静对待此次冰灾，以科学、实事求是的态度研究防冰除冰技术措施。

认真分析此次冰雪气象的特征和规律，分析发生冰灾事故的电网设备的设计气象条件、荷载能量、事故特征、覆冰情况、覆冰的特征、所处位置的地理地形特征，并分析比较为什么附近其它设备没有发生覆冰倒塌等。对于发生倒(杆)塔、断线(串)的线路，应认真分析事故的具体特征，区别对待事故类型和现象。

冷静对待此次事故，冷静对待自然灾害。覆冰积雪是自然现象，自地球诞生以来就存在的自然现象，既造就了美丽的自然景观，也给人类的生活带来严重影响，是人类不可抗拒的。因此，应充分认识覆冰积雪的自然规律，减少覆冰积雪带来的影响和损失。只有在充分认识和掌握了输电线路覆冰的自然规律后才能有效抑制冰灾事故的发生，不能期望短期内在抗冰防冰上取得重大突破并杜绝类似事故的发生。

云南、贵州一直以来是我国电网发生冰灾事故最严重的地区之一。1984年贵州就发生过输电线路大面积冰灾事故，造成输电线路杆塔倒塌、绝缘子串发生闪络。而六盘水地区又是云南、贵州冰灾最严重的地区，几乎每年都发生覆冰现象。自1984年严重冰灾事故以后，六盘水供电局就积极采取应对措施，充分调查输电线路发生覆冰的地形、地理和气象特征，因地制宜加强设计，并采取抗冰措施。

六盘水供电局35千伏及以上变电站50座、变压器容量151.49兆伏安，35千伏及以上输电线路2107千米，在此次贵州电网的冰灾事故中，虽然六盘水地区最大覆冰厚度达到200毫米以上，35千伏倒杆3基，110千伏倒塔1基，220千伏倒塔1基，相对来说，覆冰最严重之一的地区，发生的覆冰倒杆塔事故相对却较少。这是六盘水供电局长期积累和采取措施的成果，六盘水供电局抗冰和防冰并取得卓有成效的效果的经验值得借鉴和推广。

电网设备发生覆冰现象必须满足三个条件：一是大气中必须有足够的过冷却水滴，这取决于气象条件，是气象学的问题；二是过冷却水滴被覆冰物体捕获，这是流体的力学过程，决定于覆冰物体的流体力学特性；三是过冷却水滴立即冻结或在离开覆冰物体前冻结，这是热力学问题，由覆冰物体表面的热平衡过程所决定。针对电网设备发生覆冰的必要条件，为应对将来可能出现的类似冰灾，应做好以下基础工作：

(1) 加强电网覆冰原始资料的收集和整理

输电线路杆塔、导线和绝缘子覆冰受气象条件和地形、地理条件的影响，电网设备覆冰具有典型的微地形、小气候特征，即使在大面积的覆冰积雪天气，受地形、地理条件的影响，电网设备覆冰仍存在很大的差异，这种差异体表现于电网设备覆冰的形状、密度、类型等，这些原始数据是分析电网冰灾事故、采取合理的防冰、除冰技术措施、加强抗冰设计的基础数据，对于合理采用防冰、除冰技术措施方法具有重要的指导作用。因此，应加强输电线路覆冰的原始资料的收集和整理，对测量人员进行技术培训。

(2) 总结和发展“避”、“抗”、“熔”、“改”、“防”五字防冰方针

在总结输电线路防冰抗冰经验的基础上，我国于上世纪70年代提出了“避”、“抗”、“熔”、“改”、“防”五字防冰方针，在防止输电线路冰灾事故中取得了很好的效果。在已有经验和成果的基础上，重视和加强“避”、“抗”、“熔”、“改”、“防”五字防冰方针合理应用具有重要的现实意义。

“避”即避开严重覆冰的地区，“抗”即加强抗冰设计，“熔”即采用热力熔冰的方法，“改”即改造旧的薄弱线路，“防”是采用辅助的防冰

技术措施。

在设计输电线路时，避开严重覆冰区的“避”的方法是最有效的防止覆冰事故的方法。但有些线路走廊无法避开覆冰区，设计时就应充分考虑线路走廊的地形、气象等条件，观测覆冰状况，保证足够的抗冰强度，以防止机械和电气事故。

采用在导线上涂憎水性的涂料来减少覆冰量的“防”方法，由于受涂料老化特性、憎水性以及导线本身结构特征的影响，实施中发现其防冰效果不明显，特别是对于长时间的雨凇覆冰。

加强抗冰设计的“抗”的方法，需要对电网覆冰的微地形、微气象分布有充分认识，因地制宜，目前缺乏充分的基础数据。

采用短路电流的“熔”的方法，目前对于500千伏没有经验，且受电源容量的限制。

“避”、“抗”、“熔”、“改”、“防”五字防冰方针的基础上，我国已经制定了《110～750千伏架空送电线路设计规范》、《110～500千伏架空送电线路设计技术规程》、《750千伏架空送电线路设计暂行技术规定》和《重冰区架空输电线路设计技术规定》等。但在实际应用过程中，受环境条件和技术发展的限制，实施困难，目前的技术措施还不能适应防止电网遭受大面积、长时间冰灾的实际。

（3）因地制宜加强抗冰设计

虽然此次覆冰导致大面积倒杆（塔）、断线，但总的来看，云贵高海拔地区发生的覆冰事故的输电线路仍具有微气象、微地形特征。在今年1～2月我国南方出现大面积冰灾事故后，出现了全面提高设计标准的呼声。鉴于全面提高设计标准的依据不充分，建议因地制宜，局部加强输电线路的杆塔抗冰设计，不宜草率提出全面提高抗冰设计标准，应对我国电网覆冰的微气象条件、微地理特征进行充分的调查、系统分析，根据微气象条件和微地理特征划分冰区等级，在确定冰区等级的基础上合理提高输电线路的抗冰设计标准，有针对性地补强。对500千伏线路，局部加强设计时应采用50年一遇的设计标准。

（4）系统研究防冰、熔冰预案

对于将来可能严重覆冰的线路，可研究采用带负荷熔冰技术、直流熔冰技术、电磁脉冲或陡脉冲机械除冰技术措施，以及探讨除冰防冰的新技术新方法。带负荷熔冰技术措施是我国上世纪70年代就实施和应用良好的技术方法，根据覆冰的特点和线路的实际情况，研究应用于多分裂导线的高频变压器熔冰技术措施。

直流熔冰具有容量要求小，操作简单等特点，研究移动式直流熔冰技术方法和装置。

电磁脉冲和陡脉冲机械除冰方法可应用于地线和输电线路杆塔，除冰前景好，可在国内外研究成果的基础上研究电磁脉冲和陡脉冲机械除冰方法。

国内外已经探讨了直升飞机热气除冰方法、激光除冰方法、微波除冰方法，虽然目前没有应用于输电线路的除冰，作为新的措施和方法可以开展相应的研究。

（5）深入研究输电线路覆冰机理

虽然国内外对输电线路覆冰的机理和事故特征有了初步认识，但对于分裂导线的覆冰特征和增长、扭转机理认识不充分，系统研究分裂导线的覆冰机理、覆冰后的力学特性以及杆塔结构的覆冰特征，对于采取有针对性的措施、防止冰灾事故的发生和发展具有指导意义。

第四节 2009年我国电网安全的发展新情况

一、南方电网

2009年安全生产面临的“六大风险”，即：上级安全考核机制变化带来的风险；新设备投运带来的风险；管理责任不到位带来的风险；设备老化和缺陷隐患带来的风险；电网运行方式带来的风险；应急响应能力不足带来的风险。同时，指出了2009年重点抓好的八项工作，一是做好设备和检修工作，做好迎峰度夏工作准备；二是继续推进体系建设和规范化工作；三是深化技术监督管理，提高设备健康水平，四是完善科技管理，推进技术进步；五是抓好班组规范化建设试点及专业人员培训工作；六是做好生产技术指标的跟踪管理；七是抓好信息化重点项目建设工作；八是继续抓好惠蓄电厂的投运。

二、湖南电网

湖南电网2009年面临的主要“网情”：一是继续面对大规模的冰灾改造，电网运行正常方式被打乱，电网安全稳定问题突出；二是特高压线路运行后，电网的安全稳定控制难度加大，需做好有力措施；三是全年电力电量富余，需全力平衡好节能调度、“三公”调度等问题。

要加快冰灾技改工作，重点关注岳阳、湘西电网，提高电网应对自然灾害的能力。要认真研究2009年的供电形势，细化电网运行方式分析，采取有力措施，避免极端运行方式。

三、西北电网

西北电网安全生产面临的严峻形势：一是受国际金融风暴影响，西北地区经济形势明显下滑，用、售电量增幅达历史低位，电力销售市场的波动对安全生产带来一定影响。二是电网建设规模大、战线长、任务重，安全风险增大。三是随着750千伏电网建成投产，网内部分断面形成750/330电磁环网，且短期内无法消除，引发大面积停电事故风险增大。四是新设备质量下降，威胁电网安全生产。五是运行队伍年轻化，员工安全意识和安全工作水平还不能完全满足电网安全运行的要求，安全生产基础不牢。

2009年安全生产总体思路：认真学习实践科学发展观，牢固树立安全发展理念，继续深化“百问百查”和“隐患治理年”活动，建立健全安全生产指标考核管理体系，夯基础、治隐患、强基层、树作风，确保实现“八不发生一杜绝一减少”的安全生产目标。

2009年安全生产重点工作。一是着力抓好电网安全。不断深化运行方式的编制和交底工作，实行计划检修和设备启动一体化管理，建立重大操作和作业会审制度，加强二次设备安全管理，有效消除安全隐患。二是着力加强基建安全。实行重大作业计划制，落实基建安全保障体系和安全工作二次策划，改进技术监督与监造相结合的监造模式，加强关键节点控制，实现安全、质量、工期协调统一。三是着力加强生产运行安全。创新安全培训方式方法，结合高绩效资产管理咨询项目实施，不断加强技术监督。深化“大反措”工作机制，全面整治西北电网重要设备隐患，提高设备健康水平。推广警企联防工作机制，确保750千伏电网和直属资产安全。四是着力加强安全监督。做好电磁环网安全、安全保障体系落实和二次系统安全专项监督，加强安全分析，促进安全生产向预防为主转变。五是党政工团齐抓共管安全生产。把安全发展理念强化融入学习实践科学发展观活动，加强作风建设，树立良好的工作作风，推动公司安全健康发展。

四、福建电网

今年一季度，福建电网运行良好。尤其在电网建设任务繁重的情况下，没有发生人身事故，没有发生电网、设备事故。截止4月21日，福建电网实现安全生产5096天。

一季度，福建省电力公司认真贯彻国网公司2009年安全工作“三个一”和福建省安全生产“责任落实年”要求，落实各级安全主体责任，强化安全现场管理。扎实推进安全“内控”管理；细化“两条红线”、“三面红旗”检查标准，出台《同责同罚指导意见》。开展第二轮输电网安全性评价；认真吸取线路走廊山火和省外多起恶性误操作事故教训，提前做好安全预警，完善反事故应急预案。强化农电安全督查指导，重点防控人身伤亡和责任事故。公司圆满完成各项重大保供电任务，成功应对“2·12”三明森林大火。

为继续保持安全生产良好态势，二季度福建省电力公司将针对春夏气候变化特点，认真排查治理设备缺陷和隐患，做好过细的电网运行方式安排，加强运行设备的巡视监测，提早部署防汛、防台、防雷雨、防山火、防外力破坏等工作，为电网迎峰度夏打好基础。建立健全反违章长效机制，集中整治100条典型违章行为，坚决查处违章指挥、违规作业人员；实行上岗人员全员安全知识考试；开展安规执行情况专项检查，深化“三面红旗”竞赛评比。强化现场安全同责同罚制度，严肃处理违反安全规定、不执行规章制度行为，确保不发生人身事故。扎实开展安全文明施工评比，强化施工现场安全管理和大型施工机械、外包分包工程的管理，严防人身伤亡事故和重大责任事故，确保再获国网公司安全管理流动红旗。同时，广泛宣传《福建省电力设施保护办法》，深化警企协作机制，推进电力设施群防群治，依法保护好电力设施，确保电网安全稳定运行。

五、内蒙古电网

截至去年12月底，内蒙古电力公司全年完成总售电量984亿千瓦时，在国家电网系统的位次前移2位跃居第6位，同比增长12.1%，增幅居国家电网系统第3位。

依靠风能资源和煤炭储量双居全国第一这对“风火轮”，自治区电力工业近年来大踏步挺进全国行业前茅。2008年初，内蒙古电力公司“三超一强”战略出台。尽管全球经济危机的殃及让公司面临空前考验，但通过在全国首开电力多边交易先河，先后恢复负荷100余万千瓦，最终把售电量定格在了直逼千亿的984亿上。其中，2008年全年内蒙古电网东送电量突破200亿千瓦时，增长40%，再度成为华北地区忠实的电力供电商。

电力工业作为自治区经济的重要增长极，自2004年“网厂分开”体制改革后，内蒙古电力公司先后完成“三横四纵”500千伏主网架构建、打通东送电力第二通道、实现内蒙古电网东西大联网等电力“高速路”建设。截至2008年底，公司共管理、运营着500千伏变电站13座、220千伏变电站96座、220千伏及以上输电线路12802千米，东送能力提升到400万千瓦。累计实现安全生产2039天，实现电网安全运行4146天。目前，电力公司正紧密衔接国家电网公司特高压及跨区电网规划，加快相关工作进程。

第四章 电网行业发展趋势预测

第一节 影响电网行业发展的主要因素

一、影响电网行业运行的几种有利因素

受益4万亿的投资总规模以及10项具体措施， 2008年至2009年电网行业投资额将在原先规划的7600亿元的基础上再新增486亿元至508亿元。

10项措施中涉及电网投资内容的有：加快农村基础设施建设中涉及完善农村电网的内容；加快重大基础设施建设中，完善高速公路网、加快城市电网改造以及加快地震灾区灾后重建工作中电网建设的措施。

二、影响电网行业运行的几种稳定因素

按之前的规划，2008年至2009年电网投资额为7600亿元，其中农村电网在5%至8%左右，城市电网（指220kV及以下城市受端电网）在50%左右，合计投资额在4180亿元至4408亿元。

此项措施出台将利于由国家或地方出资投资农村电网建设，因此这或将改变各省农电公司因亏损而难以有效加大农网投资的现状，投资者可静待两大电网公司关于农电投资方面的具体政策

出台。

而城市电网改造方面，该措施出台将有利于220kV及以下电压等级电力设备投资，但投资的幅度和程度仍需要观察。此项政策为刺激经济政策，不会挤出500kV及以上电网投资。500kV及以上高电压等级变压器、开关以及继电保护市场受此次政策影响较小。

三、影响电网行业运行的几种不利因素

主要有：(1)成本上升风险。煤价高企影响到电力企业投产，虽然调高电价，但仍未能完全抵消煤价上涨的影响。同时，因为全国新电源建设的加快发展，引发了电力设备价格的大幅度攀升。例如，在国内电力设备市场上，30万千瓦机组的价格上升了30%，60万千瓦机组的价格上升了40%以上。由于利益驱动，电力设备、电力商品在交易过程中的不规范行为也逐步增多，进一步加大了电力投资和经营的风险性。(2)融资后的财务风险增加。许多电力企业在大规模扩张过程中，需要巨额的融资支持，高额的财务费用和还本付息资金支出，使许多电力企业出现财务风险。(3)经营性亏损风险。电力行业正处在从自然垄断向有序竞争的改革过程中，整个行业的盈利水平将被压缩。即使在目前电力紧张的情况下，有很多电厂还是亏损，特别是规模小又远离生产原料的电厂；还有过去的一些老厂，由于电煤价格浮动，运能紧张，设备维修费用高等诸多因素，现在也是普遍亏损。将来电力生产能力一旦达到市场需求的120%左右，竞争会非常激烈，很多电厂会被淘汰掉。在电力供给呈过剩趋势条件下，电力市场竞争加剧，给今后电力企业的收益和投资回报将带来较大的负面影响。

第二节　2009-2012年电网行业发展预测

一、产业政策趋向

一、国家电网公司电网建设企业标准调整的重点内容

一是参考国家建筑结构设计规定，110～330千伏电网设防标准由15年一遇提高到30年一遇，500千伏电网设防标准由30年一遇提高到50年一遇，750千伏电网设防标准为50年一遇，正在建设的特高压工程设防标准按100年一遇考虑；二是新增中冰区设计技术条件，坚持可靠性和经济性兼顾，合理提高电网大范围抗冰能力；三是通过差异化规划设计，在发生超过一般线路设防标准的严重自然灾害情况下，能够保持特高压电网、各电压等级核心网架，大型水电、煤电、核电送出线路，跨国、跨区联网输电线路，重要负荷供电线路等重要线路的安全稳定运行；四是提高线路重要跨越和故障抢修特别困难的局部线段的建设标准。

二、国家电网公司电网建设企业标准主要成果

研究提出了5项国家电网公司电网建设企业标准及1项指导意见，即《1000千伏交流架空输电线路设计暂行技术规定》、《110～750千伏架空输电线路设计技术规定》、《66千伏及以下架空电力线路设计技术规定》、《±500千伏直流架空输电线路设计技术规定》、《中重冰区架空输电线路技术规定》、《电网差异化规划设计指导意见》。

二、技术革新趋势

(1)按照建筑结构可靠度设计统一标准，重要送电线路的重要性系数取1.1～1.2，使其安全等级提高一级。110～330千伏线路由三级提高到二级，设防水平达到50年一遇。500～750千伏由二级提高到一级，设防水平达到100年一遇。特高压线路、直流线路安全等级标准为一级，设防水平为100年一遇。

(2)根据冰区划分图，在相同条件下，重要线路提高5～15毫米覆冰设防标准，并按照

提高15～25毫米覆冰进行验算。

(3) 对于跨越主干铁路、高等级公路等重要设施的跨越应采用独立耐张段。

(4) 逐步提高城市配电网电缆应用的比重，城市配电网的重要线路宜采用电缆。

(5) 对覆冰地区的重要线路考虑安装线路覆冰在线监测装置，并采取防冰措施。研究采取增加绝缘子。

三、未来市场走势

(1) 核心骨干网架包括：特高压电网；500、750千伏电网最小的骨干网架，每座变电站有至少1回出线；向重要负荷供电的330、220千伏变电站至少1条连接主网的线路。

(2) 战略性输电通道包括：大型水电送出线路；大型煤电送出线路；大型核电送出线路；跨国输电工程；跨区联网输电工程。

(3) 重要受端电源送出线路中的至少1条线路要作为重要线路（重要受端电源是指一次能源运输和供应保证度高的受端电源）。

(4) 重要负荷供电线路包括向一级、二级负荷及其他重要负荷供电线路中的至少1条线路。

(5) 对于运行抢修特别困难的局部线段和跨越主干铁路、高等级公路等设施的重要跨越作为重要线路考虑。

四、电网价格问题及趋势预测

要为电力企业发展创造公平的市场环境，电价改革刻不容缓，这意味着一直备受争议的中国电价改革或将浮出水面。

2008年发电企业亏损的直接原因就是煤炭价格的上涨。高煤价直接导致发电企业资金不够买煤，更不用说弥补固定成本。

中国煤炭定价已基本市场化，而电价则受政府严格控制。中国国家发展和改革委员会上月表示，今年将逐步完善上网、输配和销售电价的形成机制，适时理顺煤电、天然气价格。

五、国际环境对国内电网行业的影响

预期美元贬值国际原油期货价格近期开始上扬国内煤价上涨预期再起北京时间3月19日美联储宣布将购买至多3000亿美元的长期美国国债，并将购入至多7500亿美元的抵押贷款支持证券，以及1000亿美元的政府支持企业发行的长期债券。这意味着美联储在尽全力向市场注入流动性，在大量印美钞，美联储有可能意在让美元贬值，这导致了美元全线走软。与之对应的是，国际油价本周也连续上涨，周四突破50美元/桶，创出近期新高。投资者较为关注油价与煤炭股股价之间的联系，本周国内煤炭股股价大涨，电力板块最近走势相对较弱。

目前国内煤炭供给充分，下游需求回暖仍需观察，国际油价对国内煤价影响有限，火电燃料上扬可能性小..把握交易性投资机会在市场预期煤价上涨的背景下，电力板块走势也受到了影响，本周明显弱于大盘，预计未来在这一预期下，电力板块可能仍会走弱，建议投资者把握电力板块超跌带来的投资机会。

08年两次电价上调以及近期煤价的大幅下跌，即使在09年发电小时下滑10%的情况下，火电行业盈利回升的趋势基本确定。考虑到经济危机对很多行业造成很大影响，多数行业09年的盈利具有很大的不确定性，电力行业相对其他行业盈利的确定性更大，电力行业未来增长依赖于宏观经济的增长，用电需求随着宏观经济的回暖将出现回暖，而目前电力行业的估值相对大盘并不是很高。

第三节 我国未来电网生产能力与产量预测

一、对电网生产能力的预测

国家出台拉动投资各项措施后，电力企业也已经积极行动起来，确保国家促进经济平稳发展各项措施在电力行业落实到位。预计全年电源投资仍然在3000亿元左右，其中水电、核电、风电等可再生能源投资比例特别是核电投资比例将继续提高。电网投资规模继续扩大，全年电网投资（包括各类技改投资）预计在3500亿元左右。

电源结构调整力度加大，水电建设规模仍然较大，火电向大容量、高参数方向发展，核电、风电等可再生能源及电网建设加速。2009年仍将是水电投产高峰期，全年将有一批大中型水电机组（包括抽水蓄能）集中投产。将在控制总建设规模的前提下，适度控制一般火电项目建设，主要支持热电联产、大型煤电基地等项目建设；新投产火电机组中，80%以上为30万千瓦以上机组。2009年，将积极推进甘肃、内蒙古等大型风电基地建设；生物质发电将继续适度发展；浙江三门、山东海阳和广东台山等一批核电项目将尽快开工。

电网建设方面，2009年，国家将继续支持增强电网抗灾能力，还将重点支持青藏联网和中西部地区县级以上城市电网改造；继续推进皖电东送、川电东送、葛沪直流改造、西南水电送出、宁东和呼伦贝尔、锡盟煤电外送等工程。适时启动新疆联网工程，配套建设大型风电基地送出输变电工程。在海南联网一期工程预计2009年投产基础上，将积极推进该工程的二期建设。

目前，因电煤产量和价格引起的“市场煤、计划电”深层次矛盾更加突出。预计2009年全国电厂发电、供热生产电煤消耗在15.5—16亿吨。目前，大部分水电站蓄水比较充分，基本可以保证2009年冬春水力发电基本出力。但是预计2009年，全国大部分地区来水总体为平水年，来水可能仍不均匀。总之，电煤和气候仍有可能影响今年电力工业的运行。

预计2009年一季度甚至二季度将是电力增长最困难的时期，上半年仍有可能持续出现负增长。预计自二季度末期，在部分地区相对上年同期有可能出现一定恢复，进入三季度各地区特别是东部地区电力需求量可能会陆续出现正增长，并逐步带动或影响中部、西部地区进入四季度后有一定的用电增长。全年呈现明显的“前低后高”态势。预计2009年全社会用电量增速在5%左右。全年发电设备利用小时在4500小时左右，其中，火电在4700小时左右。

2009年，全国电力供需形势将继续延续2008年下半年供大于求态势。其中，华东、南方电网供需平衡，华北、华中、东北、西北电网电力富裕。受煤电矛盾、来水、气候等不确定性因素影响，以及个别发达地区存在的电网“卡脖子”问题依然存在，个别省份在电力负荷高峰时段仍可能存在少量电力供需缺口，需要进一步加强需求侧管理加以调节。

二、我国未来电网产量预测

全国发电生产能力继续提高。2009年，预计全国基建新增发电设备容量8000万千瓦左右，全年全国关停小火电机组容量力争超过1300万千瓦。相对于电力需求，电力供应能力充足。

第四节 我国未来电网需求与消费预测

一、能源消费需求综述

中国社科院最近的一份研究报告指出，由于我国重工业发展比重大，高耗能产业的大量存在，企业组织结构不合理，高能耗中小企业的数量还很难减少，节能技术的利用也还需要有一个过程等多种因素综合来看。在今后10年左右的时间里，我国工业发展对能源的需求将依旧十分强劲。只有到2018年前后我国基本实现工业化和城市化后，能源消费需求才有可能放缓。

根据社科院的测算，在我国能源消耗中，工业消耗的能源占70%。由于我国目前正处于工业化的中期阶段，而且各个地区发展不平衡。在31个省、市、自治区中，到2005年，只有两个市发展到了工业化的后期阶段，有10个省处于工业化发展的中期阶段，有13个省、市处于工业化发展的初期阶段，个别地区还处于前工业化阶段。也就是说还有24个省、市、自治区处于工业化的中期、初期和前工业化阶段。再加上城市化的发展和人民生活水平的提高，在今后很长一段时间里，我国对能源的需求仍处于高增长期。

根据测算，如果2007年～2010年间我国能源消费弹性系数平均值不低于0.7，2010年～2020年能源消费弹性系数平均值不低于0.5，2010年一次能源消费总量将达到29亿吨标煤，2020年将达到38亿吨标准煤。报告认为，从目前情况看，能源消费弹性系数还没有降下来，仍保持在1.0左右。如果不加快转变经济发展方式，任由这种趋势发展下去，重复发达国家经济社会发展曾经走过的老路，到2020年，我国一次能源消费需求将超过50亿吨标准煤。

从供给看，无论资源、环境等各方面都将面临难以克服的困难。据有关方面预测，按目前探明储量和资源开采利用能力，世界平均资源可用年限，煤炭约230年、石油约45年、天然气约61年；而我国资源人均拥有量远低于世界平均水平，上述资源可开采年限，分别只有80、15和30年。另一方面，由于大量不合理开采利用煤炭和发展高耗能产业（煤炭大多未经洗选直接燃烧），环境污染、水污染也到了难以容忍的程度。

应进一步加大国内能源资源勘探开发力度，确保能源供应立足国内。今后我国的能源政策仍然要坚持煤为基础。要发展大型火电，优化火电生产结构，发展煤炭液化、气化，鼓励瓦斯抽采利用，高效清洁地开发利用煤炭资源。同时要稳定增加原油产量，提高天然气产量。要发挥中央和地方两个积极性，加快水电建设。与此同时，要调整能源的生产和消费结构，加快核能及太阳能、风能、生物质能等新能源和可再生能源的发展。

二、电网消费需求分析预测

2009年4月，我国各大区域电网月度用电水平同比和环比均出现一定的下滑。分地区看，同比降幅依次为：华中0.27%、华东1.41%、南方4.04%、西北6.33%、华北7.38%和东北8.53%。与3月份相比，除西北外，各区域电网统调用电量同比降幅均有所增加，华中、华东从正增长变为负增长。

工业产品需求不足是4月份用电量下降的主要原因。经过了一季度的地方优惠电价刺激，用电量下降幅度再度扩大，意味着市场需求仍不足。因此，如果期望用电量在下半年恢复，宏观调控须加大对产业刺激的投入。不过，5月份开始全国大部分省份逐渐步入夏季，空调等高耗电家电将开始运转，预计5月份的数据会比4月份数据好看一些。

发电企业已经开始进入迎峰度夏的准备期。然而，电煤消耗相比生产依旧为负数，截至5月5日，全国电煤平均库存达到3035万吨，可用17天，在一些传统的电煤紧张省份库存用量更是冲破20天。

留意到，进入5月以来，四川电网经营区域日均用电量与上年同期基本持平，约为2.5亿千瓦时，地震灾害对电网负荷和用电量的影响因素已基本消除。

第五章 电网行业发展战略探讨

第一节 电网行业发展战略

突破能源瓶颈的新思路

加快发展生物质能，是构筑稳定、经济、清洁、安全能源供应体系，突破经济社会发展资源环境制约的重要途径。国家电网公司在建设和运营好国家电网的同时，积极推动我国生物质能的开发利用，为我国构筑新的能源供应体系作出不懈努力。

到2010年，国家电网公司预计建成大约200

万千瓦生物质发电能力，约占中国生物质发电能力的55%，届时每年可减少二氧化碳排放量约1200万吨。

虽然生物能源前景乐观，但面对可持续的能源供应，刘振亚的语气中还是流露出紧迫感。他说，必须树立全球视野。国家电网公司将结合我国经济社会发展及能源资源禀赋现状，提出从国家能源发展战略和全球资源配置的高度谋划电网发展，积极开展跨国能源资源合作。中国国家电网公司已与菲律宾当地合作伙伴组成联合体，成功获得菲律宾国家输电网特许经营权，并于2009年1月15日正式运营。

在我国全面建设小康社会的关键时期，能源瓶颈制约逐渐明显，必须树立全球配置资源的战略思维，积极开发利用境外资源。优先、合理、经济地利用周边国家煤炭和水力资源，从国外大规模购进电力，具有更强的现实性和可操作性。开展跨国电力合作有利于引进清洁的电力资源，优化我国终端能源消费结构，对我国能源供应进行有效补充；有利于缓解国内能源开发和环保压力，促进节能减排，服务资源节约型和环境友好型社会建设；有利于与周边国家实现互利共赢、和谐发展，符合国家和民族的长远利益。国际化战略已经成为国家电网公司发展战略的重要组成部分。

危中寻机谋突围

2008年受国内外经济形势影响，国家电网公司出现售电量增幅大幅下滑，经营压力巨大，确保安全稳定面临新的挑战，供电服务和电力调度面临新的要求等问题。但提到2009年，提到应对金融危机，刘振亚满怀信心地告诉记者，在新的一年里，电网发展上要有新突破，在经营管理上要有新举措，在体制机制建设上要有新发展，在科技创新上要有新成果，在队伍建设上要有新水平，我们有战胜危机的信心和能力。

在严峻形势下，国家电网要保持清醒头脑，深刻认识世界经济发展的最新动向和发展趋势，深入分析宏观环境变化对公司发展的直接及潜在影响，积极适应我国能源发展和电力市场环境的新变化，研究制定具有前瞻性、系统性、针对性的发展思路、工作原则和具体措施，尤其要把握好工作的重点、力度和节奏，注重及时性和有效性，强化风险防范，保持信心，做好应对最困难局面的充分准备。

第二节 提升电网行业竞争力的建议

要实现建设“一强三优”现代公司的战略目标，全面提高企业竞争力、提升国家电网品牌形象，执行力是企业战略得以贯彻落实的关键。近年来，电网企业就执行力建设进行了积极的探索和实践，在取得一定效果的同时，也存在一些问题，主要表现在以下几个方面：强调个体，而不强调全局；较多地强调运作，而不强调机制；多强调下级，不强调上级；多强调调配而不强调胜任；强调效率而不强调效能。本文针对电网企业的实际情况，寻找执行力全方位提升的关键点，在此基础上，提出提升执行力的措施以及培育执行文化的方法和打造高效执行企业的实施步骤。

1、企业执行力提升的三大着力点

电力行业是国民经济的基础行业，具有资金和技术的密集性、自然垄断性等特点。国家电网公司提出电网坚强、资产优良、服务优质、业绩优秀的“一强三优”现代公司的发展战略目标，彰显了国家电网的使命。作为覆盖地域广、管理层级多的集团化运作的大型企业，落实战略发展目标，加强执行力建设显得特别重要。

广义上讲，执行力是指通过一套有效的系统、体系、组织、文化或技术操作方法等把决策转化为结果的能力。无论是从国家电网公司这样的大型集团化企业还是从县级基层供电企业来看，企业都可划分成3个层面，即组织层面、部门层面和员工层面。企业执行力是这3个层面执行力的层层传递和集合，取决于组织的整体和谐、部门的行动力、员工素质和胜任力。这3个层面互相关联，企业作为组织为部门创造运作环境，部门为员工创造工作环境；员工为完成部门任务贡献力量，部门为完成组织目标贡献力量。因此，提升企业执行力的着力点必须放在企业的组织层面、部门层面和员工层面上，这3个层面缺一不可。

2、企业组织层面的执行力动力要素分析

一个企业运作时，如果文化与战略不匹配，流程结构与战略不匹配，制度与文化不匹配，即使基层员工认真工作，但企业的运转还不可能高效。因此，战略、文化、流程、制度等之间的和谐，是构建组织层面执行力的重要内容。

组织层面执行力的相关要素主要包括：企业环境、发展战略、企业文化、管理机制、流程结构和部门状况6个维度。其中，根据对执行力的影响，可细分为组织执行的拉力、推力和阻力。组织层面的执行力动力要素如表所示。

图表81、组织层面的执行力动力要素

相关因素	组织执行拉力	组织执行推力	组织执行阻力
企业环境	外部竞争因素、政府要求、客户要求	政府支持 上级支持	社会落后文化沉淀
发展战略	目标、愿景		
企业文化	先进文化理念	优秀行为习惯	企业落后文化沉淀
管理机制		制度和谐、绩效管理	制度设计滞后
流程结构		结构和谐、 流程优化、部门协作	沟通管道不畅 协作性差
部门状况		部门适应力 （学习力）	部门滞后惯性

资料来源：国家电网

根据组织动力学原理，组织执行力＝组织执行拉力＋组织执行推力－组织执行阻力。要提升组织的执行力，就必须加大拉力，强化推力，削弱阻力。

目前，在抓组织层面的执行力建设时，电网基层企业还存在一些不足之处，主要表现在：

(1)基层电网企业文化建设与国家电网公司企业文化的对接不到位；

(2)忽视了组织结构固有的一些特性，很多基层企业都采用直线职能制的组织结构，对职能部门之间沟通不畅的问题，没有采取相应的方法加以改进，容易形成部门本位主义；

(3)制度设计滞后，制度之间存在冲突，增大了协调成本。

这些问题的存在，使得企业组织层面形成了会议多、协调多等情况，这是企业执行力提高的最大障碍。

对企业领导者而言，抓执行力建设，关键是抓发展战略实施以及企业文化、管理机制和流程的建设，使本企业的战略目标设定是科学的，企业文化是协调的，制度设计是合理的，激励督导机制是有效和到位的，部门设置是合理的，工作流程是优化的，形成核心团队等。

3、企业部门层面的执行力动力要素分析

一个部门运作时，如果部门目标与企业战略对接不好，员工任务不明确，内部成员不协作，就很难完成企业交给部门的任务。因此，营造一种氛围，让部门内的人员相互配合共同完成部门任务是构建部门层面执行力的框架。

部门层面执行力的相关要素主要包括：部门环境、部门目标、部门文化、管理机制、员工状况等5个维度，也可以细分为部门执行拉力、部门执行推力和部门执行阻力。

目前，基层电网企业在抓部门层面执行力建设时也存在一些薄弱环节，主要表现在：

(1) 忽视将部门目标向员工分解，员工个人目标不清晰；

(2) 不注重团队文化的建设，协作互补的氛围有待加强，内部没有形成合力；

(3) 培训的力度不够，员工个体的能力难以提升，部门的整体能力也受到限制。

中层管理者是企业执行力的关键部位，部门执行力强弱的具体表现为：分解目标是不是清晰、标杆设定是不是合理、价值理念是不是先进、责任意识是不是强烈、制度落实是不是到位、领导督促是不是有力、员工培训是不是到位。

图表 82、企业部门层面的执行力动力要素

相关因素	部门执行拉力	部门执行推力	部门执行阻力
部门环境	企业环境 公司文化	上级支持、企业制度、其他部门支持	滞后的企业文化 部门之间的摩擦
部门目标	分晰目标、部门愿景	工作标杆	
部门文化	先进价值观		滞后的部门习惯
管理机制		团队管理 相关制度	各自为政 制度落实不到位
员工状况		满意度 胜任力	胜任力不强 不良的习惯

资料来源：国家电网

作为中层管理者，带领团队成员按时、按质、按量完成部门任务是提升部门执行力的关键。在带团队的过程中一定要注意以下几点：建立明晰的目标并帮助员工理解组织目标；培养一种执行氛围，鼓励员工相互信任、坦诚地交流，共享与工作有关的信息；听取员工的意见并尽力发现其闪光点；让员工在更大程度上承担责任和进行自我引导；把处理问题当作学习的机会，而不是仅仅责备员工；对员工保持高度的期望，并在他们实现目标的过程中为他们提供支持和鼓励；对员工的良好表现进行认可。

4、企业员工层面的执行力动力要素分析

员工是企业执行的终端。员工执行力的框架是：胜任本职工作，积极主动保质保量完成个人工作，配合他人，共同完成部门任务。

员工层面执行力的相关要素主要包括：所处环境、个人目标、心智定位、协作精神、胜任能力、工作习惯 6 个维度，如表所示。

几年来，电网企业在抓个人执行力方面做了大量的工作，也取得了一定的成效。目前还有待加强的主要有以下几个方面：

(1) 加强学习、培训，提升业务能力和对工作的胜任力；

(2) 培养良好的工作习惯，遵守规程，强化标准化作业，实现精细化管理；

(3) 尽快摒弃创新意识不足、安逸感强、惰性大、危机意识弱等国有企业员工常见的毛病，用国家电网公司的企业精神作动力，努力超越，追求卓越，形成与企业共成长，与企业共发展的积极进取的心智模式。

员工执行力强弱的具体表现为：个人目标是否清晰、心智定位是否积极、协作意识是否强烈、本职工作是否胜任、职业习惯是否形成。

提升员工执行力，就是解决员工想不想做、

图表 83、员工层面的执行力动力要素

相关因素	员工执行拉力	员工执行推力	员工执行阻力
所处环境	部门环境、公司先进文化、部门先进文化	上级支持 制度奖惩	
个人目标	分晰目标	工作标杆	
部心理定位	进取、超越		惰性、守成
博作精神		同事支持协作	同事之间摩擦
胜任能力		会做	不会做
工作习惯		精细、守时	毛糙、拖沓

资料来源：国家电网

会不会做、有没有好的习惯等 3 个问题。企业可通过培训引导员工树立正确的职业观念；通过职业生涯设计坚定员工的进取信念；通过现场培训训练员工的职业能力；通过制度遵守培养员工的职业习惯。

5、培育优秀的执行文化

“努力超越、追求卓越”的企业精神和“以人为本、忠诚企业、奉献社会”的企业理念，是国家电网公司企业文化的基本内涵，也是各基层单位构建企业执行力文化的指南。执行力文化建设不能把理念停留在口头上，只有在日常管理中不断将理念融入员工的思想和行为之中，使之形成氛围，使员工形成自觉的行为习惯，才可能培育出优秀的执行力文化。

电网企业执行文化的优秀沉淀可以带来良好效果。2008 年初抗冰保网的战斗，充分展示了电网企业员工的使命感、责任感、协作精神和执行力，赢得了民众的赞誉，树立了良好的社会形象，这是电网企业抓执行力建设的成效。

在执行文化建设中，要想让文化真正地得以贯彻落实，关键是企业领导的率先垂范，只要坚持反复抓、抓反复、抓推进、抓提高，就能使执行力文化变为每位员工思维习惯和行为习惯。

6、打造高效执行力的实施重点

综上所述，执行力的提升与多个要素有关，是一个系统工程，要构建企业的执行力体系，必须分层次推进、逐步实施才能见实效，要抓住电网企业执行力建设推进的几项重点工作：其一是找到企业存在的理由，找到企业与服务客户的对接点；其二是在组织层面构建和谐的执行规则；其三是在部门层面营造执行氛围；其四是企业执行力建设的终极目标，塑造执行文化，让执行成为所有员工的自觉行为。

执行力是形成企业核心竞争力的关键，国家电网公司已经制定了企业的战略目标。国家电网“努力超越、追求卓越”的企业精神是电网企业各层面执行力建设的航标，管理和谐与员工快乐是每位管理者追求的管理愿景。只要持之以恒，就一定能在企业执行力建设中产生积极的效应。

第三节 国外先进经验对我国的借鉴

当前，国际原油价格不断攀升，国内原材料价格和劳动力成本上涨，导致工业企业生产成本增加较大，利润受到极大的挤压，此外，国家信贷紧缩政策也给企业投融资提出了难题。同时，受美国次贷危机影响，全球经济发展显著放缓，外需的疲软也极大阻碍了企业利润的获取。

根据中国网权威机构统计，二季度，我国电力行业的景气指数为98.75点（2001年为100），比上季度下降了1.89点。这是由于构成电力行业景气指数的利润总额、税金总额、从业人员、发电量以及价格指数这5个指标不同程度地出现了下降。由此可见，电力行业在新的发展时期同样面临着极大的压力和挑战。

在这样的大背景之下，企业要应对新时期出现的新挑战，就要凭借自身的优势在竞争日趋激烈的市场中屡屡取胜，才能实现又好又快的发展目标。实践证明，核心竞争力就是我们在市场博弈中超越对手的一大法宝。

企业核心竞争力是企业获取持续竞争优势的来源和基础。企业欲在经济全球化大潮中立于不败之地，最有效也最关键的因素就是要提升一流的企业核心竞争力。

提升核心竞争力要以技术创新为先导

创新是现代企业获得持续竞争力的源泉，是企业发展战略的核心。企业要想在日趋激烈的市场竞争中占有一席之地，必须从知识经济的要求出发，从市场环境的变化出发，不断进行技术、管理、制度、市场、战略等诸多方面的创新，其中又以技术创新为先导。只有源源不断的技术创新成果涌现，企业不断向市场推出新产品，才能提高产品的市场竞争力和市场占有率；只有不断提高产品的知识含量和科技含量，企业才能在改进生产技术、降低成本和提高劳动效率等方面取得成效；只有掌握更多超前的或具有自主知识产权的核心技术，不断扩大经济总量，提高经济增长质量，延伸产品链，才能实现我们电力工业的可持续发展。回头去看今年年初南方遭遇百年不遇的那场冰雪灾害，如果电力企业能较早地研发出享有自有知识产权的电力线路融冰技术并加以推广，就能根除电网线路结冰、铁塔压断、电网系统大面积瘫痪等问题，就能有效抗击自然灾害，减少危害损失。

纵观挺进世界500强的企业，他们都设有专门的研发机构，在高度重视技术创新中，不间断地加大技术创新投入，以此来增强企业的创新能力。据统计，他们的R&D投入占销售收入的比重平均为5%～10%，大大高于中国企业的平均比重。而我们电力企业依然存在着对技术创新重视不够，对新技术、新产品的研发投入力度不大，机构不完善等问题，致使企业自主创新能力与当前的改革发展形势不相适应。

值得欣慰的是，一批有远见的企业已经开始重视技术创新，不断加大对技术创新的投入，并已初见成效。海尔集团就是很好的典范之一。海尔将自主创新和市场全球化目标结合起来，逐步建立和完善了面向世界的技术创新体系。他们在无氟节能多元替代电冰箱技术上的突破，可以视为在技术创新上取得的完美成果。我局现在推行的ERP企业资源管理系统就是在管理创新的一个良好开端，也是我们技术创新步伐正在加速的一个标志。

提升核心竞争力要以信息化建设为己任

加强企业信息化建设，可以强化企业财务管理，促进管理创新，为企业带来巨大的经济效益。

全球最大的商业零售商沃尔玛就是一个主动型信息化的典型。1969年它开始使用计算机进行货物配送管理。20世纪80年代初，沃尔玛又发射了一颗企业自己的人造卫星，用于企业信息系统的管理。卫星系统对在路上每辆货物配送车上拉的货物都监控的一清二楚。在美国《财富》杂志公布的世界500强（按营业额排序）排行榜上，沃尔玛于2001年、2002年连续两年高居榜首。在我国，也有许多主动型信息化的企业都取得了快速的发展和成功，获得了巨大的经济效益。2000年联想集团实现利润8亿多元，一半以上是企业信息化带来的：实现信息化以后。存货周转天数从72天降为22天，年降低成本1.2亿元；产品积压损失从2%降到0.19%，年降低成本3.62亿元；应收账款周转天数从28天降到14天，年降低成本4700万元；坏账占总收入的比例从0.3%降到0.05%，年降低成本5000万元。这几项加起来，年节约费用6亿元，效益相当可观。

国内企业的信息建设和应用水平虽然取得了一些成就，但与西方发达国家相比，信息化建设还存在着很大差距。我们电力企业的管理软件的应用大多还处在财务系统、人力管理系统以及简单的OA系统等单个管理信息化系统的应用层面。当前，电力行业改变了过去的垄断经营，形成了全国仅两个电网公司、五家发电公司的新格局。跨越历史的体制变革，也为我们的信息化建设迎来了一个新的春天。例如财税库银横向联网的引入：过去我们要专门到税务大厅办理税收申报、缴款，频繁往返于税务和银行之间。受时间和空间的限制，财务工作效率低，增加了缴税成本。现在我们通过电子信息传递就能实现信息共享，实时纳税，并通过网上申报、邮寄申报、电话申报等多种方式进行纳税申报和缴款。

提升核心竞争力要以争创名牌为手段

市场经济、市场主体之间的竞争就是品牌的竞争。品牌作为高品质、高文化的象征，具有巨大的经济价值，是一个企业永恒的竞争力。每当我们听到“光明工程，情系万家”，“95598电力光明服务热线”无一不是对企业形象树立起到良好作用，但电力企业形象在品牌的推广上存在许多问题。我认为创建品牌应从以下几个方面入手：

一、进行成功的CIS导入设计。通过企业规范管理，调动每个员工的主观能动性，使企业各职能的经营能有效运作。通过社会公众对企业的认同和关注，树立良好的企业形象。近年来国家五大发电企国家电网、南方电网都建立自己的企业标识，使顾客耳目一新。这样为今后的发展奠定了稳定的视觉形象。

二、注重产品质量和服务质量外延。产品质量是企业生存和发展的生命线，也是品牌价值的基石。品牌不应只反映产品的特性或功能，更重要的在于要赋予产品一种与众不同的思想，从而引起共鸣，实现相互间的沟通，最终作为可信赖的印象沉淀在消费者的心目中。

没有好的产品质量，企业的成功只能是昙花一现，不会有持久的生命力。长期以来，电力企业不重视服务质量，供电企业被人们称为“电老大”，这与电力企业滞后的质量观念和质量管理体制不无关系。注重产品质量和服务质量外延对正处于品牌经营阶段的电力企业来说显得尤为重要。

三、取得有关国际标准认证，在国际市场上，不少工程项目的招标、物资采购和贸易谈判都日益要取得ISO9000标准和ISO14000认证为前提条件。例如，供电企业要在国外建设变电站，进行国际投标，取得国际标准认证就是企业是否能够中标的前提条件。因为取得国际认证就取得了进军国际市场的“通行证”。1992年，海尔在全国家电行业率先通过了ISO9001认证。1996年8月，海尔冰箱又通过了ISO14001环保认证。在过去的近20年中，海尔先后通过了美国UL、德国VDE和GS、加拿大CSA和EEV、澳大利亚SAA、中东SSA、欧盟TUV和CE、日本S—Mark等十几项认证，取得了进军国际市场的“通行证”，在国际市场上有了相当高的知名度和美誉度。

四、进行成功的品牌宣传。享誉世界的名牌，无一例外都具有成功的品牌宣传。中国企业中也不乏成功的品牌宣传的案例，海尔通过“砸冰箱”等典型案例以及“海尔，真诚到永远”等广告的宣传使“海尔”拥有了较高的知名度、美誉度和信赖度，在消费者心目中树立了良好的品牌形象。近年来，电力企业积极履行社会责任，在今年的汶川大地震、抗冰抢险等抗击自然灾害中做出了可圈可点的贡献，有力改善了过去社会上对电力企业的偏见，这些都对我们树立品牌形象起到了很大推动作用。

第五，保持独特的个性魅力。名牌是一种富含品质、文化形象与承诺的品牌，它具有独特的个性魅力。个性魅力代表了一个品牌核心的且不具有时间性的要素，是品牌价值的灵魂。例如，摩托罗拉的“飞越无限”，带给消费者的是随时随地的通讯方便和自由感，不受时间和地点的约束。全力维护和宣扬品牌的核心价值以保持独特的个性魅力，已成为许多国际一流品牌的共识。

提升核心竞争力要以企业文化为支撑

企业文化是企业全体员工所共有的价值体系，它在很大程度上决定了员工的看法及其对环境的反应模式。约翰？科特和詹姆斯？赫斯特在《企业文化与经营业绩》一书中明确地指出："企业文化在下一个10年中将成为企业兴衰的关键因素。"不仅如此，企业文化还能保证企业一般员工积极性和知识系统的充分发挥。

美国学者弗兰西斯说："你能用钱买到一个人的时间，你能用钱买到劳动，但你不能用钱买到热情，你不能用钱买到主动，你不能用钱买到一个人对事业的追求。而这一切，都可以通过企业文化而争取到。"企业文化不仅强化了传统管理的一些功能，而且还具有很多传统管理不能替代的功能，如导向、凝聚、激励、规范等功能，通过这些功能的发挥，可以直接或间接地提升企业核心竞争力。

企业文化是全体员工共同的价值观念，它对全体员工有一种内在的号召力，使员工对企业有一种归属感和认同感，能引导全体员工把个人的目标和理想聚焦在企业的目标和理想上，朝着一个共同的方向努力。企业文化是一种粘合剂，能减少企业内部的摩擦和内耗，形成和谐宽松的人际关系，增强凝聚力和向心力，使全体员工团结一心，把精力花在企业的生产经营发展上。对企业发展至关重要的团队精神就是企业文化凝聚功能的一种很好的表现形式。

企业文化可以增强企业员工的荣誉感和责任感，自觉维护企业的声誉，努力工作。企业文化中的价值观念、道德规范、约定俗成的行为准则，能约束企业职工的言谈举止，从而保证企业健康、稳定地向前发展。电力企业员工工资高，企业福利待遇好，员工对企业有一种很强的归属感和认同感。但是，我们少数电力员工大局意识不强，不能很好地把个人目标和理想聚焦在企业的目标和理想上来，没有形成在企业的发展中实现个人理想和个人价值的信念，致使企业的向心力、凝聚力受到影响。企业文化的激励功能，也有暗箱操作，和现代企业倡导的公平、公开、公正原则格格不入，规章制度、道德规范、约定俗成的准则也没有很好执行，影响了企业的健康发展。

总之，电力企业体制的改革已经来临，实施厂网分离，重组发电和电网企业实行竞争上网建立电力市场运行规则和政府监管体系，初步建立竞争、开放的区域电力市场。这样巨大的变革，对任何电力企业来说，无论是观念、管理、模式等将发生巨大的变化。电力企业要继续解放思想，坚持科学发展观，以人为本，努力建设资源节约型、环境友好型企业，精心提升一流的核心竞争力，将战胜当前压力和困难作为衡量企业整体水平的一个考验，将全体员工的思维统一到促进企业改革和发展的行动上来，认清形势，充满信心，创新思维，迎接挑战，为实现可持续发展和又好又快的发展目标奠定坚实的基础。

第四节 企业经营管理策略

以南方电网为例介绍：

中国南方电网是率先进行智力资本运作与扩张实践的中央企业，整合、融合与动态调适使这家年轻的国企迅速跻身世界五百强

2006年以来，南方电网在智力资本管理上进行了许多有益的探索。2007年，又针对智力资本运作与扩张会同外部咨询机构进行了专题研究。现在，依靠智力资本来做强做优，依托员工从肢体企业打造头脑企业，已经成为南方电网的共识。党组书记、董事长袁懋振指出，"南方电网是一个技术密集型企业，没有智力资本的运作和扩张是不行的。另外，许多企业只重视资本的运作和扩张，只注重把这个企业如何做大，但是怎么做强做优，就考虑得少一点。我想资本的运作是做强做大企业的手段，而智力资本的运作是做强做优企业的一个重要手段。"

2007年，中国南方电网有限公司位列中央企业第7位，世界500强企业第237位。南方电网的做法与经验得到中央有关领导的批示；2006年12月，国资委、人事部组织调研组赴公司进行专

题调研；2007 年 4 月，国资委、人事部组织中央媒体采访团对南方电网进行了专题联合采访。

南方电网的整体价值发现与智力资本价值链确立

物理的电网是南方电网为客户提供持续性服务的平台。通过对智力资本和企业可持续发展的再认识，南方电网的管理者与咨询公司敏锐地意识到，南方电网的价值不仅限于电网带来的价值，必须重新审视南方电网的整体价值。因此，几项隐含的价值被挖掘出来：一是人力资本激活和资源附加值提高带来的价值：对部分休眠的人力资本激活，其价值潜力得到体现；通过有效配置，资源在用途、与智力资本结合等方面的变化，导致附加值的提高。二是提供相关的技术服务获取价值：利用智力资本优势开展技术服务、技术咨询、技术合作；利用有形的物理电网提供增值性服务，如信息服务、能效服务、一体化金融服务，等。三是优势能力的商业化带来的价值：现有的智力资本如超导电缆、数字化电站建设、模拟仿真等，已完全可以通过专利许可，技术转让作为独立的产品与服务获得价值，释放价值潜力。这样才形成南方电网的整体价值，假设原来是 1，那么通过智力资本运作与扩张，整体价值变为 1 ＋ 1 ＋ 1 ＋ 1。

图表 84、南方电网企业价值的挖掘与完善

资料来源：南方电网

南方电网智力资本价值链是南方电网的智力资本要素实现价值最大化的过程。粗略地分，它包括能力分析、能力提升与价值实现三个主要环节：

图表 85、南方电网智力资本价值链

资料来源：南方电网

中国南方电网是率先进行智力资本运作与扩张实践的中央企业，整合、融合与动态调适使这家年轻的国企迅速跻身世界五百强

2006 年以来，南方电网在智力资本管理上进行了许多有益的探索。2007 年，又针对智力资本运作与扩张会同外部咨询机构进行了专题研究。现在，依靠智力资本来做强做优，依托员工从肢体企业打造头脑企业，已经成为南方电网的共识。党组书记、董事长袁懋振指出，“南方电网是一个技术密集型企业，没有智力资本的运作和扩张是不行的。另外，许多企业只重视资本的运作和扩张，只注重把这个企业如何做大，但是怎么做强做优，就考虑得少一点。我想资本的运作是做强做大企业的手段，而智力资本的运作是做强做优企业的一个重要手段。”

南方电网智力资本运作与扩张的模式

南方电网智力资本运作与扩张模式的建立遵循以下五大总体原则：价值为纲的原则；成长的原则；匹配的原则；目标导向的原则；系统性思考与整合的原则。

通过调研，总结南方电网的智力资本管理模式是：通过战略性人力资本管理基础支持平台、激活与发展平台、创新与价值创造平台等三大平台建设，实现智力资本的运作与扩张，促进南方电网控制力与影响力的持续增强。该模式所覆盖的总体框架有六点：

确立一个理念。即坚持以智为本，确立智力资本是南方电网持续发展的关键因素，发挥智力资本在发展、管理、资源配置、分配等方面的主导作用；坚持员工发展与公司发展相结合，并让员工、客户、合作伙伴、利益相关者分享企业的成长。

把握一个关键节点。即建立胜任特征模型。就是要建立胜任各职位角色的特征要素，并以它为工具来整合智力资本管理，进行动态调适，促进能力与资源的匹配。

建立四大基石。构建薪酬体系、控制执行体系、绩效体系和评价鉴定体系。

实现四大创新。进行思维创新、管理创新、技术创新和服务创新，打造南方电网的品牌价值和控制力。

形成四大机制。建设开发与成长机制、通道与竞争机制、激励与约束机制、共享与整合机制。

南方电网的创造性实践举要

2006年6月，袁懋振在公司领导人员高级研修班结业典礼上首次提出了要重视智力资本运作，搭建起南方电网智力资本扩张的平台。2006年半年工作座谈会上，袁懋振又系统地阐述了智力资本管理的内涵。2007年，与咨询公司合作，南方电网致力于智力资本的运作与扩张，以及控制力、影响力的打造。

人才分类、分层的差异化管理。首先规范职系，对企业组织体系和岗位体系进行优化或重构。按照员工和岗位的特点与专业属性，将岗位序列

图表86、南方电网战略性智力资本管理价值实现机制

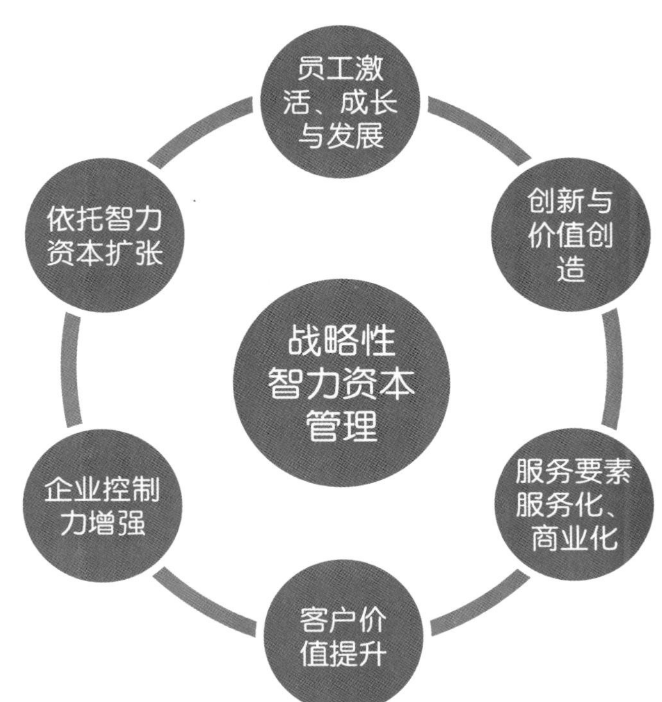

资料来源：南方电网

划分为企业管理、组织管理、专业技术、技能和辅助五个职系，实现岗位分类管理；同时，将每个职系划分为若干个层次和等级，实现岗位分层管理，并据此对人才进行分类、差异化管理，进行针对性选拔、培养、使用，实施全员素质工程。按照职系规范划分的岗位类型和不同特点，建立差异化薪酬体系，薪酬、能力、岗位三者之间保持动态的一致性。

“人才价值本位”代替“官本位”。避免发展通道单一化。各职系通过岗位序列与层次和等级，形成各自的发展通道，重点开辟了专业技术（技能）人员职业发展的“第二通道”，特别是为高层次专业技术人才提供了持续发展的条件，打造了一支梯级、递进的核心专家人才队伍。公司以原有1—15岗的专业技术岗位序列为基础，增设了16—22岗的技术专家岗位序列。最高的22岗技术专家可享受分子公司总经理同等的薪酬待遇。

动态管理，科学配置。职系、岗位、培训、薪酬与发展均实行动态管理。从配置上，重视人才竞争机制的建立，完善动态化人力资源管理体系，克服过去对人员数量配置，而更注重对人员素质、质量和结构配置，科学合理地配置使用各类人才，促进人岗匹配。实施余缺调剂、优化配置，引导智力资本向关键领域流动。

管理职能重组与价值整合。将智力资本的运作和扩张落实到思维创新、技术创新和管理创新。各个部门、分子公司结合实际开展管理创新，如南方电网人事部作为南方电网智力资本运营与扩张的先导，从“权力中心”的角色调整为“服务中心”、“价值中心”，把激活员工、支持员工成长、激发员工的创造性作为人力资本管理的战略目标；研究中心探讨实施更有效的“项目组织型”科研机构的运作模式　以我为主，有效组织网内外、国内外科研资源，推进技术相关研究；还针对公司主管级管理人员自主开发公共必修课程“管理人员制造工场”等190多课程。技术创新硕果累累，持续技术创新能力不断增强，获中国电力科技奖和省级科技进步奖40余项。

一盘棋思维、一体化运作的资源匹配与调配。协调发电、输电、配电各个环节，进行电力电量平衡，余缺平衡，调峰调频发电业务；全系统资源一体化整合，五省区资源配置，建立了完善的省间互补和网间互补交易机制和制度，形成的一体化的发展战略、管理运作机制和内部资源调配秩序；利用跨区输电线路和发电资源，实现网间优势互补、发挥错峰效益和联网效益。南方电网摸索出了东西部地区多赢合作模式：西电东送、调峰错峰、互补协作、合作共赢。

南方电网的能力积淀与控制力增强

依托对智力资本价值的洞察力、立足前沿的战略性思考、脚踏实地的战略目标、匹配战略发展的关键能力要素和以创新为主体的初步智力资本经营平台建设，南方电网思维创新、技术创新、管理创新不断取得突破。

核心能力积淀。南网方略支持下的战略布局与统一资源配置能力，预见与把握能力，电网结构构划、匹配性分析能力，驾驭结构复杂、交直流并联运行、技术含量高、长距离、大容量电网的核心能力，安全、有效、经济、环保的运行保证能力，自主化研究、规划、设计、建设与创新等能力不断得到培育和增强。220千伏及以上保护正确动作率、安稳装置正确动作率、城市供电可靠率和500千伏交流输电线路可用系数4个指标达到了国内领先水平；参与国家重大科学技术攻关与开发、解决电力行业关键与共性技术难题、提高技术集成与装备成套能力等方面的能力受到一致肯定；数字化变电站设计、建设、管理、运行、维护，中国第一组30米高温超导电缆挂网运行，自主化电站设计等自主知识产权为未来价值提供了保证。

业已形成的控制力。对区域、对上下游的锁定：对五省区的上游发电企业、下游客户已经形成锁定。在行业内与相关行业形成影响：在电力电网行业形成了南方电网的特有影响；在相关行业如机械制造、仪表制造、电缆制造等行业也形成了一定的影响力；对协作、合作单位的影响；加之电网业的基础产业地位，客户遍布各行业，对其它行业有很强的辐射力。

纵观中国南方电网近年来在智力资本上的管理探索与变革实践，可以将其归纳为：

“两合”，即整合、融合。加大企业、资源的整合与思维、业务、人员融合力度，促进合力的产生。

“两化”，即一体化、差异化。南方电网一体化运作，东西部一体化，文化、战略一体化。同时，在员工管理上倡导差异化，人才、岗位差异化分类、分层，进行差异化培训，提供差异化薪酬，建设差异化通道。

“两大”，即大教育、大培训。对5类人才分类培训，差别培养，构建起员工终身培训体系。建立和完善员工培训、考核、使用、待遇、职业发展一体化的培训工作机制。

“两略”，即南网方略、南网战略。南网方略是公司的治企章法，是实践经验的总结、提炼和升华。南网战略是指导企业发展的纲领。

“两资本”，即智力资本、人力资本。重视智力资本对南方电网做强做优的基础作用，重点提升员工人力资本。

“两通道”，即管理、技术H型通道。“人才价值本位”代替了“官本位”，由H型单一型人才发展通道而为H型，即人才可以多渠道发展，各职系间“纵向畅通、横向互通”。

“两路径”，即智力资本的运作与扩张。通过运作放大智力资本，提高价值创造能力；通过扩张实现能力的服务化、商业化，获取与实现价值。

第六篇
主要企业分析

第一章 主要企业发展分析

第一节 国家电网

一、企业概况

国家电网公司成立于2002年12月29日，是经国务院同意进行国家授权投资的机构和国家控股公司的试点单位。公司名列2008年《财富》全球企业500强第24位，是全球最大的公用事业企业。

公司是关系国家能源安全和国民经济命脉的国有重要骨干企业，以建设和运营电网为核心业务，承担着为经济社会发展提供安全、经济、清洁、可持续的电力供应的基本使命，经营区域覆盖26个省（自治区、直辖市），覆盖国土面积的88%，供电人口超过10亿人，管理员工153.7万人。

二、2008—2009年企业经营情况分析

2008年，国家电网公司继续加快电网建设，电网开工和投产规模继续保持较快增长，特高压交流试验示范工程顺利投产。2008年，国家电力市场交易电量持续增长，全年累计完成交易电量2638.90亿千瓦时，同比增加23.89%，比年初计划超额79亿千瓦时。完成发电权交易989.62亿千瓦时，比去年同期增长84.6%，实现节约标煤905.75万吨，减少S02排放26.90万吨。

9月份全国电量增幅出现回升，主要原因一是华东、华中和华南部分地区出现“秋老虎”天气，中下旬气温持续偏高，降温负荷明显增加；二是奥运结束后，因环保、安全等原因停产、限产的企业逐步恢复生产，拉动工业负荷较快增长。从地域情况看，电力电量增长呈现“南高北低”的态势。北方地区受残奥会环保限制、高耗能限产、采矿等行业安全整顿以及降雨较多等因素影响，9月份华北、西北（不含新疆）电网用电量增幅较低，分别为0.8%、4.8%，其中京津唐（−6.8%）、河北南网（−12.1%）、山西（−0.4%）和宁夏（−7.5%）等地区为负增长；华中、华东地区出现了较长时间的高温天气，提升了用电需求，其中华中电网用电量增幅达到了15.0%，用电负荷一度接近夏季高峰，华东电网也达到了12.5%。

11月份，电网进入冬季运行期，公司电网运行平稳。受宏观经济影响，电网负荷水平下降加剧。11月份全国发电量完成2525.78亿千瓦时，同比下降7.13%，日均电量比10月份环比下降2.29%，周末日电量已回落到2006年同期水平。11月份，国家电网统调用电量（含蒙西电网）完成1865.07亿千瓦时，同比下降6.85%；五大区域电网和南方电网全部负增长，全国省级电网只有黑龙江（4.96%）、福建（2.05%）、新疆（9.84）、西藏（3.75%）和海南（13.47%）等五个省级电网统调用电量呈现正增长，山西、内蒙、湖南、四川、甘肃、宁夏、广西、贵州和云南的下降幅度超过15%。

12月份，随着气温的下降，全国用电水平较上月明显增加，但与去年同期相比继续呈现下降趋势。当月全国发电量完成2759.93亿千瓦时，环比增长9.27%，同比下降6.37%。12月份，国家电网统调用电量（含蒙西电网）完成2044.90亿千瓦时，同比下降5.84%；公司经营区域内河北南网、福建和新疆等3个省级电网统调用电量为正增长；山西、内蒙、辽宁、青海、甘肃和宁夏等6个省级电网统调用电量下降幅度超过10%。

三、2008—2009 年企业财务数据分析

图表 87、2004—2008 年国家电网公司主要经济指标

指标 \ 年度	2004	2005	2006	2007	2008
售电量（亿千瓦时）	12891	14646	17097	19742	21235
输电线路长度（公里）*	326215	381764	413219	457104	513903
变电设备容量（万千伏安）**	82290	98338	113779	134270	160848
营业收入（亿元）	5900.6	7127.0	8545.2	10107.3	11556
资产总额（亿元）	11115.4	11697.0	12127.9	13617.5	16462
城市供电可靠率（%）	99.861	99.755	99.839	99.880	99.865
家网供电可靠率（%）	99.010	99.382	99.491	99.541	99.545
线损率（%）	6.95	6.59	6.40	6.29	6.10

*110(66) 千伏及以上输电线路
**110(66) 千伏及以上变电设备

数据来源：国家电网

四、2008—2009 年企业发展最新动态与策略

图表 88、2009 年 2 月公司系统新增生产能力

计量单位：公里，万千伏安，万千瓦

	电源	交流线路			变电容量		
		合计	其中 特高压	其中 500kV	合计	其中 特高压	其中 500kV
合 计	4.0	2343	645	288	2502	600	625
公司总部		645	645		600	600	0
华北电网	0.0	140	0.0		345	0	150
东北电网	0.0	152	0.0		390	0	
华东电网	0.0	451	0.0	42	511	0	175
华中电网		859	0.0	246	655	0	300
西北电网	0.0	96	262	0			0
西藏电力公司	4.0						
新源公司							

数据来源：国家电网

图表 89、2009 年 2 月公司发电量

计算单位：亿千瓦时，%

	当月		累计	
	本年	增长率	本年	增长率
合 计	33.93	-18.38	75.11	-15.94
其中：水电	18.38	-2.23	40.46	-0.02
火电	15.34	-31.85	34.23	-29.38
新能源	0.21	-22.22	0.43	4.88
其中：抽水蓄能机组	4.77	54.87	11.85	65.97
一、网省公司管理电厂	13.79	-16.17	28.95	-16.52
东北电网	2.68	-49.81	6.11	-42.79
华东电网	2.62	-49.90	6.76	-23.96
华中电网	4.40	84.87	7.93	10.60
西北电网	2.84	22.94	5.59	-0.53
西藏电厂	1.25	4.17	2.56	10.34
二、国网新源公司	4.85	52.52	12.04	65.84
三、能源开发公司	15.29	-30.34	34.12	65.84

数据来源：国家电网

图表 90、2009 年 2 月国家电力市场交易电量

计算单位：亿千瓦时，%

	供电量			
	当月		累计	
	本年	增长率	本年	增长率
合计	178.02	22.51	358.87	19.74
一、国网直调小计	73.02	27.61	147.01	33.50
特高压送电	6.92		13.31	
三峡电能消纳	38.35	46.04	76.14	39.02
1、华中	20.45	11.08	40.44	8.36
2、华东	11.48	46.24	22.36	22.36
3、南方	6.42		13.34	577.16
川电送华东				
华中华东互供	1.51	-74.88	3.11	-59.77
东北华北互供	3.80	-28.44	8.29	-6.12
华中送华北				
西北送华中	2.46	1.65	5.16	0.78
阳城送江苏	8.59	-11.81	17.70	-1.56

国网送南方				
二、其他小计	105.00	19.20	211.86	11.74

数据来源：国家电网

图表 91、2009 年 2 月公司供电量

计算单位：亿千瓦时，%

	供电量			
	当月		累计	
	本年	增长率	本年	增长率
合计	1657.43	5.17	2268.47	−4.79
华北电网	454.18	6.12	923.49	−3.78
东北电网	167.35	−1.12	349.42	−5.46
华东电网	499.67	11.73	994.87	−5.80
华中电网	388.98	4.75	795.15	−1.88
西北电网	144.70	−8.57	300.46	−11.15

数据来源：国家电网

五、企业未来发展展望与战略

战略目标：

把国家电网公司建设成为“电网坚强、资产优良、服务优质、业绩优秀”的现代公司（简称“一强三优”）。

战略重点：

电网发展战略：建设以特高压电网为骨干网架、各级电网协调发展的坚强的国家电网，促进大煤电、大水电、大核电、大可再生能源基地集约化开发，实施更大范围内能源资源优化配置（简称“一特四大”电网发展战略）。

科技发展战略：遵循“自主创新、重点跨越、支撑发展、引领未来”的方针，发挥企业在技术创新中的主体作用，把增强自主创新能力作为强化公司科技支撑的关键和推动电网技术升级的中心环节，建设一流人才队伍、实施大科技、创造大成果、培育大产业、实现大推广（简称“一流四大”科技发展战略）。

人才强企战略：牢固树立科学人才观，建立有利于人才培养和优秀人才脱颖而出的激励机制，抓住培养、吸引、使用等关键环节，建立科学的选人用人机制，增加教育培训投入，大力开展全员培训，提高队伍整体素质，培养高水平的经营管理者队伍、管理人才队伍、技术人才队伍和技能人才队伍。大力培养科研学术带头人、积极引进专家型、复合型高水平人才。

国际化战略：通过“引进来”、“走出去”等国际化活动，全面提升公司的技术创新能力、经营管理能力和资源配置能力，增强公司的核心竞争力，建设具有国际知名品牌和国际竞争力的国际一流企业，服务国家能源战略，在引进国外能源资源、参与国际电力和能源合作中发挥重要作用。

战略实施：转变公司发展方式 转变电网发展方式（简称“两个转变”）

“两个转变”就是通过实施集团化运作、集约化发展、精益化管理、标准化建设，实现公司发展方式的转变；通过建设以特高压电网为骨干网架、各级电网协调发展的坚强的国家电网，实现电网发展方式的转变。

工作思路 ：抓发展、抓管理、抓队伍、创一流（简称“三抓一创”）

发展是公司的第一要务，管理是公司发展的永恒主题，人才是公司发展的第一资源，一流是公司发展的前进方向和奋斗目标。抓发展、抓管理、抓队伍、创一流，是建设“一强三优”现代公司必须长期坚持的基本工作思路。

抓发展 以科学发展观为指导，以加快公司发展为目标，建设以特高压电网为骨干网架、各级电网协调发展的现代化国家电网。

抓管理 依法经营企业，严格管理企业，勤俭办企业，健全企业内部管理机制，加快信息化建设，实现公司效率和效益的全面提高。

抓队伍 坚持以人为本，以加强领导班子和干部队伍建设为重点，以作风建设和能力建设为突破口，实施人才强企战略，健全激励约束机制，实现员工与企业共同发展。

创一流 以国际国内先进水平为导向，以同业对标为手段，以内质外形建设为载体，促进公司创新发展，建设世界一流电网，建设国际一流企业。

发展要求：内强素质 外塑形象（简称“内质外形”）

内强素质 对内提高安全素质、质量素质、效益素质、科技素质、队伍素质。

外塑形象 对外塑造认真负责的国企形象、真诚规范的服务形象、严格高效的管理形象、公平诚信的市场形象、团结进取的团队形象。

第二节 东北电网

一、企业概况

东北电网有限公司（简称东电，英文缩写NEG）是在电力市场化改革的大潮中应运而生的，其前身为国家电力公司东北公司，于2003年9月25日组建成为国家电网公司依法出资设立的国有独资有限责任公司。

公司供电区域包括辽宁、吉林、黑龙江、及内蒙古自治区东部三市一盟，电网覆盖面积124万平方公里，供电服务1.15亿人口。目前，公司直接经营管理的500千伏输电线路32条，总长4578公里，总变电容量1527万千伏安；220千伏输电线路46条，总长3092公里，总变电容量246万千伏安；公司拥有辽宁、吉林、黑龙江三省电力公司等全资子公司，赤峰、通辽供电公司和5个超高压局等内部核算单位。公司直属水电厂分布在松花江、鸭绿江流域上，直属水电装机容量为3579MW；其中丰满发电厂是我国最早的大型水电厂，被称为“中国水电的摇篮”；白山发电厂是我国自主设计制造、自主安装运行的大型电站，装有全国第一台300MW水电机组，为大容量水电机组国产化开辟了道路；云峰、太平湾发电厂坐落于中朝界河鸭绿江上，是中朝两国合营电站，隶属于中朝水力发电公司，东北电网公司代为管理，向中朝两国供电。

东北电网以500千伏线路为骨干的网架已经形成，北起呼盟的伊敏，南至大连的南关岭，西自赤峰的元宝山，东达黑龙江的佳木斯、七台河，500千伏主网架覆盖了东北地区的绝大部分电源基地和负荷中心；东北与华北电网实现了跨大区交流联网。

东北电网有限公司是厂网分开的基础上设立的，其主要职责是经营管理东北电网，保证供电安全，规划东北电网发展，培育东北电力市场，管理电力调度交易中心，按市场规则进行电力调度。电网运营已经成为公司的主要核心业务。公司从满足东北地区社会经济发展和人民生活水平提高的需要出发，自觉纳入国家电网公司战略体系，主动融入东北地区经济，积极汇入世界电力发展主流，树立科学的发展观和人才观，不断提高技术水平和管理水平，将努力把东北电网建设成为安全可靠、结构合理、技术先进、管理科学的开放型、现代化的新型区域电网。

图表 92、东北电网示意图

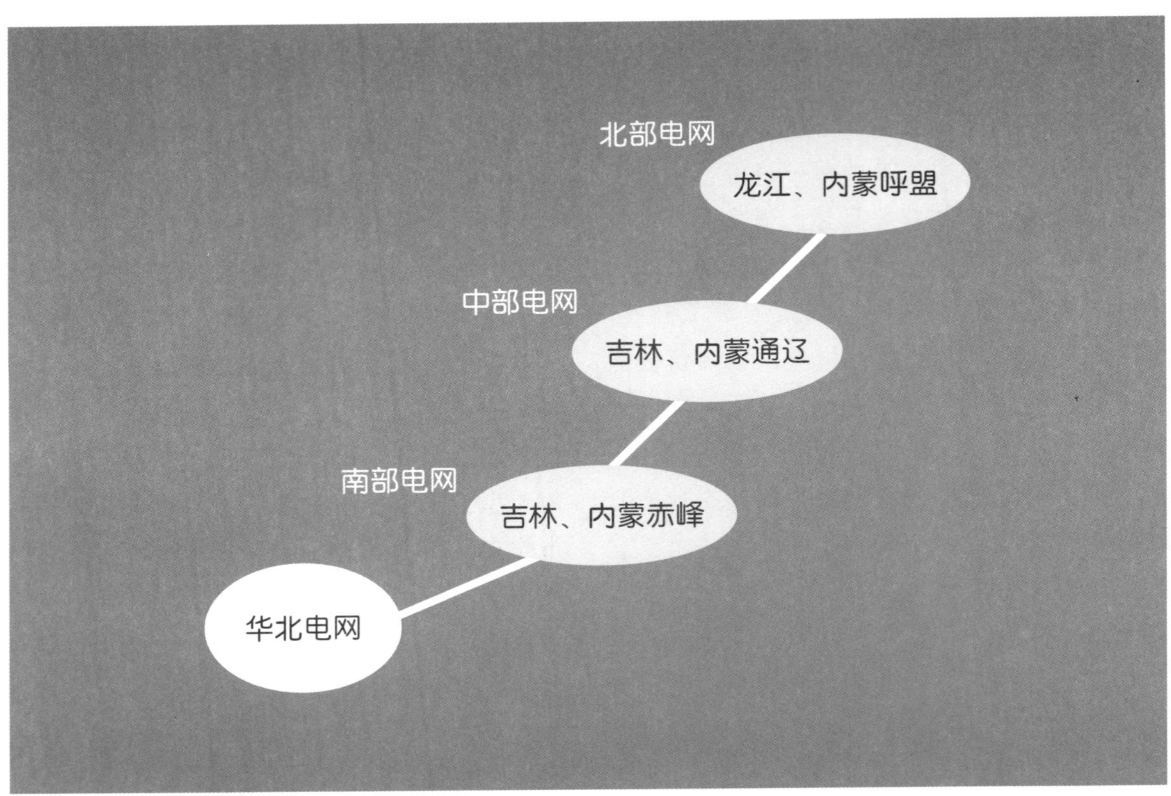

数据来源：东北电网

二、2008–2009 年企业经营情况分析

近年来，东北地区风力发电发展迅速。2004 年底至 2008 年底四年间，东北电网风电装机容量分别为 24 万千瓦、34 万千瓦、85 万千瓦、137 万千瓦、298.3 万千瓦。2008 年，东北电网全网总发电量 2831.37 亿千瓦时，比同期增长 7.44%，全网风电发电量 49.12 亿千瓦时，比同期增加 146.02%，约占总发电量 1.73%。

截至今年 1 月底，东北电网全网已签订并网调度协议的风电容量 549 万千瓦，实际已投运容量 339 万千瓦。目前，风电并网运行容量已接近电网最大发电容量的 10%。据预计，2009 年底全网风电容量将达到 754 万千瓦。

根据国家“十一五”规划纲要战略部署，东北老工业基地作为特殊区域，应发挥带动全国经济社会发展的重要作用，成为我国参与经济全球化的主体区域，而风电的健康、有序发展将为全面建设小康社会宏伟目标发挥重要作用。

东北地区面积广大，风能资源丰富，风电可开发条件较好，风力发电潜力巨大，整个东北地区可开发风电潜能超过 30000 兆瓦。位于内蒙古自治区东部的通辽市和赤峰市，受蒙古冷高压和频繁高原气旋，以及东亚海陆季风和蒙古高原季风影响，风能资源均较为丰富。

风电作为一种可再生能源，对保护生态平衡、减少环境污染、节约矿物能源、缓解供用电矛盾以及为贫困落后地区增加税收具有明显作用。大力发展风电，是调整能源结构、转变经济增长方式、缓解能源供需矛盾的重要战略举措。

资料显示，截至“十二五”末期，东北电网全网风电投产装机容量合计 18179 兆瓦，但从目前开展风电项目可研、前期工作情况来看，2015

年风电装机容量将远超过目前规划容量，有望达到 30000 兆瓦。

三、2008–2009 年企业财务数据分析

“十一五”期间我国将投资 1070 亿元改造东北电网，使 500 千伏线路里程和变电容量分别翻一番。

东北电网是我国最早形成的统一跨省电网，长期以来实行统一规划建设、统一调度和管理模式。目前，东北电网总装机容量超过 4000 万千瓦，形成了南北纵向链型高压送电网络，覆盖面积 120 万平方公里。

由于发电装机容量的年均增长量跟不上经济增长幅度，东北电力供应压力增大，特别是辽宁用电负荷增长迅猛，用电量增幅已持续 4 年超过 10%，今年 7 月辽宁因电力紧张不得不拉闸限电。

东北电网将进一步科学配置东北三省与内蒙古自治区东部的电力资源，并扩大国际能源合作，充分利用国际电力资源。“十一五”期间，东北地区将投产发电容量 1807 万千瓦，到 2010 年全区装机容量预计可达到 6020 万千瓦。

四、2008–2009 年企业发展最新动态与策略

从科研部门研究结果看，东北电网 2010 年风电最多接纳 920 万千瓦，而规划投产装机容量将达到 1320 万千瓦。2010 年末，东北电网预计总装机容量约 9000 万千瓦，最大负荷约 4200 万千瓦。

影响电网风电接纳能力的因素很多，根据已投运的风电场的运行情况以及风电场接入对电网的影响分析，目前电网接纳风电能力的限制因素主要包括：电网的负荷特性、机组的调峰能力、风电场的无功配置及电网接入点电压支撑能力、风电场接入对电网电能质量影响、风电场功率预测精度及风机制造水平、电网的消纳能力等。

在当前经济环境窘迫的条件下，东北电网公司仍加大电网建设力度，以便扭转电网建设滞后于电源建设的被动局面。同时，网架的进一步加强可以增强电网接纳风电等可再生能源的能力，为东北及蒙东地区下一个经济繁荣阶段的可持续电力能源发展提供坚实的物质基础与保证。今年，东北电网计划新建 500 千伏线路 3326.7 千米，新增 500 千伏变电站 14 座；新建投产 220 千伏线路 5579.9 千米，新投入 220 千伏变电站 76 座。

为积极解决风电波动性大及不可控的问题，东北电网已立多项相关科研项目，研究如何解决风能资源随自然气候波动较大及风力发电机出力无法控制的问题。

由于抽水蓄能电站可增强电网的调峰调频能力，为电网更多接纳风电提供基础条件，东北电网公司为此加快抽水蓄能电站的规划建设工作，规划“十二五”、“十三五”新增投产抽水蓄能电站规模将分别达到 1200 兆瓦和 1400 兆瓦。

同时，东北电网公司组织编制了“东北电网风力发电场并网运行调度管理规定”、“赤峰地区风电运行出力调整原则”等管理规定，并正在全力编制“东北电网风电场接入系统导则”和“东北电网风电场运行管理导则”。通过以上各项相关条例、规定的实施，可规范风机入网标准，便于电网调度、管理，从而增强电网接纳风电的能力。

东北电网公司还组织相关设计、科研部门对大规模风电场集中送出技术进行研究，此项技术将对东北电网大规模风电送出系统的安全、稳定运行将起到技术支撑作用。

五、企业未来发展展望与战略

到 2010 年，东北电网的 500 千伏送电线路从目前的不到 5000 千米增加到 11000 多千米，500 千伏变电站 30 多座。到 2020 年，送电线路在白山黑水间跨越的长度将会超过 20000 千米，50 多座变电站镶嵌其间。这是 7 月 15 至 16 日，国家电网公司战略规划部在沈阳召开的国网公司系统第一个电网规划设计评审暨《东北电网“十一五”及 2020 年目标网架规划》评审会勾画的蓝图。

众所周知，东北电网覆盖了黑龙江、吉林、辽宁三省和内蒙古东部地区，全区面积 124 万平

方公里，约占全国的八分之一；全区人口1.1亿，约占全国的十一分之一；全区GDP总量、用电量均占全国的十分之一左右。可是，东北地区能源资源和电力负荷分布却很不均衡，电力负荷集中在沿哈尔滨至大连及沈阳至山海关铁路沿线附近的大中城市，这些地区的负荷占全区总用电负荷的60%左右，是东北电网的主要受端。而电源基地主要分布在内蒙古东部和黑龙江东部。目前东北电网的电力流向是“西电东送，北电南送”的格局。从发展来看，这种格局也不会改变，而且潮流还将越来越大。东北地区电源和负荷分布的特点，决定了东北电网必须坚持统一规划，以实现全区乃至更大范围内资源优化配置。

国家电网公司战略规划部主任梅宗华在会议上指出：东北电网500千伏输变电工程起步早，曾经建设了国内第一批使用国产设备的500千伏变电所。国家确定的振兴东北老工业基地发展战略，又给东北电网的发展带来了机遇。这些年，东北电网公司也抓住电力供需相对缓和的时机，集中有限资金，加快了500千伏主网架的建设。2000至2001年其间建成了东北大马路项目；目前正在建设沈大输变电、包东徐输变电、北宁输变电等项目，吉黑省间加强的第三、第四回线以及伊敏送出的冯大哈二回线等项目也准备在近期开工建设。相比负荷增长，东北500千伏电网发展还是比较快的。

专家指出：到2010年，东北电网基本形成西电东送、北电南送的网架结构。黑龙江东部电网北部电源基地向黑龙江中部输电形成双通道三回路，而南部电源基地形成向吉林送电的二回路通道，呼伦贝尔形成直接向辽宁送电的50万直流通道。在黑、吉、辽之间，形成北电南送的双通道四回路。分部在各地的负荷中心都将基本形成双回路环网结构；到2020年，西电东送、北电南送的大通道基本形成。220千伏电网分层运行，即可满足高中低电压三层发展，又可满足受电端电网的要求。

东北电力设计院在会上介绍了《东北电网“十一五”及2020年电网规划设计》报告，中国电科院就《东北2020年目标电网方案安全稳定校核研究》做了专题发言。

东北三省公司在此次东北电网整体规划设计成果基础上，尽快完成本省公司规划设计报告，由东北电网公司及时安排评审工作，以进一步做好东北电网“十一五”规划及2020年远景目标展望报告的编制工作。

第三节 华北电网

一、企业概况

华北电网是由北京、天津、河北省、山西省和内蒙古自治区的西部等供电区的电网组成。1999年底发电装机容量为40716.2MW，年发电量1922.35亿KWh。这个地区煤炭资源丰富，电源以烧煤的火电为主，水力资源贫乏，水电装机占总装机容量不到5%、潘家口和十三陵抽水蓄能电站用的调频、调峰和事故备用。

1984年华北建成第一项500kV大同至房山的输变电工程，之后又建成大同至房山的第二回线路，山西神头至大同、沙岭电厂至昌平、房山至天津以及环北京的昌平、安定、房山的500WV环网，为缓解首都用电紧张情况和加大面电东运能力做出贡献。1995年11月建成为保证首都用电的“9511”工程，包括从内蒙古达拉特旗电厂至丰镇、丰镇至大同、丰镇至沙岭子、神头至太原、河北上安电厂至徐水、天津北郊至南郊的500kV输电线路。到1998年底，已形成神头－大同－北京－天津，蒙西－北京－天津的骨干500kV网架，以及以北京、天津为主的受端网络。

二、2008–2009年企业经营情况分析

华北电网建设又迎来了一个大丰收的好年景：截至11月28日，华北电网有限公司已累计建成输电线路2499千米，安装变压器容量1818万千伏安。至此，华北电网“十一五”发展建设目标即“七横三纵”500千伏骨干输电网架基本

图表 93、华北电网示意图

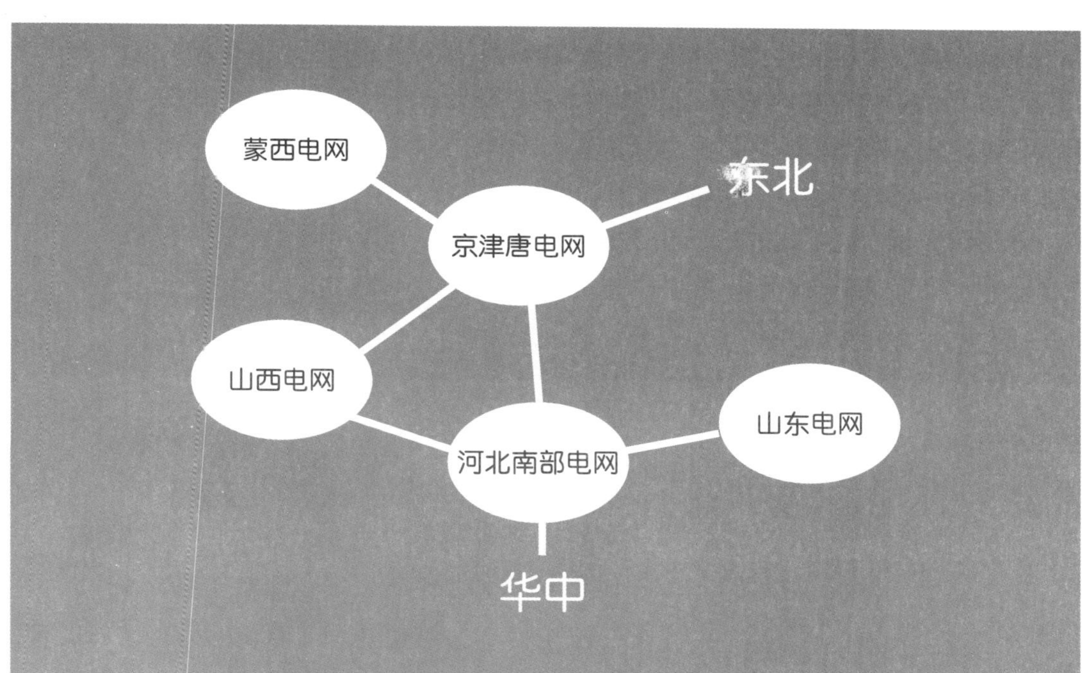

数据来源：华北电网

建成，华北公司在科学发展的轨道上实现了跨越式发展。

目前，华北电网继跨入装机容量和负荷“双过亿”特大型电网之列后，又已建成500千伏京津唐双环网和500千伏京津冀大环网，形成“西电东送、北电南送、南电北送”的多通道、多方向、多落点的电力输送新格局。电网输送能力、抵御事故能力、资源优化配置能力大大增强，通过500千伏主网配置电力已超过总负荷的50%，配置能力达到2100万千瓦。“西电东送”主通道电力潮流已超过1540万千瓦。

牢牢把握历史机遇，践行科学发展观，是华北公司电网建设实现跨越式发展的动力。面对区域经济迅猛增长和电源建设快速发展带来的挑战与机遇，华北公司把科学发展作为第一要务，审时度势，将电网建设推入加速发展的快车道。据统计，在2004年底，华北电网统调装机容量为7440万千瓦，拥有500千伏线路约1.1万千米，变电容量4340万千伏安。经过近三年的发展，现在华北电网装机容量超过1亿千瓦，500千伏线路长度已近1.9万千米，变电容量近8200万千伏安。三年间，华北公司累计直接投资250多亿元，位居国家电网系统网省公司前列。

作为区域电网核心的北京电网，“十一五”期间规划新建500千伏变电站6座，目前已建成城北、通州两座变电站，500千伏电网变电容量已达1565万千伏安，满足抵御电网N—1故障需要，达到世界先进水平，为首都经济社会发展提供了坚强保障。

三、2008—2009年企业财务数据分析

截至2005年10月底，公司总资产2393亿元，净资产860亿元。 到2007年底华北电网将实现装机容量达1.45亿千瓦最大负荷突破1.15亿千瓦，其中山东电网2006年新增装机1263.3万千瓦，发电装机容量达到5005万千瓦，全社会用

电量达到2272亿千瓦时。其中电网统调公用电厂3477万千瓦，地调公用电厂576.7万千瓦，企业自备电厂945.8万千瓦。

四、2008–2009年企业发展最新动态与策略

针对当前国际金融形势动荡、全球经济增长放缓对我国经济运行的影响，华北电网有限公司决定迅即启动一批服务区域经济发展、促进社会进步的投资项目，推出10项加快电网建设和加强优质服务的重大举措。未来2年内该公司将投资340亿元，为华北区域特别是京津冀地区经济平稳较快增长提供强力支撑。

——加强特高压配套工程建设，服务国家能源战略。贯彻落实国家电网公司特高压电网发展战略布局，全力以赴做好特高压电网建设各项协调配合工作，确保即将启动的特高压试验示范工程顺利投产和投产后华北电网安全平稳运行。以特高压电网建设为契机，推进各级电网协调发展，促进大型煤电、风电基地建设，实现更大范围的资源优化配置。

——加强500千伏输电通道建设，提高西电东送能力。西电东送是我国电力行业发展的长远战略，经过多年建设，华北电网西电东送能力已经达到1800万千瓦。未来2年，华北公司将以特高压电网龙头，进一步完善华北电网“七横三纵”500千伏骨干网架，加快电网投资建设步伐，加大西电东送通道建设力度，建成内蒙古电网东送第二通道加装串补工程、山西大至北京房山第三回线工程等，使西电东送能力再提高10%。

——加强受端网架建设，提升负荷中心受电能力。建设坚强的京津冀受端电网是保障华北地区电力安全可靠供应的关键环节。目前，京津唐双环网、京津冀大环网已经基本建成。华北公司将进一步加快受端电网建设步伐，在未来2年建成投产张家口500千伏张南变电站，新建张南至门头沟双回线路和房山至门头沟第二回线路，打开北京500千伏西北环网，提高北京电网供电可靠性。同时，进一步加快天津板桥输变电工程、北疆电厂送出工程、黄骅至板桥双回线路工程等重点项目建设，进一步提高天津电网受电能力，形成联络紧密的京津冀负荷区受端网架。

——加强电网技术改造，提高电网抵御事故能力。以增强抵御自然灾害能力为目标，针对华北地区微地理、微气象特点，开展大规模技术改造升级，积极应用新设备、新技术、新工艺、新材料，不断提高输变电设备防污闪、防冰闪、防鸟害、防风偏和防外力破坏能力，到2010年底220千伏及以上输电线路、变压器和开关类设备全部达到一类设备标准。同时，将110千伏及以上输电设备可用系数提高到99.7%，变压器和断路器可用系数提高到99.9%。以信息化带动生产自动化，促进管理现代化，完善电网全景信息系统，打造进数字化智能电网。

——加大城网建设与改造力度，提高供电可靠性。针对河北北部地区老旧城区电网建设相对滞后的问题，华北公司将重点加大对老旧设备和高耗能设备改造力度，优化10千伏变电容量与上级变电容量之间、10千伏变电容量与10千伏负荷之间比例关系，改善和提升冀北城市用电环境，努力将城市电网供电可靠率提高到99.9%。

——大力实施“新农村、新电力、新服务”农电发展战略，推进地区新农村电气化建设。进一步加大对农村电网的建设改造力度，调整完善冀北地区35千伏电网结构，加大10千伏配网建设与改造，启动水利排灌设施改造工作，完成部分村落低压线路改造，加强业扩报装管理，实施农网节能降损项目，加快农电供电服务网点建设改造。预计到2010年实现冀北地区农网供电可靠率达到99.90%；20%的县（8个）、15%的乡（106个）、15%的村（2497个）达到新农村电气化标准。

——优化简化作业流程，主动服务重点工程项目建设。为了保证政府投资的拉动内需工程项目顺利实施，华北公司将积极跟踪京津冀地区重点工程建设情况，主动了解工程项目的电力需求，并结合华北电网“十一五”、“十二五”发展规划，

积极筹措资金，尽快安排配套电力项目建设。同时，建立重点项目业扩报装"绿色通道"，设立"一对一"服务的客户经理，简化报装手续，缩短报装时间，确保对重点工程项目和中小企业电力及时可靠供应。

——深入实施金牌服务工程，以人为本、服务民生。未来2年，华北公司将以客户反映的热点难点问题为突破口，开展金牌服务工程，提高服务质量，优化服务流程，确保服务效果。进一步加大供电服务营业网点建设，完善营销客户服务信息系统，改进电费交纳方式，提高电力应急抢修能力，推广电力社区服务示范站点建设，探索个性化服务途径，不断满足客户多方位的服务需求，努力塑造国家电网服务品牌。

——加快落实各地电网建设会谈纪要，服务各级政府决策。加快推进国家电网公司与省市政府、华北公司与冀北五市政府签订的"十一五"建设发展会谈纪要的落实，加强政企合作，加强沟通交流，认真履行责任，认真兑现承诺。充分发挥电力"晴雨表"的作用，通过地区电力供需情况、售用电量多少、用电结构变化、单位GDP电耗增减等指标，分析区域经济社会发展的状况、发展的质量，预测发展的趋势，力求为各级政府科学决策提供依据。

——发挥大电网优势，促进节能环保工作。未来2年，华北公司将充分利用华北电网"多通道、多方向、多落点"的特点，发挥大电网的资源优化配置优势，加大跨区、跨省电能交易力度，做好风力发电入网工作，开展"以大代小"替代发电。积极应用京津冀地区火电厂烟气污染物排放信息系统，确保污染物排放不超标，促进国家节能减排政策的深入落实。利用与北京市政管委和燃气集团建立的电力调度和燃气、供热调度工作协调机制，实现北京市电、气、热生产的一体化运作，减少能源浪费，促进"资源节约型、环境友好型"社会建设。

五、企业未来发展展望与战略

华北电网及华北电网公司"十一五"发展的总体目标是：全面落实科学发展观，基本实现电网发展方式和公司发展方式的根本转变；电网输送能力、资源优化配置能力和抵御事故能力显著提高，基本形成华北电网"七横三纵"骨干网架；公司投融资能力、盈利能力、发展能力和创新能力显著提高，基本建成"一强三优"现代公司。

以国家电网公司一届一次职代会暨2006年工作会议精神为指导，会议审议并通过了《华北电网有限公司"十一五"发展规划》及电网发展规划、科技发展规划、信息化发展规划、人力资源规划、企业文化建设规划。据规划描述，到2010年，华北电网公司将拥有500千伏线路1.2万公里，500千伏变电站30座，变电容量5881万千伏安；220千伏线路1.38万公里，变电容量7690万千伏安。华北电网西电东送能力达到2800万千瓦，全网70%电量由500千伏主网架配置。华北主网500千伏容载比达到1.9以上。公司资产总额2000亿元，年售电量2110亿千瓦时，年销售收入890亿元，资产负债率控制在65%以下。线损率降低到7.10%。频率合格率达到100%；综合电压合格率达到99.68%；京津唐电网供电可靠率达到99.99%；客户满意度达到90%；人才密度超过85%，高技能人才比例超过66%，全员培训率超过98%。

"十一五"末，形成500千伏京津唐双环网和京津冀大环网，京津唐电网220千伏容载比达到2.0以上。2008年奥运会前，北京电网形成由昌平－顺义－通州－安定－房山－门头沟－昌平6座变电站构成的500千伏环网，城北、海淀、城南、朝阳等4座500千伏变电站深入城区。500千伏环网可满足N-2，容载比达到2.5，220千伏电网实现分区供电，建成世界一流电网。到2010年，天津电网形成500千伏双环网，220千伏电网初步实现分区供电。

要实现以上"十一五"发展目标，必须以科学发展观为指导，始终把发展作为第一要务，遵循电网发展内在规律、市场经济客观规律和经济社会发展规律，正确处理好电网发展和公司发展的关系，坚持以电网发展带动公司发展，以公司发展保证电网更快更好发展，实现电网发展方式和公司发展方式的根本转变，推动电网发展和公司发展转入科学发展的轨道。为此，提出“十一五”期间在指导思想和工作着力点上必须体现“六个更加注重”，即必须更加注重体制机制创新，增强发展活力；必须更加注重集约化发展和精细化管理，提高发展质量；必须更加注重科技创新，提升发展科技内涵；必须更加注重电力市场建设，创造良好的发展环境；必须更加注重人力资源开发和管理，为发展提供人才支撑；必须更加注重企业文化建设，为公司发展提供坚强保证。

第四节 华中电网

一、企业概况

华中电网有限公司是国家电网公司依据《中华人民共和国公司法》投资设立的国有独资有限责任公司，在国家工商行政管理部门登记注册，具有独立的企业法人资格，其合法权益和经营活动受国家法律保护。董事长是公司的法定代表人。

公司中文全称：华中电网有限公司

英文全称：Central China Grid Company Limited

英文简称：Central China Grid

英文缩写：CCG

主要职责

执行国家法律、法规和产业政策，在国家宏观调控和行业监管下，贯彻和实施国家电网公司发展战略，以市场为导向，依法自主经营。

依法经营、管理公司全部法人财产，对有关企业和参股企业行使出资人权利。对国家电网公司承担相应的资产保值增值责任。

根据国民经济发展规划、国家产业政策、电力工业发展规划、市场需求和国家电网公司战略规划，制定并组织实施公司的发展战略、中长期发展规划、年度计划和重大生产经营决策。负责规划华中电网发展，提出华中地区电力行业发展规划的建议。

在国家电网公司的统一组织下，参与投资、建设和经营华中电网内的有关输变电工程和调峰、调频电源工程。

依法对华中电网实施调度管理，按照统一调度、分级管理的原则，组织和协调华中电网安全、稳定、优质和经济运行。

培育华中电力市场，管理华中电力调度交易中心。参与华中电网和其他电网间的电力电量交易。

优化配置生产要素，组织实施投资活动，对投入产出效果负责。加快技术创新和科技进步，增强市场竞争力，促进公司持续、快速、健康发展。

深化企业改革，加快结构调整，转换经营机制，强化内部管理，妥善做好有关企业重组、精简机构和富裕人员分流与再就业工作。

指导和加强公司有关企业思想政治工作和精神文明建设，塑造国家电网统一品牌，搞好公司的企业文化建设。

承担政府有关部门及国家电网公司委托的其他工作。

经营范围

依法经营公司拥有的全部法人财产。

从事电力输配和购销业务。

从事国家允许的发电业务。

管理华中电力调度交易中心，负责华中电力市场运营，参与华中电网（包括：湖北省、河南省、湖南省、江西省、四川省、重庆市电网，下同）和其他电网间的电力电量交易。

依法对华中电网实施调度管理。

在国家电网公司的统一组织下，参与投资、建设和经营电网内的有关输变电工程和调峰、调频电源工程。

根据国家及其有关部门和国家电网公司的有关规定，从事投融资及相关金融业务。

经国家有关部门批准，在国家电网公司统筹领导下，开展外贸流通经营、国际合作、对外工程承包和对外劳务合作等业务。

从事电力有关的通信、信息、环保及电力科

学研究、技术开发、咨询服务等业务。

经营国家有关部门批准或允许的其他业务。

公司的主要权限

公司可根据自身发展的需要，依照《公司法》及有关规定收取投资收益，用于国有资本的再投入和结构调整。公司在行使此项权利时，应兼顾有关企业的合法权益。

按照有关规定，组织实施全资子公司国有资产的重组、转让、租赁及外部资产的收购、兼并等事宜，对控股或参股企业的上述相同事宜，通过法定程序决定或参与决定。

享有投资决策权。按有关规定管理公司及有关企业的投资项目，并组织实施。

根据有关规定，决定公司内部管理体制和机构设置，决定有关企业的经营方式、分配方式和重大生产经营决策，以及合并、分立、解散等事项。指导和协调有关企业所属的辅助性业务单位和多种经营企业进行调整重组。

公司享有国家电网公司规定的外事审批权。

根据有关规定，经国家有关部门批准，公司享有外贸流通经营权，对外工程承包权和对外劳务合作权。

负责任免和管理所属全资企业的领导成员；负责任免和管理内部核算单位以及公司各部门负责人。按规定程序和出资比例，向控股企业、参股企业委派或更换股东代表，推荐董事会、监事会成员。

根据有关部门的授权，行使电力技术监督和技术管理权。

国家有权机关和国家电网公司授予的其他权限。

二、2008—2009 年企业经营情况分析

图表 94、华中电网示意图

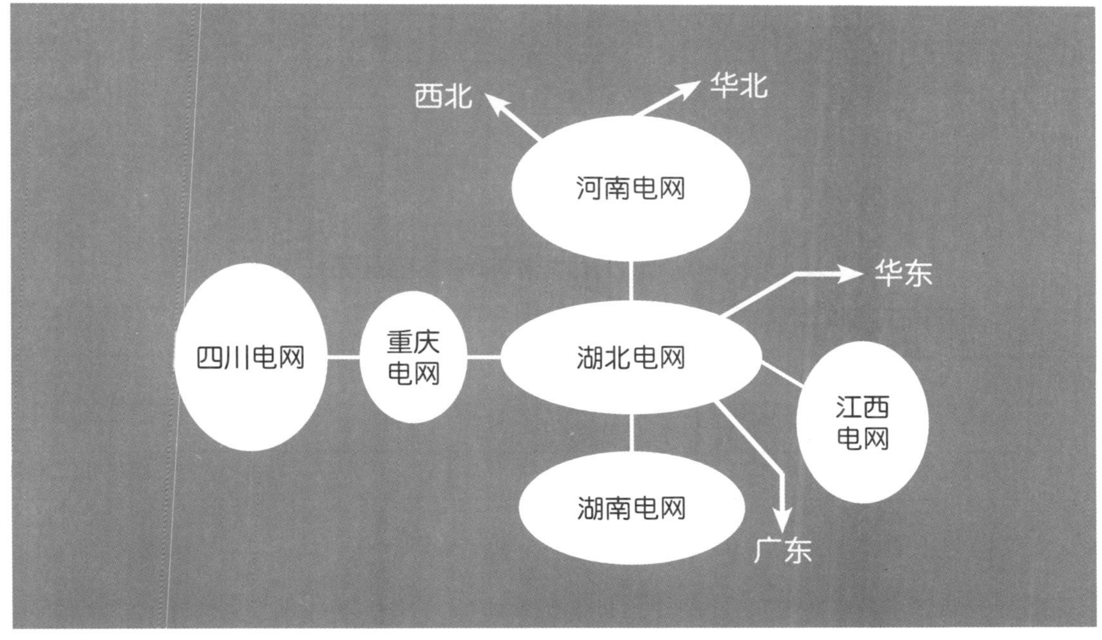

数据来源：华中电网

截止 2008 年，华中电网统调总装机容量为 14393.688 万千瓦（含三峡），其中水电装机容量为 5663.5975 万千瓦（含三峡 1820 万千瓦），占总装机容量的 39.35%；火电装机容量为 8728.73 万千瓦，占总装机容量的 60.64%。

三、2008—2009 年企业财务数据分析

图表 95、2009 年 04 月华中电网发电量完成情况

全网发电量（万千瓦时）	3872931
同比增长（%）	0.01
水电发电量（万千瓦时）	1050331
火电发电量（万千瓦时）	1050331

数据来源：华中电网

图表 96、2009 年 03 月华中电网发电量完成情况

全网发电量（万千瓦时）	4144674
同比增长（%）	1
水电发电量（万千瓦时）	869318
火电发电量（万千瓦时）	3275356

数据来源：华中电网

图表 97、2009 年 02 月华中电网发电量完成情况

全网发电量（万千瓦时）	3527799
同比增长（%）	4
水电发电量（万千瓦时）	730320
火电发电量（万千瓦时）	2797479

数据来源：华中电网

图表 98、2009 年 01 月华中电网发电量完成情况

全网发电量（万千瓦时）	3817058
同比增长（%）	—11
水电发电量（万千瓦时）	800361
火电发电量（万千瓦时）	3016697

数据来源：华中电网

图表 99、2008 年 12 月华中电网发电量完成情况

全网发电量（万千瓦时）	4042819
同比增长（%）	—10
水电发电量（万千瓦时）	720483
火电发电量（万千瓦时）	3322336

数据来源：华中电网

图表 100、2009 年 04 月华中电网最高负荷、月均负荷率

	全网
最高负荷（万千瓦）	7019
月均负荷率（%）	86.45

数据来源：华中电网

图表 101、2008 年 12 月华中电网最高负荷、月均负荷率

	全网
最高负荷（万千瓦）	7763
月均负荷率（%）	81.97

数据来源：华中电网

四、2008—2009 年企业发展最新动态与策略

在市场低迷情况下，华中电网公司进一步加强资源优化配置功能，创新交易，在区域电能交易平台引入发电企业这一新的市场主体，进一步提升了服务发电企业的能力，也为继续推进区域电力市场建设打下了良好的基础。

2008 年 12 月，华中电网未出现往年同期电力供应紧张的局面。在华中各省均保持自我平衡的情况下，华中电网公司首次将河南省内部分单机容量在 60 万千瓦及以上的发电企业引入电能交易平台，按照“自愿参与”原则进行了 2009 年元月的跨省（市）电能交易，成交电量 2.98 亿千瓦时。

五、企业未来发展展望与战略

经过几轮滚动调整，华中电网“十一五”发展规划最终版本已经拿出，不日提交国家电网公司。按照最终规划，“十一五”期间华中电网的发展规模已超过历年总和，可谓再造一个华中电网。

这最后一轮规划调整原则是华中电网公司在华中六省（市）“十一五”电网规划滚动调整的基础上，结合六省（市）用电负荷增长及电源开发建设加快的实际，以进一步加快电网发展、推进“两型”电网建设、促进电力工业节能减排为目标，对华中电网“十一五”规划报告进行的调整，重点对“十一五”期间华中地区的用电需求水平、500 千伏电网建设方案、电网建设投资规模等进行了优化调整。

“十五”末，华中 500 千伏电网存在的主要问题是电网薄弱，而华中电网经过“十一五”初期的快速发展后，华中 500 千伏电网输变电“卡口”现象已基本消除，华中区域省间联络线得到进一步加强，负荷中心地区电网结构明显改善。目前华中 500 千伏电网存在的主要问题已经转移到电网快速发展带来的局部短路电流超标、无功补偿设备不足、500/220 千伏电磁环网普遍存在等问题。

第五节　华东电网

一、企业概况

华东电网有限公司前身是国家电力公司华东公司，按照深化电力体制改革的要求，2003 年 9 月 28 日组建为华东电网有限公司。华东电网有限公司是国家电网公司投资设立的独资有限责任公司，由上海市电力公司、江苏省电力公司、浙江省电力公司、安徽省电力公司、福建省电力有限公司等全资企业和内部核算单位、保留及待转让的发电

企业组成。公司本部设在上海市。

公司经营所拥有的全部资产，并负责管理、规划、建设华东电网这一全国最大的区域电网，在制定发展战略、调整结构、电力市场与交易、电网调度、协调内部利益等方面发挥主导作用，成为区域电网调度交易中心和战略规划、资本运营、科技开发等重大经营活动的决策与管理中心。

华东电网有限公司成立后继续推进投资主体多元化改造，成为国家电网公司控股的有限责任公司或股份有限公司，将建立和完善现代企业制度，进一步促进区域电网发展和建设，促进区域电力市场建设，使资源在更大范围内引进优化配置，以市场为导向，按专业化生产和规模经济的要求，优化结构、降低成本，促进技术进步，增强企业竞争力，提高资源利用率，实现华东电网的可持续发展。

图表 102、华东电网示意图

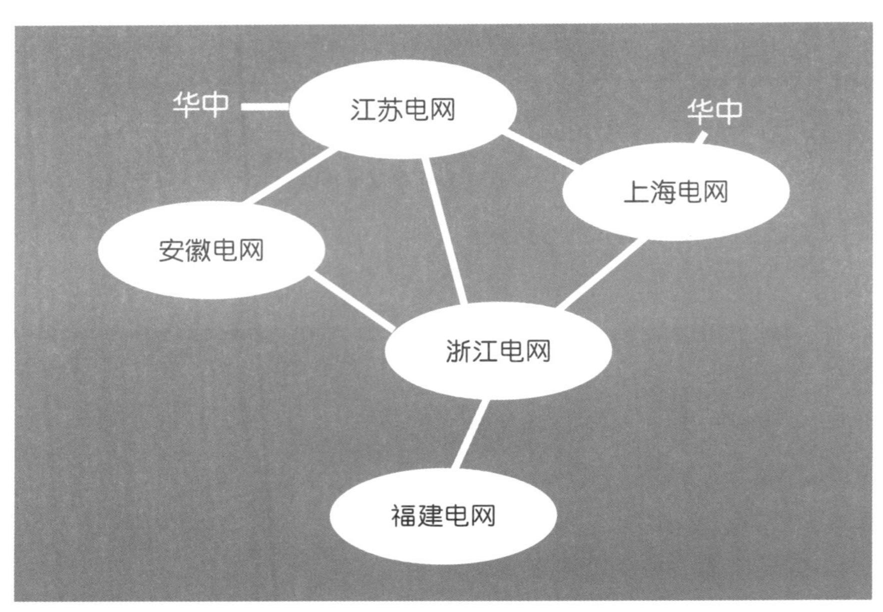

数据来源：华东电网

二、2008–2009 年企业经营情况分析

图表 103、华东电网装机容量

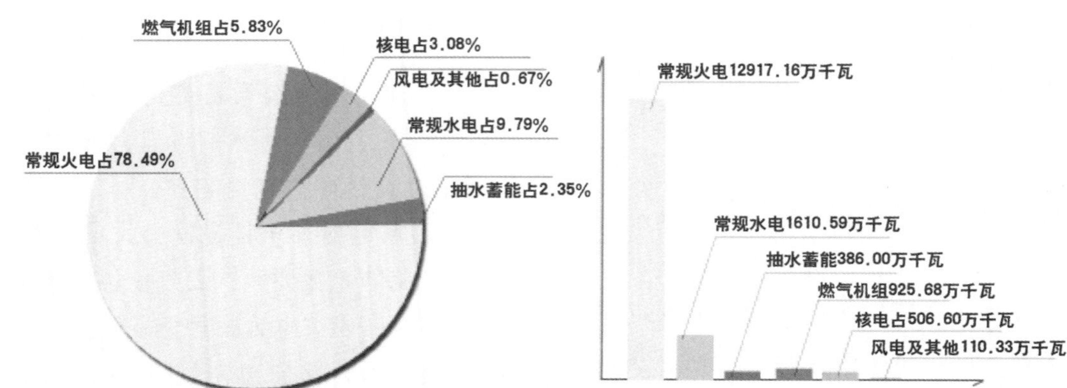

三、2008—2009 年企业财务数据分析

1 月华东电网主网运行总体保持平稳，没有发生稳定破坏和停电事故。本月华东电网发电量 529.07 亿千瓦时，比去年同期减少 18.07%。其中水电发电量 19.86 亿千瓦时，与去年同期相比减少 11.18%。火电发电量 474.95 亿千瓦时，与去年同期相比减少 19.89%。核电发电 32.69 亿千瓦时，与去年同期相比增长 10.48%。风电发电量 1.57 亿千瓦时，与去年同期相比增长 72.18%。

2009 年 4 月华东电网主网运行总体保持平稳，没有发生稳定破坏和停电事故。本月华东电网发电量 584.54 亿千瓦时，与去年同期相比减少 3.21%。其中水电发电量 38.38 亿千瓦时，与去年同期相比减少 15.16%。火电发电量 512.90 亿千瓦时，与去年同期相比增长减少 1.84%。核电发电 31.68 亿千瓦时，与去年同期相比减少 10.6%。风电发电量 1.58 亿千瓦时，与去年同期相比增长 107.8%。

四、2008—2009 年企业发展最新动态与策略

东电网公司在合肥与中电投等六家发电集团签订“皖电东送”年度购售电合同。安徽省副省长黄海嵩，华东电网公司董事长、党组书记、总经理帅军庆出席合同签订仪式并讲话。安徽省电力公司总经理吴平列席。

“皖电东送”是国家能源发展战略的重要组成部分。作为安徽省“861”计划和东向战略的重要内容，“皖电东送”战略自实施以来，国家电网公司持续加大对安徽电网的建设投资力度，加快推进1000千伏淮南－上海特高压工程建设，扩大皖电东送规模；华东电网公司多方协调，积极推动并出台“皖电东送”电能总体消纳方案，加快建设安徽 500 千伏主网架和跨江、跨省输电通道，推进安徽各级电网协调发展，满足两淮煤电基地电能输出需求。

目前，安徽总装机容量 720 万千瓦的 12 台“皖电东送”机组已基本建成投产；安徽电网“十一五”规划中的东、中、西三个 500 千伏通道目标顺利实现，500 千伏过江输电通道增至六回，华东电网的 500 千伏省际联络线路达七回，皖电东送输出能力 750 万千瓦。截至 12 月 23 日，今年以来皖电东送电量已达 272.5 亿千瓦时，取得了明显的经济效益和社会效益。

五、企业未来发展展望与战略

“十五”期间，华东电网区域经济持续高速增长，为适应区域经济社会发展要求，华东电网有限公司坚持“发展是硬道理”，坚持科技是第一生产力，坚持“团结建网”的光荣传统，努力构建坚强的区域电网，基本满足了经济增长和人民群众生活的用电需求。

截至 2005 年年底，华东电网拥有 500 千伏变电站 54 座、变电容量 7607 万千伏安，分别比“九五”末增长 100%、105.4%；500 千伏线路 14553 公里、线路 164 条，分别较“九五”同期增长 136%、167.9%，继续保持全国最大跨省市区域电网的地位。随着全国单机容量最大的上海外高桥电厂 90 万千瓦火电机组投运，华东电网区域以 60 万千瓦及以上大容量、高参数、高自动化的先进发电装备和以现代化 500 千伏输变电系统为标志的发、输、配电网新格局已经形成。

“十五”以来，区域电源建设投资迅猛，近年年投产发电容量均在 2000 万千瓦左右。目前，华东四省一市全社会电力装机容量已达到 10847.4 万千瓦，其中常规水电约占 12.7%、抽水蓄能占 2.12%、火电占 82%、核电占 3.14%，风电、潮汐发电容量约占 0.1%。“十五”期间，网区新装机容量 4166.6 万千瓦，相当于全国前 50 年装机容量的总和。

按照经济合理、适度超前的工作思路，华东电网有限公司积极应对电源建设，重点提高电网系统可靠性，加强区域电网 500 千伏主网架及配套抽水蓄能电站建设的投资力度和工作深度。“十五”期间华东电网在 500 千伏电网建设方面投资共 251.7 亿元，年均投资 50 亿元；共建成

500千伏变电站32座，投运500千伏线路工程107个，累计增加变电容量5518.8万千伏安、线路长度8596公里。除了已经投入运行的天荒坪电站，华东电网区域内目前在建的还有3个大型抽水蓄能电站工程，其中桐柏抽水蓄能电站土建工程已经基本结束，首台机组已进行启动调试；琅琊山抽水蓄能电站土建工程已接近尾声，计划2006年底首台机组投产；宜兴抽水蓄能电站工程开挖、支护工作已经基本结束，首台机组有望提前到2007年9月份投产。

“十五”以来，华东电网各单位积极开展创精品活动，获得可喜成绩。江苏东善桥、车坊、石牌、泰兴及浙江天一变电站荣获国家建筑业鲁班奖。500千伏江阴长江大跨越工程历时四年，以工程合格率、优良率和置信?率均达到100%、未发生任何事故的骄人成绩取得完胜，为华东电网建设树起了又一座丰碑，国家电网公司提议申报国家鲁班奖。扬州二电厂、合肥第二电厂、北仑电厂二期、上海吴泾电厂八期以及浙江长兴电厂四期扩建工程也荣获国家建筑业鲁班奖。

展望“十一五”，华东电网有限公司将按照国家电网公司“一强三优”的战略目标，坚持以市场需要为导向，以经济效益为中心，以安全为基础，以发展为主题，配合国网公司特高压电网建设，进一步加强华东500千伏网架建设，适度超前发展区域电网；按照国家电网投资管理规定，开展电网调峰、调频电厂的建设，实现资源配置优化，建设水火共济、结构合理、技术先进的一流区域电网。

“十一五”期间，华东电网计划投资518亿元，重点建设上海南汇变、世博地下变、阳城二期配套输变电、宁东输变电、杭北输变电、安徽东通道、安徽浙江联络线、福建浙江联络线等13项500千伏输变电工程，计划建设交流500千伏变电容量7000万千伏安，500千伏输电线路10000公里，为十一五规划作出了巨大贡献。特别值得一提的是，按规划，2020年全国将建成四横六纵的特高压交流骨干网架，其中和华东电网直接相关的就有三横二纵。华东电网将借此东风形成交流特高压环网结构，淮南－皖南－浙北－上海1000千伏交流输电工程也成为首批特高压交流工程。

第六节 西北电网

一、企业概况

西北电网有限公司是国家电网公司依据《中华人民共和国公司法》于2003年11月6日在西安投资设立的国有独资有限责任公司。公司是在西北电网（包括：陕西省、甘省、青海省、宁夏回族自治区、新疆维吾尔自治区电网）内国家电网公司所属有关单位的基础上组建的。辖区内发电装机容量2500多万千瓦，年发电量超过1000亿千瓦时。公司注册资本220亿元。公司设立董事会，董事长为公司法定代表人。

公司的中文名称：西北电网有限公司；英文全称：Northwest China Grid Company Limited；英文简称：Northwest Grid，英文缩写：NWG。

二、2008—2009年企业经营情况分析

2009年4月

09年4月份西北电网运行平稳，未发生330千伏及以上主系统的稳定破坏、电网瓦解和大面积停电事故；未发生220千伏及以上枢纽变电站的全站停电事故；各级调度机构均未发生调度责任事故，保障了设备春检及黄河水电大发期间电网的安全稳定运行。

受宏观经济形势滑坡的影响，2009年4月份西北电网及各省（区）用电量同比继续呈现负增长趋势。4月份西北电网（陕、甘、青、宁）最大用电负荷2368万千瓦，同比增长－4.66%；最大日用电量5.1968亿千瓦时，同比增长－4.04%。日均用电量4.9937亿千瓦时，同比增长－6.26%。

全网总发电量152.48亿千瓦时，同比增长－6.12%。其中火电发电量103.06亿千瓦时，同比增长－17.82%；水电发电量47.46亿千瓦时，同比增长30.93%。全网统调用电量平均增

图表 104、西北电网示意图

长-6.26%，其中陕西、甘肃、青海、宁夏四省（区）用电量同比增长分别为2.15%，-6.09%，-9.05%和-14.92%。

2008年12月

12月份西北电网运行平稳，未发生330千伏及以上主系统的稳定破坏、电网瓦解和大面积停电事故；未发生220千伏及以上枢纽变电站的全站停电事故；各级调度机构均未发生调度责任事故，保障了电网迎峰过冬期的安全稳定运行。截至12月31日，西北网调安全运行3749天。

12月份西北电网（陕、甘、青、宁）最大用电负荷2284万千瓦，同比增长-12.44%；最大日用电量4.7863亿千瓦时，同比增长-15.20%。日均用电量4.6016亿千瓦时，同比增长-17.12%。

全网总发电145.42亿千瓦时，同比增长-17.12%。其中火电发电量119.16亿千瓦时，同比增长-22.01%；水电发电量24.77亿千瓦时，同比增长9.31%。全网统调用电量平均增长-17.12%，其中陕西、甘肃、青海、宁夏四省（区）用电量同比增长分别为-3.67%，-24.08%，-10.90%和-31.14%。

三、2008-2009年企业财务数据分析

图表 105、西北电网 2008 年装机容量

名称	2008年底统调装机容量及分类构成（万千瓦）			
	总容量	火电	水电	其它
西北电网统调	5750.61	3918.14	1580.81	251.66
西北电网直调	1648.00	995.00	653.00	

华能	360.00	360.00		
大唐	794.83	719.40	70.50	4.93
华电	596.80	596.80		
国电	735.41	643.05	56.30	36.06
中电投	572.75		562.70	10.05

数据来源：西北电网

图表106、2009年4月西北电网最高负荷、月均负荷率

单位：（万千瓦，%）

	全网	陕西	甘肃	青海	宁夏
最高负荷	2432	956	708	346	483
月均负荷率	89.94	83.35	88.52	94.09	94.96

数据来源：西北电网

图表107、2008年12月西北电网最高负荷、月均负荷率

单位：（万千瓦，%）

	全网	陕西	甘肃	青海	宁夏
最高负荷	2284	965	637	331	431
月均负荷率	87.56	81.86	85.56	92.30	92.22

数据来源：西北电网

四、2008—2009年企业发展最新动态与策略

4月份：西北电网送华中电量2.65亿千瓦时。

2009年5月份调度交易计划

省际互供电计划：西北送华中1.68亿千瓦时；

直调电厂发电量计划：64.739亿千瓦时；

发电检修容量：741万千瓦；

220kV及以上线路检修条次：28条次。

五、企业未来发展展望与战略

“十一五”期间，西北电网将建设覆盖陕、甘、青、宁、新五省（自治区）的750千伏交流骨干网架，加大“西电东送”规模，2010年西北电网售电量将达到2245亿千瓦时，比2005年增长59.9%。

2010年，西北电网售电量将达到2245亿千瓦时，比2005年增长59.9%，电力外送能力552万千瓦，比现有能力提高20倍。

第七节 南方电网

一、企业概况

根据国务院《电力体制改革方案》，中国南方电网有限责任公司于2002年12月29日正式挂牌成立并开始运作。公司经营范围为广东、广西、云南、贵州和海南五省（区），负责投资、建设和经营管理南方区域电网，经营相关的输配电业务，参与投资、建设和经营相关的跨区域输变电和联网工程；从事电力购销业务，负责电力交易与调度；从事国内外投融资业务；自主开展

外贸流通经营、国际合作、对外工程承包和对外劳务合作等业务。

公司总部设在广州。下设3个直属机构电力调度通信中心、技术研究中心、电力交易中心，两个分公司——超高压输电公司和调峰调频发电公司，六个全资子公司——广东电网公司、广西电网公司、云南电网公司、贵州电网公司、海南电网公司、南网国际公司，控股南方电网财务公司。至2006年底，公司资产总额2969亿元，职工总数16万人。

2005年、2006年，公司均进入全球500强企业。

公司辖属的南方电网覆盖五省（区），面积约100万平方公里，东西跨度近2000公里，供电总人口2.3亿人。网内拥有水、煤、核、抽水蓄能、油、气、风力等多种电源，网内总装机容量超过1 亿千瓦。目前西电东送已经形成“3条直流、6条交流”9条西电东送大通道，最大输电能力超过1200万千瓦。

南方电网远距离、大容量、超高压输电，交直流混合运行，既有电触发直流技术，又有光触发、可控串补、超导电缆等世界顶尖技术。南方电网是国内结构最复杂、联系最紧密、科技含量最高的电网，也是西电东送规模最大、效益最好、发展后劲最强的电网也是西电东送起步最早、规模最大、效益最好的电网。

从2004年9月起，南方电网开始向越南送电，成为国内率先“走出去”的电网。南方电网与东南亚国家接壤，毗邻港澳，具有独特的区位优势。公司作为中国政府授权的大湄公河次区域电力合作中方执行单位，积极实施“走出去”战略，为营造和平稳定、睦邻友好的周边环境发挥了积极作用。几年来，与越南、老挝、缅甸、泰国、柬埔寨等国家的电力合作，已在多个方面取得了阶段性成果。

二、2008–2009年企业经营情况分析

为缓解南方五省电力供应紧张形势，南方电网加快迎峰度夏重点工程建设，确保按期投产。据悉，1–5月南方电网实现新增装机349万千瓦。

南方电网公司计划上半年投产10项重点工程，增加西电东送通道容量达290万千瓦。目前，南方电网正加快各项电网重点工程建设。

其中，500千伏砚山－大新－南宁（滇南外送）工程等6项重点工程已按时投产，惠州抽水蓄能电站送出工程博罗段也已于5月底投产，同时惠州抽水蓄能电站已开始进行水道充水。各省公司已完成了一批电源送出和负荷中心区输变电工程。

据统计，截至5月底，南方电网全网装机容量达到13235万千瓦。1～5月新增装机349万千瓦，其中水电219万千瓦，火电130万千瓦。6～9月还将投产机组455万千瓦，其中水电343万千瓦，火电112万千瓦。

与此同时，南方电网公司加快城市配网建设，解决“卡脖子”问题，并进一步加强电网与电源的统一规划，确保电网与电源协调发展。

三、2008–2009年企业财务数据分析

2008年完成售电量4826亿千瓦时，同比增长4.9%；西电东送最大电力1816万千瓦，增长20%，电量1056亿千万时，增长22%。主营业务收入2836亿元，增长7.1%；利润总额62亿元。完成固定资产投资647亿元，其中电网建设投资481亿元。年底资产总额3890亿元，资产负债率63.46%。

2008年取得十个方面的成绩：

1、战胜了冰雪凝冻灾害，提高了电网抗灾保障水平；

2、圆满完成奥运保供电任务，提高了重大活动保供电的组织水平；

3、稳步推进安全生产体系化建设，提高了对大电网的驾驭水平；

4、积极主动地协调上下游行业，提高了复杂供需形势下的应对水平；

5、按期完成建设任务，提高了电网优化发展水平；

6、坚持过紧日子，提高了节流开源的水平；

7、落实发输配用环节的降耗措施，提高了节能减排工作水平；

8、加强内部管理，提高了治企水平；

9、全面深入地开展干部考核考察工作，提高了领导班子和人才队伍建设水平；

10、以改革创新精神加强党的建设，提高了精神文明建设水平。

四、2008–2009年企业发展最新动态与策略

南方电网建设覆盖广东、广西、云南、贵州和海南五省（区），东西跨度大，具有特殊的区位优势和地缘关系。公司自成立之初，就把南方电网建设成为“统一开放、结构合理、技术先进、安全可靠的现代化大电网”作为发展目标。按照公司规划，南方电网建设目标分为三个阶段：

第一阶段，2005年，电网主网架形成“六交三直”九条大通道，西电送广东容量达到1,088万千瓦。启动调峰调频电源建设项目的前期工作。五省（区）电源装机容量达到8,682万千瓦，全社会用电量达到4,294亿千瓦时。各省（区）电网改善和优化网架结构，解决电网供电“卡脖子”问题。

截至2005年末，南方电网已完成上述建设目标。

第二阶段，2006～2010年，根据发展需要，经充分论证，启动特高压输电项目。新建西部至广东负荷中心的直流输电通道两回、交流输电通道两回，西电送广东容量在“十五”的基础上新增1,150万千瓦。根据电网的需要，投产必要容量的应急调峰电源。2010年，五省（区）电源装机容量达到14,748万千瓦，全社会用电量达到6,711亿千瓦时。各省（区）电网与负荷、电源同步发展，形成结构合理的骨干网架，保证电力送得出，落得下，用得上。

第三阶段，2011～2020年，结合西部能源资源，特别是澜沧江、乌江、金沙江、怒江等流域水电资源的开发，进一步加大“西电东送”，推进南方电网与东南亚联网工作，建成东西贯通、南北互联的大电网。南方电网主网架和各省（区）输配电网适应全面建设小康社会的要求，起到“先行官”的作用。

五、企业未来发展展望与战略

（一）公司发展战略

自成立以来，一直高度重视发展战略工作，通过不断的探索与实践，已形成了公司的总体发展战略体系框架，并在不断丰富和深化其内涵。公司战略体系具体可以分解为公司战略定位、宗旨、发展战略目标、工作方针、电网发展目标等要素。

公司战略定位：公司是由中央管理的国有特大型企业，从事国民经济的基础产业和关系国计民生的公用事业，关系到国民经济命脉、国家能源安全与社会稳定大局，在国民经济和社会发展中发挥着举足轻重的作用。公司直接服务于南方五省（区）。公司在南方电网发展和南方电力资源乃至能源资源优化配置中发挥主导作用，承担着实施国家西部大开发、“西电东送”战略的重要任务，协助政府调整电力结构，保证电力工业持续快速健康发展。公司是社会主义市场经济环境下以电网为主营业务的运营商，是区域电力市场交易的主体，在接受政府监管的同时，积极培育电力市场，协助政府维护电力市场秩序，实现电力市场的规范化运营。

公司宗旨：对中央负责、为五省（区）服务。

公司发展战略目标：把公司建设成为一个经营型、服务型、一体化、现代化的国内领先、国际知名企业。

公司工作方针：“六个更加注重”—在抓好电网安全的同时，更加注重依靠科技进步，提高电网科技含量，增强驾驭大电网的能力；在抓好电力供应的同时，更加注重树立科学发展观，统筹区域资源优化配置，处理好各方利益关系，促进东西部互联互动，形成多赢格局；在抓好提高企业效益的同时，更加注重社会效益，千方百计保证群众生活用电，为广大用户服务，为发电企业服务，为五省（区）经济社会发展服务；在抓

好"发展出实力"的同时，更加注重"管理出实力"，加强制度建设，夯实管理基础。创新管理手段，提高管理能力、管理水平，实现管理到位；在抓好加强融合、巩固成果的同时，更加注重深化改革，建立现代企业制度，实现机制、体制创新，抓大放小，理清管理界面，调动各方面积极性；在抓好企业发展的同时，更加注重人的发展，坚持以人为本，重视人才的培养、吸引和使用，建设优秀企业文化，充分发挥党组织的政治核心作用。

公司电网发展目标：把南方电网建设成为统一开放、结构合理、技术先进、安全可靠的现代化大电网。

第二章 我国电网调度分析

第一节 电网调度在电力行业中的职能和角色性质

一、电网调度的主要职能

狭义地讲，电网调度仅仅包括电网运行指挥的职能，而从广义来看，现代化大电网中的调度已经涵盖非常丰富的技术职能与经济职能。当前我国电力行业中的电网调度，主要包括指挥、信息、规划、配置、准入、技术、交易等七类职能。

1、指挥职能

包括正常的倒闸操作、检修计划实施、机组工况调整等，也包括电网事故的处理。电力系统中一切设备操作，原则上不能由现场人员直接决策，必须经过掌握系统整体情况的电网调度员下令，这已经成为一种公认的原则。

2、信息职能

包括实时数据的采集与监控，电网数据的专业处理（潮流计算、参数整定等），也包括数据的运用（负荷预测、可靠性统计等）。电网调度系统，是电力行业中除营销系统以外最重要的信息源头，具有难以替代的价值。

3、规划职能

一方面，调度部门参与电网与电源规划，提出专业性的建议，另一方面，调度部门直接承担部分相关二次专业的技术规划（继电保护、电力通信、调度自动化、电网安全稳定以及有关计量等等）。调度部门虽然不是专门的规划机构，但对于电力规划具有独特的影响力。

4、配置职能

电力系统中所有设备的运行方式都需要调度机构中的方式部门来统一配置，包括电网正常方式（含发电计划与水库调度）、异常方式、检修方式乃至事故处理预案方式等等。任何设备，只要接入了大电网，其参数设定、工况调整、投切启停等运行方式就不能再由其所有者自行处置。

5、准入职能

调度部门对于新的机组或设备，一方面进行事前的准入管理，包括规划咨询与安全稳定校验等程序，另一方面实施实质性的准入操作，包括新设备启动投运、设备检修后投运乃至投运后每一次的并网操作。调度部门是行业准入程序中事实上的一道关口。

6、技术职能

调度部门一方面在很大程度上影响调度范围内的有关技术规则、技术标准乃至相关设备选型与投资方向，另一方面对于调度范围内（通常还包括下级调度）行使技术监督职能。虽然电力企业内部通常另有技术管理与科研部门，但调度部门依然具有独特的影响力。

7、交易职能

无论是否建立专门的"电力市场"，甚至不论是否引进市场机制，调度部门都是电力交易过程中重要的一环。一方面，电网调度（交易）机构承担着合同分解实施的职责，任何电力合同只有被分解纳入方式安排并执行相关操作之后才真正实施；一方面，电网调度（交易）机构还承担着实际结算的职责，任何事前的电力合同通常都可能与实际执行结果有一定差异。

上述丰富的调度职能，是几乎所有国家电力行业所共有的。而在我国，上述调度职能目前基本全部属于电网企业。在电网企业内部，上述职能绝大部分集中在专门的调度机构，通常划分为调度（或运行）、方式、继电保护、通信、调度自动化乃至计量等专业部门，近年随着电力市场的建设又普遍设置了“市场交易”部门，另外还有部分职能则由电网企业内部的计划部门承担，通常称为战略规划或者发展计划等。

二、电网调度的职能来源

调度职能，来源于现代大电网独特的技术与经济特性，具有内在的必要性。

1、电网调度，是一种风险平衡机制

电的基本技术特性是快速性，但在电能被快速输送的同时，各种事故与异常也在以同样的速度扩散。现代电网的基本技术特性是网络性，单个元件的事故与异常不仅影响自身，而且可能波及其他元件甚至造成整个网络的崩溃，因此电力系统中任何元件都不能单独保证自身的安全，系统的风险是每个元件都需要共同面对的。此外，市场竞争的因素也增加了系统风险。而调度恰恰就是这样一种专门的部门，它可以了解电力网络的整体情况，并从系统整体安全的角度制订有关规则、发布有关命令，同时也承担相应的责任与风险，而电力系统中的每一个电厂或者变电站，在接受调度部门有关安排的同时，也降低了自身的风险。

2、电网调度，是一种产业流程的必须

电力（电能）产品的基本技术特性是不可储存，发电与用电同时完成；电力交易的普遍模式是间接交易、多边实现，即电网作为发电方与用电方之间的营销渠道，结构复杂、实时变化，使绝大多数即使签定好双边合同的电力交易也成为事实上的间接交易、并通过多边的形式实现。无论是完全市场化的交易合同，还是计划经济时代的供应调拨，都必须由专门的调度部门将众多的交易合同或供应计划统一分解“翻译”为一系列电网方式安排，并以实际的计量结算作为交易合同或供应计划最终的结果，否则，绝大多数双边交易都不可能完成，整个行业难以货畅其流。

3、电网调度，是一种专业技术的分工

现代电网的发展态势是大规模互联，是一个地域纵横千里、元件数以万计的庞大系统，而系统越庞大、元件之间的相互影响越复杂，就产生越来越多整体性的技术要求。包括质量的整体性，频率、电压以及电网稳定问题受到每一个元件的影响，同时也会影响到每一个元件；信息的整体性，电网数据浩如烟海，只有全面的采集监控，并从全网角度进行处理才会有价值；技术规则的整体性，大电网中绝大多数设备都存在与其他设备的配合问题，配置选型、参数设置与工况调整都需要整体的协调；等等。调度职能的核心就是维护现代电网的整体性、协调性，因此目前调度技术已经成为独立于电力系统各元件技术的一个专门的技术领域，对于电网的发展走势影响巨大。

4、电网调度，是一种经济理性的选择

现代电力行业，是资金密集度很高的装置性产业，特别是电网环节具有明显的规模经济特征，涉及巨大的经济利益。而电力项目的建设周期长、进入与退出门槛高，地域与输送能力有限，其经济效益很大程度上取决于后期的运行状态，包括发电设备的上网小时数与出力水平、输变电设备的负荷率，也包括设备的健康程度与检修安排。而如果每个元件都自由决定自身的运行，必然引起网络阻塞、稳定破坏、电能质量降低等一系列问题。而通过调度部门来统一安排运行方式、统一配置资源，虽然对于单独的电厂或变电站来说，可能失去达到最优效益的机会甚至在某些时候利益受到一定的损害，但至少保证了一个可以预期的次优结果，特别是避免了蒙受更多损失的风险。

5、电网调度，是一种成熟的行业文化

电力行业只有一百余年的历史，但已经形成了注重安全、注重整体协调的行业文化，电网调度就是这种文化的体现。美加大停电得到的一个重要教训就是调度关系混乱、纪律废弛，资源配置的协调性下降，抵抗风险的整体水平降低。而我国在电力行业的发展中，始终比较重视电网的协调性与整体性，即使处于市场化的改革过程并经历了新一轮的电荒，但已经连续九年没有出现电网稳定事故。这其中，“统一调度、分级管理”的原则无疑是成功的经验，也基本得到发电、用电等电力行业各个环节的共识，而且在我国，上述原则也得到了《电力法》《安全生产法》《电网调度管理条理》等有关法规的支持。

6、电网调度，是一种社会协作的传统

电力系统运行的协调性与整体性是电力行业的重要技术特征，电力行业的竞争可以体现在控制成本、改善服务、提高效率以及争夺投资机会等，但不能体现于电网的运行与管理，可以表现于同一环节不同企业之间的对标竞赛，但不能表现在上下游不同环节之间的博弈抗衡。由于营销渠道专一、行业集中度高，因此电力系统只适合有限的竞争，甚至协作大于竞争，统一资源配置的效益大于分散竞争，而且从农耕社会大禹治水的传统，到几十年计划经济的惯性，我国社会也存在行业协作的基础。总之，通过电网调度加强电网运行管理，协调不同产业环节、统一配置资源，符合我国社会协作的传统。

三、调度职能的特点分析

现行《电网调度管理条例》中“电网调度”是指“电网调度机构为保障电网的安全、优质、经济运行，对电网运行进行的组织、指挥、指导和协调”，因此，调度职能主要是一类管理职能，并具有突出的特点。

1、在线管理与离线管理

调度管理，既包含在线管理，也包含离线管理。所谓在线管理，在电力系统主要就是通过调度员实现的实时指挥，这是电力系统普遍联系、快速反应的技术特性的要求，由于人总是会犯错误的，因此电网调度的在线管理总是承担着非常大的安全风险与责任压力。而离线管理是对在线管理的极大补充，一方面在技术上通过不断进步的自动控制系统以及模拟仿真等辅助决策系统为调度员减少工作量或提供专家建议，一方面在管理上通过日益强大的方式管理、数据处理、交易管理以及预案管理系统大量替代了在线管理的工作领域。因此，随着技术进步，总的趋势是离线管理将越来越占据主导地位，电网调度将从以调度员为中心转向更多地以方式配置指导操作下令、从以人工智能为中心转向更多地依赖计算机辅助决策。当然，普遍联系、快速反应永远需要经验丰富、随机应变、具有人性价值观的调度员，在线管理永远也不可能消失。

2、刚性管理与弹性管理

目前我国电网调度管理的一个趋势，即从弹性管理向刚性管理转变，这主要发生于电网企业与发电企业之间。随着厂网分开的推进、随着电力市场的建设，调度（交易）机构对于发电企业的管理已经从以前依靠内部规章制度的企业内部权责关系逐步转变为依靠合同协议的平等市场主体关系，通过借助法律而更加具有刚性。与此同时，目前我国电网调度管理也存在着另一个趋势，就是刚性管理向弹性管理转变，这主要存在于调度（交易）机构与电网企业内部的其他机构之间，直接指令式的管理逐步转变为具有弹性的指导甚至服务式的专业性管理。上述两种趋势，表面上是矛盾的，但本质上却反映了同一个规律，即电力系统以内，不论有关机构之间的关系如何变化，调度（交易）机构对于相关机构的管理是一种公认的权威、也是一个丰富的体系，不论是管理者还是被管理者、不论是否同属于一个企业或者机构，整个行业内对于电网调度的意义是有共同的认识的。

3、主动管理与被动管理

电网调度管理，既是一种主动管理，也是一种被动管理。主动管理，主要包括调度规程、预案管理、规划建议、技术标准、设备选型等，既有刚性的强制要求，也有弹性的专业建议，是为了提高电网质量、提高调度水平或者为了方便调度管理而主动向被管理者推出的。被动管理，主要包括事故处理、倒闸操作、异常方式、合同实施、交易结算、准入管理等等，难以提前预期它们的发生、数量、难易、频率、影响等，只能在需求出现之后采取相应的处理措施。作为电网管理者，调度（交易）机构通常总是力求加强主动管理，一方面通过事前管理、关口前移可以规范很多被动的业务需求、或者有利于更加准确的预测与规范有关操作，另一方面通过防患于未然、甚至可以争取规避某些意外的业务或者不必要的麻烦与风险。当然，从客观上甚至从概率上看，与在线管理一样，被动管理的情况永远也不可能消失。

4、技术管理与经济管理

电网调度管理，既是一种技术管理，也是一种经济管理。从技术管理角度，电网调度管理的专业性非常强，需要专门的管理规则与技术规程、专门的人力资源培养与技术支持系统。但另一方面，电网调度管理也是一种经济管理，技术规划与设备选型属于企业的投资决策，承担着相应的责任；方式安排与准入启动关系到电力资产的配置，将决定最终的收益；预案管理以及实时的事故处理属于企业乃至社会的风险管理，价值难以忽视；负荷预测等信息处理关系到电力企业的营销计划以及投资者的项目命运，信息就是金钱。电网调度管理，同时具有技术管理与经济管理的含义，这是电力行业资金密集、技术密集的经济特性的体现。

5、内部管理与外部管理

电网调度管理，既是一种内部管理，更是一种外部管理。在我国电力行业的发展过程中，电网调度从来不是一个独立的行业角色，在改革前属于纵向一体化电力部门的一部分，在改革后属于电网企业的一个内部机构。但是，电网调度的工作对象与影响领域，从来都是面向整个电力行业的，因此在处理好自身的内部管理之后，电网调度更多地是一种外部管理。在改革前，电网调度对纵向一体化电力部门中的其他环节进行指挥，在改革后，电网调度更多作用于其他独立的市场主体——在事故处理中临时处置设备，通过技术规划决定设备投资，通过安全校验与交易管理实施或者影响合同，通过方式配置管理决定资产的收益与质量等等，这种对外管理甚至还经常得到政府有关部门的支持与合作，例如安全预案、规划建议等。正是这种对外管理使调度部门成为电力行业内的一个“权力部门”。

6、效益评价与社会评价

电网调度管理，与经济效益有关，但更多体现于一系列社会性评价。如前所述，投资规划、资产收益、信息增值、风险控制等等，都是电网调度管理对于电力系统经济效益产生影响的领域。但是，在电力系统以内，所谓“经济调度”只是一个还很空泛的概念，对于电网调度管理本身真正的经济效益评价很少。一方面由于调度专业内部的技术至上主义根深蒂固，另一方面调度专业对于电力系统的经济影响毕竟以外部影响为主，因此对于电网调度管理的评价，更多体现于一系列的社会性评价。主要包括：安全性，既包含人身安全、设备安全、电网安全，也意味着自身安全、相对方安全、系统整体安全；可靠性，即电网的持续供电能力；稳定性，电网抵御事故、冲击、震荡、扰动等等的能力；灵活性，电网规避阻塞、输送电能、满足市场需求的能力；电能质量，电压、频率等指标的满足。这些评价，在电网技术领域各有其定义、公式与计算方法，但从社会基础服务、从市场渠道建设的角度更应看作是一系列的社会性评价。

四、调度职能的行业角色

电网调度，是与输电服务完全不同的一种职能，是一种非竞争性、非排他性的公共产品，是一种必不可少的产业公共环节，是一种拥有强制代理权的行业公共职能。

1、电网调度，是一种基础性服务

如前所述，现代化大电网中的电网调度已经涵盖着非常丰富的技术职能与经济职能，这些调度职能来源于现代电力行业固有的普遍联系、快速反应、资金密集、技术密集的技术与经济特性，是一种必然的结果。对于任何市场主体，发电、输配电、供电、用电等等不同产业环节以及投资、建设、维护、营销、消费、监管等等不同行业角色，一方面它们都有权享有这样的服务，另一方面不论其他人是否已经享有过，它们依然能够继续享有这样的服务。如果说，“只见光明不见我”是电力行业对于全社会的普遍服务，那么电网调度则是一种电力行业以内的基础性服务，是保证电网系统安全运行、保障电力行业健康发展的必须。

2、电网调度，是一种无价产品

一个观察角度，“电网调度管理费”作为曾经的行政事业性收费已经由国家明令取消，任何市场主体即使未支付价格依然能够享有上述绝大多数的调度管理与服务（其成本由电网企业承担并在最终的销售电价中体现）。另一个观察角度，由于前述技术性与经济性、效益评价与社会评价并存的特点，电网调度作为一个产品，不可能制订“合理”的成本规则；而由于前述主动性与被动性并存的特点，电网调度作为一个产品，难以准确地预测需求，再加上必须全行业统一调度的极大外部性，也不可能通过充分的市场竞争来定价，因此从根本上说，电网调度属于难以“合理”定价的产品。在既定的供应水平上，增加需求并不一定会增加成本，减少需求也不一定会减少成本。即使请享有者支付费用也必然是不充分的，即使在能够收取“电网调度管理费”的时代，电网调度（交易）机构在电力部门以内也总是需要财务补贴的成本／费用中心。

3、电网调度，是一种行业公共环节

电网调度，不仅是一种基础性服务与无价产品，而且是一种电力行业以内的“必须品”。如前所述，由于现代大电网规模庞大、快速反应、普遍联系、相互制约，技术密集、网络专用等技术特点，需要专门的调度部门进行整体协调；由于现代大电网资金密集、有限竞争，渠道复杂、产销同时，间接交易、多方实现等经济特性，电网调度具有行业内最大的外部性；借鉴电力行业发展历程中正反两方面的经验与教训，将上述调度职能在全行业统一实施集中管理具有比较充分的事实支撑，也符合文化与传统。电网调度管理的“权力”，是来自专业技术的权力、来自产业流程的权力、来自经济理性的权力、来自责任风险的权力、来自行业文化传统的权力，电网调度必须全行业统一管理，使电网调度成为电力产业链条中的公共环节。即使目前厂网已经形成不同的利益主体，但在实践中绝大多数业内人士依然公认要实现各自利益必须双方齐心协力、并在绝大多数时候能够作到自律遵规。

4、电网调度，是一种类似行政征收的代理行为

电网调度，是一种电力行业以内的“必须品”、电力产业链条中的公共环节，而其实现方式就是通过对其他市场主体或者其他产业部门的权力进行代理。如前所述，最典型的是代理投资决策，由于电网安全的特殊性，调度部门对于相关专业的规划建议与设备推荐几乎是难以抵御的，甚至会影响到相关产品市场的兴衰、相关技术研发的命运；最核心的是代理资产配置，运行方式的配置安排直接决定了设备的收益水平（超额运行还是大马拉小车），检修计划则影响到设备的状态与寿命（疲劳运行甚至带病运行），发电曲线决定了合同的真正价值（直接决定实际的电量与电价），而并网启动的顺利与否则事关资产的价值实现（不能并网则意味着投资闲置血本无归）；另外还有代理风险决策，事故处理包括异常方式下的调度行为依然存在非常大的自由裁量权．直接的远方操作如果缺乏规范与监管则存在着被个人操纵的可能。很多行业都存在公共环节，有物流枢纽、核心展会、专用基础设施与专用设备等多种形式，电网调度作为电力行业的公共环节，其最根本性的特点就是大量代理其他市场主体的

权力，其强制力度甚至类似一种行政征收。

5、电网调度，是一种电力行业以内的公共职能

如前所述，电网调度作为电力行业以内大量代理其他市场主体权力的公共环节，具有专业技术与产业流程方面的必要性，具有经济上与责任风险方面的合理性，也具有行业文化与社会传统方面的继承性。因此，对于电网调度管理，通常已经并不侧重于技术评价，而更侧重于安全性、可靠性、稳定性、灵活性、电能质量等等一系列的社会性评价。不论是从电力部门内部，还是从电力市场其他主体，不论从政府管理部门，还是从社会公共舆论，乃至从电网调度（交易）机构自身，都已经把电网调度作为一种电力行业以内的公共职能来认识与评价。总之，虽然目前我国电网调度（交易）机构依然属于电网企业内部的专业机构，但不论从事实的角度还是从认可的角度，电网调度都已经是一种电力行业以内的公共职能。

6、电网调度，是与输电服务完全不同的一种职能

目前我国电力行业的输电环节与调度环节共存于所谓“电网企业”内，并且是作为一类“企业”被监管的。但如前所述，电网调度与输电服务是完全不同的职能。第一是内容不同，输电服务主要包括电网的建设、运行维护以及辅助服务等内容，而电网调度则包括前述指挥、信息、规划、准入、配置、技术、交易等丰富的职能，未来辅助服务市场和输电权市场的建设，更会使输电服务本身成为一种交易的客体、而不能再与介体性质的调度职能捆绑。第二是性质不同，输电服务更多是在操作层面提供服务，而电网调度主要是管理职能，而且是一种行业以内的公共管理职能，输电服务是可以通过成本核算或者通过市场竞争而合理定价的普通商品，而电网调度是非竞争性、非排他性的公共产品。第三是规模经济不同，电网调度是电力系统中规模经济最大的环节，统一调度已经是公认的行业原则，而输电服务的主要项目（电网的建设、运行维护以及辅助服务等）均可拆分而引进竞争，而且目前也已经是分散的。第四是行业意义不同，输电服务更加接近渠道商或者物流服务的角色，而电网调度主要是市场交易与资源配置，一个是执行、一个是管理，两者之间类似养路护路队与高速路管理局的关系。总之，电网调度是与输电服务完全不同的一种职能，这是一个必须澄清的问题，对于电力行业的市场结构、角色定位都有重大影响。

五、调度职能与企业职能的关系

电网调度（交易）机构与其他电力企业的关系，是电力行业市场化改革的真正要点。目前我国电网调度（交易）机构依然属于电网企业的内部机构，这成为电力行业很多矛盾与问题的内在根源，有必要进行调整或者加强监管。

1、市场经济中的公共职能

市场化改革，在我国已经持续了二十余年。就其本质来说，所谓市场化，不过是对于政府与市场关系的调整，对于公权与私权关系的调整。在充分（理论）拆分的基础上，对于适合发挥市场机制的领域就引进竞争，对于不适合市场机制的领域就明晰政府权责、加强专门监管，在国有企业改革与电力行业体制改革的双重历史洪流中，让上帝的归上帝、让恺撒的归恺撒。

（1）电力行业市场化改革的两个层面

电力行业的市场化改革，依然是对于政府与市场关系的调整、对于公权与私权关系的调整。而从前述所揭示的电力系统的技术经济特点出发，电力行业的市场化改革其实存在于两个层面：

第一个层面，是行业以外，政府与行业的关系。这个层面的关系，核心就是政府行政权力与企业自主权力的关系。主要表现形式有电价管制、项目审批等等，各级发改委（经贸委）对于电力行业介入过深而又决策水平不高，已经在新一轮的电荒中暴露无遗，并为社会舆论所广泛抨击。目前，虽然国家已经将一小部分电价审批与监管权力分工给更加专业的电力监管部门，在发改委（经贸委）系统内部也有部分项目审批权下放到

了地方，甚至也出现了精简审批项目或者将审批改为核准、备案等弱化行政权力的倾向，但是，政府行政权力与企业自主权力的矛盾依然是电力行业的主要矛盾。其实，在市场经济体系中，政府与电力行业可能属于永远的矛盾，到底政府应该放松管制到什么程度其实很难量化确认，甚至历史地看，循环往复、因势利导可能更加符合规律。但至少对于我国当前阶段的电力行业，政府的放松管制还是远远不够的。同样，目前电力行业内部的很多争论，关于过剩与短缺、垄断与拆分、投资与规划、市场设置的结构层次等等，不过依然停留在计划经济的框架以内，思维惯性明显，改革任重道远。

第二个层面，是行业以内，行业公共权力与企业自主权力的关系。这个层面的关系，核心就是调度（交易）机构与其他电力企业的关系。主要表现形式如前所述，一方面，电网调度（交易）机构作为一种行业内的公共产品、作为一个必须的产业公共环节代理了大量其他市场主体的权力，类似一种行政征收行为；另一方面，这种公共职能具有专业技术与产业流程方面的必要性，具有经济与责任风险方面的合理性，也具有行业文化与社会传统方面的继承性，是一种理性的让度与自愿的合作。因此，电网调度是电力行业以内一个必须慎重安排的公器，既不适合政府直接操作，更不适合企业化运作——市场化不能简单地等于企业化、市场化也不等于全部都是竞争与牟利行为，市场经济是一个丰富多彩的体系，有多种不同的角色。而电网调度这个电力行业的公器，完全可以以行业公益的名义、以独立中立的身份、以非营利的机制来运作，而且其本身必须受到专门的监管。

（2）电力行业市场化改革的真正要点

第一个态势，在电力行业调整第一个层面即政府与行业的关系需要跳出行业本身，因为目前不仅仅是电力行业存在着这样的矛盾，这是一种中国社会深层次的共性问题。1997年改组电力部、成立国家电力公司，这第一个层面的改革在电力行业已经迈出了第一步，也就是实现了政企分开，而且比其他很多类似行业都要早。目前的情况是，一方面，虽然依然存在一些开倒车的现象，例如政府投资参股之类，但政企分开的大势已经不可逆转，改革的第一步是可以接受的；但另一方面，政企分开仅仅是第一个层面改革的第一步，而第二步、即理顺政企关系的改革至今一直且行且停、扭捏不前，看不到一个可以预期的结果。甚至从全社会的发展态势来看，这也许将成为一个永远的命题，需要不断的调整下去。总之，第一个层面理顺政企关系的改革是一种更宏观、更持久的问题，需要耐心甚至机遇。

第二个态势，在没有时机或者力量把第一个层面关系调整到位的前提下，调整第二个层面即行业公共权力与企业自主权力的关系是目前我们唯一能够做的。至少这仅仅是一个行业内部的问题，对于外界不会产生过分的不利影响。而且相较于第一个层面政企分开改革的阶段性成果，目前调整第二个层面的关系几乎还没有任何实质性的改进。而从某种角度说，所谓“电力行业改革”其实就是对调度（交易）机构的改革，如果解决了这个问题，电力行业就将成为一个更加“普通”的行业，与交通运输等公用事业、与钢铁煤炭等基础产业更加类似，将只存在结构调整、运行调控之类普遍的问题而不再有行业机制方面真正特殊的问题。而另一方面，解决第二个层面的关系已经面临越来越大的压力。1985年集资办电政策出台、打破了电力投资大一统局面，已经为厂网矛盾埋下伏笔；1997年国电公司定位于企业却同时拥有电网调度的公器，厂网矛盾正式形成，但直到2002年国电系依然在行业内占有绝对的优势；2002年厂网分离之后、特别是经过最近一轮电荒以来空前的电力投资热，国网系发电资产已经成为行业中的边缘角色（不足10%，而且其中一大半在名义上是应该继续划拨出去的）。这样，随着供需态势的总体缓和，厂网矛盾可能达到空前的程度，为进一步的改革提供必要性。

总之，调整第一个层面政府与行业的关系

是我国市场化改革大业整体的要点，而调整第二个层面行业公共权力与企业自主权力的关系、改革对调度职能的制度安排才是电力行业市场化改革的真正要点。如果不调整好这第二个层面的关系，即使第一个层面的关系在全国范围都逐渐理顺，但电力行业依然不能被认为完成了市场化改革的历史使命。而在暂时无法进一步把第一个层面关系调整到位的时候，如果我们能够先行完成第二个层面关系的调整，必将对行业产生有益的影响，为下一步调整第一个层面的关系打下良好的基础，使电力行业市场化改革迈进关键一步。

2、调度职能与企业职能

目前，我国电网调度（交易）机构依然属于电网企业内部的专业机构，这与当前电力行业很多矛盾与问题都有密切的联系，必须进行改革或者加强监管。

（1）企业效率

2005 年，国家电网公司“经济效益创历史最好水平”，但实际净资产收益率只有区区 2.27%，只有同属世界 500 大企业中其他 20 家同行（2004 年）平均数据的 1/4 左右。虽然，在电价管制的背景下，难以准确评价电力企业的效率，在环节拆分没有到位的阶段，难以准确核算电网企业的成本，但通过上述权益利润率以及劳动生产率、销售利润率、总资产利润率等指标的国际比较，可以肯定的是，我国电网企业是大而不强、效率低下的。而其中调度（交易）机构的存在是一个本质的原因。由于存在调度（交易）机构，电网企业承担了过多没有经济效益的社会职能与额外的成本支出；由于存在调度（交易）机构，电网企业的投资导向乃至目标使命都出现偏差、难以真正贯彻“营利”这个企业基本使命；由于存在调度（交易）机构，电网企业难以合理评价成本、难以准确决定价格、财务决策只能停留在低水平。总之，调度（交易）机构是电力系统中最大的外部性环节，谁捆绑它谁必然低效（当然，低效不等于低收入低福利）。而借助这个最大的外部性而形成的所谓“自然垄断”，依然是一种生产环节的规模经济，不能从根本上规避企业的战略风险、不能决定企业的效能；而从整个行业角度，行业结构过于集中多半妨碍竞争，即使低成本也并不一定低价格，消费者多半并未受益反而降低了行业经济的活力。相反的例子则是，经过 2002 年改革后独立发展的五大发电集团，其工程造价很快就出现明显的降低趋势（最多的案例达 40%），企业效率得到提高。

（2）发展机制

电网建设落后于电源建设是我国电力行业发展中的积弊，而问题的核心依然是调度（交易）机构问题。2005 年，国家电网公司固定资产投资突破 1000 亿，其“十一五”规划中对于电网建设资金的需求达 9000 亿，《“十一五”时期七大主要行业投资展望》报告则预测全国每年投资电网将达 5000 至 6000 亿元。与此同时，虽然两大电网公司的资产负债率均已经超过 60%，但我国电网建设依然滞后，“十五”期间电网建设投资比重没有超过 35%（而世界上许多国家的数据是 50—55% 左右）。提供社会基础设施，本来可以有多种途径（政府，非营利机构，国有企业，非国有企业），对于上述庞大的投资需求，电网企业作为国有独资企业的融资途径目前已经走到尽头，引进多元投资已经成为我国电网建设的唯一出路。但目前的最大难题是，本来完全可以拆分并开放的电网建设、运行维护等环节依然与调度（交易）机构捆绑，作为电力系统中规模经济最大的环节必须保持统一性而且难以监管成本、合理定价。这样，一方面没有正常的价格信号与风险预警，没有合理透明的定价与可以预期的回报，没有清晰的业务组合与管制界限，习惯于独资运做的大股东是否能够自律、能够出资到位也存在风险，这些都可能使投资者望而却步；同时，电网企业中调度（交易）机构所拥有的行业公共权力是否能够由非国有资本掌握，也会引起审批者与监管者的疑虑（已经出现的一个教训就是电信公司把影响海外股价作为拒绝价格下调的理由，目前的电网企业模式与上市的利润目标同样存在根本性的矛盾）。因此，“涪陵电力”上市仅仅是地方售电业务的特例，而广东、华中、南方、国网这些大型电网企业的上市计划纷纷受阻则尽在情理之中。如果继续保持与调度（交易）机构的捆绑，即使未来实现了输配分开，上述电网发展机制的弊端依然没有根本消除（尤其是骨干网架！）。而如果将电网企业明确定位为单纯的电网建设／运行维护企业，则可以得到凤凰涅磐般的升华。另外，近期随着《输配电价管理暂行办法》的实行，电网公司的收入确定方式将发生根本性变化，收入来源复杂化，其成本管理将面临更大压力，继续捆绑调度职能的效益更值得重新进行理性的评价。

（3）规划博弈

目前电力规划问题的一个方面是政府的缺位或者不到位，其本身不具备电力规划所需要的专业能力，所借助的一些规划设计研究咨询机构也难以掌握最直接最鲜活的行业运行一手信息，而且政府综合部门普遍习惯于从阶段性宏观调控角度甚至任期政绩角度来考虑影响长远的规划问题。而问题的另一个方面是拥有调度职能的电网企业在电力规划中的越位或者错位。电网企业中的“规划”通常包括3个部分：一是资金规划，对于电网建设首先会考虑企业有多少资金、能融到多少资金、如何营利增值；二是“跑规划”，通过各种手段将企业意志灌输并上升为政府意志，综合利用电网企业在安全、服务等各个方面的特殊地位增强自身影响力；三是专业规划，向有关部门提供专业性的信息与建议。由此可见，正是由于电网企业捆绑了以调度为核心的过多的行业公共职能，造成在规划领域政府职能缺位与企业职能越位并存的局面，才导致了我国电力行业周期性波动等积弊、出现了特高压等争议，似乎大权在握的政府审批机构其实很大程度上也成为垄断企业的代言者。而如果能够将电网调度（交易）机构从电网企业独立出来，电网企业将失去很大一部分将企业愿望强加于社会的能力，而政府有关部门将得到一个更加专业、更加中立的助手，无疑将有力提高我国电力规划的水平。总之，电网作为现代社会基础网络，它应属于全体人民而不仅仅属于垄断企业，电力规划不应局限于企业规划，行业的发展机会应与社会共分享。

（4）市场矛盾

虽然国发[2002]5号文件已经部署了厂网分开的改革要求，但目前我国电力市场主体之间比较热点的矛盾依然是厂网不分，随着总体供需形势的缓和，发电企业对于电网企业直属部分发电容量日益不满。但实际上，厂网不分本身并不是绝对的问题，输电企业如果能够拥有部分辅助机组其实反而可以使输电服务更加完整有效，“运行维护＋辅助机组”完全可以成为一种不错的模式。因此厂网分开问题的根源，依然是调度（交易）机构的设置问题——仅仅由于拥有电力行业公共权力的调度（交易）机构依然捆绑于电网企业，才会形成所谓“厂网不分”的矛盾。而如果没有这个因素，纵向一体化不过是市场经济中常见的现象，近来风起云涌的电／煤合作、电／运合作、电／铝合作等都是纵向一体化最新的案例，而国网“新源”则是最新的反例。电力行业反垄断，反的不是正常的规模经济与企业间的合作组合，而是职能的错位与捆绑。目前电网企业借助调度职能对发电企业的不公正行为主要包括2000余万遗留容量迟迟不处理、无偿借助其他发电企业的辅助服务、歧视对待不同发电企业、供需态势刚刚缓和就打压热电联产机组；厂网之间的矛盾积累深化，在电量核算、电价确认、电费结算等环节均对发电企业进行盘剥，不足额或者延期支付电费甚至利用承兑汇票转嫁欠费矛盾。

（5）社会矛盾

最近，“加快主辅分开”已经进入我国第十一个五年规划纲要，社会上对于电力行业多经企业的诟病也不绝于耳。但主辅、主多不分本身依然并不是绝对的问题，排除国资委（在当前历史阶段）有关明晰主业的因素，多元化战略乃至一定程度上的垄断利益也是市场经济中常见的现象，在专业性进入门槛比较高的现代大工业体系中，围绕龙头企业众星捧月般的关联企业现象也是很常见的一种市场结构，具有内在的合理性，本身没有善恶之分而只能加强监管、拿到阳光下暴晒。因此主辅、主多分开问题的根源，很大程度上也是调度（交易）机构的设置问题——由于拥有电力行业公共权力的调度（交易）机构依然捆绑于电网企业，社会舆论对于数以千计的电力系统多经三产企业中最为不满的不过就是鲁能、金元等等依靠职工入股电厂而发起的公司。在发改委有关治理方案草案中明确要求清退的电网企业人员中除了企业领导与财务人员，最关键的就是调度人员。但如果这个根源不铲除，即使表面上能够清退，相信不久之后依然会以更加隐蔽的方式死灰复燃（染满人血的小煤窑清退有关政府官员的股份、进展尚且非常艰难，类比之下，想仅仅依靠行政命令就让电力企业员工清退个人股份，将面临法理上与操作上的更大难度）。

六、调度职能与监管职能的关系

电力监管的职能来源于电力行业中的政府失灵与市场失灵。与电网调度职能具有天然的联系与契合。当前，有必要充分依据监管机构职能范围、针对调度职能特点、针对目前的错位情况加强调度监管工作。

1、电力监管的职能来源

电力监管，是电力行业体制改革的产物、是市场机制的重要环节，也是我国政府职能转变的产物、是政府管理社会的重要手段。它一方面弥补市场失灵，一方面弥补政府失灵，而这正是电力监管机构职能的两个来源。

（1）政府失灵

对于电力这样快速反应、普遍联系、技术密集、资金密集、有限竞争、间接交易的行业，如果不实行行业监管，仅仅依靠政府部门的行政管理是难以管好的。从专业性考虑，行业监管比政府部门行政管理更加具有专业优势；从实时性考虑，行业监管比政府部门行政管理更加具有效率优势；从针对性考虑，对于处于国企改革与行业改革双重历史洪流中的电力行业，行业监管将比政府综合部门行政管理更加有效；从公正性考虑，行业监管的角色比既要决策又要执行的政府宏观部门更加稳定可靠；从约束性考虑，授权明确、依法行权的行业监管比自由裁量的政府部门行政管理更加自律；从思维方式考虑，伴生于市场化改革的行业监管比裤腿上还沾着计划经济泥巴的政府部门行政管理更加适应市场经济自身的需要。总之，弥补政府失灵是电力监管职能最重要的来源，在决策、执行、监督这三大类政府职能中，决策／执行合一的模式已经破绽百出、广为诟病，那么，将部分执行职能与监管环节相结合可能是一种值得尝试的新模式。而且，在中国社会向小政府、大社会模式发展的过程中，如果认为社会还不成熟、地方也不令人放心，那么，拥有过多资源的政府向行业监管、专业监管机构让度部分行政执行权应该是一种不错的路径选择。

（2）市场失灵在电力行业的四种情况

一个层面，是市场失效。社会影响重大的外部性问题、涉及公民基本福利的公共产品、关系市场秩序的自然垄断等等不适合由市场配置的情况，通常需要专门的监管，例如不同机构对电力行业进行的价格监管、安全监管、环保监管、标准监管、劳动保护监管等等；另外，对于特定领域、特定行业以内的公共环节与公共职能，虽然没有直接影响整个社会，但对于整个行业的安全、效率、发展机制、市场公正等等依然具有举足轻重的作用，因此同样需要专业的监管，例如特定领域的成本监管与市场开放监管等等，也包括对调度（交易）机构进行成本监管与“三公”调度监管。另一个层面，是契约失效。即使是适合市场配置的产品，一种情况是交易双方之间的问题，例如产品本身过于复杂或者服务不直接，那么处于信息不对称劣势的消费者就难以正确评估其质量与数量，因此需要第三方监管，例如对电力行业质量、服务、标准等进行的监管；还有一种情况是交易模式本身的问题，交易的方式过于专业化、交易的过程必须通过难以控制的第三者、交易的期限过于漫长、交易的效果受到很多外界因素的影响，致使一般的契约机制已经无法帮助消费者监督对方行为，甚至交易双方都面临信息不对称的困境、难以最终把握交易的结果，这时候，市场对于监管就会产生一种需求，类似金融行业对于证券交易市场的监管。对于电力行业内的电网调度（交易）机构也必须进行监管，而且不论是否建立“电力市场”、是否引进市场机制，都需要对通过调度部门而实施的电力交易过程进行监管。

2、电网谒度与电力监管

电网调度与电力监管具有天然的联系与契合，同属于电力行业内的非营利组织体系，目前两者都面临着一定的困境。

（1）调度职能的保障

如前所述电网调度拥有以方式配置职能为主体的一系列丰富的职能，但目前作为电网企业内部的机构，这些职能往往得不到应有的保证。一是职能的统一问题，目前在电网企业中，虽然大部分调度职能已经集中在调度部门，但仍然有不少被其他一些部门分担，例如某些规划职能与信息职能被计划或战略规划部门分担、某些配置职能与准入职能被基建或计划部门分担、某些技术职能被生技或者科技部门分担。二是职能的确定问题，调度职能是一种行业公共职能、需要考虑外部影响并兼顾行业与社会利益，但目前电网企业不但在处理与其他企业之间问题时可能利用调度职能谋取优势，而且在其内部职能分配中也往往更加倾向于部门利益、眼前利益与企业内部利益，相对公允的电网调度职能往往被架空。三是职能的稳定问题，目前调度部门作为电网企业内部机构．企业领导的偏好、企业阶段性重心、具体企业的传统惯性等等均可能影响到调度职能的内容与效果，机构的整合、人员的调整、职能的增减都存在相当的偶然性。四是职能的实现问题，作为企业内部机构，目前调度（交易）机构的职能实现只能是与其他机构竞争博弈的一个结果，话语权更多地来自人治，某一时期专业带头人的性格与主观努力会使每一个同级别的调度部门在各自企业中的实际地位与影响力都有一定差异。总之，作为电网企业的内部机构，调度（交易）机构所应尽的一系列行业公共职能从根本上都缺乏统一性、确定性、稳定性以及具有授权保障的实现途径。

（2）调度（交易）机构的定位与发展

电网调度，混迹于政府三十余年，捆绑于企业十余年，始终缺乏合理的定位，更缺乏远大的发展方向。不摆脱电网企业的束缚，调度（交易）机构就不可能真正中立化，不可能公平地处理厂网关系、公正地行使自己手中的行业公共职能、获得行业内真正的威信；不摆脱电网企业的营利诉求，调度（交易）机构就不可能真正专业化，不可能客观、理性地判断系统的技术需求和心平气和、认真负责地研究解决技术问题，以提高整个系统的安全与技术水平；不从电网企业中脱身而出，调度（交易）机构就不可能公共化，不可能成为仅仅以电网安全、质量可靠、市场公允、技术先进为己任的社会公共机构，不可能成为行业乃至社会的公器而不是大型利益集团的工具，通过服务社会、规范操作、依法行权、严格自律而使自身获得更高层次的价值与更广阔的发展空间。

（3）电网调度与区域电力市场建设

从国发[2002]5号文件开端的电力行业市场化改革的一个核心任务就是建设区域电力市场，但时至今日，我国区域电力市场的建设进程步履唯艰，显然没有达到预期的良好成果。电荒等等不是真正的问题——如果这些都能够作为延滞电力市场建设的原因，那么电力市场将永难健全，核心问题依然是调度（交易）机构的设置问题。如果依然依赖现有作为电网企业内部机构的调度部门来建设电力市场，第一，整个进程与技术支持系统建设受到现有调度部门的巨大影响，监管部门难以真正占据主导地位、对于建设进程难以把握；第二，即使搭建起一个所谓的“电力交易机构”，也难以保证是否能顺利从电网企业中顺利独立出来；第三，即使这个“电力交易机构”能够从电网企业中独立出来，如果不掌握方式配置这个电网调度的核心职能，交易机构永远会受制于电网企业；第四，只要方式配置这个电网调度的核心职能依然属于电网企业内部机构，任何市场规则都只能是模糊而无力的，这样的电力市场依然不可能是公正而开放的。因此，从目前看，调度（交易）机构从电网企业中独立出来，已经成为电力市场建设顺利推进的重要前置问题，解决了这个问题，电力市场建设将借此获得专业化的助力与空前的力量。

（4）电力行业中的“第三部门”

电网调度与电力监管都是电力行业中重要的公共职能，前者承担的技术职能多一些，后者代理了更多的行政职能，通过有机配合、优势互补，都是电力行业内重要的第三部门。首先，电网调度与电力监管都不同于单纯以营利为目的的企业职能，而是服务于公共利益；其次，电网调度与电力监管都不是传统意义上的政府机构，属于专业性、行业性的公共机构；第三，电网调度与电力监管都行使某种公共权力，因此都应有比较明确的权力来源与授权范围，以及完整的规则与严明的程序。总之，电网调度与电力监管具有内在的契合因素，电网调度纳入监管体系将回归本色轻装前进，电力监管增添调度职能将获有力抓手如虎添翼，而它们共同组成的电力行业非营利组织体系（另外还应包括中电联等行业协会与中介组织），将是对市场机制的完善、对政府职能的创新，对于电力行业发挥的作用将比市场更公正更全面、比政府更高效更准确。

（5）加强调度监管的必要性

综合前述可以看到，加强电网调度的专门监管已经具有了必要性与紧迫性。加强调度监管，是保障电力系统安全稳定运行、形成风险平衡机制的需要，是保障技术整体性协调性、保障电网健康发展的需要，是保障电力产业货畅其流、电力交易顺利实施的需要，是保障电力市场公平公正、约束行业内公共权力的需要，是有效规制垄断、促进行业健康发展的需要，是发挥社会效益、促进电力行业和谐的需要，另外，加强调度监管也是应对行业矛盾、促进市场化改革的需要。因此，抓住了调度监管，电力监管就有了有力的抓手，对于拥有垄断强势的电网企业才具有制约手段。

3、现实条件下强化调度监管

当前，对于电网调度，需要明确监管目标与原则，依据电力监管部门的职能与调度职能本身特点进行有针对性的监管。在没有进行根本性调整的情况下，更有必要针对目前的错位情况来加强监管。

（1）调度监管的目标与原则

以科学发展观为统领，健全体系，理顺机制，完善规则，落实手段，通过开展调度监管促进我国电力行业健康、可持续发展。

调度监管的基本目标，就是促进各级调度交易机构的各项工作达到“依法依规，诚信独立，规范透明，公平公开，高效专业，接受监督”。

调度监管的基本原则，就是通过开展调度监管来“确保安全稳定，保持整体协调，促进货畅其流，维护市场公正，推动行业和谐，有效规制垄断”。

（2）依据电监会当前职责开展调度监管

一是在安全监管方面，监督落实内部安全生产管理责任制，组织或参加电力事故调查、提出处理意见，组织专项安全检查与安全性评价，落实有关事故预案工作。二是在电力市场建设方面，拟订运行规则，审定运营模式和机构设立方案。三是在市场行为方面，推行和完善《并网调度协议（示范文本）》，监督检查财务结算与电费清算行为，开展治理商业贿赂工作。四是在市场秩序方面，规范厂网协调，处理并网与互联纠纷，开展电力争议调解与行政裁决，受理投诉举报，调查处理违法违规行为。五是在标准方面，参与制定调度交易机构技术、安全、定额和质量标准并监督检查。六是在信息方面，推行“三公”调度，建立监管信息系统，落实信息报送、披露以及统计、发布的有关要求。

（3）针对调度机构职能特点开展调度监管

目前我国电力监管部门已经对于调度（交易）

机构开展了比较全面的监管，但分散于市场监管、输电监管、安全监管等不同范畴，还缺乏对于电网调度这个公器的专门的分类监管。因此，必须针对电网调度的特点，即必不可少的产业公共环节与拥有强制代理权的公共职能来加强监管。首先要抓住调度监管的重点：一是对调度核心职能即方式配置的监管，检查各项方式计划与预案是否合理、是否损害其他市场主体；二是对调度部门提出的规划建议特别是设备选型标准的监管，检查是否对相关市场产生不良导向、是否误导了投资者或侵犯其独立选择权；三是对设备并网投运、事故处理、远方操作等调度指挥行为的监管，检查是否自由裁量权过大、指挥下令过程是否符合程序；四是对调度在电力交易整个过程中行为的监管，检查是否损害其他市场主体、是否妨害交易正常进行。其次要充分运用各种监管的手段：一是参与审定发布各级《调度规程》、方式编制原则以及设备并网启动程序等；二是联网获取实时电网信息，要求公布电网接线方式、检修与发电计划以及事故预案等；三是要求公布设备选型标准、电网规划建议；四是要求公布所有电力交易的电量统计、电价确认、电费结算情况；五是组织专项检查与专业评价，发布专门的调度监管报告。另外还要正确把握调度监管的要点：一是专业性，是否违反基本规程与行业惯例；二是公正性，是否损害其他市场主体或者帮助部分企业额外获利；三是有效性，是否影响整个市场的交易秩序与运行效率，是否产生错误的信号或导向；四是可监督性，是否存在不够公开的规则与不够明确的程序，是否存在信息封锁而使外界难以监督。

(4) 针对目前的错位情况开展调度监管

目前，行使行业公共职能的调度交易机构依然属于电网企业的内部机构，这种错位成为我国电力行业很多矛盾与问题的内在根源，由此引起的争议与纠纷难以根除，必须有针对性地加强监管。第一，监管电网企业是否利用调度职能谋取特别利益，例如是否转移电量与电价性质、拖延克扣电费甚至转嫁债务，是否在辅助服务环节侵占其他独立电厂利益、挤占市场份额与并网机会，是否歧视不同发电企业或变相排挤符合国家政策的电厂。第二，抓住调度这个主要矛盾、加强厂网协调的监管，一是方式安排的公开性，应公开计划编制的原则，提高市场主体独立的预期能力；二是方式计划的严肃性，一旦公布即避免随意更改；三是协调解决随着改革而出现的各个独立电网企业之间的互联问题（例如国网与南网之间）；四是在强调“三公”调度的同时督促发电厂完成应尽义务，共同维护公平公开的市场环境。第三，监管全国电力行业的整体协调，一是引导厂网双方通过监管机构解决矛盾，避免私下交易，形成有效的公共协调机制；二是加强基本制度建设，强调调度纪律，维护调度权威；三是明确二次系统的技术标准与投资建设机制，防范由于企业拆分和行业改革带来的电网调度管理与技术标准的割裂；四是加强输电阻塞管理与总体供需平衡预测。第四，在区域电力市场技术支持系统建设中，强化数据采集、潮流计算、安全校验、合同分解、计划编制与预案仿真等方式配置功能，逐步加强在市场建设中的主导性，避免市场交易受制于调度部门，甚至争取逐步替代现有调度自动化系统的部分职能。第五，尽快落实国发[2002]5号文件关于“电力监管委员会向区域电网公司电力调度交易中心派驻代表机构”的要求，组织专业队伍进驻调度监管的第一线，提高监管的力度与时效性。

(5) 抓住方式配制这一调度核心职能，争取主导电力市场建设

调度职能可以分为运行指挥、方式配置、市场交易等三大类，其中方式配置职能是电网调度的核心职能，包括信息、规划、配置、（事前）准入、技术职能等等一切不需要调度员直接下令的调度职能。它几乎涵盖电力行业全部公共职能，而且属于占主导地位的、富有弹性的离线管理模式，是调度权力的根源、行权的枢纽。方式配置职能不仅直接影响电力市场各类主体，而且对于另外两类调度职能也具有很强的指导力。例如，任何交易合同实施之前的安全校验及实施过

程的合同分解与方式安排都属于方式配置范畴，而市场交易职能仅仅接受方式校验的结论并确认合同分解与方式安排的结果，因此方式配置职能对于市场交易职能具有绝对的指导地位，缺乏方式配置职能的电力交易机构不是真正的电力交易机构。所以，监管机构在电力市场建设中应努力在技术支持系统中加强方式配置的功能，避免日后交易中受制于调度部门，甚至可争取逐步替代现有调度系统的部分方式配置职能。目前东北电监局引进调度实时信息并建立仿真系统，华东电监局在电力市场技术支持系统中强化安全校验功能，都可以看作监管部门对于方式配置职能开始染指的尝试。先共享信息，再干预评价，某些则直接取代，使对市场资源配置与市场交易过程影响巨大的方式配置职能真正成为行业公共职能。

第二节　电网调度机构独立的改革设想探讨

一、电力监管职能落到实处的改革设想

对电力系统的市场化改革，在世界范围已经开展了二十余年，至今仍然在进程之中。我国新型的电力监管体系，更是我国国情背景下的创举，几多困境，需要新的思路与对策。而通过纠正上述调度职能的错位，可望探索电力行业监管实务化的新模式，夯实监管基础，强化监管力度，获得有力抓手。

1、监管的困境与抉择

目前在电力行业中，监管机构是最受媒体正面评价的，一方面因为被寄予改革的希望，一方面也由于自身力量的薄弱、始终属于一种“挑战强者”的角色。成立三年来，虽然从纵向看电力监管机构付出了很大努力也获得了较好的发展，但从横向看，电力监管机构依然定位不准、立足不稳。在目前倾斜的行业模式下，由于严重的信息不对称，以及调度（交易）机构与电网企业联合起来所产生的巨大影响力与惯性，监管机构在电力监管的博弈中困难重重，可能由于缺乏实时信息而被架空，或者由于缺乏专业能力而失去权威，可能由于实际影响力孱弱而四处碰壁，也可能被势力强大的对手逐步“俘获”。因此，目前电力监管机构现实的选择只能是从职能的两个来源出发，从市场化改革的两个层面出发，争取走出一条有中国特色的监管新路子。目前的监管模式借鉴了西方成熟市场经济国家的理念，过于谨慎自律，而中国社会一方面崇尚权威、缺乏自治传统，一方面处于一个重建社会体系、政府简政放权的进程，没有实权与实务的监管模式总有隔靴搔痒、远水不解近渴之嫌。所谓实务监管，是一种针对我国国情的制度探索，即一方面向传统政府部门争取部分行政权力，将监管与行业管理相结合，一方面抓住行业主要矛盾，接管行业内的公共职能机构——电网调度（交易）机构，从两个方面强化对于整个行业的影响力。中立不是孤立，有为才能有位，干实事、抓实权才会有实效，这是监管机构的一种主动作为，也将是对整个行业最实质的利好。

2、夯实监管基础——广义的电力市场

电力市场是一个异常丰富的体系，从结构看可以有各种复杂的分类。如从交易对象上可以分为电能量市场、辅助服务市场、输电权市场以及相关的投融资市场、基建市场与排污市场，从交易主体上可以分为单一购买市场、批发市场与零售市场，从交易方式上可以分为场内竞价交易、场外双边合约交易以及期货交易市场，从市场层次上可以分为互联市场、区域市场与地方零售市场等，不一而足。历史性地看，电力市场又可以分为传统上的市场、当前的市场乃至未来的市场。电力监管的核心是监管电力市场，而市场的本质是一系列交易的集合，只要存在电力交易就需要监管，即使没有建成“区域电力市场”、即使没有引进市场机制，渠道间接、多边影响的电力交易同样需要监管。所谓监管就是对市场交易进行第三方干预。搭建一个交易场所是一种干预，而其他价格方面、规划方面、准入方面、信息方面、

技术方面的干预其实也都是对于市场交易的监管。因此，不仅是有形交易场所意义上的市场、不仅是市场机制意义上的市场，电力监管的电力市场应是最广义的电力市场——电力产业发、输、变、供各个环节的市场行为。不论目前正在建设的“区域电力市场”建设到什么程度，电力监管部门都不能画地为牢、自我设限，而应努力把市场监管的范围真正覆盖全部电力产业环节。而真正能够覆盖全部电力产业环节的正是电网调度这个行业公共职能，对于电力市场中各类主体均具有相当的影响力。抓住了这个职能，电力监管才是真正的市场监管，才算落实了监管职能、夯实了自己的立足点。

3、强化监管力度——实务化

随着职能的充实、领域的拓展，监管实务化是电力监管的一个发展方向，只有通过介入调度职能、掌握电网调度信息才能使监管实践更加主动、更加明确、更加有效，而这些直接、有力的实务监管也将对监管机构发挥更大的作用、树立更高的行业威信起到关键的作用。由于电力产品的复杂性、企业的垄断性、信息的外部性，监管机构与被监管者之间的信息不对称是目前监管实践中的棘手问题，内容不全、传递不畅、质量不高的现象相当普遍，而本身就是行业重要信息源头的电网调度可以在很大程度上进行弥补。目前的监管实践大多属于事后监管乃至比较被动的“有事机制”，调度职能可以帮助开展更多持续性监管、日常化和实时化的事中监控，以及有效的事前引导或风险预警。目前的监管实践大多属于定性监管，调度职能可以帮助开展更多定量监管，提高监管队伍的人才质量，提高监管系统的专业性与技术实力。目前的电力监管刚刚完成基础性布局，调度职能可以帮助完善操作层面的程序化、明细化，不论服务还是执法都将获得更多的手段。目前的监管实践普遍缺乏直接的力度，调度职能可以帮助提高针对性与时效性，例如对吊销准入资格的企业第一时间由交易市场“停牌”，对实时性的价格异常进行“涨停”、“跌停”等操作。

4、借助调度职能服务于监管职能

目前我国电力监管部门已经具有比较丰富的职能，其中很多内容都与调度职能具有高度的契合。如果将调度（交易）机构纳入监管体系，借助调度职能服务于电力监管，可以起到四两拨千斤的独特作用，因此调度（交易）机构既是监管机构的监管对象，也完全可以成为监管机构的专业工具与有力助手。在安全监管方面，可以充分发挥调度（交易）机构的技术、信息、准入、规划、配置等多项职能，及时预警紧缺形势，积极预防安全隐患，妥善处理电力事故，提高电力系统的整体安全水平；在市场准入监管方面，可以通过调度（交易）机构的规划职能引导投资，可以通过准入职能监控垄断与准入条件的变化；在价格成本监管方面，可以通过调度（交易）机构的信息职能与交易职能，为审核电价、成本监控、价格检查、调查建议、查处操纵市场行为等监管工作提供助力；在市场行为监管方面，可以通过调度（交易）机构的配置职能与交易职能，有力推进并监督输电企业无歧视和公平开放电网，实现厂网协调，可以规范《并网调度协议》等合同行为，协助监管财务结算与电费清算行为；在服务监管方面，可以通过调度（交易）机构的技术职能与配置职能，提高电能质量、规避市场纠纷、落实普遍服务；而在其他社会性监管方面，可以通过调度（交易）机构的技术职能与准入职能，落实国家在电力环保、技术、安全、定额和质量标准等多方面的政策与标准。

5、电网调度，电力监管的有力抓手

在目前调度交易机构依然隶属于电网企业的格局之下，电力市场建设不顺、运行不畅，电力监管立足不稳、博弈无力，行业发展与行业监管均难以实现理想的机制与模式。如果不改变现有格局、不争取调度交易机构独立，仅仅依靠加强调度监管是不充分、难以治本的。“要知道梨子的滋味，你就得亲口吃一吃”（《实践论》第9自然段）。电力监管机构要真正发挥监管职能，就要有破有立、真正“进入”行业，类似证监会直接管理沪、深两大证券交易所，勇敢地抓住行业公共职能（而我国电力行业恰恰就有这样两笔有价值的遗产：调度体系与安监体系）。调度独立（而不仅仅是交易系统独立）已经成为电力市场建设顺利推进的重要条件。调度不独立必然造成电力市场的扭曲，厂网矛盾难以根除，主多分离难度加大，市场秩序从根本上不可能理顺。只要调度不独立，它与监管机构之间就会存在立场鸿沟，其行业公共职能一经与电网企业联合就会产生巨大的行业影响力。调度职能是电力行业内最大的公器，这个公器掌握在哪一方手中，就会在博弈的力量格局中获得优势、占据主动，甚至只要善于抓住这个素材借题发挥，也有望争取到更多的话语权。因此，在监管与被监管的博弈中，调度独立是监管机构夯实立足点、顺利开展并不断强化监管工作的必须。

二、深化电力市场化改革的设想

电力行业是建国以来管理体制变动最频繁的行业之一，但至今依然是一个“话题”很多的行业，依然没有摆脱周期震荡、效率低下、发展不平衡、内部不公等行业积弊。电力行业体制改革本是走在其他垄断行业之前的先行者，但时至今日已经颇有后继乏力的感觉，也许通过纠正上述调度职能的错位，可为解决电力行业诸多难题与困境提供一把钥匙。

1、行业的持续发展

目前发电领域与电网领域存在不同的困境。

在发电领域，瞬间平衡的电力供需关系永远需要裕度，而让这种裕度更加合乎逻辑、更加公平有效的唯一途径只有市场。任何人只能通过信号来影响市场，而不能通过审批等手段替代市场，否则等待他们的只有电荒这样的惩罚与讽刺，否则中国的电力市场吸引的只是没有未来的投机者而不是理性的投资者，中国电力的舞台上只有行政垄断的政绩而没有令人尊重的企业家，中国电力行业为社会制造的只是庞大利益集团而缺乏优质的产品与服务。因此在发电领域，目前主要矛盾依然是政府行政权力与企业自主权力的问题，需要长期的博弈与更加宏观层面的机遇。

在电网领域，调度（交易）机构从电网企业中独立出来是理顺电网建设机制的基础，是突破瓶颈、引进多元投资的基础。否则，一方面代理过多行业公共职能会成为反对多元投资的理由，也可能成为电网企业盘剥其他弱势投资者的借口；另一方面目前的捆绑模式难以合理地确认成本、价格与回报，这样一来，人为设置的回报如果不足，自然缺乏对投资者的吸引力，而回报过高显然又将引发新的弊端。目前电网企业与调度（交易）机构捆绑运作，有不少行业惯性的成分，如果理性地思考，在调度（交易）机构独立的同时，将电网企业明确定位为单纯的电网建设／电网运行维护企业，其实也是解困之策。第一，这个定位可以减轻电网企业负担，从根本上明晰企业使命、轻装上阵，否则电网企业永远要为调度（交易）机构昂贵的人力、物力成本买单，而且总会在安全稳定的社会目标与利润最大化的选择中游移。第二，这个定位可以帮助电网企业理顺经营理念与理财模式，获得可以预期的、持续发展的营利空间。剥离了调度这个公共机构，可以使输电企业的成本更加清晰，而剥离了调度这个公共职能特别是规划职能，将在极大程度上解决输电网成本合理性的问题！否则，即使手握公器也依然会受到来自上游发电上网电价与下游销售电价的双重挤压，而且不论如何定价都永远会受到根本性的不信任。第三，这个定位可以帮助电网企业谋求更大的发展空间，获得明确营利机制与营利空间的电网企业才可能更顺利地实现企业改制、引进战略投资、海外上市等等一系列财务规划与宏图大计，不与行业公共职能相捆绑的电网企业才可能更名正言顺地实施多元化投资战略并获得与相关企业开展各类战略合作的机会。当然，输电业务与调度职能分离并实行放开后也存在一定的隐患，例如安全体系重构问题、电网之间的协调问题、投资规划的控制问题等，都需要专门的监管以及来自调度（交易）机构的指导。

2、深化改革的任务

国家第十一个五年规划纲要中明确了“巩固厂网分开，加快主辅分开，稳步推进输配分开和区域电力市场建设”等电力行业深化改革的四项任务，而调度（交易）机构的独立将为上述问题的解决提供新的动力与新的选择。第一，如前所述，调度（交易）机构从电网企业中独立出来已经成为电力市场建设顺利推进的重要前置问题，如果能够先期实现调度（交易）机构的独立，电力市场建设将借此获得专业化的助力与空前的力量。第二，如果能够先期实现调度（交易）机构的独立，将为解决厂网分开提供最坚实的基础、提供更加灵活的出路——输电渠道（电网运行维护）与辅助机组其实是输电服务的左手与右手，只要不与调度这个电网的大脑相结合，就不会再对其他独立发电企业产生不公正的威胁，对现代化大电网的整体技术特性而言，双手配合的输电服务才更加有效、更加充分，与市场的需求更加匹配。第三，如果能够先期实现调度（交易）机构的独立，将为解决主辅、主多分离提供更加灵活的出路——调度（交易）机构从电网企业独立出来之后，调度人员具有了非营利事业单位准公务员身份，要求其退出在电力多经企业的股份才可能名正言顺、顺理成章。否则，不顾历史背景的一刀切式主多分离将失去大部分电力行业基层职工的理解与拥护。第四，输配分开目前最大的疑问其实在于分开之后各自是否有可行的生存、发展模式，配电侧固然担心增加竞争的风险，而输电侧更担心缺乏足够的财务保障——配售电环节固然可以借助接近客户的优势开辟新的利润增长点，电网骨干网架的投资缺口将只能随着输配分开而更加醒目！如果能够先期实现调度（交易）机构的独立，一方面，如前所述将为我国电网的持续发展理顺机制打下基础，一方面，将使输配分开只有比较单纯的业务整合意义，而对于具体如何分开将可以在技术层面寻求多种解决模式。而如果输配分开之后双方都依然是电网企业与调度（交易）机构的捆绑模式，则对理顺行业机制并没有根本性的改善，不过仅仅进一步增加了利益博弈的复杂性，甚至可能增加电网在规划整体性、运行协调性乃至系统安全性、稳定性方面的风险。

3、市场化改革的思维

如前所述，我们进行的是电力行业的市场化改革，是对于政府与市场关系的调整，是对于行业公共机构与电力企业关系的调整，是对于公权与私权关系的调整。第一，电力行业的市场化改革不应是简单的流程拆分，环节独立仅仅是开始，还需要准确的性质定位与符合逻辑的制度安排。如果仅仅满足于企业资产的整合与政府权力的转移，如果仅仅关注于不同群体间利益的划分与行业内部矛盾的转化，那么与建国以来电力行业已经经历多次的管理体制分分合合就没有本质的区别。第二，电力行业的市场化改革不应是鲁莽的资产整合，硬碰硬的利益博弈往往得不到理性的结果，只能成为循环往复的妥协手段。只有真正对行业相关角色进行准确的性质定位，并且按照不同的性质定位理顺它们的制度安排，使它们按照自身应有的角色、按照市场内在的客观规律真正能够生存、能够发展、能够竞争得起来，改革所付出的成本与风险才有所价值。第三，电力行业的市场化改革不可能是必胜的道德高地，只能因势利导、求同存异，要坚信市场内在的合理性，耐心把握最终的方向，更要兼顾各方利益、为改革找到更大的同盟军。在具体措施方面，应选择更加可操作的方案，让被改革者也能有所余地、有所选择，甚至可以有一定的积极性参与其中——为自己的未来利益而争，而不仅仅是为了自己的既有利益而争。第四，电力行业的市场化改革不可能是轻松的一劳永逸，市场化不能解决所有问题，而且永远要面对新问题，需要忍耐与务实。反垄断不是目的，只是某一种选择，市场化没有终极，只是一整套手段，即使在成熟市场经济国家，电力行业的市场化也是一个过程，也需要不断调整与探索。总之，如果能够先期实现调度（交易）机构的独立，先期解决好电力行业内部机制的根本性问题，不但可以为其他具体的改革项目奠定良好基础，而且可以使我们的市场化改革在心态上更加从容、理性，在手段上更加灵活、务实。

三、电网调度机构独立的路径选择

纠正调度职能错位的路径选择就是电力市场建设的进程，其核心环节是方式配置的职能，其焦点问题是财务支持模式，同时调度（交易）机构独立依然存在诸多不确定因素，需要细致的实干与耐心地运筹。

1、电网调度（交易）机构独立的路径选择

（1）抓住调度（交易）机构独立的核心环节——方式配置

如前所述，在方式配置、运行指挥、市场交易这三类调度职能中，方式配置是核心职能，因此调度（交易）机构独立的核心环节是方式配置职能，只有方式配置职能与市场交易职能一起脱离电网企业，调度（交易）机构独立才实至名归。而运行指挥职能主要是一种企业内部的操作职能，工作量繁琐而影响力有限；是一种在线的、刚性的职能，自身承担着较大的风险与责任，是一种被动的执行职能而不是主动的管理职能，因此在调度（交易）机构独立的过程中，这部分职能完全可以留在电网企业内部。但与此同时，必须制订相应的法规与有关协议、规程，加强调度（交易)机构对电力企业中运行指挥行为的监管，加强方式配置职能对运行指挥职能的指导力度，最大限度减小调度员现场的自由裁量权。近年来江苏、河南、安徽等地调度部门推行的“站内操作许可制”与“委托操作制”等等，都可看做是调整方式配置职能与运行指挥职能关系的有益尝试。市场交易职能包括合同分解实施、交易结算等等与电力交易过程相关的调度职能。由于电力交易合同实施的复杂性与间接性，即使是合同当事双方也难以决定交易的最终实施，更缺少足够的信息来评估服务的质量与数量，因此电力交易机构必须从电力企业中独立出来，作为不以营利为目的的公共机构来运作，这样才可能真正降低市场交易的成本。在电力系统中，方式配置职能对于市场交易职能具有绝对的指导地位，缺乏方式配置职能的电力交易机构不是真正的电力交易机构。另外一个值得额外关注的是规划职能，它本应属于调度职能，但目前很大程度上由电网企业内部的计划部门承担，并服务于企业自身的资金规划与公关运做。而电网规划在某种意义上就是对于电力产品流通渠道的设计，对于电力市场主体、客体、载体、介体均有重要影响，因此规划必须脱离企业职能而上升为公共职能，让电网与城市同成长、与社会共进步。总之，调度（交易）机构独立应抓住电力行业最核心的公共职能。

（2）从电网企业中独立出来的策略——有取有舍

如前所述，调度（交易）机构从电网企业中独立出来，是电力行业市场化改革的真正要点，也是解决电力行业很多难题与困境的一把钥匙。因此，有必要将调度（交易）机构的独立作为一项改革前置步骤，争取提前完成。在具体方案中则应注意策略性，有取有舍。一方面，在三类调度职能中可以将运行指挥职能保留在电网企业中；另一方面，目前我国电力行业的调度体系分为五级，即国调、网调、省调、地调、县调（从业人员大约一万六千）。其中与电力市场建设关系最为直接的、拥有前述行业公共职能最全面的是前三级调度（国调、网调、省调，大约两千人)；而后两级调度（地调、县调）完全可以通过职能调整将其局限于操作指挥等有限的职能范围，或者通过技术升级将其简化合并，目前青岛就已经实现了从220kV到380V统一调度的垂直合并。总之，对于现有调度体系，可以根据有利于电力市场建设、有利于理顺行业公共职能、有利于控制总体编制规模、有利于规避直接操作风险等等原则灵活制订具体的独立方案，有取有舍。

（3）建设电力市场体系中独立的调度（交易）机构

调度（交易）机构独立应与电力市场建设进程密切配合。没有调度（交易）机构独立，电力市场建设就缺乏有力的支持与专业技术方面的帮助；而没有电力市场建设，调度（交易）机构的独立可能也缺乏足够的火候与机遇。独立调度（交易）机构的建设，在其规则设置、技术支持系统建设等领域应服从服务于电力市场建设。第一，建设电力市场中独立的调度（交易）机构必须克服来自企业的影响，既包括电网企业也包括发电企业，以及未来其他购电主体，都应该获得公平竞争的机会；第二，建设电力市场中独立的调度（交易）机构，必须纠正调度专业本身的技术至上意识，市场仅仅属于交易者，既不能妄图用行政计划代替市场，也不能幻想以任何似乎高科技的计算机系统代替市场；第三，建设电力市场中独立的调度（交易）机构，应充分利用目前电力行业调度体系的现有成就，无论是干部与人才队伍，还是技术支持系统与历史基础资料，不论是专业规程与管理制度，还是目前已经进行到一定程度的电力市场建设工作，都要尽量避免另起炉灶，应通过调整、改进与完善而争取事半功倍；第四，建设电力市场中独立的调度（交易）机构，还要充分考虑电力监管的需要，监管是电力市场的必须，调度（交易）机构是监管的有力抓手，监管因素也是一种市场因素，因此建设电力市场必须以监管部门为主导；第五，建设电力市场中独立的调度（交易）机构，特别是在规则建设层面，必须处理好与国家政策部门的关系，一方面，电力市场可为落实国家有关环保政策、能源政策、产业以及技术政策提供机制与对策，应有相应的大局意识、责任意识，但是另一方面，电力市场决不能简单地沦为政策部门特别是短期宏观调控的工具，必须保障市场机制有独立发挥作用的空间，保障电力市场具有长期稳定的信用，避免威而不信的后果。

（4）维护调度（交易）机构的配套措施

如果调度（交易）机构能够从电网企业中独立出来，类似沪、深两大证券交易所理所当然由中国证监会直接管理，电网调度（交易）机构理所当然应该纳入电力监管体系以内，并得到更加有力的维护。第一是法律法规体系建设，调度职能包括代理其他市场主体权力、直接干预市场甚至直接远方操作，并影响大规模的资源配置与资产收益（包括大量二次设备），因此必须通过严密的法律与明细的程序规范其行为、公开其操作，同时这也可进一步巩固其行业地位、规避相关风险。第二是信息系统建设，信息的采集与加工、企业的报送与披露、调度（交易）机构的信息发布，都必须制订相应的法规与具体的标准要求、操作流程，而调度信息系统与监管信息系统的有机结合无疑将事半功倍、相得益彰。第三是制衡体系的形成，对于调度职能这个行业公器必须形成制衡体系，既应包括监管机构的专项监管与仲裁机制，也应包括全部市场主体的共同监督，还应包括纪检监察、廉政监督、干部人事管理等，以及来自社会的、媒体的、消费者的舆论监督。第四是注意处理好调度职能与调度队伍的角色转换，从企业技术管理人员转为公共机构专业人士，从企业内部部门管理转为严格遵守法律授权与程序规范的公共管理，从顾及电网企业利益转为兼顾投资者、消费者、被监管企业及社会整体利益，从技术偏好转为综合评价并全面提高监管效能。总之，依法依规监管、公平公正监管、高效透明监管是实施电力监管必须坚持的基本原则，因此诚信独立、依法依规、规范透明、公平公开、专业先进、接受监督也是调度（交易）机构区别于传统电网调度、进入新的发展境界的基本原则。

2. 调度（交易）机构独立的焦点问题——财务支持

调度（交易）机构独立的焦点问题是财务支持模式——缺钱可能成为调度（交易）机构纳入电力监管机构最大的障碍。

（1）调度（交易）机构的资产结构

电网调度（交易）机构拥有丰富的职能，与此同时，我国电网调度系统也拥有相当可观的资产。一是固定资产，我国电网调度（交易）机构通常都拥有位置良好、质量优良的房屋土地资产，虽然本身占用面积并不很大，但不少电力公司的办公建筑都是以调度中心的名义报建的。一是专业技术装备，调度自动化系统是每个电力公司都高度重视、不惜重金投入的项目，软件不断扩充、硬件不断升级、再加上必要的电力通信设备，为电网调度部门提供专业技术装备已经成为一个繁荣的行业。另外还有人力资源与无形资产，在电力行业中调度系统历来是人才汇集的专业，拥有一支素质很高同时价值也比较高的专业队伍，而调度系统的规则体系、管理程序、专有技术、传统文化与行业威信也是不可忽视的资产。总之电网调度(交易)机构的资产特点是：既有硬件资产，也有软件资产，数量普遍不多，价值往往不菲。

(2) 调度（交易）机构的运营成本

电网调度（交易）机构在技术密集、资金密集的电力行业中处于重要的核心地位，其运营成本同样是相当可观的。第一是运行费用，主要包括人工成本、物业开支、人员培训、规程修订等，也包括房屋与调度专业技术装备的维护费用。第二是重置成本，主要包括房屋的折旧与调度专业技术装备的折旧，由于电网调度（交易）机构自身没有营利机制，因此融资成为一个核心工作，往往新的自动化系统还没有投运就要开始为几年后的新系统项目而运作了。第三是升级投资，目前我国电力行业处于外延快速扩张阶段，调度专业技术装备更新换代的速度远远快于正常的折旧速度，这就需要额外的升级投资与技术研发投资。第四是营业外支出，一方面是题内应有之意，调度（交易）机构作为电力行业的公共环节承担着很多公共职能，技术监察、业务培训等往往需要额外的投入；另一方面是无奈的成本，调度(交易)机构作为电力行业外部性最大的环节往往还要承担很多难以判断技术经济必要性的公益成本，例如目前一些地方配合当地政府社会公共安全容灾备份体系建设而开发的第二调度系统项目。

(3) 调度（交易）机构的核心资源管理

调度（交易）机构的核心资源是人，因此人力资源管理具有重要的地位。调度（交易）机构的从业人员，应该既精通电网相关技术、又了解电力行业经济运行与企业管理，既是具有丰富经验的专业人士、又是素质较高且遵规守纪的公共管理者。而要管理好这样的人力资源，第一需要相当的购买能力，即需要提供具有可比性的薪筹水平，而传统上调度专业在电力企业中都属于收入较高的岗位；第二需要人力资源的增值维护，即通过严格的选拔、培训、考核、监管乃至建立执业资格认证机制，不断提高调度（交易）人员的素质、技术与经验，增加人力资源的价值；第三还需要完善资源配置，即通过合理的流动使调度人员发挥更大的作用、使人力资源增值，在电力企业中调度专业通常都是干部与技术专家的重要来源，纳入监管体系以内，只要解决好进口与出口的机制问题，相信调度系统同样会成为电力监管人才的重要来源；第四还要防范人力资源的贬值与意外减损，应加强对调度人员的约束与监管，一方面通过合理的制度安排制约其权力、规范并监控其行为，一方面应针对这类专业人员的特点，加强成本约束，培养团队和谐，克服技术偏好，强调组织使命。

(4) 调度（交易）机构财务支持的两个课题

如前所述，调度（交易）机构独立的焦点问题是财务支持问题。电力监管机构如果接管调度系统，在收到一笔可观资产的同时也将面临同样可观的运营成本，调度（交易）机构的核心资源是人，这可能是无价财富，也可能是烫手山芋，因此在启动调度（交易）机构独立之前，必须对未来调度（交易）机构的财务模式进行比较充分的论证与准备。

一个课题是对于电网调度（交易）机构财务运营的监管。如何克服技术至上倾向，如何控制面子攀比行为，如何提高监管效率，如何开展绩效考核，如何在筹资能力与投资欲望之间平衡，这些都需要在非营利组织运作而不再是普通企业管理的范畴以内研究解决——由于非营利组织没有明确的利润目标，因此在成本控制、效率与收益衡量、投资决策依据、机构目标确认以及同业对比等方面往往存在困难，需要在实践中探索。

另一个课题就是财务支持模式的问题。目前专题的研究很少，但借鉴其他非营利组织，可供选择与比较的至少有五种模式。一是财政模式，即由国家财政直接拨款，但电网调度（交易）机构与一般的事业性单位不同，是资金密集、人力密集的机构，资金需求的数量比较大，而且对于审批程序的效率与灵活性有自己的要求。二是交易服务费模式，即对每一宗经过电力市场的交易进行收费，但由于电力交易的数量、频率难以预测，因此难以保证收入的稳定性（而且可能造成市场外交易增加），另外如前所述调度职能非常丰富，只对其中一种收费也不是最佳选择，而且目前区域电力市场所覆盖的电力交易还只占很小比例，所能收到的费用将很少。三是电价附加模式，即在我国电力销售价格中增加“调度管理费附加”项目，但一方面在电价中附加收费是一种已经被广大消费者诟病的行为，有损监管机构的公众形象，另一方面电网调度（交易）机构主要服务于行业内部，向全社会直接收费理由不足。四是捆绑业务模式，电力通信是很大程度上完全服务于调度职能的通信系统，本身有一定规模与技术水平而且占据日益稀缺的城市基础网络资源，如果得到政府支持完全可以与调度（交易）机构相捆绑而将其收入作为对后者的财务补贴，但这个模式容易与电网企业产生产权纠葛，也可能分散调度（交易）机构的工作重心，而且在长期的市场竞争中其自身的营利能力也存在风险。五是会员费模式，即将电网调度（交易）机构进行会员制运作，向所有具备市场准入资格的市场主体收取会费，这个模式的会费数量稳定，稳定性、灵活性、针对性也比较好，而且各类电力企业在剥离掉这个最大的外部性机构、轻装前进的同时也有义务为享有的行业公共产品付费，但另一方面这个模式容易引发对于机构独立性、中立性的侵犯，电网调度（交易）机构作为行业监管体系的一部分、作为非营利机构其职权应该来自全体人民而不是少数会员及其会员章程，电网调度（交易）机构向电力企业收费的权利不应与向对方提供服务的义务形成直接的关联，这种服务的数量、质量等都不应成为享受服务者讨价还价的条件。

3．调度（交易）机构独立的不确定因素

调度（交易）机构独立是真正触及电力行业内在机制的改革，必然存在诸多不确定因素。

（1）调度（交易）机构独立的动力

运动永恒，因为矛盾的存在，而调度（交易）机构独立的动力同样也是矛盾。首先，从调度（交易）机构独立本身来看，这是电力行业以内一种对于行业公共权力与企业自主权力关系的调整，也是建设电力行业新型监管体制的重要举措，是电力行业市场化改革的应有之意，具有内在的合理性。其次，如前所述，电网调度设置问题是当前电力行业很多矛盾与问题的内在根源，同时也是解决电力行业很多难题与困境的一把钥匙，不合理的生产关系迟早会被生产力的发展所突破。因此，虽然存在种种阻力与困难，虽然目前对于调度（交易）机构独立问题还研究不多、也没有进入任何有关电力行业体制改革的文件与计划，但几年来行业发展与改革的事态已经越来越向着这个方向推进。体制改革的踟蹰不前、监管体制建设的迟缓无力、行业发展的扭曲波动、电力市场的矛盾深化，其实都在为凸现这把钥匙的价值而积累动力，为解决调度（交易）机构独立问题培养越来越多的同盟军，为博弈增加砝码，青山遮不住，毕竟东流去。

（2）调度（交易）机构独立的成本

调度（交易）机构独立必然是一件阻力很大的事情，不是电力行业内部的人士甚至往往很难理解调度在电力系统中的特殊地位。但深入观察，调度（交易）机构独立其实也存在着很多意想不到的有利因素，一方面是有选择性，例如可以在五级调度中选取前三级，也可以在三类调度职能中留下运行指挥职能，现有调度职能体系是一套“明牌”，完全可以按照“控制机构规模、减少直接风险、抓住主要公共职能”的原则打出最有利的组合；一方面是有继承性，不必另起炉灶、白手起家，只要充分利用现有的人才队伍、技术支持系统以及相当成熟的管理传统，就完全能够完成电力市场的建设并一如既往地保障电力系统安全稳定——良好的基础与转换的压力使调度（交易）机构独立之后只会做得更好，不会做得更差，任何聪明人都不会用自己的错误来证明别人的错误。因此，调度（交易）机构独立的难度其实只在于前期的博弈，一旦捅破这层窗纸，实际的操作难度与转换成本远远没有想象的大，甚至将比输配分开与主多分离的操作难度要小。2002 年以来的实践证明，把五大发电集团从国电公司分离出来，并没有造成电力系统的混乱与额外的安全代价，那么在适当的时机，把电网调度中的方式配置与市场交易职能分离出来也不会天翻地覆，这应成为对于电力行业素质的基本判断。

(3) 调度（交易）机构独立的风险

如前所述，调度（交易）机构独立对于电力行业并不会带来很多实质性的代价，倒是对于作为接管者的电力监管部门会有一些不大不小的风险。调度（交易）机构独立并纳入监管体系是电力监管实务化的重要内容，但只要做事就会犯错，职能越实、风险越大。一方面是安全风险，虽然在具体的接管方案中可以将直接下令操作的运行指挥职能留在电网企业，但离线的方式配置职能同样具有一定的安全风险，包括方式安排、参数计算、预案编制、安全校验等等，电力监管体系可能因此从置身事外的单纯的监管者开始变身为亲自承担一定程度安全风险的行业环节之一；一方面是责任风险，目前的电力监管基本还是以事后监管为主，自身只有权利而没有责任，而接管调度（交易）机构之后，监管必将向事中监管甚至事前监管转移，承担的责任将加大；再一方面则是定位风险，目前为止我国的电力监管机构始终保持着谨慎、自律的新型监管者形象，而如果转向实务化，承担更多行政执行职能并承担起行业内实实在在的公共职能，不知是否会重蹈覆辙，象以前某些政府部门一样越俎代庖——其实，介入行业的深度、监管实务化的程度、如何平衡缺位错位与越位，可能是一系列需要永远调整与平衡的问题，而只要在迈步之前能够认识到这个风险的存在并随时注意评价与规避，就无妨开始必要的试验与实践。

第三节 2009 年我国电网调度新情况

一、南方电网

为统筹安排南方电网区域内红水河、乌江、澜沧江三大流域梯级水电优化调度工作，南方电网公司召集 18 个发电企业和水电厂人员，专题研讨了 2009 年流域梯级水电优化调度工作，制定了 2009 年三大流域梯级水电优化调度方案。

此次方案明确了将最大限度减少汛期弃水、实现梯级发电量最大化的水电优化调度目标，提出了汛前充分腾空主力水库、合理安排梯级蓄放水次序、滚动调整运行计划等梯级优化调度重点措施。

二、西北电网

1 月份：西北电网送华中电量 2.7302 亿千瓦时。

2 月份：西北电网送华中电量 2.4928 亿千瓦时。

3 月份：西北电网送华中电量 2.7483 亿千瓦时。

4 月份：西北电网送华中电量 2.65 亿千瓦时。

2009 年 5 月份调度交易计划

省际互供电计划：西北送华中 1.68 亿千瓦时；

直调电厂发电量计划：64.739 亿千瓦时；

发电检修容量：741 万千瓦；

220kV 及以上线路检修条次：28 条次。

三、云南电网

历时一年多，多次修改的新版《云南电网调度管理规程》将于 2009 年 5 月 1 日正式实施，原《云南电网调度管理规程》(2004 版）届时将同时废止。

随着云南电网规模的不断扩大和电网结构的日益复杂，2004 年颁布的《云南电网调度管理规程》已逐步呈现出部分条款不适应当前云南电网调度管理工作需要的情况。为更好地适应电网调度管理工作实际，结合2008年颁布的《中国南方电网电力调度管理规程》，云南电力调度中心于2008年初启动了《云南电网调度管理规程》修编工作。在全国范围内收集了南网、国网多个省区经验予以借鉴。初稿形成后，又多次向省内发、供电企业、大用户反复征求意见，最终通过公司审查，并批准颁布。

新版《云南电网调度管理规程》具有如下特点：一是向上保持一致，既传承了《中国南方电网电力调度管理规程》的总体思想，又充分结合了云南电网实际；二是充分吸取了云南电网调度系统近年来规范化建设工作取得的成果；三是扩展了调度管理模式以适应电网快速发展需要，如集控站管理、运检分离等；四是尽可能向下兼容，即将原以省调角度描述的一些要求调整为对云南三级调度机构均适用的通用条款。

新版《云南电网调度管理规程》的出台将进一步规范云南电网调度、运行工作，促进云南电网整体调度管理水平再上新台阶，夯实云南电网调度安全生产工作基础。

四、贵州电网

今年1月至3月贵州电网发电量251.3亿千瓦时，同比增长25%，其中水电发电量37.3528亿千瓦时，火电发电量213.9541亿千瓦时。1至3月统调火电机组煤耗率325克／千瓦时，同比降低9克。通过节能调度，共节约标煤84.1万吨（折合原煤130.1万吨），其中火电节约标煤19.2万吨，火电节约标煤64.9万吨。减排二氧化碳262万吨。全网监测的脱硫机组共产生22.44万吨二氧化硫，向大气排放二氧化硫0.99万吨，减少二氧化硫排放量21.44万吨，全网平均脱硫效率为95.54%。

贵州电网公司今年采取了五大措施开展节能发电调工作。一是认真贯彻有关节能发电的精神，发布节能发电调度相关信息，做好每月定期发布。二是通过优先调度可再生发电资源，按机组能耗和污染物排放水平依次调用化石类发电资源，最大限度地减少了一次能源消耗和污染物排放。三是以技术创新和管理创新作为推进节能发电调度的重要手段，形成了具有自主知识产权的电网节能发电调度关键技术。贵州节能发电调度三项技术《电网节能发电调度计划生成系统及集成技术研究与应用》《贵州烟气脱硫远程实时监测与脱硫电量考核系统研究及应用》《计及安全约束和网损修正的节能发电调度研究及实施》于3月3日通过了由中国工程院李立　院士、清华大学韩英铎院士、华中科技大学张勇传院士等9位专家组成鉴定委员会通过专家鉴定。鉴定委员会专家一致认为节能发电调度三项技术支持系统达到了国内领先水平。四是为提高终端电能使用效率。贵州电网大力推广10千伏线路自动调压器技术，完成30家以上企业节能建议书并进行节能设备的技术改造和安装工作，完成2086台S7型变压器的更换工作，城市配网的S7型及以下高损耗配变将进行全部更换。目前这些工作正在紧张进行中。五是认真落实对燃煤机组的在线烟气监测，使之达标排放。

五、安徽电网

电网调度运行六项工作。一、全力保证建设高峰期电网安全，；二、认真解决电网运行突出问题，加强电网和机组失磁保护协调性分析，推进失磁保护的协调管理；加快调速系统建模试点研究；做好新机组的机网协调管理；按照华东电网新频率控制要求开展工作；三、全面落实迎峰度夏重点措施，加强向政府的沟通汇报，加强与各发电企业的信息交流，团结一致，努力做好迎峰度夏各项准备工作，特别是北京奥运会举办期间有序用电工作；四、继续加强二次系统建设和管理，加大二次系统的建设改造力度，加强二次系统运行和安全管理；五、做好节能发电调度准备工作；六、深入开展电力优质服务，优化电力服务流程，规范服务行为，提高服务水平。

第三章 产业链发展分析及其影响

第一节 我国电力行业发展分析

一、2008—2009 年我国发电量情况

图表 108、2008—2009 年全国发电量及增长率统计数据

	时 间	本月止累计	本月止累计同比增长(%)
		全 国	
发电量(万千瓦小时)	2008 年 1—2 月	51,692,836.57	11.33
	2008 年 1—3 月	80,512,628.55	14.03
	2008 年 1—4 月	109,097,304.14	14.09
	2008 年 1—5 月	138,819,270.51	13.74
	2008 年 1—6 月	168,031,737.36	12.90
	2008 年 1—7 月	200,628,164.78	11.88
	2008 年 1—8 月	232,293,235.50	10.92
	2008 年 1—9 月	260,721,774.86	9.89
	2008 年 1—10 月	287,047,410.08	8.26
	2008 年 1—11 月	312,926,953.08	6.82
	2008 年 1—12 月	340,469,647.23	5.46

资料来源：国家统计局

图表 109、2008—2009 年北京市发电量及增长率统计数据

	时 间	本月止累计	本月止累计同比增长(%)
		北 京	
发电量(万千瓦小时)	2008 年 1—2 月	402,923.84	—0.20
	2008 年 1—3 月	588,417.05	—5.13
	2008 年 1—4 月	748,548.17	—2.62
	2008 年 1—5 月	913,081.86	—3.21
	2008 年 1—6 月	1,114,356.46	—0.84
	2008 年 1—7 月	1,331,080.73	—0.44
	2008 年 1—8 月	1,614,784.78	4.99
	2008 年 1—9 月	1,812,628.83	7.16

发电量（万千瓦小时）	2008 年 1–10 月	1,937,979.59	4.38
	2008 年 1–11 月	2,170,620.62	6.71
	2008 年 1–12 月	2,427,827.78	8.73

资料来源：国家统计局

图表 110、2008–2009 年天津市发电量及增长率统计数据

	时 间	本月止累计	本月止累计同比增长（%）
		天 津	
发电量（万千瓦小时）	2008 年 1–2 月	705,866.48	16.57
	2008 年 1–3 月	1,048,185.12	14.84
	2008 年 1–4 月	1,351,112.80	15.56
	2008 年 1–5 月	1,655,957.03	13.03
	2008 年 1–6 月	1,996,056.87	10.02
	2008 年 1–7 月	2,337,509.70	5.92
	2008 年 1–8 月	2,640,940.49	2.29
	2008 年 1–9 月	2,927,651.41	1.18
	2008 年 1–10 月	3,232,298.06	1.40
	2008 年 1–11 月	3,551,750.02	1.18
	2008 年 1–12 月	3,910,519.19	0.87

资料来源：国家统计局

图表 111、2008–2009 年河北省发电量及增长率统计数据

	时 间	本月止累计	本月止累计同比增长（%）
		河 北	
发电量（万千瓦小时）	2008 年 1–2 月	2,576,691.53	17.10
	2008 年 1–3 月	3,953,201.64	13.15
	2008 年 1–4 月	5,457,061.76	10.56
	2008 年 1–5 月	6,929,358.65	9.44
	2008 年 1–6 月	8,074,184.02	9.66
	2008 年 1–7 月	9,816,332.87	7.45
	2008 年 1–8 月	11,243,647.91	6.54
	2008 年 1–9 月	12,400,158.84	4.23
	2008 年 1–10 月	13,511,388.66	2.30
	2008 年 1–11 月	14,714,648.35	0.63
	2008 年 1–12 月	15,983,802.10	–1.49

资料来源：国家统计局

图表 112、2008–2009 年山西省发电量及增长率统计数据

	时　间	本月止累计	本月止累计同比增长(%)
		山　西	
发电量(万千瓦小时)	2008 年 1–2 月	2,732,483.96	5.65
	2008 年 1–3 月	4,407,595.59	9.94
	2008 年 1–4 月	5,898,859.04	8.58
	2008 年 1–5 月	7,416,500.53	8.68
	2008 年 1–6 月	8,973,133.08	8.22
	2008 年 1–7 月	10,562,271.99	8.69
	2008 年 1–8 月	12,157,126.42	8.07
	2008 年 1–9 月	13,586,187.55	6.85
	2008 年 1–10 月	14,951,307.28	5.79
	2008 年 1–11 月	16,363,263.56	3.94
	2008 年 1–12 月	17,894,720.92	3.60

资料来源：国家统计局

图表 113、2008–2009 年辽宁省发电量及增长率统计数据

	时　间	本月止累计	本月止累计同比增长(%)
		辽　宁	
发电量(万千瓦小时)	2008 年 1–2 月	1,939,934.43	7.55
	2008 年 1–3 月	2,994,824.63	16.35
	2008 年 1–4 月	3,980,672.54	15.21
	2008 年 1–5 月	4,951,882.55	14.69
	2008 年 1–6 月	5,910,071.44	13.23
	2008 年 1–7 月	6,964,773.41	11.56
	2008 年 1–8 月	8,005,214.69	11.93
	2008 年 1–9 月	8,883,606.27	10.05
	2008 年 1–10 月	9,699,168.34	7.19
	2008 年 1–11 月	10,477,272.55	4.47
	2008 年 1–12 月	11,389,793.00	2.35

资料来源：国家统计局

图表 114、2008—2009 年吉林省发电量及增长率统计数据

	时　间	本月止累计	本月止累计同比增长(%)
		吉　林	
发电量(万千瓦小时)	2008 年 1—2 月	822,924.28	11.58
	2008 年 1—3 月	1,315,954.35	14.47
	2008 年 1—4 月	1,730,052.69	11.40
	2008 年 1—5 月	2,114,389.87	7.79
	2008 年 1—6 月	2,556,995.86	6.68
	2008 年 1—7 月	3,007,872.98	6.67
	2008 年 1—8 月	3,439,108.29	6.35
	2008 年 1—9 月	3,816,462.66	5.93
	2008 年 1—10 月	4,166,221.87	4.07
	2008 年 1—11 月	4,570,037.82	3.43
	2008 年 1—12 月	4,995,908.53	2.74

资料来源：国家统计局

图表 115、2008—2009 年黑龙江省发电量及增长率统计数据

	时　间	本月止累计	本月止累计同比增长(%)
		黑龙江	
发电量(万千瓦小时)	2008 年 1—2 月	1,204,083.99	7.05
	2008 年 1—3 月	1,808,465.70	6.09
	2008 年 1—4 月	2,379,369.84	5.70
	2008 年 1—5 月	2,968,825.83	7.11
	2008 年 1—6 月	3,587,449.78	8.28
	2008 年 1—7 月	4,181,217.29	7.34
	2008 年 1—8 月	4,778,293.63	6.69
	2008 年 1—9 月	5,355,340.43	6.51
	2008 年 1—10 月	5,947,651.43	6.07
	2008 年 1—11 月	6,557,989.20	5.77
	2008 年 1—12 月	7,192,208.58	5.51

资料来源：国家统计局

图表 116、2008–2009 年上海市发电量及增长率统计数据

	时　间	本月止累计	本月止累计同比增长(%)
		上　海	
发电量(万千瓦小时)	2008 年 1–2 月	1,363,140.35	12.34
	2008 年 1–3 月	1,958,538.10	5.29
	2008 年 1–4 月	2,526,788.50	3.02
	2008 年 1–5 月	3,103,835.72	1.22
	2008 年 1–6 月	3,689,433.00	0.48
	2008 年 1–7 月	4,537,872.50	4.89
	2008 年 1–8 月	5,313,616.75	5.46
	2008 年 1–9 月	5,952,638.75	6.29
	2008 年 1–10 月	6,535,925.00	6.52
	2008 年 1–11 月	7,065,074.50	5.05
	2008 年 1–12 月	7,735,358.50	4.84

资料来源：国家统计局

图表 117、2008–2009 年江苏省发电量及增长率统计数据

	时　间	本月止累计	本月止累计同比增长(%)
		江　苏	
发电量(万千瓦小时)	2008 年 1–2 月	4,277,092.48	6.23
	2008 年 1–3 月	6,673,453.66	10.46
	2008 年 1–4 月	9,003,033.03	9.43
	2008 年 1–5 月	11,526,707.26	10.37
	2008 年 1–6 月	13,762,775.32	9.39
	2008 年 1–7 月	16,535,777.28	8.87
	2008 年 1–8 月	19,109,718.43	7.22
	2008 年 1–9 月	21,399,023.44	6.01
	2008 年 1–10 月	23,461,252.43	5.05
	2008 年 1–11 月	25,463,546.44	3.67
	2008 年 1–12 月	27,768,484.51	2.87

资料来源：国家统计局

图表 118、2008—2009 年浙江省发电量及增长率统计数据

	时　间	本月止累计	本月止累计同比增长(%)
		浙　江	
发电量(万千瓦小时)	2008 年 1—2 月	2,965,699.99	18.41
	2008 年 1—3 月	4,805,425.26	18.64
	2008 年 1—4 月	6,468,631.23	15.23
	2008 年 1—5 月	8,207,449.30	15.55
	2008 年 1—6 月	9,932,066.99	12.97
	2008 年 1—7 月	11,995,182.27	6.74
	2008 年 1—8 月	13,925,007.13	5.88
	2008 年 1—9 月	15,677,240.24	5.29
	2008 年 1—10 月	17,269,801.37	4.55
	2008 年 1—11 月	18,918,370.78	3.82
	2008 年 1—12 月	20,607,319.63	2.76

资料来源：国家统计局

图表 119、2008—2009 年安徽省发电量及增长率统计数据

	时　间	本月止累计	本月止累计同比增长(%)
		安　徽	
发电量(万千瓦小时)	2008 年 1—2 月	1,624,040.14	36.83
	2008 年 1—3 月	2,598,906.74	46.89
	2008 年 1—4 月	3,425,854.46	43.01
	2008 年 1—5 月	4,311,232.41	40.45
	2008 年 1—6 月	5,189,184.31	38.28
	2008 年 1—7 月	6,232,858.07	36.54
	2008 年 1—8 月	7,248,555.90	33.45
	2008 年 1—9 月	8,185,149.03	33.11
	2008 年 1—10 月	9,047,920.39	32.54
	2008 年 1—11 月	9,965,653.87	30.75
	2008 年 1—12 月	10,934,024.95	29.11

资料来源：国家统计局

图表 120、2008–2009 年福建省发电量及增长率统计数据

	时　间	本月止累计	本月止累计同比增长(%)
		福　建	
发电量（万千瓦小时）	2008 年 1–2 月	1,557,400.00	5.27
	2008 年 1–3 月	2,400,400.00	9.65
	2008 年 1–4 月	3,369,900.00	11.48
	2008 年 1–5 月	4,278,700.00	10.63
	2008 年 1–6 月	5,211,400.00	9.27
	2008 年 1–7 月	6,249,300.00	7.06
	2008 年 1–8 月	7,112,527.99	6.88
	2008 年 1–9 月	8,343,400.00	7.37
	2008 年 1–10 月	9,223,800.00	6.63
	2008 年 1–11 月	10,036,500.00	5.36
	2008 年 1–12 月	10,853,800.00	4.44

资料来源：国家统计局

图表 121、2008–2009 年江西省发电量及增长率统计数据

	时　间	本月止累计	本月止累计同比增长(%)
		江　西	
发电量（万千瓦小时）	2008 年 1–2 月	740,021.13	18.90
	2008 年 1–3 月	1,167,068.60	19.49
	2008 年 1–4 月	,1544,366.35	18.46
	2008 年 1–5 月	1,994,766.01	20.26
	2008 年 1–6 月	2,399,655.27	11.30
	2008 年 1–7 月	2,894,110.20	10.30
	2008 年 1–8 月	3,357,105.35	9.31
	2008 年 1–9 月	3,602,950.40	5.14
	2008 年 1–10 月	3,924,061.16	2.54
	2008 年 1–11 月	4,270,507.91	0.65
	2008 年 1–12 月	4,668,718.16	–0.64

资料来源：国家统计局

图表 122、2008—2009 年山东省发电量及增长率统计数据

	时 间	本月止累计	本月止累计同比增长(%)
		山 东	
发电量（万千瓦小时）	2008 年 1—2 月	4,576,908.17	16.08
	2008 年 1—3 月	7,069,789.92	16.41
	2008 年 1—4 月	9,510,916.86	14.74
	2008 年 1—5 月	11,975,172.45	12.85
	2008 年 1—6 月	14,311,983.68	12.18
	2008 年 1—7 月	16,737,481.20	11.08
	2008 年 1—8 月	19,110,706.05	8.78
	2008 年 1—9 月	21,374,298.62	7.52
	2008 年 1—10 月	23,380,833.34	5.71
	2008 年 1—11 月	25,399,742.44	3.91
	2008 年 1—12 月	27,536,691.42	2.41

资料来源：国家统计局

图表 123、2008—2009 年河南省发电量及增长率统计数据

	时 间	本月止累计	本月止累计同比增长(%)
		河 南	
发电量（万千瓦小时）	2008 年 1—2 月	3,368,567.50	22.96
	2008 年 1—3 月	5,107,437.50	21.82
	2008 年 1—4 月	6,894,780.10	23.22
	2008 年 1—5 月	8,532,825.90	19.65
	2008 年 1—6 月	10,350,677.50	19.78
	2008 年 1—7 月	12,061,600.30	18.77
	2008 年 1—8 月	13,806,043.60	16.07
	2008 年 1—9 月	15,310,131.30	13.22
	2008 年 1—10 月	16,769,699.90	11.49
	2008 年 1—11 月	18,261,814.40	9.49
	2008 年 1—12 月	19,527,772.40	5.36

资料来源：国家统计局

图表 124、2008–2009 年湖北省发电量及增长率统计数据

	时　间	本月止累计	本月止累计同比增长(%)
		湖　北	
发电量（万千瓦小时）	2008 年 1–2 月	2,088,783.04	13.00
	2008 年 1–3 月	3,310,053.70	17.56
	2008 年 1–4 月	4,640,564.80	17.25
	2008 年 1–5 月	6,196,487.09	17.66
	2008 年 1–6 月	7,879,277.27	16.41
	2008 年 1–7 月	9,935,067.77	17.72
	2008 年 1–8 月	12,060,144.27	17.84
	2008 年 1–9 月	13,279,030.53	16.72
	2008 年 1–10 月	14,689,409.27	13.90
	2008 年 1–11 月	16,200,300.61	14.68
	2008 年 1–12 月	17,341,991.08	13.43

资料来源：国家统计局

图表 125、2008–2009 年湖南省发电量及增长率统计数据

	时　间	本月止累计	本月止累计同比增长(%)
		湖　南	
发电量（万千瓦小时）	2008 年 1–2 月	1,169,489.14	2.12
	2008 年 1–3 月	1,808,578.61	3.55
	2008 年 1–4 月	2,470,363.65	5.12
	2008 年 1–5 月	3,233,991.37	7.53
	2008 年 1–6 月	3,924,809.17	6.27
	2008 年 1–7 月	4,728,745.20	6.27
	2008 年 1–8 月	5,529,949.68	5.99
	2008 年 1–9 月	6,258,376.27	5.94
	2008 年 1–10 月	6,974,401.11	5.01
	2008 年 1–11 月	7,577,501.83	2.51
	2008 年 1–12 月	8,295,601.76	1.09

资料来源：国家统计局

图表 126、2008–2009 年广东省发电量及增长率统计数据

	时 间	本月止累计	本月止累计同比增长(%)
		广 东	
发电量（万千瓦小时）	2008 年 1–2 月	3,867,820.87	1.26
	2008 年 1–3 月	6,192,300.25	8.99
	2008 年 1–4 月	8,713,540.85	12.04
	2008 年 1–5 月	11,270,275.13	10.18
	2008 年 1–6 月	13,501,455.34	8.22
	2008 年 1–7 月	15,905,330.69	4.49
	2008 年 1–8 月	18,384,117.08	3.33
	2008 年 1–9 月	20,774,867.66	2.72
	2008 年 1–10 月	22,910,280.93	0.33
	2008 年 1–11 月	24,710,280.67	–0.39
	2008 年 1–12 月	26,628,839.95	–1.88

资料来源：国家统计局

图表 127、2008–2009 年广西区发电量及增长率统计数据

	时 间	本月止累计	本月止累计同比增长(%)
		广 西	
发电量（万千瓦小时）	2008 年 1–2 月	1,125,000.96	37.16
	2008 年 1–3 月	1,821,219.93	40.48
	2008 年 1–4 月	2,501,492.66	40.61
	2008 年 1–5 月	3,212,604.18	39.43
	2008 年 1–6 月	3,965,938.60	37.89
	2008 年 1–7 月	4,723,466.10	41.24
	2008 年 1–8 月	5,491,438.62	39.22
	2008 年 1–9 月	6,234,384.67	38.42
	2008 年 1–10 月	6,851,849.77	34.29
	2008 年 1–11 月	7,475,154.25	31.23
	2008 年 1–12 月	8,255,894.15	27.74

资料来源：国家统计局

图表 128、2008–2009 年重庆市发电量及增长率统计数据

	时 间	本月止累计	本月止累计同比增长(%)
		重 庆	
发电量(万千瓦小时)	2008 年 1–2 月	624,541.87	18.16
	2008 年 1–3 月	927,445.01	27.80
	2008 年 1–4 月	1,259,635.10	28.15
	2008 年 1–5 月	1,617,583.30	30.44
	2008 年 1–6 月	1,946,388.54	25.48
	2008 年 1–7 月	2,287,784.87	15.15
	2008 年 1–8 月	2,582,332.64	12.42
	2008 年 1–9 月	2,861,319.48	11.85
	2008 年 1–10 月	3,162,127.54	12.05
	2008 年 1–11 月	3,472,537.40	10.29
	2008 年 1–12 月	3,890,270.13	10.62

资料来源：国家统计局

图表 129、2008–2009 年四川省发电量及增长率统计数据

	时 间	本月止累计	本月止累计同比增长(%)
		四 川	
发电量(万千瓦小时)	2008 年 1–2 月	1,753,640.67	10.65
	2008 年 1–3 月	2,644,248.57	16.68
	2008 年 1–4 月	3,594,917.13	17.67
	2008 年 1–5 月	4,473,511.10	15.46
	2008 年 1–6 月	5,493,176.95	14.58
	2008 年 1–7 月	6,629,803.49	11.72
	2008 年 1–8 月	7,847,247.95	11.09
	2008 年 1–9 月	8,977,223.81	9.49
	2008 年 1–10 月	9,854,533.24	5.62
	2008 年 1–11 月	10,697,044.26	4.15
	2008 年 1–12 月	11,599,403.56	2.32

资料来源：国家统计局

图表 130、2008–2009 年贵州省发电量及增长率统计数据

	时　间	本月止累计	本月止累计同比增长(%)
		贵　州	
发电量(万千瓦小时)	2008 年 1–2 月	1,160,773.38	–31.04
	2008 年 1–3 月	2,111,427.54	–18.19
	2008 年 1–4 月	3,163,684.31	–7.51
	2008 年 1–5 月	4,343,817.13	1.03
	2008 年 1–6 月	5,415,407.47	3.27
	2008 年 1–7 月	6,581,030.41	5.16
	2008 年 1–8 月	7,734,055.65	4.80
	2008 年 1–9 月	8,875,9513.77	4.18
	2008 年 1–10 月	9,963,943.56	3.29
	2008 年 1–11 月	10,914,660.78	2.38
	2008 年 1–12 月	11,920,781.71	1.92

资料来源：国家统计局

图表 131、2008–2009 年云南省发电量及增长率统计数据

	时　间	本月止累计	本月止累计同比增长(%)
		云　南	
发电量(万千瓦小时)	2008 年 1–2 月	1,222,817.67	24.37
	2008 年 1–3 月	1,876,970.71	19.17
	2008 年 1–4 月	2,580,870313	13.08
	2008 年 1–5 月	3,402,295.16	13.31
	2008 年 1–6 月	4,189,917.99	13.18
	2008 年 1–7 月	5,080,286.47	12.56
	2008 年 1–8 月	6,031,966.36	12.36
	2008 年 1–9 月	6,967,081.37	11.64
	2008 年 1–10 月	7,822,886.27	10.75
	2008 年 1–11 月	8,620,309.42	9.37
	2008 年 1–12 月	9,406,065.31	9.29

资料来源：国家统计局

图表 132、2008—2009 年陕西省发电量及增长率统计数据

	时　间	本月止累计	本月止累计同比增长(%)
		陕　西	
发电量(万千瓦小时)	2008 年 1—2 月	1,305,678.21	16.29
	2008 年 1—3 月	2,065,462.86	17.83
	2008 年 1—4 月	2,730,553.07	18.67
	2008 年 1—5 月	3,415,149.62	18.49
	2008 年 1—6 月	4,032,889.50	16.91
	2008 年 1—7 月	4,819,147.73	21.95
	2008 年 1—8 月	5,561,057.214	22.42
	2008 年 1—9 月	6,214,654.31	22.24
	2008 年 1—10 月	6,852,857.25	21.29
	2008 年 1—11 月	7,573,890.50	20.64
	2008 年 1—12 月	8,151,523.04	16.67

资料来源：国家统计局

图表 133、2008—2009 年甘肃省发电量及增长率统计数据

	时　间	本月止累计	本月止累计同比增长(%)
		甘　肃	
发电量(万千瓦小时)	2008 年 1—2 月	1,076,672.54	17.20
	2008 年 1—3 月	1,677,766.35	21.57
	2008 年 1—4 月	2,282,285.70	23.04
	2008 年 1—5 月	2,904,869.84	18.44
	2008 年 1—6 月	3,431,124.60	16.62
	2008 年 1—7 月	4,005,519.80	15.61
	2008 年 1—8 月	4,545,972.56	14.53
	2008 年 1—9 月	5,057,066.15	14.23
	2008 年 1—10 月	5,608,039.57	12.60
	2008 年 1—11 月	6,065,223.70	9.18
	2008 年 1—12 月	6,660,957.56	9.43

资料来源：国家统计局

图表 134、2008—2009 年新疆区发电量及增长率统计数据

	时　间	本月止累计	本月止累计同比增长(%)
		新　疆	
发电量(万千瓦小时)	2008 年 1—2 月	679,310.63	19.96
	2008 年 1—3 月	992,097.61	14.86
	2008 年 1—4 月	1,337,871.90	12.92
	2008 年 1—5 月	1,697,854.76	12.76
	2008 年 1—6 月	2,257,376.97	19.51
	2008 年 1—7 月	2,737,134.06	20.01
	2008 年 1—8 月	3,205,777.83	20.34
	2008 年 1—9 月	3,607,526.73	20.32
	2008 年 1—10 月	4,001,191.66	17.70
	2008 年 1—11 月	4,427,039.46	19.12
	2008 年 1—12 月	4,806,448.47	17.70

资料来源：国家统计局

图表 135、2008—2009 年宁夏区发电量及增长率统计数据

	时　间	本月止累计	本月止累计同比增长(%)
		宁　夏	
发电量(万千瓦小时)	2008 年 1—2 月	886,856.15	27.37
	2008 年 1—3 月	1,290,681.17	24.98
	2008 年 1—4 月	1,710,243.29	24.63
	2008 年 1—5 月	2,128,131.48	22.92
	2008 年 1—6 月	2,529,177.91	23.28
	2008 年 1—7 月	2,963,789.60	23.25
	2008 年 1—8 月	3,381,294.38	22.13
	2008 年 1—9 月	3,728,706.72	14.60
	2008 年 1—10 月	4,057,817.51	10.42
	2008 年 1—11 月	4,352,298.37	6.12
	2008 年 1—12 月	4,625,620.39	2.32

资料来源：国家统计局

图表 136、2008–2009 年内蒙古发电量及增长率统计数据

	时　间	本月止累计	本月止累计同比增长（%）
		内蒙古	
发电量（万千瓦小时）	2008 年 1–2 月	3,221,905.38	9.49
	2008 年 1–3 月	4,919,792.36	12.70
	2008 年 1–4 月	6,485,563.21	15.44
	2008 年 1–5 月	8,277,995.31	16.34
	2008 年 1–6 月	10,204,340.13	16.58
	2008 年 1–7 月	12,154,421.91	17.64
	2008 年 1–8 月	14,059,268.90	17.35
	2008 年 1–9 月	15,927,721.65	17.87
	2008 年 1–10 月	17,582,611.32	16.11
	2008 年 1–11 月	19,076,751.49	12.40
	2008 年 1–12 月	21,146,550.72	11.50

图表 137、2008–2009 年青海省发电量及增长率统计数据

	时　间	本月止累计	本月止累计同比增长（%）
		青　海	
发电量（万千瓦小时）	2008 年 1–2 月	446,999.68	11.98
	2008 年 1–3 月	667,111.41	7.90
	2008 年 1–4 月	936,034.76	9.97
	2008 年 1–5 月	1,219,982.95	10.94
	2008 年 1–6 月	1,547,843.74	11.44
	2008 年 1–7 月	1,825,844.66	11.71
	2008 年 1–8 月	2,088,302.70	8.41
	2008 年 1–9 月	2,320,182.74	5.39
	2008 年 1–10 月	2,540,252.83	4.40
	2008 年 1–11 月	2,758,356.8	3.86
	2008 年 1–12 月	2,976,723.35	3.11

资料来源：国家统计局

图表138、2009年全国发电量及增长率统计数据

	时　间	本月止累计	本月止累计同比增长(%)
		全　国	
发电量（万千瓦小时）	2009年1—2月	48,829,649.68	—3.73
	2009年1—3月	77,970,100.43	—2.03

资料来源：国家统计局

图表139、2009年北京市发电量及增长率统计数据

	时　间	本月止累计	本月止累计同比增长(%)
		北　京	
发电量（万千瓦小时）	2009年1—2月	516,167.06	28.20
	2009年1—3月	734,437.68	24.69

资料来源：国家统计局

图表140、2009年天津市发电量及增长率统计数据

	时　间	本月止累计	本月止累计同比增长(%)
		天　津	
发电量（万千瓦小时）	2009年1—2月	612,825.14	—15.89
	2009年1—3月	962,514.52	—10.68

资料来源：国家统计局

图表141、2009年河北省发电量及增长率统计数据

	时　间	本月止累计	本月止累计同比增长(%)
		河　北	
发电量（万千瓦小时）	2009年1—2月	2,375,332.49	—7.02
	2009年1—3月	3,730,724.46	—6.89

资料来源：国家统计局

图表 142、2009 年山西省发电量及增长率统计数据

	时间	本月止累计	本月止累计同比增长(%)
		山西	
发电量(万千瓦小时)	2009 年 1—2 月	2,726,388.74	3.24
	2009 年 1—3 月	4,185,150.11	−2.74

资料来源：国家统计局

图表 143、2009 年辽宁省发电量及增长率统计数据

	时间	本月止累计	本月止累计同比增长(%)
		辽宁	
发电量(万千瓦小时)	2009 年 1—2 月	1,641,647.61	−14.99
	2009 年 1—3 月	2,549,169.73	−15.15

资料来源：国家统计局

图表 144、2009 年吉林省发电量及增长率统计数据

	时间	本月止累计	本月止累计同比增长(%)
		吉林	
发电量(万千瓦小时)	2009 年 1—2 月	739,947.76	−8.50
	2009 年 1—3 月	1,190,696.46	−8.68

资料来源：国家统计局

图表 145、2009 年黑龙江省发电量及增长率统计数据

	时间	本月止累计	本月止累计同比增长(%)
		黑龙江	
发电量(万千瓦小时)	2009 年 1—2 月	1,174,027.73	−1.78
	2009 年 1—3 月	1,781,199.52	−1.43

资料来源：国家统计局

图表 146、2009 年上海市发电量及增长率统计数据

	时　间	本月止累计	本月止累计同比增长(%)
		上　海	
发电量(万千瓦小时)	2009 年 1—2 月	1,235,180.75	-9.51
	2009 年 1—3 月	1,864,721.09	-4.79

资料来源：国家统计局

图表 147、2009 年江苏省发电量及增长率统计数据

	时　间	本月止累计	本月止累计同比增长(%)
		江　苏	
发电量(万千瓦小时)	2009 年 1—2 月	3,875,658.96	-9.01
	2009 年 1—3 月	6,208,120.09	-6.96

资料来源：国家统计局

图表 148、2009 年浙江省发电量及增长率统计数据

	时　间	本月止累计	本月止累计同比增长(%)
		浙　江	
发电量(万千瓦小时)	2009 年 1—2 月	2,374,034.00	-9.60
	2009 年 1—3 月	4,197,757.30	-6.21

资料来源：国家统计局

图表 149、2009 年安徽省发电量及增长率统计数据

	时　间	本月止累计	本月止累计同比增长(%)
		安　徽	
发电量(万千瓦小时)	2009 年 1—2 月	1,945,626.14	17.88
	2009 年 1—3 月	2,958,066.53	14.79

资料来源：国家统计局

图表 150、2009 年福建省发电量及增长率统计数据

	时 间	本月止累计	本月止累计同比增长(%)
		福 建	
发电量(万千瓦小时)	2009 年 1—2 月	1,490,600.00	—4.30
	2009 年 1—3 月	2,291,800.00	—4.52

资料来源：国家统计局

图表 151、2009 年江西省发电量及增长率统计数据

	时 间	本月止累计	本月止累计同比增长(%)
		江 西	
发电量(万千瓦小时)	2009 年 1—2 月	696,993.45	—5.75
	2009 年 1—3 月	1,060,387.07	0.12

资料来源：国家统计局

图表 152、2009 年山东省发电量及增长率统计数据

	时 间	本月止累计	本月止累计同比增长(%)
		山 东	
发电量(万千瓦小时)	2009 年 1—2 月	3,966,538.68	—11.37
	2009 年 1—3 月	6,529,371.41	—6.45

资料来源：国家统计局

图表 153、2009 年河南省发电量及增长率统计数据

	时 间	本月止累计	本月止累计同比增长(%)
		河 南	
发电量(万千瓦小时)	2009 年 1—2 月	2,926,648.40	—11.14
	2009 年 1—3 月	4,484,788.50	—11.67

资料来源：国家统计局

图表 154、2009 年湖北省发电量及增长率统计数据

	时　间	本月止累计	本月止累计同比增长(%)
		湖　北	
发电量（万千瓦小时）	2009 年 1—2 月	2,085,673.11	11.27
	2009 年 1—3 月	3,197,406.13	5.75

资料来源：国家统计局

图表 155、2009 年湖南省发电量及增长率统计数据

	时　间	本月止累计	本月止累计同比增长(%)
		湖　南	
发电量（万千瓦小时）	2009 年 1—2 月	1,214,090.63	2.34
	2009 年 1—3 月	2,012,457.15	8.75

资料来源：国家统计局

图表 156、2009 年广东省发电量及增长率统计数据

	时　间	本月止累计	本月止累计同比增长(%)
		广　东	
发电量（万千瓦小时）	2009 年 1—2 月	2,968,625.06	—23.74
	2009 年 1—3 月	5,323,694.48	—13.92

资料来源：国家统计局

图表 157、2009 年广西区发电量及增长率统计数据

	时　间	本月止累计	本月止累计同比增长(%)
		广　西	
发电量（万千瓦小时）	2009 年 1—2 月	1,125,184.06	—2.21
	2009 年 1—3 月	1,821,407.29	0.01

资料来源：国家统计局

图表 158、2009 年重庆市发电量及增长率统计数据

	时间	本月止累计	本月止累计同比增长(%)
		重庆	
发电量（万千瓦小时）	2009 年 1–2 月	566,826.32	–9.25
	2009 年 1–3 月	922,376.33	0.16

资料来源：国家统计局

图表 159、2009 年四川省发电量及增长率统计数据

	时间	本月止累计	本月止累计同比增长(%)
		四川	
发电量（万千瓦小时）	2009 年 1–2 月	1,812,669.05	8.26
	2009 年 1–3 月	2,865236.17	12.33

资料来源：国家统计局

图表 160、2009 年贵州省发电量及增长率统计数据

	时间	本月止累计	本月止累计同比增长(%)
		贵州	
发电量（万千瓦小时）	2009 年 1–2 月	1,909,867.44	65.40
	2009 年 1–3 月	3,011,032.06	42.73

资料来源：国家统计局

图表 161、2009 年云南省发电量及增长率统计数据

	时间	本月止累计	本月止累计同比增长(%)
		云南	
发电量（万千瓦小时）	2009 年 1–2 月	1,381,014.57	14.07
	2009 年 1–3 月	2,333,052.37	30.47

资料来源：国家统计局

图表 162、2009 年陕西省发电量及增长率统计数据

	时　间	本月止累计	本月止累计同比增长(%)
		陕　西	
发电量（万千瓦小时）	2009 年 1—2 月	1,286,285.60	—0.01
	2009 年 1—3 月	2,167,658.13	7.01

资料来源：国家统计局

图表 163、2009 年甘肃省发电量及增长率统计数据

	时　间	本月止累计	本月止累计同比增长(%)
		甘　肃	
发电量（万千瓦小时）	2009 年 1—2 月	856,630.39	—13.31
	2009 年 1—3 月	1,454,260.72	—13.58

资料来源：国家统计局

图表 164、2009 年新疆区发电量及增长率统计数据

	时　间	本月止累计	本月止累计同比增长(%)
		新　疆	
发电量（万千瓦小时）	2009 年 1—2 月	660,207.90	—1.62
	2009 年 1—3 月	1,013,693.73	2.70

资料来源：国家统计局

图表 165、2009 年宁夏区发电量及增长率统计数据

	时　间	本月止累计	本月止累计同比增长(%)
		宁　夏	
发电量（万千瓦小时）	2009 年 1—2 月	597,459.78	—31.07
	2009 年 1—3 月	948,145.90	—26.55

资料来源：国家统计局

图表 166、2009 年内蒙古发电量及增长率统计数据

	时 间	本月止累计	本月止累计同比增长(%)
		内蒙古	
发电量(万千瓦小时)	2009 年 1—2 月	3,443,610.58	5.16
	2009 年 1—3 月	5,167,116.98	1.54

资料来源：国家统计局

图表 167、2009 年青海省发电量及增长率统计数据

	时 间	本月止累计	本月止累计同比增长(%)
		青 海	
发电量(万千瓦小时)	2009 年 1—2 月	430,808.70	−3.60
	2009 年 1—3 月	696,473.58	4.31

资料来源：国家统计局

二、2008—2009 年电力生产经济指标分析

图表 168、2008—2009 年电力生产经济指标分析

				2008 年 1—11 月
(本年本月止累计)工业总产值(当年价格)(千元) 【数据起始于 2003 年 6 月】	全国	全部	电力生产	935,608,082.00
(本年本月止累计)工业销售产值(当年价格)(千元)				929,226,658.00
(本年本月)企业单位数(个)				3,292.00
(本年本月止累计)亏损企业单位数(个)				1,246.00
(本年本月止累计)亏损企业亏损总额(千元)				72,132,258.00
(本年本月止累计)产成品(千元)				8,189,489.00
(本年本月止累计)资产总计(千元)				3,124,847,593.00
(本年本月止累计)负债总计(千元)				2,192,658,148.00
(本年本月止累计)主营业务收入(千元)				957,388,677.00
(本年本月止累计)主营业务成本(千元)				858,968,337.00
(本年本月止累计)利润总额(千元)				−436,240.00
(本年本月止累计)全部从业人员平均人数(个)				1,140,769.00
(本年本月止累计)全部从业人员平均人数比上年同期增长(%)				3.71
资产负债率(%)				70.17
产值利税率(%)				8.30

资金利税率（%）				16.24
流动资产周转次数（次）				2.00
成本费用利润率（%）				-0.05
人均销售率（元）				915,543.82
产成品资金占用率（%）				1.57

资料来源：国家统计局

三、2008-2009 年电力供应经济指标分析

图表 169、2008-2009 年电力供应经济指标分析

				2008 年 1-11 月
(本年本月止累计)工业总产值(当年价格)(千元)【数据起始于 2003 年 6 月】	全国	全部	电力供应	1,501,330,661.00
(本年本月止累计)工业销售产值(当年价格)(千元)				1,501,187,456.00
(本年本月)企业单位数(个)				1,669.00
(本年本月止累计)亏损企业单位数（个）				288.00
(本年本月止累计)亏损企业亏损总额（千元）				13,320,972.00
(本年本月止累计)产成品（千元）				789,378.00
(本年本月止累计)资产总计（千元）				2,402,712,465.00
(本年本月止累计)负债总计（千元）				1,334,397,518.00
(本年本月止累计)主营业务收入（千元）				1,579,990,694.00
(本年本月止累计)主营业务成本（千元）				1,502,947,037.00
(本年本月止累计)利润总额（千元）				28,457,283.00
(本年本月止累计)全部从业人员平均人数（个）				1,256,576.00
(本年本月止累计)全部从业人员平均人数比上年同期增长(%)				1.82
资产负债率（%）				55.54
产值利税率（%）				7.66
资金利税率（%）				37.20
流动资产周转次数（次）				5.11
成本费用利润率（%）				1.84
人均销售率（元）				1,371,684.81
产成品资金占用率（%）				0.23

资料来源：国家统计局

四、2008-2009 年我国电力工业生产情况

一、生产能力及设备利用情况

2008 年以来宏观经济加速持续回落，第四季度回落更加明显。当月全国工业增加值增速已经

连续两个月低于10%，11月份仅为5.4%，且环比又回落2.8个百分点。11月份，轻、重工业增加值分别为10.1%和3.4%。1～11月份，全国工业增加值增长13.7%，比1～6月份增速回落2.6个百分点。由于经济形势发生变化、企业开工不足及库存增加等因素影响，工业品出厂价格指数PPI明显回落，同比上涨2.0%，居民消费价格指数CPI同比上涨2.4%，环比下降1.6个百分点。

2008年1～11月，电力、热力的生产和供应行业共实现产品销售收入25839.33亿元，

同比增长13.38%。其中，电力生产业、电力供应业和热力生产供应分别实现销售收入9573.89亿元、15799.91亿元和465.54亿元，分别比上年同期增长14.05%、12.83%和19.00%。

2008年1～11月，电力、热力的生产和供应行业共实现产品销售收入25839.33亿元，同

图表170、2008—2009年电力行业工业总产值增长情况

单位：亿元，%

时间	电力、热力的生产和供应业		电力生产业		电力供应业		热力生产和供应业	
	总值	同比	总值	同比	总值	同比	总值	同比
2006—12	19531.22	20.08	7824.51	18.36	11333.82	21.19	372.88	23.73
2007—02	3433.79	22.86	1325.78	19.81	2001.79	25.46	106.22	14.47
2007—05	9047.38	22.31	3558.36	22.63	5276.56	22.32	212.47	17.01
2007—08	15284.03	21.32	6014.77	21.39	8992.83	21.37	276.43	18.09
2007—11	21587.84	20.68	8472.29	21.16	12724.24	20.37	391.30	20.27
2008—02	4037.19	14.94	1534.42	15.58	2368.38	14.09	134.40	23.32
2008—05	10691.77	15.89	4062.92	16.22	6376.74	15.67	252.12	16.20
2008—08	17931.13	15.11	6821.21	14.52	10784.04	15.51	325.88	14.54
2008—11	24819.53	13.04	9356.08	11.91	15013.31	13.67	450.14	15.98

资料来源：国家统计局

图表171、2008—2009年电力行业销售收入增长情况

单位：亿元，%

时间	电力、热力的生产和供应业		电力生产业		电力供应业		热力生产和供应业	
	总值	同比	总值	同比	总值	同比	总值	同比
2006—12	21193.44	20.22	7815.69	17.91	12992.31	21.65	385.44	20.38
2007—02	3694.25	24.31	1380.05	22.24	2220.58	26.09	93.62	14.63
2007—05	9519.22	21.58	3536.96	21.65	5782.19	21.7	200.07	16.87
2007—08	16123.75	21.09	6008.24	21.31	9843.76	21.04	271.75	17.93
2007—11	22868.57	20.01	8686.31	20.35	13840.60	19.80	401.65	19.85
2008—02	4326.77	14.35	1600.00	16.16	2606.50	12.81	120.27	25.49

2008—05	11142.87	16.51	4117.29	17.75	6781.77	15.65	243.81	19.74
2008—08	18689.40	15.19	6931.42	16.25	11429.14	14.46	328.83	18.60
2008—11	25839.33	13.38	9573.89	14.05	15799.91	12.83	465.54	19.00

资料来源：国家统计局

图表 172、2008—2009 年电力行业利润总额情况

单位：亿元，%

	2007.1 ～ 11		2008.1 ～ 11	
	总值	同比增减额	总值	同比增减额
电力、热力的生产和供应业	1661.27	466.21	251.48	—1331.33
电力生产业	964.42	151.91	—4.36	—922.16
其中：火力发电业	649.57	77.29	—392.02	—996.31
水力发电业	246.90	65.24	268.64	23.86
核力发电业	59.98	5.81	105.49	46.51
其他能源发电业	7.98	3.56	13.63	3.78
电力供应业	698.97	308.26	284.57	—380.21
热力生产和供应业	—2.12	6.04	—28.73	—28.96

资料来源：国家统计局

比增长 13.38%。其中，电力生产业、电力供应业和热力生产供应分别实现销售收入 9573.89 亿元、15799.91 亿元和 465.54 亿元，分别比上年同期增长 14.05%、12.83% 和 19.00%。

1 ～ 11 月，在电力、热力的生产和供应业销售收入增长 13.38% 的情况下，销售成本却增长了 20.06%。其中，电力生产业的成本增长 29.01%。

截至 2008 年 11 月末，电力行业的资产负债率为 63.92%，同比提高了 6.02 个百分点。电力生产业的资产负债率为 70.17%，同比提高了 3.42 个百分点，其中，除了核力发电环比有所下降外，其他发电行业均有所提高。电力供应业的资产负债率为 55.54%，同比提高了 8.45 个百分点。

图表 173、2008—2009 年电力行业产品销售成本增长情况

单位：亿元，%

	2007.1 ～ 11		2008.1 ～ 11	
	总值	同比	总值	同比
电力、热力的生产和供应业	20150.94	19.64	24082.85	20.06
电力生产业	6867.60	20.23	8589.68	29.01
其中：火力发电业	6233.32	20.33	7766.25	29.12
水力发电业	464.15	16.48	602.87	27.77

核力发电业	106.84	6.96	115.55	8.15
其他能源发电业	63.29	87.64	105.02	62.99
电力供应业	12912.79	19.31	15029.47	15.24
热力生产和供应业	370.55	19.91	463.70	29.06

资料来源：国家统计局

图表174、2008—2009年电力行业成本费用利润率情况

单位：%

	2006.1～12	2007.1～11	2008.1～11
电力、热力的生产和供应业	7.26	7.26	0.98
电力生产业	13.39	12.52	-0.05
其中：火力发电业	10.97	9.53	-4.59
水力发电业	30.39	36.78	31.10
核力发电业	36.39	41.55	77.78
其他能源发电业	18.40	10.73	10.62
电力供应业	4.16	5.27	1.84
热力生产和供应业	-1.37	-0.50	-5.46

资料来源：国家统计局

图表175、2008—2009年电力行业资产负债率情况

单位：%

	2006.1～12	2007.1～11	2008.1～11
电力、热力的生产和供应业	56.83	57.90	63.92
电力生产业	65.66	66.75	70.17
其中：火力发电业	67.26	69.10	74.41
水力发电业	61.02	59.89	60.65
核力发电业	72.92	74.40	72.05
其他能源发电业	63.80	67.00	67.61
电力供应业	47.28	47.09	55.54
热力生产和供应业	63.33	64.46	67.40

资料来源：国家统计局

二、发电量情况

由于煤炭供求紧张、价格看涨，火电企业出现亏损，企业生产意愿受挫，2008年二季度以来，全国规模以上电厂发电量增速逐月回落，6月以来发电量增速回落更加明显，发电量增速已经连续5个月低于10%，特别是10月份以来连续两个月当月发电量同比下降。11月份，全国规模以上电厂发电量完成2540.22亿千瓦时，同比下降9.6%，增速比上年同期回落23.4个百分点，比上月回落5.6个百分点。1～11月份，全国规模以上电厂发电量31292.70亿千瓦时，增长6.8%，增速比上年同期回落9.0个百分点。

图表 176、2008–2009 年电力行业电力行业主要产品产量

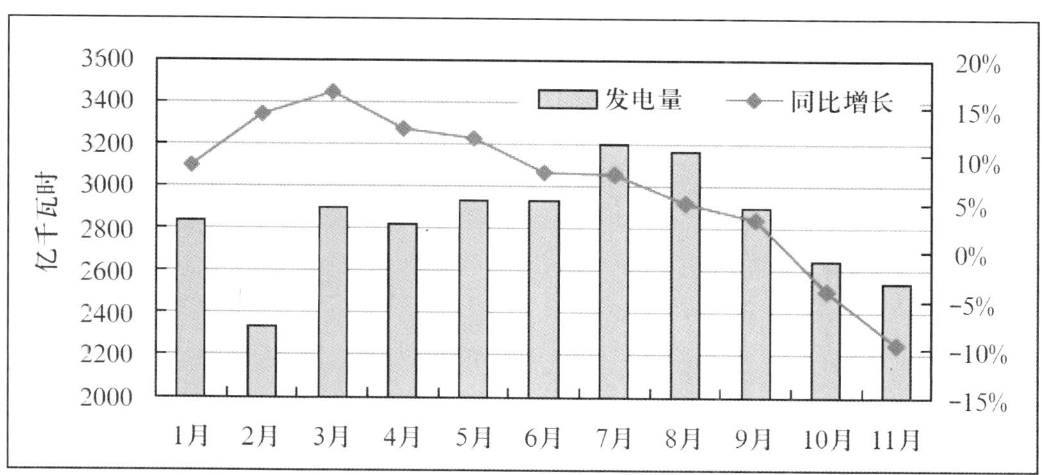

资料来源：国家统计局

三、供电及输电情况

从电力供给结构来看，由于今年来水情况较好，水电增发明显，1～11 月份，全国水电发电量 4904.13 亿千瓦时，同比增长 16.8%，增速较上年同期提高 0.7 个百分点；火电发电量 25582.60 亿千瓦时，同比增长 4.7%，增速较上年同期降低 10.8 个百分点；核电发电量 627.16 亿千瓦时，同比增长 12.4%，增速比上年降低 3.6 个百分点。由于需求下降过快，加上水电、核电发电量高速增长，导致火电发电量增速快速下降。但由于火电发电量增速持续低于全部发电量增速，电力供给结构有所改善。2008 年 1～11 月，火电发电量的比重由去年同期的 83.82% 下降为 81.75%，下降 2.07 个百分点，较去年全年下降 2.41 个百分点；而水电发电量占比则由去年同期的 13.88% 提高到 15.67%，提高 1.79 个百分点；核电发电量占比较去年同期和去年全年均提高了 0.06 个百分点。火电发电量增速的放慢在一定程度上减缓了电力生产对煤炭的强劲需求。

由于发电量增速放缓，全国发电设备累计平均利用小时继续下降，下半年更呈现加速下降的趋势。1～11 月份，全国发电设备累计平均利用小时为 4317 小时，比去年同期降低 269 小时。其中，水电 3415 小时，比去年同期增长 81 小时；火电 4508 小时，比去年同期降低 326 小时。11 月份当月设备利用小时下降到 336 小时，比上年同月低 65 小时；而 11 月份水电设备利用小时 305 小时，处于一个较高的水平，更是加剧了火电设备利用小时的加速下降。

五、2009–2012 年我国电力生产发展展望

一、对电力生产能力的预测

国家出台拉动投资各项措施后，电力企业也已经积极行动起来，确保国家促进经济平稳发展各项措施在电力行业落实到位。预计全年电源投资仍然在 3000 亿元左右，其中水电、核电、风电等可再生能源投资比例特别是核电投资比例将继续提高。电网投资规模继续扩大，全年电网投资（包括各类技改投资）预计在 3500 亿元左右。

电源结构调整力度加大，水电建设规模仍然较大，火电向大容量、高参数方向发展，核电、风电等可再生能源及电网建设加速。2009 年仍将是水电投产高峰期，全年将有一批大中型水电机组（包括抽水蓄能）集中投产。将在控制总建设规模的前提下，适度控制一般火电项目建设，主要支持热电联产、大型煤电基地等项目建设；新

投产火电机组中，80%以上为30万千瓦以上机组。2009年，将积极推进甘肃、内蒙古等大型风电基地建设；生物质发电将继续适度发展；浙江三门、山东海阳和广东台山等一批核电项目将尽快开工。

电网建设方面，2009年，国家将继续支持增强电网抗灾能力，还将重点支持青藏联网和中西部地区县级以上城市电网改造；继续推进皖电东送、川电东送、葛沪直流改造、西南水电送出、宁东和呼伦贝尔、锡盟煤电外送等工程。适时启动新疆联网工程，配套建设大型风电基地送出输变电工程。在海南联网一期工程预计2009年投产基础上，将积极推进该工程的二期建设。

目前，因电煤产量和价格引起的“市场煤、计划电”深层次矛盾更加突出。预计2009年全国电厂发电、供热生产电煤消耗在15.5—16亿吨。目前，大部分水电站蓄水比较充分，基本可以保证2009年冬春水力发电基本出力。但是预计2009年，全国大部地区来水总体为平水年，来水可能仍不均匀。总之，电煤和气候仍有可能影响今年电力工业的运行。

预计2009年一季度甚至二季度将是电力增长最困难的时期，上半年仍有可能持续出现负增长。预计自二季度末期，在部分地区相对上年同期有可能出现一定恢复，进入三季度各地区特别是东部地区电力需求量可能会陆续出现正增长，并逐步带动或影响中部、西部地区进入四季度后有一定的用电增长。全年呈现明显的“前低后高”态势。预计2009年全社会用电量增速在5%左右。全年发电设备利用小时在4500小时左右，其中，火电在4700小时左右。

2009年，全国电力供需形势将继续延续2008年下半年供大于求态势。其中，华东、南方电网供需平衡，华北、华中、东北、西北电网电力富裕。受煤电矛盾、来水、气候等不确定性因素影响，以及个别发达地区存在的电网“卡脖子”问题依然存在，个别省份在电力负荷高峰时段仍可能存在少量电力供需缺口，需要进一步加强需求侧管理加以调节。

二、我国未来电力产量预测

全国发电生产能力继续提高。2009年，预计全国基建新增发电设备容量8000万千瓦左右，全年全国关停小火电机组容量力争超过1300万千瓦。相对于电力需求，电力供应能力充足。

第二节 我国电力设备行业发展分析

一、2008—2009年我国电力设备行业发展分析

2009年国网公司计划投资2600亿元，南网计划投资1134亿元，全国共计划电网投资3734亿元。预计其中32%用于设备采购，共1195亿元。做为输变电主设备的变压器产品将面临旺盛的市场需求。

4月1日国家电网第二批项目主设备材料招标公布，变压器、电抗器、互感器、组合电器、隔离开关主要受益公司包括特变电工、平高电气、思源电气，st东电、天威保变。其中特变在变压器中标中占28%的份额，特变09年迄今共总中标1214万kVA；思源电气在互感器上占总招标数量的21%，平高电气则是550kV组合电器最多中标者，st东电在高压开关上的实力强劲，但受制于巨额债务，经营业绩扭转尚需拭目以待。

新能源产业将持续快速增长。美国和中国在新能源产业的投入将迅速增长。2009年至2011年美国能源产业将进入新能源发展阶段，能源公司和投资机构将积极加大新能源技术研究和产业化的投资。与此同时，中国也加快了百万千瓦风电场和核电站的规划和建设速度，并开始了太阳能并网电站的招标工作。

风电是增长最快的新能源产业。截至2008年我国风电总装机容量达1215万千瓦，当年新增风电装机容量624.6万千瓦。预计到2009年，全国风电总装机容量将超过2000万千瓦。

核电方面，08年共有6座核电站先后获得发改委审批，进入建设阶段。东方电气和上海电气都具备较强的核电设备生产能力另外智能电网

是未来电网发展的技术方向。国网公司目前已经开始建设用电数据自动采集系统，未来电网公司将逐步加强可再生能源分布式发电和智能化需求侧管理，逐步完善智能电网的功能。

2009年输变电设备行业在手订单充裕、下游需求无忧，是少数前景确定的行业之一。电网投资规模扩大拉长了行业的景气周期，尤其是超高压、特高压设备制造企业，未来两年都将享受高景气带来的超额利润。同时，铜、铝等原材料价格进入下降通道也减轻了行业的成本压力。

新增投资做大蛋糕

电站和电网资产结构失衡要求加大对后者的投资力度，而面对超预期经济下滑，电网投资也成为理想的投资标的。国家电网和南方电网两大公司均表示将增加投资，未来3年内的投资总额达到1.4万亿元。

考虑两大电网公司，如果实现承诺投资计划的70%，2009—2011年全国年均电网投资金额也将维持在大约3300亿左右的水平；考虑到实施进度，这三年内投资额可维持近8%的复合增长，而如果全部兑现，未来三年的投资复合增长率可以达到25%。

电网投资的资金将主要来源于自有资本金、公司债以及银行贷款，分析师预计未来两年主设备市场需求将超过2000亿元，其中变压器、开关类占到830亿元和922亿元。

输变电高压景气

在城市电网和农村电网改造得到重视的同时，超高压电网建设金额仍然占据了最大的比重。国网公司公布的计划中，用于跨国、跨地区联网以及750千伏、550千伏主网架工程的2400亿元和大型水电、煤电、风电送出工程的3100亿元均在此列，城市电网改造3000亿元中估计至少也有1000亿元属于超高压电网范畴。以此计算，新计划中超高压电网投资在总投资中的比重将达到56%。

新的投资形势使产能扩张企业受益。具有行业领先优势企业的产能扩张的确会充分受益并进一步强化其市场地位，尤其是在市场需求前景非常乐观的情况下。不过如果行业中所有的企业都采取大规模的扩张行为，其结果则可能导致行业产能的总体过剩从而导致行业景气的下行。

特高压传输市场前景广阔。特高压是指交流1000kV和直流±800kV的电压等级，由于我国幅员辽阔，能源与负荷中心在地理位置上分布很不均衡，因此建设交直流特高压输电的骨干网架是较好的选择。

二、2009—2012年我国电力设备行业发展展望

电力设备制造业大体包括发电设备行业、输变电一次设备行业、二次设备行业、电力环保行业四个子行业。电力设备行业的发展依托电力工业的发展，电力投资的规模和方向直接影响电力设备行业的发展。

在“十五”期间，中国电力工业发展迅速，基本满足了国民经济和社会发展对电力的需求。发电装机容量和年发电量已位居世界第二位，电力装备水平有了很大提高，大容量、高参数、环保型的机组快速增长，电网的覆盖面和现代化程度不断提高，中国电力工业已经进入大电网、大机组、西电东送、南北互济、全国联网的新的发展阶段，并正向高效、环保、安全、经济的更高目标迈进。

由于受国家电力“十五规划”中对中国“十五”期间用电量预测偏低以及2001年（城乡电网改造完成后）后全国电力建设投资规模迅速下降两方面因素制约，2002年以来全国电力装机容量增长严重滞后于GDP增速。2003年，在全社会用电量快速增长而国内装机容量严重不足的背景下，国家紧急修改了国家电力“十五”规划，修改后的国家电力“十五”规划将准备开工的电源项目规模由8000万千瓦提高至11000万千瓦，同比增幅近4成，到2005年，中国电力装机总容量达到4.3亿千瓦。

2008年1—10月中国电机制造企业实现累计工业总产值250,071,534千元，比2007年同期

增长30.10%。

2008年1—10月中国输配电及控制设备制造行业实现累计工业总产值535,569,493千元，比2007年同期增长26.43%。

2008年1—10月中国电线、电缆、光缆及电工器材制造行业实现累计工业总产值621,523,889千元，比2007年同期增长24.20%。

原材料涨价是电力设备行业近两年面临的难题之一，电力设备行业成本构成中原材料一般占到70%左右。2004—2006年，电力设备制造所需的钢材、铜、铝等原材料均有较大幅度的上涨，其中变压器专用的取向硅钢涨幅更是达到了200%，对全行业利润率冲击巨大。

电力设备作为技术和资金密集型的行业，其品种优势和综合实力仍是决定企业市场竞争力的重要因素。虽然2008年中国的电力设备行业得到了快速的发展，不仅在规模上而且在技术上都有了显著提高，但相对于国际优势企业而言仍存在较大的差距。而且，这种现象在短期内尚难以改变。

受益于电力投资的不断增长，电力设备行业未来两到三年的增长已成定局，尤其是电网设备行业。中国要实现电源与电网的平衡，必须提高电网的输配电能力，使之能与电源规模相匹配。根据对未来五年的装机增长预测，电网的变电容量年增长率将达23%，国家电网公司和南方电网公司“十一五”建设规划也证实了这一增长幅度。

第四章 我国电网联网分析

第一节 我国电网联网理论分析

一、加快我国全国电网联网具备理论和现实基础

统一的国家电网体系不仅在实践中是必要的，而且在理论上以下述四个理论作为依托：

（一）非均衡论

我国能源分布和生产力发展水平、消费水平很不均衡，决定了我们的电力结构和供求关系上呈现“非均衡”性：第一，水力和煤炭资源的分布重心在西部和北部，而能源和电力需求的负荷中心是在东部和东南部。第二，我国地域辽阔，东西时差大，南北温差大，客观上也形成了供用电不均衡的特征，决定了不同地区用电高峰和低谷的不同。第三，我国水资源丰富，不同流域间的丰枯水季节不同，为保持均衡供电，就需要在不同的流域之间进行水电和火电资源等调配。

认识到我国电力资源分布和电力市场负荷之间的这种非均衡状态，就要求构筑跨区联网基础上的全国统一电力市场，以最有效的方式利用资源，在全国范围内实现资源的优化配置，最终在转变经济增长方式和克服单纯以各供电区各自为战、扩大电源建设来实现各自平衡的旧体制复归的基础上，通过大区之间的资源优化配置和调剂来为社会提供优质的电力产品和服务。而“非均衡论”则是实现全国联网转变经济增长方式的重要理论支点。

（二）大循环论

所谓大循环，就是在全国联网的基础上，让地方政府从地方经济的整体格局和当地消费者的消费权益出发，算大账不算小账，获取成本较低的电力资源，这样做，尽管使用外地低价电会使本地区、本系统的电厂受损，换来的却是整个地区工商产业用户的用电成本下降，利润上升，这必然会使当地税收增加。

改革目前的行政审批电价体制是目前电力改革的关键，而电价改革的核心就是要用在尊重市场供求关系基础上形成的竞价上网电价取代不合

理的行政审批电价。实现全国联网就是要构筑竞价上网的电力市场平台。因此，在全国联网的基础上推动竞价上网，使我国的电力工业体制从小循环步入大循环，一方面要通过对大循环的理论深入探讨和普及宣传，通过真正的竞价上网，破除地区分割和封锁，让各地方“诸侯”认识到“从保护一点打击一片”到“受益一片，补贴一点”的经济合理性，最终实现资源使用的最大效益；另一方面就是让人们看到只有实现全国联网，构造全国统一市场，才能通过资源的优化配置，竞价上网，优胜劣汰，通过大循环让消费者受益。

（三）有限竞争论

建立国家统一输电网体系的重要理论基础就在于电网经营领域是自然垄断行业，这一行业在较长时期都不可能是充分竞争的领域，即使是在配电网适度引入竞争机制也是有限的。有限竞争论是在今后较长一段时间内国家输电网和地方配电网统一建设和管理的重要理论基础。简单地认为国家电网公司的存在并实现全国联网就是搞大一统的旧体制复归，阻碍竞争的提法是缺乏理论和现实依据的。

（四）区域同构论

我国行政区域的划分是由于我国地域辽阔和地理环境的差异性决定的，同一行政区域内不仅地理自然环境基本相似，而且经济发展水平和用电负荷能力也相对接近，这形成了电力资源分布和市场负荷“区域同构”的特征，即在一定区域内，电力资源的配置基本相同，电力需求接近，相互间互济调节的能力十分有限。

在我国现有的电力资源分布集中地和用电负荷中心不匹配的非均衡条件下，仅强调大区内部的资源优化配置和大区内省与省之间的电量交换是不够的。在全国联网没有形成的背景下，仅从打破垄断的片面认识出发，突出大区电力管理体制，弱化国家电网统一管理体制，也是不可取的。当前，应该做的是建立更高一级电压等级的全国网架，加快全国联网，以更大范围实现电力资源优化配置，把党中央强调指出的科学发展观落到实处。

二、实现我国全国联网的保证

根据预测，到2020年，我国全社会用电量将达到约4.6万亿千瓦时，需要装机容量约10亿千瓦，在2005年的基础上翻一番。这就意味着，从现在起到2020年的15年间，我国将需要新增装机5亿千瓦以上，年均新增装机超过3300万千瓦，电力需求和电源建设的市场空间十分巨大。同时，我国电网面临持续增加输送能力，将大规模电力从发电厂安全可靠地输送到终端用户的艰巨任务。这一历史使命和重任，突出了全国联网的重要性。而从现实角度看，全国联网的工作重点是跨区联网，把目前大区之间的无连接变成有连接，弱连接变成强连接，而要实现这一目标，仅靠五个区域电网公司和中国南方电网公司是不可能的。在今后较长的时间内，建立并巩固一个强大的国家电网建设和经营体制是实现全国联网的前提。

2002年以来的电力体制改革保留并完善了国家电网公司体系，并在此基础上进一步提出加速推进全国联网，以在更大范围内实现全国电力资源优化配置的进程，是十分正确的。在三年来我国电力工业渡过“电荒”的实际检验中，统一的国家电网公司体制发挥了重大作用：一方面，在大区之间通过电量的调剂经受住了“电荒”在“卡脖子”时段的考验；另一方面，又统一规划，在大区间最薄弱的环节加快了电网建设的速度和投资的力度，从电力体制改革和电力工业发展的两个层面对我国在2020年前保证经济增长、建设和谐社会、实现全民奔小康的目标打下了基础，拓展了空间。

在我国电力体制实现网厂分开后，统一规划和建设电网，并根据全国联网的需要改革并完善国家电网的统一组织体制，提高电力能源的安全和运营效率，是符合电力行业“十一五”规划和我国十六大提出的全面建设小康社会的基本要求的。因此，建立和完善统一的国家电网体制是深化电力工业改革的必然选择。

我们必须充分发挥社会主义市场经济体制的优势，面对我国电力资源、市场和体制非均衡特点以及电网建设长期落后的现实，在全国联网的基础上，加强跨区联网建设、西电东送、南北互供是电力工业发展的长期目标。在强大的国家级电网基础上，由国家电网公司作为国家级主体主要负责跨省和跨区的输电网运营，负责对大区之间电力市场的调配。这决定了统一的国家电网组织体制将在较长的时期内发挥作用，而不应是权宜之计。

值得指出的是，国家电网组织体制的强化与电力体制改革的发展方向并不矛盾。首先，国家电网在建设和运营环节治权的统一并不妨碍从电网建设融资和电网公司产权体制改革的要求出发实现产权的多元，这一点无论是从欧美国家电网公司的产权和治理结构实情看，还是从输电网作为自然垄断产业的特点看，自然垄断行业的治权统一和股份制基础上上市融资导致的产权多元是可以并行不悖的。因此，在当前的电力工业发展背景和体制改革现状下，在国家电网公司控股的基础上，适当考虑在省和大区公司的基础上探索股份制改造和上市融资是十分必要的。其次，在网厂分开的基础上，必须进一步对输配分离的组织改革和技术手段的实施作出时间上的安排，充分调动省市、大区等各方面的积极性，实现统一规划基础上的有序竞争。

第二节 我国电网联网的目标

一、我国主要电网实现全国联网目标探讨

随着河南灵宝换流站投入运行，西北电网和华中电网实现联网，这标志着中国主要电网实现了全国联网的目标。

此前，中国已经实现了东北电网、华北电网、华中电网、华东电网、南方电网之间的互联，只有西北电网孤立在外。灵宝换流站的投运使西北电网和华中电网实现联网运行，全国联网的目标得以实现。

西北－华北联网灵宝直流背靠背换流站位于河南省灵宝市，换流站的330千伏侧通过一回90千米的330千伏线路接入西北电网的罗敷变电所；220千伏侧通过一回400米的220千伏线路接入华中电网的紫东变电所。直流系统额定容量为36万千瓦，额定直流电压120千伏，额定直流电流3000安。灵宝换流站土建主体工程于2003年6月开工，今年6月18日换流站投入试运行。从7月3日试运行结束到11日，直流系统由西北电网向华中电网送电6966.36万千瓦时，系统运行正常，能量可用率达100%。

国家电网公司副总经理舒印彪在接受记者采访时说，全国联网目标的实现，有利于在更大范围内优化资源配置，有利于电网调峰、错峰以及水电、火电调济，有利于缓解局部地区电力外送困难和电力供应紧张的局面，对调整能源结构，促进电力可持续发展具有重要意义。

二、2010年新疆电网与西北电网联网目标

受国家发改委委托，中国国际工程咨询公司组成专家组在新疆乌鲁木齐市召开评估调研会，对新疆与西北电网联网工程进行专题论证。如果能够顺利通过评估，将会作为国家发改委批准该项目立项的重要依据。根据新疆经济发展需要和加快风电等清洁可再生能源开发建设步伐，经有关部门充分研究论证，将新疆电网与西北电网联网的最佳时间初步锁定在2010年。

新疆是我国重要的能源基地，煤炭、石油、水能和天然气储量非常丰富。近年来，新疆坚持优势资源转换战略，大力开发能源和矿产资源，能源开发建设全面提速，全区经济进入快速发展时期。2007年新疆电网实现220千伏全疆联网，结束了过去分片供电和多个孤立电网运行的局面，预计“十一五”和“十二五”期间新疆电力负荷将保持两位数增长。根据自治区发改委相关规划，新疆大型水电、火电基地和大型风电场的开发建设速度全面加快，“十一五”后三年，新疆将新增火电装机8000兆瓦、水电装机1200兆

瓦、风电装机 3200 兆瓦，相当现阶段新疆电源规模的一倍多。如此大规模的电源接入电网和消纳，仅靠加强 220 千伏电网已经从根本上难以满足，亟需建设 750 千伏电网，并与西北电网实现联网。如果新疆电网与西北电网一旦实现联网，不仅可以形成覆盖西北五省区的统一区域电网，进一步提高新疆电网的稳定水平，将新疆能源资源优势转化为经济优势，实现更大范围的资源优化配置，促进新疆经济快速发展。同时还可借助西北电网富裕的调峰能力，有效减少新疆电网火电机组启停调峰等不经济调峰措施，获得一定节煤效益。还可大规模促进新疆电网风电开发，实现节能减排。目前，新疆电网向东已经延伸到与甘肃接壤的哈密地区，西北电网向西已延伸到与新疆接壤的酒泉地区，实施新疆电网与西北电网联网已经完全具备外部条件。

信息请登陆：输配电设备网

为配合玛纳斯电厂三期扩建工程、伊犁河流域、开都河流域、额尔齐斯河流域水电群开发和准东等四大煤炭基地开发的电力送出要求，中国电力科学院、西北电力设计院、西北电网有限公司和新疆电力公司对新疆与西北电网联网的必要性、规模、方案和联网时间进行了研究论证，认为在 2010 年前实现新疆与西北电网联网是非常必要和迫切的。经有关人员多次实地踏踏，新疆电网与西北电网联网方式计划通过架设哈密至安西双回 750 千伏超高压线路实现。整个工程投资估算为 38.8 亿元。

新疆电网是我国大陆地区除西藏外仅剩的省级独立电网。新疆电网与西北电网联网工程得到了国家电网公司和自治区党委、政府的高度重视。国家电网公司党组书记、总经理刘振亚在 2008 年国家电网公司年中工作会议上提出，进一步加强西北大型能源基地开发和电网规划研究，加快 750 千伏主网架建设，争取 750 千伏新疆－西北联网工程等项目尽早获准开展前期工作。在此次评估调研会召开的前一天，中央政治局委员、自治区党委书记王乐泉专程会见了项目调研会专家组成员，表示自治区党委和政府将全力支持该工程项目。王乐泉说，当前全国煤炭和电力供应紧张，新疆丰富的煤炭资源开发前景广阔，非常有必要加快 750 千伏超高压电网建设步伐，为自治区煤炭开发利用、煤电建设和优势资源逐步转换为经济优势搭建平台，为准东等四大煤炭基地和伊犁河、开都河、额尔齐斯河流域水电群开发电力送出提供保障。希望专家能够结合新疆实际，提出建设性意见，使新疆的煤炭资源得到科学的开发和运用，尽快完善联网项目方案，为新疆经济发展作出贡献。

第三节　动态联盟组织形式在跨区电网项目中的应用

一、动态联盟概述

动态联盟是介于市场和企业之间的一种组织形态。由于它是一种相对固定的联盟关系，减少了谈判等交易费用，因而其交易成本低于完全依靠市场组织的交易成本；又由于加盟的企业各自具有独立性，企业之间的关系是由市场机制来调节的，因而其内部组织成本又会低于单纯企业的组织成本。

动态联盟中的企业一般具有资源或能力的互补性，主要是基于市场机遇而产生合作关系。与战略联盟相比，动态联盟一般是中短期的合作行为。联盟由基于并行工程思想的集成产品开发小组（IPT）组成，并借助分布式项目管理系统（DPMS）的思想构建运行管理模式。

动态联盟由一个盟主企业和多个伙伴企业通过信息网络组建而成，成员企业按照动态联盟的实施目标，进行自身资源、组织和业务重组，以 IPT 的形式参与动态联盟的运行。这些 IPT 以项目经理或项目负责人为核心，借助计算机网络、通信及各种应用工具，在 DPMS 环境及其支撑工具的支持下，并行、有序、高效、协调地开展工作。这些 IPT 能适应动态联盟快速重组、重构和解体的需要，满足不同项目由不同专业领域的专家、不同功能部门的人员参加的要求。

二、跨区电网项目实施动态联盟的优势与实施要求

2.1 跨区电网项目实施动态联盟的优势

根据跨区电网项目的特点，采用动态联盟作为跨区电网项目的一种组织管理方法，在项目组织形式上具有较强的优越性。首先，动态联盟管理方法可以使项目各参与单位的利益目标一致化，共同承担风险。其次，业主作为盟主既能填补资源和技术缺口、提升企业竞争力，又能降低和分散风险。在跨区电网项目中组建动态联盟，其视角是面向整个跨区电网项目，而非单个企业个体，具有大局观和整体观，并能对资源、技术水平、企业组织行为进行优化。跨区电网项目建设运行的动态联盟是在信息技术基础上的组织集成，构建在网络化的协同环境之上，通过减少数据的重新输入和传递过程中的扭曲和失真，加快信息请求和反馈的节奏，节约了信息获得的成本。在以业主为盟主的指导下建立良好的信息交流机制，保证信息畅通交流、准确传递，有利于跨区电网项目全寿命周期中各组织间的沟通和合作。

2.2 跨区电网项目实施动态联盟的要求

第一，需要业主作为盟主，发挥总控和协调的作用。因此，在组织形式上以强弱关系为主，合作关系上主要涉及与电网建设、运行等相关的经营层。第二，单位间的协调合作需要强大高效的信息系统作为支持。这是由于跨区电网项目涉及的地域非常广阔，对信息技术和通讯网络依赖性很强。第三，需要业主根据不同业务选择具有互补性的单位作为合作伙伴。但由于跨区电网项目工程任务重、安全责任重大，电网项目的动态联盟更倾向于发展中长期的合作关系，而不是完全基于市场机遇的短期合作行为。

三、跨区电网项目的动态联盟实施框架分析

3.1 动态联盟的伙伴选择

动态联盟中伙伴的正确选择，是动态联盟成功实施的前提。对于跨区电网项目来说，一般都是以业主或获得业主授权的管理单位为盟主，从跨区电网项目的横向和纵向选择伙伴。在动态联盟选择盟员时，应选择在项目建设和运营中关键流程如设计、施工、关键设备等方面有实力的企业。在信息集成、设计施工过程集成的基础上，将优势的资源集中到项目上，以节约项目的成本，并保证跨区电网项目运行的可靠性。

根据对跨区电网项目各个关键流程的梳理，整理出跨区电网项目全寿命周期各个阶段及各单位的参与情况，从中我们可以看出重要的关键环节都是由很多单位共同参与的，对这些环节组建动态联盟具有资源共享、分散风险、快速响应等优势。

在跨区电网项目的建设阶段，可以考虑以建设管理单位代表业主作为盟主，将施工单位、设计单位、关键设备供应商纳入到动态联盟项目组织中；在设备运行维护阶段，则可以考虑以运行管理单位代表业主作为盟主，将各个检修单位组建成动态联盟。

3.2 风险与利益分配

项目的成功和增值是动态联盟成员共同的目标，只有实现共同目标才能实现各自利益的最大化。通过调研发现，跨区电网项目中的参与单位各自的目标利益是不一致的，存在一些细致工作没有动力做或者没有权力做的现象，这也是电网企业推行现代企业管理制度中遇到的障碍之一。组建动态联盟是要事先对成员进行风险与利益的分配，理顺各成员之间的关系，使联盟的利益一致。盟员与盟主之间的关系以合同为法律依据，以信任和合作为基础，盟员按盟主所要求的技术规范和数据完成任务。

跨区电网项目的动态联盟对于一些关键流程中的参与成员来说，往往不是一个项目结束联盟就彻底解散的，而是需要建立较长期的伙伴关系。因此，风险和利益的分配方案也应不断进行调整和修正。

3.2.1 利益分析

做好动态联盟利益分配工作的前提是对动态联盟在一定时期经营所获益的预测和确定。动态联盟的利益按可获得性分为直接利益和间接利益。对于动态联盟的盟员来说，参与跨区电网项目不仅能带来直接收益，而且还得到了“国家电网”这个品牌的无形收益，这种间接利益有利于盟员单位今后的发展。因此在利益分析环节应该从各参与单位的实际进行全面考虑。准确的利益分析是建立科学的利益分配方案的基础，是减少动态联盟运营过程中利益分配出现分歧的前提。

3.2.2 建立风险和利益分配方案

建立风险和利益分配方案前，先要对参与伙伴投入要素进行识别、分析、评估。确定要素对跨区电网项目的建设运营发挥了多大的作用，估算其为实现利益过程中所占的比重。跨区电网项目参与成员较多，联盟中各伙伴的投入各不相同，贡献价值的生产要素导致计算工作复杂，因而对盟员利益分配的计算不可能绝对精确和公平。为了消除认识差异和分歧，使各伙伴心服口服，只有通过谈判和协商并以合同或协议的形式加以确认，才能形成风险和利益分配的方案。

3.2.3 绩效评价

绩效评价主要是在契约性利益分配方案实施后，对联盟成员在跨区电网项目的进度、质量等客观指标进行绩效评价。绩效评价包括针对中间过程的评价和针对结果的评价，它既要考虑客观因素，还要考虑主观因素。

3.2.4 补充调整性利益分配

预先的契约性利益分配不可能在动态联盟运行之初就细致入微地把将来所有的预期利益和需要的投入要素都考虑进去。针对各伙伴存在的主要利益分配差异和分歧，补充调整性利益分配，并通过协商达成共识。

3.2.5 实质性利益分配

依据契约性利益分配和调整性利益分配方案，并结合对各伙伴企业的绩效评价结果，形成跨区电网项目动态联盟本期经营所获利益在各伙伴之间的最终分配，即实质性利益分配。本期分配方案还将作为以后动态联盟利益分析的基础，对跨区电网项目全寿命周期管理不断积累和完善有着积极意义。

3.3 跨区电网项目动态联盟的实施措施

3.3.1 及时准确地进行信息反馈

动态联盟最突出的优势就在于信息共享。目前跨区电网项目的信息化程度普遍不高，大致存在2方面问题：一是信息化建设水平较低，虽然各单位都有一种或多种信息管理系统，但大多是从本单位本业务出发建立的，沟通性不够，提供信息也不够全面，同时，基层单位很多运行维护工作仍是靠人工上报统计数据，效率较低；二是信息透明度较差，跨区电网项目中的一些关键信息目前不能在参与单位中实现信息共享。

因此，必须通过对上述问题的改进，使盟主能够准确地了解各联盟单位的生产进度、资金支付能力、设备运行状况和原材料需求等信息。同时还要加强动态联盟内企业信息化的建设，使各个盟员可以及时准确地获取其权限内的信息，并将自身与项目有关的信息及时反馈给其他盟员。

3.3.2 对盟员业绩进行科学考评

建立科学的指标体系，对各个盟员进行综合评价。盟主可以根据自身的需要，合理地运用这些指标。对于跨区电网项目来说，这些指标应包括工程质量、价格、安全可靠性等。按照电网企业需要的重要程度给予这些指标一定的权重，进行综合考核。

业主对不同类型的盟员进行不同的考核，最终结果将作为下一阶段合作伙伴的选择依据。这样既可以最大限度地利用“联盟”带来的优势，只需支付较低的交易成本和管理成本，又能使盟员之间有比较，促进他们彼此之间的竞争，实现优胜劣汰。

3.3.3 盟主发挥协调作用

动态联盟在实施中需要盟主发挥协调作用，解决项目中需要协调、沟通的问题，使各个成员以大局为重，保证“关键路线”顺利实施。比如在资金计划管理制度下，资金预支、垫付需要盟主多做协调，保证工程的顺利开工。

动态联盟的协调方式大致有3种：一是建设、运行管理单位的成员和建设运行部的成员组成顶层协调小组，定期开会交流；二是通过网络远程发布指示来分派任务；三是通过个别的交流实现协调。

3.3.4 加强观念方面的宣传

任何一项管理创新都需要企业从上到下统一思想，动态联盟同样也要在实施中不断对员工进行培训和宣传。这些观念包括全局观念、平等观念和凝聚力思想。

全局观念是指任何决策都不能基于小团体利益，而是放眼跨区电网项目这种具有政治和经济意义的工程，这也是处理盟员伙伴关系的基本准则。平等观念是指动态联盟走出了以往电力工业垂直一体化管理模式下内部管理的等级观念，同时也突破了常规模式下死板的合同关系，而是以平等的观念与伙伴单位进行沟通和协调，这也是未来主辅分离改革新局面下所应具备的观念。凝聚力思想是指盟主在处理与伙伴单位的关系上，无论对综合管理还是激励措施都应使伙伴单位感觉到强大的凝聚力和亲和力，这样才能激发盟员企业的巨大积极性。

四、建立动态联盟的探索

动态联盟的实施是一个复杂的过程，对电网企业的技术水平和管理水平要求很高，现阶段可以考虑先在局部环节将动态联盟项目组织形式的思想应用进来。下面以电网运行单位的设备检修工作为例探讨动态联盟组织形式实施的初步方案。

4.1 跨区电网项目设备检修环节现状分析

某电网运行单位主要负责跨区电网资产的运行维护工作，包括受托负责输变电设备的日常运行维护、常规检修和事故抢修。

针对上述3类检修任务，运行管理单位一般都没有专业的检修队伍，只能处理日常运行维护任务。常规检修和事故抢修的工作往往需要分专业交给相关检修公司。常规检修主要采用一年一次招标的方式确定；而事故抢修则根据该事故的实际情况确定检修公司。

这种设备检修管理方法主要存在2个问题。第一，由于采用1年1次的招标方式，中标单位介入检修工作的时间较短，对设备状态了解较少，影响检修质量；在检修过程中中标单位也可能存在短视行为，消极怠工，对检修设备缺少责任感。第二，常规检修具有工作量大、检修费用高、利润较高的特点；而事故抢修往往具有突发性，时间紧、任务重且检修费用较低，因此容易造成“苦差使，没人做”的局面。

4.2 建立动态联盟的实施框架

设备检修环节存在的上述问题，可以在常规检修招标中引入动态联盟的组织形式加以解决。首先通过招标产生几家设备检修的各个专业“检修合作伙伴”，并确定盟主，然后由该“检修合作伙伴”统一负责该专业下设备的常规检修和事故抢修。招投标工作则在盟主的组织下，由1年1次改为3年1次或5年1次。

运行维护单位只负责日常维护，并代业主行使盟主的权力。通过建立类似动态联盟的招标契约，规定中标单位在合作期间全面负责设备的常规检修和事故抢修等工作，检修公司作为盟员与盟主保持信息沟通和反馈。当3年或5年的合作期结束后，动态联盟自动解散，运行维护单位需要通过招标重新选择合适的“检修合作伙伴”。

4.3 动态联盟的实施效果分析

第一，通过建立这种动态联盟可以使中标的检修公司有足够的时间提高其检修水平和检修质量，并通过后评估反馈的信息，对设备检修的流程进行优化。

第二，运行维护单位与检修公司结成动态联盟，可以使检修公司对其负责的检修设备投入更多的资。

4 科技评价指标体系的使用及应注意的问题

(1) 科技指标评价体系可全面反映企业科技活动的综合情况及科技实力，需要较多的统计数据作支持，可按简化的科技评价指标体系及相应权重系数进行科技评价。

(2) 权重系数的变化对评价结果的影响大，在评价实践中应结合实际情况对权重系数进行适当修正。

(3) 算例分析结果中的指数与排名，在一定程度上反映了这几家公司2003年科技资源、能力水平以及科技活动对企业影响的情况。

(4) 本文侧重于从科技评价理论上对国家电网公司科技评价工作进行探索，需在评价实践过程中进一步完善与修订评价指标体系，与之对应，需加强科技统计基础工作，注重统计指标导向功能，使科技统计、科技评价更好地服务于科技管理与决策。

第四节 2008年我国电网联网建设工程和发展情况

一、2008年西北与华中联网建设工程动态

四川省“十一五”重大工程项目、西北－华中（四川）直流联网工程自去年5月开工以来，来自全国各地的电力施工队伍与地方政府密切配合，各项工作推进良好，工程进展十分顺利。

西北—华中（四川）直流联网工程是四川与西北联网的“电力高速公路”，输电容量300万千瓦，东起四川德阳，西至陕西宝鸡。工程静态总投资54亿元，其中德阳换流站工程静态投资20.1亿元。该工程是我省“建设西部经济高地”战略和“三步走”经济发展目标的重要支撑项目，将实现四川丰水期富裕水电的安全可靠送出，促进西南地区资源优势转化为经济优势。同时，该工程建设对我市的经济发展也具有明显的拉动作用。竣工投运的德阳换流站将为德阳电网引入新的电源点，提升德阳电网在全国电网的枢纽地位，极大地提高德阳电网的供电能力和可靠性。

受地震影响，四川电网的供电能力和可靠性在震后大幅下降。国家电网公司为了以实际行动支持四川灾后重建，作出了提前打通四川电网与西北电网联网主干道的决定。目前，各参建单位合理安排、科学施工，工程建设有序推进。德阳换流站土建工程已完成85%的工程量，今年3月起已全面展开电气安装工程，9月换流站电气安装工程和500千伏直流线路安装工程将全面竣工，年底将实现单极投运。

二、2008年新疆电网与西北电网联网运行探讨

新疆高一级电压确定750千伏符合新疆和西北电网发展实际，应尽早建成新疆750千伏主网架，实现新疆与西北主网的交流同步联网，促进新疆经济社会的又好又快发展。

目前，新疆电网已形成以乌鲁木齐为核心，覆盖全疆大部分地区的220千伏主网架，另有喀克、和田两个独立电网尚未和主网联网；绿洲间的距离约在300公里左右，近期主要以自我平衡为主，地区间主要以单回220千伏线路相联，网架薄弱，线路输送功率低，供电可靠性较差；能源资源没有得到充分利用，难以实现更大范围优化配置。

新疆未来电源发展将由目前各地区自我平衡的格局逐渐发展到水、火、风电源集约化开发建设，能源资源在全疆乃至全国实现优化配置；西部伊犁、东部哈密和南疆库车等地区大型水、火电源需要通过高一级电压等级输电实现大规模电力外送。预计2020年，新疆电网外送电力规模将达到2300万千瓦。未来新疆电网将以哈密为支撑点纳入西北主网，新疆电网只有发展高一级电压等级电网，才能充分发挥新疆与西北主网间的联网效益，并以新疆电网为依托实现大规模电力外送创造条件。从新疆能源资源在更大范围内的优化配置、大型水火电源送出、构筑西北交流同步电网以及跨国联网等角度出发，新疆发展高一级电压等级是十分必要的。

考虑到新疆电网作为西北电网的组成部分，电力外送潜力很大，未来与西北电网宜采用750千伏实现同步联网。为简化电压等级，新疆电网

在220千伏之上直接采用750千伏电压等级是合适的，可避免重复变电和投资浪费，技术上可行，经济上合理。

考虑到新疆电网作为西北电网的组成部分，电力外送潜力很大，未来与西北电网宜采用750千伏实现同步联网。为简化电压等级，新疆电网在220千伏之上直接采用750千伏电压等级是合适的，可避免重复变电和投资浪费，技术上可行，经济上合理。

三、海南电网与大陆电网联网建设动态

由于海南岛地理位置特殊，1914年通电以来岛上电力供应一直是孤岛运行的独立系统，电力供应安全性、可靠性低。南方电网2005年决定开工建设海南电网与南方主网跨海联网工程。这是我国第一个500千伏超高压、长距离、较大容量的跨海联网工程。随着海缆铺设完成。

南方电网2005年决定开工建设海南电网与南方主网跨海联网工程。该工程是我国第一个500千伏超高压、长距离、较大容量的跨海联网工程，也是世界上继加拿大之后第二个同类工程，在亚洲其建设规模第一。项目总投资接近25亿元，其中海缆工程投资约15亿元，其中第一根海缆铺设从2009年3月11日开始。

第三根海缆终于在海南林诗岛站成功登陆。登陆后，还将经过14.5公里的架空线路连接至新建海南500千伏福山变电站，这也是海南第一个500千伏的变电站。目前，福山变电站土建施工已完成97%，一次电气安装工程量已完成近90%，预计4月底具备带电条件。

随着海缆铺设完成，预计6月底海南联网工程可竣工投产。对此，南方电网超高压输电公司负责人还表示，实现联网至少可以释放海南电网现有备用容量约33万千瓦，也即一年可以为海南增加约15亿千瓦时电，可基本满足海南这几年新增的电力需求。而且随着未来海南昌江两台65万千瓦核电项目建成投产，当海南电量有富余时，也可以通过海底电缆向广东送电。

四、2008年西藏电网与西北电网联网情况

国家发改委发函同意开展青藏直流联网工程前期工作，标志着西藏电网与西北电网联网工作取得重大进展。

国家发改委在《关于抓紧开展青藏直流联网工程前期论证工作的函》中，对该工程前期研究论证工作要求如下：一是结合西藏和青海电网发展，进一步研究确定直流工程的电压等级、输送规模、两端落点和无功补偿容量等问题；二是研究直流运行（单、双极闭锁）对西藏电网安全运行的影响，并提出相应解决措施；三是开展高海拔、冻土基础等特殊地区输电线路建设、安全运行等问题的科研攻关工作；四是采取有效措施降低损耗，优化设计，严格控制工程造价。

青藏直流联网工程是解决西藏地区枯水期电能短缺，确保西藏电网安全稳定运行的重大工程，是实现“十一五”末国家电网公司经营区域内全部联网目标的重要环节，意义重大，被誉为继青藏铁路工程后，西藏的又一条经济线、幸福线，更是一条光明线。

该工程是西藏电网与西北电网唯一的联络通道，将是世界上首次在海拔5000米以上地区建设高压直流线路、在海拔3000米以上地区建设直流换流站的输电工程。工程北起青海格尔木换流站，南至拉萨换流站，总输电距离约1038千米，最终输送容量为150万千瓦，首期建设75万千瓦。

第七篇　技术论文

第一章 电力电缆故障分析及定位方法

高 伟
（北京埃德尔黛威新技术有限公司）

【摘 要】本文介绍了电力电缆故障类型、测试步骤和定位方法，特别是目前最有效的高压电弧反射法。
【关键词】电缆故障 脉冲反射 电弧反射 精定点

一、前言

随着城市的高速发展和城市规划的要求，各种架空缆线逐步埋入地下，特别是电力电缆。各种类型的地埋电力电缆在城市供电系统得到广泛应用，也在冶金、石化、矿山、机场、港口等企事业单位得到普遍应用。虽然这种供电的优点是显而易见的，但是电力电缆在使用过程中一旦发生故障，特别是高阻故障，很难测出故障的确切位置，不能及时排除故障，恢复供电，往往造成停电停产的重大经济损失。所以如何快速准确测出电缆故障是各供电部门的首要课题，本文重点介绍电力电缆故障类型、测试步骤和定位方法。

二、电缆参数

电力电缆故障是指在供电过程中发生干扰、局部电流不均匀造成的。为确定电缆故障位置，必须了解电力电缆的各种参数分布，来推断和测试故障点。电力电缆可看成有许许多多的电阻（R）、电导（G）、电容（C）和电感（L）等效元件相联接组成的，这些元件称为电缆的分布参数。单位长度的电阻（R）、电导（G）、电容（C）和电感（L）称为一次参数。一小段电缆的等效电路如图1所示。

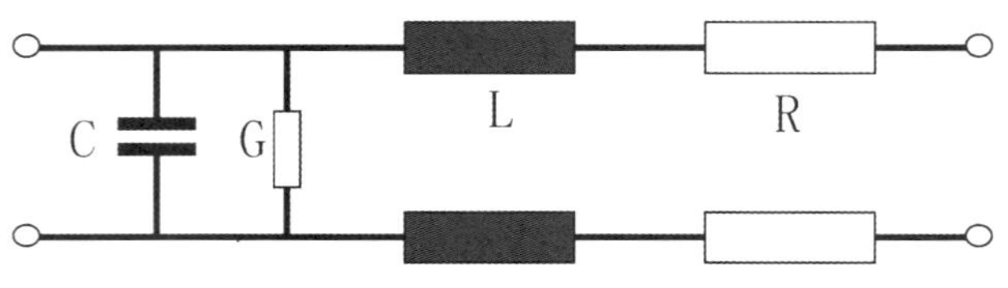

图1 一小段电缆的等效电路

理论上要求这些参数均匀地分布在整条电缆中，也就是说这些参数与电缆总长要成比例。这些参数不仅适用于两条线芯之间，而且也适用于线芯与屏蔽之间。

当电缆发生故障时，初步确定电缆故障位置起决定作用的参数为特性阻抗（Z）和波速度（V），这些参数称为二次参数。

1、特性阻抗（Z）

电缆的特性阻抗Z可表示成：

$$Z=\sqrt{(R+j\omega L)/(G+j\omega C)} \tag{1}$$

其中，$\omega=2\pi f$，f为电缆所传输的信号频率。

如果忽略线路的传播损耗，即令R=G=0，则(1)可简化成：

$$Z=\sqrt{L/C} \tag{2}$$

电缆的特性阻抗Z表示导线某一点上特性电压与特性电流之比，因此它不受位置和时间的限制，只与电缆结构、绝缘材料和导体材料有关。

2、波速度（V）

波速度V是指脉冲电压波从电缆一端传到另一端需要一定时间，是电缆长度与传播时间之比。电缆中的波速度可用一次参数表示成：

$$V=\frac{1}{\sqrt{(R+j\omega L)/(G+j\omega C)}} \tag{3}$$

如果忽略线路的传播损耗，则(3)可简化成：

$$V=\frac{1}{\sqrt{LC}}=\frac{S}{\sqrt{\mu\varepsilon}} \tag{4}$$

其中，$S=3\times10^{8}$米／秒＝300米／微秒

μ为电缆线芯周围介质的相对导磁系数；

ε 为电缆线芯周围介质的相对介电系数。

由此可见，波速度可近似认为只与电缆的绝缘介质性质有关，而与导体线芯的材料和截面无关。

综上所述，在确定电缆故障位置时，要考虑下面的特性参数：

① 特性阻抗 Z　（Ω）

② 波速度 V　（m/μs）

如果在运行和测试状态下的这些电缆特性参数均无变化，即可认为这条电缆无故障，但只要电缆某个位置存在特性阻抗发生变化，电缆的均匀性就会受到影响，电缆就称为有故障电缆。

三、电力电缆故障类型分析

由于电力电缆的绝缘材料、运行方式、工作电压等不同，导致了大量的各种各样电缆故障，按故障性质分主要有：接地故障、短路故障、断线故障、闪络故障和综合故障；按故障电阻值分为：低阻故障和高阻故障。传统上把电缆故障点的直流电阻小于电缆特性阻抗称为低阻故障，反之则称为高阻故障。

1、接地故障

电缆一线芯或数线芯接地而发生的故障。当电缆绝缘由于各种原因被击穿后发生低阻接地故障或高阻接地故障，按脉冲反射仪测试波形划分，一般接地电阻在 1KΩ 以下为低阻故障，以上为高阻故障。

2、短路故障

电缆线芯之间绝缘完全破损形成短路而发生的故障。一般线芯之间电阻 RF 小于 10Ω。

3、断线故障

电缆一线芯或数线芯断开而发生的故障。通常是由于电缆线芯被短路电流烧断或外力破坏引起。

4、闪络故障

电缆进行试验时绝缘间隙放电，造成绝缘击穿，此为击穿故障。在某种情况下，绝缘击穿后又恢复正常，即使提高试验电压也不再击穿，此为封闭性故障。此时电缆存在故障，但该故障点没有形成通道，这两种故障都属于闪络故障。该故障大多情况发生在电缆接头或终端内，主要表现为：当试验电压升到某一值时，电缆泄漏电流突然升高，并且测量表针呈规律性摆动，降低电压时现象消失，测量绝缘电阻值仍很高。

5、综合故障

同时具有上述两种以上的故障称为综合故障。

四、电力电缆故障测试步骤

当电缆发生故障后，为确定电缆故障位置，主要可分为三步：

1、识别故障并确定故障性质

将电缆脱离供电系统，首先用兆欧表测量每相对地绝缘电阻，如果绝缘电阻为零，再用万用表测量故障电阻，以判断是高阻故障还是低阻故障，然后测量相间绝缘电阻，判断是否存在相间短路，有准确的电缆故障性质判定结论后，便可选择合适的测试方法和仪器。

2、电缆故障预定位

从电缆一端测试，给出测试端到故障点的距离，也就是地埋电缆从测试端到故障点的长度。

3、电缆故障精定位

由于地埋电缆的长度在地面丈量会存在误差，再加上脉冲反射仪（TDR 或雷达）的测距误差，所以需要对故障点进行精确定点。

五、电力电缆故障预定位方法

从电缆故障类型可分为断线故障、低阻绝缘故障、高阻绝缘故障和闪络故障，不同故障所采用的测试方法和测试仪器也不同，必须分别对待。

1、低压脉冲法

低压脉冲法可对断线故障、短路故障、低阻故障和电缆全长进行预定位，同时也可识别电缆的中间接头。其原理为：脉冲发射仪给电缆发射低压脉冲，该脉冲沿电缆传播直到特性阻抗不匹配点（如断线点、短路点、终端点等），在这些点上会引起脉冲波的反射，并返回到测试端，脉冲反射仪给出测试轨迹，见图 2。

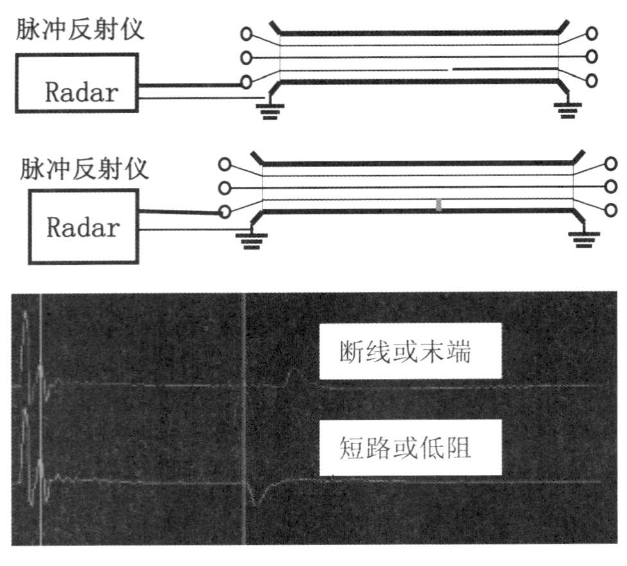

图 2 低压脉冲法测试示意图

故障距离 L 是由下面公式计算：

L=V t/2

其中，V 是波速度，如油锓浸纸绝缘电缆的波速度为 160m/μs，交联聚乙烯绝缘电缆的波速度为 172m/μs。t 是发射脉冲从测试端到故障点，再由故障点返回到测试端的往返时间，由脉冲反射仪测出，单位为微秒（μs）。

2、高压弧反射法

关于电缆的高阻故障、闪络故障，低压脉冲法就无能为力了，但可设法使故障电阻瞬时短路，就可以用脉冲反射仪测出故障波形。这一测试过程的设想就为高压弧反射法诞生奠定了基础，该方法可用于查寻高阻故障、闪络故障。主要设备有：直流高压单元、高压冲击单元、脉冲发生器、耦合单元、脉冲反射仪。

直流高压给高压冲击单元中的电容器充电，然后由球隙放电，产生一个高压脉冲传输到故障电缆的线芯，高压脉冲在故障点击穿燃弧，高阻故障点瞬时产生闪络放电，故障点由于电弧接地而导通，呈现低阻状态，同时脉冲发生器由内部通信装置触发而产生低压测量脉冲，此脉冲在故障点处由于电弧短路而被反射，从而测出故障轨迹波形。

脉冲反射仪自动把低压波形和高压波形显示在屏幕上，故障点处会有明显的发散，见图 3，兰色曲线为故障电缆的全长波形；红色曲线为高阻或闪络故障波形，故障点自动定位。

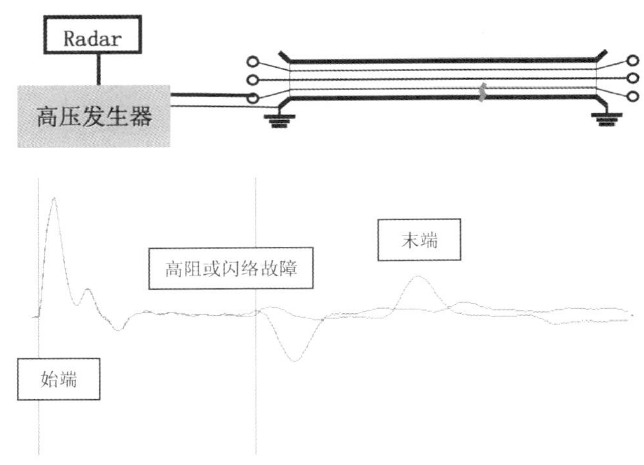

图 3 高压弧反射法测试示意图

六、电力电缆故障精定点方法

当给故障电缆线芯加上一个足够高的冲击电压和冲击能量时，故障点会击穿并发生闪络放电，在故障点就会产生相当大的“啪、啪”放电声，这种声音可传到地面，一般闪络放电间隔为 6–15 秒。

1、声测定点法

当电缆故障预定位给出故障距离后，在故障电缆测试端给故障线芯加上冲击高压，使故障点闪络放电，同时用定点仪（含探头、接收机、耳机）在预定故障点附近的地面来听测故障点的放电声，听测出最响点，即为故障点的准确位置，见图 4。

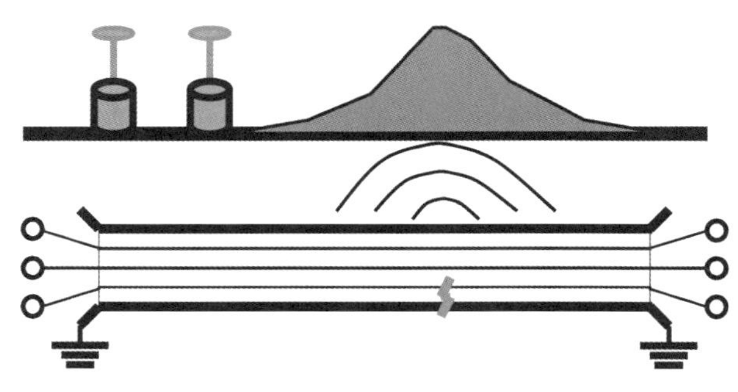

图 4 声测定点示意图

2、声磁同步定点法

当采用冲击放电时，在故障点除产生放电声

外，还会产生高频电磁波向地面传播。在地面用声磁探头可同时接收声信号和磁信号，电磁波起辅助作用，用来确定所听到的声音是否是故障点的放电声，由于声波与电磁波的传播速度不同，在地面每一点可用声磁同步定点仪测出声信号和磁信号的时间差，时间差最小点即为故障点的准确位置，见图 5。

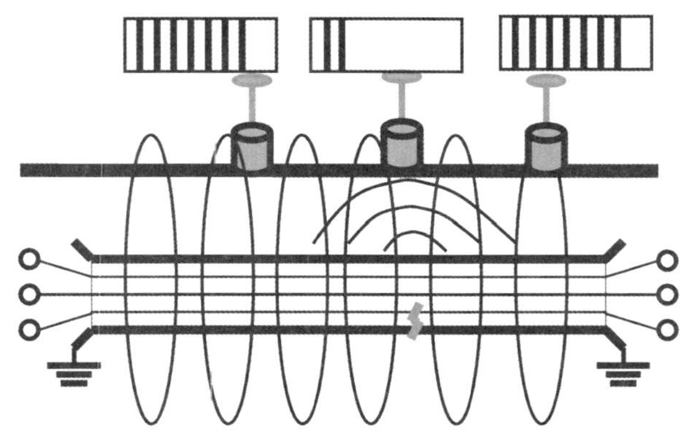

图 5 声磁时间差测定点示意图

3、音频感应法

当电缆故障点处于相间短路或相地短路（死接地）时（RF<10Ω），用冲击放电器冲击，故障点不放电，也就是说故障点不产生放电声，所以不能用声测法精定故障点。此时应采用音频感应法来探测定位故障点。该方法需要相当的故障测试经验和对电缆各方面的情况（如接头位置、埋设深度等）有详细的了解，才能取得较好的效果。

其测试原理是多芯电缆纽绞结构，当音频信号传输到电缆故障线芯时，在故障点前会产生有规则升降的电磁信号，到故障点电磁信号突然增大，过故障点电磁信号下降并保持均匀，见图 6。

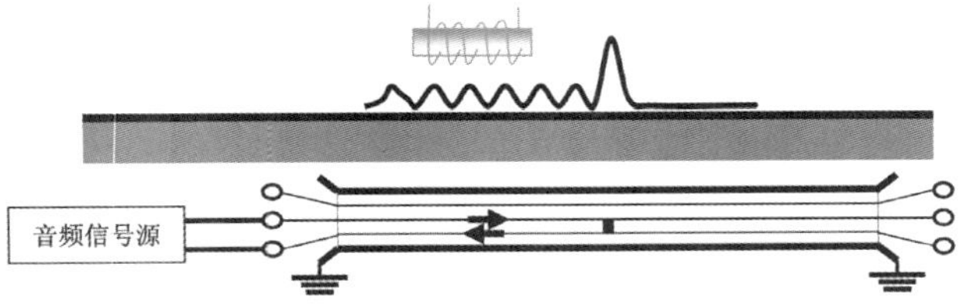

图 6 音频感应法定位示意图

七、结束语

电缆故障测寻既要有好的测试设备又要求测试人员的经验积累，才能快速、准确定位故障点。对每一次故障测试都要不断分析，特别要了解电缆参数、相间相地电阻、测试电压高低、故障波形等资料，只有不断对大量的现场数据进行分析、研究、总结，才能逐步掌握电缆故障测试的规律。

八、参考文献

[1] 张栋国，孙雷，《电力电缆及其故障分析与测试》，陕西科学技术出版社，1994 年 4 月

[2] 徐丙根等《电力电缆故障探测技术》，机械工业出版社，2001 年 4 月。

第二章 浅谈电力电缆局部放电在线检测技术

柳淑艳
（北京埃德尔黛威新技术有限公司）

【摘 要】本文简要介绍了电力电缆局部放电在线检测技术，根据放电脉冲的波形特征有效识别电缆局放信号，利用放电电流计算放电量。阐述了电缆局部放电点的双端定位方法，使用同步收发仪检测微小的局放脉冲信号，进行放大处理，再注入到被测电缆中，解决电缆局放点难于定位的问题。引入英国电缆局放在线检测及定位的实例及经验，供使用单位参考。

【关键词】局部放电 在线检测 定位 同步收发仪

一、引言

电气设备检修技术的发展大致可以分为三个阶段，即故障检修、定期检修、状态检修。状态检修是以可靠性为中心的检修，并逐步取代以往的定期预防性检修，它是根据设备的状态而执行的预防性作业。状态检修通过对设备关键参数的测量来识别其已有的或潜在的劣化迹象，可在设备不停运的情况下对其进行状态评估。这种策略不必对设备进行定期大修，提高了检修的针对性和有效性，能发现问题于萌芽状态，有效延长设备的使用寿命，合理降低设备运行维护费用。目前，避雷器全电流和阻性电流的检测技术、容性设备介损和电容量的检测技术、变压器本体油中溶解气体、局部放电的监测技术以及输 电线路的红外检测技术使用相对较为广泛。随着电力电缆在城市电网建设中的普遍应用，对提高电力电缆检测手段的需求日益迫切，尤其是在线检测。

二、电力电缆局部放电量的在线测量

局部放电检测越来越被看作是一种最有效的绝缘诊断方法，在线检测应用中更是如此，目的是观察和研究局部放电引起的绝缘老化问题。电缆发生局部放电时，引起局部放电的空穴形成实阻抗，这是电缆的浪涌阻抗，在开始时是纯阻性的。其产生的脉冲基本上是单极性脉冲，上升时间很短，并且脉冲宽度也很窄。脉冲从产生的位置向外传播，由于在电缆中传播时的衰减和散射，当到达测量点时，脉宽增加，幅值减小。一般情况下，在测量时能检测到比较好的脉冲波形，其保留了很多与源波形相同的特性。图1显示了一段典型的电缆局放脉冲波形，其上升时间以及脉冲特性可以通过计算机生成的光标测量。

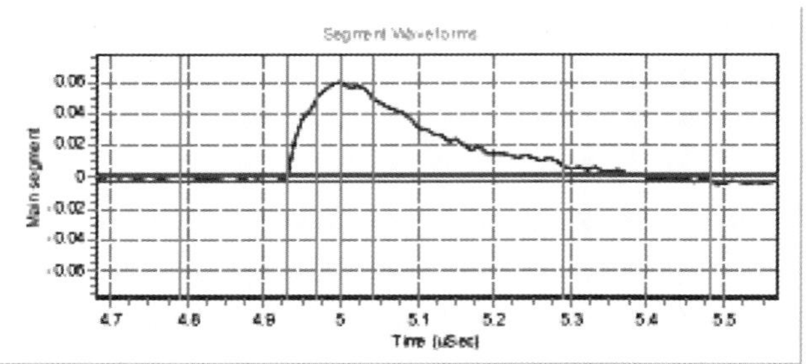

图1 电缆中的局部放电脉冲波形（显示了计算机生成的光标）

如果上升时间和脉冲宽度在电缆局部放电脉冲的通常范围内，那么就可以把该脉冲看成是电缆局部放电。一般来说，电缆局部放电的上升时间在50ns到1s之间，而脉宽小于2s。实际上，对于交联聚乙烯（XLPE）电缆来说，其对应值会比这小些。这是由于XLPE电缆的损耗和散射比较小的缘故。脉冲的上升时间和脉宽取决于电缆端部的脉冲波形，也取决于检测电路。然而，这种使用上升时间和脉冲宽度来检测脉冲位置的简单方法并不非常适用。由于检测电路的不确定性，同样使得上升时间和脉冲宽度随之变化，例如当其包含一个大电感时，脉冲的上升时间就会迟缓，并且脉冲宽度也会变大。然而，在脉冲的起始位置，上升时间却是一个很有价值的特征量。对于利用高频电流传感器（HFCT）的在线局部放电检测，其检测电路通常有较大的带宽（>20MHz），这种简单的定位方法还是能得到较为满意的测量结果的。

图 2 高频电流传感器检测 33kV 电缆局部放电（箭头所指为高频电流传感器）

图 2 所示为用于 33kV XLPE 电缆检测的电流传感器，传感器可以夹绕在接地线之上的每个线芯上，也可以将电流传感器夹绕在接地线上。局部放电脉冲沿电缆传至终端，在导体上它们的极性相同，在屏蔽上相反，关键的问题是能在接地线或导体电流两者之间截取其中一个。实际上，这两个信号很相似，但它们在两个测量点之间的噪音成分却有所不同。

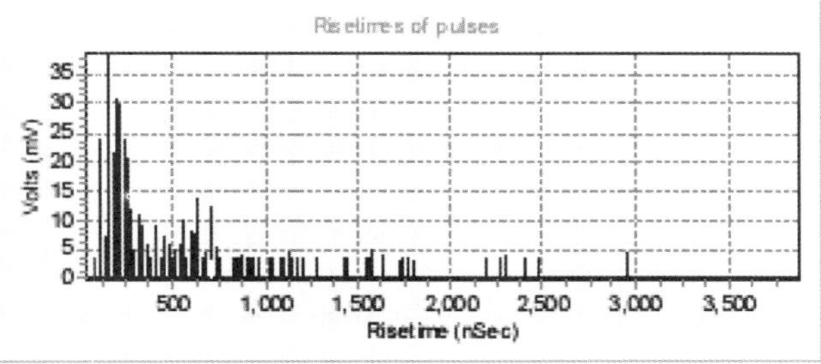

图 3 电缆脉冲上升时间分布

图 3 所示为 33kV 纸绝缘电缆的在线检测结果，从图中我们可以看到，电缆的主要上升时间集中在 200ns 附近。被测电缆长度为 2km 左右，所有脉冲全部取自于 1600m 处的一个中间接头。从图中显示的电缆上升时间的分布情况看，各上升时间之间还存在着宽度不等的空白区。理论上，可根据图 3 画出上升时间的曲线图，纵坐标以米为单位，假定局部放电脉冲上升时间和脉冲在电缆中的传播距离之间存在函数关系。实际上，这种关系也是比较容易建立的，它取决于电缆的类型，而问题的关键就在于电缆终端的测量电路的阻抗是不确定的。如前面所述，当检测电路的阻抗中含有大的感抗时，脉冲的上升时间主要取决于检测电路的阻抗而不是局部放电脉冲的传播距离。在这种情况下，脉冲上升时间和传播距离之间的关系就无法建立。

利用局部放电脉冲波形检测局放的最大优势就在于：可以几乎不用考虑因脉冲在电缆中传播的衰减而造成的测量误差，尤其是对于衰减很大的纸绝缘电缆。局部放电脉冲在电缆上传播一段距离以后幅值很快就会衰减 10 到 20 倍。如果脉冲峰值衰减到原来的 1/20，那么离测量点比较远的局部放电事件就会显得很微弱，难以发现。利用放电脉冲波形，测量局部放电电流下的面积，就可以对幅值进行测量，并且它受信号衰减的影响小得多，放电量则可通过放电电流的积分求得，如下式：

$$Charge=\int_{start\_of\_pulse}^{end\_of\_pulse} I*dt=\int_{start\_of\_pulse}^{end\_of\_pulse} const*V*dt$$

式中的“const”是电流转换为电压的系数。此式已考虑了电流互感器的传输阻抗，电缆阻抗以及放大器增益等因素。通过这种方法测量放电量以后，乘以一个修正因数并假设检测阻抗为电缆的浪涌阻抗，就可以以皮库（pC）为单位测量局部放电的幅值。实际应用中，在电缆中部接头处的地线上测量时，浪涌阻抗和实际的浪涌阻抗很接近，而端部浪涌阻抗的波动一般在 20% 以下。例如对整体浸渍不滴流（MIND）11kV 纸绝缘电缆，在 3km 处测量，用上面的公式测量时幅值仅衰减了 3 倍，而直接测量时幅值衰减了 15 倍。这就说明，这种方法对任何电缆的在线局部放电测量，都可以以皮库为单位表示，而不需要标定。

三、电缆局部放电单端定位法

在检测到电缆局放时，如果能对局部放电源进行定位，那么局部放电活动测量的实效性就会大大提高。当局部放电发生时，局放脉冲从放电点向电缆两侧传播（平均速度约 150—160m/μs）。首先到达测量端的脉冲是直接向该方向传播的脉冲（直达脉冲），而完成局部放电定位，还要测量向反方向传播后被反射回来的脉冲（反射脉冲），如图 4 所示：

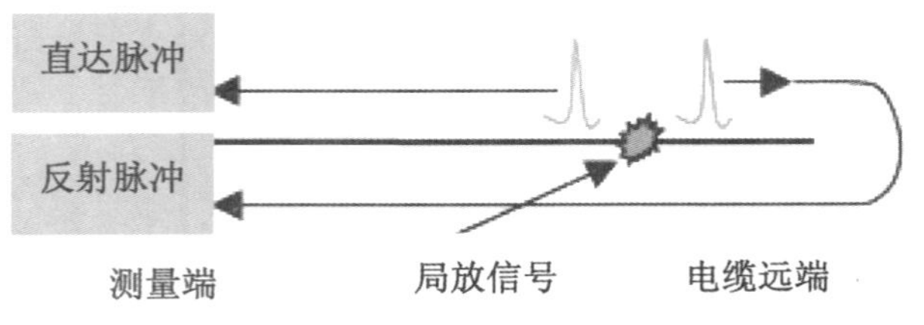

图 4 “单端”电缆局部放电定位方法

理想状态下，如果直达脉冲和反射脉冲都能被识别，就可很容易地确定局部放电位置。即计算两个脉冲的时间差（ΔT），就可确定局部放电位置。但在实际应用中，使用这种简单的单端测量方法，很难实现局放点的定位。这是由于反射的脉冲太弱，或存在其它反射脉冲、噪音以及波形失真带来的干扰。因此，如果第二个脉冲（反射脉冲）能够明显强于噪音信号，定位就会容易得多。

四、利用同步收发仪进行电缆局部放电双端定位

在电缆局放定位过程中使用同步收发仪，为高压电缆局部放电的定位提供了一种更准确和可靠的方法，可以克服单端定位的许多问题，如：

长电缆的信号衰减过大，会降低反射脉冲的大小，从而导致反射脉冲淹没在“背景噪音”中。

存在诸如来自馈线电动机噪音的干扰，局放波形难以读取。

T 形连接的电缆或带接头的电缆会导致衰减和反射。

环网柜中的其它电缆会导致信号衰减和（部分）脉冲反射。

电缆远端阻抗没有明显变化。

在测量时，为了增强反射脉冲，使之能够从背景噪音中突显出来，可以使用同步收发仪。如图 5 所示，该仪器包括一套放电触发单元和一个脉冲发生器，其基本工作原理是利用放电触发单元探测到一个小的脉冲后，再利用脉冲发生器注入一个很大的脉冲，这样便可确保在电缆的测量端能够检测到一个“反射”的脉冲。

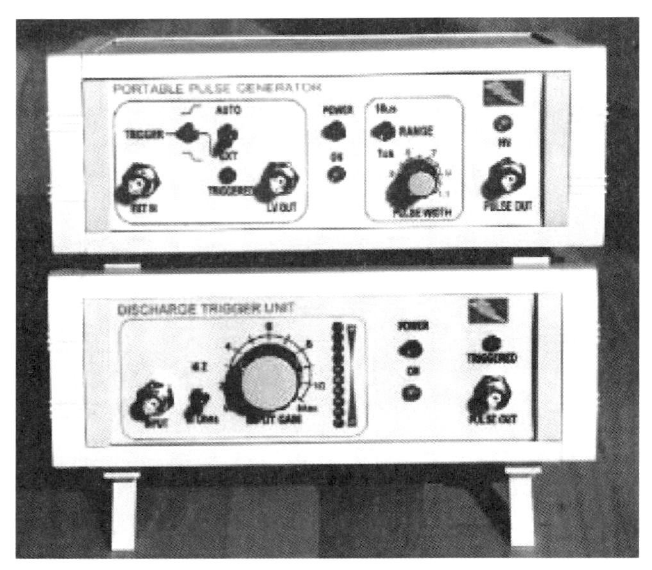

图 5 同步收发仪的触发单元和脉冲发生器

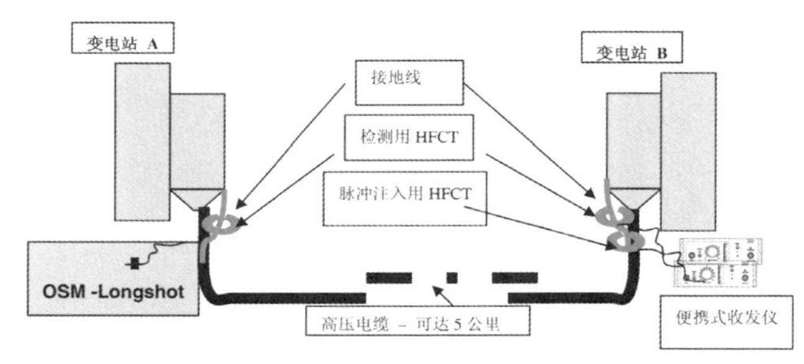

图 6 利用同步收发仪定位电缆局放示意图

图 6 所示为使用同步收发仪进行电缆局放定位的示意图，这里利用高频电流传感器作为探测和发射传感器，此系统可用于 5km 长的电缆。当触发器在上升边沿触发时，设备的精密度决定了局部放电脉冲上升时间的精度。

图 7 所示分别为使用和不使用同步收发仪两种情况下进行电缆局部放电定位的结果。图中，使用同步收发仪时，定位的结果是：局部放电发生的地方比较靠近测量端，可以明显地看到很大的同步脉冲。这里电缆的长度为 750 米左右。

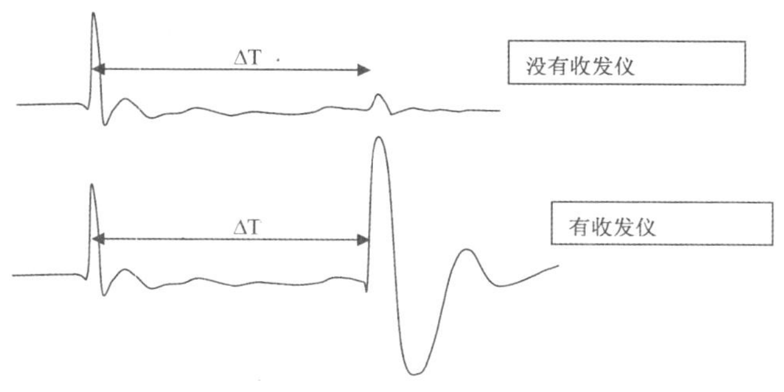

图 7 有无同步收发仪定位局放脉冲的效果

用于局部放电定位的同步收发仪由电池供电，从而使得在电缆远端没有主电源的情况下，仍可以定位局放，在现场非常适用。这种定位方法非常简单，只要局部放电脉冲清晰，且使用同步收发仪时方法规范，定位结果就会清晰明确。

五、电缆局放定位英国应用案例分析

本例中，局部放电定位采用 OSM Longshot 系统，使用同步收发仪进行局放点的定位，并通过 PDMap 软件做数据分析。

英国配电公司，一次（132kV/33kV）变电站拥有一套 IPEC 公司 OSM—F64 固定式局放检测仪，安装于 2002 年 7 月。鉴于其中的 14 个开关柜及其馈线电缆在系统中所处的重要位置，并且需要向曼彻斯特联邦运动会提供电力，因此使用上述仪器对其进行了连续的监测。在 2003 年 4 月 29 日，OSM 监视器向客户和 IPEC 公司发出了一个预警：在皇后公园／东地球场电路中存在过量的局放活动。IPEC 公司的工程技术人员使用 OSM Longshot 局放现场测试仪如图 8 所示，对现场进行了检查，通过测试证实了被怀疑的电路中存在高等级的放电现象，并使用 PDMap 软件和便携式同步收发仪进行了检测，从而查出放电的源头。

从检测到放电的线路图 9 上看，一条 T 形电缆分别与皇后公园变电站和东地球场变电站的两个变压器相连。为了定位放电源的位置，需要使用 PD Map 在线定位系统软件。连接有 HFCT 传感器的便携式收发仪被放置在斯图亚特大街（Stuart St）变电站皇后公园的电缆上。检测系统被设置

图 8 OSM—Longshot 电缆局部放电在线检测系统

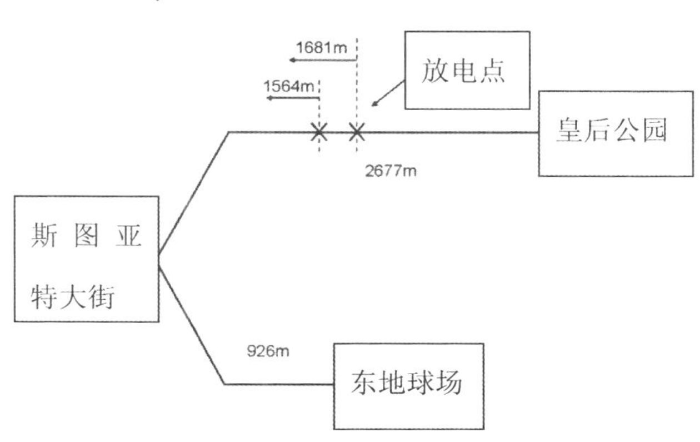

图 9 皇后公园电缆上的放电点

为检测到放电信号时，便向接地线发射一个大的（100V）高频脉冲。通过测量收发仪信号和其来自电缆远端反射信号之间的时间差，电缆的长度得以确定，并可根据客户提供的电缆路径图对电缆的长度进行核对。然后分别在远处皇后公园和东地球场端，使用 HFCT 传感器再次进行测试，测量放电信号和接地线中收发仪信号之间的时间间隔。随之，在与皇后公园连接的那条电缆上检测到了 2 个放电点，且两个点都在电缆的红相上。

利用 PD Map 软件对测试结果进行分析，如图 10 所示。所测的局放量峰值分别约为 6,000pC 和 9,000pC。这里需要注意的是，由于电缆的浪涌阻抗，在沿电缆传播的过程中，放电量会有所衰减。

这两个点的局放测试波形如图 11 和图 12 所示。图中显示的两个放电点的位置如下：

第一个点位于距 Stuart St 变电站 58.4% 处

（约 1564 米）。

第二个点位于距 Stuart St 变电站 62.8% 处（约 1681 米）。

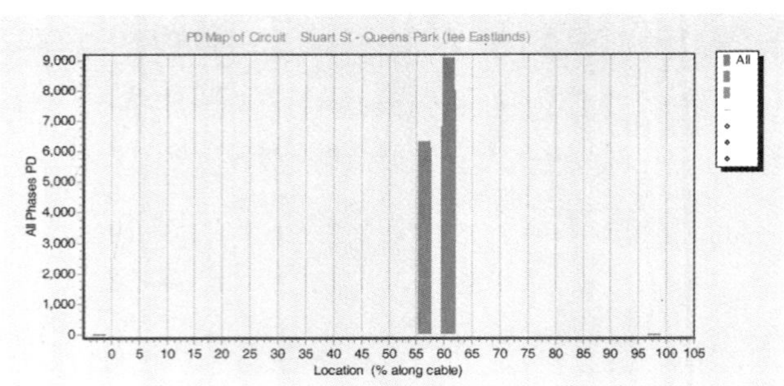

图 10 在 Stuart St 变电站的局放测量

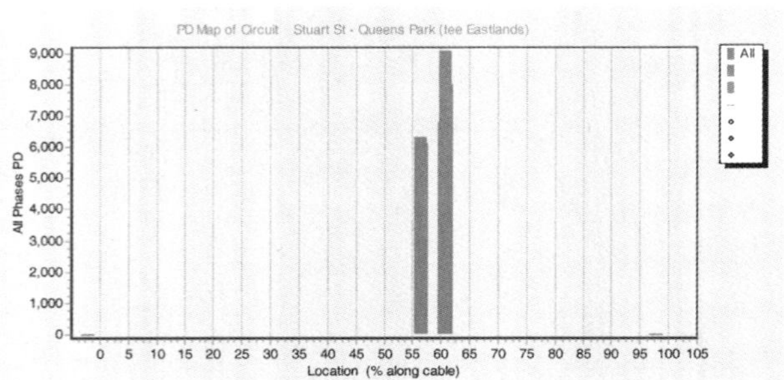

图 11 在线局放测试波形
（位于距 Stuart St 变电站端 58.4% 处）

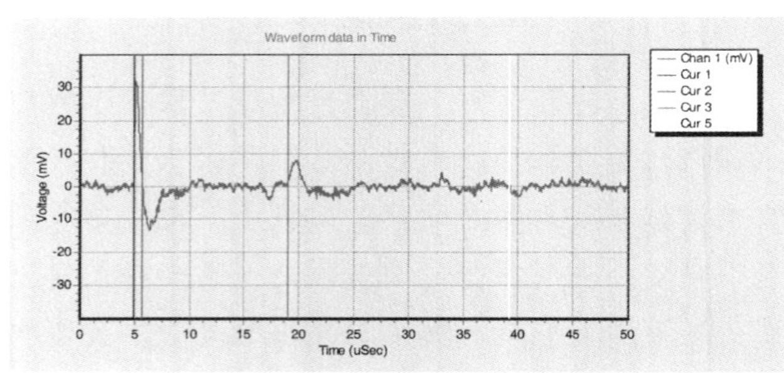

图 12 在线局放测试波形
（位于距 Stuart St 变电站端 62.8% 处）

将测试结果与电缆路径图进行核对，放电位置分别与距 Stuart St 变电站 1575 米的三叉接头（SJ8699/27）和 1695 米的三叉接头（SJ8699/18）相对应。

使用这项技术进行局放定位的测试精度约为电缆长度的 1%。在该案例中进行的测试，数据是从电路的两端获取的，所以测试精度优于 1%，定位的精确度分别大约是电缆长度的 0.4% 和 0.7%。

虽然测试是在 Stuart St 变电站电缆的接地线上进行的，但是在电缆的红相上得到了最大的信号。

在 2003 年 6 月 26 日，对上述两个放电点之间的接头和电缆进行了更换。7 月 4 日，又在 Stuart St 变电站进行了进一步的局放试验，结果显示局放活动已经消除。

六、结束语

状态检修是设备检修的发展方向，而在线检测又是其中的主要手段。本文介绍了电缆局部放电在线检测方法，该方法使用的算法简单，在实际应用中可靠性高。保留了传统的对局部放电活动进行的峰值测量、计数和分布等方法。新的脉冲识别能力极大提高了局部放电数据的记录质量，特别是在线检测时尤其明显。本文重点介绍了一种利用安置于电缆远端的同步收发仪进行的局放定位方法，它能够有效地定位电缆上的局部放电点。这种方法对通过波形分析难以得到定位数据的在线局部放电检测，非常适用。

七、参考文献

1　杨凌辉 黄华 高凯 李龙《输变电设备在线监测系统的评价和选用》2007 年全国输变电设备状态检修技术交流研讨会论文集。

2. 罗军川 张星海《电气设备状态评估与维修策略》2007 年全国输变电设备状态检修技术交流研讨会论文集。

3. Michel, M., “Comparison of Off—line and On—line partial discharge MV cable mapping techniques”, CIRED, Turin, June 2005 Conf. Proc..

4. Renforth, L., “An Integrated approach to on—line pd monitoring and diagnosis of MV plant condition as a pre—maintenance tool”, CIRED, Barcelona, June 2003 Conf. Proc

5. Mackinlay, R., “Advanced Condition Based Assessment of medium and high voltage electrical systems without requiring an outage NETA Conference, New Orléans, USA, March 2005 Conf. Proc..

第三章 0.1Hz 超低频正弦波耐压试验技术及应用

柳淑艳　杨 帆
（北京埃德尔黛威新技术有限公司）

【摘　要】本文着重介绍了国际上普遍采用的 0.1Hz 超低频正弦波耐压试验技术及运用这一技术的耐压测试设备。美国高电压公司最新推出的 90kV 耐压测试仪，解决了我国 35kV 交联聚乙烯绝缘电缆无合适耐压试验设备的难题。该测试设备直接产生一种真正的正弦波，同时不会增加额外的技术难度。这样不仅减轻了重量节约了成本，而且也简化了它在诊断测试，诸如介损测试、局放测试和现场故障定位等领域内的应用。本文还引入了美国电子与电气工程师协会在 2003 年 8 月最新发布的 IEEE P400.2/D1 标准的核心内容，此标准可用于指导现场屏蔽电力电缆系统的耐压、诊断试验。

【关键词】超低频　正弦波　90kV　耐压试验　放电电阻

一、前言

保证供电可靠性的重要措施之一就是对（地埋）电力电缆进行耐压试验（预防性试验）即检查电力电缆的绝缘状况。

70 年代以来，聚乙烯／交联聚乙烯电缆得到广泛应用并逐步取代传统的油纸电缆，特别是中低压电力电缆，直流耐压试验方法已不适用于这类电缆。原因是在直流电压作用下，空间电荷效应严重，直流耐压试验危害交联聚乙烯电缆的介电强度和寿命。在现场工频测试中使用交流测试设备也有它自己的问题。测试设备往往既庞大又笨重，同时价格也昂贵。超低频检测设备多年来一直用于检测大型旋转电机，比如大型水轮发电机。但这种技术并没有用于电缆，过去所能利用的设备通常使用的是频率为 0.1 周（Hz）并有多种不同波形的电压，如矩形波和三角波等。该设备在某种形式上有合理的成本和重量因素，并没有弥补这些非标准的波形测试电缆技术数据的缺乏。

由此可见，大家熟知且行得通的老办法：直流试验已说明是无效的，在有些情况下还会扩大损伤而在试验时并不能发现。交流试验是有效的，但是由于电缆为容性负载，需要很大的试验容量（S=ωCUS2=2πfCUS2 kVA）

式中：C—被试电缆电容量　μf/km

US—试验电压　kV

f—工频频率，我国为 50Hz

传统的超低频技术又不适用于电缆，因此需要研究一个新的电缆检测方法。

二、0.1Hz 超低频正弦波技术

早在 70 年代美国高电压公司就致力于超低频电缆检测方法的研究。他们采用了新的方法，生产的电缆检测设备能产生真正的高压正弦波，而且设备很轻，成本接近直流测试系统。实践也证实：使用超低频高压的固体绝缘电缆的击穿电压与使用交流工频所得到的电压值是相当的。

新的设计方法允许以通常的耐压水平测试负荷远远超过 5 微法的电缆进行测试，并且仅使用电压为 120 伏、频率为 60Hz（或 220 伏 50Hz）的电源。而且，该项设计还可扩展到一些频率为 0.05、0.02、0.01Hz 的更低频率操作中去（0.01Hz 的频率测试针对超长电缆）。

1. 系统设计原理

该设计的基本思路是产生像正弦波那样的超低频波形。用超低频以低充电电流，相对长一点的时间间隔对试品充电至高压，这里超低频的波形是关键，特别适合的是正弦波，因其避免了其他波形可能产生的高频谐波，而该高频谐波会对测试目标产生驻波或有害的电压突变。该新设计的基本理念已经在图 1 中展示出来了。系统所需的输入功率是

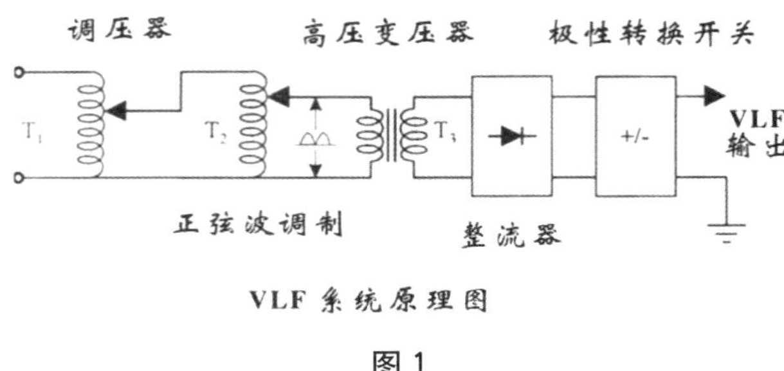

图 1

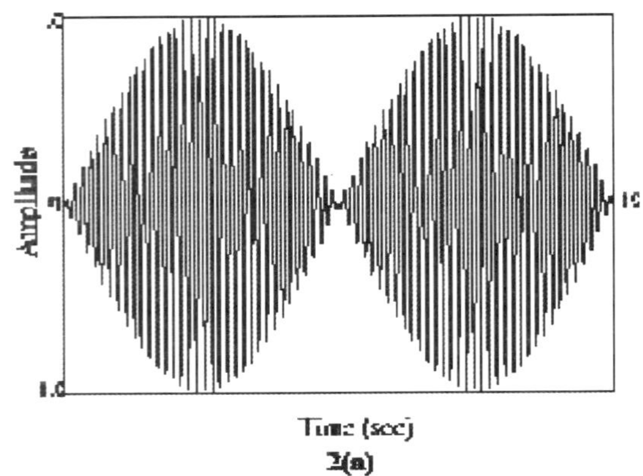

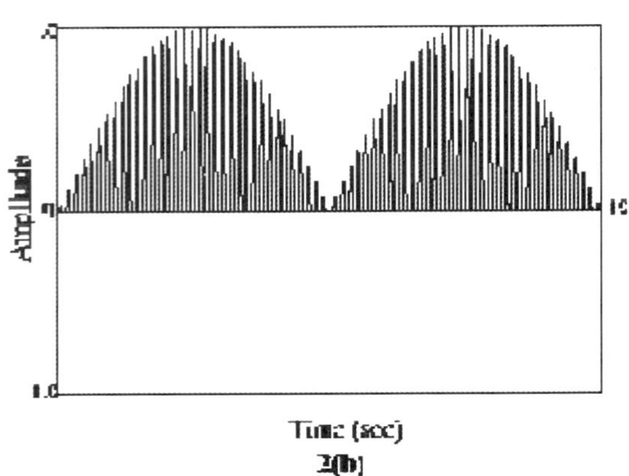

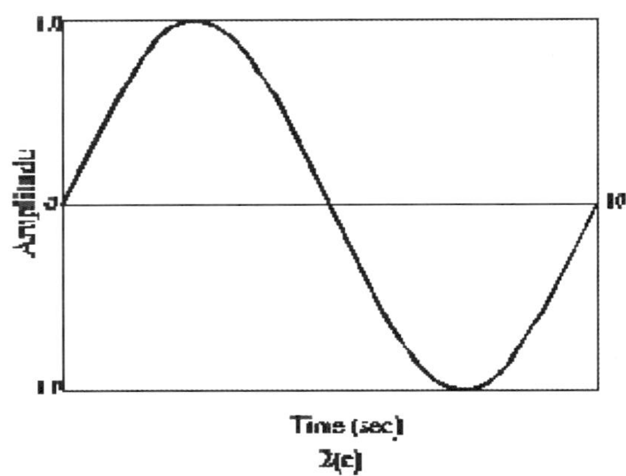

图 2 系统各阶段输出波形

从一个正常的 120 伏 60Hz 或 220 伏 50Hz 的电源处获得。输出电压的振幅是由自动可调变压器控制的，由图 1 中的 T1 来表示。该变压器的输出用相应需要的超低频来调节，如 0.1Hz。该过程在图 1 中用 T2 来表示。T2 的输出以正弦波模式周期性地增加或减少，频率是两倍的输出频率，这样就会产生一个 60（或 50Hz）电压，振幅变化见图 2（a）。该调制工频电压经过高压变压器逐步升压，即图 1 中的 T3。该高压变压器的输出通过一个能产生单极电压的全波整流器来整流，见图 2（b）。最后，整流器与终端之间的一个极性开关每隔半个周期就会将整流后的电压的极性颠倒一下。输出电缆和被测试品的电容将提供充足的滤波，以便将 120Hz 的波动减至一个可接受的水平，其最终波形是在图 2（c）中显示出来的一个高压超低频正弦波。图 2 中所显示的波形并没有考虑到被测试品的能量储存情况。超低频检测设备主要应用于大型电力设备元件的高压测试。该类被测试品有很大的电容，当外加电压的相角处于 90—180 或 270—360 之间的时候，电容必须要放电。

2. 试品电容的放电

大容量容性试品被施加交流电时必需要在每个半波放电，传统的工频交流试验在试品和电源之间有很大的能量流动，这需要大型的变压器，调节器等。在超低频系统中，所需功率非常低，与 50Hz 系统相比，0.1Hz 系统要小 500 倍。结果，这些能量在测试装置自身中进行交换便非常容易了。

本章论述的是一项用于试品放电的专利技术，它能确保高压输出是真正的正弦波。系统连续接入一系列阻性负载至输出回路对试品电容放电。正常情况下，应用电阻与电容并联使电容电压以指数曲线衰减。电阻的选择使电压经过 RC 混和放电回路降至标准正弦波下方。

因此，电阻接入回路时，系统高压变压器的正弦电压通过补偿放电电阻所需电流来保持正弦波型。最初的 RC 回路指数曲线衰减变化率很高，随着时间变低。最后来自高压变压器的电压达到与负载电压平衡。这时快速接入第二个放电电阻，减少

RC 时间常数按需要重复这一过程可保持输出电压的正弦波型。

图 3 说明了应用三个放电电阻接入输出回路的这一技术。第一个电阻与负载电容的指数衰减曲线表示为 RC1。指数曲线与施加正弦波在一个相位的 2.41 弧度处，此时并入第二个电阻，衰减曲线表示为 RC2，在相位约 2.86 弧度处，第三个电阻并入回路，指数曲线衰减表示为 RC3。

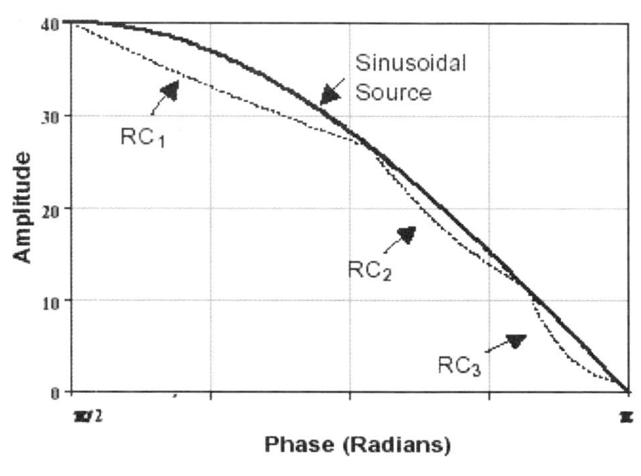

图 3 负载放电特性

通过高压变压器的电源功率补偿需要的正弦波和指数衰减曲线之间的空间（能量差），在这个设计中一个重要的因素是可在负荷变化最大时，所需的时间常数基础上选择放电电阻。无论轻载或重载都能产生满意的波形，电阻的选择与负荷无关。图 4 是在轻载时，40kV 系统的输出电压波形。

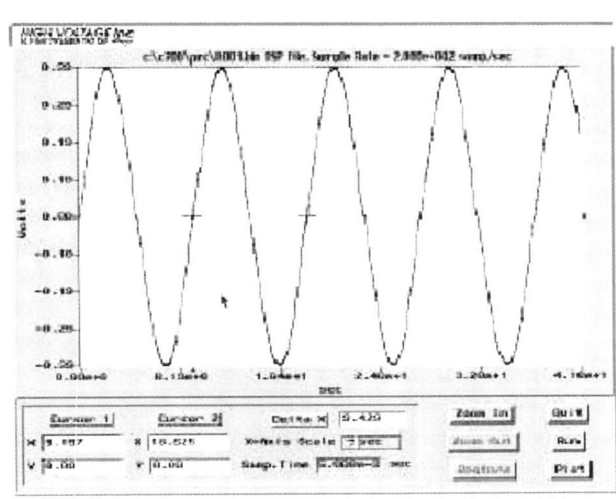

图 4 输出电压波形

放电电阻的电流很低，功率损耗很容易解决。三个放电电阻完全满足 40—60kV 输出电压的要求。也可增加电阻的数量，应用相同的原理，用于 90、120kV 等更高电压等级的系统。

3. 频率

系统的工作频率可通过前面讨论过的技术，即调整图 1 中的 T2 获得。目前常用的是 0.1Hz VLF 试验，调整 T2 可得到 0.05、0.02、0.01Hz 等不同的工作频率，较低的频率可测试超长电缆。

三、0.1Hz 超低频正弦波耐压试验设备的特点及应用

如前所述，直流耐压试验不适用于聚乙烯、交联聚乙烯绝缘电缆，因为在直流电场下形成的空间电荷会保存在电缆绝缘层中，当试验完毕重新投入运行后，残存的空间电荷（电场）会与运行电压的电场叠加，对在实际上仍能运行的电缆造成击穿。交流工频耐压试验最为有效，但由于电力电缆的电容很大。需要大容量试验设备，设备笨重难以对聚乙烯／交联聚乙烯电缆进行预防性耐压试验（现场试验）。针对中压聚乙烯／交联聚乙烯电缆的现场耐压试验问题，在 VLF 正弦波理论研究、设备开发一直处于领先地位的美国高电压公司早在 70 年代就致力于此项技术的研究，0.1Hz 超低频正弦波的耐压试验设备具有以下显著特点。正因为这些特点，使这一耐压试验设备得到广泛应用。

a) 0.1Hz 超低频正弦波耐压试验设备消耗功率小，是 50Hz 耐压试验设备的 1/500。

b) 0.1Hz 超低频正弦波耐压试验设备的输出电压较高，已有 250kV 交流输出试验设备，用于更高等级电压系统。

c) 由于输入功率小，设备的尺寸和重量也小，均为两件或三件式便携设计。

d) 0.1Hz 超低频正弦波耐压试验设备可试验较长的电缆（电容较大），最大可达 50 微法的 VLF 试验设备，是国外同类产品的十倍。

e) 具有电容测试电路，可测量被测电缆电容，预计电缆长度。

除了这些特点以外，0.1Hz 超低频正弦波耐压试验设备的正弦输出，还可用于诊断测试，传统的现场测试只是看耐压通过不通过，现在更科学的方法是诊断测试——局放测试和介损测试，用于检测绝缘中的水树，全面地评价电缆的绝缘状况，正弦波可有效地用于局放测试和介损测试。该设备还具有快速降阻烧穿功能，自动限制烧弧电流，从而可用于快速定位和修复故障，成本效益显著。

VLF—90CMF 是美国高电压公司最新推出的一款交流耐压试验设备，适用于中压等级 10kV、35kV 的 XLPE、PE、EPR、PILC 电缆及其连接头。该设备可连续输出 0—90kV 电压，可获得 0.1、0.05、0.02Hz 等不同频率的正弦波，波形与电容性负载无关，可以测试 7500 米长的电缆。两件套便携式设计既可以安装在电缆测试车上，也可配备手推车，方便移动。

主要技术参数如下：

- 输入：230V，50/60Hz，最大 6A，平均 2.5A
- 输出：正弦波，0—90kV 交流峰值电压（0—63.6kV 交流有效值电压），0.1Hz/0.05Hz/0.02Hz 连续工作，屏蔽输出电缆
- 测量：3.5”表，0—90kV 峰值电压；3.5”表，0—100mA 峰值电流，0—6μF 电容
- 负载：0.55μF @0.1Hz
  1.1μF @0.05Hz
  2.75μF @0.02Hz
- 尺寸：(w 长；h 高；d 宽）
  控制器：635mm w×406mm h×330mm d
  高压器：185mm w×685mm h×330mm d
- 重量：控制器：34kg
  高压器：82kg

除 90kV 外，该公司还生产 40kV、60kV、120 kV、180 kV、250kV 等系列耐压试验设备，最大限度的满足了我国对此类产品的需求。对于我国 10kV 及以下的电缆，可选用 40kV 的耐压试验设备。

美国高电压公司的产品得到了世界许多国家的电力系统及企事业的公认，在我国本溪钢铁集团、凌原钢铁集团、咸阳机场供电站等单位应用，均显示了 0.1Hz 超低频正弦波耐压试验设备的优越性能。

四、电力电缆耐压试验规范

在 0.1Hz 超低频正弦波耐压试验技术得到广泛应用以后，为了规范对交联聚乙烯电缆、油浸纸电缆以及混合电缆的耐压试验方法，美国电子与电气工程师协会在 2003 年 8 月发布了最新 IEEE P400.2/D1 标准。

标准规定 15—35kV 电压等级的电缆在安装和验收试验时，试验电压应为 3U0；对于 5—8kV 的电缆，试验电压应大于 3U0；维修时的试验电压是验收试验电压的 80%，如果进行多次循环试验，试验电压可再降低 20%。表 1 列出了屏蔽电力电缆正弦波耐压试验的电缆额定电压。虽然只列出了 5—35kV 的电缆，但 VLF 仍可用于更高电压的电力电缆。表中给出的测试电压既可作为有效值，也可作为峰值，如果作为峰值使用，则测试时间需加倍。原因是有效值是峰值的 0.707 倍。

表 1 推荐屏蔽电力电缆正弦波测试电压

超低频正弦波测试电压[1]			
电缆等级 相对相	安装[2] 相对地	验收[2] 相对地	维护[3] 相对地
kV（有效值）	kV（有效值）	kV（有效值）	kV（有效值）
5	12	14	10
8	16	18	14
15	25	28	22
25	38	44	33
35	55	62	47

1、选择有效值还是峰值取决于可能的机械损伤，如果此电压作为峰值，则测试时间加倍。

2、推荐的测试时间为 15 到 60 分钟。实际的测试时间要根据供应商、用户来定并且依赖于测试条件、电缆系统、安装条件、测试的频繁程度以及选择的测试方法。当测试被打断时，计时器归零重新测试。

3、推荐的维护测试时间为 15 分钟。VLF 测试方法的频率范围为 0.01Hz 到 0.1Hz。最为常用的为 0.1Hz，其它可用的频率范围还可从 0.0001Hz 到 0.1Hz。如果频率低于 0.1Hz，相应的测试时间加长。

（下接 355 页）

第四章 基于DGA的电力变压器故障诊断算法研究

曹　建
（北京华电云通电力技术有限公司，北京，100069）

【摘　要】变压器油中溶解气体分析是电力变压器绝缘故障诊断的重要方法。论文将排列蚂蚁系统算法应用于变压器故障诊断中。文章首先在标准算法测试平台TSP问题上对排列蚂蚁系统算法进行了阐述和测试，得到了目前中国TSP问题的最优解，证明了排列蚂蚁系统算法的优越性。在此基础上将排列蚂蚁系统算法与BP神经网络相结合，构建了变压器故障辨识ASRNN模型，经过大量的实例分析，并将结果与IEC三比值法和普通BP神经网络方法相比较，表明该模型能有效地对变压器故障进行诊断，具有较高的诊断正确率。

【关键词】电力变压器，故障辨识，油中气体分析，BP神经网络，蚁群算法
【中图分类号】　TM407；　TP18

一、引言

变压器作为电力系统重要的变电设备，担负着电压变换和电能传输的任务，其运行状态将直接影响到供电的可靠性和整个系统的正常运行。变压器一旦发生事故，造成的直接和间接损失是很大的。因此变压器的故障监测与诊断一直是国内外重视的项目，尤其是通过油中气体分析（Dissolved Gas Analysis，DGA）来判断变压器的故障已经成为了保证变压器正常运行的重要手段。常用的IEC三比值法及相关改良比值法在工程实践中暴露出编码不全、编码边界过于绝对等缺点[1]。目前有很多人工智能方法如人工神经网络、聚类分析、灰色理论等，它们的一种或几种集成方法被应用到电力变压器故障诊断中，但由于电力变压器的结构复杂性和故障机理的多样性，使得故障诊断的准确率还需要进一步提高。

人工神经网络方法是一种很好的故障诊断方法，但其存在着一些缺点。如：网络结构复杂时计算耗时，容易陷入局部极小点，在极值点附近容易发生振荡等。针对这些缺点，大量的改进算法，如小波分析[2]，灰色系统，遗传算法都被引进到人工神经网络中，得到了很多改进的结果，但还是存在着不少的缺陷。

蚁群优化算法是由Colorni和Dorigo等在90年代初期提出的一种新型分布式智能模拟仿生算法。其特性已被确认，在求解复杂优化问题方面表现出明显的优势。蚁群算法能将问题求解的快速性、全局优化特征以及有限时间内答案的合理性结合起来。其中，寻优的快速性是通过正反馈式的信息传递和积累来保证的，而算法的早熟性收敛又可以通过其分布式计算特征加以避免，同时，具有贪婪启发式搜索特征的蚁群系统又能在搜索过程的早期找到可以接受的问题解答[3]。蚁群算法的出现为人工神经网络的优化提供了很好的思路。

本文提出了一种基于排列蚂蚁系统算法的优化BP神经网络模型，并通过采集到的变压器故障案例数据，运用该模型进行分析。结果表明，用该模型进行故障诊断，具有速度快，准确率高的特点，从而验证了该方法的有效性及实用价值。

二、排列蚂蚁系统算法原理

蚁群算是受到蚂蚁群搜索食物过程的启发而产生的，通过对蚂蚁群行为的研究，发现蚂蚁个体行为虽然非常简单，但由简单个体所组成的群体却表现出极其复杂的行为。蚂蚁个体之间通过一种称之为“信息素”的物质进行信息传递，即蚂蚁在运动过程中在它所经过的路径上撒播该种物质；而且蚂蚁能够通过感知这种物质来指导它们运动方向。因此，由大量蚂蚁组成的蚁群的集

体行为便表现出一种信息正反馈过程：即某一路径上走过的蚂蚁越多，则后来者选择该路径的概率就越高。蚂蚁个体之间就是通过不断的信息交流来实现搜索食物的目的。

针对排列蚂蚁系统算法的原理，需要需要选择一个适当的平台进行诠释。本文选择旅行商问题（Traveling Salesman Problem，TSP）作为诠释蚁群算法的平台，其原因为以下几点[4]：

（1）TSP 问题是涉及多种实际应用领域的重要的 NP– 难优化问题；

（2）TSP 问题是一个便于使用 ACO 算法解答的问题；

（3）TSP 问题是一个易于理解的问题，因此算法的行为不会被具体的应用技术细节所掩盖。

（4）TSP 问题是新算法思想的标准测试平台，一个算法能在 TSP 问题上展现出良好的性能往往成为该算法有效性的证明。

因此，本文选用 TSP 问题作为诠释及比较各种蚁群算法的平台，试图找出一种最优的蚁群算法，移植到 BP 神经网络中去，建立起蚁群 BP 神经网络。

1.1 TSP 问题

直观地说，TSP 问题就是指一位商人，从自己的家乡出发，希望能找到一条最短路径，途径给定的城市集合中的所有城市，最后返回家乡，并且每个城市都被访问一次且仅被访问一次。这样，TSP 的一个最优解就对应于结点标号为 (1,2,…,n) 的一个排列 π，并且使得长度 f(π) 最小。f(π) 的定义为：

$$f(\pi)=\sum_{i=1}^{n-1}d_{\pi(i)\pi(i+1)}+d_{\pi(n)\pi(1)} \qquad (1)$$

1.2 基于排列蚂蚁系统算法解决 TSP 问题

排列蚂蚁系统算法主要涉及三个步骤，即信息素的初始化、路径构建和信息素的更新。

1.2.1 信息素的初始化

对于排列蚂蚁系统算法来说，一种好的初始化信息素的启发方法，就是把信息素的初始值设为略高于每一次迭代中蚂蚁释放的信息素的大小的期望值。本文使用如下方法来粗略地估算这个初始值[5]：

$$\tau_{ij}=\tau_0=0.5\omega(\omega-1)/\rho C_{\min} \qquad (2)$$

其中 m 示蚂蚁的数目，Cmin 表示所有城市中最近的两个城市之间的距离，ω 表示可以释放信息素的蚂蚁的数量。

选择这种初始值的原因在于，如果信息素的初始值 τ0 太小，搜索区域就会很快地集中到蚂蚁最初产生的有限几条路径中，这将导致搜索陷入较差的局部空间中。另一方面，如果信息素的初始值 τ0 太大，算法的最初许多轮迭代都会被白白浪费掉，直到信息素逐渐蒸发并减少到足够小时，蚂蚁释放的信息素才开始发挥指引搜索偏向性的作用。

1.2.2 路径的构建

在排列蚂蚁系统算法中，m 人工蚂蚁并行地构建 TSP 的路径。最初，蚂蚁被分别放置到随机选择出来的城市中。在路径构建的每一步中，蚂蚁 k 照一个称为随机比例规则的概率行为选择规则，来决定下一步将移向哪一个城市。特别地，当前位于城市 i 蚂蚁 k 择城市 j 为下一个访问城市的概率是：

$$p_{ij}^{k}=\frac{\tau_{ij}{}^{\alpha}\eta_{ij}{}^{\beta}}{\sum_{l\in N_i^k}\tau_{ij}{}^{\alpha}\eta_{ij}{}^{\beta}}\text{，如果 } j\in N_i^k \qquad (3)$$

其中 $\eta_{ij}=1/d_{ij}$ 是预先给定的启发式信息，α 和 β 是两个参数，它们分别决定了信息素和启发式信息的相对影响力。N^k_i 代表位于城市 i 的蚂蚁 k 可以直接到达的相邻城市的集合。

每一只蚂蚁 k 都维护一个记忆存储 M^k，它按照访问的先后顺序记录所有已经访问过的城市的序号。这个记忆存储经常被用来定义式（3）给出的路径构造规则中的可行领域 N^k_i。此外，记忆存储 M^k 还允许蚂蚁 k 计算其构造的路径 T^k 的总长度，还可以用来重新遍历该路径并释放信息素。

1.2.3 信息素的更新

当所有蚂蚁都构建好路径后，各边上的信息

素将会被更新。首先，所有边上的信息素都会减少一个常量因之的大小，然后在蚂蚁经过的边上增加信息素。信息素的蒸发根据下面的公式执行：

$$\tau_{ij} = (1-\rho)\tau_{ij} \tag{4}$$

其中 $0<\rho \leqslant 1$。参数 ρ 的作用是避免信息素的无限积累，而且还可以使算法“忘记”之前选用的较差的路径。事实上，如果一条边没有被任何蚂蚁选择，那么这条边上的信息素将会以迭代次数的指数级递减。

在信息素蒸发完成后，蚂蚁根据它们构建出来的路径长度按递增的顺序排列，而蚂蚁将要释放的信息素大小的权值由该蚂蚁的排列次序 r 决定。如果路径的长度相同，可以随意地处理。在每一次迭代中，只有排列在最前面的（ω−1）只蚂蚁和生成了至今最优路径的蚂蚁（这只蚂蚁不一定出现在算法的当前迭代蚂蚁集合中）才允许释放信息素。至今最优路径将获得最多的反馈信息量，其权值大小是 ω。在该次迭代中排名第 r 的蚂蚁将根据 $1/C^r$ 乘以权重来更新信息素。这样，AS_rank 的信息素更新规则就是：

$$\tau_{ij} = \tau_{ij} + \sum_{r=1}^{\omega-1}(\omega - r)\Delta\tau_{ij}^{r} + \omega\Delta\tau_{ij}^{bs}$$

$$\Delta\tau_{ij}^{r} = 1/C^{r}, \quad \Delta\tau_{ij}^{bs} = 1/C^{bs} \tag{4}$$

其中 C^r 表示排名第 r 位的蚂蚁构建的 TSP 路径长度，C^{bs} 表示至今最优路径长度。根据（4）式可以看出，蚂蚁构建的路径越好，路径上的各条边就会获得更多的信息素。一般而言，如果一条边被更多的蚂蚁选择，而该边所在的路径总长度越短，那么这条边就会获得越多的信息素，在以后的迭代中它就更有可能会被蚂蚁选择。

1.3 应用排列蚂蚁系统算法解决中国 TSP 问题

中国旅行商问题（Chinese Traveling Salesmen Problem，CTSP）是一个真实的地理问题，由靳藩教授在文献 [6] 中首先提出。它可简单表述为：遍历中国 31 个省会、直辖市城市的最短里程。

下面运用排列蚂蚁系统算法，用 MATLAB 对 CTSP 问题进行求解。算法的信息素初始化策略为：

$$\tau_{ij} = \tau_0 = 0.5\omega(\omega-1)/\rho C_{\min} \tag{5}$$

经过测试，其它的初始化参数为：蚂蚁数目 m 等于城市数目 n、α=1、β=5、ρ = 0.5、ω=6 得出的结果如图 1 和表 1 所示：

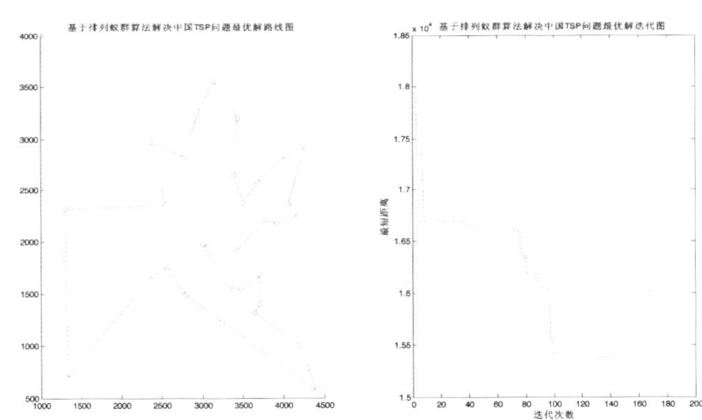

图 1 AS_rank 算法解决 CTSP 问题仿真图

表 1 AS_rank 算法解决 CTSP 问题路径和结果

遍历顺序	1	2	3	4	5	6	7	8	9	10	11	12	13	14	15	16
城市编号	6	5	16	4	2	8	9	10	7	13	12	14	15	1	29	31
遍历顺序	17	18	19	20	21	22	23	24	25	26	27	28	29	30	31	
城市编号	30	27	28	26	25	24	20	21	22	18	3	17	19	23	11	
最短距离	15381km															

由结果可得，运用 EAS 算法，迭代约 100 次后，得到了 CTSP 的最短距离为 15381km。此距离较目前文献 [7–12] 中出现的运用各种算法得到的最优解 15404km 还缩短了 23km，是目前出现的 CTSP 问题的最优解。此结果证明了排列蚂蚁系统算法的优越性。

三、基于排列蚂蚁系统的改进型 BP 神经

网络

2.1 ASRNN 系统的建立

本文结合上述的优越性得到了证明的排列蚂蚁系统算法，提出了结合排列蚂蚁系统算法的神经网络系统，即 ASRNN 系统。将蚁群算法的全局优化和启发式寻优的特点应用于训练神经网络的权值，利用蚁群算法的全局优化的特点，达到神经网络模型的全局智能寻优目的。

结合排列蚂蚁系统算法的神经网络系统，本文称之为 ASRNN（Ants System Rank Neural Network）系统。其基本的模型描述为：

假定需训练的神经网络中有 n 个待优化的参数，包括了其中间层结点与输入层结点之间的权值、中间层结点的阈值、中间层结点与输出层结点之间的权值、输出层结点的阈值，记为 ϕ_1，ϕ_2，…，ϕ_n。对其中的任意一个参数 ϕ_i，将其设置为可能取值范围内的 N 个非零随机数（r_1，r_2，…，r_N），形成一个集合，记作 $I\phi_i$。

定义蚂蚁的总数目为 m，全部蚂蚁从蚁巢出发去寻找食物。每只蚂蚁从集合 $I\phi_i$ 出发，根据集合中每个元素的信息素状态和公式（7）独立随机地从每个集合 $I\phi_i$ 中唯一的选择一个元素，例如选择 r_i，作为 ϕ_i 的值；当蚂蚁在所有集合中完成了元素的选择后，所有参数 ϕ_i 都已经得到赋值，蚂蚁就到达了食物源，成功地构建了一个神经网络[13]。

此时，由 m 只蚂蚁分别独立构建的 BP 神经网络的所有参数都已经选定，即建立起了 m 个 BP 神经网络。对这 m 个神经网络分别进行训练，得到了 m 个神经网络的输出误差。之后根据 AS_rank 算法，对所有输出误差进行非递增排序，只有排名前（ω －1）个神经网络和至今迭代最优的神经网络有效，构建此 ω 个有效的神经网络的蚂蚁可以在它们经过的权值路径上更新信息素。这一过程反复进行，直到达到迭代终止条件。

算法的主要步骤如下：

（1）信息素的初始化。初始化集合 $I\phi_i$ 中的元素 j 的信息素 τ_{ij} 为：

$$\tau_{ij} = \tau_0 = 0.5\omega(\omega-1)/\rho C, \quad 1 \le i \le n, 1 \le j \le m \tag{6}$$

其中 ω 为可以释放信息素的蚂蚁的数量，ρ 为信息素蒸发系数，C 为 n 个待优化参数的初始值的最小值。

（2）路径的构建

m 只人工蚂蚁并行地构建解的路径，首先，蚂蚁被分别放置到随机选择出来的集合 $I\phi_i$ 中，在路径构建的每一步中，蚂蚁 k 按照式（6-2）的概率行为选择规则，来决定在集合 $I\phi_i$ 中选择哪一个元素 r_j。特别地，当前位于集合 $I\phi_i$ 的蚂蚁 k 选择参数 r_j 的概率是：

$$p_{ij}^k = \frac{{\tau_{ij}}^{\alpha}}{\sum_{j=1}^{N} {\tau_{ij}}^{\alpha}} \tag{7}$$

（3）信息素的更新

当所有蚂蚁在每个集合中都选择了一个元素后，各集合的信息素将会被更新。首先，所有边上的信息素都会减少一个常量因之的大小，然后在蚂蚁经过的边上增加信息素。信息素的蒸发根据公式（5-4）进行。

在信息素的蒸发步骤之后，所有蚂蚁都在它们经过的边上释放信息素：执行计算用各蚂蚁所选权值作神经网络参数时训练样本的输出误差，记录此误差，蚂蚁根据它们构建出来的路径误差按递增的顺序排列。只有排列在最前面的（ω－1）只蚂蚁和生成了至今最优路径的蚂蚁才允许释放信息素。这样，其信息素的更新规则就是：

$$\tau_{ij} = \tau_{ij} + \sum_{r=1}^{\omega-1}(\omega-r)\Delta\tau_{ij}^{r} + \omega\Delta\tau_{ij}^{bs} \tag{8}$$

其中 $\Delta\tau^r_{ij}=1/e^r$，e^r 表示用排在第 r 为的蚂蚁选择的权值作为神经网络参数时得到的误差；$\Delta\tau^{bs}_{ij}=1/e^{bs}$，$e^{bs}$ 表示用至今最优蚂蚁选择的权值作为神经网络参数时得到的误差。

（4）重复步骤（2）、（3），直到所有蚂蚁全部收敛到一条路径或达到最大迭代次数，输出最优解，算法结束。

ASRNN 系统的流程图如图 2 所示。

2.2 ASRNN 系统的训练结果

ASRNN 系统中的基本神经网络 5—15—5 的三层 BP 神经网络模型，具体参数设置如表 2 所示：

表 2 ASRNN 系统参数选择

ASRNN 系统参数	参数选择
输入层结点数	5
中间层结点数	15
输出层结点数	5
中间层传递函数	Sigmoid—logsig
输出层传递函数	Sigmoid—logsig
蚂蚁数量	170
可释放信息素蚂蚁数量	6
信息素挥发系数	0.5
信息素增强系数	1

利用 MATLAB 编写程序，建立 ASRNN 神经网络模型。运用 MATLAB 的神经网络工具箱首先建立基本的 BP 神经网络，再编写类似于第五章中用于解决 TSP 问题的 AS_rank 算法用于 BP 神经网络参数的寻优。建立好模型后，运用收集到的 300 组故障样本对模型进行训练，训练结果如图 6—3 所示：

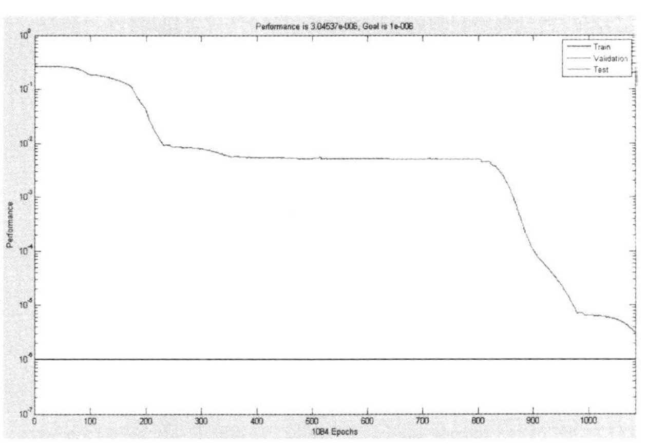

图 6—3 ASRNN 系统实验结果

由图中结果可知，经过 1084 次迭代后，网络的输出误差达到了 3.04537×10^{-6}，网络性能达到了很好的状态。和图 4—1 相比可知，普通 BP 神经网络经过 1000 次迭代后，网络误差只达到 1.2726×10^{-2}，且再迭代下去网络误差也不会有很大的改进。由此可见，ASRNN 系统比普通的 BP 神经网络系统，在收敛速度、收敛精度上都有了很大的提高，更符合应用于故障辨识中的要求。

四、实例分析

采取表 3 中的数据对 ASRNN 系统进行测试，测试结果和改良电协研法进行比对。

表 3 ASRNN 系统测试结果比对

序号	故障气体含量					故障性质		
	H2	CH4	C2H6	C2H4	C2H2	改良电协研法判断	ASRNN 系统判断	实际故障
1	120	109	435	80	0	无故障	局部放电	局部放电
2	34.667	28	20	16	1.3333	无故障	低能量放电	低能量放电
3	44.431	7.9976	1.6588	19.254	26.659	电弧放电	高能量放电	高能量放电
4	98	55	54	300	1.5	高温过热	中低温过热	中低温过热
5	148	239	113	878	4	高温过热	高温过热	高温过热
6	18.648	18.005	6.6987	55.463	1.1858	高温过热	低能量放电	低能量放电
7	88	83	28	196	7.7	高温过热	高温过热	高温过热
8	38.168	31.026	7.8759	22.912	0	低温过热	高温过热	中低温过热
9	98	252	95	646	22	高温过热	高能量放电	高能量放电
10	225	17.6	8.4	3	0	局部放电	局部放电	局部放电

由表 3 可看出，在 10 组测试样本中，由改良电协研法判断的故障符合实际情况的只有序号 3、5、7、8、10 五组，正确率为 50%；由 ASRNN 系统得出的结果除样本 8 有小许偏差外，其余都与实际结果吻合，正确率为 90%。和表 4—3BP 神经网络的测结果对比，ASRNN 系统也得到了较大

提高。

为不失一般性，本文运用改良电协研法、BP神经网络和ASRNN系统对100组测试样本进行了测试，测试结果如表4所示：

表4 三种不同算法的故障诊断测试结果

测试准确率	改良电协研法	BP神经网络	ASRNN系统
	56%	73%	92%

由测试结果可知，ASRNN系统比普通BP神经网络在故障辨识上有更快的速度和更高的准确率，表明ASRNN系统是有效的。基于排列的蚂蚁系统算法有全局优化和启发式寻优的特点，用于训练神经网络的权值时，能够克服普通BP算法收敛慢，容易陷入局部最小点的缺陷，从而提高故障的辨识率。ASRNN系统应用在基于DGA数据的变压器故障诊断上时，能够克服改良电协研法的固有缺陷，极大地提高了故障辨识率，证明是进行变压器故障诊断的有效方法。

五、结语

针对普通BP神经网络收敛速度慢，故障辨识率不高的缺点，本章提出了基于排列蚂蚁系统的优化神经网络，即ASRNN系统。此系统运用排列蚂蚁系统全局寻优、启发式寻优的思想对BP神经网络的权值进行优化，克服普通BP算法收敛慢，容易陷入局部最小点的缺陷，从而提高故障的辨识率。运用MATLAB对ASRNN进行了仿真，使用ASRNN系统对故障样本进行了测试，测试的结果与改良电协研法和普通BP神经网络进行了比对，证明了ASRNN系统的优越性能。ASRNN系统能对变压器的故障状态做出较为准确的判断，是电厂、变电站运行人员护、管理变压器的可靠依据。

六、参考文献

[1]熊浩，孙才新，陈伟根，等．电力变压器故障诊断的人工免疫网络分类算法．电力系统自动化，2006,30(6):57～60.

[2]潘翀，陈伟根，云玉新，等．基于遗传算法进化小波神经网络的电力变压器故障诊断．电力系统自动化，2007,31(13):88～92.

[3]Marco Dorigg,Thomas Stiutzle. Ant Colony Optimization. 北京：清华大学出版社，2007.

[4]Dorigo, M., & Gambardella, L. M. Ant Colonies for the Traveling Salesman Problem. BioSystems,1997, 43(2): 73～81.

[5]Dorigo, M., & Gambardella, L. M. Ant Algorithms for Discrete Optimization. Artificial Life, 1999, 5(2): 137～172

[6]靳藩，范俊波，谭永东．神经网络与神经计算机．成都：西南交通大学出版社，1991.

[7]贺一，刘光远．禁忌搜索算法求解旅行商问题的研究．西南师范学报（自然科学版），2002,27（3）:341～345.

[8]李明海，邢桂华．用MATLAB实现中国旅行商问题的求解．微计算机应用，2004,25（2）:218～222.

[9]燕忠，袁春伟．用蚁群优化算法求解中国旅行商问题．电路与系统学报，2004,9（3）:122～126.

[10]王勇．用遗传算法求解中国旅行商问题．哈尔滨商业大学学报(自然科学版)，2005,21（4）:517～521.

[11]顾大权，徐四林．求解旅行商问题的一个有效算法．解放军理工大学学报（自然科学版），2006,7（2）:130～132.

[12]李如琦，苏媛媛．用MAX_MIN蚂蚁算法解决中国旅行商问题．湖南工业大学学报，2007,21（5）:48～50.

[13]李京林．基于蚁群算法的改进神经网络在变压器故障辨识中的研究:[D].南京：南京理工大学，2007.

Research of Neural Network Based on Rank Ants System in Transformer Fault Diagnosis

LV Zhenting, CAO Jian, DING Jiafeng

(Dep.of Physics Science and Technology, Central South University, Changsha 410083, China)

Abstract Dissolved gas analysis is the most important technology in transformer fault diagnosis. Rank ants system algorithm is proposed for transformer fault diagnosis in this paper. To begin with, rank ants system algorithm is expounded and tested on TSP problem, which is the standard algorithm test platform. The most excellent result for China TSP proves the advantage of rank ants system algorithm. Based on these results, a transformer fault diagnosis ASRNN model is put forward. Quantities of fact test proves that The result of simulation of ASRNN system by MATLAB proves that ASRNN system surpasses the BP Neural Network with a speed up in convergence, short time in training, better diagnosis accuracy and more actual reflection of practical fault situation. ASRNN model is able to perform transformer fault diagnosis

Key Words: Power Transformer, Fault Diagnosis, Dissolved Gas Analysis, BP Neural Network, Rank Ants System Algorithm

（上接 348 页）

七、测试要点

需要准备好线路图以便工作人员熟悉所测的电缆，断开连接点的位置，在哪更容易接近电缆或连接点以及所测电缆的结构类型。

在耐压试验中若发现故障，应进行故障定位。

在诊断测试中，若测试电缆严重老化，在测试结束之前就会引起击穿。

当 VLF 测试结束或中断时，试品应立即接地放电。

八、0.1Hz 超低频正弦波耐压试验技术在中国应用的探讨

0.1Hz 超低频正弦波耐压试验技术经过近三十年的研究、发展和应用的检验，成为比较完善的一项耐压试验技术，它不仅对聚乙烯／交联聚乙烯电缆的耐压试验提供了一个可靠和有效的方法，而且也可用于油纸电缆的耐压试验。超低频系统的设计由一个便携的、轻巧的、经济的装置提供高压输出。该输出的波形是正弦波，这样可以使得它能够被运用到许多诊断技术中去，既能对电缆老化程度进行评估，又能发现电缆存在局部缺陷。所以 0.1Hz 超低频耐压试验技术已经在世界许多国家的电力系统及企业得到普遍应用。如：美国电子与电气工程师协会的 IEEE 标准、德国电工委员会制定的交联聚乙烯电缆 0.1Hz 耐压试验标准、华北电力集团公司的电缆试验标准也已经把 0.1Hz 超低频耐压试验列入试验标准。尤其美国高电压公司针对中国市场最新推出的一款 90kV 交流高压试验设备，填补了我国对 35kV 电缆无合适耐压试验设备的空白。在我国本钢、凌钢等率先应用的 40kV 耐压测试设备特点突出、运行稳定，受到业内人士的好评。

综上所述 0.1Hz 超低频正弦波的耐压试验技术在中国必然会成为普及推广的技术。

九、参考文献

1、美国电子与电气工程师协会 IEEE P400.2/D1。

第五章 磁光式电流互感器

——一种性能优良的电子式电流互感器

罗承沐　张贵新
（西安同维电力技术有限责任公司）

一、电子式电流互感器的定义、标准和优点

大型电力生产、电力传输系统及电力设备中的最重要的物理量是电流和电压。传统的获取电流和电压信息的传感器是电磁感应式的电流互感器和电压互感器，它们利用电磁感应的原理，其结构类似变压器。图 1 是电磁感应式电流互感器的结构：原边绕组和副边绕组绕在一个共同的铁芯上，绕组和铁芯之间具有能够耐受工作电压的复杂的绝缘结构。

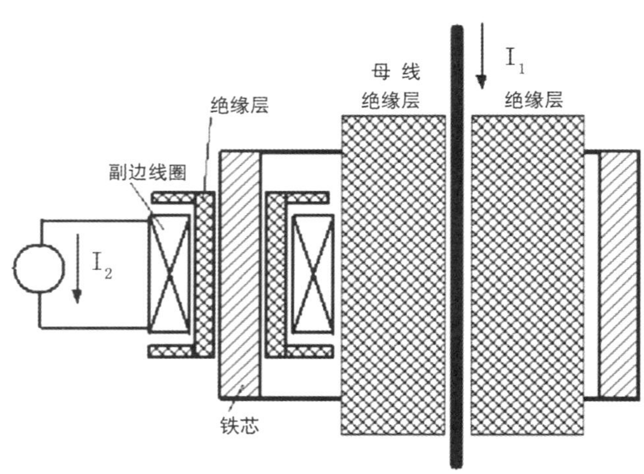

图 1 电磁感应式电流互感器的绝缘结构和工作原理

随着电力生产、电力传输系统容量的增加，运行电压等级越来越高，目前我国电网的电压等级已达 500kV，下一个电压等级是 750kV 与 1000kV。此时，传统的电磁式电流互感器和电压互感器暴露出一系列严重的缺点。以电磁式电流互感器为例，在如此高的电压下，它的绝缘结构将变得非常复杂、它的造价也将激剧地增加。此外，由于电磁式电流互感器所固有的磁饱和、铁磁谐振、动态范围小、频带窄以及有油易燃易爆炸等缺点，它已难以满足电力系统进一步发展的需要。寻求更理想的新型电流和电压传感器已是势在必行；近四十年来，在科技发达的国家，都已把注意力集中到利用光学传感技术，电子学技术、光通讯技术等，来发展所谓的电子式电流互感器（Electronic Current Transformer）和电子式电压互感器（Electronic Voltage Transformer），争取在本世纪初将这些新一代的互感器广泛地用于电力系统。

1、电子式互感器的定义和标准

鉴于光电互感器以及其它新型互感器的快速发展，国际电工委员会制定了电子式电压互感器标准 IEC60044—7、电子式电流互感器标准 IEC60044—8。按照此标准，电子式互感器的含义包括所有的光电互感器及其它使用电子设备的互感器。

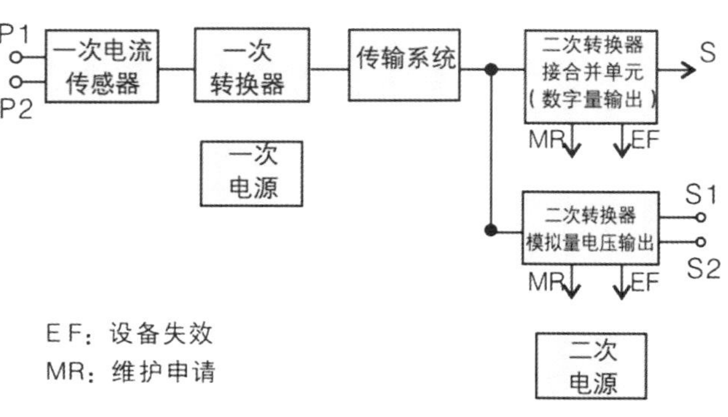

图 2 单相电子式电流互感器通用框图

以电子式电流互感器为例，它可能具有的功能部件如图 2 所示（并非所有列出的部件都是必

需的）。电子式电流互感器是指：在正常使用条件下，其二次转换器的输出实质上正比于一次电流，且在联结方向正确时相位差约为零的电流测量装置。一次电流传感器包括电气、电子、光学或其他类型的装置，用以传输信息到二次设备，直接地或采用一次转换器，产生正比于一次端子电流的信号。例如，一次电流传感器可能为罗哥夫斯基线圈，或磁光玻璃传感元件。一次转换器是一种转换信号的装置，将来自一个或多个一次电流传感器的信号转换成适合于传输系统的信号。传输系统是指一次和二次部件间传输信号的短距或长距耦合装置，例如可能为光纤。一次电源是向一次转换器和／或一次电流传感器供电的电源。在无源式电子式互感器中，则不需要一次电源。二次转换器将传输系统传来的信号转换成为正比于一次端子电流的量，供给测量仪器、仪表、保护及控制装置。对于模拟量输出的电子式电流互感器，二次转换器的输出直接供给测量仪器、仪表和保护或控制装置。对于数字量输出的电子式电流互感器，二次转换器的输出一般通过合并单元供给二次设备。合并单元是一种物理单元，用以对来自二次转换器的电流和／或电压数据作时间相干组合。合并单元可以是现场变换器之一的一个部件，或是单独的单元，例如装在控制室里。

国际电工委员会制定的电子式电压互感器标准IEC60044—7、电子式电流互感器标准IEC60044—8还规定它们的使用条件、额定值、接地方式、实验要求等。

以前人们提到的光电式电流互感器、磁光式电流互感器等，按新的标准都应归纳于电子式电流互感器之中。

电子式互感器分有源式与无源式两种。在高电压侧不需要电源的那种称为无源式的；与之相反，在高电压侧需要电源的那种称为有源式的电子式互感器。由于无源式的电子式互感器在高压侧不需要电源，它的可靠性较高，无疑是最为可取的下一代互感器。无源的电子式电流互感器可利用磁光效应（法拉第效应）、磁致伸缩效应和干涉仪等方式来实现；无源的电子式电压互感器可利用电光效应（泡克尔效应）、压电效应和二涉仪等方式来实现。

以下着重讨论研究较为深入、应用范围较广泛的无源的电子式电流互感器（以下简称电子式电流互感器，ECT）。

2、电子式电流互感器的优点

与传统的电磁式电流互感器相比，电子式电流互感器具有如下的一系列优点：

(1) 优良的绝缘性能，造价低

在电子式电流互感器中，高压侧与地电位侧之间的信号传输采用绝缘材料制造的玻璃光纤，因此，绝缘结构简单，造价低。

(2) 不含铁芯，消除了磁饱和、铁磁谐振等问题

电磁感应式电流互感器由于使用了铁芯，不可避免地存在磁饱和、铁磁共振和磁滞效应等问题，而电子式电流互感器不存在这方面的问题。

(3) 抗电磁干扰性能好，低压边无开路高压危险

电磁感应式电流互感器的低压边存在开路高压危险。由于电子式电流互感器的高压边与低压边之间只存在光纤联系，而光纤具有良好的绝缘性能，不存在低压边开路而产生高压的危险，而且免除了电磁干扰。

(4) 动态范围大，测量精度高

电网正常运行时，电流互感器流过的电流并不大，但短路电流一般很大，而且随着电网容量的增加，短路故障时短路电流越来越大。电磁感应式电流互感器因存在磁饱和问题，难以实现大范围测量，同时满足高精度计量和继电保护的需要。电子式电流互感器有很宽的动态范围，额定电流可测到几安培至几千安培，过电流范围可达几万安培。

(5) 频率响应范围宽

传感头部分的频率响应取决于光线在传感头上的渡越时间，目前可达到1兆赫。电子式电流互

感器已被证明可以测出高压电力线上的谐波，还可进行暂态电流、高频大电流与直流电流的测量。

(6) 没有因充油而产生的易燃、易爆炸等危险

电磁感应式电流互感器一般采用充油的办法来解决绝缘问题，这样不可避免地存在易燃、易爆炸等危险；而电子式电流互感器绝缘结构简单，可以不采用油绝缘。

(7) 体积小、重量轻

电子式电流互感器的重量比电磁式电流互感器的重量小得多。例如，220kV 的电子式电流互感器重量约为 100kg 左右，而同样电压等级的电磁式电流互感器的重量约为 1000kg。这给运输与安装带来了很大的方便。

(8) 适应了电力计量与保护数字化、微机化和自动化发展的潮流。

现代的磁光式电流互感器的输出均有数字量及模拟量。输出的数字接口的物理层和链接层符合国际电工委员会的有关标准：遥控设备和系统 IEC60870 以及变电站的通信和系统 IEC61850。这与今后电力系统中数字化的继电保护、通讯及计量是兼容的。

二、磁光式电子电流互感器的工作原理

无源式电子电流互感器多采用法拉第效应，即所谓的磁光效应；这种利用磁光效应的无源的电子式电流互感器以下称为磁光式电流互感器 (Magneto—Optic Current Transformer，简称 MOCT)。

磁光式电流互感器有两大类：一是全光纤式的 MOCT，其光纤本身就是传感元件；二是混合式 MOCT，它的传感头是一块玻璃晶体，光纤只起传输光信号的作用。

磁光效应是指：材料在外加磁场作用下呈现光学各向异性，使通过材料的光波偏振性质发生改变的现象。磁光效应的本质是材料在外加磁场和光波电场共同作用下产生的非线性极化过程。将一块磁光材料放置于一个载流导体在其周围产生磁场中，当一束线偏振光通过置于此磁场中的磁光材料时，线偏振光的偏振面就会发生旋转，其旋转角度随着平行于光线方向的磁场大小和磁光材料中的通光路径长度的乘积而线性地变化；通过测量通流导体周围线偏振光偏振面的变化，就可间接地测量出导体中的电流值。

图 3 为 MOCT 测量原理示意图，设 θ 为线偏振光偏振面的旋转角度，V 为磁光材料的 Verdet 常数，为磁光材料中的通光路径，为电流 I 在光路上产生的磁场强度，J E 为各部分光的光强及其电矢量，其下标 i、o 分别表示输入、输出。

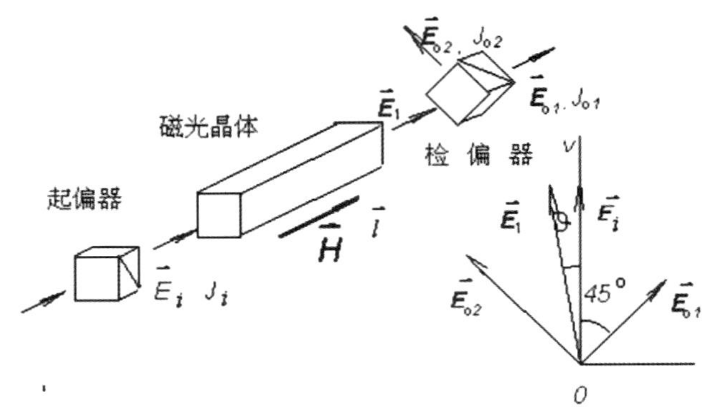

图 3 MOCT 工作原理

根据前面的论述可知，起偏器输出的线偏振光的电场矢量 $\overset{\omega}{E_i}$，经过磁光晶体后，在磁场的作用下，其旋转角 θ 可表示为：

$$\theta = \mu_0 V \int_l H \cdot dl \tag{1}$$

由于磁场强度是由电流 I 产生，上式右边的积分只与电流 I 及磁光材料中的通光路径与通流导体的相对位置有关，故上式可表示为：

$$\theta = \mu_0 VKI \tag{2}$$

式中 K 为只与磁光材料中的通光路径与通流导体的相对位置有关的常数，当通光路径为围绕通流道体一周时，K=1。故只要测定 θ 的大小就可测出通流导体中的电流。

由于目前尚无高精确度测量偏振面旋转角的检测器，通常将线偏振光的偏振面角度变化的信息转化为光强变化的信息，然后通过光电管将光信号变为电信号，并进行放大、处理，以正确反应最初的电流信息。一般采用检偏器来实现将角

度信息转化为光强信息。

设起偏器的输出光强为J_i，检偏器采用渥拉斯顿棱镜W，渥拉斯顿棱镜的两个主轴与起偏器起偏方向成φ夹角，W输出两束光强为J_{o1}、J_{o2}。由马吕斯定律可推得W的两束输出光强为：

$$J_{o1}=\alpha J_i\cos^2(\varphi+\theta) \tag{3}$$

$$J_{o2}=\alpha J_i\sin^2(\varphi+\theta) \tag{4}$$

式中α为光路的光强衰减系数。(3)(4)式描述的就是MOCT在起偏器和检偏器不同相对位置配置时的工作特性曲线（图4）。

为了求得对θ最大的灵敏度：

$$\frac{\partial}{\partial\varphi}\left(\left.\frac{\partial J_{o1}}{\partial\theta}\right|_{\theta=0}\right)=0 \tag{5}$$

解得$\varphi=\pm\pi/4$，即表明检偏器和起偏器的方向互成π/4时，输出光强对θ最为灵敏；此时，线性度也最好，动态范围最大，故φ一般取π/4。

(3)、(4)两式中包含光强J_i和偏转角两个未知量，因此不难求出J_i与θ。但为了消除光强的影响，一般作如下处理：

$$m_1=\frac{J_{o1}-J_{o2}}{J_{o1}+J_{o2}}=-\sin 2\theta \tag{6}$$

式中J_{o1}、J_{o2}可由光电转换测定，故m1为可测量。由(2)(6)式可知：

$$I=-\frac{\sin^{-1}(m_1)}{2\mu_0 VK} \tag{7}$$

当$m_1<0.1$时（MOCT额定电流范围内均符合这一条件）：

$$I\approx-\frac{m_1}{2\mu_0 VK} \tag{8}$$

由此可测出载流导体中的电流。以上测量中用到了两束输出光路，故称为双光路输出方式。

另一种常用的方法是单路光输出法，此时检

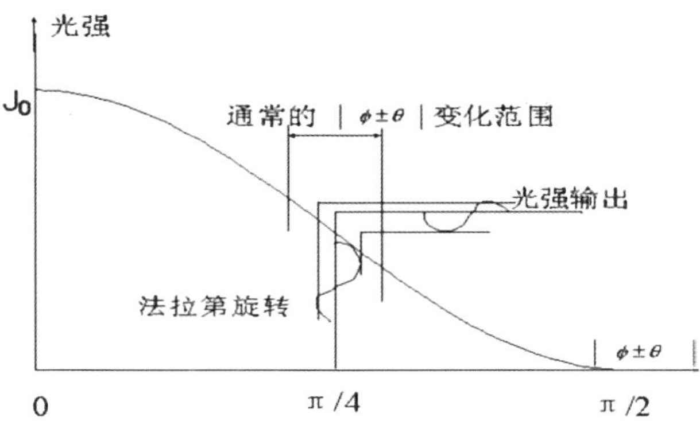

图4 输出光强随|φ±θ|的变化曲线

偏器可用一般的偏振器。由(3)式有：

$$J_{o1}=\alpha\frac{J_i}{2}(1-\sin 2\theta) \tag{9}$$

可用光电转换测定J_{o1}。但(9)式右边包含有光强J_i和旋转角θ两个未知量。为了提取电流信息，可根据信号的不同特点进行处理：其中$J_{dc}=\frac{\alpha J_i}{2}$一般变化缓慢，可近似为直流量，而$J_{ac}=-\frac{\alpha J_i}{2}\cdot\sin 2\theta$是与电流有关的交流量，在电子学上不难用相关的电路将它们分开。但为消除光强的影响，一般还将它们进行相除处理，由此得：

$$m_2=\frac{J_{ac}}{J_{dc}}=-\sin 2\theta \tag{10}$$

其中m2为测定值。由(3)式可知：

$$I=-\frac{\sin^{-1}(m_2)}{2\mu_0 VK} \tag{11}$$

同样，当被测电流比较小（MOCT额定电流范围内均符合这一条件）时：

$$I\approx-\frac{m_2}{2\mu_0 VK} \tag{12}$$

由此可知，同样可以测出导体中的电流。

上述两种工作方式的共同点都是将角度信息转化为光强信息，检偏器与起偏器的空间相对位置互成放置，并都采用了消除光强变化影响的指施。不同点是单光路方式只需要一路光强，方法简单可靠，调节也方便，但不能用来测量直流，光强中频率与电流相近的分量计入电流值，从而引起测量误差。双光路方式由于用到两路光强，结构复杂，并要求两路中的光电转换器及放大器的特性要求完全一致，这要求是很苛刻的，但它可以用来测量直流，对光强引起的噪声有一定的抑制作用。

光传感头的材料一般选用光学玻璃。光学玻璃与晶体一样，在外场作用下将会产生不同的光学效应，如电光效应、弹光效应、声光效应、热光效应、光折变效应等等。连同上面的磁光效应，它们都是温度的函数。因此在MOCT中发生的光学效应实际上是各种效应综合的结果。其中温度及应力将会对磁光式电流互感器的测量准确度产生较大的影响。因此，研制MOCT需要涉及晶体学、光学、材料学、光电子学、微电子学、计算机与信号处理等学科知识，是各门学科知识综合运用的结果。

三、磁光式电流互感器的结构形式

1　全光纤型MOCT

所谓全光纤型电子式电流互感器，是指传光部分、传感部分都是采用光纤，其中光纤一般选用单模光纤。从原理上讲可分成光纤干涉型与全光纤Faraday效应型两类；光纤干涉型电流互感器有利用全光纤Mach—Zechnder干涉仪、也有利用全光纤Sagnac干涉仪的，但光纤型电子式电流互感器中最有代表性的还是基于法拉第磁光效应的型式，称之为全光纤MOCT。图5是一种典型的全光纤MOCT的示意图。

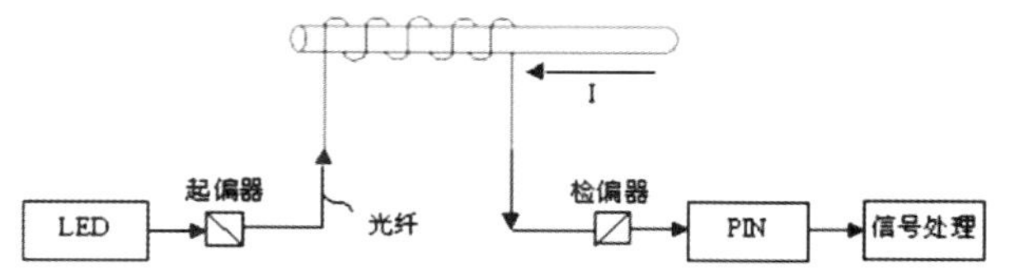

图5 全光纤磁光式电流互感器

根据前面的分析，处于磁场中的光纤会使在光纤传播的线偏振光偏振面发生旋转。由(1)式可知，旋转角θ与电流I成正比：

$$\theta=\mu_0 VKI \quad (13)$$

式中K为与光纤路径和通流导体的相对位置有关的常数，V为光纤的Verdet常数。常用的全光纤MOCT一般在导线上绕有n圈光纤，并有消除双折射的特殊结构设计。由安培环路定理，则有：

$$\theta=n\mu_0 VI \quad (14)$$

因此测出θ角的大小，即可求出电流值I。

这种传感头的优点是：结构简单、灵敏度可随光纤长度变化等特点。但在实现挂网过程中遇到提高精确度与长期稳定性的理论与实践问题很复杂，需在理论与工艺性能等方面开展深入的研究。

2、混合型MOCT

所谓混合型MOCT是指传光采用光纤、传感采用磁光材料，一般采用磁光玻璃。可以通过仔细选择传感头的光学材料与结构，制作出高性能的MOCT。根据传感头是否带有铁芯，可分为加集磁环式混合型MOCT与闭环式混合型MOCT。

磁光材料作成的传感头有两种形式：一种是加集磁环的混合型MOCT（器传感头见图6），磁光材料作成块状，结构较简单，安装比较方便；但集磁环为铁磁材料，因而不能避免铁磁材料给常规电流互感器带来的弱点，即频率范围低，易发生饱和；另一种是将磁光材料作成围绕电流的闭合环形块状物体（见图7），它的测量结果不受外界杂散磁场影响，准确度能得到保证。目前在美国研制成功，并投入现场试运行多年的MOCT即属此种类型。

(1)加集磁环式混合型MOCT

此种结构的MOCT以一小块磁光材料作为传感元件，并在它周围加一环形的导磁材料，加强磁光材料中的磁场强度，以增加其测量灵敏度。图6为其结构示意图。

设被测电流为I，铁芯的导磁率为μ_1，间隙和磁光材料的导磁率一般为μ_0，铁芯及间隙的长度分别为L_1和L_2，则间隙中的磁场（也就是加在磁光材料上的磁场）H为：

$$H=\frac{I}{L_1\mu_0/\mu_1+L_2} \quad (15)$$

由于$\mu_0 \ll \mu_1$，可简化为：$H\approx\frac{I}{L_2}$ (16)

设磁光材料的长度为L_3，可得线偏振光的旋转角θ为：

$$\theta=\mu_0VHL_3=\frac{\mu_0VIL_3}{L_1\mu_0/\mu_1+L_2} \quad (17)$$

由此可测得I。

加集磁环式混合型MOCT传感头部分光路比较简单，但由于有铁芯，仍存在故障电流下的饱和、磁滞现象及铁芯材料的非线性及温度效应，加上测量结果与通流导体的位置有关，影响因数较多，使该类MOCT难以实现高准确度测量。故高准确度测量很少采用这种设计方案。

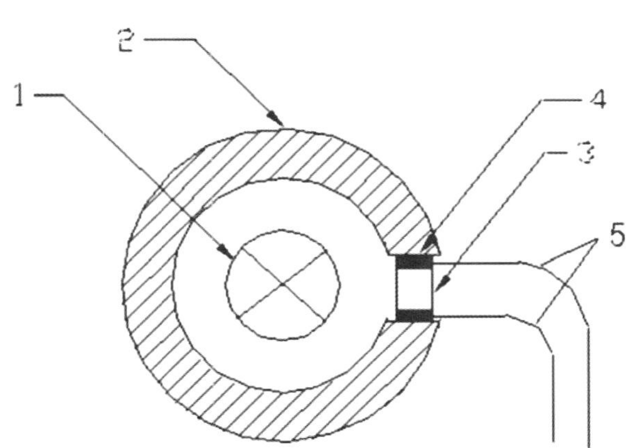

图6 加集磁环式混合型MOCT
1. 载流导体 2. 集磁环 3. 磁光材料 4. 起偏器、检偏器 5. 光纤

(2)闭环式混合型

对闭环式混合型MOCT（见图7），光路刚好绕通流导体一周，K=1，因此可得：

$$\theta=\mu_0VI \quad (18)$$

电流可由下式求得：$I=-\frac{\sin^{-1}(m_2)}{2\mu_0V}$ (19)

由上两式可见，闭环式混合型MOCT的测量结果只与磁光材料的Verdet常数有关，与光路和通流导体的相对位置无关。从而比较容易实现高性能的磁光式电流互感器。

这种MOCT的工作过程大致如下：恒流源供给发光二级管LED恒定电流，使LED发出光强恒定的全色光，此光线经光纤传输至高电位处的偏振器，偏振器将此光线变为线性偏振光。此偏振光在环形磁光玻璃传感头中，经各个角出的反射面反射后，在传感头中行走一周而到达解偏器。载流导体在磁光玻璃中要产生磁场。由于法拉第效应，线性偏振光在有磁场的磁光玻璃中行走一圈后，它的偏振面将要旋转由(18)表达的角度θ。此角度θ将随载流导体中的电流大小而成比例地变化。光线经解偏振器后，解偏器将光线中偏振面旋转角的变化变为光强度的变化。光线再经光纤到达地电位处的光电二极管，在二极管处光线强度的变化将转换为光电流强度的变化。再经放大、低通滤波以及输出单元后，在输出端得到与高压母线中电流成正比的输出电压。此输出电压可为模拟量，或数字量。

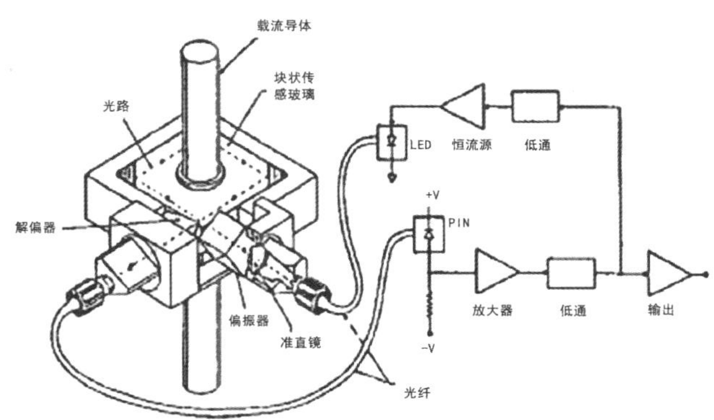

图7 具有闭合块状玻璃的光式电流互感器

四、国内外对MOCT的研究和生产状况

由于电子式电流互感器具有多方面的优点，美、日、德、英、法、中等国均在光学电流/电压互感器的研究方面投入了大量的人力和物力。电子式互感器的研究起始于上世纪60年代初，经过40余年的广泛研究，它已得到很大的发展。

国际上大型电气制造商已经从研发阶段到达小规模生产阶段，ABB、AREVA（ALSTOM）、SEIMENS、NXPHASE 等均有用于高压电网的电子式电流／电压互感器的全线产品。ABB 的网站的资料宣传，该企业可以提供的磁光式电流互感器的参数为：原边额定电流 5A—2000A；适用的电压等级 72.5kV—800kV；准确度 0.2 级（IEC 标准）；副边额定电流 1A。

我国哈尔滨工程大学、哈尔滨工业大学、华北电力大学、华中科技大学、清华大学等高等学校有课题组进行过磁光式电流互感器方面的研究，其规模较小，多处于实验室阶段。在磁光式电流互感器方面研究的最深入、最全面的企业是西安同维电力技术有限责任公司。磁光式电流互感器的软肋之一是磁光玻璃的灵敏度系数（Verdet 常数）随温度变化较大，这将影响其准确度。同维公司从对玻璃材料的成分配方研究开始、并对熔炼工艺、退火、冷加工等进行了长期的研究。他们研制出的磁光玻璃材料，以及制成的磁光玻璃传感头的温度系数均很小，从而保证了他们研制出的磁光式电流互感器具有较高的准确度。这样彻底的研究，在世界上也是绝无仅有的。同维公司是国内目前唯一的具有小规模生产磁光式电流互感器的企业。2004 年 6 月，经十多位专家通过考察、质疑后，对同维公司 220kV 磁光式电流互感器做出鉴定：该产品技术达到同类产品国际先进水平；一致同意通过新产品技术鉴定，可挂网试运行，并可投入小批量生产。这样产品正式通过了鉴定，一方面对同维公司表示认可，同时磁光电流互感器产品也填补了国内的生产领域上一项空白。

图 8

中控室
计量系统 测量系统 故障录波系统 继电保护系统 SCADA系统 其他系统
光缆 以太网 IEC61850
光缆 点对点 IEC60044-8
合并单元 合并单元 …… 合并单元
ECT：电子式电流互感器
EVT：电子式电流互感器
ECT ECT ECT EVT
U相 V相 W相 W相
电流表U相 功率表 电能表 故障录波 继电保护 其他设备
电流表V相
中控室

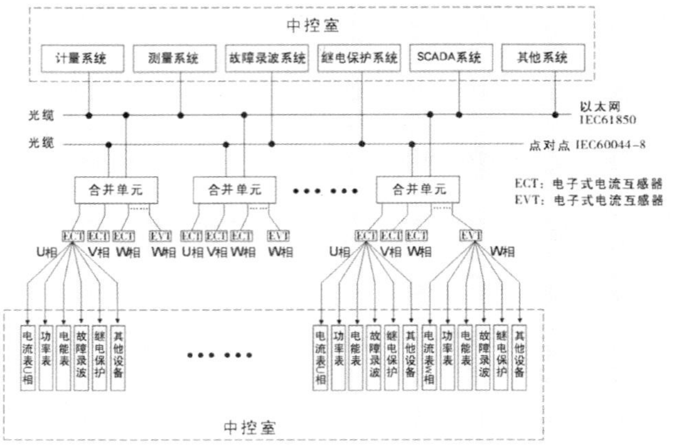

图 9 同维公司磁光式电流互感器的数字和模拟二次接口布置图

图 8 是该产品在变电站运行的实况。同维公司还制定了其产品的数字和模拟二次接口方案，见图 9，这就有利于他们研究的磁光式电流互感器的应用和推广。

我国在沈阳变压器研究所全国互感器标准化技术委员会的主持下，参照国际电工委员会制定的标准 IEC60044—7、IEC60044—8，并结合我国的实际情况，正在制定相应的电子式电压互感器标准及电子式电流互感器标准。目前已经完成了报批稿，其正式文本不久即将颁布。国际电工委员会和我国制定和发布两个标准的时机说明了，在我国电子式互感器已经从研发阶段进入到实用阶段。

第一作者简介：罗承沐　男，1937 年生，清华大学教授、博导，中国电机工程学会会员、高电压专委会新技术分专委会副主任、中国电工学会会员，研究方向为高电压技术、光电子学应用、气体放电及等离子体物理。

电话：010 — 62792280

E—mail：lcm—dea@mail.tsinghua.edu.cn

第六章 谈无源型磁光CT在110kV线路上的应用

李朝阳
（西安同维电力技术有限责任公司）

【摘 要】无源型电子式CT是继油浸式CT、气体绝缘式CT、有源型电子式CT之后的第四代CT产品。文中结合江庄变一条110kV出线间隔用LCWB6110W替换为LDGDZB110W2的无油化改造，对该产品结构、原理、性能及安装等进行了详尽的阐述。

【关键词】MOCT；原理；优越性

同维纯光型电子式电流互感器安装现场

我局于2005年3月在江庄变一条110kV出线间隔无油化改造中，使用了西安同维公司生产的LDGDZB110W2型无源磁光式CT（以下简称MOCT），挂网运行四年来，效果较佳。现将无源型MOCT的优越性、工作原理及使用等情况阐述如下。

一、MOCT的优越性

1、将电流传感器集于同一绝缘结构中，构成组合型光电互感器，绝缘结构简单、性能优良，重量轻、无油化。

2、不含铁芯，消除了磁饱和、铁磁谐振等问题；MOCT利用故障时的暂态信号量作为保护判断，是微机保护的发展方向。

3、MOCT的信号和传输形式都可以采用光缆（光纤）实现，使得变电站内部以及和上级站之间的数据传输抗电磁干扰性能好，低压侧无开路高压危险，传输信号更加可靠和迅速。

4、MOCT的测量精度高，可以达到0.2级，测量范围宽；输出数字信号，更方便与数字电能表接口；可动态显示和存储电能、有功无功功率等参数。光电互感器更容易满足电力系统精确计量的要求。测量精度高，动态响应范围大，能在大的动态范围内产生高线性度的响应。

5、该产品频带宽，可以从直流到几百千赫，适用于继电保护和谐波检测。

二、无源型MOCT的工作原理

无源型MOCT是以法拉第磁光效应原理设计制造的装置，无源型MOCT的一次磁光电流传感器在电流通过时，其线偏振光的旋转角度随电流大小而发生变化。其偏转角度的信号经光缆传输后送二次变送器进行高速运算处理，即可在二次输出端获得和一次电流I成正比的二次电流信号（见如下示意图），且相位差在连接方向正确时接近零。

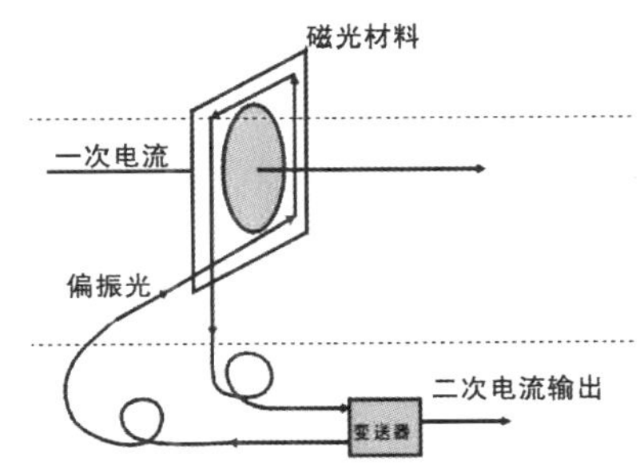

型号 技术参数	LDGDZB—110W2			
额定电压	110kV			
最高工作电压	126kV			
额定一次电流	100A—4000A			
额定二次电流	测量级 1A　保护级 50mA			
额定短时热电流	3s　50kA			
额定动稳定电流	(峰值)　125kA			
额定输出	10VA、20VA、30VA			
相应准确级	测量级	0.2S	保护级	5P
仪表保安系数	5			
准确级限值系数	20			
额定工频耐受电压(方均根值)	230kV / 1min			
额定雷电冲击耐压	550kV (峰值)			
爬电距离	3232mm			
产品总重量	127kg			
二次输出接口方式	AC 0 ~ 5V、RS485			

LDGDZB 型 MOCT 利用法拉第磁旋光效应原理:

$\theta = Vd \int L\ H\ dl$

其中：θ 为线偏振光的旋转角度

Vd 为磁光材料的 Verdet 常数

H 为光路上的磁场强度

L 为磁光材料中的通光路径长度

根据安培环路定律：$I = \oint LHdl$

可推出 $\theta = Vd\ \ I$

其中：I 为载流导体中的电流

根据马吕斯定律：$J1 = \alpha J0\sin 2(\phi + \theta)$

$J2 = \alpha J0\cos 2(\phi + \theta)$

其中：J0 为输入光强

J1、J2 为镜检偏器分出的两路光强

α 为光路中的光强衰减系数

ϕ 为起偏器与检偏器的夹角

则：

$(J1-J2)/(J1+J2) = -\cos 2(\phi+\theta) = \sin(2VI) \approx 2\ VI$

所以：$I = (J1-J2)\ /\ (J1+J2)\ /2V$

三、MOCT 的技术参数选择和安装使用

1、产品的主要技术参数选择见下表《LDGDZB—110W2 技术参数表》，变比及动热稳定幅度较大，优越于原电磁型充油 CT，一般均能够满足使用条件。

2、产品更换安装方便

首先，将原用油浸式 LCWB6110W 型 CT 拆除，接着对替换产品 LDGDZB—110W2 进行安装。安装时将新型 CT 吊装于拆除后的“Π”型角钢支架(间

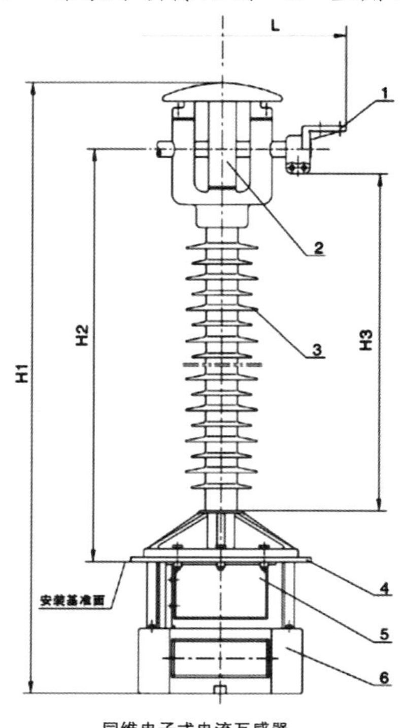

同维电子式电流互感器

1. 接线端子　2. 一次信号接收器　3. 绝缘子
4. 安装板　5. 电源箱　6. 主控箱

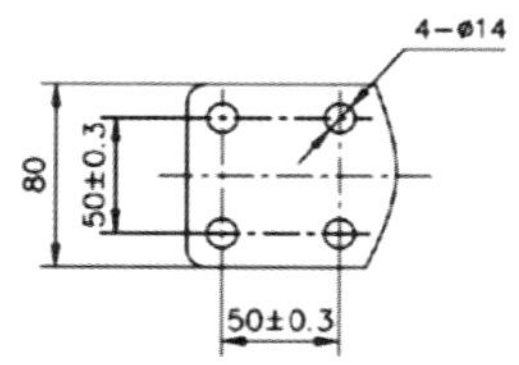

一次接线端子安装尺寸

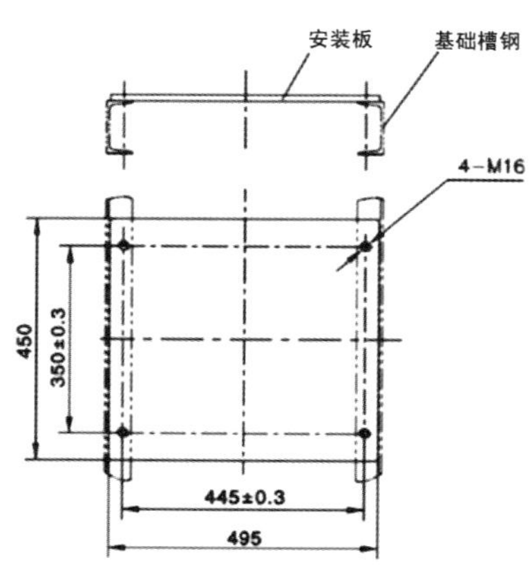

安装板尺寸

距 475mm）上，新装 MOCT 形状见下图，刚好坐落在角钢支架中间，用 4 个 M12 的螺栓将互感器安装板与基础槽钢固定在一起，并将一次接线端子与高压线路相联，二次接线端子返回中控室。全部安装工作由我局技术人员在同维公司的配合下完成。由于新型互感器体积小、重量轻，所以安装起来非常简便，包括配套的保护、计量装置在内一般在 3 小时内完成。

四、启示

同维无源型电子式 CT 是继油浸式 CT、气体绝缘式 CT、有源型电子式 CT 之后的第四代 CT 产品，它采用纯光型结构，一次传感器为磁光玻璃，无需电源供电。由于同维新型 MOCT 有着传统 CT 不可比拟的优点，给产品的安装和运行都带来了方便，尤其是二次带电检修一条，厂商产品推介时并不着力宣传，而对于我们用户来说，却是受益最深的，它使二次线缆的维护变得极其方便易行。

同时，采用 MOCT 模拟输出省去了继保的小 CT、PT、A/D。不必经过变送器等设备就可以将高电压、大电流变换为微机保护所要求的电压电流。MOCT 适应电力计量和保护数字化、微机化和自动化发展的潮流，科技含量高而且环保，已经达到实用化的程度。

作者简介：李朝阳　男，1970 年生，本科，工程师，河南省电机工程学会会员，现在河南洛阳新安县电力局从事生产技术管理工作。

电话：0379-67298710

E-mail：lcy0888@sina.com

第八篇 附 录

附录一：

《电网调度管理条例》

第一章　总则

第一条　为了加强电网调度管理，保障电网安全，保护用户利益，适应经济建设和人民生活的需要，制定本条例。

第二条　本条例所称电网调度，是指电网调度机构（以下简称调度机构）为保障电网的安全、优质、经济运行，对电网运行进行的组织、指挥、指导和协调。电网调度应当符合社会主义市场经济的要求和电网运行的客观规律。

第三条　中华人民共和国境内的发电、供电、用电单位以及其他有关单位和个人，必须遵守本条例。

第四条　电网运行实行统一调度、分级管理的原则。

第五条　任何单位和个人不得超计划分配电力和电量，不得超计划使用电力和电量；遇有特殊情况，需要变更计划的，须经用电计划下达部门批准。

第六条　国务院电力行政主管部门主管电网调度工作。

第二章　调度系统

第七条　调度机构的职权及其调度管辖范围的划分原则，由国务院电力行政主管部门确定。

第八条　调度机构直接调度的发电厂的划定原则，由国务院电力行政主管部门确定。

第九条　调度系统包括各级调度机构和电网内的发电厂、变电站的运行值班单位。下级调度机构必须服从上级调度机构的调度。调度机构调度管辖范围内的发电厂、变电站的运行值班单位，必须服从该级调度机构的调度。

第十条　调度机构分为五级：国家调度机构，跨省、自治区、直辖市调度机构，省、自治区、直辖市级调度机构，省辖市级调度机构，县级调度机构。

第十一条　调度系统值班人员须经培训、考核并取得合格证书方得上岗。调度系统值班人员的培训、考核办法由国务院电力行政主管部门制定。

第三章　调度计划

第十二条　跨省电网管理部门和省级电网管理部门应当编制发电、供电计划，并将发电、供电计划报送国务院电力行政主管部门备案。调度机构应当编制下达发电、供电调度计划。值班调度人员可以按照有关规定，根据电网运行情况，调整日发电、供电调度计划。值班调度人员调整日发电、供电调度计划时，必须填写调度值班日志。

第十三条　跨省电网管理部门和省级电网管理部门编制发电、供电计划，调度机构编制发电、供电调度计划时，应当根据国家下达的计划、有关的供电协议和并网协议、电网的设备能力，并留有备用容量。对具有综合效益的水电厂（站）的水库，应当根据批准的水电厂（站）的设计文件，并考虑防洪、灌溉、发电、环保、航运等要求，合理运用水库蓄水。

第十四条　跨省电网管理部门和省级电网管理部门遇有下列情形之一，需要调整发电、供电计划时，应当通知有关地方人民政府的有关部门：

（一）大中型水电厂（站）入库水量不足；

（二）火电厂的燃料短缺；

（三）其他需要调整发电、供电计划的情形。

第四章　调度规则

第十五条　调度机构必须执行国家下达的供电计划，不得克扣电力、电量，并保证供电质量。

第十六条　发电厂必须按照调度机构下达的调度计划和规定的电压范围运行，并根据调度指令调整功率和电压。

第十七条　发电、供电设备的检修，应当服从调度机构的统一安排。

第十八条　出现下列紧急情况之一的，值班调度人员可以调整日发电、供电调度计划，发布限电、调整发电厂功率、开或者停发电机组等指令；可以向本电网内的发电厂、变电站的运行值班单位发布调度指令：

（一）发电、供电设备发生重大事故或者电网发生事故；

（二）电网频率或者电压超过规定范围；

（三）输变电设备负载超过规定值；

（四）主干线路功率值超过规定的稳定限额；

（五）其他威胁电网安全运行的紧急情况。

第十九条 省级电网管理部门、省辖市级电网管理部门、县级电网管理部门应当根据本级人民政府的生产调度部门的要求、用户的特点和电网安全运行的需要，提出事故及超计划用电的限电序位表，经本级人民政府的生产调度部门审核，报本级人民政府批准后，由调度机构执行。限电及整个电网调度工作应当逐步实现自动化管理。

第二十条 未经值班调度人员许可，任何人不得操作调度机构调度管辖范围内的设备。电网运行遇有危及人身及设备安全的情况时，发电厂、变电站的运行值班单位的值班人员可以按照有关规定处理，处理后应当立即报告有关调度机构的值班人员。

第五章 调度指令

第二十一条 值班调度人员必须按照规定发布各种调度指令。

第二十二条 在调度系统中，必须执行调度指令。调度系统的值班人员认为执行调度指令将危及人身及设备安全的，应当立即向发布指令的值班调度人员报告，由其决定调度指令的执行或者撤销。

第二十三条 电网管理部门的负责人，调度机构的负责人以及发电厂、变电站的负责人，对上级调度机构的值班人员发布的调度指令有不同意见时，可以向上级电网电力行政主管部门或者上级调度机构提出，但是在其未作出答复前，调度系统的值班人员必须按照上级调度机构的值班人员发布的调度指令执行。

第二十四条 任何单位和个人不得违反本条例干预调度系统的值班人员发布或者执行调度指令；调度系统的值班人员依法执行公务，有权拒绝各种非法干预。

第六章 并网与调度

第二十五条 并网运行的发电厂或者电网，必须服从调度机构的统一调度。

第二十六条 需要并网运行的发电厂与电网之间以及电网与电网之间，应当在并网前根据平等互利、协商一致的原则签订并网协议并严格执行。

第七章 罚则

第二十七条 违反本条例规定，有下列行为之一的，对主管人员和直接责任人员由其所在单位或者上级机关给予行政处分：

（一）未经上级调度机构许可，不按照上级调度机构下达的发电、供电调度计划执行的；

（二）不执行有关调度机构批准的检修计划的；

（三）不执行调度指令和调度机构下达的保证电网安全的措施的；

（四）不如实反映电网运行情况的；

（五）不如实反映执行调度指令情况的；

（六）调度系统的值班人员玩忽职守、徇私舞弊，尚不构成犯罪的。

第二十八条 调度机构对于超计划用电的用户应当予以警告；经警告，仍未按照计划用电的，调度机构可以发布限电指令，并可以强行扣还电力、电量；当超计划用电威胁电网安全运行时，调度机构可以部分或者全部暂时停止供电。

第二十九条 违反本条例规定，未按照计划供电或者无故调整供电计划的，电网应当根据用户的需要补给少供的电力、电量。

第三十条 违反本条例规定，构成违反治安管理行为的，依照《中华人民共和国治安管理处罚条例》的有关规定给予处罚；构成犯罪的，依法追究刑事责任。

第八章 附则

第三十一条 国务院电力行政主管部门可以根据本条例制定实施办法。省、自治区、直辖市人民政府可以根据本条例制定小电网管理办法。

第三十二条 本条例由国务院电力行政主管部门负责解释。

第三十三条 本条例自一九九三年十一月一日起施行。

附录二：

《全国互联电网调度管理规程（试行）》

第一章 总则

1.1 为加强全国互联电网调度管理工作，保证电网安全、优质、经济运行，依据《中华人民共和国电力法》、《电网调度管理条例》和有关法律、法规，制定本规程。

1.2 本规程所称全国互联电网是指由跨省电网、独立省电网、大型水火电基地等互联而形成的电网。

1.3 全国互联电网运行实行“统一调度、分级管理”。

1.4 电网调度系统包括各级电网调度机构和网内的厂站的运行值班单位等。电网调度机构是电网运行的组织、指挥、指导和协调机构，电网调度机构分为五级，依次为：国家电网调度机构（即国家电力调度通信中心，简称国调），跨省、自治区、直辖市电网调度机构（简称网调），省、自治区、直辖市级电网调度机构（简称省调），省辖市级电网调度机构（简称地调），县级电网调度机构（简称县调）。各级调度机构在电网调度业务活动中是上下级关系，下级调度机构必须服从上级调度机构的调度。

1.5 本规程适用于全国互联电网的调度运行、电网操作、事故处理和调度业务联系等涉及调度运行相关的各专业的活动。各电力生产运行单位颁发的有关电网调度的规程、规定等，均不得与本规程相抵触。

1.6 与全国互联电网运行有关的各电网调度机构和国调直调的发、输、变电等单位的运行、管理人员均须遵守本规程；非电网调度系统人员凡涉及全国互联电网调度运行的有关活动也均须遵守本规程。

1.7 本规程由国家电力公司负责修订、解释。

第二章 调度管辖范围及职责

2.1 国调调度管辖范围

2.1.1 全国各跨省电网间、跨省电网与独立省网间和独立省网之间的联网系统；

2.1.2 对全国互联电网运行影响重大的发电厂及其送出系统；

2.1.3 有关部门指定的发输变电系统。

2.2 国调许可范围：

运行状态变化对国调调度管辖范围内联网、发输变电等系统（以下简称国调管辖系统）运行影响较大的非国调调度管辖的设备。

2.3 网调（独立省调）的调度管辖范围另行规定。

2.4 调度运行管理的主要任务

2.4.1 按最大范围优化配置资源的原则，实现优化调度，充分发挥电网的发、输、供电设备能力，以最大限度地满足用户的用电需要；

2.4.2 按照电网运行的客观规律和有关规定使电网连续、稳定、正常运行，使电能质量指标符合国家规定的标准；

2.4.3 按照"公平、公正、公开"的原则，依据有关合同或者协议，维护各方的合法权益；

2.4.4 按电力市场调度规则，组织电力市场的运营。

2.5 国调的主要职责：

2.5.1 对全国互联电网调度系统实施专业管理和技术监督；

2.5.2 依据年度计划编制并下达管辖系统的月度发电及送受电计划和日电力电量计划；

2.5.3 编制并执行管辖系统的年、月、日运行方式和特殊日、节日运行方式；

2.5.4 负责跨大区电网间即期交易的组织实施和电力电量交换的考核结算；

2.5.5 编制管辖设备的检修计划，受理并批复管辖及许可范围内设备的检修申请；

2.5.6 负责指挥管辖范围内设备的运行、操作；

2.5.7 指挥管辖系统事故处理，分析电网事故，制定提高电网安全稳定运行水平的措施并组织实施；

2.5.8 指挥互联电网的频率调整、管辖电网电压调整及管辖联络线送受功率控制；

2.5.9 负责管辖范围内的继电保护、安全自动装置、调度自动化设备的运行管理和通信设备运行协调；

2.5.10 参与全国互联电网的远景规划、工程设计的审查；

2.5.11 受理并批复新建或改建管辖设备投入运行申请，编制新设备启动调试调度方案并组织实施；

2.5.12 参与签订管辖系统并网协议，负责编制、签订相应并网调度协议，并严格执行；

2.5.13 编制管辖水电站水库发电调度方案，参与协调水电站发电与防洪、航运和供水等方面的关系；

2.5.14 负责全国互联电网调度系统值班人员的考核工作。

2.6 网调、独立省调的主要职责：

2.6.1 接受国调的调度指挥；

2.6.2 负责对所辖电网实施专业管理和技术监督；

2.6.3 负责指挥所辖电网的运行、操作和事故处理；

2.6.4 负责本网电力市场即期交易的组织实施和电力电量的考核结算；

2.6.5 负责指挥所辖电网调频、调峰及电压调整；

2.6.6 负责组织编制和执行所辖电网年、月、日运行方式。核准下级电网与主网相联部分的电网运行方式，执行国调下达的跨大区电网联络线运行和检修方式；

2.6.7 负责编制所辖电网月、日发供电调度计划，并下达执行；监督发、供电计划执行情况，并负责督促、调整、检查、考核；执行国调下达的跨大区联络线月、日送受电计划；

2.6.8 负责所辖电网的安全稳定运行及管理，组织稳定计算，编制所辖电网安全稳定控制方案，参与事故分析，提出改善安全稳定的措施，并督促实施；

2.6.9 负责电网经济调度管理及管辖范围内的网损管理，编制经济调度方案，提出降损措施，并督促实施；

2.6.10 负责所辖电网的继电保护、安全自动装置、通信和自动化设备的运行管理；

2.6.11 负责调度管辖的水电站水库发电调度工作，编制水库调度方案，及时提出调整发电计划的意见；参与协调主要水电站的发电与防洪、灌溉、航运和供水等方面的关系；

2.6.12 受理并批复新建或改建管辖设备投入运行申请，编制新设备启动调试调度方案并组织实施；

2.6.13 参与所辖电网的远景规划、工程设计的审查；

2.6.14 参与签订所辖电网的并网协议，负责编制、签订相应并网调度协议，并严格执行；

2.6.15 行使上级电网管理部门及国调授予的其它职责。

2.7 其他各级调度机构的职责由相应的调度机构予以规定。

第三章 调度管理制度

3.1 国调值班调度员在其值班期间是全国互联电网运行、操作和事故处理的指挥人，按照本规程规定的调度管辖范围行使指挥权。值班调度员必须按照规定发布调度指令，并对其发布的调度指令的正确性负责。

3.2 下级调度机构的值班调度员及厂站运行值班员，受上级调度机构值班调度员的调度指挥，接受上级调度机构值班调度员的调度指令。下级调度机构的值班调度员及厂站运行值班员应对其执行指令的正确性负责。

3.3 进行调度业务联系时，必须使用普通话及调度术语，互报单位、姓名。严格执行下令、复诵、录音、记录和汇报制度，受令单位在接受调度指令时，受令人应主动复诵调度指令并与发令人核对无误，待下达下令时间后才能执行；指令执行完毕后应立即向发令人汇报执行情况，并以汇报完成时间确认指令已执行完毕。

3.4 如下级调度机构的值班调度员或厂站运行值班员认为所接受的调度指令不正确时，应立即向国调值班调度员提出意见，如国调值班调度员重复其调度指令时，下级调度机构的值班调度员或厂站运行值班员应按调度指令要求执行。如执行该调度指令确实将威胁人员、设备或电网的安全时，运行值班员可以拒绝执行，同时将拒绝执行的理由及修改建议上报给下达调度指令的值班调度员，并向本单位领导汇报。

3.5 未经值班调度员许可，任何单位和个人不得擅自改变其调度管辖设备状态。对危及人身和设备安全的情况按厂站规程处理，但在改变设备状态后应立即向值班调度员汇报。

3.6 对于国调许可设备，下级调度机构在操作前应向国调申请，在国调许可后方可操作，操作后向国调汇报，当大区电网或独立省网内部发生紧急情况时，允许网调、独立省调值班调度员不经国调值班调度员许可进行本网国调许可设备的操作，但必须及时报告国调值班调度员；

3.7 国调管辖的设备，其运行方式变化对有关电网运行影响较大的，在操作前、后或事故后要及时向相关调度通报；在电网中出现了威胁电网安全，不采取紧急措施就可能造成严重后果的情况下，国调值班调度员可直接（或通过下级调度机构的值班调度员）向电网内下级调度机构管辖的调度机构、厂站等运行值班员下达调度指令，有关调度机构、厂站值班人员在执行指令后应迅速汇报设备所辖调度机构的值班调度员。

3.8 当电网运行设备发生异常或故障情况时，厂站运行值班员，应立即向管辖该设备的值班调度员汇报情况。

3.9 任何单位和个人不得干预调度系统值班人员下达或者执行调度指令，不得无故不执行或延误执行上级值班调度员的调度指令。调度值班人员有权拒绝各种非法干预。

3.10 当发生无故拒绝执行调度指令、破坏调度纪律的行为时，有关调度机构应立即组织调查，依据有关法律、法规和规定处理。

第四章 运行方式的编制和管理

4.1 国调于每年年底前下达国调管辖系统的次年度运行方式。国调管辖系统所涉及的下级调度、生产及运行等单位，在11月20日以前向国调报送相关资料。

4.2 国调编制的年度运行方式主要包括下列内容：

4.2.1 上年度管辖系统运行总结；

4.2.2 本年度管辖系统运行方式安排及稳定运行规定；

4.2.3 本年度管辖系统新设备投运计划；

4.2.4 本年度管辖系统主要设备年度检修计划；

4.2.5 本年度管辖系统分月电力电量计划。

4.3 国调依据年度运行方式，以及有关的运行单位对月、日运行方式的建议等，编制国调管辖系统的月、日运行方式。

4.4 所涉及有关调度依据年度运行方式和国调下达的月、日运行方式以及本电网实际运行情况，编制相应的月、日运行方式，并将月运行方式报国调备案，月运行方式修改后，影响国调管辖系统运行方式的修改内容要及时报国调。

4.5 国调管辖系统有关运行单位每月20日前向国调提出次月运行方式建议，国调于每月25日前向有关运行单位下达次月月度运行方式。

4.6 国调编制的月度运行方式主要包括以下内容：

4.6.1 上月管辖系统运行总结；

4.6.2 本月管辖系统电力电量计划；

4.6.3 本月管辖系统运行方式安排；

4.6.4 本月管辖系统主要设备的检修计划。

4.7 国调管辖系统有关单位应于每日10时

前向国调提出次日国调管辖系统的运行方式的建议，国调应于12时前确定下达次日运行方式。

4.8 国调编制的日运行方式主要包括以下内容:

4.8.1 国调管辖系统日电力计划曲线；

4.8.2 国调管辖系统运行方式变更；

4.8.3 有关注意事项。

第五章 设备的检修管理

5.1 电网设备的检修分为计划检修、临时检修。计划检修是指电网设备列入年度、月度有计划进行的检修、维护、试验等。临时检修是指非计划性的检修，如因设备缺陷、设备故障、事故后设备检查等检修。

5.2 计划检修管理:

5.2.1 年度计划检修：每年11月底前，直调厂站负责编制下一年度的设备检修计划建议，报送国调，国调于12月25日前批复。与国调管辖系统相关的各网省调的下一年度设备检修计划在每年12月10日前报国调备案，国调可在必要时对有关内容进行调整。

5.2.2 月度计划检修：国调根据管辖系统设备年度检修计划和电网情况，协调有关方面制定月度检修计划。有关运行单位应在每月20日前向国调报送下一月度检修计划建议，国调于25日前随次月运行方式下达。

5.2.3 已纳入月度计划的检修申请须在检修开工前1 天的上午（8:30 — 10:30）向国调提出设备检修申请，国调于当天下午（14:00 — 15:30）批准或许可，遇周末或节假日相应提前申请和批复。

5.2.4 未纳入月度计划的检修申请须在检修开工前2 天的上午（8:30 — 10:30）向国调提出设备检修申请，国调于开工前1 天下午（14:00 — 15:30）批准或许可，遇周末或节假日于休息日前2个工作日相应提前申请和批复。

5.2.5 节日或重大保电时期计划检修：有关网省调等应于保电时期前4天将设备检修计划报国调，经平衡后国调于保电时期前2天正式批复下达。

5.2.6 计划检修申请应逐级报送到国调，国调的批复意见逐级通知到检修单位。检修工作内容必须同检修票项目一致。临时变更工作内容时，必须向国调值班调度员申请，对调度员无权批准的工作项目应重新申请。检修工作在国调值班调度员直接向厂站运行值班员或下级调度值班员下开工令后方可开工，完工后厂站运行值班员或下级调度值班员汇报国调值班调度员销票。

5.2.7 计划检修因故不能按批准或许可的时间开工，应在设备预计停运前6小时报告国调值班调度员。计划检修如不能如期完工，必须在原批准计划检修工期过半前向国调申请办理延期申请手续，如遇节假日应提前申请。

5.3 临时检修规定:

5.3.1 遇设备异常需紧急处理以及设备故障停运后的紧急抢修，可以随时向调度管辖该设备的值班调度员提出申请。值班调度员有权批准下列检修:

5.3.1.1 设备异常需紧急处理以及设备故障停运后的紧急抢修；

5.3.1.2 与已批准的计划检修相配合的检修（但不得超过已批准的计划检修时间或扩大停电范围）；

5.3.1.3 在停电设备上进行，且对运行电网不会造成较大影响的检修。

5.3.2 临时检修其运行方式超出运行规定的需经有关专业人员同意方可进行。

5.4 检修申请内容包括：检修设备名称、主要检修项目、检修起止时间、对运行方式和继电保护的要求以及其它注意事项等。其中设备检修时间为从值班调度员下开工令时开始，到检修工作完工并汇报可以恢复送电时为止。

第六章 新设备投运的管理

6.1 凡新建、扩建和改建的发、输、变电设备（统称新设备）需接入国调管辖系统，该工程的业主必须在新设备启动前（交流系统3个月，直流系统4个月）向国调提供相关资料，并于15天前提出投运申请。

6.2 国调收到资料后，进行有关的计算、核定和设备命名编号，应于新设备启动前2个月向相应网（省）谓及有关单位提供相关资料。

6.3 新设备启动前必须具备下列条件：

6.3.1 设备验收工作已结束，质量符合安全运行要求，有关运行单位向国调已提出新设备投运申请；

6.3.2 所需资料已齐全，参数测量工作已结束，并以书面形式提供有关单位（如需要在启动过程中测量参数者，应在投运申请书中说明）；

6.3.3 生产准备工作已就绪（包括运行人员的培训、调度管辖范围的划分、设备命名、厂站规程和制度等均已完备）；

6.3.4 与有关调度部门已签订并网调度协议，有关设备及厂站具备启动条件；

6.3.5 调度通信、自动化设备准备就绪，通道畅通。计量点明确，计量系统准备就绪；

6.3.6 启动试验方案和相应调度方案已批准。

6.4 新设备启动前，有关人员应熟悉厂站设备，熟悉启动试验方案和相应调度方案及相应运行规程规定等。

6.5 新设备启动调试后，经移交给有关调度及运行单位后方可投入运行。

6.6 新投产设备原则上不应降低已有电网稳定水平。网省调新投产设备启动调试期间，影响国调管辖系统运行的，其调试调度方案应报国调备案。

第七章 电网频率调整及调度管理

7.1 互联电网频率的标准是50Hz，频率偏差不得超过 ±0.2Hz。在AGC投运情况下，互联电网频率按50±0.1Hz控制。

7.2 根据电网实际运行情况的需要，国调值班调度员可改变直调电厂或有关网省调的区域控制模式；直调电厂或有关网省调因所辖电网运行需要变更区域控制模式须经国调许可。

7.3 有关网省调值班调度员负责监视并控制本网区域控制偏差（ACE）在规定范围内，同时监控网间联络线潮流不超稳定限额。联络线计划送受电曲线由国调下达；国调值班调度员可根据电网需要修改联络线计划送受电曲线。

7.4 国调直调发电厂在出力调整时，应同时监视电网频率，当频率偏差已超过 ±0.15Hz时，应及时汇报上级调度。值班调度员可根据电网需要修改管辖发电厂的计划出力曲线。

7.5 国调管辖系统内为保证频率质量而装设的各种自动装置，如自动发电控制（AGC）、低频自起动、高频切机等均应由国调统一制定整定方案；其整定值的变更、装置的投入或停用，均应得到国调值班调度员的许可后方可进行；当电网频率偏差到自动装置的整定值而装置未动作时，运行值班员应立即进行相应操作，并汇报值班调度员。

7.6 有关网省调在平衡日发用电时，应安排不低于网内运行最大机组出力的旋转备用容量。

7.7 为防止电网频率崩溃，各电网内必须装设适当数量的低频减载自动装置，并按规程规定运行。

第八章 电网电压调整和无功管理

8.1 电网的无功补偿实行分层分区就地平衡的原则。电网各级电压的调整、控制和管理，由国调、各网（省）调和各地区调度按调度管辖范围分级负责。

8.2 国调管辖范围内500kV电网的电压管理的内容包括：

8.2.1 确定电压考核点，电压监视点；

8.2.2 编制每季度电压曲线；

8.2.3 指挥管辖系统无功补偿装置运行；

8.2.4 确定和调整变压器分接头位置；

8.2.5 统计考核电压合格率。

8.3 国调负责国调管辖系统的无功平衡分析工作以及在相关各网（省）电网的无功分区平衡的基础上组织进行全国互联电网无功平衡分析工作，并制定改进措施。

8.4 国调管辖系统各厂、站的运行人员，负责监视各级母线运行电压，控制母线运行电压在电压曲线限值内。

8.5 国调、各网（省）调值班调度员，应按照调度管辖范围监控有关电压考核点和电压监视点的运行电压，当发现超出合格范围时，首先会同下一级调度在本地区内进行调压，经过调整电压仍超出合格范围时，可申请上一级调度协助调整。主要办法包括：

8.5.1 调整发电机、调相机无功出力、投切电容器、电抗器、交流滤波器达到无功就地平衡；

8.5.2 在无功就地平衡前提下，当主变压器二次侧母线电压仍偏高或偏低，而主变为有载调压分接头时，可以带负荷调整主变分接头运行位置；

8.5.3 调整电网接线方式，改变潮流分布，包括转移部分负荷等。

8.6 国调负责国调管辖系统和汇总各网（省）一次网损情况，并定期进行全网性分析，提出改进意见。

第九章 电网稳定的管理

9.1 电网稳定分析，按照调度管辖范围分级负责进行。网（省）调按分析结果，编制本网（省）稳定规定，对影响国调管辖系统运行的报国调批准。

9.2 电网稳定分析，按照“统一计算程序、统一计算标准、统一计算参数、统一计算模型”的原则，国调、网（省）调各自负责所辖电网安全稳定计算分析和制定稳定措施，并承担相应的安全责任。

9.3 国调管辖系统运行稳定限额由国调组织计算。由各级调度下达相应调度管辖范围内设备稳定限额。

9.4 国调、相关网（省）调和生产运行单位应及时组织落实保证电网稳定的具体措施。

9.5 有关网（省）调和生产运行单位因主网架结构变化或大电源接入，影响国调管辖系统安全运行的，需采取或改变安全自动控制措施时，应提前6个月向国调报送有关资料。

第十章 调度操作规定

10.1 电网的倒闸操作，应按调度管辖范围进行。国调调度管辖设备，其操作须由国调值班调度员下达指令方可执行，国调许可设备的操作应经国调值班调度员许可后方可执行。国调调度管辖设备方式变更，对下级调度管辖的电网有影响时，国调值班调度员应在操作前通知有关网省调值班调度员。

10.2 调度操作应填写操作指令票，下列操作调度员可不用填写操作指令票，但应做好记录。

10.2.1 合上或拉开单一的开关或刀闸（含接地刀闸）；

10.2.2 投入或退出一套保护、自动装置；

10.2.3 投退 AGC 功能或变更区域控制模式；

10.2.4 更改电网稳定措施；

10.2.5 发电机组启停；

10.2.6 计划曲线更改及功率调整；

10.2.7 事故处理。

10.3 操作指令票制度

10.3.1 填写操作指令票应以检修票、安全稳定控制定值通知单和继电保护定值通知单和日计划等为依据。

10.3.2 填写操作指令票前，值班调度员应仔细核对有关设备状态（包括开关、刀闸、保护、安全自动装置、安全措施等）。

10.3.3 填写操作指令票时应做到任务明确、字体工整、无涂改，正确使用设备双重命名和调度术语。拟票人、审核人、预令通知人、下令人、监护人必须签字。

10.3.4 计划操作指令票必须经过拟票、审票、下达预令、下令执行四个环节，其中拟票、审票不能由同一人完成。操作票必需经审核后方可下达给受令单位，受令单位如无疑问应尽快准备好厂站操作票，待接到正式下令时间后方可执行。

10.3.5 临时操作指令可不经下达预令直接执行，值班调度员必须认真拟票、审票和监护执行。

10.4 操作前应考虑以下问题：

10.4.1 结线方式改变后电网的稳定性和合理性，有功、无功功率平衡及必要的备用容量，防止事故的对策；

10.4.2 操作时所引起的输送功率、电压、频率的变化。潮流超过稳定极限、设备过负荷、电压超过正常范围等情况；

10.4.3 继电保护、安全自动装置配置是否合理，变压器中性点接地方式、无功补偿装置投入情况，防止引起操作过电压；

10.4.4 操作后对通信、远动、计量装置等设备的影响。

10.5 计划操作应尽量避免在下列时间进行：

10.5.1 交接班时；

10.5.2 雷雨、大风等恶劣天气时；

10.5.3 电网发生异常及事故时；

10.5.4 电网高峰负荷时段。

10.6 并列条件：

10.6.1 相序相同；

10.6.2 频率偏差在0.1Hz以内；

10.6.3 机组与电网并列，并列点两侧电压偏差在1%以内；电网与电网并列，并列点两侧电压偏差在5%以内。

10.7 并列操作必须使用同期并列装置。解列前调整电网频率和有关母线电压，尽可能将解列点的有功功率调至零，无功功率调至最小。

10.8 解、合环操作：必须保证操作后潮流不超继电保护、电网稳定和设备容量等方面的限额，电压在正常范围。合环操作必须经同期装置检测。

10.9 500kV线路停送电操作规定：

10.9.1 互联电网500kV联络线停送电操作，如一侧发电厂、一侧变电站，一般在变电站侧停送电，发电厂侧解合环；如两侧均为变电站或发电厂，一般在短路容量大的一侧停送电，短路容量小的一侧解合环；有特殊规定的除外；

10.9.2 应考虑电压和潮流转移，特别注意使非停电线路不过负荷，使线路输送功率不超过稳定限额，应防止发电机自励磁及线路末端电压超过允许值；

10.9.3 任何情况下严禁“约时”停电和送电；

10.9.4 500kV线路高抗（无专用开关）投停操作必须在线路冷备用或检修状态下进行。

10.10 开关操作规定

10.10.1 开关合闸前，厂站必须检查继电保护已按规定投入。开关合闸后，厂站必须检查确认三相均已接通；

10.10.2 开关操作时，若远方操作失灵，厂站规定允许进行就地操作时，必须进行三相同时操作，不得进行分相操作；

10.10.3 交流母线为3/2接线方式，设备送电时，应先合母线侧开关，后合中间开关；停电时应先拉开中间开关，后拉开母线侧开关。

10.11 刀闸操作规定：

10.11.1 未经试验不允许使用刀闸向500kV母线充电；

10.11.2 允许使用刀闸切、合空载线路、并联电抗器和空载变压器；

10.11.3 用刀闸进行经试验许可的拉开母线环流或T接短线操作时，须远方操作；

10.11.4 其它刀闸操作按厂站规程执行。

10.12 变压器操作规定：

10.12.1 变压器停送电，一般在500kV侧停电或充电，必要时可以在220kV侧停电或充电。

10.12.2 变压器并列运行的条件：

10.12.2.1 结线组别相同；

10.12.2.2 电压比相同；

10.12.2.3 短路电压相等。

电压比不同和短路电压不等的变压器经计算和试验，在任一台都不会发生过负荷的情况下，可以并列运行。

10.13 零起升压操作规定：

10.13.1 担任零起升压的发电机容量应足以防止发生自励磁，发电机强励退出，联跳其它非零起升压回路开关的压板退出，其余保护均可靠投入；

10.13.2 升压线路保护完整，可靠投入。但联跳其它非升压回路开关压板退出，线路重合闸停用；

10.13.3 对主变压器或线路串变压器零起升压时，该变压器保护必须完整并可靠投入，中性点必须接地；

10.13.4 双母线中的一组母线进行零起升压时，母差保护应停用。母联开关应改为冷备用，防止开关误合造成非同期并列。

10.14 500kV 串联补偿装置的投退原则上要求所在线路的相应线路刀闸在合上位置。正常停运带串补装置的线路时，先停串补，后停线路；带串补装置线路恢复运行时，先投线路，后投串补；串补装置检修后，如运行值班员提出需要对串补装置充电，可以先将串补装置投入，再对带串补装置的线路充电。

10.15 国调负责的直流输电系统操作如下：

10.15.1 直流输电系统从冷备用转为热备用状态；

10.15.2 直流输电系统从热备用转为冷备用状态；

10.15.3 直流输电系统转为空载加压试验状态；

10.15.4 执行国调直流输电系统继电保护定值单；

10.15.5 直流输电系统启动或停运；

10.15.6 直流输送功率调整和控制方式变更。

10.16 直流输电系统启动操作为从直流输电系统热备用状态操作至输送功率达到整定值；停运操作为从直流输电系统由稳定运行操作至直流输电系统热备用状态。直流输电系统运行时间从换流阀解锁至换流阀闭锁的时间。

10.17 在进行直流输电系统启停操作前，两侧换流站应相互通报。操作完成后，换流站及时将操作完成时间、换流阀解（闭）锁时间等汇报国调调度值班员。

10.18 直流输电系统单极运行时，进行由一极单极大地回线方式运行转为另一极单极大地回线方式运行的操作，应在不中断输送功率的原则下进行。

10.19 空载加压（TLP）试验

10.19.1 空载加压试验可采用以下方式：

10.19.1.1 降压空载加压试验；

10.19.1.2 额定电压空载加压试验。

10.19.2 空载加压试验一般在接线方式为GR方式下进行。

10.20 直流输电系统主控站转移操作或单极大地回线与单极金属回线方式转换操作时，由国调值班调度员下令给两侧换流站，主控站运行值班员应联系对端换流站运行值班员，两换流站相互配合进行。

10.21 在遇有雾、细雨等恶劣天气致使直流输电系统设备放电严重时，国调值班调度员可下令将直流输电系统改为降压方式运行。如相应极系统输送功率高于降压运行额定功率，须调整功率后再进行降压操作。

第十一章 事故处理规定

11.1 国调值班调度员是国调管辖系统事故处理的指挥者；网（省）调按调度管辖范围划分事故处理权限和责任，在事故发生和处理过程中应及时互通情况。事故处理时，各级值班人员应做到：

11.1.1 迅速限制事故发展，消除事故根源，解除对人身、设备和电网安全的威胁；

11.1.2 用一切可能的方法保持正常设备的运行和对重要用户及厂用电的正常供电；

11.1.3 电网解列后要尽快恢复并列运行；

11.1.4 尽快恢复对已停电的地区或用户供电；

11.1.5 调整并恢复正常电网运行方式。

11.2 当有关电网发生影响国调管辖系统安全运行的事故时，网（省）调值班调度员应尽快将事故简要情况汇报国调值班调度员；事故处理完毕后，值班调度员应及时提出事故原始报告并向国调值班调度员汇报详细情况。

11.3 国调管辖系统发生事故时，有关网（省）调值班调度员和厂站运行值班员应立即向国调汇报事故概况，在查明情况后，应尽快详细汇报。汇报内容应包括事故发生的时间及现象、跳闸开关、继电保护动作情况及电压、潮流的变化等。

11.4 当国调管辖系统发生事故，造成互联电网解列时，有关网（省）调值班调度员和厂站运行值班员应保持本系统的稳定运行，尽快将频率调整至合格范围内。国调负责指挥国调管辖系统联络线的并列操作，有关网（省）调和厂站应按国调要求调整电网频率和电压，尽快恢复并网运行。

11.5 网省调值班调度员在处理事故时，对国调管辖系统运行有重大影响的操作，均应得到国调值班调度员的指令或许可后才能执行。

11.6 为防止事故扩大，厂站运行值班员应不待调度指令自行进行以下紧急操作：

11.6.1 对人身和设备安全有威胁的设备停电；

11.6.2 将故障停运已损坏的设备隔离；

11.6.3 当厂（站）用电部分或全部停电时，恢复其电源；

11.6.4 厂站规程中规定可以不待调度指令自行处理者。

11.7 电压互感器或电流互感器发生异常情况时，厂站运行值班员应迅速按厂站规程规定进行处理，并向有关值班调度员汇报。

11.8 事故处理时，只允许与事故处理有关的领导和工作人员留在调度室内，其他无关人员应迅速离开；非事故单位不应在事故处理当时向当值调度员询问事故原因和过程，以免影响事故处理。

11.9 事故处理完毕后，应将事故情况详细记录，并按规定报告。

11.10 事故调查工作按《电业生产事故调查规程》进行。

11.11 频率、电压异常处理

11.11.1 当国调管辖系统有关电网发生事故，电网频率异常时，应利用本网内发电机的正常调节能力，平衡网内负荷。若需国调配合，可向国调提出调整建议；

11.11.2 当国调管辖系统任一厂站母线电压低于限额时，国调应立即采取措施（包括投切无功补偿装置、增加机组无功出力、调整联络线潮流等）使电压恢复至限额以内；

11.11.3 当国调管辖系统任一厂站母线电压高于限额时，国调应立即采取措施（包括投切无功补偿装置、机组进相、停运轻载线路等）使电压恢复至限额以内，

11.12 线路事故处理

11.12.1 线路跳闸后，为加速事故处理，国调值班调度员可进行强送电，在强送前应考虑：

11.12.1.1 应正确选择强送端，使电网稳定不致遭到破坏。在强送前，要检查重要线路的输送功率在规定的限额之内，必要时应降低有关线路的输送功率或采取提高电网稳定的措施，有关网省调应积极配合；

11.12.1.2 厂站运行值班员必须对故障跳闸线路的有关设备进行外部检查，并将检查结果汇报国调。若事故时伴随有明显的事故象征，如火花、爆炸声、电网振荡等，待查明原因后再考虑能否强送；

11.12.1.3 强送的开关必须完好，且具有完备的继电保护；

11.12.1.4 应对强送前强送端电压控制和强送后首端、末端及沿线电压作好估算，避免引起过电压。

11.12.2 线路故障跳闸后，一般允许强送一次。如强送不成功，需再次强送，必须经总工或主管生产的中心领导同意。

11.12.3 线路故障跳闸，开关切除故障次数已到规定的次数，由厂站运行值班员根据厂站规定，向有关调度提出要求。

11.12.4 当线路保护和高抗保护同时动作跳闸时，应按线路和高抗同时故障来考虑事故处理。在未查明高抗保护动作原因和消除故障之前不得进行强送，在线路允许不带电抗器运行时，如电网需对故障线路送电，在强送前应将高抗退出后才能对线路强送。

11.12.5 带电作业的线路故障跳闸后，强送电的规定如下：

11.12.5.1 带电作业未要求线路故障跳闸后不得强送者，可以按上述有关规定进行强送；

11.12.5.2 带电作业明确要求停用线路重合闸故障跳闸后不得强送者，在未查明原因之前不得强送。

11.12.6 在线路故障跳闸后，值班调度员下达巡线指令时，应说明是否为带电巡线。

11.13 互联电网联络线输送功率超过稳定限额或过负荷时，有关网省调可不待国调调度指令迅速采取措施使其降至限额之内。处理方法一般包括：

11.13.1 受端电网发电厂增加出力，包括快速启动水电厂备用机组，调相的水轮机快速改发电运行，并提高电压；

11.13.2 受端电网限电；

11.13.3 送端电网的发电厂降低出力，并提高电压；

11.13.4 改变电网结线，使潮流强迫分配。

11.14 发电机事故处理

11.14.1 发电机跳闸或异常情况均按发电厂规程进行处理；

11.14.2 当发电机进相运行或功率因数较高，引起失步时，应立即减少发电机有功，增加励磁，以便使发电机重新拖入同步。若无法恢复同步，应将发电机解列。

11.15 变压器及高压电抗器事故处理

11.15.1 变压器开关跳闸时，根据变压器保护动作情况作如下处理：

11.15.1.1 变压器的重瓦斯保护或差动保护之一动作跳闸，不得进行强送电；在检查变压器外部无明显故障，检查瓦斯气体和故障录波器动作情况，确认变压器内部无故障者，可以试送一次，有条件时应进行零起升压；

11.15.1.2 变压器后备过流保护动作跳闸，在找到故障并有效隔离后，可试送一次；

11.15.2 高抗保护动作停运时，根据其保护动作情况作如下处理：

11.15.2.1 高抗的重瓦斯保护或差动保护之一动作跳闸，不能进行强送电；在检查高抗外部无明显故障，检查瓦斯气体和故障录波器动作情况，确认高抗内部无故障者，可以试送一次。有条件时可进行零起升压；

11.15.2.2 高抗后备保护动作，在找到故障并有效隔离后，可试送一次；

11.16 母线事故处理

11.16.1 当母线发生故障或失压后，厂站运行值班员应立即报告值班调度员，并同时将故障母线上的开关全部断开。

11.16.2 当母线故障停电后，运行值班员应立即对停电的母线进行外部检查，并把检查情况汇报值班调度员，调度员应按下述原则进行处理：

11.16.1.1 找到故障点并能迅速隔离的，在隔离故障后对停电母线恢复送电；

11.16.1.2 找到故障点但不能很快隔离的，将该母线转为检修；

11.16.1.3 经过检查不能找到故障点时，可对停电母线试送电一次。对停电母线进行试送，应尽可能用外来电源；试送开关必须完好，并有完备的继电保护。有条件者可对故障母线进行零起升压。

11.17 开关故障处理

11.17.1 开关操作时，发生非全相运行，厂站运行值班员立即拉开该开关。开关在运行中一相断开，应试合该开关一次，试合不成功应尽快采取措施并将该开关拉开；当开关运行中两相断开时，应立即将该开关拉开；

11.17.2 开关因本体或操作机构异常出现“合闸闭锁”尚未出现“分闸闭锁”时，值班调度员可根据情况下令拉开此开关；

11.17.3 开关因本体或操作机构异常出现“分闸闭锁”时，应停用开关的操作电源，并按厂站规程进行处理。仍无法消除故障，则可用刀闸远方操作解本站组成的母线环流（刀闸拉母线环流要经过试验并有明确规定），解环前确认环内所有开关在合闸位置。

11.18 串联补偿装置故障处理

11.18.1 因线路等其它原因导致带串补装置的线路停运时，如需对线路强送，需将串补装置退出，再进行强送。

11.18.2 因串补装置故障停运，未经检查处理，不得投运。

11.19 电网振荡事故处理

11.19.1 电网振荡时的现象：

发电机、变压器及联络线的电流表、功率表周期性地剧烈摆动，振荡中心的电压表波动最大，并同期性的降到接近于零；失步的两个电网间联络线的输送功率则往复摆动；两个电网的频率明显不同，振荡中心附近的照明灯随电压波动而一明一暗，发电机（调相机）发出有节奏的嗡－嗡声。

11.19.2 电网稳定破坏时的处理办法：

11.19.2.1 电网稳定破坏后，应迅速采取措施，尽快将失去同步的部分解列运行，防止扩大事故；

11.19.2.2 为使失去同步的电网能迅速恢复正常运行，并减少运行操作，在满足下列各种条件的前提下可以不解列，允许局部电网短时间的非同步运行，而后再同步。

11.19.2.2.1 通过发电机，调相机等的振荡电流在允许范围内，不致损坏电网重要设备；

11.19.2.2.2 电网枢纽变电站或重要用户变电站的母线电压波动最低值在额定值的75%以上，不致甩掉大量负荷；

11.19.2.2.3 电网只在两个部分之间失去同步，通过预定调节措施，能使之迅速恢复同步运行者，若调节无效则应予解列。

11.19.2.3 电网发生稳定破坏，又无法确定合适的解列点时，也只能采取适当措施使之再同步，防止电网瓦解并尽量减少负荷损失。其主要处理办法是：

11.19.2.3.1 频率升高的发电厂，应立即自行降低出力，使频率下降，直至振荡消失或频率降到49.5Hz为止；

11.19.2.3.2 频率降低的发电厂应立即采取果断措施使频率升高，直至49.5Hz 以上。有关调度可下令在频率降低的地区进行拉闸限电；

11.19.2.3.3 各发电厂或有调相机的变电站应提高无功出力，尽可能使电压提高至允许最大值。

11.19.3 在电网振荡时，除厂站事故处理规程规定者以外，厂站运行值班员不得解列发电机组。在频率或电压下降到威胁到厂用电的安全时可按照发电厂规程将机组（部分或全部）解列。

11.19.4 若由于发电机失磁而引起电网振荡时，厂站运行值班员应立即将失磁的机组解列。

11.20 通信中断的事故处理

11.20.1 国调与有关网省调或调度管辖的厂站之间的通信联系中断时，各方应积极采取措施，尽快恢复通信联系，如不能尽快恢复，国调可通过有关网省调的通信联系转达调度业务。

11.20.2 当厂站与调度通信中断时：

11.20.2.1 有调频任务的发电厂，仍负责调频工作。其他各发电厂均应按调度规程中有关规定协助调频。各发电厂或有调相机的变电站还应按规定的电压曲线进行调整电压；

11.20.2.2 发电厂和变电站的运行方式，尽可能保持不变；

11.20.2.3 正在进行检修的设备，在通信中断期间完工，可以恢复运行时，只能待通信恢复正常后，再恢复运行。

11.20.3 当国调值班调度员下达操作指令后，受令方未重复指令或虽已重复指令但未经国调值班调度员同意执行操作前，失去通信联系，则该操作指令不得执行；若已经国调值班调度员同意执行操作，可以将该操作指令全部执行完毕。国调值班调度员在下达了操作指令后而未接到完成操作指令的报告前，与受令单位失去通信联系，则仍认为该操作指令正在执行中。

11.20.4 凡涉及国调管辖系统安全问题或时间性没有特殊要求的调度业务联系，失去通信联系后，在与国调值班调度员联系前不得自行处理；紧急情况下按厂站规程规定处理。

11.20.5 通讯中断情况下，出现电网故障时：

11.20.5.1 厂站母线故障全停或母线失压时，应尽快将故障点隔离；

11.20.5.2 当电网频率异常时，各发电厂按照频率异常处理规定执行，并注意线路输送功率不得超过稳定限额，如超过稳定极限，应自行调整出力；

11.20.5.3 当电网电压异常时，各厂站应及时调整电压，视电压情况投切无功补偿设备。

11.20.6 与国调失去通信联系的有关网省调或调度管辖的厂站，在通信恢复后，应立即向国调值班调度员补报在通信中断期间一切应汇报事项。

11.21 直流输电系统事故处理

11.21.1 直流线路故障，再启动失败致使直流系统某极停运，根据情况允许对该极线路进行一次降压空载加压试验。若试验成功，可再进行一次额定电压空载加压试验。试验成功后，可以恢复相应极系统运行。

11.21.2 因换流阀、极母线、平波电抗器等直流500kV设备故障引起直流输电系统某极停运，未经检查处理不得恢复该极运行。在重新启动前，如条件许可，可在发生故障的换流站进行空载加压试验。

11.21.3 运行的交流滤波器因故障需退出运行时，换流站在确认备用交流滤波器具备运行条件后，经国调值班调度员许可，可以进行手动投切交流滤波器（先投后切），交流滤波器的投切顺序按站内有关规程执行。

11.21.4 换流阀和阀冷却水系统在运行中发生异常时，按站内有关规程处理。当发生换流阀冷却水超温、换流变油温高等影响直流输电系统送电能力的设备报警时，换流站运行值班员可向上级调度汇报并提出降低直流输送功率等措施，国调值班调度员根据电网情况处理。

11.21.5 换流变压器故障或异常处理按站内有关规程执行。

11.21.6 无功减载保护动作的故障处理

11.21.6.1 在升功率操作过程中出现无功减载保护报警信号，在自动或手动投入备用交流滤波器后可继续进行升功率操作；如投入不成功时，由主控站值班员操作降低直流输送功率至报警信号消失，并向国调值班调度员汇报。

11.21.6.2 运行的交流滤波器跳闸出现无功减载保护报警信号时，换流站运行值班员应手动投入相应的备用交流滤波器；如投入不成功时，由主控站运行值班员操作降低直流输送功率至报警信号消失，并向国调值班调度员汇报。

11.21.6.3 运行的交流滤波器跳闸出现无功减载保护动作使直流系统输送功率降低时，在有备用交流滤波器的情况下，由国调值班调度员下令恢复原输送功率。在升功率过程中如再出现无功减载保护报警信号时，按11.21.6.1的规定处理。

第十二章 继电保护及安全自动装置的调度管理

12.1 继电保护整定计算和运行操作按调度管辖范围进行。

12.2 国调组织或参加新建工程、技改工程以及系统规划的继电保护专业的审查工作（含可研、初设、继电保护配置选型等）。

12.3 国调组织或参加重大事故的调查、分析工作，并负责监督反事故措施的执行。

12.4 国调负责修编调度管辖范围“继电保护整定方案及运行说明”，并配合新建或技改工程予以补充、修改。

12.5 国调负责调度管辖继电保护装置动作情况的分析、评价和运行总结，动作统计由相关网、省调统一统计，并报国调。

12.6 继电保护的定值管理

12.6.1 国调负责确定调度管辖范围内变压器中性点的接地方式。

12.6.2 每年4月底前，国调与相关网、省调间以书面形式相互提供整定分界点的保护配置、设备参数、系统阻抗、保护定值以及整定配合要求等，以满足整定计算的需要。

12.6.3 国调与相关网、省调整定分界点的继电保护定值配合，经与相关调度协商后，由国调确定。

12.6.4 国调继电保护定值单下达至直调厂、站。国调与相关网、省调互送整定分界点的定值单，用作备案。

12.6.5 国调继电保护定值单须经国调值班调度员与厂站运行值班员核对无误后方可执行，并严格遵守定值单回执制度。

12.7 继电保护装置的运行管理

12.7.1 继电保护装置应按规定投运。一次设备不允许无主保护运行，特殊情况下停用主保护，应按规定处理。

12.7.2 国调调度管辖的继电保护装置的投退以及定值单的执行由国调下令。

12.7.3 国调调度管辖的继电保护装置的正常运行操作，白国调值班调度员按照国调中心“继电保护整定方案及运行说明”的规定下达调度指令，运行值班员按照厂站继电保护运行规定执行具体操作。

12.8 继电保护装置的维护与检验

12.8.1 继电保护装置的维护与检验，由继电保护装置所在单位负责。继电保护装置维护单位（简称维护单位，下同）应按照检修计划和有关检验规程的规定，对继电保护装置进行维护检验。

12.8.2 国调负责制订继电保护装置的反事故措施，维护单位负责具体实施。

12.8.3 运行中的继电保护装置出现异常（或缺陷）时，厂站运行值班员应立即向国调值班调度员汇报，按有关运行规定处理，并通知维护单位进行异常（或缺陷）处理工作。

12.8.4 当继电保护装置动作时（电网发生故障或电网无故障而保护装置本身发生不正确动作），厂站运行值班员记录保护动作情况，立即向国调值班调度员汇报，并通知维护单位。维护单位应及时收集保护动作信息（故障录波、微机保护打印报告等），并对继电保护装置进行检查、分析，查明保护动作原因。必要时，由国调中心组织进行调查、分析和检验工作。

12.9 调度员应掌握继电保护的配置和“继电保护整定方案和运行说明”有关的规定，新设备投运时，继电保护人员应向调度员进行技术交底。

12.10 运行值班员应熟悉“继电保护整定方案和运行说明”有关的规定和继电保护装置的回路接线，掌握厂站继电保护运行规定。

12.11 国调管辖系统安全自动装置由该设备所属电力公司负责厂站运行维护管理，国调负责定值下达和指挥装置投退，有关网（省）调和生产运行单位各自执行具体操作。未经国调许可，不得更改装置定值和装置的运行状态。凡影响安全自动装置正常运行的工作，应及时报国调；装置缺陷应在停运后及时处理。

12.12 国调管辖范围内安全自动装置定值单由国调下达至相应网（省）调及厂站。厂站接到定值单后，必须与国调调度员核对无误后方可执行定值。需改变后备保护定值时，各自按预定整定方案执行并提前 3 天通知国调。

12.13 安全自动装置动作或异常时，厂站运行值班员应根据厂站规程及时报告国调和相关网省调值班调度员。

12.14 国调调度管辖范围内的安全自动装置运行及动作统计情况由运行生产单位报国调，国调统一进行统计评价。

第十三章 调度自动化设备的运行管理

13.1 电网调度自动化系统是保证电网安全、优质、经济运行的重要技术手段，各级调度机构应建设先进、实用的调度自动化系统，设置相应的调度自动化机构。

13.2 本规程所指厂站调度自动化设备主要包括：

13.2.1 远动装置（远动终端主机）；

13.2.2 厂站计算机监控（测）系统相关设备；

13.2.3 远动专用变送器、功率总加器及其屏、柜，与远动信息采集有关的交流采样等测控单元，远动通道专用测试柜及通道防雷保护器；

13.2.4 电能量远方终端；

13.2.5 电力调度数据网络设备（路由器、通信接口装置、交换机或集线器等）及其连接电缆；

13.2.6 远动和电能量远传使用的调制解调器，串行通讯板、卡；

13.2.7 远动装置、电能量远方终端、路由器到通信设备配线架端子间的专用连接电缆；

13.2.8 遥控、遥调执行继电器屏、柜；

13.2.9 远动终端输入和输出回路的专用电缆；

13.2.10 远动终端、电能量远方终端、路由器专用的电源设备及其连接电缆（包括UPS、直流电源等配电柜），电能表计出口与电能量远方终端连接电缆；

13.2.11 远动转接屏、电能量远方终端屏等；

13.2.12 与保护设备、站内SCADA监控系统、数据通信系统、电厂监控或DCS系统等接口。

13.3 国调调度管辖厂站调度自动化设备属国调管辖设备，其运行管理由国调负责，并按照国调中心制定的《国调调度管辖厂站调度自动化设备运行管理规定》执行；国调调度管辖联络线两侧厂站调度自动化设备属国调许可设备，其运行管理分别由所辖网、省调负责，并按照所辖网、省调制定的相应规定执行。

13.4 国调调度管辖厂站及国调管辖联络线两侧厂站的电力调度数据网络设备技术参数的制定、设置由国调负责，其他人不得擅自更改；由于情况变化而需改变时，须提前报国调，经批准后方可进行并做好记录。各类应用系统接入网络，需做好接入方案，并报国调批准后实施。

13.5 国调调度管辖厂站及联络线两侧计量关口电能表计的运行管理由发输电运营部负责，关口电能表计和电能量远方终端的计量监督由发输电运营部指定的计量部门负责，关口电能表计的日常巡视和电能量远方终端及其附属设备的运行维护由各厂站相关部门负责。

13.6 国调调度许可设备范围内厂站调度自动化设备的运行管理分别由其所辖网、省调负责。

13.7 调度自动化设备运行维护的责任单位应保证设备的正常运行及信息的完整性和正确性，发现故障或接到设备故障通知后，应立即进行处理，必要时派人到厂站处理，并将故障处理情况及时上报国调和相关网、省调的自动化值班人员。上一级调度机构可根据有关规程、规定对责任单位进行考核。

13.8 厂站调度自动化设备的计划和临时停运管理

13.8.1 国调调度管辖厂站调度自动化设备的计划停运，应提前2天报国调自动化运行管理部门并经调度机构主管领导批准且通知相关网、省调自动化运行管理部门后方可实施；国调调度管辖联络线两端厂站和国调调度许可设备范围内厂站调度自动化设备的计划停运，应提前2天报其上级自动化运行管理部门，由该部门同时报本单位主管领导和国调自动化运行管理部门批准且通知相关网、省调自动化运行管理部门后方可实施。

13.8.2 国调调度管辖厂站调度自动化设备的临时停运应及时报国调自动化值班员，经值班调度员许可后，由自动化值班员通知相关网、省调自动化值班员；国调调度管辖联络线两端厂站和调度许可设备范围内厂站调度自动化设备的临时停运应及时报其上级主管调度自动化运行值班员，经其值班调度员同意并报国调自动化值班员许可后，由该自动化值班员通知相关网、省调自动化运行值班员和厂站值班员后方可实施。

13.8.3 进行厂站例行遥信传动试验工作前、后，其上级主管调度自动化值班员应及时通知相关调度自动化值班员。

13.9 值班调度员或运行值班员发现调度自动化系统信息有误或其它不正常情况时，应及时通知相关自动化值班人员进行处理，并做好记录。

13.10 当一次设备检修时，应将相应的遥信信号退出运行，但不得随意将相应的变送器退出运行。运行维护单位应把检查相应的远动输入输出回路的正确性及检验有关的变送器准确度列入检修工作任务。一次设备检修完成后，应将相应的遥信信号投入运行，将与调度自动化设备相关的二次回路接线恢复正常，同时应通知调度自动化设备的运行管理部门，并由该部门通知国调和相关调度。

13.11 输电线路检修或通信设备检修等，如影响国调调度自动化通道时，由其通信管理部门提出受影响的通道名单，附在相应的停役申请单后，并以书面形式提前通知相关调度部门及自动化运行管理部门，经同意后方可进行。通道恢复时，也应及时通知自动化运行管理部门，以便使自动化设备及时恢复运行。

第十四章 电力通信运行管理

14.1 互联电网通信系统（以下简称为联网通信系统）是国调、网调和省调对联网线路及其各变电站、换流站以及相关电厂实施调度、管理必要的技术支持系统。联网通信系统是由国调、网调和省调电网调度机构至各调度管辖电厂、变电站、换流站以及互联电网联络线的主备用通信电路组成。主备用通信电路的范围应以各互联电网工程初步设计中确定的通信方案为准。其承载的主要电网调度业务有：调度电话、继电保护、调度自动化数据信号等信息。

14.2 联网通信电路的组织及运行管理由国调中心、电通中心以及各相关网、省通信管理部门负责。

14.3 本章节适用于与联网通信系统有关的网省公司通信管理、维护部门，各相关网、省通信管理、维护部门应遵照本规程制订联网通信系统的运行维护管理细则。

14.4 国调中心职责：

14.4.1 负责监督联网通信系统的安全、稳定、可靠运行；

14.4.2 负责协调联网通信系统运行中出现的重大问题；

14.4.3 负责审批直接影响联网通信电路、话路的停复役和变更方案；

14.4.4 负责审核联网通信系统中设备计划或临时检修方案；

14.4.5 负责制定联网通信系统中国调管辖通信设备的编号方案。

14.5 电通中心职责：

14.5.1 负责联网通信系统运行情况的监测和调度指挥；

14.5.2 负责联网通信系统运行中重大问题的处理和事故调查；

14.5.3 负责制定联网通信系统中国调中心使用通信电路、设备的运行方式，并组织实施；

14.5.4 负责组织制订联网通信系统年度设备检修计划；

14.5.5 负责审批联网通信系统中设备计划或临时检修方案，并负责实施工作的协调；

14.5.6 负责组织制定系统反事故措施，并进行督促检查；

14.5.7 负责联网通信系统的运行统计、分析和评价工作，并以月报的形式报国调中心。

14.6 各相关网、省公司通信运行管理部门职责：

14.6.1 负责组织执行电通中心下达的调度指挥命令和电路运行方式；

14.6.2 负责制订联网调度生产使用的网、省通信电路、设备的运行方式，并组织实施；

14.6.3 负责所辖通信电路、设备的运行、维护管理工作；

14.6.4 负责监测所辖通信电路的运行情况，及时组织事故处理；

14.6.5 负责组织制定所辖联网通信系统年度设备检修计划，并上报审批；

14.6.6 负责所辖通信系统的统计分析及考核工作，编制运行统计月报，并上报电通中心；

14.6.7 负责制定反事故措施，并组织落实；

14.6.8 负责组织或协助上级组织的事故调查，提出并实施整改措施；

14.6.9 负责组织编制通信系统的调试导则和运行管理细则，组织通信人员的技术培训；

14.6.10 做好上级委派的其他工作。

14.7 联网通信系统是全国电力通信网的组成部分，其运行管理必须实行统一调度、分级管理、下级服从上级、局部服从整体的原则。严格执行有关规程和制度，确保通信电路的畅通。

14.8 各级通信管理部门应定期对所辖电路或设备进行检测，发现问题及时解决。同时要建立汇报制度，定期逐级上报电路运行情况。

14.9 各级通信运行管理部门和人员必须严格执行《电力系统通信管理规程》、《电力系统微波通信运行管理规程》、《电力系统光纤通信运行管理规程》、《电力系统载波通信运行管理规程》、《电力系统通信站防雷运行管理规程》

等有关规程、规定，确保联网通信电路的畅通。

14.10 联网通信系统出现故障时，所辖电路的网省公司通信运行管理部门应立即组织人员进行检修，并采取相应迂回或转接措施，保障联网通信系统的畅通。同时应通知电网调度部门。由此造成的通信事故有关通信运行管理部门应在3日内将事故原因和处理结果以书面形式报送上级通信主管部门。

14.11 当联网线路计划或临时检修影响联网通信系统运行时，国调中心批准的检修，由国调中心通知电通中心；网省电网调度部门批准的检修，由网省电网调度部门通知各自的通信调度部门，在接到通知后各级通信调度部门应做好相应通信业务的迂回、转接和准备工作。

14.12 联网通信系统计划检修原则上应与一次系统的计划检修同步进行。当检修对联网调度生产业务造成影响时，电通中心安排的检修报国调中心批准，并通知相关网省调通信运行管理部门。各网省通信运行管理部门安排的检修报所属网省电网调度部门批准。并提前10日以书面形式向电通中心提出申请，同时提出拟采用的通信业务迂回和转接方案。电通中心在征得国调中心意见后应在3日内以书面形式给予批复，各网省通信运行管理部门接到批复方可决定是否开展下一步工作。检修工作结束后，需逐级办理复役手续。

14.13 当联网通信系统进行临时检修对联网调度生产业务造成影响时，电通中心安排的检修报国调中心批准，并通知相关网省通信运行管理部门。各网省通信运行管理部门安排的检修在征得所属网省电网调度部门同意后，提前3日以书面形式向电通中心提出申请，并提出拟采用的通信业务迂回和转接方案，电通中心在征求国调中心意见后应在1日内以书面形式给予批复，各网省调通信运行管理部门接到批复方可决定是否开展下一步工作。检修工作结束后，需逐级办理复役手续。

14.14 当联网通信系统的检修对联网调度业务没有造成影响时，电通中心安排的检修报国调中心备案，各网省通信运行管理部门安排的检修报所属网省电网调度部门备案，同时向电通中心报批。

14.15 由于任何原因造成联网通信系统中断时，所辖电路的网省通信运行管理部门应通知相关网省通信运行管理部门，各相关网省通信运行管理部门应予以积极配合。

第十五 章水电站水库的调度管理

15.1 总则

15.1.1 水库调度的基本原则：按照设计确定的任务、参数、指标及有关运用原则，在确保枢纽工程安全的前提下，充分发挥水库的综合利用效益。

15.1.2 国调管辖水电厂（以下简称水电厂）必须根据并网要求与相关电网经营企业签订并网调度协议，并服从电网的统一调度。

15.1.3 在汛期承担下游防洪任务的水电厂水库，其汛期防洪限制水位以上的防洪库容的运用，必须服从有管辖权的防汛指挥机构的指挥和监督。

15.1.4 水电厂及其上级主管部门应加强对水库调度工作的领导，建立专职机构，健全规章制度，配备专业技术人员，注重人员培训，不断提高人员素质和技术、管理水平。

15.1.5 水电厂必须具备齐全的水库设计资料，掌握水库上、下游流域内的自然地理、水文气象、社会经济及综合利用等基本情况，为水库调度工作提供可靠依据。

15.1.6 水库的设计参数及指标是指导水库运行调度的依据，不得任意改变。

15.1.7 水电厂及其上级主管部门应充分采用先进技术、装备，加强科学研究，积极开展水情自动测报、水调自动化和优化调度等工作，不断提高水库调度水平。

15.2 水库运用参数和基本资料

15.2.1 水库调度运用的主要参数及指标应包括：水库正常蓄水位、设计洪水位、校核洪水位、汛期限制水位、死水位及上述水位相应的水库库容，水电站装机容量、发电量、保证出力及相应保证率，控制泄量等。这些参数及指标是进行水库调度的依据，应根据设计报告和有关协议文件，在年度调度运用计划、方案中予以阐明。

15.2.2 基本资料是水库调度的基础，必须充分重视。应注重资料的积累，必要时予以补充和修正。

15.2.3 水库建成投入运用后，因水文条件、工程情况及综合利用任务等发生变化，水库不能按设计规定运用时，水电厂上级主管部门应组织运行管理、设计等有关单位，对水库运用参数及指标进行复核。如主要参数及指标需变更，应按原设计报批程序进行审批后方可执行。

15.3 水文气象情报及预报

15.3.1 各水电厂要根据各自水库流域情况及相关服务的气象预报单位的预报考评结果，根据水库调度运行的需要签订气象预报服务合同，确保水库流域气象信息的来源。

15.3.2 为做好水库调度工作，各水电厂应加强水情自动测报系统的维护和管理。

15.3.3 各水电厂应开展洪水预报工作，使用的预报方法应符合预报规范要求，并经上级主管部门审定。对已采用的预报方案，应根据实测资料的积累情况进行不断修改、完善。作业预报时，应根据短期气象预报和水库实时水情进行修正预报。在实际调度过程中，应及时收集气象部门的预报成果，加以分析引用，如有条件还应开展短期气象预报。

15.3.4 使用预报结果时，应根据预报用途充分考虑预报误差。

15.4 洪水调度

15.4.1 水库洪水调度的任务：根据设计确定的水利枢纽工程的设计洪水、校核洪水和下游防护对象的防洪标准，按照设计的洪水调度原则或经过设计部门论证、防汛主管部门批准的洪水调度原则，在保证枢纽工程安全的前提下，拦蓄洪水、削减洪峰和按照规定控制下泄流量，尽量减轻或避免上下游洪水灾害。

15.4.2 水库洪水调度原则为：大坝安全第一；按照设计确定的目标、任务或上级有关文件规定进行洪水调度；遇下游防洪形势出现紧急情况时，在水情测报系统及枢纽工程安全可靠条件下，应充分发挥水库的调洪作用；遇超标准洪水，采取保证大坝安全非常措施时应尽量减少损失。

15.4.3 水库洪水调度职责分工：在汛期承担下游防洪任务的水库，汛期防洪限制水位以上的洪水调度由有管辖权的防汛指挥部门调度；不承担下游防洪任务的水库，其汛期洪水调度由水电厂及其上级主管单位负责指挥调度。已蓄水运用的在建水电工程，其洪水调度应以工程建设单位为主，会同设计、施工、水库调度管理等单位组成的工程防汛协调领导小组负责指挥调度。

15.4.4 各水电厂应根据设计的防洪标准和水库洪水调度原则，结合枢纽工程实际情况，制定年度洪水调度计划，并按照相应程序报批后报国调备案。

15.4.5 水电厂应按批准的泄洪流量，确定闸门开启数量和开度。按规定的程序操作闸门，并向有关单位通报信息。

15.4.6 汛末蓄水时机既关系到水库防洪安全，又影响到水库蓄满率，应根据设计规定和参照历年水文气象规律及当年水情形势确定。

15.5 发电及经济调度

15.5.1 水库发电调度的主要任务：根据枢纽工程设计的开发目标、参数、指标，并结合灌溉、航运等综合利用要求，经济合理地安排发电运行方式，充分发挥水库的发电及其他综合效益。

15.5.2 发电调度的原则

15.5.2.1 保证枢纽工程安全，按规定满足其他防护对象安全的要求。当枢纽工程安全与发电等兴利要求有矛盾时，应首先服从枢纽工程安全。

15.5.2.2 以发电为主的水电厂水库，要兼顾各综合利用部门对用水的需求。各综合利用部门用水要求有矛盾时，应坚持保证重点、兼顾其他、充分协商、顾全整体利益的原则。

15.5.2.3 必须遵守设计所规定的综合利用

任务，不得任意扩大或缩小供水任务、范围。

15.5.3 凡并入电网运行的水电厂，在保证各时期控制水位的前提下，应充分发挥其在电网运行中的调峰、调频和事故备用等作用。

15.5.4 水电厂年发电计划一般采用70%～75%的保证频率来水编制，同时选用其他典型频率来水计算发电量，供电力电量平衡时参考。时段（日、月、季等）发电计划应在前期发电计划基础上，参照相应时段水文气象预报及电网情况编制。遇特殊情况，应及时对计划进行修改。所编发电计划应及时报送国调及其他有关部门。

15.5.5 有调节能力的水库，应根据设计确定的开发目标、参数及指标，绘制水库调度图。在实际运用中，应采用设计水库调度图与水文预报相结合的方法进行调度。

15.5.5.1 根据库水位在水库调度图上的位置确定水库运用方式或发电方式，不得任意超计划及超规定发电或用水。

15.5.5.2 有调节能力的水库，应充分利用水文气象预报，逐步修正和优化水库运行调度计划。调节能力差的水库，应充分利用短期水文气象预报，在允许范围内采取提前预泻和拦蓄洪尾的措施。对于日调节或无调节能力的水库，应更重视短期水文气象预报，制订日运行计划，尽量维持水库水位在较高位置运行。

15.5.5.3 多年调节水库在蓄水正常情况下，年供水期末库水位应控制不低于年消落水位。只有遭遇大于设计保证率的枯水年时，才允许动用多年调节库容；在遭遇大于设计保证率的枯水段时，才允许降至死水位。

15.5.5.4 水电站水库调度运行中，除特殊情况外，最低运行水位不得低于死水位。

15.5.6 应积极采取措施为节水增发电量创造条件，如加强水库及枢纽工程管理，合理安排水库运用方式，及时排漂清污，开展尾水清渣工作；合理安排机组检修，优化机组的开机方式和负荷分配，尽量减少机组空载损耗等。

15.5.7 电网应根据水电厂的特性，结合水文情况及负荷预计成果，合理安排运行方式。当水库弃水或将要弃水时，提高水电发电负荷率，多发水电，节约燃料资源。

15.5.8 梯级水库群的调度运行，要以梯级综合利用效益最佳为准则，根据各水库所处位置和特性，制定梯级水库群的调度规则和调度图。实施中应正确掌握各水库蓄放水次序，协调各水库的运行。

15.6 水库调度管理

15.6.1 水电厂应编制水库调度规程，并不断修改完善。

15.6.2 水电厂应在五月底前将已批准的洪水调度计划报国调备案。制订的年度、供水期和月度水库运用计划应分别在上年十一月底前、蓄水期末和上月二十日前报国调。

15.6.3 加强水情自动测报系统和水调自动化系统的管理，制订相应的运行管理细则，保证系统长期可靠运行。

15.6.4 按照有关规定做好水库调度值班工作和水库调度运用技术档案管理工作。

15.6.5 为了及时了解和掌握水电厂调度运行情况，需要将如下一些情况及时报送国调：

15.6.5.1 在溢洪期间，及时汇报溢洪道闸门启闭、调整情况，弃水开启闸门孔数、开度、泄流量和机组发电状况、发电流量等。

15.6.5.2 防汛值班期间，遭遇重大汛情，危及电力设施安全时。

15.6.5.3 对于洪水频率小于等于5%和对电网及水电厂造成重大影响的洪水调度情况。

15.6.6 水电厂在每月1日、11日和21日向国调上报水库运行旬报。

15.6.7 实行水库调度月度汇报制度，按照国调颁发的《水库调度汇报制度》中具体条款执行。

15.6.8 各水电厂应在每年10月底前逐级向国调上报本年度防汛和大坝安全工作总结，并在每年1月底以前报送上年度水库调度工作总结。

15.6.9 新建水电厂在首台机组并网前一个月，应向国调及其他有关调度部门提交水库调度基本资料和初期蓄水方案。

第十六章 电力市场运营调度管理

16.1 国调中心负责根据联络线年度送受电计划编制下达月、日电力电量送受计划。互联电网内的网调和独立省调在各自的范围内行使调度职能，按照国调下达的电力电量送受计划控制联络线潮流和系统频率，应保证送受电力控制在规定的偏差范围内且电网频率控制在规定范围内。

16.2 国调中心负责确定互联电网的控制方案和考核办法。互联电网考核结算依据是国调正式下达的日计划曲线（包括修改后的日电力电量计划曲线）。

16.3 跨大区互联电网按 TBC 方式控制联络线潮流和系统频率。区域控制误差 ACE 为：$ACE = \Delta P + b*\Delta f$。国调中心负责确定互联电网的负荷频率响应特性 b 值，并于每年 2 月底前根据上年的实际情况进行调整。

16.4 联络线送受电量由国家电力公司电能量自动计费系统进行计算，并按国家电力公司有关规定结算。

16.5 月度联络线实际交换电力电量和考核结果，为互联电网内的网调和独立省调每月的电费结算依据。国调应于次月第 5 个工作日前将月度电力电量结算考核结果以电子表格的形式提供给双方确认；如认为有误，应在收到此表格后的 3 个工作日内提出，逾期即认为无误。最终电力电量结算考核单于每月 10 个工作日前，由国调中心传真给双方。

16.6 国调中心负责组织实施跨大区互联电网内网公司和独立省公司间的计划外临时电量交易。

第十七章 电网运行情况汇报

17.1 电力生产、运行情况汇报规定

17.1.1 每日 7 时以前，各网调、独立省调须将本网当日电力生产日报通过日报传输系统传送至国调，如日报传输系统故障传送不成功，应于 8 时前通过电话报国调。如当日数据未按时报送或报送数据有错误，则本日数据完整率为零。

17.1.2 旬报的统计报送情况，正常应以次旬第一日的 16 时为准，如遇节假日，可顺延至第一个工作日的 16 时。

17.1.3 电力生产运行月度简报的统计报送情况，正常应以每月第三日的 12 时为准，如遇节假日，可顺延第三个工作日的 12 时。

17.1.4 电力生产月度计划的统计报送情况，正常应以每月最后一日的12时为准，如遇节假日，应提前至每月最后一个工作日的 12 时。

17.1.5 每日 8 时以前，各网调、独立省调须将电网运行异常情况（事故停电、拉闸限电；主要线路故障或超稳定限额运行、重要机组和 220kV 及以上重要主变压器故障；频率异常、主网电压超过设备运行极限值；主要水电厂弃水情况等）、电网运行情况（330 千伏及以上网架线路、220 千伏跨省联络线启停情况等）和重大新设备投产（330kV 及以上设备、300MW 及以上机组）情况报国调值班调度员。

17.2 重大事件汇报规定

17.2.1 在电网发生重大事件时，有关网调、独立省调应立即了解情况，并在事件发生后 4 小时内向国调值班调度员汇报，跨省电网省网发生重大事件，省调要及时向网调汇报。

17.2.2 重大事件分类：

17.2.2.1 电网事故：电网主网解列、电网振荡、大面积停电事故，由于电网事故造成网内重要用户停、限电，造成较大社会影响等。

17.2.2.2 厂站事故：电网内主要发电厂和 220 千伏及以上变电站单母线全停和全站停电、核电站事故、水电站垮坝事故、220kV 及以上主要设备损坏。

17.2.2.3 人身伤亡：网内各单位在管辖范围内发生的重大人身伤亡事故。

17.2.2.4 自然灾害：水灾、火灾、风灾、地震、冰冻及外力破坏等对电力生产造成重大影响。

17.2.2.5 调度纪律：调度系统违反《电力法》、《电网调度管理条例》等法律法规和规程规定的重大事件。

17.2.2.6 经确认因调度局（所）人员责任

打破安全记录。

17.2.3 重大事件汇报的主要内容（必要时应附图说明）：

17.2.3.1 事件发生的时间、地点、背景情况；

17.2.3.2 事件经过、保护及安全自动装置动作情况；

17.2.3.3 要设备损坏情况、对重要用户的影响；

17.2.3.4 电网恢复情况等。

17.2.4 在电网发生故障或受自然灾害影响，恢复电网正常方式需较长时间时，有关网调、省调应指派专人随时向国调值班调度员汇报恢复情况。

17.3 其它有关电网调度运行工作汇报规定

17.3.1 各网、省调在实行新调度规程时，及时将新调度规程报国调备案。

17.3.2 发生电网事故的网、省调应在事故后5个工作日内由调度部门将事故情况书面报告传真至国调中心调度室，并在事故分析会后向国调报送事故分析报告。

17.3.3 每年1月底前，各网省调向国调报送

17.3.3.1 调度科上一年度工作总结；

17.3.3.2 上一年度调度人员（含地调）误操作情况（责任单位、发生时间、事件过程、后果、对有关人员处理和防范措施等）；

17.3.3.3 报送调度科（处）人员名单及联系电话。

附录三：

《电网调度信息披露暂行办法》

第一条 为促进电网调度实现“公平、公正、公开”，建立规范化的调度信息披露制度，维护电网经营企业和并网电力生产企业合法权益，促进电力资源的优化配置，根据《中华人民共和国电力法》、《电网调度管理条例》及国家有关规定，结合电力行业实际情况，制定本办法。

第二条 中华人民共和国境内的县级以上电网调度机构、电网经营企业和并网电力生产企业应当遵守本办法。

第三条 国家电力调度通信中心可以根据本办法，结合全国电网实际运行情况，制定全国电网调度信息披露实施细则，并报国家经贸委备案。大区电网调度机构和省级电网调度机构负责所辖电网具体的调度信息发布工作。

第四条 各省、自治区、直辖市经贸委（经委）负责本地区电网调度信息披露工作的管理与监督检查。

第五条 大区电网调度机构和省级电网调度机构，应当定期组织召开年度、季度信息发布会（月度信息可以简报或者其他形式发布），参加单位包括电力行政管理部门、电网经营企业、电力生产企业和其他有关部门。

第六条 调度机构应当创造条件，开设调度信息网页或者通过适当的报刊媒体，及时披露电网调度信息。披露的电网调度信息应当真实、准确。

第七条 电网调度机构应当披露的主要信息内容包括：

（一）国家和地方政府制定的有关政策、法规。

（二）电网结构情况，电网安全运行约束条件，并网运行机组技术性能等基础资料。

（三）电网年度、月度计划（包括调整计划）与实际发电量；网间交换电量；全网电力需求、用电负荷率；机组主设备、主要线路的年度、本月度和未来两个月的检修计划；主要水电厂（站）来水情况；电网异常情况分析说明；电网经营企

业与并网独立电厂电费结算情况。

（四）并网电力生产企业上网电量、上网电价、发电负荷率、执行调度指令情况，完成年度、月度发电计划情况；对年度、月度实际发电量与计划发电量的差异进行分析说明；各类型发电机组利用小时；调峰、调频和调压情况。

（五）其他需要披露的信息。

第八条　电网调度机构对有关电网经营企业和电力生产企业的质疑应当及时予以解答。

第九条　并网电力生产企业应当按照有关规定及时、准确地向有关电网调度机构报送信息。

第十条　电网调度信息的公布使用应当遵守国家有关的保密制度。

第十一条　调度机构要自觉接受政府和社会的监督，重大问题要按照规定及时报告。对在电网调度信息发布工作中取得优异成绩的单位和个人，有关单位应当予以表彰。

第十二条　本办法由国家经济贸易委员会负责解释。

第十三条　本办法自发布之日起试行。

附录四：

《电网调度信息披露实施细则（暂行）》

一、总则

1、为保证对发电企业实施“公平、公开、公正”调度，规范电网调度机构电网调度信息披露工作，依据《电网调度信息披露暂行办法》（国家经贸电力［2000］1234号文），特制定本实施细则。

2、省级以上电网调度机构，应按照本细则的要求，开展电网调度信息披露工作。地、县级调度机构电网调度信息披露的实施细则可参照此细则执行。经国务院批准实施“厂网分开，竞价上网”试点的电网，按照本网电力市场规则并参照本细则的有关规定执行。

3、并网发电厂要按照本细则要求，以及并网调度协议和有关规定，及时、准确地向相应电网调度机构发送电力生产运行情况、数据，以便电网调度机构全面、准确、及时地收集信息和编制信息公开报表。并网发电厂对所发送的电力生产信息的准确性负责。

4、省级调度机构应及时把有关电网调度信息的披露情况报本地区经贸委（经委），以便其进行监督和检查。

二、电网调度信息披露工作的组织管理

1、国家电力调度通信中心负责网、省电网调度机构电网调度信息披露工作的指导和监督。

2、网、省电网调度机构负责所辖电网具体的电网调度信息发布工作。

3、省级电网调度机构负责本省（市）内地、县级调度机构电网调度信息披露的指导和监督工作。

4、网、省电网调度机构要将月度、季度电网调度信息披露情况及有关统计报表报国家电力调度通信中心。

5、网、省调度机构对在信息披露中出现的重大问题应及时上报国家电力调度通信中心和相应省（自治区、直辖市）经贸委（经委）。

三、电网调度信息公开方式和时间要求

1、电网调度机构要利用现代信息技术，开设“电网调度信息”网页，采用WEB方式发布电网调度信息，使有关发电企业、电力行政管理部门及其他有关部门可以根据不同的权限进行网上浏览。

2、电网调度机构要按月度编制调度信息并须在每月10日前完成上月电网调度信息发布工作。

3、电网调度机构要在每季度第一个月20日前，以信息发布会的形式发布上一季度电网调度信息，同时印发相应调度信息公报，并接受有关发电企业、电力行政主管部门的检查与咨询。

4、电网调度机构应本着注重节约、简单高效原则组织召开电网调度信息发布会，并提前5天通知有关并网发电厂，省（自治区、直辖市）调度机构还要通知相应省（自治区、直辖市）经贸委（经委）。

5、电网调度机构对并网发电厂、发电企业的咨询和意见要积极给予解答。

四、披露信息内容

1、公开的基本信息主要包括：国家有关能源>策，电网年度电量需求预计，电网有关情况及并网发电厂的基础资料（电价、装机容量、机组技术性能等），新建发输电设备投产情况，电网安全运行约束条件（电厂送出联络线及影响电厂送出的断面稳定控制限额和对发电出力限制、电网出现紧急情况需对发电厂出力限制、涉及到发电厂的安全稳定控制装置配置等情况）。

2、电网月度、季度发电调度信息主要包括：

电网本月、季及次月、季电量预计；

电网运行情况；

并网发电厂（机组）发电情况；

系统用电负荷率、各发电厂负荷率、调峰调频情况等；

各类型发电设备利用小时；

次月、季影响发电厂发电的电网设备及发电厂设备检修计划安排；

其它必要的电网调度信息。

五、附则

1、电网调度信息公开应遵守有关制度，并设立相应的信息共享分类，采用密码访问等方式控制。

2对在电网调度信息发布工作中取得突出成绩的单位和个人，由国家电力调度通信中心报请国家经贸委予以表彰。对不按照规定进行电网调度信息披露的单位，将给予督促或通报批评。

3、本细则由国家电力调度通信中心负责解释、修订。

4、本细则自2001年3月1日起执行。

附录四：

《国家电网公司跨区电网输变电设备检修管理规定》

第一章 总则

第一条 为规范国家电网公司跨区电网输变电设备检修管理工作，合理安排跨区电网输变电设备的检修计划，提高设备的检修质量和健康水平，确保跨区电网安全、稳定、经济运行，特制定本规定。

第二条 本规定所指检修管理是对跨区电网输变电设备特殊大修、常规检修和需停电实施的技术改造项目的计划编制、上报、审批、实施、验收、考核等方面进行的管理。

第三条 本规定适用于国家电网公司直接经营管理的、属国调中心直接调度管辖的跨区电网输变电设备，包括与上述设备相关的继电保护、安全自动装置和通信等设备。凡从事跨区电网输变电设备运行管理、维护、检修工作的各级电网经营企业，包括各区域电网公司、省（自治区、直辖市）电力公司及其所属超高压管理处、供电局（公司）、超高压输变电局（公司）、超高压运检公司（以下简称运行维护单位），以及跨区送电电厂等电力生产企业均应执行本规定。

第二章 检修管理的组织机构及职责

第四条 国家电网公司生产运营部是跨区电

网输变电设备检修工作的归口管理部门，负责组织、协调、制订年度检修计划，审批检修项目，检查检修计划执行情况，考核检修工作的安全、进度和质量。

第五条 受国家电网公司委托承担跨区电网输变电设备运行管理工作的各区域电网公司、省（自治区、直辖市）电力公司、跨区送电电厂以及国家电网公司直属超高压管理处是所辖跨区电网输变电设备检修的归口负责单位，负责编制、上报年度检修计划，审查检修项目实施方案，组织实施并监督、检查检修计划执行情况，并组织对重大检修项目的验收。

第六条 承担跨区电网输变电设备具体运行维护工作的各运行维护单位的生产技术部门为跨区电网输变电设备检修工作的归口管理部门，负责编制本单位跨区电网输变电设备检修计划，制订重大检修项目的实施方案，执行上级部门批复的检修计划，监督检修项目的安全、进度和质量。

第七条 国家、区域、省（自治区、直辖市）级电网企业的电网调度部门负责月度检修计划的汇总、编制，安排检修项目的实施时间；组织实施检修期间的系统安全稳定措施。

第三章 检修计划安排的原则

第八条 跨区电网输变电设备检修计划应根据跨区互联电网电力电量平衡情况，发电、输变电设备检修、预试周期以及线路防污工作的要求，结合设备检修项目进行编制。跨区电网输变电设备的常规检修一般安排在春季或秋冬季。检修年度时间为公历纪年1至12月。

第九条 检修计划的编制应全面考虑生产、基建、调度等方面的情况，统筹安排，避免同一设备重复停电，尽量缩短停电检修时间。对可采用带电作业方式消除的缺陷，应尽量安排带电作业处理；可以不停线路进行的工作，不应集中到线路停电期间进行；变电设备的检修应充分利用接线方式变化，减少线路停电时间。

第十条 跨区电网输变电设备的检修工期应严格按照有关规定和标准执行。特殊检修项目（如特殊大修、技术改造项目等）以及地形复杂、交通不便的输电线路检修工作，其检修工期可根据具体情况酌情确定。

第四章 检修计划管理

第十一条 各省（自治区、直辖市）电力公司生产部门应组织所属跨区电网输变电设备运行维护单位于每年9月15日前，将下一检修年度跨区电网输变电设备停电检修计划申请表（附表）报区域电网公司生产部门和调度部门，并抄报国家电网公司生产部门和调度部门。跨区送电电厂应将发电设备年度检修计划报国家电网公司生产部门和调度部门，并抄报所在区域电网公司生产部门和调度部门。各省（自治区、直辖市）电力公司编报的停电检修计划应包括基建部门提出的、需跨区电网输变电设备停电配合基建施工的年度停电计划。

第十二条 区域电网公司生产部门根据各省（自治区、直辖市）电力公司编报的停电检修计划，组织公司有关部门和有关省（自治区、直辖市）电力公司研究提出所辖跨区电网输变电设备申请停电检修计划表，于9月31日前报国家电网公司生产运营部及国调中心。

第十三条 国家电网公司生产运营部根据区域电网公司生产部门所报年度检修计划，结合跨区送电电厂发电设备检修计划和跨区电网运行方式，会同国调中心、工程建设部，研究、提出跨区电网输变电设备年度停电检修安排，提交10月下旬召开的跨区电网输变电设备检修计划协调会讨论确定，经公司领导批准后下达。

第十四条 跨区电网输变电设备检修项目管理按国家电网公司跨区电网大修和技术改造工程项目管理办法执行。

第十五条 跨区电网输变电设备年度检修计划下达后，各运行维护单位应认真执行。与国调直调系统运行密切相关的电网输变电设备的停电检修计划，并按国调中心组织制订的跨区联络线调度管理规程、规定执行。

第十六条 跨区电网输变电设备年度检修计

划下达后，各运行维护单位应在每月20日前，根据国家电网公司下达的跨区电网年度检修计划，将次月的月度检修计划报国家电网公司生产运营部和国调中心，由生产运营部组织、协调、国调中心统一平衡后批准执行。

第十七条 年度、月度检修计划经批准下达后，如需调整，运行维护单位应及时向国家电网公司申报，经批准后方可实施。

第十八条 跨区电网输变电设备临时检修计划的申报和批复，按国调中心组织制订的有关管理规定执行。

第五章 检修项目的实施

第十九条 跨区电网输变电设备重大检修项目应提前编制实施方案，报国家电网公司生产运营部批准后实施。检修项目管理按《国家电网公司跨区电网大修和技术改造工程项目管理办法》的规定执行。

第二十条 跨区电网输变电设备停电检修前，项目实施单位应做好充分准备，制定检修方案，落实人员、工具、器材、仪器仪表、备品备件。

第二十一条 跨区电网输变电设备停电检修期间，项目实施单位应派专人全程监督，协调配合，保证检修工作按期完成。

第二十二条 跨区电网输变电设备检修项目执行过程中，如发现检修工作可能因故无法按期完成时，应及时向国家电网公司生产运营部和国调中心汇报；经研究，如确需延长检修工期时，应及时向调度部门申请延期。

第二十三条 检修工作中应严格执行现场有关安全工作规程和检修、试验的有关规程、规定。

第二十四条 检修项目实施单位应严格执行质量检查和验收制度，保证检修质量。

第二十五条 跨区电网输变电设备年度检修任务完成后，运行维护单位应及时进行总结，并将完成情况（包括检修项目内容、计划停电时间、实际停电时间、检修效果、存在问题以及整改意见）报国家电网公司生产运营部，并抄报有关区域电网公司、省（自治区、直辖市）电力公司。

第二十六条 国家电网公司生产运营部将跨区电网输变电设备的检修工作作为检验运行维护工作质量的主要指标进行考核，并按有关协议、规定予以奖惩。

第六章 附则

第二十七条 由国家电网公司投资建设的，属区域电网公司调度部门调度管辖的输变电设备检修工作，由各区域电网公司纳入本网输变电设备检修管理范围统一管理和组织实施。

第二十八条 本规定自印发之日起试行。

第二十九条 本规定解释权属国家电网公司生产运营部。

附录六：

《国家计委关于印发农村电网建设与改造工程质量管理办法的通知》

（1999年4月20日国家计委讯）

各省、自治区、直辖市计委（计经委）、水利部，国家电力公司：

为了贯彻《国务院办公厅关于加强基础设施工程质量管理的通知》（国办发〔1999〕16号）精神，确保农村电网建设与改造的工程质量，我委制定了《农村电网建设与改造工程质量管理办法》，现印发给你们，请认真贯彻执行。

农村电网建设与改造工程质量管理办法

第一章 总则

第一条 为加强对农村电网建设与改造（以下简称农网改造）工程的管理，确保农网改造工程质量，特制定本办法。

第二条 农网改造工程建设要实行规范化管理，认真执行项目法人制、招标投标制、工程监理制和合同管理制。

第三条 农网改造工程的项目法人和设计、施工、监理，以及设备供应等单位，均应依照本办法规定承担工程质量责任。

第二章 工程质量责任制

第四条 农网改造工程质量实行行政领导人责任制。各省、自治区、直辖市计委（计经委）为各省农网改造工程的行政责任单位，各地区计委（计经委）主任承担其农网改造的行政领导人责任。如发生重大工程事故，将追究相关行政领导人在规划审批、执行建设程序和工程建设监督管理等方面的责任。

第五条 农网改造工程质量实行项目法人责任制。各省（区、市）农网改造的项目法人对其农网改造的规划设计、设备采购、施工和资金管理等负全面责任。农网改造的项目法人代表，是农网改造工程质量的第一责任人，对工程质量负总责。如发生重大工程质量事故，将追究项目法人代表在工程管理方面的渎职责任。

第六条 农网改造工程实行参建单位法定代表人责任制。农网改造的参建单位，包括设计、施工、监理和设备供应等，都要按各自职责对所承担项目的工程质量负相应责任。因参建单位失误、管理不善导致重大工程质量事故的，将追究参建单位法定代表人的责任。

第七条 农网改造工程实行质量终身负责制。农网改造工程的行政领导责任人，项目法定代表人，参建等单位的法定负责人，要按各自的职责对其实施的工程质量负终身责任。如发生工程质量责任事故，不管调到哪里工作，担任什么职务，都要追究相应的行政和法律责任。

第三章 规划和设计管理

第八条 农网改造工程要高度重视规划设计工作，要严格遵守先规划、后设计、再施工的原则，严禁违反基建程序，搞边勘察、边设计、边施工的“三边”工程。

第九条 农网改造工程设计要遵循“安全可靠、经济适用、符合国情、因地制宜”的原则，各项目法人要根据其农网改造工程的实际情况，推行标准设计、典型设计和限额设计。

第十条 各省（区、市）农网改造工程规划要在其省（区、市）计委（计经委）统一领导下进行，由省（区、市）计委（计经委）牵头组织有关部门审查批复，并报国家计委备案。

第十一条 35kV及以上输变电单项工程的设计由有相应资质的设计单位设计，由其项目法人根据批复的规划要求负责审批，并报省计委（计经委）备案。

第十二条 10kV及以下配电网的具体设计工作由各县电力公司负责，由其项目法人根据批复的规划要求负责审批。

第四章 设备及材料采购

第十三条 农网改造工程所需的主要设备和材料要由项目法人统一招标采购，项目法人对采购的设备和材料的质量负责。

第十四条 农网改造项目法人要制定设备和材料采购的招标投标管理办法，招投标要坚持公平、公正、公开的原则，严禁任何单位和个人以任何名义与形式干扰正当的招投标活动. 严禁地方保护和部门保护。

第十五条 农网改造工程要全部采用国产设备和材料，严禁不具备资格的生产厂家的设备和材料进入电网运行，严禁使用不合格或不符合设计、施工规定的设备和材料，严禁在设计中指定生产厂家。

第十六条 设备和材料供应厂家要按合同要求提供质量合格的产品，并对其提供的设备和材料的质量负责。如设备和材料发生重大质量事故，将追究生产厂家的责任，并通报批评。

第十七条　各项目法人单位要建立主要设备材料管理档案，明确各个环节的质量责任人，一旦发生设备和材料质量事故，将追查相关责任人的责任。

第五章　施工管理

第十八条　各项目法人要根据农村电网所处环境和施工的特点，制定农网改造工程的施工管理办法，加强施工管理，确保施工质量。

第十九条　对于35kV及以上输变电工程的施工，要严格执行招标投标制和工程监理制。施工单位和监理单位都要公开招标选择，工程建设必须有相应资质的监理单位进行全过程监理。

第二十条　对于10kV及以下配电网的施工管理办法，由项目法人根据各自的实际情况制定，但必须要建立切实可行的质量监督和质量保证体系，确保低压电网的施工质量。

第二十一条　监理单位应按有关行政法规和技术标准进行工程监理，按合同规定和项目法人提供或认可的监理大纲认真履行监理职责。对不按合同进行监理，不履行监理责任和义务、弄虚作假的监理单位和监理人员，要严肃追究责任。

第二十二条　农网改造工程施工必须由有相应资质等级的施工单位承担，严禁无资质或超越资质等级承担工程，不允许二次分包和转包，严禁施工企业以包代管。

第二十三条　施工单位要建立和完善质量保证体系，坚持实行“三级质量检验”制度。要严格按照国家和行业标准、按照经审定的设计图纸和施工方案组织施工，要有完善的工程质量保证措施，要努力推广使用有利于提高工程质量的先进技术和先进的施工方法和工艺。

第二十四条　农网改造单项工程及整体工程完成后，必须按国家计委下发的《农村电网建设与改造工程验收办法》进行及时验收，对故意拖延不验的，将作为重大质量事故处理，并追究有关人员的责任。

第六章　监督与检查

第二十五条　农网改造质量管理要纳入法制化管理的轨道，各项目法人要严格工程审计和监察，坚决惩治腐败。对玩忽职守、弄虚作假、贪污受贿和截留、挤占、挪用、克扣工程建设资金的单位和个人，要给予严厉处罚，构成犯罪的要追究刑事责任。

第二十六条　各项目法人要制定相应的农网改造工程自审细则，要对工程项目实行开工审计、过程审计和竣工决算审计，对重大项目要进行专项审计和跟踪审计。对审计中发现的问题，要依法严肃处理。

第二十七条　各项目法人要制定农网改造工程的月报制度，对农网改造工程的设计与施工、质量与进度，以及资金使用等情况进行及时报告。各项目负责人和监理负责人要对填报的内容负责，对弄虚作假和隐瞒不报的，要追究相关人员的责任。

第二十八条　要加强对农网改造工程的检查监督，各省（区、市）计委（计经委）要组织有关方面，包括物价、银行和项目法人等，不定期对其农网改造工程进行检查，及时发现问题、解决问题。

第二十九条　农网改造工程项目都要按照《中华人民共和国档案法》的有关规定，建立健全项目档案。从项目设计到工程竣工验收等各环节的文件资料，都要严格按照规定收集、整理和归档，项目档案管理单位和档案人员要严格履行职责。对失职的单位和人员，要依法严肃处理。

第七章　附则

第三十条　各省（区、市）计委（计经委）和各项目法人要根据本办法制订实施细则。

第三十一条　本办法由国家发展计划委员会负责解释，自发布之日起实行。

发布部门：国家发展和改革委员会（含原国家发展计划委员会、原国家计划委员会）发布日期：1999年04月20日实施日期：1999年04月20日（中央法规）

附录七：

《电力电容器行业标准化发展规划》

一、本行业基本情况概述

电力电容器行业目前主导产品有高低压并联电容器及其成套装置、滤波电容器及其成套装置、串联电容器、静止型动态无功补偿装置、电容式电压互感器、直流输电用电力电容器。2003年销售收入20亿元。

近10年来技术进步和生产规模提高较快，全薄膜介质电力电容器取代了膜纸复合电力电容器，110kV以上电容式电压互感器基本上取代了传统的电磁式电压互感器，开发并生产了500～750kV和0.1级高精度电容式电压互感器，开发并生产了静补装置（SVC）及超高压直流输电用各种电力电容器，产品开始向无油化、自动化和成套设备方向发展。

近年来，国外ABB公司、加拿大传奇公司和日本日新公司等国外著名企业相继在国内建立合资企业，一方面加剧了市场竞争，另一方面也促进了国内企业管理的进步和产品技术水平的提高，电力电容器行业已经融入严峻的国际市场竞争的大环境中。国内电容器产品整体技术经济指标与国外先进水平仍然有10年以上的差距。

二、标准化发展现状

1、基本情况

截止到2003年底标准化工作主要成就：

（1）标准的数量和构成

目前现行国标有22项，行标13项。

（2）采标情况

本专业对口的IEC TC33现行标准共23项，已等同采用16项，修改采用4项，采标率87%。

（3）在制修订国家标准和行业标准情况

待批国标2项、行标1项，正在制定的国标有3项、行标2项。

（4）标委会情况

电力电容器标委会的特点：一是各项工作正规化、规范化，能较好地完成标准制修订计划和各项工作任务。二是能坚持市场导向原则，着力提高标准和市场的关联性，标准化工作有力地推动了产品发展和市场占有率的提高，有许多标准充分体现了市场的需求。本标委会的优势是体制健全，集中了本专业的一批优秀的科技专家，制造单位、使用单位、科研院所和高校结合较好，有力地保证了技术标准的科学性和权威性。标委会每年召开一次会议，进行标准制修订工作，至今共制修订国标、行标65项，还多次派专家参加IEC TC33会议，积极参与IEC标准的制修订工作。本标委会制定的国标GB/T4703—2001《电容式电压互感器》，充分总结和转化了国内外技术发展成果，对该系列产品在我国的快速发展起到了重要的推动作用，被国标委评为“优秀国家标准”。

2、存在的主要问题及原因分析

（1）标准水平分析

①与国际标准水平对比：主要差异在绝缘水平上。

图表177、国标与国际标准水平对比

系统最高电压（kV）	工频耐压（kV）		雷电冲击耐压（kV）	
	IEC60871—:1997	GB/T11024.1—2001	IEC60871—1:1997	GB/T11024.1—2001
11.5	28	42	60/75	75
72.5	140	140/160	325	325/350

126	185/230	200	450/550	450
252	275 ～ 460	360/395	650 ～ 1050	850/950
550	——	630/680/740	1175/1550	1425/1550/1675

在绝缘水平（试验电压）上，国标与IEC标准有较大差异，总体上看国标对耐电压试验值要求较高，这是因为受国标GB311.1—1997《高压输变电设备的绝缘配合》的影响，电力电容器国标需和GB311.1这个基础国标保持一致。

② 与本专业技术水平对比：本专业大多数新技术、科技成果已转化为国标或行标，如自愈式高电压并联电容器在1997年研制成功，1998年即进行了行标的制定工作，1999年新标准批准颁布并开始实施；高压并联电容器用全膜介质在1999年有了重大突破，在2001年版新国标中即得到体现；电容式电压互感器在1998年进行技术攻关解决了铁磁谐振问题，全面推广采用新的速饱和电抗器型阻尼器，随即将该项技术转化到2001年版的新国标中。同时也有一些新技术成果转化不够及时，如安全膜在电动机电容器中的应用、气体绝缘电容式电压互感器和静补装置(SVC)等。标准化工作基本满足了产业结构调整的需求，同时也存在不及时的情况。

(2) 标准化工作分析

本专业的标准化工作能与行业发展和企业需求紧密结合。例如低电压自愈式并联电容器国标GB12747与1990年以来我国低电压自愈式并联电容器的发展的结合，低压无功就地补偿行标的制定满足了当时企业急需。也有个别标准的制定存在时间上的滞后问题，例如柱上式高压并联电容器装置等。

(3) 标准对本专业发展的影响和作用

标准对本专业产品发展、结构调整、出口、产业安全、规范市场秩序、新型工业化目标的实现等方面发挥了重要的影响和作用。在上世纪八十年代以前，我国电力电容器产品质量问题多，漏油、击穿、爆炸、起火屡有发生，产品大量进口，执行国标、行标后性能、质量有很大提高，产品发展很快，基本上挡住了进口，而且还有大量出口。电容式电压互感器情况类似，在1995年前，产品精度和输出容量达不到要求，大量进口欧美和日本产品，1995年后产品快速发展，目前市场占有率已达95%以上，尚有部分出口国外。主导产品历年产量情况见下表。

图表178、主导产品历年产量情况

产品名称＼年度	1990	1995	1998	2001	2003	相应标准
高压并联电容器（万千乏）	432	1068	1335	2232	3646	GB3983.2 GB/T11024
集合式并联电容器（万千乏）	——	206	301	751	905	JB7112
低压自愈式并联电容器（万千乏）	76	297	270	776	575	GB12747
电容式电压互感器（万千乏）	798	2568	4723	6923	8231	GB/T4703

三、2005—2007年本专业标准化面临的形势

1、国外本专业标准化发展趋势

(1) IEC TC33对原有标准修订的周期缩短，工作速度加快。过去一般10 ～ 20年修订一次，随着技术进步的加快，现在一般4 ～ 10年修订改版一次。

(2) 在安全方面的要求进一步提高，对电容器的保护措施进一步加强。安全膜在电动机电容器中的应用相关标准正在制定中。

(3) 对环境问题更加重视，美国标准中有

对电容器无线电干扰水平的要求。

(4) 体现产品性能水平的提高和新技术的应用。晶闸管控制的串联电容补偿装置标准正在制定中。

2、国内本专业发展对标准化工作的要求

(1) 对针对性很强的专业标准需求强烈。例如：柱上式高压并联电容器装置、高压无功就地补偿装置、安全膜交流电动机电容器、750kV电容式电压互感器等。

(2) 电力电容器向无油化发展迅速，迫切需要相应的产品标准。

(3) 滤波装置和静止型动态无功补偿装置相关标准。

(4) 晶闸管可控串补装置相应标准。

(5) 超高压直流输电近年和今后若干年在我国发展很快，因此急需制定直流输电用电力电容器的有关标准。

四、2005—2007 年本专业标准化发展的指导思想和主要目标

指导思想是：坚持市场导向原则，积极采用高新技术和先进适用的技术成果，加快采用IEC 标准的进度，努力做到与国际接轨。

1、标准水平目标

(1)体现产品更新换代：交直流超高压等级、高精度、低损耗、无油化、安全可靠性等方面，达到国际先进水平。

(2) 体现产业改造提升：用电子技术改造电力电容器这个传统产业，发展静补装置和串补装置，发展机电一体化成套装置，应用数字化技术和光纤光缆技术。

2、采标目标

(1) 总体目标：采用 IEC TC33 标准比例达到 90% 以上；对于重要的产品标准，IEC 标准出版后一年内完成报批稿。

(2) 阶段目标：2005 年采标率达 85%，2007 年采标率达 90%。

3、国际标准化工作目标

(1) 参与起草国际标准的目标：做到对每一项 IEC TC33 标准草案均组织专家认真研究，提出修改意见。2005 ～ 2007 年期间提出 8 ～ 10 条有较高水平的技术修改建议，争取有 3 ～ 5 条被正式标准所采纳。提出 1 ～ 2 项标准制修订建议书。

(2) 为主起草国际标准的目标：争取为主完成 1 项 IEC 标准起草工作。

(3) 参加国际标准项目工作组的目标：争取参加 1 项 IEC 标准起草工作组的工作。

五、2005—2007 年本产业标准化发展重点

1、本产业国家标准和行业标准制修订工作的主要任务

(1) 等同或修改采用 IEC 标准 7 项。主要是交流断路器用均压电容器、串联电容器、耦合电容器、电力电子电容器、电容式电压互感器等。

(2) 根据国内市场需求制修订国家标准、行业标准 7 项：超高压直流输电用电容器、安全膜交流电动机电容器、静补装置等。

2、本产业标准化发展的重点方向、重点领域

(1) 并联电容器及其成套装置：向高压(110~500kV)、大容量、高可靠性、低损耗方向发展。

(2) 超高压直流输电用并联和滤波电容器装置。

(3) 串联补偿装置：高比能电容器、晶闸管控制装置。

(4) 高低压无功自动补偿装置。

(5) 高低压滤波装置：无源滤波器及有源滤波器。

3、需要以标准为载体推广应用的高新技术和先进适用技术

(1) 安全膜技术、内熔丝技术、气固绝缘技术。

(2) 超高压直流电压下外绝缘设计技术、均压技术及局部放电控制技术。

(3) 高比能串联电容器制造技术、多柱并联非线性电阻器均流技术。

(4) 静止型动态无功补偿装置用数字调节器技术、同步开关技术、数据采集和通讯技术。

(5) 无源滤波和有源滤波技术。

4、需要以修订、废止标准方式淘汰的产品

通过修订 JB/T8958—1999《自愈式高电压并联电容器》，淘汰安全性能差的自愈式高电压并联电容器，推动发展高可靠性的更新换代产品。

5、本专业标准化发展的重点项目

(1) 重点项目（不含采标项目）

(2) 采标项目

图表 179、重点制定项目汇总表（不含采标项目）

序号	项目名称	级别	立项依据	采用的技术	标准化作用
1	超高压直流输电用并联电容器及变流滤波电容器	国家标准	已有此二种产品在我国运行，以进口为主	新型内熔丝技术、全膜介质绝缘技术、桥式差流保护技术	促进产业升级，使该类产品国产化
2	超高压直流输电用直流滤波电容器	国家标准	目前主要靠进口，国内仅生产少量电容器单元	直流电压下外绝缘设计技术、均压技术、局部放电控制技术	促进产业升级，使该类产品国产化
3	安全膜交流电动机电容器	行业标准	目前已开始生产、使用此类产品	安全膜设计技术和试验技术	提高产品安全可靠性，促进产品更新换代
4	气体绝缘电容式电压互感器	行业标准	此类产品已投入试运行	气固绝缘技术	促进产品向无油化发展、实现更新换代
5	静止型动态无功补偿装置	国家标准	目前国内已大量生产、使用，尚无技术标冷	数字调节器技术、晶闸管光触发技术、滤波器设计和电抗器调节技术	促进广泛推广应用和产业升级

图表 180、重点修订项目汇总表（不含采标项目）

序号	项目名称	级别	立项依据	采用的技术	标准化作用	代替标准
1	高压并联电容器装置	行业标准	产品已向高电压、自动化和多品种方向发展	同步开关技术、自动控制与调节技术	促进产品更新换代、提高补偿和节电效益	JB/T7111—1993
2	自愈式高电压并联电容器	行业标准	产品需要更新换代、提高安全可靠性	自愈式电容器的保护技术	促进产品更新换代	JB/T8958—1999

图表 181、采标项目汇总表

序号	项目名称	级别	立项依据	采用国际标准编号和名称
1	耦合电容器及电容分压器	国家标准	产品更新换代	IEC60358：(预计 2005) 耦合电容器及电容分压器
2	电容式电压互感器	国家标准	产品更新换代	IEC/PAS60044—5：2002 电容式电压互感器
3	高压交流断路器用均压电容器	国家标准	产品更新换代	IEC62146—1：(预计 2006) 高压交流断路器用均压电容器
4	电力系统用串联电容器 第 1 部分：总则	国家标准	产品更新换代	IEC60143—1：2004 电力系统用串联电容器 第 1 部分：总则
5	交流电动机电容器 第 2 部分：电动机起动电容器	国家标准	产品更新换代	IEC60252—2：2003 交流电动机电容器 第 2 部分：电动机起动电容器
6	电子式电压互感器	国家标准	产品更新换代	IEC60044—7：1999 电子式电压互感器
7	电力电子电容器	国家标准	产品更新换代	IEC61071：(预计 2005) 电力电子电容器

六、推动本产业标准化发展的外部环境、支撑系统和政策措施

（1）为加快采标进度，标委会希望能及时收到IEC标准正式出版物，最好能建立畅通的网站。

（2）希望在制修订标准的补助费用上能得到上级有力的支持。

（3）为加快标准制修订速度，希望对重要标准能启动加速审批程序。

七、本产业标准化发展到2010年的设想

（1）加速采用新的IEC标准。根据IEC TC33标准制修订计划安排，届时将有晶闸管控制串联电容器、高压并联电容器、低压非自愈式并联电容器等新标准正式出版，我们将在获得新标准一年内提出报批稿。

（2）根据行业技术进步，制定一批新的国家或行业标准，例如超高压换流阀均压和阻尼用电容器、有源滤波器、静止无功发生器(ASVG)、CVT/CT复合式互感器等。

（3）更多地参与IEC标准制修订工作，争取能为主起草一种IEC标准。

帕尔普(PLP)公司

公司简介

美国帕尔普（PLP）公司成立于1947年，是预绞式线路金具的创始人，经过五十多年的发展，现已在全球十二个国家设有子公司或合资公司。北京帕尔普线路器材有限公司成立于1996年，是美国PLP公司在中国成立的全资子公司。

北京PLP目前有电力金具、光缆金具和通讯产品三大类，产品广泛应用于电力输配电线路、光缆线路、通讯线路、电气化铁路等线路，极大地推动了电力、通讯等行业的发展。帕尔普OPGW光缆金具产品在中国使用已超过65，000公里，ADSS光缆金具产品在中国使用已超过32，000公里。

北京PLP公司主要生产设备为美国进口的自动化专业设备，严格按照IEC、IEEE及相关国标及行业标准生产和管理，并通过了国内ISO9001认证。严格的组织管理体系，加上高素质的员工，使得产品质量稳定可靠。PLP公司先进和完善的试验设备，架空线路应用领域内的几乎每一实际发生状况都在帕尔普公司的试验室里从头复制过，加上不断进行的现场实验更提高了产品的可靠性。

凭借世界先进的生产技术、工艺和设备，加上卓越的产品质量和完善的售后服务，PLP公司的产品在国内获得迅速发展。产品已遍布全国所有省市自治区，部分产品返销欧美、亚洲、非洲、大洋洲多个国家。

新产品系列

北京帕尔普线路器材有限公司致力于长期服务我国电力工业。随着中国电力工业的快速发展，提高线路的输送容量是业界正在解决的重要课题。目前主要从两个方面着手建设，一是新建特高压输电线路，二是利用现有杆塔架设耐热（高温）导线。

◎ 特高压金具

2009年1月，国内首条特高压交流线路投入运行，中国成为特高压输电大国。北京帕尔普线路器材有限公司作为向家坝˜上海±800kV特高压直流输电线路工程金具统一标准化成员组成员，参与设计并试验了特高压直流线路用预绞式导地线金具，产品通过了专家评审，并最终为特高压直流线路供货。

◇ 特高压导线预绞式悬垂线夹

预绞式悬垂线夹结构独特，能够减小作用在导线上的静态应力（拉应力、压应力和弯曲应力）和动态应力，使得特高压线路的悬垂线夹与导线同寿命。预绞式悬垂线夹节能环保，按全寿命周期来考量，具有成本优势。

◇ 特高压地线预绞式耐张线夹

预绞式耐张线夹具有接触面积大、缆线作用应力小的特点。且安装简单，安装质量易于保证。

◇ 特高压地线预绞式防振锤

帕尔普预绞式防振锤独特的铝合金线夹、橡胶垫和预绞丝结构不仅节能，而且可以有效防止导地线蠕变而导致的防振锤滑移（跑锤）现象。大小锤头不对称结构使防振锤具有四个固有频率。产品获得国家专利。

◎ 高温（耐热）导线金具

北京帕尔普公司出品的高温导线金具（TLDE，TLSP，TLS系列产品）已经获得国家专利，并在国电电力建设研究所顺利通过了全套试验。产品已经在国内外的多条高温导线线路上投入运行。帕尔普高温导线金具适用于直径范围为18mm～35mm的耐热导线，线路最高持续运行温度可达250℃。已在福建、云南、抚顺、宁波等电力局的高温导线项目中使用。

特高压交流导线悬垂线夹

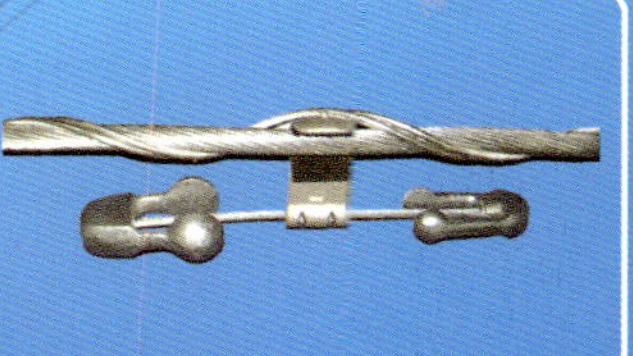
预绞式防振锤

高温（耐热）悬垂线夹

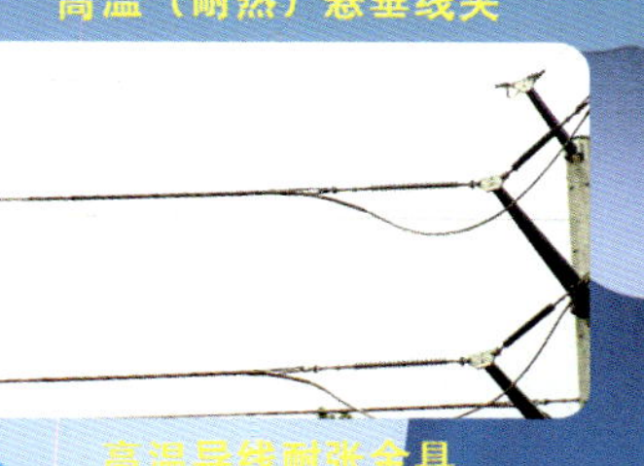
高温导线耐张金具

地址：北京房山良乡工业开发区国槐街1号　邮编：102488　电话：010-89360860

中材高新材料股份有限公司

1100KV试验

窑炉

压机

双头切割机

中材高新材料股份有限公司是2000年经原国家经济贸易委员会批准发起设立的股份制高新技术企业。中材高新是国家级新材料成果转化及产业化基地骨干企业、企业博士后科研工作站。2004年被评为中国新材料行业“年度最具创新企业”。

公司主要从事先进陶瓷材料、光电功能晶体材料、合成云母绝缘材料和超硬材料等无机非金属材料的研究、开发、生产经营及相关工程集成和进出口业务。产品广泛应用于航空、航天、兵器、通讯、机械、电力、化工等军用民用领域，为神舟号飞船、长征运载火箭、东风系列导弹等提供了一批新材料，为我国高新技术和国防事业的发展做出了积极贡献。

中材高新于2005年投资2800万元建成了国内先进的等静压成型高压电瓷生产线，年产户外棒形支柱瓷绝缘子10000只。该生产线座落于山东省淄博市高新技术产业开发区，南邻济青高速公路，东接205国道，拥有便利的交通运输条件。

生产线采用的生产设备属国内一流，拥有4×1米压力为114MP的等静压机、大型数控修坯机、全自动流量控制的等温高速烧咀梭式窑，大型瓷件双头切割机等制造设备；拥有数字式四项抗弯试验机、超声波探伤仪等试验设备。

高压电瓷生产线具有合理、健全的人才结构和层次，拥有一批材料专业的技术人员，涵盖技术开发、生产管理、市场营销等方面。主要技术骨干来自于国内电瓷和先进陶瓷行业的一流企业。依托隶属于公司的国家工业陶瓷材料工程技术研究中心、国家建筑材料工业工业陶瓷质量监督检验测试中心，公司建立了完善的技术创新体系和质量控制体系，通过了ISO9001:2000国际质量体系认证。公司具有完善的生产管理体系，全面推行“5S”现场管理。所有产品均采用国家标准和IEC标准，使公司生产能力及新品的开发、试验、检验能力有了大幅度提升。

产品工艺采用了公司承担的“863”项目研究成果“超大尺寸结构陶瓷部件制备技术”，成型工艺采用了成熟的冷等静压成型工艺。该工艺制造的绝缘子具有瓷质结构均匀、强度分散性小，尺寸精度高，形位公差好，生产周期短的特点。产品瓷质配方是铝质高强度瓷，上釉试验的弯曲强度可达到170~180MPa，氧化铝的含量达55%~58%，在国内达到领先水平。绝缘子表面一般为棕釉，也可根据顾客需要上其他颜色釉。目前主要产品为户外棒形支柱瓷绝缘子，126kV、252kV、330kV、550kV产品均已投放市场。

凭借科技型企业的创新优势，中材高新高压电瓷产品围绕“高、新”发展战略，向着电压等级高、产品质量高、推出新产品、树立新形象的方向迈进，高压电瓷全体人员秉承公司“创造卓越”的经营理念，不断努力，为我国电力工业制造出高端高压电瓷产品。

126kV产品用于隔离开关

瓷件

550kV瓷绝缘子

363kV出口产品

252kV产品

计算机控制四项抗弯机

地址：山东省淄博市张店区柳泉西三巷5号
邮编：255031
电话：0533-3597016
传真：0533-3597719
邮箱：qijiawei1966@126.com
网址：www.zooer.com

联系方式 >>

地址：北京市右安门外大街**2**号迦南大厦**23**层**(100069)**

电话：**010-83525500**

传真：**010-83522200**

http://www.eachpower.com

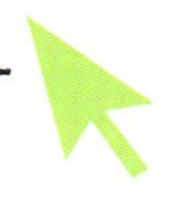

ADPSS

电力系统全数字实时仿真装置

Advanced Digital Power System Simulator，ADPSS

电力系统全数字实时仿真装置（ADPSS）是具有我国自主知识产权和国际先进水平的电力系统实时仿真装置。该装置在世界上首次实现了大规模复杂交直流电力系统（1000台发电机、10000 条母线）机电暂态和电磁暂态的实时和超实时数字仿真。

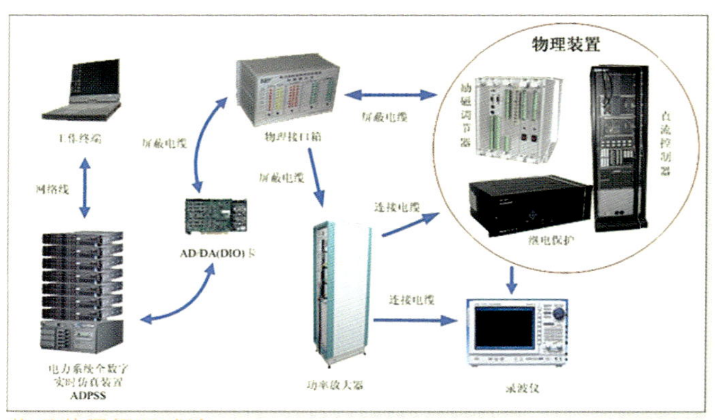

物理装置闭环试验

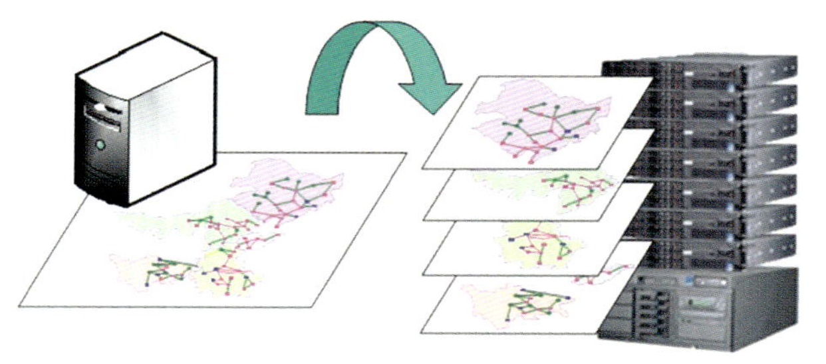

技术特点

- 核心软件基于成熟的商用软件“电力系统分析综合程序”(PSASP)；硬件系统基于高性能PC机群，性价比高、扩展性好
- 分网并行计算，实现了大规模电力系统的实时和超实时仿真
- 通过A/D和D/A转换接口接入继电保护、安全自动装置、FACTS控制器和直流输电控制器等实际物理装置，进行闭环仿真试验
- 可接入MATLAB/Simullnk仿真程序和PSASP用户自定义模型，用于装置的研究和设计
- 可与调度自动化系统相连接，通过接口程序取得在线数据进行仿真

电力系统全数字实时仿真装置ADPSS外观

应用单位

- 国家电网仿真中心
- 江苏省电力试验研究院
- 山东电力研究院
- 安徽省电力科学研究院
- 山东大学
- 河北省电力研究院

CEPRI 中国电力科学研究院 CHINA ELECTRIC POWER RESEARCH INSTITUTE

电网数字仿真技术研究所

POWER SYSTEM DIGITAL SIMULATION TECHNOLOGY RESEARCH DEPARTMENT

地址：北京市海淀区清河小营东路 15 号 邮编：10019
电话：86-10-82812389/2385 传真：86-10-8281268
网址：www.psasp.com.cn E-mail：psasp@epri.ac.c

产品名称：**12～24kV级环网柜（新型中低压配电设备）**

规格型号：NJ-1PE-F

功能特点：

1、使用环境海拔高度 1000m
2、最高环境温度+40℃　最低环境温度-35℃　最大日温差25K
3、日平均相对湿度≤95%　月平均相对湿度≤90%
4、抗震能力 8级系统额定频率50HZ
5、安装位置户外SF6年泄露率≤0.5%　外壳防护等级IP3X

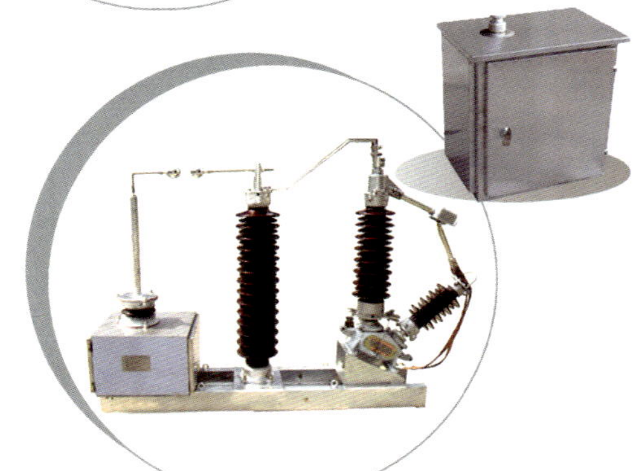

产品名称：**中性点接地保护装置**（110KV/220KV）

规格型号：NJ-BZJB型

功能特点：

1、该装置适用于户外，对变压器的中性点进行保护。
2、该装置适用的环境温度不低于-40℃，不高于+50℃；相对湿度在25℃时小于95%。
3、该装置适用于不超过3000m的海拔高度，超出3000m的海拔高度，可根据实际情况特制
4、电网频率：48-52Hz（50Hz系统）。
5、该装置的安装场所的空气中不含化学腐蚀气体和蒸气，无爆炸性尘埃。
6、地震烈度低于7度及以下地区，最大风速不超过35m/s。

产品名称：**复合控制器**

规格型号：SJ9903-TC32型

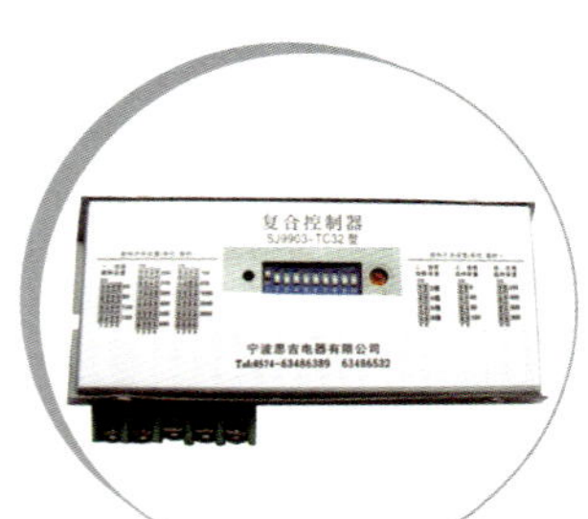

功能特点：

1、免整定，开关消抖动
2、超出2～8倍数整定电流（可按客户要求设计）时速断保护
3、速断保护时有四档延时选择
4、合闸或线路由小电流骤增至大电流时，快速涌流吸收并延时
5、电流检测误差<0.2%，动作电流误差优于0.5%
6、5A工作时控制器功耗小于0.5W
7、过流延时时间有16档任选，40ms～5s
8、环境适应温度：-40～+85℃
9、两相高度集成、体积小，不需要电源

产品名称：**开关柜智能操作集成监控装置**

规格型号：　SJ-9900系列

功能特点：

1、工作电压：AC220V±10%　50Hz
2、工作温度：-10℃～+55℃
3、相对温度：≤95%

宁波耐吉高压开关有限公司
地址：浙江省慈溪经济开发区杭州湾新区
电话：0574-63486619/63486532
传真：0574-63486389

● **企业简介**

宁波耐吉高压开关有限公司近十年来，企业秉承“科技领先，管理创新”的理念，致力于输变电事业的发展和提升。拥有专利和专有技术5项，国家级新产品3项，省市级新产品和科技成果30余项；科技贡献率居于行业前茅。公司始终以市场为导向，实施“品牌”战略，走科技创新之路，产品销往全国二十多个省市以及出口苏丹、尼日利亚、缅甸等国际市场。雄关漫道，百转千回，耐吉高压以自己风格，迈上了一个阶梯，在电力行业取得令人瞩目的成就。成为国内中压领域较有品牌实力的“重中之重”企业，浙江省重点骨干企业，宁波市重点百强企业，全国同行业中综合实力排序中居前20强。

产品名称：**感应式(非接触式)户外(内)高压带电显示闭锁装置**

规格型号：GSW(N)4型

功能特点：

产品介绍：采用新型传感器及自动分相控制技术，结构简单新颖、安装与维修方便、分相控制无干扰。广泛应用于35~500kV户内外电气设备或网络上，还可用于GIS六氟化硫全封闭组合电器中，与电磁锁、微机五防闭锁装置等配合实施强制闭锁，防止电气误操作。更适用于户外，其传感器能经受各种恶劣气候干扰，无需涂刷防污闪涂料，维护费用低、使用寿命长。

产品名称：**感应式(非接触式)开关柜用高压带电显示闭锁装置**

规格型号：GSN3型

功能特点：

产品介绍：采用新型传感器及自动分相控制技术，结构简单新颖、安装与维修方便、分相控制无干扰。广泛应用于10~35kV的高压开关柜及其它需要闭锁的地方实施强制闭锁，防止电气误操作。传感器不与带电体直接接触，克服了"支柱瓷瓶式传感器"电容量值容易发生变值的弊端，安装与检修时无需做局放试验，维护费用低，使用寿命长。

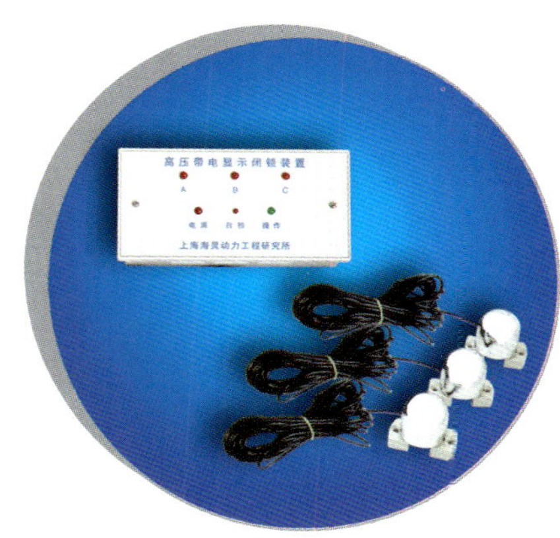

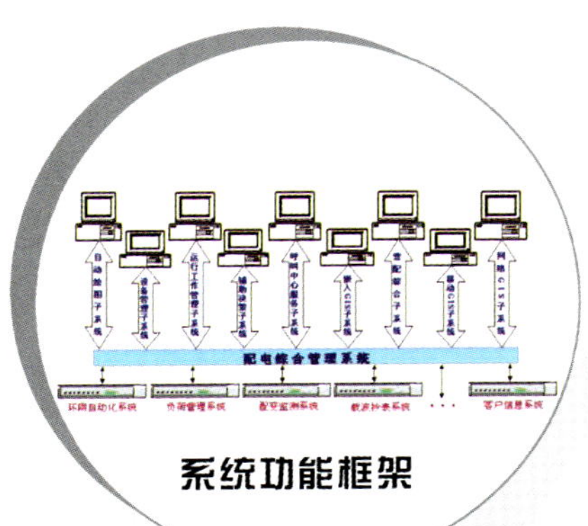

系统功能框架

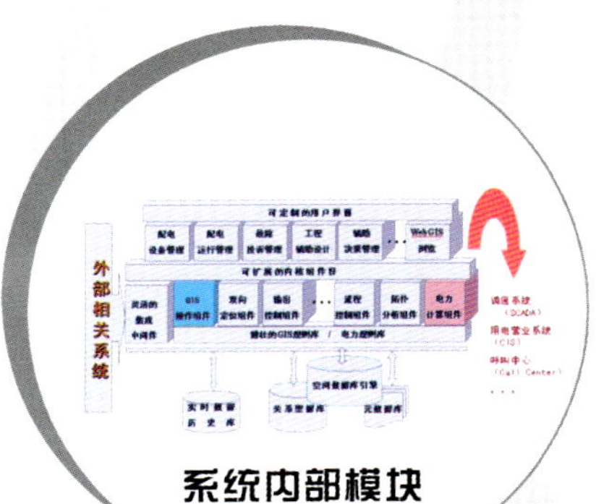

系统内部模块

产品名称：**管理GIS系统**

规格型号：

功能特点：配电管理GIS系统，为开放的空间信息管理系统，它可与其它自动化系统通过多种方式互连，在数据高度共享的基础上保证数据源的同一性。

产品介绍：配电管理GIS系统在今后的配电系统中将扮演重要的角色，它给传统的配电管理带来一次新的技术革新。配电GIS系统是集数字化地理信息、电网结构信息、电力设备图形与 台帐、设备运行规程等于一体的管理信息系统。其突出特点就是使用丰富的地理信息系统方法来描述电网的运行状况，构筑一个“数字电网”，使用它可以实时形象地了解电网的各类信息并辅助工作人员进行业务管理与决策，从而对电网进行有效、科学的管理，提高管理质量和运行效率、降低运营成本、保障供电可靠性。

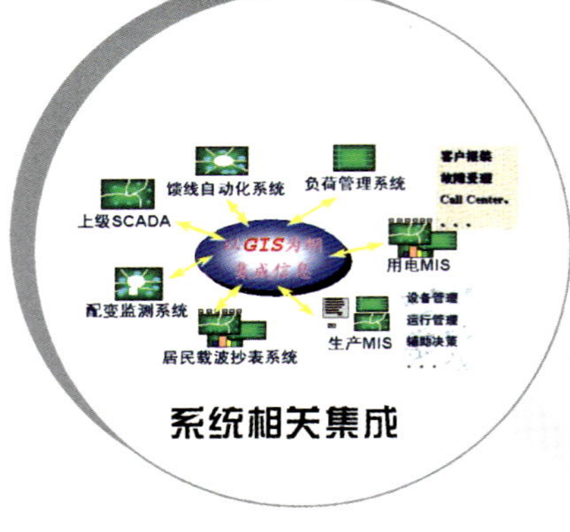

系统相关集成

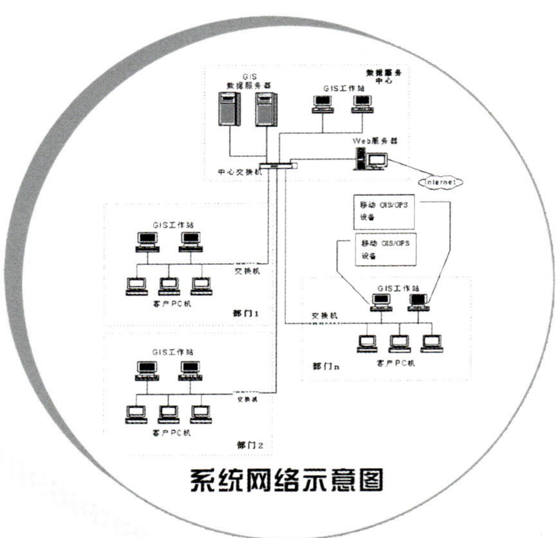

系统网络示意图

上海杰狮信息技术有限公司
地址：上海市宜山路900号科技大厦B区6楼
邮编：200233
电话：021-54234188
传真：021-54234199

● 企业简介

上海杰狮信息技术有限公司是一家专门从事GIS/GPS信息技术研究与开发，集中发展GIS/GPS应用软件开发的高新技术企业。

我们能您提供全面的GIS解决方案，涵盖GIS平台、GPS产品、GIS/GPS应用开发、软硬件系统集成及技术服务等内容，涉及政府、市政设施、电力、地下管网、林业绿化、道路交通、公安消防、银行、商业选址、物流配送、水利等行业。框架类型包括：手持GIS/GPS解决方案、C/S体系GIS解决方案、B/S体系GIS解决方案、M/S体系GIS解决方案等。

产品名称：**SCB10-3150/35kV干式变压器**

产品名称：**SFPSZ9-240000/220kV变压器**

产品名称：**SFPSZ9-180000/220kV变压器**

产品名称：**固体环网柜**

规格型号：GTXGW-12/630

功能特点：是应用于中压配电网络固体复合绝缘环网主单元开关

产品介绍：固体绝缘全封闭环网柜在关键性绝缘介质上有全新突破。采用硅橡胶三维立体母线穿越技术、高强度绝缘树脂筒、特殊设计的可视隔离接地刀，具有体积小、结构紧凑、标准化程度高等特点；整个生产及使用过程完全杜绝了SF6气体和绝缘介质油，是中压配电领域的绿色环保产品

产品名称：**美式箱式变电站**

规格型号：ZGS

功能特点：美式箱变具有供电可靠、结构合理、安装迅速、灵活、操作方便、体积小、造价低等卓越性能，既可用于户外、又可用于户内，广泛应用于工业园区、居民小区、商业中心及高层建筑等各种场所。

产品名称：**欧式箱式变电站**

规格型号：YB-12

功能特点：用于6~10kV的环网或辐射式电网供电系统的户外型成套配电装置。产品成套性强、结构紧凑、体积小、造型美观，可方便地运输、安装、联网、使用与维修。

产品名称：**普通型接地短路二合一故障指示器**

规格型号：SJ-1PE-F

功能特点：检测接地瞬间的暂态电容放电电流、并且检测到线路电压降低时，认为线路接地，否则线路未发生接地。

北京双杰配电自动化设备有限公司
地址：北京市海淀区上地三街9号D座1111室
邮编：100085
电话：010-88145162 / 010-88135215
传真：010-88151958
网址：www.esenet.net
邮箱：dwzbnj@126.com

● 企业简介

北京双杰配电自动化设备有限公司是一家规范的股份制高新技术企业，公司成立于1995年11月，注册资金7800万元，总部位于中关村高科技园上地信息产业基地，主要从事配电自动化系统设备与环保机电产品领域内新产品、新技术的开发、引进与自主创新相结合；树立民族品牌与境外引进相结合的科学指导原则，已经建立和拥有三座生产加工基地，形成了配电自动化设备全方位研发生产体系，为优质产品的生产和加工提供了可靠的保证。

位于北京怀柔雁栖经济开发区的怀柔生产基地2007年6月正式投产，为企业的跨越式发展提供了基础保证。生产基地拥有宽敞厂房及办公区域，拥有先进的设备和多年服务在电力行业资深专家，是我国配电领域内一支颇具实力和发展潜力并以提供优质服务而著称的年轻队伍。